水库安全风险分级管控机制
建设指南与案例

王翔 等著

长江出版社
CHANGJIANG PRESS

《水库安全风险分级管控机制建设指南与案例》

编 委 会

审　　定：李　飞　徐　磊

审　　核：涂　剑　周　斌

主　　编：王　翔

副 主 编：夏志海　张卓然　任化准　许志宏

编写人员：肖　明　李中新　郑淇文　张每文　邓竹林

　　　　　郭颜艳　吴旭敏　李　晨　盖博俊　鄢凯军

　　　　　杨明玲　汪兴萌　董亚辰　刘　海　张　璇

　　　　　包　科　黄黎君

前言

PREFACE

2016年1月6日,习近平总书记对全面加强安全生产工作提出明确要求,必须坚决遏制重特大事故频发势头,对易发重特大事故的行业领域采取风险分级管控、隐患排查治理双重预防工作机制,推动安全生产关口前移,加强应急救援工作,最大限度减少人员伤亡和财产损失。2021年6月10日,第十三届全国人民代表大会常务委员会第二十九次会议通过了《全国人民代表大会常务委员会关于修改〈中华人民共和国安全生产法〉的决定》,新《中华人民共和国安全生产法》于2021年9月1日正式生效,风险分级管控和隐患排查治理双重预防机制被正式写入了修改后的《中华人民共和国安全生产法》。

近年来发生的重特大事故暴露出安全生产领域"认不清、想不到"的问题突出,而构建"双重预防"机制就是针对解决这些突出问题,强调安全生产的关口前移,从隐患排查治理转变到安全风险管控。构建"双重预防"机制能够强化生产单位的风险意识,通过分析事故发生的原因、经过,抓住这些关键环节采取预防措施,切断"事故链",解决安全风险管控不到位、隐患未及时被发现治理等问题。生产单位通过自我约束、自我纠正、自我提高,切实做到预防事故发生。

依据《水利部关于开展水利安全风险分级管控的指导意见》《构建水利安全生产风险管控"六项机制"的实施意见》《水利水电工程(水电站、泵站)运行危险源辨识与风险评价导则》《水利水电工程(水库、水闸)运行危险源辨识与风险评价导则》等要求,本书通过对安全风险分级管控和隐患排查治理双重预防机制(以下简称"双机制")的基础理论、基本概念和水利行业应用现状进行分析、辨析和定义。结合长江水利委员会委属水利工程运行管护双机制构建过程中需要进一步研究和明确的问题,设计和提出一套适用于水库工程的双机制构建程序。包括构建目标、辨识标准、

前言
PREFACE

评价工具、管控措施和风险清单、风险报告样式以及风险告知卡与风险四色图模板等。可有效帮助水库管理单位根据自身对风险的耐受能力,科学、客观地辨识评价运行管护过程中可能存在的危险源及其风险,与自身运行管理主线相关联,提出全面、有效的管控措施,提高隐患排查的针对性和可操作性,有效预防事故的发生,是对水利行业危险源辨识与风险评价标准的有效落实与补充。同时对行业内其他水管单位开展相关工作有一定的参考与启发作用。

本书由王翔担任主编,夏志海、张卓然、任化准、许志宏担任副主编,总计102万字。其中王翔负责第1章及第3章3.6、3.7、3.8内容撰写,共计12万字;夏志海负责第3章3.1、3.2、3.3、3.4、3.5内容及第6章6.1、6.4、6.5、6.6内容撰写,共计11万字;张卓然负责第4章内容撰写,共计11万字;任化准负责第2章及第5章5.3、5.5、5.6内容撰写,共计11万字;许志宏负责第5章5.1、5.2中部分内容及第6章6.2、6.3内容撰写,共计6万字。剩余章节内容由肖明、李中新、郑淇文、张每文、邓竹林、郭颜艳、吴旭敏、李晨、盖博俊、鄢凯军、杨明玲、汪兴萌、董亚辰、刘海、张璇、包科、黄黎君等完成,各自撰写约3万字。本书由李飞、徐磊审定。

由于作者的水平有限,书中难免存在错误和不妥之处,欢迎广大读者批评指正。

作　者
2023 年 9 月

目 录
CONTENTS

第1章 水利安全风险分级管控机制简介

在经济全球化的背景下,一个企业如何充分整合、利用所具有的资源,减少和控制生产中的危害,降低生产事故风险,已成为企业发展中必须解决的问题。安全生产风险分级管控是针对生产过程中的事故风险,通过安全生产计划、组织、指挥、协调和控制等,减少事故发生及其损失、实现保护企业员工安全与健康的过程。在生产过程中,应该根据危险源辨识分析和风险评价的结果,建立可接受的安全生产风险指标,按照安全生产"投入—产出"原则,采取事故预防、危机预警与风险干预和应急管理等技术与管理手段,降低安全风险。

1.1 安全风险分级管控机制的起源

1.1.1 国外安全风险管理起源与发展

公认的风险管理研究起源于美国。现代经营管理之父亨利·法约尔在1916年就提出将工业活动按功能进行分类,其中安全应该作为一项独立的功能。这是风险管理理念在企业经营管理中形成理论概念的雏形。1929—1933年受世界经济危机影响,美国约有40%的银行和企业破产,经济大幅倒退,为此许多美国企业都在内部设立风险管理部门,通过风险管控方式应对经营危机,美国也因此积累了丰富的风险管理经验,并逐渐将其发展成为一门学科。美国相关学者对企业经营性风险进行了全面、系统性的研究,通过分析企业风险的成因、类型及表现形式,总结出了企业风险管理的主要措施。此外,为了加强风险管理的可复制性、规范性、科学性,美国土木工程师协会出版了《风险分析与项目管理》,英国项目经理协会出版了《项目风险分析与管理策略》,对风险管理开展标准化建设。

20世纪30年代,随着工业革命的兴起,生产力的不断提升,随之而来的是事故的频发,因此全球范围内开始逐步开展安全生产风险管理方面的学术研究。美国道化学公司(DOW)提出了以物质系数为基础,充分吸收纳入化工工艺过程中设备状况、操作方式等影响,计算出危险度数值并划分危险级别的方法。在"道氏法"基础上,各国开始研究各类安全风险评价方法,进一步提升风险评价水平。

20世纪40年代,美国杜邦公司提出了所有事故都可以提前预防的安全理念。认为安全生产不仅仅是一个美好的愿景,而应是一个可实现的现实目标,只要应用风险管控和隐患排查治理的工作方式,就可以预防安全生产事故的发生,此外还提出各个层级管理层对自己管理职责范围内的安全负直接责任,安全理念是员工聘用的基本要求,并提出构筑"零事故"安全目标的理念。

自20世纪90年代开始,安全生产开始逐步纳入政府监管范畴,其中新西兰和澳大利亚就共同合作联合发布了《澳大利亚/新西兰风险管理标准》(AS/NZS 4360),成为世界上首个国家级风险管理标准。自此,其他发达资本主义国家纷纷效仿,制定全国性风险管理标准,指导和推动风险管理发展。欧盟颁布相关法令,要求在欧盟的工业场所内均要绘制安全风险地图等相关公示信息,由政府对相关数据进行汇总,形成统一的政策监管成果。

2009年,国际标准化组织牵头,制定出台风险管理国际标准《风险管理标准》(ISO 31000—2009),实行安全、健康、环境与财务风险管理的一体化的国际标准。2018年又更新发布了《风险管理指南》(ISO 31000—2018),明确提出了风险管理的基本原则、风险管理的框架和风险管理过程。

1.1.2 国内安全风险分级管控机制起源与发展

20世纪80年代,受国外各类风险管理理论影响,我国安全生产风险管理研究开始起步,随着跨国工程、外资的逐步进入,风险管理理念逐步被国内企业所接受。我国引入风险管理理论的先驱是清华大学的郭仲伟教授,其编辑出版的《风险分析与决策》(1987)中详细介绍论述了风险分析的理论、方法和要求,直到现在都具有极大的参考性和理论价值。

20世纪90年代,我国经济和工业发展迅速,国内生产总值连年提高,各行各业经营规模大幅扩增,生产安全事故也随之连年上升。2002年安全生产事故总数和伤亡人数达到峰值,全年共发生安全生产事故107万余起,死亡13万余人。因此,2002年国家颁布实施《中华人民共和国安全生产法》,建立安全生产控制指标体系,安全生产风险管理初具雏形。2006年6月国务院国有资产监督管理委员会印发了《中央企业全面风险管理指引》(国资发改革〔2006〕108号),要求中央企业按照文件要求全面开展风险管理工作,具备条件的企业应全面推进,尽快建立风险管理体系。虽然随着各类法规、政策的不断出台、推进和落实,我国的安全生产形势不断向好,但2013—2016年全国各地有关行业仍然连续发生了一系列影响恶劣的重特大安全生产事故。如2013年11月,发生了青岛输油管道泄漏爆炸事故,导致62人死亡;2014年8月,发生了昆山中荣铝粉尘爆炸事故,导致 146 人死亡;2015 年 8 月,发生了天津港危险品仓库特别重大火灾爆炸事故,导致 165 人死亡;2016 年 11 月,发生了江西丰城发电厂冷却塔坍塌事故,导致 74 人死亡。尤其是天津港"8·12"瑞海公司危险品仓库特别重大火灾爆炸事故的发生,说明基础的安全管理思想和方法存在某些系统性的不足,国家层面开始重新思考和定位当前的安全监管模式和企业事故预防水平问题。

因此,2015 年 12 月,习近平总书记在中共中央政治局会议上就安全生产工作提出了五点要求,其中借鉴国内外风险管理的思想指出,"必须坚决遏制重特大事故频发势头,对易发重特大事故的行业领域采取风险分级管控、隐患排查治理双重预防性工作机制,推动安全生产关口前移,加强应急救援工作,最大限度减少人员伤亡和财产损失",创造性地提出"风险分级管控"机制建设。2016 年 4 月 28 日,国务院安全生产委员会办公室印发《国务院安委会办公室关于印发标本兼治遏制重特大事故工作指南的通知》(安委办〔2016〕3 号),要求各级生产经营单位构建安全风险分级管控"点、线、面"结合防范的防范机制。2016 年 10 月 11 日,《国务院安委会办公室关于实施遏制重特大事故工作指南构建双重预防机制的意见》(安委办〔2016〕11 号)发布,要求各地区、各有关部门和单位将双重预防机制建设摆上重要议程,在安全风险分级管控方面进行探索实践。2016 年 12 月 18 日,国务院发布的《中共中央　国务院关于推进安全生产领域改革发展的意见》,将安全风险分级管控写入其中,作为今后一个阶段的重点工作措施进行全面部署。2021 年 9 月 1 日修改并施行的《中华人民共和国安全生产法》,将构建安全生产风险分级管控作为安全生产的重要工作内容和职责。

2018 年水利部印发《关于开展水利安全风险分级管控的指导意见》(水监督〔2018〕323 号),部署在水利行业中开展安全生产风险分级管控建设。2022 年,为深入推进安全风险分级管控和隐患排查治理双重预防机制建设,进一步提升水利安全生产风险管控能力,防范化解各类安全风险,水利部印发《构建水利安全生产风险管控"六项机制"的实施意见》(水监督〔2022〕309 号),要求各级水利生产经营单位逐步建立健全水利安全生产风险隐患查找、研判、预警、防范、处置、责任"六项机制",完善管控制度,落实管控措施,压实管控责任,把各项工作想在前、做在前,实现水利安全生产全链条全方位管控,抓早抓小,防患于未然。

总之,安全生产风险分级管控机制是我国经过实践探索出的,更适合中国企业实际情况,具有中国特色的生产安全管理体系。习近平总书记在关于安全生产的重要论述中,就提出"要健全风险防范化解机制,坚持从源头上防范化解重大安全风险,真正把问题解决在萌芽之时、成灾之前",因此建设安全风险管控机制既是提升水利行业安全生产水平的重要举措,也是落实习近平总书记关于安全生产工作指示,践行"两个维护"的重要工作。

1.2　安全风险分级管控机制构建意义和基础理论

1.2.1　安全风险分级管控基本含义

2003 年颁布的《标准化工作指南第 4 部分：标准中涉及安全的内容》（GB/T 20000.4—2003）中对风险的定义是：对伤害的一种综合衡量，包括伤害发生的概率和伤害的严重程度。2013 年颁布的《风险管理 术语》（GB/T 23694—2013）对风险的定义是：不确定性对目标的影响，通常用事件后果（包括情形的变化）和事件发生可能性的组合来表示风险。

根据风险管理理论，在安全生产领域，风险是指发生生产安全事故的风险，即在未来时间内人们为了确保安全生产可能付出的代价。采用《企业安全生产标准化基本规范》中安全风险的有关定义，安全风险指发生危险事件或有害暴露的可能性，与随之引发的人身伤害、健康损害或财产损失的严重性的组合。在对危险源的事故风险进行等级评价时，本质上是出现事故隐患的可能性、事故隐患导致事故发生的可能性和事故后果的严重程度的综合考量。单一危险源可能导致多种事故，同一类型的事故可能来源于不同的危险源。在进行风险评价的时候，如何将不同危险源所导致的事故风险耦合为班组、部门的风险，如何将不同部门的风险耦合为企业的风险，企业的风险又如何叠加为区域风险等，是值得深入思考的问题。

因此，安全风险分级管控就是我们日常工作中的风险管理，包括危险源辨识、风险评价分级、风险管控，即辨识风险点有哪些危险物质及能量，在什么情况下可能发生什么事故，全面排查风险点的现有管控措施是否完好，运用风险评价准则对风险点的风险进行评价分级，然后由不同层级的人员对风险进行管控，保证风险点的安全管控措施完好，达到减少事故发生的可能性，减少暴露风险和降低事故严重程度的目的。具体到水利行业，就是在水利工程建设、水利工程运行、防洪调度、水量调度、科学研究、勘测设计、水文水质测验预报等各类生产经营环节中，结合工作实际情况，全方位开展危险源辨识与风险评价工作，辨识出工作中存在的所有危险源、危险源所在部位、事故诱因和可能发生的事故，对可能存在的重大危险源进行辨析，分析事故发生的可能性和严重程度，确定危险源风险等级，从工程技术、管理、教育培训、个人防护、应急救援等方面提出管控措施，根据风险级别进行分级管控。从而为保障各类水利行业生产经营活动实现风险预控、安全生产管理关口前移、遏制事故发生提供基础支撑。

1.2.2　安全风险分级管控机制构建意义

目前，我国经济水平发展尚处于从中低端向高质量迈进的阶段，习近平总书记指出

"推动高质量发展,是保持经济持续健康发展的必然要求,是适应我国社会主要矛盾变化和全面建成小康社会、全面建设社会主义现代化国家的必然要求,是遵循经济规律发展的必然要求"。水与生活、生产、生态密切相关,社会的高质量发展离不开水利行业提供的高质量服务,新时代治水要向形态更高级、基础更牢固、保障更有力、功能更优化的阶段演进,不断提升服务质量。但总体来看,水利行业安全认知水平与安全理念相对落后,安全管理水平尚不高,事故、风险的预防仍处在被动防御向主动防御转变的阶段,大多数水库管理单位仍处在粗放管理阶段,未达到标准化、精细化的要求,这是导致事故隐患层出不穷和事故频频发生的深层次原因,水利行业迫切需要一套新型安全管理模式。

通过推行安全风险分级管控机制建设,能够积极引导水利行业企业、单位安全管理水平向现代安全管理水平迈进,满足当前安全监管及企业安全现状的实际需要,并具有以下意义。

(1)提升各类单位、企业的风险管理认知

任何水库运行管理单位均有大量的危险源(各种能量、危险物质、作业活动等),危险源的管控失效就很容易导致事故隐患的发生。事故隐患长期得不到整改,从概率上来说必然导致事故的发生。因此,如果不从源头实施管控,就很难发现导致事故隐患出现的原因。整改事故隐患只是治标,发现和根除导致事故隐患出现的原因才是治本。

(2)使事故预防的"关口前移"向"纵深防御"推进

多年来,我国各行各业把隐患排查与治理当做事故预防的关口前移,但由于隐患出现的原因尚不清楚,导致我国多年来推行的隐患排查治理工作收效甚微,这也是当前水利行业安全管理和安全监管存在的问题。

(3)有利于实现事故预防的企业主体责任有效落实

预防事故发生不仅是企业的安全生产主体责任,也是安全法律法规的硬性要求。构建安全风险分级管控机制能够较好地满足企业的真正需求和隐患治理的监管要求,这也是企业真正落实主体责任的具体表现。

1.2.3　安全风险分级管控基础理论

(1)事故致因理论

事故的发生有其自身的发展规律和特点,只有掌握其规律,才能确保安全。事故致因理论是从大量典型事故本质原因的分析中所提炼出的事故机理和事故模型。这些机理和模型反映了事故发生的规律性,能够从理论上为事故的定性定量分析、事故的预测预防、改进安全管理工作提供科学、完整的依据。

事故致因理论是一定生产力发展的产物,随着生产力的不断发展,特别是生产形式的不断变化,事故致因理论也不断地完善和发展,主要经历了超自然归因理论、单因素归因理论、双因素归因理论和系统归因理论 4 个阶段,见图 1.2-1。但概括地说,事故致因理论的发展和应用最重要的两个阶段是以海因里希事故因果连锁理论为代表的早期事故致因理论,以能量意外释放论、轨迹交叉理论为主要代表的现代事故致因理论。

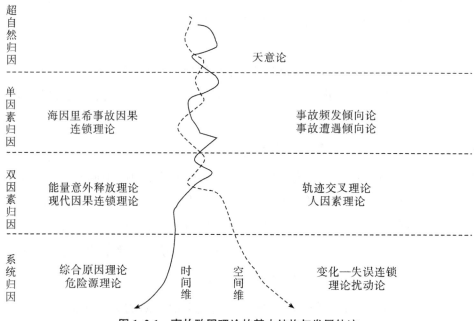

图 1.2-1　事故致因理论的基本结构与发展轨迹

其中,1961 年由吉布森(Gibson)提出,并由哈登(Hadden)引申的能量意外释放理论,是事故致因理论发展过程中的重要一步。该理论认为,事故是一种不正常的或不希望的能量转移,各种形式的能量构成伤害的直接原因。正常情况下,能量或危险物质是在有效的屏蔽中做有序的流动,事故是由于能量或危险物质违背人的意愿的意外释放,而意外释放的能量或危险物质作用于人体、设备、构筑物和环境,并超过了他们的承受能力,就造成了人员伤害,设备、构筑物的损坏和环境的破坏。因此,应该通过控制能量或控制能量载体来预防伤害事故,并提出了防止能量逆流人体的措施。

根据能量意外释放理论,安全风险分级管控工作应该包括对危险作业的管理措施、对危险源的控制措施,必须立足于危险源辨识和风险评价,从危险源辨识入手,识别工作场所存在的能量或危险物质及其释放方式,同时分析出可能导致能量释放的原因,强调危险源辨识与风险评价要覆盖生产工艺、设备设施、环境以及人的行为、管理等各方面。

在 20 世纪 80 年代初期,人们又提出了轨迹交叉理论。该理论认为,伤害事故是许多关联的事件顺序发展的结果,这些事件可分为人和物两个发展系列。当人的不安全行为和物的不安全状态在各自发展过程中,在一定的人的运动轨迹与物的运动轨迹发生意外交叉,即人的不安全因素和物的不安全状态发生在同一时间、同一空间,或者说相遇时,则将在此时间和空间发生事故。预防事故的发生就是设法从时空上避免人与物运动轨迹的交叉,使得对事故致因的研究又有了进一步的发展

根据轨迹交叉理论,安全风险分级管控工作内容重点应放在以下几个方向。一是防止人、物的失控交叉,如采取防止能量逸散、对能量隔离屏蔽、改变能量释放途径、设置保护范围等避免危险能量和人员在物理上交叉,或者采取电机维修或作业时切断电源、十字路口设置通行指挥系统等避免危险能量和人员在时间上交叉。二是控制人的不安全行为,人的不安全行为在事故形成的过程中占据主导地位,因此必须通过安全教育培训、应急演练、劳保配备、作业活动标准化等措施保证有关人员具备良好的安全意识和基本的救援知识,形成良好的从业习惯,从而消除人的不安全行为。三是控制物的不安全状态,最根本的解决办法是创造本质安全条件,使系统在人发生失误时也不会发生事故,这就要求在系统的设计、制造、使用等阶段采取工程技术措施,将危险控制在运行范围内,在所有的风险管控措施当中,首先应该考虑的也是工程技术措施。四是避免管理上的缺陷,通过安全组织机构与人员的健全、安全生产经费足量提取投入、隐患排查与治理、事故调查处理等各类管理措施确保采取的安全措施能够得到有效落实。

(2)系统工程理论

在我国系统工程理念最先由著名的战略科学家钱学森提出,主要起源于其在中国航天事业的管理实践,来源于特定国情条件下中国航天研制工作的不断探索和创新。1978 年 9 月钱学森在总结经验的基础上发表《组织管理的技术—系统工程》,对系统工程的概念、内涵和应用前景等作了分析,开创了系统科学这一新兴学科。系统就是由相互作用和相互依赖的若干组成部分结合成的具有特定功能的有机整体。系统有自然系统与人造系统、封闭系统与开放系统、静态系统与动态系统、实体系统与概念系统、宏观系统与微观系统、软件系统与硬件系统之分。不管系统如何划分,凡是能称其为系统的,都具有整体性、相关性、目的性、有序性、环境适应性等特征。

以系统工程理论的观点来看,生产经营单位的安全风险分级管控工作就是一个大的系统,安全风险管控目的就在于确保生产经营单位安全处在一个良好的状态,并得到持续的提升与改进,因此安全风险管控中必须包含企业安全生产实际和社会要求的结合,才能确保安全风险处在可接受的状态。此外,危险源辨识、风险评价和风险管控应构成一个连续封闭的回路,从横向与纵向形成一系列链条式的闭环控

制,各个要素之间必须具有紧密的联系,形成相互制约的整体,以体现风险管控系统的整体性与相关性。同时风险管控措施在逻辑上要体现安全工作从计划、实施、检查、整改整个过程的有序性。在面对国家相关法律法规、标准的修改时,安全风险管控工作还需要考虑企业收集、落实安全生产相关法律法规、标准的情况,以体现系统的环境适应性。

因此系统性安全的基本原则就是在一个新系统的设计、试验、生产、使用、维护直至报废各个阶段都必须考虑其安全性问题。作为系统设计者,应当在设计阶段对系统生命周期各阶段的风险进行全面分析评价,并通过设计或技术手段保证系统总体风险最小化。作为系统运行维护者,应当使系统在符合性能、时间及成本要求的条件下达到最佳安全水平,而非一味追求安全,忽视经济效益,做到统筹发展和安全。

(3)戴明环理论

戴明环的研究起源于20世纪20年代,先是有"统计质量控制之父"之称的著名统计学家沃特·阿曼德·休哈特在当时引入了"计划—执行—检查(Plan-Do-See)"的雏形,后来由戴明将休哈特的PDS模型进一步完善,发展成为"计划—执行—检查—处理(Plan-Do-Check/Study-Act)"这样一个质量持续改进模型。戴明环具备如下3个特点:

1)大环带小环。如果把整个企业的工作作为一个大的戴明环,那么各个部门、小组还有各自的小戴明环,就像一个行星轮系一样,大环带动小环,一级带一级,有机地构成一个运转体系。因此,企业在安全风险分级管控机制建设中,不仅仅要对整个企业的安全风险管理作出要求,对下属的各个部门、二级单位也要作出相应的分级管控要求,通过基层的风险可控带动整个企业的风险可控。

2)阶梯式上升。戴明环不是在同一水平上的回圈,每回圈一次,就解决一部分问题,取得一部分成果,工作就前进一步,水平就提高一步。到了下一次回圈,又有了新的目标和内容,更上一层楼。因此,安全风险管控不能一步到位,而是一个逐步完善、进步的过程,安全风险分级管控必须与隐患排查治理工作相结合。

3)科学管理方法的综合应用。戴明环可以分为4个阶段,在企业安全风险分级管控建设过程中也可以相应地分为4个阶段,见图1.2-2。

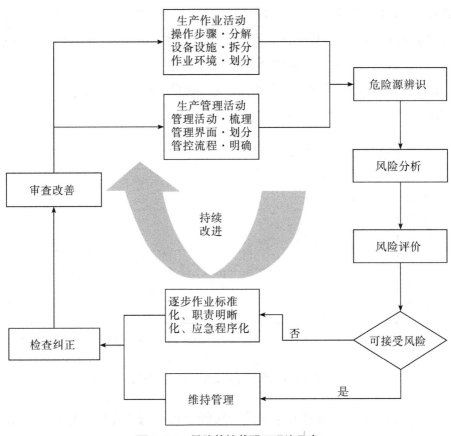

图 1.2-2　风险管控戴明环理论示意

1.3　水利行业安全风险管控机制现状及问题

1.3.1　机制构建现状及存在问题

2018 年水利部印发《关于开展水利安全风险分级管控的指导意见》(水监督〔2018〕323 号),开始部署在水利行业推行安全生产风险分级管控机制的建设,要求各流域机构、各地区在水利行业中选取足够数量的,且具有区域、行业等代表性的水利工程建设、水利生产经营单位等开展试点,最终逐步推进,直至全面展开。2019—2022 年,水利部又先后印发了《水利水电工程(水电站、泵站)运行危险源辨识与风险评价导则》《水利水电工程(水库、水闸)运行危险源辨识与风险评价导则》《水利部关于印发构建水利安全生产风险管控"六项机制"的实施意见的通知》等文件,进一步规范了水库工程安全风险分级管控机制的判别标准、评价方法、工作程序和内容,对水利行业推动安全风险防控工作起到了极大的促进作用,目前全行业已全面铺开,并取得了显著的成绩。

通过对 2009 年以来水利行业安全事故情况按照年份、事故起数、死亡人数进行初步统计(图1.3-1),从2018年水利行业提出构建安全生产风险分级管控机制以来,水利行业出现的事故起数和死亡人数较往年均有明显的下降,保持在一个低位运行的水平,且均为一般事故,未发生较大以上的安全生产事故,这表明通过不断完善安全风险防控体系,深化安全专项治理,推动安全生产关口前移,能够达到有效降低安全风险、遏制重特大事故的目的。

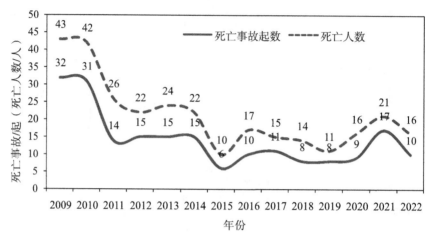

图1.3-1 水利行业安全生产事故统计

然而我们也应该看到,虽然安全风险分级管控机制与水库管理单位原有安全管理体系存在一定重合之处,但在逻辑构架、管理重点、具体方法等方面都有其鲜明的特点,不同的水库运行管理单位在安全风险分级管控机制的认识、理解、应用、信息化建设等方面存在一定的认识偏差,普遍存在思路不清、描述不统一等问题。在实际的运行过程中主要表现在以下几个方面。

(1)安全风险分级管控机制有关基本理论和理念难以厘清和统一

危险源的概念是随着国外职业健康安全管理体系引入我国的,在英语中一般使用"hazard"一词来表示,风险的概念也一同引入,国内学者根据不同的理论与实践对危险有害因素、事故隐患、危险源进行了不同的定义。而由于认识的不一致,在安全管理实践中,一些安全风险分级管控机制基本概念出现混淆,导致危害因素、危险源、风险、隐患之间的概念、逻辑关系不清,与其他安全管理体系的联系认识不到位。同时,各安全生产专业人才储备不足,不掌握有关法律法规技术标准,导致部分单位辨识的危险源不全面、风险分析不科学、管控措施脱离实际、隐患排查流于形式等问题频发,安全风险分级管控机制建设工作推进难度较大,实用性不高。

(2)安全风险分级管控机制建设难以做到全员参与

安全生产涉及生产过程中的方方面面,以水电站为例,需要从水工建筑物、机电设备、设备设施、作业活动、周边环境和管理体系等方面进行风险分析,涉及水工结构、机电、检修、运行、安全管理等各岗位人员,只有全员参与到辨识过程中,才能高质量辨识出不同场所、岗位、区域存在的各类风险。但在实际构建过程中,往往由于职责分解不到位、全员参与度不足,实际危险源辨识、风险评价工作往往仅依靠安全生产管理人员开展。此外,部分单位主要负责人对安全风险分级管控机制的理解和重要性认识不足,对建立该机制存在"应付"心理,不是从防范风险、预防事故、保障安全生产的角度出发,而是完成政府要求,应付各类检查和验收的需要。导致辨识的风险不全面、不科学、不客观,评价的风险等级不合理,制定的风险管控措施不适用,隐患排查的内容不够深入。

(3)风险分级管控与隐患排查机制未建立有效联系

目前大部分单位在开展安全生产双重预防机制建设前,已经引入职业健康安全管理体系,同时开展安全生产标准化建设,在风险管控和隐患排查两个方面均做了大量工作,但尚未建立二者的有机联系,往往将二者割裂开来,在付出巨大努力开展危险源辨识和风险评价后束之高阁,只用来应付检查,只追求形式上的完备性,将大量精力花费在编制各种内业资料上,不能起到指导隐患排查治理工作的作用。没有认识到风险和隐患是一个相互关联、相互促进、不断加强的有机整体,将其理解成两个独立的工作方向,造成严重的风险和隐患"两张皮"现象。

1.3.2　推行机制构建研究的必要性

面对这些问题,有必要对水利行业尤其是水库(水电站)工程开展安全风险分级管控机制构建研究,纠正部分水库运行管理单位对安全风险分级管控机制的错误理解和不合理做法,有效提升机制的运行效果,切实提高水利行业的安全管理水平。同时为行业监管部门的监督工作提供有力抓手,为精准监管提供重要的数据基础。其意义主要体现在以下几个方面。

(1)解决水利行业对有关概念理解不清、模糊的问题

有必要对安全风险分级管控机制建设和运行中涉及的术语和概念结合水利行业的特色作出相应的解释和规范,为水利行业生产经营单位开展相关知识培训和理论宣贯打下基础,让水利工程在建设和运行中有"法"可依,让从业人员在实际执行中便于理解和接受。

(2)规范建设和应用,解决建设和实际应用"两张皮"问题

通过推行机制构建研究,编制相关实施指南和案例,对如何将安全风险管控机制在相应部门、职责、流程中有效落地做出具体说明,将其与水利企事业单位日常安全管理流程融合,避免安全风险分级管控机制只建设不运行的问题。

（3）明确风险和隐患相互促进的机制

通过推行机制构建研究，编制相关实施指南和案例，将风险和隐患视为相互联系、相互促进的两个有机组成部分。风险分级管控措施为隐患排查治理提供指引，隐患排查治理情况统计分析为风险辨识和措施完善指明方向。在风险和隐患的互动中，水利行业安全管理水平不断提升。

（4）夯实责任，为监管部门安全监督提供支撑

通过开展机制构建研究，编制相关实施指南和案例，明确水利企事业单位主要负责人为安全风险分级管控工作第一负责人，指明机制建设应包含哪些要素，每一个要素应该如何建设，建设运行过程中每个人的职责是什么。此外，对各类反映水利企事业单位安全风险管控机制运行情况的基础指标予以明确，统一各指标内涵，为行业各级水行政主管部门精准监督提供可参考的基本依据。

1.4 水利行业安全风险分级管控有关概念辨析

作为一项安全管理创新，与国际、国内其他安全管理体系类似，安全风险分级管控机制的核心也是风险。对于我国水利行业从业者来说，风险是一个经常说，但理解又非常模糊、混乱的一个概念。概念的混淆给水库运行管理单位安全风险分级管控机制的建立带来了巨大的障碍。因此，要真正建好安全风险分级管控机制，甚至是双重预防机制，就要掌握危险源、风险、隐患等相关概念，理解其内在逻辑。

1.4.1 有关名词概念辨析

（1）危险源

根据《职业健康安全管理体系 要求》（GB/T 28001—2011）的有关定义，危险源指导致人员健康损害、人身伤害和财产损失的行为、根源、状态。其中根源是指具有能量或产生、释放能量的物理实体或有毒有害气体，如起重设备、电气设备、压力容器、有限作业空间等；行为是指决策人员、管理人员以及从业人员的决策行为、管理行为以及作业行为；状态包括物的状态和作业环境的状态两部分。

此外，危险源包含3个要素：触发因素、潜在危险性和存在条件。危险源触发因素是危险源导致安全事故的外部因素，每种类型的危险源有其对应的敏感触发因素，危险源在触发因素的作用下，首先会转化为危险状态，然后转化为事故；危险源潜在危险性指事故发生后导致的不良后果大小；危险源存在条件指其所处的约束条件状态、化学状态及物理状态等。

从水利行业角度来说，按照能量转移理论，危险源主要可以从两个角度来考虑，一

是承载能量、危险物质的生产装置、设备设施或场所,就水库工程而言主要指挡水的大坝、高边坡、泄洪建筑物等构(建)筑物,以及水轮机、发电机、配电柜、闸门、启闭机等机电设备和金属结构;二是接触、改变能量和危险物质的作业行为或活动,就水库工程而言,主要指设备运行操作、设备检修作业、巡视检查作业、各类管理活动等。

(2)隐患

隐患是中国特有的术语,在安全生产领域衍生出了很多词,如事故隐患、安全隐患等。根据《生产安全事故隐患排查治理规定》,事故隐患是单位或企业违反安全生产相关的法律法规、规章及制度,或者受其他因素的影响,在生产和经营活动中出现可能导致事故发生的人的不安全行为、物的不安全状态和管理上的缺陷。结合危险源概念可以进一步引申为:事故隐患即导致危险源安全措施、条件失效或者破坏的违法违规行为和现象,如人的不安全行为、物的不安全状态、管理上的缺陷。

隐患是工作过程中的各种不足和不到位,是导致事故发生的直接原因,所以隐患排查治理的重点是第一时间发现,并及时采取措施予以治理,从根本上予以消除。隐患排查治理要求闭环管理,隐患不排除,不得开始运行和生产。

从水库运行管理角度来说,事故隐患就是在水库运行管理过程中,各类构(建)筑物、机电设备、金属结构、周边环境出现的物的不安全状态,设备运行操作作业、巡视检查作业、设备建筑物维护检修作业中出现的人的不安全行为,运行管理活动中暴露的管理上的缺陷等。

(3)安全风险

风险一词最初源于保险行业,表现为收益的不确定性。《风险管理术语》将风险定义为不确定性对目标的影响。《职业健康安全管理体系 要求》(GB/T 28001—2011)里将风险定义为:发生危险事件或有害暴露的可能性,与随之引发的人身伤害或健康损害的严重性的组合。《标准化工作指南第4部分》对风险的定义为:对伤害的一种综合衡量,包括伤害发生的概率和伤害的严重程度。根据《企业安全生产标准化基本规范》(GB/T 33000—2016)中安全风险的定义,发生危险事件或有害暴露的可能性,与随之引发的人身伤害、健康损害或财产损失的严重性的组合。

因此,对危险源的事故风险进行评价,本质上是对危险源在各类事故隐患影响下发生事故的可能性以及事故导致后果严重程度进行的综合考量。因此,风险既有客观成分,也有主观成分,但风险在任何时候都是存在的,除非产生风险的根源发生变化,如不再使用某个设备、采用不同的生产工艺、彻底改变生产环境等。风险是一种可能性,通过辨识可以判断,虽然无法消除,但可以管控。

从水库运行管理角度来说,安全风险就是在水库运行管理过程中,各类构(建)筑物、机电设备、作业活动、周边环境等在物的不安全状态、人的不安全行为、管理上的缺陷影响下，发生溃坝、淹溺、水淹厂房、人身伤亡、火灾、爆炸、窒息、全厂停电、洪水灾害、边坡垮塌等事故的可能性及这些事故可能造成严重程度的综合判断。

（4）安全风险分级管控

风险分级是通过运用合理的科学方法，对危险源导致某些事故发生的风险进行定性、定量和半定量的评价，根据评价的结果划分风险等级，从而进行风险分级管理的方法。风险一般分为4个等级，从低到高依次为低风险－蓝色风险、一般风险－黄色风险、较大风险－橙色风险、重大风险－红色风险。风险分级管控是根据风险分级、风险管控能力、管控措施的难易程度和管控所需资源确定不同管控层级的方式，基本原则是危险源的风险分级应与管理层级相对应。风险管控的重点就是如何将风险控制在可接受的限度内，包括降低事件发生的可能性和降低事件发生后果的严重性。

就水库运行管理单位而言，就是根据风险评价结果，对不同的危险源按照安全风险分级、分层、分类、分专业进行管理，逐一落实单位、部门、班组和岗位的管控责任，尤其是强化对重大危险源和存在重大安全风险的生产经营系统、生产区域、岗位的重点管控。

1.4.2 有关名词概念间的逻辑关系

（1）危险源、风险、隐患、事故之间的逻辑关系

风险来源于可能导致人员伤亡或财产损失的危险源或各种危险有害因素，是事故发生的可能性和后果严重性的组合，而隐患是风险管控失效后形成缺陷或漏洞，两者是完全不同的概念。风险事件的发生，使得事故发生的可能性极大提升，因此作为安全管理者而言，不能仅仅关注事件（即隐患）是否发生，而应进一步考虑，如何减少隐患发生，甚至不发生隐患。这就需要企业各级管理人员和员工提前辨识出可能存在的各种风险，并提前制定管控措施，使该风险能够被控制在可接受范围内。通过各种风险分级管控的方法、方案，使所有的风险管控措施都能够始终与企业所制定的标准保持一致，确保隐患不发生或数量大幅度减少，从而有效解决当前安全管理中所存在的系统性问题。

比如，水库（水电站）工程常用的龙门吊设备是危险源，因为它带有能量（电能），同时它能使物体带有势能和动能。完好的设备是危险源，没有构成隐患。但当钢丝绳出现断丝现象时，就出现了隐患。若断丝数较少，虽存在隐患，但不一定会发生事故。若断丝数量增加到一定程度，在大载荷运行时，就很容易发生断绳事故。

（2）安全风险分级管控与隐患排查治理间的逻辑关系

双重预防机制是面向事故尤其是重特大事故构建的两层预防体系，包括安全风险分级管控和隐患排查治理两个事故防范关口，构筑了两道防火墙。水利行业安全管理

长期以来以隐患排查治理为主,所关注的是第二道关口。双重预防机制将关口前移,构筑两道防火墙,将风险分级管控挺在隐患前面。其逻辑图见图1.4-1。

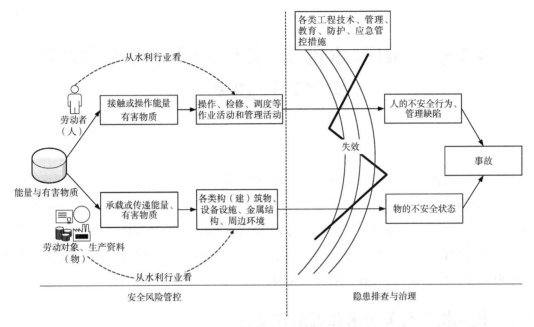

图 1.4-1　双重预防机制理论逻辑图

从图1.4-1中可以看出,第一道防火墙是"管风险",以安全风险辨识和管控为基础,从源头上系统辨识分析危险源及其导致事故发生的风险、制定管控措施,分级管控风险,确保所有措施的有效性,把各类风险控制在可接受范围内,杜绝和减少事故隐患。

第二道防火墙是"治隐患",以隐患排查和治理为手段,及时排查风险管控过程中出现的缺失、漏洞和风险管控失效环节,夯实隐患治理责任,确保隐患真正得到及时、科学的治理,坚决把隐患消灭在事故发生之前。

双重预防机制是一个完整的机制,安全风险分级管控和隐患排查治理是其两个有机组成部分,是企业安全管理的核心机制。水利行业企事业单位可以通过风险辨识发现可能存在的风险,解决"想不到"的问题;通过风险评估,发现安全生产工作的重点,抓住问题的"牛鼻子",解决"认不清"问题;通过风险分级、分专业落实责任,解决"管不到"的问题。

因此,安全风险分级管控是双重预防机制的核心和灵魂,该机制能够把新情况和想不到的问题都想到,实现安全生产关口的前移。水利行业企事业单位必须严格遵循习近平总书记的要求,将安全风险逐一建档入账并不断更新,强化风险意识,分析事故发生的全链条,抓住关键环节采取预防措施,防范安全风险管控不到位变成事故隐患,事故隐患未及时被发现和治理演变成事故。

第2章 水库(水电站)安全风险分级管控机制构建程序和要点

水库(水电站)安全风险分级管控机制建设工作应坚持示范引领、全面推进的原则，按照"政府引导、企业负责"的推进模式，建立健全工作机制和责任体系，重构企业安全管理各项制度，规范安全风险分级管控机制建设流程和常态化运行机制。具备条件的水库运行管理单位、企业应充分运用信息化手段，实现企业安全风险的动态管控，并主动与政府监管平台对接，实现数据的互联互通。

2.1 机制构建有关要求和规范性文件

水库(水电站)运管单位开展安全风险分级管控机制建设需要依据相关法律法规、部门规章和规范性文件以及各类国家和行业技术标准、水库(水电站)工程相关技术资料等开展工作，主要依据如下。

2.1.1 主要法律法规

《中华人民共和国安全生产法》；

《中华人民共和国消防法》；

《中华人民共和国突发事件应对法》；

《中华人民共和国特种设备安全法》；

《中华人民共和国道路交通安全法》；

《中华人民共和国职业病防治法》；

《中华人民共和国防洪法》；

《危险化学品安全管理条例》(国务院令第645号)；

《特种设备安全监察条例》(国务院令第549号)；

《生产安全事故报告和调查处理条例》(国务院令第493号)；

《水库大坝安全管理条例》(国务院令第588号)；

《生产安全事故应急条例》(国务院令第708号)；

其他相关法律法规。

2.1.2　主要部门规章和规范性文件

《国务院安委会办公室关于实施遏制重特大事故工作指南构建双重预防机制的意见》（安委办〔2016〕11 号）；

《水利部关于开展水利安全风险分级管控的指导意见》（水监督〔2018〕323 号）；

《水利水电工程（水库、水闸）运行危险源辨识与风险评价导则（试行）》（办监督函〔2019〕1486 号）；

《水利水电工程（水电站、泵站）运行危险源辨识与风险评价导则（试行）》（办监督函〔2020〕1114 号）；

《水利安全生产监督管理办法（试行）》（水监督〔2021〕412 号）；

《构建水利安全生产风险管控"六项机制"的实施意见》（水监督〔2022〕309 号）；

《构建水利安全生产风险管控"六项机制"工作指导手册》（监督安函〔2022〕56 号）；

《水利行业涉及危险化学品安全风险的品种目录》（办安监函〔2016〕849 号）；

《生产经营单位安全培训规定》（原国家安全生产监督管理总局令第 80 号）；

《企业安全生产费用提取和使用管理办法》（财资〔2022〕136 号）；

《危险化学品目录（2015 版）》（国家安全生产监督管理总局等 10 部门公告〔2015〕第 5 号）；

《国家发展改革委办公厅 国家能源局综合司关于进一步加强电力安全风险分级管控和隐患排查治理工作的通知》（发改办能源〔2021〕641 号）；

《长江水利委员会安全生产风险分级管控实施办法（试行）》（长监督〔2020〕648 号）；

其他相关部门规章和规范性文件。

2.1.3　主要国家和行业技术标准

①《风险管理原则与实施指南》（GB/T 24353—2022）；

②《风险管理 风险评估技术》（GB/T 27921—2011）；

③《生产过程危险和有害因素分类与代码》（GB/T 13861—2022）；

④《企业职工伤亡事故分类标准》（GB 6441—86）；

⑤《危险化学品重大危险源辨识》（GB 18218—2018）；

⑥《消防应急照明和疏散指示系统技术标准》（GB 51309—2018）；

⑦《个体防护装备配备规范 第 1 部分：总则》（GB 39800.1—2020）；

⑧《机械安全 安全防护的实施准则》（GB/T 30574—2021）；

⑨《安全标志及其使用导则》（GB 2894—2008）；

⑩《固定式钢梯及平台安全要求》(GB 4053—2009);

⑪《水利水电工程劳动安全与工业卫生设计规范》(GB 50706—2011);

⑫《生产经营单位生产安全事故应急预案编制导则》(GB/T 29639—2020);

⑬《水利工程设计防火规范》(GB 50987—2014);

⑭《电力安全工作规程 发电厂和变电站电气部分》(GB 26860—2021);

⑮《水轮发电机基本技术条件》(GB/T 7894—2009);

⑯《电业安全工作规程 第1部分:热力和机械》(GB 26164.1—2010);

⑰《水利单位管理体系要求》(SL/Z 503—2016);

⑱《水利水电工程安全监测系统运行管理规范》(SL/T 782—2019);

⑲《水利安全生产标准化通用规范》(SL/T 789—2019);

⑳《水文自动测报系统技术规范》(SL 61—2015);

㉑《水工钢闸门和启闭机安全运行规程》(SL/T 722—2020);

㉒《水利水电起重机械安全规程》(SL 425—2017);

㉓《水轮发电机运行规程》(DL/T 751—2014);

㉔《电力变压器运行规程》(DL/T 572—2021);

㉕《电力安全工作规程 高压试验室部分》(DL/T 560—2020);

㉖《六氟化硫电气设备运行、试验及检修人员安全防护导则》(DL/T 639—2016);

㉗《水电站设备检修管理导则》(DL/T 1066—2007);

㉘《特种设备使用管理规则》(TSG 08—2017)

㉙《压力容器定期检验规则》(TSG R7001—2013);

㉚《电梯维护保养规则》(TSG T5002—2017);

㉛《噪声职业病危害风险管理指南》(AQ/T 4276—2016);

其他相关国家和行业技术标准。

2.1.4 水库(水电站)相关技术资料

《水库(水电站)初步设计报告》;

《水库(水电站)工程蓄水安全鉴定报告》;

《水库(水电站)工程竣工验收技术鉴定报告》;

《水库(水电站)工程竣工验收鉴定书》;

《水库(水电站)大坝安全管理应急预案》;

《水库(水电站)工程大坝安全评价报告》;

《水库(水电站)工程年度安全监测报告》;

《水库(水电站)安全生产标准化年度自评报告》;

《水库(水电站)工作场所职业病危害因素检测评价报告》；

水库(水电站)各类规章制度、运行规程、检修规程、应急预案；

其他技术资料。

2.2 机制构建基本程序

安全风险分级管控机制是以安全风险辨识和管控为基础，从源头上系统辨识、分级管控风险，把各类风险控制在可接受范围内，杜绝和减少事故隐患；同时结合隐患排查与治理机制，排查风险管控过程中出现的缺失、漏洞和控制失效环节，坚决把隐患消灭在事故发生之前。其整个构建和运行模式也同样遵循PDCA(戴明环)循环模式(图2.2-1)。风险辨识、评价与控制是计划(P)阶段，风险分级管控为实施(D)阶段，隐患排查为检查(C)阶段，隐患治理为改进(A)阶段，如此形成闭环管理周而复始，不断强化员工对风险的认知和辨识能力，及时发现和消除各类事故隐患，真正防患于未然。

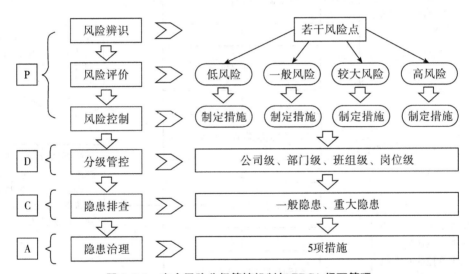

图 2.2-1 安全风险分级管控机制与 PDCA 闭环管理

参照有关法律法规和国家、行业和地方标准，结合水利枢纽工程实际，水库(水电站)安全风险评估和分级管控工作可按照明确机构职责、制定制度、组织培训、资料收集、评估单元划分、危险源辨识与风险分析、风险评价、风险管控措施制定、明确风险管控层级、编制风险管控清单和风险评估报告、动态调整、风险告知、信息整理上报的基本流程开展相关工作。具体流程见图2.2-2。

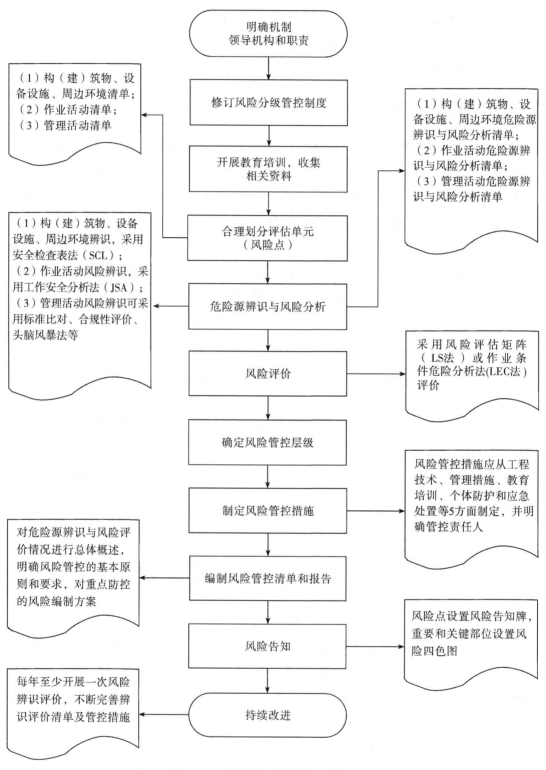

图 2.2-2　风险分级防控基本内容与流程

（1）明确机制领导机构及职责

水库（水电站）应建立以主要负责人为第一责任人的安全生产风险分级管控领导机构，机构由单位领导班子成员、各部门负责人等组成，明确机构职责、目标与任务，全面负责单位安全生产风险分级管控的研究、统筹、协调、指导和保障等工作。建立健全全员安全生产责任制，落实从主要负责人到每位从业人员的安全生产风险分级管控责任。主要负责人对本单位安全生产风险分级管控的工作全面负责，各分管负责人对分管业务范围内的安全生产风险分级管控工作负责，部门、班组和岗位人员负责本部门、本班组和本岗位安全生产风险分级管控工作。

（2）编制修订风险分级管控制度

针对本单位特点，编制和完善安全风险分级管控制度，明确危险源辨识、风险分析和分级管控的职责分工、原则、范围、程序、分级标准、方法、频次、工作保障等方面的内容。

（3）教育培训

将安全风险管控培训纳入安全教育培训计划，对安全风险分级管控概念、创建思路、危险源辨识方法、风险评估结果、安全风险清单、管控措施等内容开展全员教育培训，并做好记录。注重将风险分析结果、管控措施培训与新员工三级安全教育、日常教育培训、班前班后会等有机融合。

（4）资料收集整理

开展危险源辨识、风险分析、风险评价前需收集各种本单位内外部技术资料，以便为后续工作提供充足的信息资源。外部信息包括：①适用的安全生产、双重预防机制等有关法律法规、规章、标准、规范性文件；②本单位所在区域和管理范围的自然环境状态报告；③周边企业、居民的分布情况，以及相关的诉求和安全风险承受度；近几年国内外同类型企业发生过的典型事故案例。内部信息则一般包括：①本单位组织机构、职责、安全生产管理制度、应急预案等；②相关设备、设施的法定检测报告；③工艺、装置、设备的说明书和工艺流程图；④设备、设施试运行方案、操作规程、维修规程、应急处置措施；⑤各类金属结构、机电设备的初步设计文件、设计变更资料、安全鉴定报告；⑥本单位新、改、扩建项目风险评估或安全评价报告；⑦本单位设备设施台账、作业活动清单、危险化学品台账；⑧常用的设备检查表、安全检查表、巡检表、操作和应急卡等。

（5）合理划分评估单元

合理、正确划分评估单元是顺利开展危险源辨识分析和风险评估的前提，可以保证安全风险评估工作的全面性和系统性，避免出现纰漏。划分遵循"大小适中、便于分类、功能独立、易于管理、范围清晰"的原则。根据工程运行管理特点，按照水利行业标准要

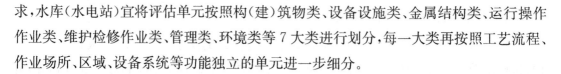

求,水库(水电站)宜将评估单元按照构(建)筑物类、设备设施类、金属结构类、运行操作作业类、维护检修作业类、管理类、环境类等7大类进行划分,每一大类再按照工艺流程、作业场所、区域、设备系统等功能独立的单元进一步细分。

（6）危险源辨识与风险分析

组织有关业务骨干全方位、全过程辨识构(建)筑物、设备设施、作业活动、管理体系、周边环境等方面存在的危险源,同时对不同类别的危险源,水库运管单位应结合现场实际,选择现场观察、工作安全分析(JSA)、安全检查表(SCL)、危险与可操作性分析(HAZOP)、故障树分析(FTA)、事件树分析(ETA)等不同的方法,对可能发生事故后果和导致事故原因进行风险分析。明确危险源的名称、区域位置、类型、可能导致的事故、事故诱因、责任单位、责任人等信息,形成危险源清单。

（7）风险评价

水库运管单位应当结合生产实际和作业条件,制定本单位的风险等级划分标准,并组织专业力量对辨识出的危险源在一定触发因素作用下导致事故发生的可能性及危害程度进行调查、分析、论证,判断危险源风险程度,确定风险等级。重大危险源的风险采用直接判定法,一般危险源的评价可采用作业条件危险分析(LEC)、风险矩阵法(LS法)。根据水利行业标准将风险等级从高到低依次划分为重大风险、较大风险、一般风险和低风险,分别采用红、橙、黄、蓝4种颜色标示。

（8）明确风险管控层级

根据风险评价结果,水库(水电站)运管单位应对安全风险分级、分层、分类、分专业进行管理,要根据风险大小与管理层级结合、与行政责任挂钩,确保每项生产经营活动落实风险管控责任层级,并按照"一岗双责"的要求,具体到人。逐一落实单位、部门、班组和岗位的管控责任,尤其强化对重大危险源和存在重大安全风险的生产经营系统、生产区域、岗位的重点管控。

（9）风险控制措施制定

风险控制是安全管理工作的核心,其目的在于以现有技术、能力和管理水平,以最少的消耗达到最优的安全水平,包括防止事故发生频率、降低事故的严重程度和事故造成的经济损失程度。因此水库(水电站)运管单位应组织有关业务骨干根据评价结果制定相应的风险管控措施,包括工程技术措施、管理措施、教育培训措施、个体防护措施和应急处置措施等方面,其中优先考虑工程技术措施。对于现有风险为较大及以上的风险点,必须补充完善现有管控措施,以确保风险可控。控制措施需要经过本单位相关专业技术人员进行评审,具有可操作性并得到有效落实。

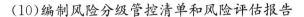

（10）编制风险分级管控清单和风险评估报告

在每一轮风险辨识和评价后，编制包括全部风险点各类风险信息的风险分级管控清单，并按规定及时更新。风险管控清单要明确填报日期、危险源名称、类别、位置、事故诱因、事故及后果、风险等级、控制措施、管控层级等；风险评估报告要明确评估目的范围、评估依据、工程基本情况、评估程序和方法、评估结果和结论、对策建议和相关附件。此外，还要将年度辨识评估的结果应用于确定下一年度安全生产工作重点，指导和完善下一年度生产计划、灾害和事故预防、应急救援预案中。

（11）动态调整

水库（水电站）运管单位应当关注危险源变化后的风险状况，动态调整危险源、风险等级和管控措施，确保安全风险始终处于受控范围内。按照水利行业的要求，每个季度至少更新一次防控清单，每3年至少重新编制一次危险源辨识与风险评估报告。

（12）风险告知

水库（水电站）运行管理单位要建立完善的安全风险公告制度，风险辨识评价完成后，要及时公布本单位的主要风险点、风险类别、风险等级、管控措施和应急措施，让每名员工都了解风险点的基本情况及防范应对措施。可在醒目位置和重点区域设置风险公告栏，制作岗位风险告知卡，标明危险源名称、可能引发事故类型、事故后果、风险等级、管控方法、应急预案、报告方式以及责任单位、责任人、联系方式等内容。对存在重大风险的工作场所、岗位和有关设施、设备，设置明显的风险警示标志，并强化监测和预警。

（13）信息报送

水库（水电站）运行管理单位应当按照上级主管部门要求于每季度月末前向其报送安全风险管控清单并填报水利安全生产信息系统。存在重大风险的，各单位应当每月详细了解管控措施和效果。风险等级为重大的一般危险源和重大危险源应按有关规定报项目主管部门和有关部门备案。危险源辨识与风险评估报告按照有关规定及时报水行政主管部门备案。安全风险管控清单发生重大更新的，各单位应当自安全风险管控清单更新之日起3日内及时报告上级主管部门或企业。

2.3　机制构建准备要点

2.3.1　领导和工作机构要求

水库（水电站）运行管理单位应建立安全风险分级管控机制建设领导组织机构，主要负责人任组长，工作组成员应包括：分管负责人、各部门负责人等。主要负责人负责组织风险分级管控工作，对单位安全风险分级管控工作全面负责，为工作的开展协调提供必要的人力、物力、财力支持,分管负责人负责分管范围内的风险分级管控工作。此外,安全风险分级管控工作不是一个人、一个部门、一个专业就能完成的,需要单位各部门、各专业进行协调配合,所以就需要根据企业的实际情况将安全、生产、技术、设备等各类专业技术人员进行专业分组,确定专业组长。各专业人员在专业组长的领导下完成各专业安全风险分级管控工作。水库(水电站)运管单位根据实际,一般可以成立水工建筑物风险工作组、金属结构风险工作组、机电设备风险工作组、调度运行风险管控工作组、维护检修风险工作组、周边环境和职业健康风险工作组、管理体系风险工作组。

2.3.2　实施方案要求

风险分级管控体系是水库(水电站)安全运行的核心工作,但其构建程序较为复杂、专业面覆盖广泛、辨识评价方法较为多样,因此每个水库(水电站)运行管理单位均应结合自身实际制定安全风险分级管控机制建设实施方案,明确工作要求、目标、任务、实施步骤、进度安排等,做到责任层层分解、过程全员参与,确保安全风险分级管控机制建设各项工作落到实处。《水库风险分级管控构建实施方案》一般应包括构建目的、构建的规范依据、总体要求目标与原则、有关术语和定义、机构职责要求、管理制度要求、安全风险辨识对象方法和类型、安全风险划分原则和评估方法、风险管控措施制定原则、风险管控层级要求、安全风险分级管控考核要求、风险公示公告方法、教育培训要求、持续改进要求、文件归档和信息化要求等内容。

2.3.3　工作职责要求

水库(水电站)运行管理单位应建立健全机制建设工作责任体系,主要负责人全面负责,分管负责人负责分管范围内的安全风险分级管控和隐患排查治理工作,并明确各部门、班组和岗位人员等各岗位层级的职责,做到全员参与。单位应将安全风险分级管控机制工作职责融入全员安全生产责任制中,对单位现有的各项安全管理制度进行修订完善。责任分工既对单位领导层包括局(站)长、书记、总工、副局(站)长、副总等提出要求,也对部门(科室)、班组、岗位提出要求。依据责任分工,可对水库运管单位现有岗位安全生产责任制进行修订,增加安全风险分级管控机制职责,也可以考虑单独出具相应责任文件。

2.3.4　工作制度要求

水库(水电站)运行管理单位应结合安全风险分级管控机制建设要求,建立、修订和完善《全员安全生产责任制》《安全风险分级管控制度》《事故隐患排查治理制度》《安全风险公告制度》《安全教育培训制度》《安全生产考核制度》《安全生产投入管理制度》《双重预防机制运行激励约束制度》等相关制度。

其中，《安全风险分级管控制度》应明确安全风险辨识评估范围、方法和安全风险辨识、评估、管控、公告、报告等工作流程，以及保障措施等相关内容。《事故隐患排查治理制度》应明确事故隐患排查责任部门和责任人，以及事故隐患排查内容、方式、频率、登记、治理、督办、验收、销号、分析总结、检查考核等内容，对事故隐患进行分级，建立分级排查、分级治理、分级督办、分级验收的隐患排查治理工作机制，实行闭环管理。

《安全风险分级管控制度》和《事故隐患排查治理制度》的制定可参见第6章附录6.1，运管单位可根据实际情况参照进行修订、完善。

2.3.5 教育培训要求

水库（水电站）应将安全风险分级管控机制内容纳入培训计划，开展全员教育与培训，明确培训内容、培训学时、培训对象、考核方式等。主要培训内容应包括机制建设的思路、目标、要求，以及安全风险辨识评估方法、评估结果、安全风险清单、管控措施、隐患排查的内容和方法等。

通过组织对全体员工开展关于风险管理理论、风险辨识评估方法和安全风险分级管控机制建设技巧与方法等内容的培训，使全体员工掌握双重预防机制建设相关知识，尤其是具备参与风险辨识、评估和管控的能力。此外，还应加强对专业技术人员的培训，要使水工、机电、调度、运行、维修等专业技术人员首先具备安全风险构建所需的相关知识和能力，充分认识到安全风险分级管控对于保障自身安全的重要性，并主动将相关专业技术知识运用到安全风险辨识分析评价的过程中，保障风险辨识评价结果的科学性和实用性。

2.4 安全风险辨识分析要点

参照《长江水利委员会安全生产风险分级管控实施办法（试行）》的有关规定，危险源辨识的常用方法包括询问与交流、现场检查、查阅有关记录、安全检查表法、因果分析法、预先危险性分析法、头脑风暴法、流程图法、系统分析法、场景分析法、历史个例排序、综合推断法等。水库（水电站）运行管理单位可根据运行管理实际，选用以下方法进行危险源辨识和风险分析。

2.4.1 重大危险源辨识分析要点

（1）危险化学品重大危险源辨识分析方法

严格按照《危险化学品目录》和《危险化学品重大危险源辨识》（GB 18218—2018）规

定的范围、计算方法和判定准则,辨识分析水库(水电站)运行管理范围内可能存在危险化学品从储量、危险性等角度综合考量是否能够满足重大危险源标准,经过计算能够达到标准要求的,应直接判定为重大危险源,不能达到的,按照一般危险源管理。

(2)其他类型重大危险源辨识分析方法

其他类型重大危险源优先采用直接判定法,由水库(水电站)运行管理单位有关负责人、部门负责人、安全管理人员和业务技术骨干按照《水利水电工程(水库、水闸、水电站、泵站)运行危险源辨识与风险评价导则(试行)》中《水库工程运行重大危险源清单》《水电站工程运行重大危险源清单》所列项目,结合水库(水电站)运行实际情况,对其他类型重大危险源辨识进行集体讨论决定。辨识分析过程可依据导则第3.4款的有关要求"当工程出现符合水库、水电站工程运行重大危险源清单中的任何一条要素,可直接判定为重大危险源"。

2.4.2 一般危险源辨识分析要点

(1)常用的危险源辨识分析方法

目前可用于危险源辨识分析的方法很多,各种方法在辨识分析过程中都有其各自特点和应用的范围。从某种程度上说,危险源辨识分析方法没有好坏之分,只有难易之别,简单和复杂之分,适合与不适合之分。参照《水利水电工程(水库、水闸、水电站、泵站)运行危险源辨识与风险评价导则(试行)》《长江水利委员会安全生产风险分级管控实施办法(试行)》的有关要求,结合水库(水电站)运行管理实际,对可能存在的一般危险源可优先采用安全检查表法(简称SCL)、工作危害分析法(简称JHA)和预先危险分析法(简称PHA)3种常用方法进行辨识分析。

安全检查表法(SCL)是一种对照分析法,适用于工程、系统、设备的各个节点,是系统安全工程的一种最基础、最简便、广泛应用的系统危险性评价方法。在安全风险分级管控中通常为辨识某一系统、设备、建筑物中的危害因素,事先对检查对象加以剖析,分析问题所在,并根据理论知识、实践经验、标准规范和事故情报等进行周密的思考,确定检查的项目和要点,以提问方式将检查项目和要点按系统编制成表,以备辨识和检查时按规定的项目进行检查和评价,据此可辨识出已经存在的危害因素。

工作危害分析法(JHA)是指定期对某项工作任务进行风险辨识分析的评估工具,常常用于非常规作业或者常规作业内容发生变化时,主要做法是将工作分解成不同的步骤或者子任务,识别每一步或子任务中存在的危害因素,评估相应的风险,如果初始风险不能接受,就要采取所推荐的安全方法和措施来降低风险,将风险降低到可接受的程度,防止事故或伤害的发生。

预先危险性分析法（PHA）也可称为危险性预先分析，是在每项工程、活动之前（如设计、施工、生产之前），或技术改造之后（即制定操作规程前和使用新工艺等情况之后），对系统存在的危险因素类型、来源、出现条件、导致事故的后果以及有关防范措施条件等做概略分析的方法。通过该方法的识别，能够大体识别与系统有关的主要危险，鉴别产生危险的原因，预测事故出现对人体及系统产生的影响，判定已识别的危险性等级，并提出消除或控制危险性措施。

（2）危险源辨识分析方法的选择

对不同类别的一般危险源选择不同的方法，对可能发生事故的后果和导致事故的原因进行风险分析。对于构（建）筑物类、设备设施类、周边环境类等较为固定、静态的危险源宜采用安全检查表法（SCL），逐个系统或部件分析可能发生的事故和事故原因。对作业活动类、运行管理类等动态变化的危险源宜采用工作危害分析法（JHA），逐个工作步骤分析可能发生的事故和事故原因；对于尚在试运行阶段的项目，宜采用预先危险分析法（PHA）对危险源进行宏观、概略的分析。

（3）事故及后果的分析原则

对一般危险源分析其可能发生的事故和后果可参照《企业职工伤亡事故分类标准》（GB 6441—86），主要包括：物体打击、车辆伤害、机械伤害、起重伤害、触电、淹溺、灼烫、火灾、高处坠落、坍塌、容器爆炸、中毒和窒息、洪涝灾害、设备损坏、溃坝、水淹厂房、职业健康损害、其他伤害等。分析时要综合考虑正常、异常、紧急3种状态和过去、现在、将来3种时态，以及已发生事故事件和历史风险情况。

物体打击是指物体的重力或惯性力造成的人身伤害事故，适用于落下物、飞来物、滚石、崩块所造成的伤害，但不包括爆炸、车辆、坍塌引起的物体打击。

车辆伤害指由运动中的机动车辆引起的机械伤害事故，适用于机动车辆在行驶中的挤、压、坠落、撞车、物体倒塌或倾覆等事故，不包括起重设备提升、牵引车辆和车辆停驶时发生的事故。

机械伤害指由于运动或静止中的机械设备部件、工具、加工件直接与人体接触引起伤害的事故，适用于在使用、维修机械设备与工具引起的绞、夹、碾、剪、碰、割、戳、切等伤害，不包括车辆、起重机械引起的机械伤害。

起重伤害是指从事起重作业时（包括起重机安装、检修、试验）引起的机械伤害事故，适用于各种起重作业中发生的脱钩砸人、钢丝绳断裂抽人、移动吊物撞人、钢丝绳绞人或滑车等伤害。

触电指电流流经人体，造成生理伤害的事故，适用于触电、雷击伤害。如人体接触带电的设备金属外壳、裸露的临时线、漏电的手持电动工具、起重设备误触高压线或感应电,雷击伤害、触电坠落等事故。

淹溺是指人落入水中,水侵入呼吸系统造成伤害的事故,适用于船舶、排筏、设施在航行、停泊、作业时发生的落水事故,包括高处坠落淹溺。

灼伤是指因接触酸、碱、盐、有机物引起的内外化学灼伤,火焰烧伤,蒸汽、热水或因火焰、高温、放射线引起的内外物理灼伤,导致皮肤及其他器官、组织损伤的事故,不包括电烧伤及火灾事故引起的烧伤。

火灾是指造成人身伤亡的企业火灾事故,不包括非企业原因造成的火灾事故,如居民火灾蔓延到企业的事故。

高处坠落是指作业人员在工作面上失去平衡,在重力作用下坠落引起的伤害事故,适用于脚手架、平台、房顶、桥梁、山崖、坑洞、沟渠等地的坠落,不包括触电坠落事故。

坍塌是指物体在外力或重力作用下,超过自身的强度极限或因结构稳定性破坏而造成的事故,适用于因设计或施工不合理而造成的倒塌,以及土方、岩石发生的塌陷事故,不适用于矿山冒顶片帮和车辆、起重机械、爆破引起的坍塌。

透水是指矿上、地下开采或其他坑道作业时,意外水源造成的伤亡事故,适用于井巷与含水层、地下含水带、溶洞或被淹巷道、地面水域相通时,涌水成灾的事故,不适用于地面水害事故。

压力容器爆炸是指压力容器破裂引起的气体爆炸,包括容器内盛装的可燃性液化气,在容器破裂后立即蒸发,与周围的空气混合形成爆炸性气体混合物,遇到火源时产生的化学爆炸,也称容器二次爆炸。

中毒是指人接触有毒物质引起的人体急性中毒事故,如误食有毒食物,呼吸有毒气体;窒息是指因为氧气缺乏,发生突然晕倒,甚至死亡的事故,如在废弃的坑道、竖井、涵洞、地下管道等不通风的地方工作发生的伤害事故。

不属于上述伤害的事故可统称为其他伤害,如扭伤、跌伤、冻伤、野兽咬伤、钉子扎伤等。

(4)事故发生原因的分析原则

在安全风险分级控制中,事故发生的原因主要是指危害因素,就是导致能源或危险物质的约束或限制措施破坏或失效的各种不安全因素,包括人、物、环境、管理4个方面。4个方面的表现形式多种多样,描述也是五花八门,因此用简明的短语把事情说清楚即可。

危害因素的描述要把握一条原则,不要把同类危害因素一并描述,应尽量具体到每一项危害因素。比如,操作失误、设备缺陷、管理不善、环境不良等方式的描述就过于笼统,会使人摸不着头脑,这样的危害因素分析就失去了原来的意义,识别的目的就是为了更好地控制和防范可能或已存在的风险,只有识别到具体的点才能对员工起到警示作用。比如,环境不良可能有很多种情况,应具体指出,如光线不合适,也可能是烟雾弥漫,照明不足,或者地面湿滑、不平,通风不良和噪声过高等,应结合具体的现场情况识别到这种具体程度。同样,操作失误应明确是什么样的错误操作,设备缺陷应明确什么设备的哪个部位存在缺陷;管理不善应明确是哪项管理制度、管理方法和管理措施存在问题。

总之,分析事故发生原因可参照《生产过程危险和有害因素分类与代码》(GB/T 13861—2022)的要求,从人的不安全行为、物的不安全状态、环境的不安全因素、管理存在的缺陷等方面,结合具体事情进行具体的分析。

(5)定期更新原则

辨识分析的各类危险源应汇总制定危险源清单,并明确危险源的名称、类别、级别、基本特征、事故诱因、可能导致的事故等内容,必要时进行集体讨论或组织专家技术论证,至少每个季度开展一次相关工作。

2.5 安全风险评价要点

风险评价是指评估风险大小及确定风险是否可容许的全过程,主要包括两步,一是评估风险的大小;二是与确定的判别标准相对照,确定风险的等级。针对不同等级的风险确定不同的控制方法,采取有效的措施加以消除、消减和控制。参照《长江水利委员会安全生产风险分级管控实施办法(试行)》的有关规定,危险源风险等级评价常用的方法包括故障型影响分析法(FMEA)、作业条件危险性分析法(LEC 法)、风险矩阵法(LS 法)、层次分析法、模糊综合评价法、事件树法、事故树法等。水库(水电站)运管单位可根据运行管理实际,一般选用以下方法进行风险评价。

2.5.1 重大危险源风险评价方法

参照《水利水电工程(水库、水闸、水电站、泵站)运行危险源辨识与风险评价导则(试行)》《长江水利委员会安全生产风险分级管控实施办法(试行)》的要求,对于重大危险源风险等级直接判定为重大风险。

2.5.2 一般危险源风险评价方法

参照《水利水电工程(水库、水闸、水电站、泵站)运行危险源辨识与风险评价导则(试行)》的要求,对于工程维修养护等作业活动或工程管理范围内可能影响人身安全的一般危险源,评价方法可以采用作业条件危险性评价法(LEC 法)。对于可能影响工程正常运行或导致工程破坏的一般危险源,评价方法可以采用风险矩阵法(LS 法)。

(1)作业条件危险分析法(LEC)

作业条件危险分析是一种简单易行的评价人们在具有潜在危险性环境中作业时的

危险性半定量评价方法。它是由美国格雷厄姆（K. J. Graham）和金尼（G. F. Kinney）提出的，是用与系统风险率有关的三种因素指标值乘积来评价系统人员伤亡风险大小，这三种因素是：L—发生事故的可能性大小；E—暴露于危险环境的频繁程度；C—发生事故产生的后果。如果风险用"D"表示，则风险 D 的计算公式是：$D = L \times E \times C$。

LEC 法的特点是比较简单，容易在企事业单位内部试行，目前也被很多企事业单位所采用。但这种方法也存在着一定的问题，一是它适合具有潜在危险性环境中作业时的风险评估，考虑的后果仅仅是人员可能受到的伤害，没有考虑财产损失、环境破坏、声誉影响等方面的后果，可能会导致评价结构和实际严重不符；二是由于 LEC 三种因素的打分需凭借主观经验，没有具体量化的区分标准，因此在准确性上主要依赖于参与者的经验与能力水平，部分取值比较难确定，不同的评价人员取值可能存在较大差异，可重复性和准确性较差。此外，LEC 评价方法一定要结合企事业单位自身情况确定 L、E、C、D 分值的规则，切不可照搬照抄。

（2）风险矩阵法（LS）

风险评估矩阵是一种通过可能性和严重性双重因素的综合思考，从问题事项中找出成对的因素群，将可能性和严重性分别排列成行和列，找出其行与列的相关性或相关程度大小的一种方法。在采用风险评估矩阵进行风险评价时，将风险事件的后果严重程度相对定性地分为若干级，将风险事件发生的可能性也相对定性地分为若干级，然后以严重性为表行，以可能性为表列，制成矩阵表格，将后果对应的概率作图画出折线，与所导致的风险类型相对应，分别用不同的阴影表示。如果风险矩阵在可能性和严重性分级的同时，直接对各等级进行赋值，且一般各等级的级别就是这个级别的分值，这时候也称为半定量矩阵，见表 2.5-1。

表 2.5-1　　　　　　　　　　　　　　　半定量矩阵

可能性（F）		严重性（C）				
		1	2	3	4	5
		伤害可以忽略，不用离岗	轻微伤害，需要一定急救处理	受伤，造成工时损失	单人死亡或严重伤害	多人死亡
1	很不可能	1	2	3	4	5
2	不可能	2	4	6	8	10
3	可能	3	6	9	12	15
4	很可能	4	8	12	16	20
5	事故发生几乎不可避免	5	10	15	20	25

该方法的优点是简洁明了、易于掌握、适用范围广，各企事业单位可以根据自身实

际情况进行修订、完善和扩充。但是在实际使用中,有些企事业单位对不同的部位相同的作业活动和设备设施风险等级都划分为一个等级,而没有考虑各类作业活动和设备设施的具体情况,往往导致评价结果不准确。比如,将涉及高压、中亚和低压的作业,投用10年以上、5年以上、5年以内的设备,将检查到位和检查不到位的场所均评价为一个风险等级。

(3)一种新型风险评价方法

无论是作业条件危险分析还是各种类型的评估矩阵,基本原理都是一样的,LEC 法和 LS 法评价风险等级都是主要从事故发生可能性(L)、人员暴露频次(E)、事故造成危害的严重程度(S 或 C)3 个指标对风险进行考虑,评价过程主要依靠各级管理人员对 3 个指标主观打分,是一种半定量评价方法。在实际运用过程中,存在评价指标打分主观随意性强、缺少可量化的指标、对 7 大类危险源适用性不一致、未考虑现有管控措施对风险大小影响等问题。因此,长江水利委员会河湖保护与建设中心、集团公司某水电站组织有关技术力量,开展攻关,基于现有 LEC、LS 法和风险评价理论基础,结合工程运行管理实际,深入研究了一种适用于大中型水利枢纽工程的改进型风险矩阵评价方法(简称 LMECS 法),用于水库(水电站)工程一般危险源的风险等级评价。根据危险源不同分类,对事故发生可能性从管控措施落实、作业频次、工程状态等多个维度进行判定,可以更加简单、直接、有效,且易于员工学习掌握;其次,事故可能严重程度从汛期、水位、天气、建筑物等级等不同角度进行分析,考虑得更加全面和周到,采用算法编程可实现勾选后自动计算危险源风险等级。具体评价方法见第 6 章附录 6.2。

2.6 风险控制措施制定要点

风险控制可以说是安全管理工作的核心,风险控制就是要在现有技术、能力和管理水平上,以最少的消耗降低风险值。风险控制方法可以有两种途径:一是预防事故的发生;二是减少事故所造成的损失。只要两者中任何一个值降低,风险都会得到相应降低。参照《构建水利安全生产风险管控"六项机制"的实施意见》的有关要求,水利生产经营单位要从组织、制度、技术、应急等方面,制定并落实具体防范措施。一般可以从工程技术措施、管理措施、教育培训措施、个体防护措施和应急处置措施等方面考虑。

2.6.1 工程技术措施制定要点

工程技术措施可以从以下几个方面考虑:①消除、替代或控制,通过对装置、设备设施、工艺等的设计来消除、控制危险源;比如以无害物质代替危害物质、实现自动化作业等;②封闭、隔离,对产生或导致危害的设施或场所进行密闭、隔离;比如设置临边防护,机械传动部位设置防护罩,设置围栏、警戒绳、安全罩、隔音设施等,采用遥控作业,保持安全距离;③移开或改变方向。

2.6.2 管理措施制定要点

管理措施可以从以下几个方面考虑:①制定实施安全管理制度、作业程序、安全许可、安全操作规程等,规范和约束人员的管理行为与作业行为,进而有效控制风险。比如:工作票制度、操作票制度、巡检制度、设备定期试验制度、设备检修管理制度、设备变更管理制度、工程安全监测制度、调度管理制度、检修规程、运行规程、现场作业规程等;②制定实施运行调度规程、计划;③检查、巡查,尤其是汛期、暴雨、大洪水、有感地震、强热带风暴、调水期前后或持续高水位以及冰冻期等情况;④预警和警示标识,比如在风险的地点或场所,配置醒目的安全色、安全警示标志,或者设置声、光信号报警装置,提醒作业人员注意安全;⑤轮班制,以减少暴露时间,比如减少作业人员在泵房内的作业时间;⑥严格按照规定进行安全鉴定,比如大坝应在竣工验收后5年内进行首次安全鉴定,以后应每隔6~10年进行一次;大坝、水闸运行中遭遇特大洪水、强烈地震、工程发生重大事故或出现影响安全的异常现象后,应组织专门的安全鉴定。

2.6.3 教育培训措施制定要点

教育培训措施可以从以下几个方面考虑:①开展三级安全教育培训,加强风险意识和对安全风险分级管控认识的培训,提高员工的安全知识和安全技能水平,使员工能够有效识别危害因素,控制风险。安全监督管理部门负责制定单位年度安全培训计划,各部门、班组对单位计划进行分解,结合实际制定本部门、班组培训计划,建立三级安全培训档案。②单位应通过班前班后会、专题讲座、技术培训讲课、安全规程培训考试、安全知识竞赛、安全月活动等多种形式开展安全教育培训工作。③检修作业项目开工前工作负责人应对全体工作班成员进行危险点分析和预控措施(包括运行应采取的措施和检修人员自理措施)、安全注意事项交底,接受交底人员应签名确认。

2.6.4 个体防护措施制定要点

个体防护措施可以从以下几个方面考虑:①员工使用劳动防护用品与安全工器具,防止人身伤害的发生。常见防护用品包括:安全帽、安全带、安全绳、救生衣、救生圈、绝缘手套、绝缘杆、防护手套、防尘口罩、耳塞、绝缘鞋、酸碱防护服、焊工防护服等;②当处置异常或紧急情况时,应考虑佩戴防护用品;③当发生变更,但风险控制措施还没有及时到位时,应考虑佩戴防护用品。

2.6.5　应急处置措施制定要点

单位应制定综合应急预案、专项应急预案和现场处置方案，配备应急队伍、物资、装备等，定期开展演练，提高应急能力。编制应急处置措施时，应根据可能发生的事故类型或后果制定有针对性的、可操作性强的现场处置措施。应急处置措施包括现场应急物资投入使用、事故后紧急疏散、伤员紧急救护（触电急救、创伤急救、溺水急救、高温中暑急救、中毒急救）、事故现场隔离等措施。如：发生触电事故首先应使触电者迅速脱离电源，再根据情况进行心肺复苏抢救。

2.6.6　安全风险控制措施选择优先原则

在选择风险控制措施时，应考虑控制措施的优先顺序。首先应考虑的是如何消除风险，不能消除风险情况下如何降低风险，不能降低风险情况下考虑采取个体防护。消除风险是最先应采取的手段，个体防护是最后应采取的手段。图 2.6-1 是风险控制措施优先次序示意图。当然，所采取的有些风险控制措施会带来新的风险，其中有些甚至是致命的，因此在制定措施时要充分考虑到这一点。

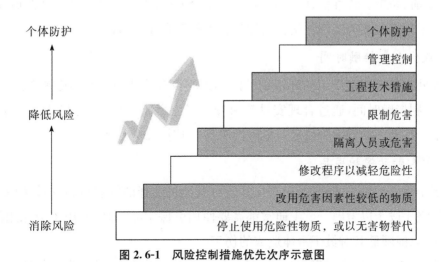

图 2.6-1　风险控制措施优先次序示意图

（1）消除

如果可能，从根本上消除危害和风险源，这是风险控制的最优选择。制定措施必须优先考虑该工作任务是否必须执行？对于存在较大风险的场所，是否可以用机械装置、自动控制技术取代手工操作？如使用机器人、无人机进行危险地段的巡检作业。

（2）代替

当风险无法根除时，则努力降低风险，可以用其他替代品来降低风险，如使用低压电器代替常压电器,使用冷切割代替气割,使用安全物质取代危险物质,使用危害更小的材料或者工艺设备,降低物件的大小或重量等。

(3)工程控制

通过危险最小化设计减少危险或者使用相关设施降低风险。如:局部通风措施、安全防护措施、替换措施(液压系统替代电气系统)、设施薄弱环节措施(保险丝、安全阀、爆破片)、联锁措施(起重机械超载限制器)、锁定措施(螺栓上的保险销)、危害告知措施(设置声光报警装置)。

(4)隔离

隔离是一种最常用的安全技术措施。当根除或减弱均无法做到时,则对已识别的能量、危险物质等在空间上与人进行分离,使之无法对人造成伤害。如对能量上锁挂牌、避免交叉作业,设置安全罩、防护屏、盲板、安全距离、防护栏、防护罩、隔热层、防护网、外壳、警示带、防护屏、盖板、屏蔽间等,将无关人员与危险源分开。

(5)程序与培训

应考虑是否可以用规范化安全工作程序来降低风险,如工作许可、主动测量、检查表、操作手册、防护装置维护、施工方案、工作安全分析、工艺图等。员工是否知道这些危害? 是否了解这些相关文件? 是否接受过相关技能和知识培训?

(6)减少人员接触时间

使人处在危害因素作用的环境中的时间缩短到安全限度之内,限制接触风险的人员数目,控制接触时间,通过合理安排轮班减少员工暴露于噪声、辐射或者有害化学品挥发物中。在低活动频率阶段进行危险性工作,如周末、晚上。

(7)个人劳动保护用品

对于个人防护用品的使用,只有在其所有其他可选择的控制措施均被考虑之后,才可作为最终手段予以考虑。员工通常都需要使用劳保用品,即使使用了劳保用品,危害还是存在,只能降低其对员工身体造成的伤害。

另外,如果某些危害因素的后果比较严重,则应考虑制定相应的应急处置措施,将应急反应作为其中一个控制措施,比如在进入受限空间时,准备好救援设备和救援人员;动火作业时,作业场所旁边准备好消防器材。在以上风险控制措施中,应优先选用消除、替代、工程控制、隔离等工程技术措施,其次是规范化程序、培训、较少接触等管理措施,最后再是个人劳动保护、应急救援等措施。对于风险较大的危害因素,仅仅依赖于管理措施或者个人防护措施,而不采取可行的工程技术措施是万万不可取的。

2.7　风险分级管控要点

根据风险评价结果,水库(水电站)运行管理单位应对安全风险分级、分层、分类、分专业进行管理,逐一落实单位、部门、班组和岗位的管控责任,尤其是强化对重大危险源和存在重大安全风险的生产经营系统、生产区域、岗位的重点管控。

2.7.1　风险管控分级要点

单位风险分级管控应遵循以下原则。①单位应通过实施一系列有效措施对风险进行控制,使风险控制在可接受范围内。单位应定期开展法律法规辨识,严格履行安全生产法定责任,防控风险。建立健全各级各岗位安全生产责任制,实行安全风险目标管理,逐级签订安全生产责任书。②针对不同风险等级,单位应分级、分类、分专业进行管理,明确管控层级,落实责任部门、责任人和具体管控措施。尤其要强化对重大危险源和存在重大安全风险的生产经营系统、生产区域和岗位的重点管控。③风险分级管控的基本原则是:风险越大,管控级别越高;上级负责管控的风险,下级必须负责管控,并逐级落实具体措施。

管控层级一般分为单位级、部门级、班组级和岗位级,单位可以根据自身的实际组织架构增加或减少管控层级(表2.7-1)。

表 2.7-1　　　　　　　　　　　　　　风险分级管控层级

风险级别	标识颜色	管控责任单位	责任人
重大风险	红色	单位	主要负责人
较大风险	橙色	单位	分管负责人/部门负责人
一般风险	黄色	部门	部门负责人
低风险	蓝色	班组、作业人员	班组长、岗位员工

2.7.2　风险告知要点

单位应对较大风险及以上的危险源进行公示和告知,可采用设立公示牌、标识牌、告知卡、安全警示标志、二维码和安全技术交底等多种形式。

(1)危险源公示和告知主要内容

单位应至少对有较大风险、重大风险的危险源设施标示牌进行告知。应在醒目位置设置危险源公示牌,公示牌应注明风险点、危险源、风险级别、可能出现的后果、控制措施、管控层级和责任人等内容,标识牌应根据危险源风险级别对应的颜色,分色标示。

对作业人员宜采用发放告知卡形式进行告知,告知卡应包含本岗位涉及的风险点、危险源、风险级别、可能出现的后果、控制措施、管控层级和责任人等内容。

单位应对危险源设置安全警示标志,水库工程管理单位应在管理范围出入口处、水工建筑物醒目位置、渠道、管道、起重机械、用电设施、出入通道口、楼梯口、电梯井口、孔洞口、桥梁口、临边等危险部位,设置明显的安全警示标志。安全警示标志必须符合国家标准。

泵房、水电站厂房、配电室等部位或场所可设置二维码,二维码应包含风险点、危险源的管控内容。

（2）安全风险告知的要求

水库（水电站）运行管理单位要建立完善安全风险公告制度,风险辨识完成后,要及时公布本场（站）的主要风险点、风险类别、风险等级、管控措施和应急措施,让每名员工都了解风险点的基本情况及防范、应急对策。

各主要工作区域应对主要风险点在醒目位置设置安全风险告知栏（牌）,标明风险点名称、危害因素、风险等级、管控措施、管控层级、责任人,以及应急处置方式、应急电话等内容。

在各岗位悬挂安全风险告知牌（卡）或职业病危害告知卡,明确本岗位主要危害因素、可能的后果、事故预防及应急措施、报告电话等内容,便于员工随时进行安全风险确认,指导员工安全规范地操作。

水库（水电站）工程风险告知卡可参考第6章附录6.5的样式。

（3）风险分布四色图

各水库（水电站）运行管理单位在确定安全风险清单,制定安全风险管控措施之后,对本单位所管辖区域内各类生产、办公和生活等基本单元进行风险等级划分,分别用红色、橙色、黄色、蓝色标示重大风险、较大风险、一般风险和低风险区域,在各基本单元工作场所平面布置图基础上绘制"红橙黄蓝"风险四色图。

四色图绘制时应结合单位原有平面图,标明方向图标、逃生路线及紧急集合点等。一般情况下,图例位于四色图的右下角,但也可以根据四色图实际绘制情况,选取合适位置,确保四色图整体简洁、美观。水库（水电站）工程风险四色图可参考第6章附录6.6的样式。

第3章　水库典型安全风险辨析案例

3.1　重大危险源辨析案例

3.1.1　危险化学品重大危险源辨析

某水电站工程运行管理活动和设备主要涉及的化学品包括：透平油、绝缘油、液压油、汽油、柴油、乙炔、氧气、六氟化硫及分解物、乙醇等。

其中透平油主要用于水轮发电机组调速系统、组合轴承、水导轴承中，起到传递能量、润滑和散热作用，是一种燃点较高的纯磷酸盐脂液体。绝缘油主要用于油浸式变压器中，保证变压器各部件绝缘良好的同时起到冷却散热作用，是一种燃点较高的石油分馏产物。液压油是用于闸门启闭机液压系统的工作介质，起到传递能量、润滑、防锈、冷却作用，也是一种燃点较高的石化产品。三者虽然存在一定的可燃性、毒性和腐蚀性，但是三者闪点基本上都大于135℃，且毒性物质含量较低，腐蚀过程较为缓慢。按照《化学品分类和标签规范 第7部分易燃液体》《化学品分类和标签规范 第18部分急性毒性》《化学品分类和标签规范 第19部分皮肤腐蚀》的分类标准，三者均不属于易燃液体，也不属于急性毒性和腐蚀性化学品，因此不属于危险化学品的范畴，也不属于危险化学品重大危险源。

运行过程中可能使用到的汽油、柴油、乙炔、氧气、六氟化硫及其分解物、乙醇等物质，燃点、闪点和毒性指标均存在较大危险性，属于危险化学品。但是根据统计测算其现场使用或存储量均远远小于规范规定的临界量，根据《危险化学品重大危险源监督管理暂行规定》（国家安全生产监督管理总局令40号）和《危险化学品重大危险源辨识》（GB 18218—2018），均未达到危险化学品重大危险源的标准。

综上所述，经过咨询专家组现场核实并与某水电站专业技术人员集体讨论，按照相关规范标准可直接判定本工程无危险化学品重大危险源。

3.1.2 构(建)筑物类重大危险源辨析

根据《水利水电工程(水库、水闸、水电站、泵站)运行危险源辨识与风险评价导则(试行)》中《水库工程运行重大危险源清单》《水电站工程运行重大危险源清单》规定的范围,该水电站可能存在重大危险源的构(建)筑物包括:4♯和17♯坝段坝体与预留灌溉取水口结合部位、坝肩绕坝渗流、大坝消力池、大坝基础、1♯~18♯挡水坝段等。

经查阅相关资料和现场踏勘,该水电站委托专业机构定期对枢纽水工建筑物进行变形、位移、渗流、应力应变等内外监测和测量,并出具安全监测分析报告。该水电站制定有巡视检查和维修养护制度,发现工程质量缺陷及时采取措施维护保养,能够按照规范要求开展大坝安全鉴定和安全评价。依据相应的《水利枢纽工程竣工验收技术鉴定报告》《水利枢纽工程竣工验收鉴定书》《水利枢纽工程大坝安全评价报告》《水利枢纽工程2021年度安全监测报告》等资料,可知该工程大坝自2007年10月25日下闸蓄水至今,工程质量未出现明显变化,未暴露出明显质量缺陷;大坝防渗设施较为完善,未发现坝体、坝基、坝肩有危害性的渗流现象;各坝段检测资料表明大坝变形规律正常,不存在危及安全的异常变形。

综上所述,经过咨询专家组现场核实并与某水电站专业技术人员集体讨论,按照相关规范标准可直接判定本工程各类构(建)筑物均不属于重大危险源。

3.1.3 设备设施类重大危险源辨析

根据《水利水电工程(水库、水闸、水电站、泵站)运行危险源辨识与风险评价导则(试行)》中《水库工程运行重大危险源清单》《水电站工程运行重大危险源清单》规定的范围,该水电站可能存在重大危险源的设备设施包括主变压器、各类断路器柜、各类开关柜、各类电气控制柜等变配电设备,坝顶门机、尾水门机、厂房桥机等起重设备。

经查阅相关资料和现场踏勘,该水电站对各类主要设备能够定期进行维护、检修和预防性试验,严格执行设备巡视制度,日常定期工作能够做好检修、技改规划工作,工作开展过程中做到规范记录。门机、桥机、电梯、压力容器等特种设备均按规定进行维护保养和定期检验。各类机电设备维护改造及时,目前电站发电设备运行状况良好。电站现场设备名称、编号、方向标志,管道介质名称、色标、色环、流向,应急疏散指示和场地标志基本齐全、规范。

综上所述,经过咨询专家组现场核实并与某水电站专业技术人员集体讨论,按照相关规范标准可直接判定本工程各类设备设施均不属于重大危险源。

3.1.4 金属结构类重大危险源辨析

根据《水利水电工程(水库、水闸、水电站、泵站)运行危险源辨识与风险评价导则(试行)》中《水库工程运行重大危险源清单》《水电站工程运行重大危险源清单》规定的范围,该水电站可能存在重大危险源的金属结构包括表孔、底孔工作闸门及其启闭机,1#、2#机组引水压力钢管、阀组及伸缩节。

经查阅相关资料和现场踏勘,依据相应的《水利枢纽工程竣工验收技术鉴定报告》《水利枢纽工程竣工验收鉴定书》《水利枢纽工程大坝安全评价报告》《水利枢纽工程金属结构安全检测报告》可知,该水电站各类金属结构布置合理,设计与制造、安装符合现行相关规范要求,金属结构强度、刚度及稳定性满足现行相关规范要求,启闭能力满足要求,未超过折旧年限,运行与维护总体状况良好。

综上所述,经过咨询专家组现场核实并与某水电站专业技术人员集体讨论,按照相关规范标准可直接判定本工程各类金属结构均不属于重大危险源。

3.1.5　作业活动类重大危险源辨析

该水电站作业活动包括对水力机械主设备、水力机械辅助设备、电气一次设备、电气二次设备、公用辅助设备、采暖通风设备、特种设备、安全监测设施、交通设备、生活办公设备的运行操作、维护检修、驾驶和日常使用。根据《水利水电工程(水库、水闸、水电站、泵站)运行危险源辨识与风险评价导则(试行)》中《水库工程运行重大危险源清单》《水电站工程运行重大危险源清单》规定的范围,该水电站可能存在重大危险源的作业活动包括高处作业、有限空间作业、水下观测与检查作业、带电作业、操作运行作业。

经查阅相关资料和现场踏勘,该水电站结合生产实际编制了45项安全生产管理制度、32项生产管理制度、13项水工规程、12项运行操作规程和55项检修规程,电工作业、高处作业、机械作业、电梯操作、压力容器操作等特种作业人员均持证上岗,"双票"执行情况按月统计考核并进行通报,两票合格率100%。电站每项工作开展前,均进行危险点分析,制定安全预控措施。对外包工程严格执行公司相关规定,严审资质证明、工程业务许可证、特种作业资格证书,签订安全协议,目前已安全运行5000余天。

综上所述,经过咨询专家组现场核实并与该水电站专业技术人员集体讨论,按照相关规范标准可直接判定电站范围内各类作业活动均不属于重大危险源。

3.1.6　管理类重大危险源辨析

根据《水利水电工程(水库、水闸、水电站、泵站)运行危险源辨识与风险评价导则(试行)》中《水库工程运行重大危险源清单》《水电站工程运行重大危险源清单》规定的范围,该水电站可能存在重大危险源的管理活动包括操作票、工作票、交接班、巡回检查、设备定期试验制度执行,大坝安全鉴定与隐患治理,大坝观测与监测,安全检查,外部人员活动,泄洪放水等。

经查阅相关资料和现场踏勘,该水电站编制了相关生产管理制度,基本能够严格执行操作票、工作票、交接班、巡回检查、设备定期试验制度。2016年水利工程完成竣工验收,目前正在进行大坝安全鉴定工作,已完成大坝安全评价报告。设置有大坝、厂房、消力池、左右岸边坡、太阳坪滑坡体和金家沟崩坡积体5类监测项目,共1178个测点,目前监测资料变化规律正常,各物理量测值基本在经验值及规范、设计、试验规定的允许值内;建立了隐患排查治理制度,按规定定期开展活动;在电厂、坝顶和生活区设置了门禁,严格执行外来人员、车辆登记制度,安保人员不定时巡视;严格执行调度命令,现场设置警示标识,泄洪前做好各项警告预警。

综上所述,经过咨询专家组现场核实并与该水电站专业技术人员集体讨论,按照相关规范标准可直接判定电站范围内各类管理活动均不属于重大危险源。

3.1.7 环境类重大危险源辨析

根据《水利水电工程(水库、水闸、水电站、泵站)运行危险源辨识与风险评价导则(试行)》中《水库工程运行重大危险源清单》《水电站工程运行重大危险源清单》规定的范围,该水电站可能存在重大危险源的周边环境包括超防洪标准洪水、恶劣天气和山体滑坡等。

经查阅相关资料和现场踏勘,该水电站编制了《水利枢纽工程水库调度规程》《水库防汛抢险应急预案》和《水库大坝安全管理应急预案》,能够根据调度指令和调度规程的要求开展调度运用;定期开展防汛演练,针对恶劣天气制定了防气象灾害应急预案;已委托相关单位对库区内滑坡体开展监测和治理。

综上所述,经过咨询专家组现场核实并与该水电站专业技术人员集体讨论,按照相关规范标准可直接判定该工程范围自然环境和工作环境不存在重大危险源。

3.2 构(建)筑物类一般危险源辨析案例

该水电站主要建筑物包括坝顶、坝肩、挡水坝段、泄水坝段、厂房坝段、消力池、导流渠、边坡、廊道、排水洞、导流洞、发电厂房、上坝公路、大坝基础、生活和办公管理用房等。参照《水利水电工程(水库、水闸、水电站、泵站)运行危险源辨识与风险评价导则(试行)》附件5的有关要求,结合该水电站运行实际和有关技术资料,采用安全检查表法(SCL)对构(建)筑物按功能或结构划分若干项,对照国家和行业标准逐一辨识。目前共辨识出坝顶排水设施、坝顶防浪墙、闸门启闭机室结构、左岸非溢流坝段上下游面及坝体、左岸非溢流坝段基础灌浆和排水幕、表孔溢流面、大坝EL63m基础廊道、大坝集水井、左坝肩边坡、消力护坦、厂坝导墙、尾水平台结构、生活区综合楼结构及防水、右岸上坝公路等一般危险源96个。同时参照《企业职工伤亡事故分类标准》(GB 6441—86)和《生产过程危险和有害因素分类与代码》(GB/T 13861—2022)对一般危险源的事故原因和可能导致的事故进行风险分析。具体情况见表3.2-1。

表3.2-1

某水电站构建筑物类一般危险源辨识清单

序号	区域/部位	所属系统	风险点（危险源）	风险分析		
				危险或事故诱因（物的不安全状态）	可能导致的事故及后果	目前状态
1	坝顶	挡水建筑物	坝顶排水设施	排水设施堵塞、破损或者失效	坝顶积水、设备损坏、人员车辆通行受阻	/
2		挡水建筑物	坝顶路面	变形、错台、积水	坝顶损坏、车辆伤害	/
3		挡水建筑物	坝顶防浪墙	开裂、挤压、架空、错位、倾斜	高处坠落、防浪功能失效、溃坝	/
4		挡水建筑物	坝顶电缆沟及混凝土盖板	电缆沟排水不畅、盖板破损	电缆沟积水、电缆破损触电、人员摔伤	盖板强度不够、受压容易弯曲变形
5		挡水建筑物	坝顶引张线槽及盖板	电缆沟排水不畅、盖板破损	积水、设备损坏、人员摔伤	盖板强度不够、受压容易弯曲变形
6		专门建筑物	大坝岗亭结构、屋面和外墙防水	变形、裂缝、渗漏、防水失效	结构破坏、积水	/
7		专门建筑物	发电机进水口闸门启闭机室结构、屋面和外墙防水	变形、裂缝、渗漏、防水失效	结构破坏、设备损坏、影响闸门启闭	/
8		专门建筑物	1#表孔闸门启闭机室结构、屋面和外墙防水	变形、裂缝、渗漏、防水失效	结构破坏、设备损坏、影响闸门启闭	/
9		专门建筑物	2#表孔闸门启闭机室结构、屋面和外墙防水	变形、裂缝、渗漏、防水失效	结构破坏、设备损坏、影响闸门启闭	/
10		专门建筑物	3#表孔闸门启闭机室结构、屋面和外墙防水	变形、裂缝、渗漏、防水失效	结构破坏、设备损坏、影响闸门启闭	/
11		专门建筑物	4#、5#表孔闸门启闭机室结构、屋面和外墙防水	变形、裂缝、渗漏、防水失效	结构破坏、设备损坏、影响闸门启闭	/

续表

序号	区域/部位	所属系统	风险点（危险源）	危险或事故诱因（物的不安全状态）	风险分析		目前状态
					可能导致的事故及后果		
12	坝顶	专门建筑物	柴油发电机室结构、屋面和外墙防水	变形、裂缝、渗漏、防水失效	结构破坏、设备损坏		雨后室外走廊存在局部渗漏
13		专门建筑物	大坝 0.4kV 配电室结构、屋面和外墙防水	变形、裂缝、渗漏、防水失效	结构破坏、设备损坏		/
14		专门建筑物	大坝坝顶电缆通道结构及排水设施	裂缝、渗漏及排水不畅	积水、人员摔伤		预制梁塔接平台积水
15		专门建筑物	坝顶电梯配电房结构、屋面和外墙防水	变形、裂缝、渗漏、防水失效	结构破坏、设备损坏		/
16	左岸非溢流坝段（1#～6#坝段）	挡水建筑物	左岸非溢流坝段上下游面及坝体	变形、错动、裂缝、崩塌、脱落、层间渗漏	结构破坏、溃坝		/
17		挡水建筑物	左岸非溢流坝段接缝与止水	接缝破损、止水失效	结构破坏、溃坝		/
18		挡水建筑物	坝顶检修闸门门库	混凝土盖板破损	车辆或人员坠落		/
19		输水建筑物	4#坝段灌溉引水管道与坝体结合部	接触冲刷、结合部渗漏	失稳、溃坝		下游面结合部存在渗漏点
20		基础	左岸非溢流坝段帷幕、固结、接触灌浆和排水幕	不良地质、渗流异常、防渗设施失效	沉降、变形、位移、失稳、溃坝		/

续表

序号	区域/部位		所属系统	风险点（危险源）	危险或事故诱因（物的不安全状态）	风险分析		目前状态
						可能导致的事故及后果		
21	溢流坝段（7#～12#坝段）	挡水建筑物	溢流坝段上下游面及坝体	变形、错动、裂缝、崩塌、脱落、层间渗漏	结构破坏、溃坝		/
22			挡水建筑物	溢流坝段接缝与止水	接缝破损、止水失效	结构破坏、溃坝		/
23			泄水建筑物	表孔溢流面及宽尾墩	水流冲刷、应力破坏	结构破坏、剥蚀、空蚀		/
24			泄水建筑物	底孔泄流通道及边坡墩	水流冲刷、应力破坏	结构破坏、剥蚀、空蚀		/
25			泄水建筑物	1#底孔闸门启闭机室结构、屋面和外墙防水	变形、裂缝、渗漏、防水失效	结构破坏、设备损坏、影响闸门启闭		/
26			泄水建筑物	2#底孔闸门启闭机室结构、屋面和外墙防水	变形、裂缝、渗漏、防水失效	结构破坏、设备损坏、影响闸门启闭		/
27			泄水建筑物	3#底孔闸门启闭机室结构、屋面和外墙防水	变形、裂缝、渗漏、防水失效	结构破坏、设备损坏、影响闸门启闭		/
28			泄水建筑物	4#底孔闸门启闭机室结构、屋面和外墙防水	变形、裂缝、渗漏、防水失效	结构破坏、设备损坏、影响闸门启闭		/
29			基础	溢流坝段帷幕、固结、接触灌浆和排水幕	不良地质、渗流异常、防渗设施失效	沉降、变形、位移、失稳、溃坝		/

续表

序号	区域/部位	所属系统	风险点（危险源）	危险或事故诱因（物的不安全状态）	风险分析		
					可能导致的事故及后果	目前状态	
30	厂房坝段（13#～14#坝段）	挡水建筑物	厂房坝段上下游面及坝体	变形、错动、裂缝、崩塌、脱落、层间渗漏	结构破坏、溃坝	坝后约95m高程层面存在裂缝和渗水点	
31		挡水建筑物	厂房坝段接缝与止水	接缝破损、止水失效	结构破坏、溃坝	/	
32		输水建筑物	1#、2#机组进水口	杂物、漂浮物、冲刷破坏	堵塞、淤积、裂缝、空蚀	/	
33		输水建筑物	1#、2#机组引水管外包混凝土结构	裂缝、渗漏、破损	渗漏、水淹厂房	/	
34		输水建筑物	1#、2#机组伸缩节室	裂缝、破损、渗漏	积水、设施设备损坏	/	
35		专门建筑物	厂房导墙电缆廊道结构及排水设施	裂缝、渗漏、排水设施失效	积水、触电	/	
36		基础	厂房坝段帷幕、固结、接触灌浆和排水管体	不良地质、渗流异常、防渗设施失效	沉降、变形、位移、失稳、溃坝	/	
37	右岸非溢流坝段（15#～18#坝段）	挡水建筑物	右岸非溢流坝段上下游面及坝体	变形、错动、裂缝、崩塌、脱落、层间渗漏	结构破坏、溃坝	/	
38		挡水建筑物	右岸非溢流坝段接缝与止水	接缝破损、止水失效	结构破坏、溃坝	/	
39		输水建筑物	17#坝段灌溉引水管道与坝体结合部	接触冲刷、结合部渗漏	失稳、溃坝	/	
40		专门建筑物	15#坝段电梯井结构及防水	变形、裂缝、渗漏、防水失效	漏水、积水、设备损坏	/	
41		基础	右岸非溢流坝段帷幕、接触灌浆和排水管幕	不良地质、渗流异常、防渗设施失效	沉降、变形、位移、失稳、溃坝	/	

续表

序号	区域/部位	所属系统	风险点（危险源）	危险或事故诱因（物的不安全状态）	风险分析		目前状态
					可能导致的事故及后果		
42	大坝 EL.63m 基础灌浆排水廊道	专门建筑物	大坝 EL.63m 基础灌浆排水廊道结构、接缝及止水	接缝破损、止水失效；廊道结构出现裂缝、渗漏、松动和变形	结构破坏、渗漏、管涌	/
43		专门建筑物	大坝 EL.63m 基础灌浆排水廊道排水设施	排水不畅、渗漏水浑浊	积水、坝体失稳溃坝	/
44		专门建筑物	大坝 1#、2# 集水井	集水井墙体结构开裂、渗漏；集水井水位不正常	结构破坏、设备损坏、廊道积水	/
45	大坝 EL.90m 交通排水廊道	专门建筑物	大坝 EL.90m 交通排水廊道结构、接缝及止水	接缝破损、止水失效；廊道结构出现裂缝、渗漏、松动和变形	结构破坏、渗漏、管涌	高程 90m 廊道及观测同多处墙面存在钙质析出及峰窝麻面
46		专门建筑物	大坝 EL.90m 交通排水廊道排水设施	排水不畅、渗漏水浑浊	廊道积水	/
47	大坝 EL.116～118m 交通排水廊道	专门建筑物	大坝 EL.116～118m 交通排水廊道结构、接缝及止水	接缝破损、止水失效；廊道结构出现裂缝、渗漏、松动和变形	结构破坏、渗漏、管涌	高程 116m 廊道及观测同多处墙面存在钙质析出及峰窝麻面（鉴定报告）
48		专门建筑物	大坝 EL.116～118m 交通排水廊道排水设施	排水不畅、渗漏水浑浊	廊道积水	/

续表

序号	区域/部位	所属系统	风险点（危险源）	风险分析		目前状态
				危险或事故诱因（物的不安全状态）	可能导致的事故及后果	
49		专门建筑物	消力池灌浆和交通排水廊道结构、接缝及止水	接缝破损、止水失效；廊道结构出现裂缝、渗漏、松动和变形	结构破坏、渗漏、管涌	/
50	消力池灌浆和交通排水廊道	专门建筑物	消力池灌浆和交通排水廊道排水设施	排水不畅、渗漏水浑浊	廊道积水、消力池基础失稳	/
51		专门建筑物	EL.94m消力池廊道入口结构及屋面外墙防水	变形、裂缝、渗漏、防水失效	结构破坏	/
52		专门建筑物	消力池1#,2#集水井	集水井墙体结构开裂、渗漏、集水井水位不正常	结构破坏、设备损坏、廊道积水	/
53	坝肩	挡水建筑物	左坝肩	防渗帷幕失效	绕坝渗流	/
54		挡水建筑物	右坝肩	防渗帷幕失效	绕坝渗流	/
55	左坝肩高边坡	河道及岸坡整治建筑物	左坝肩边坡坡面排水、马道、支护及地质条件	排水失效、临边无防护、支护损坏	滑坡、失稳、坍塌、高处坠落	观测马道破损、无临边栏杆
56		专门建筑物	左岸EL148m灌浆平洞结构及排水设施	接缝破损、止水失效；廊道结构出现裂缝、渗漏、松动和变形；排水不畅、渗漏水浑浊	结构破坏、渗漏、积水	洞室内壁存在多处渗漏、析出物、碎石脱落、混凝土剥离现象

续表

序号	区域/部位	所属系统	风险点（危险源）	风险分析		目前状态
				危险或事故诱因（物的不安全状态）	可能导致的事故及后果	
57	右坝肩高边坡	河道及岸坡整治建筑物	右坝肩边坡坡面排水、马道、支护及地质条件	排水失效、临边无防护，支护损坏	滑坡、失稳、坍塌、高处坠落	观测马道破损，无临边栏杆，排水沟堵塞，持续暴雨可能发生较大变形
58		专门建筑物	右岸 EL148m 灌浆平洞结构及排水设施	接缝破损、止水失效，廊道结构出现裂缝、渗漏，松动和变形；排水不畅，渗漏水浑浊	结构破坏、渗漏、积水	洞室内壁存在多处渗漏，析出物、碎石脱落，混凝土剥离现象
59		河道及岸坡整治建筑物	右岸厂房高边坡坡面排水、马道，支护及地质条件	排水失效、临边无防护，支护损坏	滑坡、失稳、坍塌、高处坠落	观测马道破损，无临边栏杆
60	右岸厂房高边坡	专门建筑物	右岸 1# 排水洞结构及排水设施	接缝破损、止水失效，廊道结构出现裂缝、渗漏，松动和变形；排水不畅，渗漏水浑浊	结构破坏、渗漏、积水	/
61		专门建筑物	右岸 2# 排水洞结构及排水设施	接缝破损、止水失效，廊道结构出现裂缝、渗漏，松动和变形；排水不畅，渗漏水浑浊	结构破坏、渗漏、积水	/
62		专门建筑物	右岸 3# 排水洞结构及排水设施	接缝破损、止水失效，廊道结构出现裂缝、渗漏，松动和变形；排水不畅，渗漏水浑浊	结构破坏、渗漏、积水	/

续表

序号	区域/部位	所属系统	风险点（危险源）	风险分析		
				危险或事故诱因（物的不安全状态）	可能导致的事故及后果	目前状态
63	导流洞出口边坡	河道及岸整治建筑物	导流洞出口边坡坡面排水、马道、支护及地质条件	排水失效、临边无防护、支护损坏	滑坡、失稳、坍塌、高处坠落	表面位移和深部变形的收敛速度较慢
64	消力池左岸高边坡	河道及岸整治建筑物	消力池左岸高边坡坡面排水、马道、支护及地质条件	排水失效、临边无防护、支护损坏	滑坡、失稳、坍塌、高处坠落	马道无护栏
65		专门建筑物	左岸EL.94m灌浆平洞结构及排水设施	接缝破损、止水失效、廊道结构出现裂缝、渗漏、松动和变形；排水不畅、渗漏水浑浊	结构破坏、渗漏、积水	/
66	右岸金家沟排水洞	专门建筑物	右岸金家沟排水洞结构及排水设施	接缝破损、止水失效、廊道结构出现裂缝、渗漏、松动和变形；排水不畅、渗漏水浑浊	结构破坏、渗漏、积水	/
67	右岸水阴坪排水洞	专门建筑物	右岸水阴坪排水洞结构及排水设施	接缝破损、止水失效、廊道结构出现裂缝、渗漏、松动和变形；排水不畅、渗漏水浑浊	结构破坏、渗漏、积水	/
68	消力池	泄水建筑物	消力池左岸贴坡式边墙	水流淘刷、侵蚀、支护失效、不良地质	失稳、跨塌	/
69		泄水建筑物	消力池护坦	水流冲刷	结构破坏	/
70		泄水建筑物	消力池尾坎、防冲板和防冲槽	水流冲刷	结构破坏	/
71		泄水建筑物	消力池右侧厂坝导墙	水流冲刷	结构破坏、失稳	/
72		泄水建筑物	消力池各部位分缝及止水设施	接缝破损、止水失效	结构破坏、廊道积水	/

续表

序号	区域/部位	所属系统	风险点（危险源）	危险或事故诱因（物的不安全状态）	风险分析		目前状态
					可能导致的事故及后果	
73	消力池	基础	消力池基础和左岸封闭帷幕灌浆、排水幕	不良地质、渗流异常、防渗设施失效	沉降、变形、位移、失稳		/
74	右岸电站厂房区	专门建筑物	电站厂房结构、屋面和外墙防水	变形、裂缝、渗漏、防水失效	结构破坏、积水、设备损坏、影响发电设备运行		厂房顶部3个垂直排水孔堵塞
75		专门建筑物	电站厂房排水设施	排水设施堵塞、破损或者失效	厂房积水		/
76		专门建筑物	电站厂房玻璃幕墙	玻璃破损	物体打击、厂房积水		/
77		专门建筑物	水工楼结构、屋面和外墙防水	变形、裂缝、渗漏、防水失效	结构破坏、积水、设备损坏		/
78		专门建筑物	尾水平台土建结构及分缝止水	接缝破损、止水失效	结构破坏、渗流异常		泄洪下游水位升高，渗漏（泵房吊物孔存在一处渗漏点）
79	尾水渠	尾水建筑物	尾水渠护坦	水流冲刷	结构破坏		/
80		尾水建筑物	尾水渠右侧护岸	水流淘刷、侵蚀、支护失效、不良地质	失稳、垮塌		/
81	导流洞工程	临时建筑物	导流洞洞堵体	渗流	封堵失效、大量渗水		/
82	防汛上坝公路	专门建筑物	右岸上坝公路路面、排水和基础	路面破损、排水失效、基础沉降、障碍物	车辆伤害、积水、影响车辆通行		/
83	公路	专门建筑物	沿江进厂公路路面、排水和基础	路面破损、排水失效、基础沉降、障碍物	车辆伤害、积水、影响车辆通行		/

续表

序号	区域/部位	所属系统	风险点（危险源）	危险或事故诱因 （物的不安全状态）	风险分析		目前状态
					可能导致的事故及后果		
84		专门建筑物	生活区交通道路面、排水、基础	路面破损、排水失效、基础沉降、障碍物	车辆伤害、积水、影响车辆通行		/
85		专门建筑物	办公楼结构、屋面及外墙防水	变形、裂缝、渗漏、防水失效	结构破坏、积水		/
86		专门建筑物	综合楼结构、屋面及外墙防水	变形、裂缝、渗漏、防水失效	结构破坏、积水		/
87		专门建筑物	公寓楼结构、屋面及外墙防水	变形、裂缝、渗漏、防水失效	结构破坏、积水		/
88		专门建筑物	家属楼结构、屋面及外墙防水	变形、裂缝、渗漏、防水失效	结构破坏、积水		/
89		专门建筑物	食堂结构、屋面及外墙防水	变形、裂缝、渗漏、防水失效	结构破坏、积水		/
90	生活区	专门建筑物	生活区岗亭结构、屋面及外墙防水	变形、裂缝、渗漏、防水失效	结构破坏、积水		/
91		专门建筑物	生活区景观亭	变形、裂缝	坍塌		/
92		专门建筑物	生活区西侧排水沟	排水设施堵塞、破损或者失效	积水		/
93		专门建筑物	生活区配电房结构、屋面及外墙防水	变形、裂缝、渗漏、防水失效	结构破坏、积水		/
94		专门建筑物	武警仓库结构、屋面及外墙防水	变形、裂缝、渗漏、防水失效	结构破坏、积水		/
95		专门建筑物	防汛物资仓库结构、屋面及外墙防水	变形、裂缝、渗漏、防水失效	结构破坏、积水		/
96		专门建筑物	污水处理站结构、屋面及外墙防水	变形、裂缝、渗漏、防水失效	结构破坏、积水		/

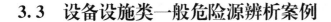

3.3 设备设施类一般危险源辨析案例

某水电站主要设备设施包括水力机械主设备、水力机械辅助设备、电气一次设备、电气二次设备、公用辅助设备、采暖通风设备、特种设备、安全监测设施、交通设备、生活办公设备等。参照《水利水电工程(水库、水闸、水电站、泵站)运行危险源辨识与风险评价导则(试行)》附件5的有关要求,结合该水电站运行实际和有关技术资料,采用安全检查表法(SCL)对设备设施按功能或结构划分若干项目对照国家和行业标准逐一辨识。目前共辨识水轮机、发电机出口断路器、机组调速器电气控制柜、机组技术供水系统、主变冷却水PLC控制柜、中低压气机和干燥机、大坝渗漏排水系统潜水泵及管道、透平油系统油罐及管道阀门、厂用变压器、10.5kV断路器和隔离开关柜、水电站通信系统设备、发电厂房和水工楼空调设备、发电厂房和大坝防火分隔设施、GIS设备、发电厂房双小车桥式起重机、大坝上下通行电梯、导流洞封堵体安全监测设施、电站公用车辆、食堂液化气罐和灶具、生活区照明配电箱和电源动力箱等一般危险源118个。同时参照《企业职工伤亡事故分类标准》(GB 6441—86)和《生产过程危险和有害因素分类与代码》(GB/T 13861—2022)对一般危险源的事故原因和可能导致的事故进行风险分析。具体情况见表3.3-1。

3.4 金属结构类一般危险源辨析案例

某水电站金属结构主要包括各类工作闸门、检修闸门、拦污栅、压力钢管、蝶阀、启闭机等。参照《水利水电工程(水库、水闸、水电站、泵站)运行危险源辨识与风险评价导则(试行)》附件5的有关要求,结合某水电站运行实际和有关技术资料,采用安全检查表法(SCL)对金属结构按功能或结构划分若干项目对照国家和行业标准逐一辨识。目前共辨识1#~5#表孔工作闸门、泄水表孔事故检修闸门、1#~4#底孔启闭机及现地控制设备、进水口拦污栅、机组压力钢管、左右岸灌溉取水口压力钢管及蝶阀等一般危险源15个。同时参照《企业职工伤亡事故分类标准》(GB 6441—86)和《生产过程危险和有害因素分类与代码》(GB/T 13861—2022)对一般危险源的事故原因和可能导致的事故进行风险分析。具体情况见表3.4-1。

表 3.3-1

某水电站设备设施类一般危险源辨识清单

序号	设备系统	风险点（危险源）	危险源特征		风险分析		目前状态
			所在位置	包含主要部件	危险或事故诱因（物的不安全状态）	可能导致的事故及后果	
1	水力机械—主设备	1#、2#水轮机	水车室、蜗壳尾水管进入门层	转轮、顶盖、主轴、水导轴承、底环、导水机构、蜗壳、尾水管、主轴密封、进水阀系统、进入门等	金属结构存在锈蚀；运行中机组振动、摆动和响声超过警戒值；导叶剪断销剪断；存在异物堵塞导叶开关；水导轴承渗水现象；存在渗油、抽油现象；油色、油位异常；冷却水管存在渗水现象；漏油箱油位异常；水轮机质漏水量较大；水位异常；主轴密封流量异常；各紧固件松动变形；尾水管、蜗壳存在渗漏和空蚀情况；尾水管和蜗壳进入门锈蚀、破损和密封失效；水轮机设计、安装、调试、检修存在缺陷；水车进入门无法锁闭等	机组飞逸事故，机组停机事故，水轮机设备振动磨损或撞击主轴密封事故，水轮机主轴密封过热事故，水淹厂房	缺少针对机组飞逸、抬机、磨损、主轴密封过热等方面的应急预案
2	水力机械—主设备	1#、2#发电机	发电机层、水轮机层	定子、转子、上下导轴承、推力轴承、上下机架、通风冷却系统、机械制动系统、集电环、消防系统、加热装置等	发电机设计、安装、调试和检修遗留缺陷；运行前检修安全措施未拆除；部分辅助设备、监控设备投入不正常；检修后运行设备或运行30天后进行顶铁子操作；运行中机组振动、摆动和响声超过警戒值；运行中机组碳刷接触不良、存在火花；存在火花异常声响，异味及杂物；空冷器工作不正常；进排水阀水压不正常、存在漏水、上导、组合轴承油温、油位异常；轴承冷却水压异常；接线号、油漏水现象；或紧固件松动，漏水等	发电机扫膛事故，部件松动和机组振动损坏事故，定子和转子绕组事故，绝缘损坏事故，机组局部过热损坏事故，火灾，水淹厂房	缺少针对扫膛、部件松动、绝缘损坏、局部过热等情况的应急预案

续表

序号	设备系统	风险点（危险源）	危险源特征			风险分析	目前状态
			所在位置	包含主要部件	危险或事故诱因（物的不安全状态）	可能导致的事故及后果	
3	电气一次—发电机出口电气电压设备	1#、2#发电机中性点接地装置（2套）	水轮机层	接线端子箱、接地变压器、绝缘子等	柜体固定松动；外观损伤锈蚀破坏；柜门开合不畅；设备绝缘老化失效，接地失效；部件发热等	设备故障、火灾爆炸、触电、物体打击	/
4	电气一次—发电机出口电气电压设备	1#、2#发电机出口断路器（2套）	0.4kV及10kV配电室	操作机构、储能机构、传动机构、灭弧室、触头、控制柜等	柜门松动；柜内储能装置故障；刀闸接触不良；瓷瓶破裂；灭弧室密封不严；指示灯异常，保护压板未正确投入；断路器外壳未接地，存在过热、异常振动和异响；外壳积尘和存在异物等	断路器拒动、烧损事故、爆炸、触电	/
5	电气一次—发电机出口电气电压设备	1#、2#发电机共箱母线（2套）	水轮机层	一次连接部分、电流互感器、支撑绝缘子、箱体等	外壳和紧固件松动、破损锈蚀；共箱母线外壳未接地或接地不良；共箱母线温度超90°或外壳温度超70°，测温箱未正常投入；运行过程存在异常振动和声音；外壳存在异物；绝缘老化和失效；存在积尘和异物；密封不严等	触电、绝缘降低事故、设备损坏、机组停机	/
6	电气一次—发电机电压互感器电气电压设备	1#、2#发电机电压互感器（4组PT柜）	0.4kV及10kV配电室	熔断器、互感器、加热器、白炽灯、压力开关等	柜门损坏；PT柜存在放电现象和声音异味；一次侧连接头接触不良；二次侧空气开关位置不正确，接线松动与脱落；绝缘子表面不清洁；绝缘子存在裂纹和破损，外壳未接地或接地不良等	触电、设备损坏、火灾、爆炸	/

续表

序号	设备系统	风险点 (危险源)	危险源特征		风险分析		目前状态
			所在位置	包含主要部件	危险或事故诱因(物的不安全状态)	可能导致的事故及后果	
7	电气一次—发电机出口电气电压设备	1#,2#发电机出口断路器(2套)	0.4kV及10kV配电室	柜体、断路器、上下出线端、触头和绝缘头、操作机构、储能机构等	柜体固定松动、外观损伤锈蚀破坏、柜门开合不畅、功能信号异常、接地或搭接接线接触不良、绝缘老化失效、环境温湿度超限、设备标识缺失	触电、火灾、设备损坏、柜体倾倒	/
8	水力机械辅助设备—机组调速系统	1#,2#发电机组调速器电气控制柜(2套)	发电机层	柜体、控制模块、继电器、接线端子、开关等	柜体固定松动、外观损伤锈蚀破坏、柜门开合不畅、功能信号异常、存在警告信息;柜体接地或搭接接线接触不良、柜内端子存在脱落现象;绝缘老化失效、交直流电源投入不正常;环境温湿度超限、设备标识缺失、控制器故障等	柜体倾倒、触电、火灾、设备损坏、影响机组运行	/
9	水力机械辅助设备—机组调速系统	1#,2#发电机组调速器机械控制柜(2套)	发电机层	控制阀、信号灯、切换开关、继电器、过速保护装置等	柜体固定松动、外观损伤锈蚀破坏、柜门开合不畅;面板功能信号仪表显示异常、切换开关未处在正确位置;柜体接地和柜内接触不良、主配阀存在卡阻情况;绝缘老化失效、绝缘老化、油路管道、接头存在漏油、渗油、压力泄漏、油温异常;设备标识缺失等	触电、油压冲击伤害;物体打击;设备损坏;影响机组运行	缺少注意高压伤害、物体打击等警示标识
10	水力机械辅助设备—机组调速系统	1#,2#发电机组油压装置电气控制柜(2套)	发电机层	柜体、电表、控制模块、继电器、接线端子、开关等	柜体固定松动、外观损伤锈蚀破坏、柜门开合不畅、功能信号异常存在警告信息;柜体接地或搭接接线接触不良、柜内端子存在脱落现象;绝缘老化失效、交直流电源投入不正常;环境温湿度超限、设备标识缺失、控制器故障等	柜体倾倒、触电、火灾、设备损坏、影响机组运行	/

续表

序号	设备系统	危险源特征			风险分析		
		风险点（危险源）	所在位置	包含主要部件	危险或事故诱因（物的不安全状态）	可能导致的事故及后果	目前状态
11	水力机械辅助设备—机组调速系统	1#,2#发电机组油压装置、管路、接力器和漏油箱（2套）	发电机层、水轮机层	油泵、电动机、管道，压力油罐、接力阀，压力开关、接力器等	基座及焊点脱落、固定松动，外观损伤，锈蚀破坏；油泵运行异常，存在漏油剧烈振动，电动机存在异音、异味，振动和异常温升；压力油罐、管道存在漏油、渗油现象，油压机油位异常；供气管理和阀门漏气，压力开关和油位计整定值错误，电磁阀、主配压阀等管路接头存在漏油现象；杆件松和传动机构工作异常，销子及紧固件松动、脱落；接力器液压和机械锁定未投入，存在漏油现象；截止阀功能失效，安全阀动作失效，设备标识、保护设施缺失；压力油罐未定期进行检测和鉴定等	触电、机械伤害，油压冲击伤害；物体打击；设备损坏，影响机组运行	/
12	水力机械辅助设备—机组及主变技术供水系统	1#,2#机组技术供水系统PLC控制柜（2台）	技术供水室	PLC控制器，继电器，指示灯等	柜体固定松动，外观伤锈蚀破坏，柜门开合不畅；功能信号异常，柜体接地或搭接线接触不良；柜内端子存在脱落松动，绝缘老化失效，环境温度湿度超限，设备标识缺失；电池失效等	柜体倾倒、触电、火灾、腐蚀，设备损坏，影响机组运行	未制定机组和主变技术供水系统运行规程
13	水力机械辅助设备—机组及主变技术供水系统	1#,2#机组技术供水机械设备和管道（2套）	技术供水室	滤水器、减压阀、管道、水泵等	水泵故障、管道堵塞、阀门故障、过滤器故障、金属结构存在锈蚀、破损、阀门、管路、接头等处存在渗漏、紧固件松动	水压冲击伤害，物体打击，水淹厂房，设备损坏，影响机组运行	未制定机组和主变技术供水系统运行规程

续表

序号	设备系统	风险点（危险源）	危险源特征		风险分析		目前状态
			所在位置	包含主要部件	危险或事故诱因（物的不安全状态）	可能导致的事故及后果	
14	水力机械辅助设备—机组及主变主技术供水系统	主变冷却水PLC控制柜	技术供水室	PLC控制器、继电器、指示灯等	柜体固定松动，外观损伤锈蚀破坏；柜门开合不畅；功能信号异常；柜体接地或搭接线接触不良；柜内端子存在脱落现象；绝缘老化失效；环境温湿度超限；设备标识缺失；电池失效等	柜体倾倒、触电、火灾、腐蚀、设备损坏、影响机组运行	未制定机组和主变技术供水系统运行规程
15	水力机械辅助设备—机组及主变主技术供水系统	主变冷却水供水机械设备和管道	技术供水室、主变	滤水器、减压阀、管道、水泵等	水泵故障、管道堵塞、阀门故障、过滤器故障、金属结构存在锈蚀、破损；管路、阀门、接头等处存在渗漏、紧固件松动	水压冲击伤害、物体打击、水淹厂房、设备损坏、影响机组运行	未制定机组和主变技术供水系统运行规程
16	水力机械辅助设备—中低压气系统	中低压气柜本体柜和联合控制柜（3个）	空压机房	PLC控制器、继电器、指示灯等	柜体固定松动，外观损伤锈蚀破坏；柜门开合不畅；功能信号异常；柜体接地或搭接线接触不良；柜内端子存在脱落现象；绝缘老化失效；环境温湿度超限；设备标识缺失	柜体倾倒、触电、火灾、影响机组运行和检修作业	/
17	水力机械辅助设备—中低压气系统	中低压气机和干燥机（5台）	空压机房	中压2台、低压3台、干燥2台	空压机电动机接地不良、电动机冷却风扇存在缺陷、温度升高；空压机各部件松动；连接不紧、漏气、漏油异常；气缸等部件存在裂纹、松动；空压机自动排污阀工作异常、存在过热现象；空压机外壳未接地、运转中剧烈振动或异响；润滑油油质不合格、油位、油色异常；干燥机堵塞	触电、火灾、机械伤害、设备损坏、影响机组运行和检修作业	转动部位防护罩未悬挂标牌；倚靠管标牌

续表

序号	设备系统	风险点（危险源）	危险源特征		风险分析		
			所在位置	包含主要部件	危险或事故诱因（物的不安全状态）	可能导致的事故及后果	目前状态
18	水力机械辅助设备—中低压气系统	中低压气系统储气罐、管道和阀组（5套）	空压机房	中压2个，低压3个，管道阀组若干	储气罐基础不牢固，紧固件松动，罐体、管道阀组锈蚀；压力表和自动元器件失效，指示不灵；安全阀损坏；未接零接地；管道堵塞；存在漏气现象；无颜色示识和设备标识；压力容器未定期进行检测和鉴定等	高压气伤人、物体打击、爆炸，影响机组运行和检修作业	/
19	辅助设备—大坝渗漏排水系统	大坝渗漏排水系统控制柜（2套）	大坝EL.63m基础灌浆廊道	柜体、水位传感器、控制和输入模块、接线端子、开关等	柜体固定松动，外观伤蚀锈蚀破坏，柜门开合不畅；功能信号异常，切换开关位置不正确，存在报警指示；柜体接地或柜接线端子存在搭接、线接触不良；柜内端子存在脱落现象；绝缘老化失效，环境温湿度超限；设备标识缺失等	触电、火灾、水淹廊道	缺少水淹廊道方面应急预案
20	辅助设备—大坝渗漏排水系统	大坝渗漏排水系统潜水泵及管道（4台）	大坝EL.63m基础灌浆廊道	8#坝段2台，10#坝段2台	管道、水泵基础不牢固，紧固件松动，水泵电机运行声音和振动异常；电气接地异常，电气接线存在过热和松动现象；相关阀门位置开合不到位，管道和水泵存在漏水，卡阻现象；水泵压力指示表显示不正常；管道、阀门、水泵锈蚀等	触电、火灾、设备损坏、水淹廊道	缺少水淹廊道方面应急预案
21	辅助设备—消力池渗漏排水系统	消力池渗漏排水系统控制柜（2套）	消力池EL.54.3m~EL.53.0m灌浆廊道	柜体、水位传感器、控制和输入模块、接线端子、开关等	柜体固定松动，外观伤蚀锈蚀破坏，柜门开合不畅；功能信号异常，切换开关位置不正确，存在报警指示；柜体接地或柜接线端子存在搭接、线接触不良；柜内端子存在脱落现象；绝缘老化失效，环境温湿度超限；设备标识缺失等……	触电、火灾、水淹廊道	缺少水淹廊道方面应急预案

续表

序号	设备系统	风险点（危险源）	危险源特征		风险分析		目前状态
			所在位置	包含主要部件	危险或事故诱因（物的不安全状态）	可能导致的事故及后果	
22	辅助设备—消力池渗漏排水系统	消力池渗漏排水系统潜水泵及管道（6台）	消 力 池 EL54.3m～ EL53.0m 灌浆廊道	消力池 1#、2# 集水井各 3 台	管道、水泵基础不牢固，紧固件松动；水泵电机运行声音和振动异常；水泵电气接线存在过热和松动现象；相关阀门位置开合不到位；管道和水泵存在漏水、卡阻现象；水泵压力指示表显示不正常；管道、阀门、水泵锈蚀；备用泵无法正常投入等	触电、火灾、设备损坏、水淹廊道	缺少水淹廊道方面应急预案
23	辅助设备—厂房渗漏排水系统	厂房渗漏排水系统 PLC 控制柜和动力柜	技术供水室	柜体、水位传感器、控制和输入模块、接线端子、开关等	柜体固定松动；外观损伤锈蚀破坏、柜门开合不畅；功能信号异常，切换开关位置不正确；存在报警提示；柜体接地或搭接线接触端子存在脱落现象；绝缘老化失效；环境温度超限；设备标识缺失等	触电、火灾、水淹厂房	/
24	辅助设备—厂房渗漏排水系统	厂房渗漏排水系统潜水泵及管道（3台）	厂房渗漏集水井泵房	厂房 1#、2# 集水井各 1 台，备用 1 台	管道、水泵基础不牢固，紧固件松动；水泵电机运行声音和振动异常；电气接线存在过热和松动现象；软启动器指示不正常；相关阀门门位置开合不到位；管道和水泵存在漏水、卡阻现象；水泵压力指示表显示不正常；管道、阀门、水泵锈蚀；备用泵无法正常投入等	触电、火灾、设备损坏、水淹厂房	/

续表

| 序号 | 设备系统 | 风险点（危险源） | 危险源特征 | | | 风险分析 | |
			所在位置	包含主要部件	危险或事故诱因（物的不安全状态）	可能导致的事故及后果	目前状态
25	水力机械辅助设备一机组检修排水系统	机组检修排水系统 PLC 控制柜和启动柜	技术供水室	柜体、水位传感器、控制和输入模块、接线端子、开关等	柜体固定松动，外观损伤锈蚀破坏，柜门开合不畅；功能信号异常，存在报警指示切换开关位置不正确；柜体电气设备接地或跳搭接线接触不良；柜内端子存在脱落现象；绝缘老化失效；环境温湿度超限；设备标识缺失等	触电、火灾、影响机组检修作业	/
26	水力机械辅助设备一机组检修排水系统	机组检修排水系统潜水泵及管道（2台）	厂房检修泵房	水泵、阀门、管道等	管道、水泵基础不牢固，紧固件松动，水泵电机运行声音和振动异常；软启动器指示不正确；水泵电气设备接地不良、电气接线存在过热和松动现象；相关阀门位置开合不到位，管道和水泵存在漏水现象；水泵压力指示表显示不正常；管道、阀门、水泵锈蚀；备用泵无法正常投入等	触电、火灾、设备损坏、影响机组检修作业	/
27	水力机械辅助设备一机组顶盖排水系统	机组顶盖排水系统控制箱（2个）	水轮机层	柜体、接线端子、二次回路、继电器等	柜体固定松动，外观损伤锈蚀破坏，柜门开合不畅；功能信号异常；柜体接地或跳搭接线接触不良；柜内端子存在脱落现象；绝缘老化失效；环境温湿度超限；设备标识缺失	柜子坠落、触电、火灾、影响顶盖排水和机组运行	/

续表

序号	设备系统	危险源特征			风险分析		目前状态
		风险点（危险源）	所在位置	包含主要部件	危险或事故诱因（物的不安全状态）	可能导致的事故及后果	
28	水力机械辅助设备—机组顶盖排水系统	机组顶盖排水系统水泵及管道（4台）	水车室层	水泵、管道等	管道、水泵基础不牢固，紧固件松动；水泵电机运行声音和振动异常不正常；水泵电气设备接地不良、电气接线存在过热和松动现象；相关阀门位置开合不到位；管道和水泵存在漏水、卡阻现象；水泵压力指示表显示不正常；管道、阀门，水泵锈蚀；备用泵无法正常投入等	触电、火灾、设备损坏；影响顶盖排水和机组运行	/
29	水力机械辅助设备—透平油系统	透平油系统油处理设备（3台）	油处理室及油库	齿轮油泵1台、透平真空净油机1台、压力滤油机1台	设备基础不牢固，紧固件松动；设备接地接零不规范；过滤器堵塞、过滤器老化失效；绝缘老化；油压液位异常；密封破损；零件老化，胶封老化；设备运行过程振动过大，声音异常等	触电、高压伤人、火灾、爆管；设备损坏	未制定透平油系统运行操作规程；未配置防噪耳塞用器
30	水力机械辅助设备—透平油系统	透平油系统油罐及管道阀门（2个）	油处理室及油库	20m³净油罐、20m³运行油罐	管道或罐体变形破损、锈蚀；存在漏油、阀门卡阻、管道堵塞；安全附件损坏；设备接地接零；紧固件松动；接头卡阻等	火灾、爆管、大量漏油；影响机组运行	未制定透平油系统运行操作规程
31	水力机械辅助设备—绝缘油系统	绝缘油系统油处理设备（3台）	油处理室及油库	齿轮油泵1台、真空净油机1台、压力滤油机1台	设备基础不牢固，紧固件松动；设备接地接零不规范；绝缘老化失效；油压液位异常；密封不严，零件老化，胶封老化；过程振动过大，声音异常等	触电、高压伤人、火灾、爆管；设备损坏	未制定绝缘油系统运行操作规程；未配置防噪耳塞用器

续表

序号	设备系统	风险点（危险源）	危险源特征		风险分析		目前状态
			所在位置	包含主要部件	危险或事故诱因（物的不安全状态）	可能导致的事故及后果	
32	水力机械辅助设备—绝缘油系统	绝缘油系统油罐及管道阀门	油处理室及油库	30m³净油罐、30m³运行油罐	管道或罐体变形破损、锈蚀；存在漏油、阀门卡阻、管道堵塞现象；安全附件损坏；未接零接地；紧固件松动；油质劣化、油压异常等	火灾、爆管、大量漏油、影响主变运行	未制定绝缘油系统操作规程
33	水力机械辅助设备—水力测量监视系统	机组水力仪表盘柜（2个）	水车室	压力表、管道、阀门等	柜体固定松动、外观损伤锈蚀破坏、柜门开合不畅；功能信号异常；柜体接地或接线接触不良；仪表指示不准确；子件在脱落现象；绝缘老化失效；设备标识缺失；温度超限；环境温湿度超限	柜体倾倒、触电、影响机组运行	/
34	电气一次—主变压器	1#、2#主变压器及其附属设备	主变压器室	吸湿器、套管、避雷器、冷却设备、蝶阀、油泵电机等	油质劣化、油温、油位异常；裸露带电体净距不足；保护冷却装置支撑固定松动、锈蚀、设备标识缺失；绝缘损坏；绝缘老化失效；存在漏油；噪声过大现象；套管或壳体温度异常、运行端子固定在异常、紧	设备损坏失压、触电、火灾、爆炸	/
35	电气一次—厂用及生活区配电系统	厂用变压器（3台）	0.4kV及10kV配电室	TM11、TM21、TM31及其附属设备	绝缘老化破损、绕组或壳温异常、绕组过程中声音异常、有异常响声；厂用变压器外壳锈蚀或存在异物、存在高低压侧连接接不牢固、有异声、放电、烧红现象；变压器本体外壳接地不牢等；设置合适围栏或遮挡；设备标识缺失等	设备损坏失压、触电、火灾、爆炸	/

续表

序号	设备系统	风险点（危险源）	危险源特征		风险分析		目前状态
			所在位置	包含主要部件	危险或事故诱因（物的不安全状态）	可能导致的事故及后果	
36	电气一次—厂用及生活区配电系统	生活变压器（1台）	水工楼	TM32	生活变压器外壳锈蚀或存在杂物；运行过程中声音异常，有异常放电声；生活变压进出连接头连接不牢固，存在放电、烧红现象；油质劣化，油温、油位异常；呼吸器内吸潮、颜色异常；紧固部件松动、锈蚀；连接阀未打开，压力释放阀存在缺陷；未设置合适围栏或遮挡；设备标识缺失等	设备损坏失压、触电、火灾、爆炸	设备名称标识缺失、围栏上悬挂环卫拖把等杂物
37	电气一次—厂用及生活区配电系统	10.5kV 厂用电PT柜（2组）	0.4kV及10kV配电室	3G134、3G234、3X44等互感器、避雷器	柜门损坏；PT柜存在放电现象和异音、异味；一次侧连接头接触不良；二次侧空气开关位置不正确；壳未接地或接地不良等	触电、设备损坏、火灾、爆炸	/
38	电气一次—厂用及生活区配电系统	10.5kV 断路器和隔离开关柜	0.4kV及10kV配电室、水工楼	312/322/314/324/300/302/304/306/308等断路器，3141/3241/3001等隔离开关、备自投装置等	柜门松动、柜内储能装置故障；刀闸接触不良；瓷瓶破裂；灭弧室密封不严；指示灯异常，保护压板未正确投入；断路器外壳未接地，存在过热、异常振动和异响；外壳积尘和异物；设备正常投入；设备标识缺失人等	柜体倾倒、触电、火灾、电弧灼伤、设备损坏、全厂停电	/
39	电气一次—厂用及生活区配电系统	厂房 0.4kV 断路器开关柜	0.4kV及10kV配电室	110/120/130/140/132/112/122等断路器、备自投装置	柜门松动；柜内储能装置故障；刀闸接触不良；瓷瓶破裂；灭弧室密封不严；指示灯异常，保护压板未正确投入；断路器外壳未接地，存在过热、异常振动和异响；外壳积尘和异物；设备正常投入；设备标识缺失等	柜体倾倒、触电、火灾、电弧灼伤、设备损坏、全厂停电	/

续表

序号	设备系统	风险点（危险源）	危险源特征		风险分析		目前状态
			所在位置	包含主要部件	危险或事故诱因（物的不安全状态）	可能导致的事故及后果	
40	电气一次—厂用及生活区配电系统	大坝0.4kV断路器开关柜	坝顶0.4kV配电室	100/102/104/106等断路器、备自投装置	柜门松动；瓷瓶破裂；灭弧室密封不严；刀闸接触不良；指示灯异常，保护压板未正确投入；断路器外壳未接地，存在过热，异常振动和异响；外壳积尘和存在异物；备自投装置不能正常投入；设备标识缺失等	柜体倾倒、触电、火灾、电弧灼伤、设备损坏	现场缺少防毒面具和呼吸器
41	电气一次—厂用及生活区配电系统	外来电源开关柜（六氟化硫）	0.4kV及10kV配电室	332/334/336等断路器、3X34隔离开关	柜门松动；瓷瓶破裂；灭弧室密封不严；刀闸接触不良；灭弧室指示灯异常，保护压板未正确投入；断路器外壳未接地，存在过热，异常振动和异响；外壳积尘和存在异物；电缆接头不良，松动现象；设备标识缺失等	柜体倾倒、触电、火灾、电弧灼伤、设备损坏	/
42	电气一次—厂用及生活区配电系统	0.4kV厂用配电盘柜（18个）	0.4kV及10kV配电室	断路器、负荷电缆	柜门松动；瓷瓶破裂；灭弧室密封不严；刀闸接触不良；指示灯异常，保护压板未正确投入；断路器外壳未接地，存在过热，异常振动和异响；外壳积尘和存在异物；电缆接头不良，松动现象；设备标识缺失等	柜体倾倒、触电、火灾、电弧灼伤、设备损坏	/
43	电气一次—厂用及生活区配电系统	柴油发电机组	坝顶柴油机及配电装置室	控制柜、油箱、柴油发电机组	柴油发电机机油泄漏或故障；冷冻液泄漏；蓄电池电池液漏或接地装置松动和接线不牢固；风扇防护罩破损或紧固件松动，控制柜内接线松动，导线绝缘层损坏；柜体不牢固；油箱锈蚀、渗漏、废气排出管道破损；减噪设备故障等	触电、机械伤害、腐蚀、火灾、摔伤、中毒窒息、噪声危害、影响全厂供电	未制定柴油发电机运行操作规程；缺少禁止烟火、当心机械伤害等警示标志

续表

序号	设备系统	风险点(危险源)	危险源特征		风险分析		目前状态
			所在位置	包含主要部件	危险或事故诱因(物的不安全状态)	可能导致的事故及后果	
44	电气一次—厂用及生活区配电系统	大坝和厂房检修动力箱和配电箱	大坝和厂房	/	箱体内存在积尘或杂物无标识;接地装置不良;柜门开关锈蚀;箱体内部接线混乱,线头松动脱落;未悬挂警示标识,未标识责任人	触电、火灾	/
45	电气一次—高压输电配电系统	220kV GIS 设备	GIS室	220kV 断路器、隔离开关、皂开关、隔离开关、母排、绝缘子等	GIS设备支架松动,连接点不牢固,金属部件存在锈蚀氧化痕迹;汇控柜信号指示不正确,开关位置不正确,焦糊、过热现象;柜内存在放电、刀闸接触不良;GIS各气室压力异常,存在明显漏气;GIS各传动机构和操作机构存在裂痕变形,锈蚀和松动脱现象;运行过程存在异常声音,味道和振动;金属外壳温度异常;接地装置失效,环境温度超限值;设备标识缺失等	触电、火灾、爆炸、中毒窒息、设备损坏	/
46	电气一次—高压输电配电系统	220kV 出线平台设备	出线平台	避雷器、阻波器、结合滤波器、电压互感器等	瓷瓶存在破损,裂纹和闪络情况;设备连线,引线,接地线连接不良;避雷器,阻波器存在倾斜,紧固件松动;电压互感器接头接触不良;绝缘子表面存在裂纹,破损和放电现象;设备运行异常振动和异响;出现漏油,渗油现象;支柱不稳固;设备标识缺失;高压遮挡和围栏遮挡设备缺失等	触电、火灾、砸伤、设备损坏	/

续表

序号	设备系统	风险点（危险源）	危险源特征		风险分析		目前状态
			所在位置	包含主要部件	危险或事故诱因（物的不安全状态）	可能导致的事故及后果	
47	电气一次—过电压保护与接地系统	电站接地网	全电站	大坝和电站一次接地网	接地网存在腐蚀、锈蚀情况；接地网焊接断开、连通不畅；接地电阻不满足设计要求、未定期检测	触电、设备损坏	/
48	电气一次—电力电缆	电站高压电力电缆	全电站	电缆桥架、电缆线	电缆桥架固定不牢固，存在锈蚀破损现象；电缆线头固定不稳，敷设在电缆沟、桥架上；电缆线未松动、脱落；导线裸露、导线绝缘层损坏及线路短路等	物体打击、火灾、触电、影响设备运行	/
49	电气二次—计算机监控系统	计算机监控上位机系统设备	监控机房、中控室	2台主机、2台操作员站、1台工程师站、1台网关工作站、2台远动通讯机	柜体固定松动、外观损伤锈蚀破坏、柜门开合不畅；功能信号异常；接地或接线松搭接触不良；柜内硬件故障；运行不正常；环境温湿度超限；设备标识缺失	触电、火灾、影响机组运行	/
50	电气二次—计算机监控系统	LCU现地控制单元柜（5套）	中控、发电机层、水轮机层，0.4kV及10kV电室、GIS室	5套同期装置	同期装置设备故障；柜体固定松动，外观损伤锈蚀破坏、柜门开合不正确；功能仪表异常；柜体接地或接线松搭接触不良；柜内硬件故障；端子存在松动脱落现象；绝缘老化失效；环境温湿度超限；设备标识缺失等	触电、火灾、设备损坏、影响主设备运行、非同期并列报警或解列	/
51	电气二次—计算机监控系统	10.5kV及0.4kV厂用电远程测量柜（2个）	0.4kV及10kV配电室	10.5kV、0.4kV各1个	柜体固定松动；功能信号异常；外观损伤锈蚀破坏、柜门开合不畅；接触不良；元件损坏；绝缘失效；接地失效；设备标识缺失；环境温湿度超限	触电、火灾、设备损坏	/

续表

序号	设备系统	风险点(危险源)	危险源特征		风险分析		目前状态
			所在位置	包含主要部件	危险或事故诱因(物的不安全状态)	可能导致的事故及后果	
52	电气二次—计算机监控系统	调度数据网柜	中控室	路由器、交换机、纵向加密装置	柜体固定松动;外观损伤锈蚀,柜门开合不畅;功能信号异常,仪表指示不准确;柜体接地或搭接接触不良;柜内硬件故障;运行不正常;环境温湿度超限;设备标识缺失	触电、火灾、设备损坏、影响远程遥测遥控	/
53	电气二次—计算机监控系统	关口电能计量装置	中控室	电能表、计量用电流电压互感器二次回路、计量封印等	未对装置内关键部件定期进行现场校验;柜体固定松动;外观损伤锈蚀,柜门开合不畅;功能信号异常,仪表指示不准确;柜体接地或搭接接触不良;柜内硬件故障;运行不正常;环境温湿度超限;设备标识缺失	触电、火灾、设备损坏、影响计量	/
54	电气二次—继电保护与安全自动装置	1#、2#发变组保护装置A柜和B柜(4个)	发电机层	2个A柜,2个B柜	柜体不牢固;外观损伤锈蚀,柜门开合不畅;工作灯显示异常,信号灯、指示灯显示异常;保护装置投入运行不牢固,保护压板不牢固,继电保护装置接线柱接触不良;接地和引接线头存在打火冒烟、有焦糊味、锈蚀或过热变色现象;柜体接地和接地线或搭接接触不良;端子松脱;打印机无打印纸;设备标识缺失等	触电、火灾、设备损坏、继电保护拒动或误动	/

续表

序号	设备系统	风险点（危险源）	危险源特征		风险分析		目前状态
			所在位置	包含主要部件	危险或事故诱因（物的不安全状态）	可能导致的事故及后果	
55	电气二次—继电保护与安全自动装置	继电保护信息处理系统柜	中控室	主机及网络设备	保护定值不合理；柜体不牢固；外观损伤锈蚀；柜门开合不畅；工作电源投入运行异常；信号灯、指示灯显示异常；保护压板不牢固，松脱；保护装置接线柱接线头存在打火冒烟，有糊味；继电保护装置接线头存在打火冒烟，有焦糊味；接地或排变色现象；接地线和接地排锈蚀；端子松脱、端子过热；柜体接地或接地搭接线或接触不良；设备标识缺失等	触电，火灾，设备损坏，继电保护拒动或误动	/
56	电气二次—继电保护与安全自动装置	220kV 电盘线光纤差动保护柜	中控室	光纤差动保护装置及附属设备	保护定值不合理；柜体不牢固，外观损伤锈蚀；柜门开合不畅；工作电源投入运行异常；信号灯、指示灯显示异常；保护压板不牢固，松脱；保护装置接线柱接线头存在打火冒烟，有焦糊味；接地线和接地排锈蚀；接地或排变色现象；柜体接地或接地搭接接触不良；端子松脱、端子过热；柜体无打印纸；打印机无打印纸；设备标识缺失等	触电，火灾，设备损坏，继电保护拒动或误动	/
57	电气二次—继电保护与安全自动装置	610 和 620 断路器保护柜（2 个）	中控室	主变 220kV 断路器各配套 1 个	保护定值不合理；柜体不牢固，外观损伤锈蚀；柜门开合不畅；工作电源投入运行异常；信号灯、指示灯显示异常；保护压板不牢固，松脱；保护装置接线柱接线头存在打火冒烟，有焦糊味；接地线和接地排锈蚀；接地或排变色现象；柜体接地或接地搭接接触不良；端子松脱、端子过热；柜体无打印纸；打印机无打印纸；设备标识缺失等	触电，火灾，设备损坏，继电保护拒动或误动	/

续表

序号	设备系统	风险点（危险源）	危险源特征		风险分析		目前状态
			所在位置	包含主要部件	危险或事故诱因（物的不安全状态）	可能导致的事故及后果	
58	电气二次—继电保护与安全自动装置	远方跳闸保护柜	中控室	/	保护定值不合理;柜体不牢固,外观损伤锈蚀;柜门开合不畅;指示灯异常;工作电源投入运行异常;信号灯、指示灯压板不牢固,保护压板不牢固;保护装置接线柱存在打火冒烟、有焦糊味;端子排和引接线头不在打火冒烟;锈蚀利过热变色现象;接地线和接地搭接接触不良;柜体接地或搭接接触不良;设备标识缺失;温湿度超限等	触电,火灾,设备损坏,远方跳闸保护拒动或误动	/
59	电气二次—继电保护与安全自动装置	高周切机低周启动柜	中控室	/	保护定值不合理;柜体不牢固,外观损伤锈蚀;柜门开合不畅;指示灯异常;工作电源投入运行异常;信号灯、指示灯压板不牢固,保护压板不牢固;保护装置接线柱存在打火冒烟、有焦糊味;端子排和引接线头不在打火冒烟;锈蚀利过热变色现象;接地线和接地搭接接触不良;柜体接地或搭接接触不良;设备标识缺失;温湿度超限等	触电,火灾,设备损坏,继电保护拒动或误动	/
60	电气二次—励磁机组励磁系统	1#、2#机组励磁系统控制设备（8个）	发电机层	灭磁柜、功率柜、励磁调节柜	柜体不牢固,外观损伤锈蚀;柜门开合不畅;各控制柜功能信号;指示灯异常;励磁装置引线头、开关、控制线存在过热、励磁焦糊味;开关和保险位置异常;功率柜存在异音、焦味;柜体异常振动,功率柜外壳温度异常;柜体接地不良;设备标识缺失;温湿度超限等	触电,火灾,设备损坏,励磁系统失磁或误强磁,机组停机	/

续表

序号	设备系统	风险点（危险源）	危险源特征		风险分析		目前状态
			所在位置	包含主要部件	危险或事故诱因（物的不安全状态）	可能导致的事故及后果	
61	电气二次—机组励磁系统	1#、2#机组励磁变压器（2台）	0.4kV及10kV配电室	励磁变压器ET1、ET2	励磁变压器引线外层绝缘存在缺陷；变压器附近不清洁、存在异物；变压器外罩、遮拦不牢固和完整；室内存在渗水情况；变压器运行声音异常、存在异味；引线接头连接不牢固，存在发红、过热现象；变压器电源指示灯异常	触电、火灾、爆炸、设备损坏、失压、影响机组运行	/
62	电气二次—直流成套装置系统	直流系统控制屏柜设备（7个）	中控室	发电装置柜1个、充电柜2个、馈电柜2个、母线切换柜1个、交流负荷柜1个	柜体不牢固，外观损伤锈蚀，柜门开合不畅；控制柜功能信号、指示异常，开关不在正确位置；柜体接地或搭接接线不良；柜内端子存在脱落现象；绝缘老化失效；设备标识缺失等	触电、火灾、设备损坏、影响直流系统运行	/
63	电气二次—直流成套装置系统	直流系统蓄电池组（2组）	蓄电池室	巡检仪、蓄电池主板、蓄电池若干	蓄电池组巡检仪故障，蓄电池接线松动；蓄电池壳体破裂，存在漏液、氧化现象；剧烈震荡或碰撞冲击蓄电池；蓄电池识别缺失；设备温湿度超限；通风不畅	中毒窒息、火灾、爆炸、影响直流系统运行	未悬挂禁止烟火等警示标识；周边未配置防毒面具
64	电气二次—同步相量测量装置	同步相量测量装置（PMU）	0.4kV及10kV配电室	多功能机箱、彩色触摸屏主机箱、AC插件机箱	柜体不牢固，外观损伤锈蚀，柜门开合不畅；控制柜功能信号，指示异常，开关不在正确位置；柜体接地或搭接接线不良；柜内端子存在脱落现象；绝缘老化失效；环境温湿度超限等	触电、火灾、设备损坏	/

续表

序号	设备系统	风险点（危险源）	危险源特征		风险分析		目前状态
			所在位置	包含主要部件	危险或事故诱因（物的不安全状态）	可能导致的事故及后果	
65	电气二次—故障录波装置系统	故障录波装置柜	中控室	主机及附属设备	柜体不牢固；外观损伤锈蚀；柜门开合不畅；控制柜功能信号；指示灯异常；开关不在正确位置；柜体接地或搭接线接触不良；柜内端子存在脱落现象；绝缘老化失效；录波器时钟丢失或不精确；环境温湿度超限；设备标识缺失等	触电、火灾	/
66	电气二次—不间断电源装置	1#、2# UPS电源柜（2个）	中控室	电源柜等	柜体不牢固；外观损伤锈蚀；柜门开合不畅；控制柜功能信号；指示灯异常；柜体接地或搭接线接触不良；柜内端子存在脱落现象；绝缘老化失效；UPS电源频繁开停机；电池表面未保持清洁；蓄电池破损或漏液；环境温湿度超限；设备标识缺失等	触电、火灾；腐蚀中毒、不间断电源中断事故	/
67	电气二次—工业电视系统	工业电视系统控制设备	中控室、生活区门卫室、水工楼	控制柜、主机、显示屏、录像机等	设备绝缘老化失效；环境温度超限、故障未及时维修；接地装置不良；电缆破损	触电、火灾；不能及时发现工程隐患或险情	/
68	电气二次—工业电视系统	摄像头及电缆	生产区、生活区	共计32处监视点	摄像头损坏；电缆破损	不能及时发现工程隐患或险情	/
69	电气二次—通信系统	某电站通信系统设备（10台）	通信机房	程控交换机、光端机、赛特PCM，数字配线柜、直流电源柜、蓄电池组、音频配线柜	柜体固定松动，外观损伤锈蚀破坏、柜门开合不畅；功能信号异常；柜体接地及柜内搭接线接触不良；绝缘老化失效；环境温湿度超限、设备标识缺失；设备元器件异常，开关选配异常；电池失效；电解液泄漏等	触电、火灾；腐蚀、设备损坏，影响内外部通信	未制定通信设备运行操作规程

续表

序号	设备系统	风险点（危险源）	危险源特征		风险分析		
			所在位置	包含主要部件	危险或事故诱因（物的不安全状态）	可能导致的事故及后果	目前状态
70	电气二次—通信系统	移动通信设备	通信机房	/	柜体固定松动；外观损伤锈蚀破坏；绝缘老化失效；环境温湿度超限；设备标识缺失	坠落砸伤，触电，影响电站内部通信	设备名称标识缺失，同时缺失警示标志
71	电气二次—机组状态监测系统	1#、2#机组状态监测系统设备	水轮机层	监测系统柜子箱子2个，信号转换端子箱若干，各测控单元若干	柜体固定松动；外观损伤锈蚀破坏；柜门开合不畅；功能信号异常；内搭接线接触不良；绝缘老化失效；测控单元器件、模块故障损坏；端子松动、连接不紧密；环境温湿度超限；设备标识缺失	触电，火灾，影响机组运行	缺少机组状态装置操作规程
72	电气二次—机组和共箱母线自动测温系统	1#、2#机组自动测温系统设备	水轮机层	远程测温柜2个，测温电阻若干	柜体固定松动；外观损伤锈蚀破坏；柜门开合不畅；功能信号异常；内搭接线接触不良；绝缘老化失效；端子松动、连接不紧密；测温电阻故障损坏；环境温湿度超限；设备标识缺失	触电，火灾，影响机组运行	/
73	电气二次—机组和共箱母线自动测温系统	1#、2#机组共箱母线测温设备	0.4kV及10kV配电室	测温箱2个，测温元器件若干	箱门锁松动；接线线头松动、脱落；导线裸露；绝缘老化失效；测温电阻故障损坏；环境温湿度超限；设备标识缺失	触电，火灾	/

续表

序号	设备系统	危险源特征			风险分析		目前状态
		风险点（危险源）	所在位置	包含主要部件	危险或事故诱因（物的不安全状态）	可能导致的事故及后果	
74	采暖通风与空气调节系统	发电主副厂房轴流风机、送排风口及风道	安装厂、发电机层、水轮机层、GIS室、油处理室、空压室、检修渗漏排水泵房	轴流风机、六氟化硫抽排系统、防爆轴流风机、送排风口、排风竖井、排风管道若干	风机电源接线破损、裸露；风机接地装置接触不良；风机转动部位防护网存在缺陷；风机附近有杂物积水；风机紧固件松动；风机运行过程存在异声、异味、火花和异常振动情况；送排风口和风道有异响堵塞；排风管道锈蚀、固定不牢固	触电、火灾、机械伤害、物体打击、中毒窒息、工作环境过潮过热	部分设备缺少当心机械伤害等警示标识；未制定采暖通风系统运行操作规程
75	采暖通风与空气调节系统	发电主副厂房风机控制箱	安装厂、发电机层、水轮机层、GIS室、油处理室、空压室、检修渗漏排水泵房	控制箱若干	柜体固定松动、外观损伤锈蚀破坏、柜门开启不畅；功能信号异常；内搭接线接触不良；绝缘接地失效；环境温湿度超限，设备标识缺失	触电、火灾、通风	未制定采暖通风系统运行操作规程
76	采暖通风与空气调节系统	发电厂房和水工楼空调设备	中控室、技术供水室、办公室、闸门控制室、电气实验室等	各类空调若干	空调外壳锈蚀、破损；元器件故障；绝缘老化失效；设备接地不良；空调外机悬挂不牢固等	触电、火灾、设备损坏	/

续表

序号	设备系统	风险点（危险源）	危险源特征		风险分析		目前状态
			所在位置	包含主要部件	危险或事故诱因（物的不安全状态）	可能导致的事故及后果	
77	采暖通风与空气调节系统	发电主副厂房除湿机	技术供水室、蓄电池室、中控室等	移动式除湿机若干	设备外壳破损，设备元器件故障、绝缘老化失效	设备损坏、触电	/
78	采暖通风与空气调节系统	大坝、电梯井和消防力池轴流风机、送排风口及送排风风道	柴油发电机室、启闭机房、电梯井、大坝和消防力池排风风房	轴流风机、送排风口、排风竖井、排风管道若干	风机电源线接线破损，裸露；风机接地装置接触不良；风机转动部位防护罩、防护网存在缺陷；风机附近有杂物积水；风机紧固件松动；风机运行过程存在任何异味、异响、火花和异常振动情况；送排风风口和风道有异物堵塞，固定不牢固	触电、火灾、机械伤害、物体打击、中毒窒息、工作环境潮湿过热	未制定采暖通风系统运行操作规程
79	采暖通风与空气调节系统	大坝、电梯井和消防力池风机控制箱	柴油发电机室、启闭机房、电梯井、大坝和消防力池排风风房	控制箱若干	柜体固定松动，外观损伤锈蚀破坏，柜门开合不畅；功能信号异常；柜内搭接线接触不良；绝缘老化失效，温湿度超限；设备标识缺失	触电、火灾、影响采暖通风	未制定采暖通风系统运行操作规程
80	消防系统设备	发电厂房和大坝防火分隔设施	全电站和大坝	挡油坎、防火隔墙、防火门、防火窗、防火阀、电缆防火封堵材料若干	油库挡油坎高度不足；防火分隔设施不满足消防设计要求或因故为假伪劣产品；设施存在破损，锈蚀或故障；现场防火分隔设施封闭不严；防火分隔设施附近堆放杂物影响启闭	火灾扩大	消防设施台账未将防火分隔设施纳入

续表

序号	设备系统	风险点（危险源）	危险源特征		风险分析		目前状态
			所在位置	包含主要部件	危险或事故诱因（物的不安全状态）	可能导致的事故及后果	
81	消防系统设备	发电厂房和大坝灭火器材	全电站和大坝	灭火器、沙箱、消防栓、破拆斧等	灭火器材未放置在明显和便于取用的地点；灭火器材配置不足或未配置；灭火器过期；灭火器与配置所火灾类型不匹配；沙箱储沙量不足；沙箱、灭火器箱、消防栓、破拆斧等配件破损、锈蚀严重；消防栓无法开启或水枪水带配件缺失；消防栓水压不足、未定期对器材维护、完好情况进行检查	火灾扩大	/
82	消防系统设备	中控室七氟丙烷灭火装置	监控机房	七氟丙烷灭火器、控制系统等	装置未定期维护保养；启停按钮损坏；灭火剂瓶密封圈老化、七氟丙烷泄漏、灭火器泄漏；驱动氮气瓶电磁阀损坏、氮气泄漏；喷嘴、安全泄压装置、单向阀等阀门碰撞变形；探测器不灵敏等	火灾扩大	未制定七氟丙烷灭火装置维护保养规程
83	消防系统设备	发电厂防水喷雾灭火装置	水轮机层、主变压器室、油处理室及油油库	水轮发电机水喷雾、主变压器水喷雾、厂房油罐室水喷雾	水雾喷头无水无火标识，存在破裂和破损现象，水雾喷头水压工作压力小于 0.35MPa；雨淋阀组无水无火性标志牌；阀体上无水流方向指示；管道锈蚀、破损；管道前设置过滤器；手动控制会无应急操作时示；控制系统响应灭火时间不满足规范长要求；自动控制系统故障；消防报警控制柜不牢固，存在破损锈蚀现象；柜体接地和柜内接线不良；绝缘老化失效；环境温湿度超限，设备标识缺失	火灾扩大、触电、火灾	未制定水喷雾灭火装置维护保养规程

续表

序号	设备系统	危险源特征		风险分析			
		风险点（危险源）	所在位置	包含主要部件	危险或事故诱因（物的不安全状态）	可能导致的事故及后果	目前状态
84	消防系统设备	消防技术供水系统设备	消防技术供水室	PLC、启动柜、各类闸阀、水泵、阀组若干	柜体固定松动；外观损伤锈蚀破坏；柜门开合不畅；功能信号异常；接线接触不良；柜内端子存在脱落现象；绝缘老化失效；环境温湿度超限；设备标识缺失；水系故障；柜内元器件故障、破损；管过滤器堵塞；管道堵塞；阀门、阀组结构存在锈蚀、破损、阀门、接头等处存在渗漏；管路、阀头、接头等处存在渗漏松动等	触电、火灾、水压伤人、火灾扩大	未制定消防技术供水系统运行操作规程和维护保养规程
85	消防系统设备	火灾自动报警和联动控制系统设备	中控室、电站大坝防火重点区域	火灾联动控制柜、火灾探测器、报警按钮、集中和消防报警控制器、消防广播	未按规范要求设置探测器、报警按钮和消防广播；控制柜体松动、外观锈蚀破坏；柜体接地和接线接触不良；绝缘老化失效；柜内元器件故障、功能信号异常；火灾探测器损坏；报警按钮破损、松动、消防广播损坏、故障等	触电、火灾、火灾扩大	未制定火灾自动报警、联动控制系统运行操作和维护保养规程
86	消防系统设备	发电厂房和大坝应急照明设备和疏散标识	全电站大坝疏散通道	照明灯具、疏散标识若干	未按照相关法规和设计要求设置疏散标识和应急照明设施；设施损坏率过大；应急照明灯具照度不足、疏散知识标志亮度和时长不满足要求、安装方向错误；照明和疏散标识安装位置错误	影响火灾疏散	/

续表

序号	设备系统	风险点（危险源）	危险源特征		风险分析		
			所在位置	包含主要部件	危险或事故诱因（物的不安全状态）	可能导致的事故及后果	目前状态
87	起重设备	发电厂房双小车桥式起重机	发电机层、安装场	结构件、螺栓、司机室、通道与平台、吊钩、钢丝绳、滑轮、卷筒、钢轨、制动系统、电气保护、接地和防雷、导电滑触线、安全防护装置等	结构件、螺栓、钢丝绳、卷筒、滑轮、钢轨等存在裂纹、锈蚀、变形、磨损和其他缺陷；紧固件松动脱落、吊钩缺少防钩装置；钢丝绳在卷筒上未整齐排列；司机室连锁装置、照明不良，控制按钮存在缺陷、室内降温装置功能异常；未铺设防滑的非金属隔热材料；通道平台宽度和临边防护不满足要求；制动器损坏、磨损严重或存在油污；电气设备绝缘老化失效、接地装置不良；未设置防雷设施；声光报警和照明装置出现问题；限位器、幅度指示器、缓冲器等安全防护装置损坏或失效；未定期进行检测或检验等	设备损坏、起重伤害、触电、火灾	未制定起重设备运行操作规程；安全警示文字缺失
88	起重设备	GIS室行吊	GIS室	结构件、螺栓、钢丝绳、吊钩、卷筒、滑轮、制动器、钢轨、电气保护、安全防护装置等	结构件、螺栓、钢丝绳、卷筒、滑轮、钢轨等存在裂纹、锈蚀、变形、磨损和其他缺陷；紧固件松动脱落、吊钩缺少防钩装置；钢丝绳在卷筒上未整齐排列；制动器损坏、磨损严重或存在油污；电气设备绝缘老化失效、接地装置不良；未设置防雷设施；限位器、幅度指示器、缓冲器等安全防护装置损坏或未定期进行检验等	设备损坏、起重伤害、触电、火灾	未制定起重设备运行操作规程；安全警示文字缺失

续表

序号	设备系统	风险点（危险源）	危险源特征		风险分析		目前状态
			所在位置	包含主要部件	危险或事故诱因（物的不安全状态）	可能导致的事故及后果	
89	起重设备	坝顶门机	坝顶	结构件、螺栓、司机室、通道与平台、吊钩、钢丝绳、卷筒、滑轮、制动器、钢轨、配电系统、电气保护、接地和防雷、导电滑触线、安全防护装置等	结构件、螺栓、钢丝绳、卷筒、滑轮、钢轨等存在裂纹、锈蚀、变形、磨损和其他缺陷；钢丝绳伴松动脱落；吊钩缺少防脱装置、紧固件不整齐排列；在卷筒上未整齐排列、连锁装置；照明、控制按钮存在缺陷、室内降温装置功能异常；未铺设防滑的非金属隔热材料；通道平台宽度和临边防护不满足要求；制动器损坏、磨损严重或存在油污；电气设备绝缘老化失效、接地和照明装置出现问题；限位器、声光指示器、缓冲器等安全防护装置损坏或施失效；未定期进行检测或检验等	设备损坏、起重伤害、触电、火灾、雷击	未制定起重设备运行操作规程；安全文字警示缺失；坝顶门机线缆普遍存在老化现象，局部存在锈蚀情况
90	起重设备	尾水平台门机	尾水平台	结构件、螺栓、司机室、通道与平台、吊钩、钢丝绳、卷筒、滑轮、制动器、钢轨、配电系统、电气保护、接地和防雷、导电滑触线、安全防护装置等	结构件、螺栓、钢丝绳、卷筒、滑轮、钢轨等存在裂纹、锈蚀、变形、磨损和其他缺陷；钢丝绳伴松动脱落；吊钩缺少防脱装置、紧固件不整齐排列；在卷筒上未整齐排列、连锁装置；照明、控制按钮存在缺陷、室内降温装置功能异常；未铺设防滑的非金属隔热材料；通道平台宽度和临边防护不满足要求；制动器损坏、磨损严重或存在油污；电气设备绝缘老化失效、接地和照明装置出现问题；限位器、声光指示器、缓冲器等安全防护装置损坏或施失效；未定期进行检测或检验等	设备损坏、起重伤害、触电、火灾、雷击	未制定起重设备运行操作规程；安全文字警示缺失

续表

序号	设备系统	风险点（危险源）	危险源特征		风险分析		目前状态
			所在位置	包含主要部件	危险或事故诱因（物的不安全状态）	可能导致的事故及后果	
91	特种设备	大坝上下通行电梯	大坝电梯井	轿厢、轨道、安全防护装置、控制系统等	电梯井进水、渗水；结构件、螺栓、钢丝绳、卷筒、滑轮、钢机等其他部件缺陷、锈蚀、变形、磨损和其他缺陷；紧固件松动脱落；限位装置损坏或不灵敏；缺少限重安全警示标志；未张贴应急救援电话；违规操作电梯；未定期进行检测或检验等	设备损坏、夹伤、坠落伤害	/
92	特种设备	液化六氟化硫储气瓶	厂房六氟化硫储藏室	储气瓶若干	气瓶储存场所通风不良，未采取防暴晒、防潮措施；油污沾染在阀门上；气瓶安全帽、防震圈缺失，未竖立存放在架子上并引出六氟化硫气体未使用减压阀降压并做好通风	中毒窒息、爆炸	储存地缺少注意通风、注意防火，禁止烟火、注意中毒等标识
93	工程安全监测系统设施	大坝及消力池安全监测设施	大坝、消力池	变形监测、渗流监测、应力应变监测项目设施若干、配套观测设施	表计，量水堰，垂线等设施老化、灵敏度下降，堵塞淤积和精度下降超过设计允许范围和变形；水尺损坏或模糊；监测点数据未按规范要求定期收集数据并进行整编分析	无法及时发现工程险情	大坝廊道内部分监测设施存在线缆保护管破损、锈蚀等情况，维护保养不到位
94	工程安全监测系统设施	电站厂房安全监测设施	电站厂房	钢筋计、测缝计、渗压计、排水孔若干、配套观测设施箱和网络设施	表计，量水堰，垂线等设施老化、灵敏度下降，堵塞淤积和精度下降超过设计允许范围和变形；水尺损坏或模糊；监测点数据未按规范要求定期收集数据并进行整编分析	无法及时发现工程险情	/

续表

序号	设备系统	风险点（危险源）	危险源特征		风险分析		目前状态
			所在位置	包含主要部件	危险或事故诱因（物的不安全状态）	可能导致的事故及后果	
95	工程安全监测系统设施	左右岸边坡及滑坡体安全监测设施	左右岸边坡、金家沟崩坡堆积体、水阳坪邓家嘴滑坡体	变形监测、岩体深部变形监测、地下水位监测、应力应变监测设施若干	表计、量堰、垂线等设施老化、堵塞淤积和精度下降超过设计允许范围；水尺损坏或模糊；监测点被重物砸毁和变形；未按规范要求定期收集数据并进行整编分析	无法及时发现工程险情	/
96	工程安全监测系统设施	导流洞封堵体安全监测设施	导流隧洞	温度计、测缝计、无应力计、渗压计	表计、量堰、垂线等设施老化、堵塞淤积和精度下降超过设计允许范围；水尺损坏或模糊；监测点被重物砸毁和变形；未按规范要求定期收集数据并进行整编分析	无法及时发现工程险情	/
97	水雨情测报系统	水雨情遥测站和中心站设备	库区流域范围	16个遥测站、1个中心站；太阳能板、蓄电池、信号避雷器、数据和通信装置、充电控制器、氮气瓶、水温计等	各类用电设备和装置柜体松动、破损或锈蚀；蓄电池漏液、损坏；设备绝缘老化失效、接线或设备接地接触不良；设备标识缺失；氮气瓶存在漏气、变形情况，未定期检测等	触电、火灾、爆炸，影响水雨情测报	/
98	水工自动化系统	闸门远控、水调自动化和洪水预报系统设备	水工楼	/	柜体固定松动、外观损伤锈蚀破坏、柜门开合不畅；功能信号异常、仪表指示不准确；保护压板不牢固、松脱；保护装置不干净、存在焦糊味、锈蚀；端子排和过热变色现象、打火冒烟；接地排锈蚀、端子松脱；和接地线或设备接地接头存在接地变松脱、端子松脱；柜内硬件故障、运行不正常；环境温湿度超限；设备标识缺失等	触电、火灾、设备损坏，影响运行	/

续表

序号	设备系统	风险点（危险源）	危险源特征		风险分析		
			所在位置	包含主要部件	危险或事故诱因（物的不安全状态）	可能导致的事故及后果	目前状态
99	照明系统	大坝和电站照明分配电箱	大坝和电站	/	箱体内存在积尘或杂物；箱体内控制开关无标识；接地装置不良；柜门松动、破损或锈蚀；箱体内部接线混乱、线头松动脱落；未悬挂警示标识和责任人	触电、火灾	/
100	照明系统	大坝和电站照明灯具和开关	大坝和厂房区域	/	开关、照明灯具损坏；绝缘老化破损；意外掉落等	物体打击、触电、现场照明度不足	部分灯具损坏失效
101	照明系统	防汛公路路灯	上坝公路、进场公路	/	路灯基座不牢固、锈蚀和破损；灯泡损坏	倒塌、路面照明度不足	/
102	机械加工设备和工器具	电站厂房机械加工设备	机械工具室	起重吊具、切管套丝机、砂轮机、台式钻床等	起重吊具存在磨损、变形、安全防护装置缺失等缺陷；机械加工设备接地零不良；绝缘老化失效；砂轮破裂、防护罩缺失；设备基础不牢固、紧固件松动；作业环境潮湿、杂乱等	触电、机械伤害、起重伤害、物体打击、火灾	/
103	机械加工设备和工器具	电站厂房各类工器具	中控室、高压仪器室、0.4kV及10kV配电室等部位	加力杆、接地线、把手、冲击钻、电烙铁、测试仪、爬梯、绝缘摇表等	工（器）具过期；工（器）具损坏、绝缘老化失效；未定期对工（器）具维修养护和检验	触电、高处坠落、物体打击、起重伤害、灼烫	/

续表

序号	设备系统	风险点（危险源）	危险源特征		风险分析		目前状态
			所在位置	包含主要部件	危险或事故诱因（物的不安全状态）	可能导致的事故及后果	
104	化学品储存场所	化学品储存仓库	生活区附近原武警仓库	酒精、清洗剂、油料	房屋结构变形、裂缝、渗漏、防水失效；化学品包装破损；未按要求存放、随意摆放，未采取防晒、防火措施；出现泄漏情况未及时处理；储量超标；过期物资放置未及时清理	结构破坏、积水、火灾	仓库为木式结构，较为老旧
105	电站污水处理系统	电站厂房污水处理设备及设施	污水处理室	控制箱、曝气泵、一体化生化设备、综合调节池	柜体固定松动、外观损伤锈蚀破坏；柜体接地及柜内搭接线接触不良；设备和控制柜绝缘老化失效；设备出现渗漏、卡阻、净化能力下降现象；调节池墙体破裂和渗漏；环境温湿度超限、设备标识缺失	触电、机械伤害、摔伤、中毒窒息、水环境污染	/
106	交通设备	电站公用车辆（5台）	交通道路	皮卡、SUV、大巴	车辆机油、发动机、制动系统、转向系统、照明等存在缺陷和故障，未定期开展维护保养和年检；未购买足额车辆保险；车上未配备必要的检修工具。无灭火器材和警示标识等	车辆伤害	个别车辆未配置车载灭火器材
107	交通设备	电站防汛工作艇（2条）	库区	一大一小	船体存在严重锈蚀、变形、破损情况；船舶发动机、转向系统、通信系统、灯光报警装置等存在缺陷或故障；船舶救生设施和消防设施配备不足；电气设备防雷和绝缘老化失效；未定期开展维护保养和年检；未购买足额保险	船舶事故、淹溺	/

续表

序号	设备系统	风险点（危险源）	危险源特征			风险分析	目前状态
			所在位置	包含主要部件	危险或事故诱因（物的不安全状态）	可能导致的事故及后果	
108	生活区设备设施	后方生活区营地变压器及刀闸、隔离开关	后方生活区营地配电房	TM33、TM34	生活变压器外壳锈蚀或存在异物；运行过程声音异响，有异常放电声；生活变进出线接头连接不牢固，存在红现象；油质劣化，油温、油位异常；呼吸器内吸潮气、颜色异化；紧固部件松动、锈蚀；连接阀未打开；压力释放阀存在缺陷；未设置合适围栏或遮挡；设备标识缺失等	设备损坏失压、触电、火灾、爆炸	/
109	生活区设备设施	生活区电脑、空调、冰箱、电视、热水器、烧水壶、插座、打印机等日常办公和生活设备	生活区办公楼、宿舍、综合楼	/	设备支架和外壳松动，破损或锈蚀；元器件或线路老化；绝缘老化失效	触电、火灾、物体打击	/
110	生活区设备设施	食堂柴油箱和抽油泵	食堂	/	柴油箱支架松动、随意摆放；未采取防晒、防火措施；出现泄漏情况未及时处理；抽油泵机破损放；电源线路，橡胶管老化破损等	火灾、触电、压力油冲击、物体打击	/
111	生活区设备设施	食堂液化气罐和灶具	食堂	灶具、气罐	液化气罐防晒、防热措施不足；单个气瓶与燃气灶之间距离过近或过远；燃气软管老化、破损变形严重，未定期进行检验、安全附件不全；燃气瓶卧倒、倒立；灶具不带熄火保护装置	火灾、爆炸	/

续表

序号	设备系统	风险点（危险源）	危险源特征		风险分析		目前状态
			所在位置	包含主要部件	危险或事故诱因（物的不安全状态）	可能导致的事故及后果	
112	生活区设备设施	食堂消毒柜、热水器、蒸箱、抽油烟机等电气设备	食堂	/	设备外壳破损、锈蚀;绝缘老化失效;内部元器件故障;电源线路老化破损;密封、接地或接零装置接触不良;烟道堵塞等	触电、火灾	食堂热水器接地保护装置距离水池较近
113	生活区设备设施	生活区照明配电箱和电源动力箱	生活区办公楼、宿舍、综合楼、食堂	/	箱体内存在积尘或杂物;接地装置无标识;柜门松动、破损或脱落;箱体内部接线混乱、锈蚀;箱体内标识和责任人未悬挂警示标识	触电、火灾	/
114	生活区设备设施	生活区照明灯具和开关	生活区办公楼、宿舍、综合楼、食堂	路灯、防爆灯、普通照明、装饰灯具	开关、照明灯具损坏;绝缘老化破损;意外掉落;路灯基座不牢固、锈蚀;灯泡损坏	物体打击、触电、现场照度不足	/
115	生活区设备设施	生活区灭火器材	生活区办公楼、宿舍、综合楼、食堂	灭火器、破拆斧、消防栓等	灭火器材未放置在明显和便于取用的地点;灭火器材配置不足或未配置;过期;灭火器与配置场所火灾类型不匹配;沙箱储沙量不足;沙箱、灭火器箱、消防栓、破拆斧等破损、锈蚀严重;消防栓配件缺失、消防栓无法开启或消水带水压不足;未定期对器材维护、完好情况进行检查	火灾扩大	/

续表

序号	设备系统	风险点（危险源）	危险源特征		风险分析		目前状态
			所在位置	包含主要部件	危险或事故诱因（物的不安全状态）	可能导致的事故及后果	
116	生活区设备设施	生活区应急照明设备和疏散标识	生活区办公楼、宿舍、综合楼、食堂	照明灯具、疏散标识若干	未按照相关法规和设计要求设置疏散标识和应急照明；设施损坏率过大；应急照明灯具照度不足；疏散知识标志完整和时长不满足要求，安装方向错误；应急照明和疏散标志安装位置错误	影响火灾疏散	/
117	生活区设备设施	生活供水系统设备	生活区岗亭	170m 水池、控制柜、增压泵	柜体固定松动，外观损伤锈蚀破坏；柜体接地及柜内搭接线接触不良；设备和控制柜绝缘老化失效；增压泵出现渗漏、卡阻、渗漏；增压能力下降现象；蓄水池墙体破裂和渗漏；蓄水池缺少盖板；设备标识缺失等	触电、淹溺	未制定某水电站生活供水设备运行操作规程
118	生活区设备设施	办公楼档案室	生活区办公楼	档案柜、文档	档案室建筑物耐火等级不满足规范要求；档案室排水不畅、防水防潮措施不足；档案室邻变配电室、食堂、车库、未与其他房间隔开；使用固定档案架承载力小于规范要求、缺少防倾倒装置，挡块防挤压功能；档案室未配置独立控制暖通设备；暖通设备不能满足库房温湿度控制要求；档案室未加锁并设置摄像；档案室内配电线路未设保护管；绝缘头；档案室内配电线路未设保护管，绝缘层老化、龟裂、碳化；库房门与地面间缝隙大于 5mm，且未采用金属门；门窗未保持常闭	火灾、挤压伤害、档案遗失或损坏	/

表3.4-1　　某水电站金属结构类一般危险源辨识清单

序号	区域/部位	所属系统	风险点(危险源)	风险分析		
				危险或事故诱因(物的不安全状态)	可能导致的事故及后果	目前状态
1	坝顶	表孔泄洪系统	1#~5#泄水表孔工作闸门、埋件及止水(5扇)	闸门门体、埋件、吊耳、吊座、锁定梁等结构存在变形、裂纹、脱焊、锈蚀及损坏现象;闸门门槽存在卡塔、气蚀等情况;闸门支承行走机构损坏、运转机构不灵活;闸门门度传感器损坏及上、下行程限位开关装置失效;闸门止水设施存在老化、破损和渗漏情况;闸下水流流态异常	影响闸门启闭,设备损坏,洪涝灾害,高处坠落	均存在轻微渗漏,个别弧形闸门腐蚀程度为"B"级,存在轻微锈蚀
2		表孔泄洪系统	泄水表孔事故检修闸门、埋件及止水(1扇)	闸门门面存在附着物;闸门门排水孔不通畅、存在沉积物和杂物;转动轴润滑未及时润滑;启闭过程中存在卡阻、跳动和异常振动现象;门槽附近安全走道、栏杆、爬梯、盖板不完善和牢固,门体、连接螺栓、锁定装置、吊耳、支臂等存在变形、损伤、锈蚀;闸门行走支撑装置损坏、变形、运转不灵活;门体冲水阀渗漏;闸门止水设施存在老化、破损和渗漏情况;焊缝存在裂缝;门库内随意摆放等	影响闸门启闭,设备损坏,洪涝灾害,高处坠落	/
3		表孔泄洪系统	1#~5#表孔启闭机及现地控制设备(5台)	启闭机房不干净整洁;机房门窗、玻璃、照明设施不完好;高度指示器指示高度与闸门实际高度偏差不满足设计要求;启闭过程存在卡阻、冒烟、冒油、跳动、异常振动等现象;转动润滑、吸湿空气干燥清洁器工作不可靠;油箱、油泵、阀组、压力表及管路连接发生渗漏,液压油;螺栓及联锁锁钮变形、松动、腐蚀等现象;启闭机机架、油缸、活塞杆、连接螺栓等结构出现变形、裂纹,油量、油质不满足规范要求;启闭机开度指示、应急装置或手动装置失效;转动部件缺少防护罩,现场未配备消防器材;行程限位开关等保护	影响闸门启闭,设备损坏,洪涝灾害,机械伤害,火灾	/

续表

序号	区域/部位	所属系统	风险点(危险源)	风险分析		目前状态
				危险或事故诱因(物的不安全状态)	可能导致的事故及后果	
4	溢流坝段(7#~12#坝段)	底孔泄洪系统	1#~4#泄水底孔工作闸门、埋件及止水(4扇)	闸门门体、埋件、吊耳、吊座、锁定梁等结构存在变形、裂纹、脱焊、锈蚀及损坏现象;闸门门槽存在变形、气蚀等情况;闸门支承行走机构部件存在变形、锈蚀、损坏情况,运转机构不灵活;闸门开度传感器及上、下行程限位开关装置失效;闸门止水设施存在老化、破损和渗漏情况;闸下水流流态异常	影响闸门启闭、设备损坏、洪涝灾害、高处坠落	均存在轻微渗漏
5		底孔泄洪系统	泄水底孔事故检修闸门、埋件及止水(1扇)	闸门迎水面存在附着物;闸门排水孔不通畅,存在沉积物和杂物;转动轴承未及时润滑;启闭过程中存在卡阻、跳动和异常振动现象;门槽附近安全走道、栏杆、盖板不完善和牢固、爬梯;门体、连接螺栓、锁定装置、吊耳、支臂等存在变形、损伤、锈蚀;闸门行走支承装置损伤、变形、运转不灵活;门体冲水阀连接头不变形;闸门止水设施老化、破损和渗漏情况;门体存在裂缝;门库内随意摆放等	影响闸门启闭、设备损坏、高处坠落	/
6		底孔泄洪系统	1#~4#底孔启闭机及现地控制设备(4台)	启闭机房不干净整洁;机房门窗、玻璃、照明不完好;高度指示器指示与闸门实际高度偏差不满足设计要求;启闭过程存在卡阻、冒烟、跳动、异常振动等现象;转动轴承未及时润滑;油箱、油泵、阀组、压力表及管路连接处发生渗漏;气滤清器干燥器变色、异味、沉淀情况;启闭机机架、油缸、活塞杆、连接螺栓等结构出现变形、松动、裂纹、腐蚀等现象;油量、油压不满足规范要求;启闭机开度指示不可靠;应急装置或手动装置及联锁制动锁锭、行程限位开关等保护装置失效;转动部件缺少防护罩;现场未配备消防器材	影响闸门启闭、设备损坏、洪涝灾害、机械伤害、火灾	/

续表

序号	区域/部位	所属系统	风险点(危险源)	危险或事故诱因(物的不安全状态)	可能导致的事故及后果	目前状态
7		发电引水系统	1#、2#进水口拦污栅、埋件及清污机(6扇)	拦污栅启闭过程存在卡阻、跳动、异常振动、响声等现象;迎水面存在异物撞击引起的变形、变形、损伤、老化、脱漆、脱落等现象;构配件出现锈蚀、脱漆、脱落等;侧轨、闸槽护角等埋件存在变形、损伤、脱落、焊缝开裂等缺陷	影响机组发电、设施损坏	局部存在少量水生生物附着
8	厂房坝段(13#~14#坝段)	发电引水系统	发电机组进水口检修闸门、埋件及止水(1扇)	闸门迎水面存在附着物;闸门排水孔不通畅,存在沉积物和杂物;转动轴未及时润滑,启闭过程中存在卡阻、跳动等异常振动现象;门槽附近安全走道、栏杆、爬梯、盖板不完善和牢固,门体、连接螺栓、锁定装置、吊耳、支撑装置损坏、变形等存在老化、锈蚀;闸门行走支撑装置损坏、变形、运转不灵活;门体冲水阀门接头无变形;闸门止水支撑装置失效,破损和渗漏存在裂缝;门库内随意摆放等	影响闸门启闭、设备损坏、高处坠落	/
9		发电引水系统	1#、2#进水口快速闸门、埋件及止水(2扇)	闸门门体、埋件、吊耳、吊座、锁定梁等结构存在变形、裂纹、脱焊、锈蚀及损坏现象;闸门门槽部件存在变形、气蚀、损坏等情况;闸门支承行走机构件存在变形、锈蚀、卡堵、损坏情况、运转机构不灵活;闸门开度传感器及上、下行程限位开关装置失效;闸门止水设施存在老化、破损和渗漏情况;闸下水流状态异常	影响闸门启闭、设备损坏、高处坠落、水淹厂房	梁格有积水及淤泥淤积情况、闸门腐蚀程度为"B"级、存在轻微锈蚀

风险分析

续表

序号	区域/部位	所属系统	风险点（危险源）	风险分析		目前状态
				危险或事故诱因（物的不安全状态）	可能导致的事故及后果	
10	厂房坝段（13#~14#坝段）	发电引水系统	1#,2#进水口快速闸门启闭机及现地控制设备	启闭机房不干净整洁；机房门窗、玻璃、照明设施不完善；高度指示器指示高度与闸门实际高度偏差不满足设计要求；启闭过程存在卡阻、冒烟、跳动、异常振动等现象；转动轴存在时润滑；油箱、油泵、阀值及压力表发生渗漏；液压油、吸湿空气滤清器干燥机发生变色、异味、沉淀情况；启闭机机构工作不可靠；应急装置或手动装置及联锁机构出现故障；松动、裂纹、腐蚀等现象；启闭机架、油缸、活塞杆、连接螺栓等结构出现变形、断裂；油质不满足规范要求；启闭机开度指示、荷载限制、行程限位油质不满足规范要求；转动部件缺少防护罩；现场未配备消防开关等保护装置失效；转动部件缺少防护装置失效器材	影响闸门启闭、设备损坏、洪灾害、机械伤害、火灾	/
11		发电引水系统	1#,2#机组压力钢管及伸缩节（2组）	压力钢管或蝶阀阀结构发生变形、磨损、损坏、锈蚀等现象；未按照规范要求定期进行安全检测；紧急关阀、水锤防护设施失效等	渗水、爆管、水淹厂房、人员伤亡	管壁表面有锈斑、锈坑，多在焊缝附近，腐蚀程度为"B"级
12	尾水平台	发电引水系统	1#,2#机组尾水检修闸门、埋件作及止水（4扇）	闸门迎水面存在附着物；闸门排水孔不通畅，存在沉积物和杂物；转动轴存在时润滑，转动过程中存在卡阻、跳动和异常振动现象；门槽附近安全走道、栏杆、盖板不完善和牢固、爬梯、支撑存在变形、损伤、锈蚀；门体、连接螺栓、锁定装置、吊耳、支臂等存在变形、变形、运转不灵活，锈蚀；闸门行走支撑存在老化、损伤、破损和渗漏存；头无变形；闸门止水设施存在老化、破损和渗漏情况；焊缝存在裂缝；门库内随意摆放等	影响闸门启闭、设备损坏	/

续表

序号	区域/部位	所属系统	风险点(危险源)	风险分析 危险或事故诱因(物的不安全状态)	风险分析 可能导致的事故及后果	目前状态
13		灌溉取水系统	左右岸灌溉渠首拦污栅及埋件(4扇)	拦污栅启闭过程存在卡阻、跳动、异常振动、响声等现象；迎水面存在异物撞击引起的变形；连接螺栓松动、变形、损伤、老化、脱落等现象，构配件出现锈蚀、脱漆、主轨、反轨、侧轨、闸门埋件存在变形、脱落、脱轨、焊缝开裂等缺陷	设施损坏	/
14	左右岸非溢流坝段(4#、17#坝段)	灌溉取水系统	左右岸灌溉渠首检修闸门及止水(1扇)	闸门迎水面存在附着物；闸门排水孔不通畅、存在沉积物和杂物；转动轴未及时润滑；启闭过程中存在卡阻、跳动和异常振动现象；门槽附近安全走道、栏杆、爬梯、盖板不完善和牢固；门体、连接螺栓、锁定装置、吊耳、支臂等存在变形、损伤、锈蚀；闸门行走支撑装置损坏、变形、运转不灵活；门体冲水阀接头无变形；闸门止水设施存在老化、破损和渗漏情况；焊缝存在裂缝；门库内随意堆放等	影响闸门启闭、设备损坏	/
15		灌溉取水系统	左右岸灌溉取水口压力钢管及蝶阀(2组)	压力钢管或蝶阀结构发生变形、磨损、损坏、锈蚀等现象；未按照规范要求定期进行安全检测；紧急关闭阀、水锤防护设施失效等	渗水、爆管、水淹厂房、人员伤亡	/

3.5　维护检修类一般危险源辨析案例

　　某水电站维护检修作业活动主要包括发电机组检修、辅助机械检修、电气一次设备检修、电气二次设备检修、公用辅助设备检修、消防设备检修、水工和房屋建筑物维护、各类试验和检测等。参照《水利水电工程（水库、水闸、水电站、泵站）运行危险源辨识与风险评价导则（试行）》附件5的有关要求，结合某水电站运行实际和有关技术资料，采用工作危害分析法（JHA）对作业活动按照作业步骤或作业内容进行系统性辨识。目前共辨识检修作业前准备、检修作业后验收、发电机定子检修、发电机通风冷却系统检修、出口断路器检修、水轮机主轴检修、柴油发电机组检修、主变压器检修、相量采集装置检修、照明系统维护检修、水工建筑物维护检修、闸门拦污栅维护检修、机组整启动试验、高压电气设备预防性试验等一般危险源95个。同时参照《企业职工伤亡事故分类标准》（GB 6441—86）和《生产过程危险和有害因素分类与代码》（GB/T 13861—2022）对一般危险源的事故原因和可能导致的事故进行风险分析。具体情况详见表3.5-1。

3.6　运行操作类一般危险源辨析

　　某水电站运行操作作业包括发电机组操作、辅助机械操作、电气一次设备操作、电气二次设备操作、公用辅助设备操作、巡视检查和监视、安全监测、闸门系统操作、交通设备操作、办公生活设备使用等。参照《水利水电工程（水库、水闸、水电站、泵站）运行危险源辨识与风险评价导则（试行）》附件5的有关要求，结合某水电站运行实际和有关技术资料。采用工作危害分析法（JHA）对作业活动按照作业步骤或作业内容进行系统性辨识，目前共辨识操作前准备、操作后验收、水轮机巡视检查和日常监视、发电机开停机操作、变压器冲击合闸、调速器油压装置手动补气、GIS设备合闸分闸操作、中低压气机手动启停操作、泄洪闸门启闭操作、人工测绘和监测作业、日常办公设备使用、环卫作业、驾驶作业等一般危险源64个。同时参照《企业职工伤亡事故分类标准》（GB 6441—86）和《生产过程危险和有害因素分类与代码》（GB/T 13861—2022）对一般危险源的事故原因和可能导致的事故进行风险分析。具体情况详见表3.6-1。

表 3.5-1

某水电站维护检修类一般危险源辨识清单

序号	设备系统	风险点(危险源)	危险源特征		风险分析		目前状态
			作业分类	涉及的高危作业类型	危险或事故诱因(人的不安全行为或管理缺陷)	可能导致的事故及后果	
1	维护检修作业通用部分	检修作业前的准备	/	/	工作负责人未根据作业内容进行合理资源配置;作业开始前未进行风险评估或评估不详细;工作票办理不规范;作业前未进行安全技术交底;两票状态、工具、环境、内容、作业对象进行确认;安全措施未确认或执行不到位;作业前未对人员进行确认	设备损坏、人员伤亡	/
2		检修作业中的变更	/	/	未办理工作票变更草率开工;变更工作单内容、安全隔离措施不明	设备损坏、人员伤亡	/
3		检修作业后的验收	/	/	检修完成后未进行检查即完工;现场未及时清理、人员、工(器)具遗留、废弃物未分类收拾;检修完成后电源、气源未断开;工作终结后交接不到位	设备损坏、人员伤亡	/
4	1#、2#发电机组	发电机定子检修作业	机械检修	临时用电作业、高处作业、动火作业、起重作业、危化作业	未办理工作票、操作方式不对;起重吊装择不当或起重吊装过程中;作业平台不稳;物品工具遗留;液压工具存在缺陷或使用不当;使用可能损伤绝缘的有机溶剂;打磨焊接现场未做好防火措施;试验检测前未充分放电;工器具选择不当;个人防护不到位	设备损坏、触电、起重伤害、碰伤、高处坠落、伤人	维护检修规程和作业指导书未正式发布
5		发电机转子检修作业	机械检修	高处作业、危化作业、临时用电作业、起重作业、机械作业	磁极绕组未加保护、物品工具遗留或材料堆放不整齐;高处作业无盖板、栏杆或作业未系安全带或材料堆放不整;作业转子转动;起重吊装方式不当起吊不对;临时电源无漏电保护装置;内窥镜脱落不对;酸性物质腐蚀大轴;携带火种引燃清洗剂或现场未配备灭火器;个人防护不到位	设备损坏、机械伤害、高处坠落、起重伤害、触电、碰伤	维护检修规程和作业指导书未正式发布

续表

序号	设备系统	危险源特征			风险分析		
		风险点（危险源）	作业分类	涉及的高危作业类型	危险或事故诱因（人的不安全行为或管理缺陷）	可能导致的事故及后果	目前状态
6		发电机上下导轴承检修作业	机械检修	危化作业、高处作业、临时用电作业、高压作业	油泵突然启动伤人；物品工具遗留；携带火种引燃清洗剂或现场未配备灭火器；高处作业平台或站梯子不稳固；未系安全带；绝缘测量过程触碰带电试验端子；作业过程损坏部件；防污漏油漫油、跑油现场无人监护；地面存在油污、防滑措施不到位；未佩戴个人防护用品	物体打击、设备损坏、火灾、试验爆管、碰伤、摔伤、高处坠落	维护检修规程和作业指导书未正式发布
7	1#、2#发电机组	发电机推力轴承检修作业	机械检修	高处作业、搬运作业、高压作业、临时用电作业、危化作业	高处作业时平台或站梯子不稳固、未系安全带；搬运时人员碰磕；冷却器、油水管道作业不当；携带火种引燃现场或现场未配备灭火器；拆解过程中未做好卡防护；现场临时用电设备未保护；作业过程损坏部件或绝缘测量过程触碰带电试验端子；作业场地未铺设塑料布或彩条布；更换透平油时跑油漫油、滤油无人看护；地面存在油污防滑措施不到位；未佩戴个人防护用品	设备损坏、高处坠落、磕碰伤、试验爆管、火灾、触电	维护检修规程和作业指导书未正式发布
8		发电机上下机架和挡风板检修作业	机械检修	高处作业、起重作业	上下机架未站稳、使用大锤时戴手套、拆装过程中未做好部件防护、转子轮辐孔未设盖板、起吊机架时候下方站人等	设备损坏、高处坠落、物体打击	维护检修规程和作业指导书未正式发布

续表

序号	设备系统	风险点（危险源）	危险源特征		风险分析		
			作业分类	涉及的高危作业类型	危险或事故诱因（人的不安全行为或管理缺陷）	可能导致的事故及后果	目前状态
9	1#、2# 发电机组	发电机通风冷却系统检修作业	机械检修	高压作业、高处作业	内窥镜遗落，冷却器管路吹扫时未用石棉布遮挡，管路耐压试验操作不当，对漏水处检查时未做好防护，高处作业平台不稳或未系安全带，物品或工具遗留	物体打击、设备损坏、试验爆管	维护检修规程和作业指导书未正式发布
10		发电机机械制动系统作业	机械检修	机械作业、高压作业、搬运作业、危化作业、高处作业	检修过程误投制动器，作业过程工（器）具损伤部件或元件，耐压试验操作不规范，物品或工具遗留，运制动器部件时未做好配合，携带火种引燃清洗剂或未现场未配备灭火器，拆卸压力开关或排管路时未隔离气源或泄压，进入孔人孔门拆装中未做好防坠落措施，高处作业未正确使用梯子和安全带	机械伤害、设备损坏、高压伤人、物体打击、火灾、试验爆管、高处坠落	维护检修规程和作业指导书未正式发布、高压伤人类应急预案缺失
11		发电机集电环检修作业	机械检修	/	物品工具遗留，碳粉洒落造成刷握绝缘下降	设备损坏	维护检修规程和作业指导书未正式发布
12		发电机消防系统检修作业	机械检修	临时用电作业、高处作业	消防装置误动，管路、阀门清扫时漏水，消防控制屏检修时未使用绝缘工具，高处作业平台不稳或未系安全带，工作完成后未将探头保持规定距离，热风枪未与探测器保持规定距离，作业前未将动作回路端子解除	设备损坏、触电、高处坠落	维护检修规程和作业指导书未正式发布

续表

序号	设备系统	风险点（危险源）	危险源特征		风险分析		目前状态
			作业分类	涉及的高危作业类型	危险或事故诱因（人的不安全行为或管理缺陷）	可能导致的事故及后果	
13	1#、2#发电机组	发电机加热装置检修作业	机械检修	临时用电作业、高处作业	未断开加热电源就进入检查、作业空间照明不足、个人绝缘防护措施不到位、周围孔洞未装临时盖板	烫伤、触电、坠落、摔伤	维护检修规程和作业指导书未正式发布
14	1#、2#发电机组	发电机中心点接地装置检修作业	一次设备检修	临时用电作业、高处作业、机械作业	未办理工作票、操作票、准备工作不足、检修场所周围未设置围栏或悬挂警示标识、操作机构和传动部位测量时无防护、工作前未分清带电端子、作业工具绝缘存在缺陷、物品或工具遗留、高处作业人字梯不稳或作业子未备稳、绝缘子未拿稳、掉落、检修后及时恢复设备原始状态和验收、其他未按检修规程操作行为	设备损坏、触电、机械伤人、高处坠落、物体打击	维护检修规程和作业指导书未正式发布
15	1#、2#发电机出口电压电气设备	发电机出口断路器检修作业	一次设备检修	临时用电作业、高处作业、机械作业	未办理工作票、操作票、准备工作不足、检修场所周围未设置围栏或悬挂警示标识、作业前未检查所通风、六氟化硫含量超压、作业前未泄压、工作中无人监护、手、脚踏开电源、带电作业或未断开电源、未做好个人防护、防护帽等个人防护、物品或工具遗留、作业中损坏部件或元件、打开六氟化硫封盖未通风30min、其他未按检修规程操作行为	中毒、机械伤人、触电、设备损坏	维护检修规程和作业指导书未正式发布

续表

序号	设备系统	危险源特征			风险分析		
		风险点（危险源）	作业分类	涉及的高危作业类型	危险或事故诱因（人的不安全行为或安全管理缺陷）	可能导致的事故及后果	目前状态
16	1#、2#发电机出口电压电气设备	发电机引出线检修作业	一次设备检修	临时用电作业、高处作业	未办理工作票、操作票；准备工作不足；检修场所围栏未设置围栏或悬挂警示标识；检修工具存在缺陷；接地线位置不合适；施工电源线未按规定串接漏电保护或个人防护不到位；作业过程中无专人监护；高处作业平台不稳或未系安全带；抛掷物件	触电、高处坠落、物体打击	维护检修规程和作业指导书未正式发布
17		发电机共箱母线检修作业	一次设备检修	临时用电作业、高处作业	未办理工作票、操作票；准备工作不足；检修场所周围未设置围栏或悬挂警示标识；作业前未分清带电端子；使用不合格的绝缘工具；高处作业过程绝缘子掉落、防腐处理未戴面罩、通风物品或通风处理未戴面罩；作业过程工具或器具遗留	触电、设备损坏、物体打击、高处坠落	维护检修规程和作业指导书未正式发布
18		发电机电压电流互感器检修作业	一次设备检修	临时用电作业	未办理工作票、操作票；准备工作不足；检修场所周围未设置围栏或悬挂警示标识；物品或工具遗留；作业前未分清带电端子	触电、设备损坏	维护检修规程和作业指导书未正式发布
19	水轮发电机组辅助系统	发电机组动力柜检修作业	二次设备检修	临时用电作业	未办理工作票、操作票；准备工作不足；检修场所周围未设置围栏或悬挂警示标识；人字梯搭设不稳固；作业前未断开电源；金属裸露与低压电源接触；作业前未核对设备名称、编号、位置，对可能误碰触的回路、设备、元件未设防护带相悬挂警示牌；拆接线未做好标记；其他违反操作规程的行为	触电、设备损坏	维护检修规程和作业指导书未正式发布

续表

序号	设备系统	风险点(危险源)	危险源特征		风险分析		目前状态
			作业分类	涉及的高危作业类型	危险或事故诱因（人的不安全行为或安全管理缺陷）	可能导致的事故及后果	
20		发电机和主变保护装置（保护A柜、保护B柜）检修作业	二次设备检修	临时用电作业	未办理工作票、操作票；准备工作不足；检修周围未设置围栏或悬挂警示标识；对交直流回路周围短路；TA回路开路，TV回路短路；对交直流回路操作不当造成短路、装置交直流回路与其他回路接线错误；试验定值未恢复；带电拔插捅件、回路接线不到位；不熟悉方法造成误操作和误动作；相关刀闸、连片未断开；其他违反操作规程的行为	触电、设备损坏、设备故障	维护检修规程和作业指导书未正式发布
21	水轮发电机组辅助系统	机组调速系统（电气柜、机械柜、油压装置等）检修作业	二次设备检修	临时用电作业、高压作业、有限空间作业、危化作业、起重作业	未办理工作票、操作票；准备工作不足；检修场所同围未设置围栏或悬挂警示标识；机组进水口闸门和尾水闸门未关闭，调速系统未泄压、排油未完毕；电气柜交直流电源未断开；有限空间作业未合规；未穿戴个人防护用品、安全帽等个人防护用品；导叶校核遗漏或错误；作业场所照明不足且照明电压超过24V；拆除安全登闸作业时防护不到位；跨路发力器转动部分；容器内使用明火和缺氧；工作时无人监护；未穿戴专门防护服和护目镜、耐酸管酸洗时钢管酸洗；起重作业；作业行为不合规、损坏元器件；其他违反操作规程的行为	触电、物体打击、设备损坏、机械伤害、坠落、中毒窒息、火灾、起重伤害、摔伤	维护检修规程和作业指导书未正式发布、伤害类应急预案缺失

续表

序号	设备系统	风险点（危险源）	危险源特征		风险分析		
			作业分类	涉及的高危作业类型	危险或事故诱因（人的不安全行为或管理缺陷）	可能导致的事故及后果	目前状态
22		机组技术供水系统（过滤器、控制管、管道阀门、水泵）检修作业	二次设备检修	起重作业、高处作业、高压作业、临时用电作业	未办理工作票、操作票；准备工作不足；检修场所围栏设置或悬挂警示标志不合规；起重作业行为不规范，吊具存在缺陷或起重作业前未做好悬空管路、高处作业未使用安全带、平台不稳、作业前未核对设备或部件名称、编号、位置、带电作业；作业前未穿戴绝缘手套等个人防护装备、未对可能误碰部件进行防护、场地积水、检修前未确认电源断开、其他违反操作规程的行为	起重伤害、高处坠落、物体打击、设备损坏、触电、摔伤	维护检修规程和作业指导书未正式发布，起重伤害类应急预案缺失
23	水轮发电机组辅助系统	机组自动测温装置检修作业	二次设备检修	临时用电作业	未办理工作票、操作票；准备工作不足；检修场所围栏设置或悬挂警示标志；检验前未断开所有外部回路接线；误整定定值、误表使用不当造成设备损坏；检修过程中标签标识错误、仪表损坏；个人防护用品未穿戴；其他违反操作规程的行为	触电、设备损坏	维护检修规程和作业指导书未正式发布
24		机组状态监测与分析系统检修作业	二次设备检修	临时用电作业、危化作业	未办理工作票、操作票；准备工作不足；检修场所围栏设置或悬挂警示标志、走错间隔、电源未断开；使用四氯化碳或四氯溶剂清洁零部件、用力过度损坏零端子，易燃溶剂或测量引导线绝缘回路、现场情况与图纸不符；易发生误碰的回路、设备未设置防护警示标志、未戴纱布手套、安全帽等个人防护措施不当或未做好包裹；整理清洁布鞋部分未遗留、未穿防滑鞋并及时清理油污；进出风洞金属楼梯路部分未使用胶布包好、有限空间照明、照明不充足或未使用安全电压照明；有限空间作业无防护措施、窒息等措施；其他违反操作规程的行为	设备损坏、触电、划伤、摔伤、碰伤、机械伤害	维护检修规程和作业指导书未正式发布

续表

序号	风险点（危险源）	设备系统	危险源特征			风险分析	目前状态
			作业分类	涉及的高危作业类型	危险或事故诱因（人的不安全行为或管理缺陷）	可能导致的事故及后果	
25	机组励磁系统（调节柜、功率柜、灭磁柜、起励装置、励磁变检修作业）	水轮发电机组辅助系统	二次设备检修	临时用电作业、机械作业	未办理工作票、操作票；准备工作不足；检修现场周围未设围栏或悬挂警示标识；走错间隔；作业前未断开电源；作业时未使用防静电手环；清扫时未穿长袖工作服和未使用绝缘处理的毛刷；物品或工具遗留；储能机构能量未及时释放；试验现场无人员监护；整定修改错误；未做好防误碰措施；拆接线不注重档位设置好标签标识；工器具存在缺陷；检查时用万用表档不到位；个人防护用品穿戴不合理；其他违反操作规程的行为	触电、机械伤害、设备损坏	维护检修规程和作业指导书未正式发布
26	水轮机转轮检修作业	1#、2#水轮机	机械检修	起重作业、高处作业、高压作业、临时用电作业、动火作业、有限空间作业	起重吊装指挥不当或起吊方式不对；拆卸安装螺栓未做好隔热防护；起吊时未设置保护支墩；电动工具无漏电保护器或存在缺陷；现场未放置灭火器；作业时未佩戴目镜、口罩等个人防护；打磨设备使用不规范；潮湿和涉水环境使用电动工具未佩戴绝缘手套；照明不足或未使用安全电压；受限空间作业人员未做好监护；紧固水锥与转轮时未使用指定力矩未系安全带；高处作业内容和涉水作业；紧固合格工具导致损坏伤人；其他违反作业规程的行为	起重伤害、高处坠落、触电、物体打击、火灾、窒息、坍塌、挤压碰伤害、机械碰伤害、烫伤	维护检修规程和作业指导书未正式发布、起重伤害类应急预案类缺失

续表

序号	设备系统	风险点（危险源）	危险源特征		风险分析		目前状态
			作业分类	涉及的高危作业类型	危险或事故诱因（人的不安全行为或管理缺陷）	可能导致的事故及后果	
27	1#、2# 水轮机	水轮机顶盖检修作业	机械检修	起重作业、高处作业、有限空间作业、临时用电作业、机械作业	起重吊装指挥不当或起吊方式不对；脚手架搭设不规范，进出转轮室未搭设防滑爬梯；有限空间作业未使用安全电压照明用具；物品或工具遗留，未穿戴连体服、护目镜、防滑靴等个人防护用品；打磨设备存在缺陷，检修前排水泵电动机未隔离验电，踩踏损坏设备；气动液压工具转动部位未停止前作业，设备搬运时无防倾倒措施；其他违反操作规程的行为	起重伤害、高处坠落、机械伤害、触电、中毒窒息、滑倒跌伤	维护检修规程和作业指导书未正式发布
28		水轮机主轴检修作业	机械检修	起重作业、机械作业、有限空间作业、临时用电作业、危化作业	水轮机主轴拆卸连接无人统一指挥；起吊用螺杆螺母垫片使用前未使用前未做检查；螺母受力不均匀，液压千斤顶速度不一致；骤然泄压；法兰组合面未做保护，法兰连接时人员触摸到法兰止口；作业平台搭设坠落保护，螺母拆卸前未做好螺栓防坠落作业；照明不足，通风不畅，未使用安全电压，遗留；电工工具存在缺陷或使用不当；防腐处理不当；设备无充足的消防器材，周围存在动火作业；其他违反作业规程的行为	起重伤害、机械伤害、触电、中毒窒息、磕碰挤压、火灾	维护检修规程和作业指导书未正式发布

续表

序号	设备系统	风险点（危险源）	危险源特征		风险分析		目前状态
			作业分类	涉及的高危作业类型	危险或事故诱因（人的不安全行为或管理缺陷）	可能导致的事故及后果	
29		水轮机水导轴承检修作业	机械检修	起重作业、有限空间作业、高压用电作业、临时用电作业	检修现场积水、油渍未及时清理；有限空间作业未采取防磕碰、防孔洞坠落、通风等安全措施；拆除油管后未用白布对管口包扎；起吊作业无专人指挥或检查前电机电源方式不对；个人未穿戴防滑鞋、护目镜等个人防护装备；冷却器、油水管路耐压试验时未控制好升压速度和压力；物品和工具遗留；水导轴承试验合时，作业人员手扶在分瓣处；重型扭矩扳手未专用门排放；其他违反操作规程的行为	磕碰摔伤、机械伤害、中毒窒息、设备损坏、触电、起重伤害、跑油跑水	维护检修规程和作业指导书未正式发布、起重类应急预案缺失
30	1#、2# 水轮机	水轮机座环、底环、基础环检修作业	机械检修	高处作业、有限空间用电作业、机械作业	维修室脚手架搭设不规范；进入转轮室无防滑爬梯；转轮室照明不足，未使用安全电压；进入受限区域未穿连体衣、绝缘靴；物品或工具遗留；未按工艺流程安装垫片；其他违反操作规程的行为	高处坠落、机械伤害、触电	维护检修规程和作业指导书未正式发布
31		水轮机导水机构（导叶、控制环、剪断销等）检修作业	机械检修	高处作业、有限空间作业、电焊作业、起重作业、危化作业、临时用电作业	检修平台搭设不规范，作业过程未执行监护制度；未采用安全电压并设置电气保护开关，电焊作业时未穿电焊服、绝缘鞋、面罩等，电焊机绝缘存在缺陷；不能正确使用风动无人扶稳爬梯，上下爬梯时用绝缘靴、面罩等，有限空间起吊作业不合规，物品或起吊作业遗留；不能排油排压、拐臂，套筒起吊作业不合理，导叶平开启关闭时转动部位有人，转轮室和蜗壳等防火措施、防腐处理未采取防备灭火措施，作业前未检查控制环支撑是否可靠；未穿戴防护用品，控制环起吊作业不合规，连体服、防滑鞋等个人防护用品，控制环起吊作业不合规，其他违反操作规程的行为；拆除；有限空间照明不足；其他违反操作规程的行为	挤压磕碰、火灾、物体打击、机械伤害、触电、设备损坏、高处坠落、起重伤害	维护检修规程和作业指导书未正式发布

续表

序号	设备系统	风险点（危险源）	危险源特征		风险分析		目前状态
			作业分类	涉及的高危作业类型	危险或事故诱因（人的不安全行为或管理缺陷）	可能导致的事故及后果	
32	1#、2#水轮机	水轮机蜗壳、尾水管检修作业	机械检修	高处作业、有限空间作业、机械作业、危化作业、临时用电作业	未使用专业工具拆卸设备，未正确使用防护用品，现场作业照明不足，存在缺陷，防腐过程未打磨设备或打磨设备，防腐过程未禁止使用明火和打磨作业，脚手架搭设不规范，运送材料进出尾水管未做好防坠落措施，人员材料未逐一登记或检查，其他违反操作规程的行为	高处坠落、机械伤害、火灾、中毒、设备损坏	维护检修规程和作业指导书未正式发布
33		水轮机主轴密封检修作业	机械检修	起重作业、有限空间作业、高压作业、临时用电作业	起重吊装作业不合规；有限空间作业未做好通风，未采用安全电压照明或照明不足；拆卸检查管道前未做好隔离气源，水源或水泄压；水压、气压压力值调整过大或过小；检查前未确认电源是否已隔离、验电，未使用绝缘工具清扫或测量；未做好密封外环防坠落措施；检修作业人员未正确穿戴劳动防护用品；其他违反操作规程的行为	起重伤害、触电、高压伤人、物体打击、设备损坏	维护检修规程和作业指导书未正式发布，高压伤人类应急预案缺失
34		水轮机进水阀系统（接力器、进水阀、伸缩节等检修作业）	机械检修	高压作业、起重作业、高处作业、临时用电作业、危化作业	作业无专人监护；接力器分解回装挤伤人；接力器管路拆卸前未泄油、泄压；压力软管接头未做好防压伤人；耐压试验时未缓慢升压；拆卸安全阀处未正确佩戴安全带；登高吊篮不稳固，脚手架搭设不规范；物品或工具遗留；作业完成前机组误传动；防腐过程金属裸露工具失电源传动，未正确接触，未正确穿戴防护用品；现场未铺设检修橡皮垫，防腐过程中未做好防护措施；清理油污；其他违反操作规程的行为	高压伤人、起重伤害、高处坠落、设备损坏、摔伤、水淹厂房	维护检修规程和作业指导书未正式发布、高压、高压伤人、高处伤人类应急预案缺失

续表

序号	设备系统	风险点（危险源）	危险源特征		风险分析		
			作业分类	涉及的高危作业类型	危险或事故诱因（人的不安全行为或管理缺陷）	可能导致的事故及后果	目前状态
35	1#、2#水轮机	水轮机调相压水设备检修作业	机械检修	高压作业、高处作业、临时用电作业	使用钢直爬梯无专人扶持；未严格控制升压速度和保压时间；设备拆卸前未确定内部残压；气罐除锈防腐时未佩戴防毒面具；未强制通风；操作前未核对设备名称、编号和位置；未使用合适工具进行紧固；个人防护不到位；其他违反操作规程的行为	高压伤人、高处坠落、触电	维护检修规程和作业指导书未正式发布、高压伤人类应急预案缺失
36	1#、2#主变压器	主变压器检修作业	一次设备检修	临时用电作业、动火作业、起重品装作业、高处作业	未办理工作票、操作票、准备工作不足、走错间隔；主变未断电或未带电作业、小车未固定、检修工具存在缺陷、未装设接地线或接地不牢靠、检修前储能部件未泄压、电动或手拉葫芦存在缺陷或操作不当、六氟化硫泄漏未及时收集、工作中无人监护、未做好个人防护、工作后未验收、无护、手、脚踩踏在断路器传动部位、警示标识、物品遗留、未配置灭火器、其他未按检修规程操作行为	触电、火灾、物体打击、高处坠落、碰撞、机械伤害、设备损坏、中毒、起重伤害	维护检修规程和作业指导书未正式发布、起重伤害类应急预案缺失
37		主变消防系统检修作业	机械检修	高处作业、临时用电作业	消防装置误动、管路、阀门清扫时漏水、消防控制屏检修时未使用绝缘工具、高处作业平台不稳或未系安全带、工作完成后未将探头烟雾吹散、热风枪未与探测器保持规定距离、作业前未将动作回路端子解除、其他未按检修规程操作行为	设备损坏、触电、高处坠落	维护检修规程和作业指导书发布

续表

序号	设备系统	风险点（危险源）	危险源特征		风险分析		
			作业分类	涉及的高危作业类型	危险或事故诱因（人的不安全行为或管理缺陷）	可能导致的事故及后果	目前状态
38	厂用及生活区配电系统	厂用变（TM11、TM21、TM31）和生活变压器（TM32）检修作业	一次设备检修	临时用电作业、高处作业、机械作业、起重搬运作业	未办理工作票、操作票，准备工作不足，走错间隔，变压器未断电或带电作业，高处作业时无安全防护或接地、回路端子未紧固，金属外壳未可靠接地、电动工具绝缘存在缺陷，传递物品时随意抛掷，小车未固定，电动或手拉葫芦存在缺陷或操作不当，检修前储能部件未泄压，电动或手拉葫芦存在缺陷或操作不当，未做好个人防护、工作中无人监护、手、脚踩放在断路器传动部位，检修后未验收，无警示标识、物品遗留，未配置灭火器，其他未按检修规程操作行为	高处坠落、触电、物体打击、机械伤害、设备损坏	维护检修规程和作业指导书未正式发布
39		厂房 0.4kV 和10.5kV 断路器柜（312、302、110 等）检修作业	一次设备检修	临时用电作业、高处作业、机械作业、起重搬运作业	未办理工作票、操作票，准备工作不足，走错间隔；检修中紧固件松动或过紧；带电设备周围使用钢卷尺、皮卷尺和线尺，电动工具绝缘存在缺陷或未可靠接地；野蛮操作，损坏闭锁机构，与柜体内加热器未保持足够距离；搬运过程不合规，物品和工具遗留，未制定搬运方案；断路器未处在分闸位置；其他未按检修规程操作行为	触电、设备损坏、机械伤害、砸伤、烫伤	维护检修规程和作业指导书未正式发布
40		大坝 0.4kV 断路器柜（100、102 等）检修作业	一次设备检修	临时用电作业、高处作业、机械作业、起重搬运作业	未办理工作票、操作票，准备工作不足，走错间隔；检修中紧固件松动或过紧；带电设备周围使用钢卷尺、皮卷尺和线尺，电动工具绝缘存在缺陷或未可靠接地；野蛮操作，损坏闭锁机构，与柜体内加热器未保持足够距离；搬运过程不合规，物品和工具遗留，未制定搬运方案；断路器未处在分闸位置；其他未按检修规程操作行为	触电、设备损坏、机械伤害、砸伤、烫伤	维护检修规程和作业指导书未正式发布

续表

序号	危险源特征				风险分析		目前状态
	设备系统	风险点（危险源）	作业分类	涉及的高危作业类型	危险或事故诱因（人的不安全行为或管理缺陷）	可能导致的事故及后果	
41	厂用及生活区配电系统	外来电源负荷开关柜（332、334等）检修作业	一次设备检修	临时用电作业、高处作业、机械作业、起重搬运作业	未办理工作票、操作票；准备工作不足；走错间隔；检修中紧固件松动或过紧；皮卷尺和线尺、电动工具周围使用钢卷尺、野蛮操作损坏闭锁机构、与柜体内加热器未保持足够距离；物品和工具遗留；未制定搬运方案、搬运过程不合规；断路器未处在分闸位置；其他未按检修规程操作行为	触电、设备损坏、机械伤害、砸伤、烫伤	维护检修规程和作业指导书未正式发布
42		0.4kV和10.5kV配电系统备自投装置检修作业	一次设备检修	/	未确认跳运行设备连片已断开、断开连片时无专人监护、未解除跳其他设备回路、未严格按照试验方案进行联动试验、其他违反检修规程的行为	设备损坏	维护检修规程和作业指导书未正式发布
43		0.4kV厂用盘柜负荷断路器检修作业	一次设备检修	临时用电作业、高处作业、机械作业、起重搬运作业	未办理工作票、操作票；准备工作不足；走错间隔；检修中紧固件松动作过紧；皮卷尺和线尺、电动工具周围使用钢卷尺、野蛮操作损坏闭锁机构、与柜体内加热器未保持足够距离；物品和工具遗留；未制定搬运方案、搬运过程不合规；断路器未处在分闸位置的行为	触电、设备损坏、机械伤害、砸伤、烫伤	维护检修规程和作业指导书未正式发布

续表

序号	设备系统	风险点（危险源）	危险源特征		风险分析		目前状态
			作业分类	涉及的高危作业类型	危险或事故诱因（人的不安全行为或管理缺陷）	可能导致的事故及后果	
44		后方生活区营地变压器（TM33、TM34）及刀闸、隔离开关检修作业	一次设备检修	临时用电作业、高处作业、机械作业、起重搬运作业	未办理工作票、操作票；准备工作不足；走错间隔；变压器未断电或带电作业；高处作业时无安全防护或登梯子不稳；回路端子未接地；电动工具绝缘存在缺陷；金属外壳未固定；未装设接地线或接地不牢靠；检修前储能部件未泄压；电动或手拉葫芦存在缺陷或操作不当；小车未固定个人防护；工作中无人防护；手、脚踩跳在断路器传动部位；野蛮操作损坏机构；与柜体内加热器保持足够距离；检修后未验收；物品遗留；无警示标识，物品遗留；未配置灭火器；其他未按检修规程操作行为	高处坠落、触电、物体打击、机械伤害、烫伤	维护检修规程和作业指导书未正式发布
45	厂用及生活区配电系统	柴油发电机组检修作业	一次设备检修	临时用电作业、危化作业、有限空间作业、起重作业、机械作业	未办理工作票、操作票；准备工作不足；检修维护未到位；检修过程个人监护不到位；检修现场未测量电阻；启动前未关闭旋钮并拆解蓄电池负极接线；使用明火或产生火花；未使用不泄漏的排烟管排除废气，易燃物质接触排烟消声器及排烟帽；未等冷却液完全冷却就打开散热器或加入冷却液；蓄电池维护未佩戴防酸护面罩和面罩；绝缘手套、绝缘靴等个人防护不到位；检修现场通风不好；设备启动无专人指挥；启动前未测量电机绝缘电阻；设备启动后接触摸电机传动部位；启动后未及时排出未燃油气；多次启动未成功后未及时排出未燃油气；发电机组试车异常，未迅速按下停车按钮，包括进入气口；用引擎起重吊装发电机组；大件拆卸时起重吊装发电机组；现场未配备灭火器材；物品遗留，工具遗留；绝缘电阻未断电和充分放电，测量绝缘电阻时测量程选择程不合适；其他违反检修规程的行为	触电、火灾、物体打击、起重伤害、中毒、灼烫、设备损坏、机械伤害	维护检修规程和作业指导书未正式发布

续表

序号	设备系统	风险点（危险源）	危险源特征		风险分析		目前状态
			作业分类	涉及的高危作业类型	危险或事故诱因（人的不安全行为或管理缺陷）	可能导致的事故及后果	
46	开关站设备	GIS设备（1ᵗ进线间隔、3ᵗ进线间隔、2ᵗ出线间隔）检修作业	一次设备检修	临时用电作业、机械作业、高处作业、危化作业、起重作业	检查前断路器未在分闸位置，电源未断开；无接地保护情况先进行作业；拆装引线时未加装临时接地线或个人保安线；液压储能机构未泄压；断路器操作时，检修人员在外壳上作业；分合闸线圈低动作试验时，未推出断路器防慢分装置；加热器溅落或渗漏操作机构内部；加热器未断开，未与加热器保持足够距离；未核对名称编号；误入间隔；人体与高压设备距离未保持足够安全距离；带电区域使用金属梯子，且未保持安全距离；未使用带隔离保护和明显隔离的断路器隔离开关；物品或遗留施工工具遗留六氟化硫设备；作业人员未经专业技术知识培训；在六氟化硫设备防爆膜附近停留；各阀门关闭不严密，六氟化硫泄漏；工作人员未穿戴防护服、防毒面具和防护手套；打开六氟化硫作业后未暂离工作现场30min；对设备充气封盖后未严格按气压力进行；回收六氟化硫气体时人员未站在上风侧；废旧气体排放充大气；抽真空时误分合开关设备；发生恶性误操作事件；GIS功能试验使用作业指导书未经审批，无人监护；接线不正确；高处作业指导书未经审批；梯子不稳；高空传递物品未系安全带；作业平台或绑扎不牢固；其他违反检修规程的行为	机械伤害，设备损坏，烫伤，触电，中毒，高处坠落，物体打击	维护检修规程和作业指导书未正式发布

续表

序号	设备系统	危险源特征			风险分析		目前状态
		风险点（危险源）	作业分类	涉及的高危作业类型	危险或事故诱因（人的不安全行为或或管理缺陷）	可能导致的事故及后果	
47		220kV出线设备（皂盘线出线平台设备）检修作业	一次设备检修	高处作业、起重作业、临时用电作业	一次连接紧固力矩大大损坏避雷器引线端子；未做好避雷器瓷部件的防护；高处作业处未系安全带，作业平台或起梯子不稳固；人员在工作处正下方活动；工具未固定在牢固构件上；高空传递物品时未绑扎牢固，起吊设备时未结合格吊带并绑扎好，起吊过程未使用合格吊带并绑扎好，起吊过程无接地保护；作业人员与邻近带电体未保持足够安全距离；拆解引线时未加装临时接地线或个人保安线；未佩戴绝缘手套等个人防护用品；工作地点未设置标识牌和警示；作业前未核对设备名称和编号；日未测量电压情况，且一次小开关在断开位置；瓷质绝缘子、套管未做好防护；其他违反检修规程的行为	设备损坏、触电、高处坠落、物体打击	维护检修规程和作业指导书未正式发布
48		220kV线路母线及避雷器检修作业	一次设备检修	临时用电作业、高处作业	一次连接紧固力矩大大、损坏避雷器引线端子；未做好避雷器瓷部件的防护；高处作业处未系安全带，作业平台或起梯子不稳固；人员在工作处正下方活动；工具未固定在牢固构件上；高空传递物品时未绑扎牢固，起吊设备时未结合格吊带并绑扎好，起吊过程设备倾倒；其他违反检修规程的行为	线路设备损坏、触电、高处坠落	维护检修规程和作业指导书未正式发布

序号	设备系统	风险点（危险源）	危险源特征		风险分析		目前状态
			作业分类	涉及的高危作业类型	危险或事故诱因（人的不安全行为或管理缺陷）	可能导致的事故及后果	
49	电力电缆	高压电力电缆检修作业	一次设备检修	临时用电作业、起重搬运作业、有限空间作业、动火作业、高处作业	未制定工作票、操作票；电缆检修器材起吊作业不合规，搬运时未绑扎牢靠，挪动滚筒时挤压手指；进入电缆井等有限空间作业，未提前通风或采取有效照明措施，对中毒窒息、落物伤人的防范措施不到位；在电缆井工作未准备黄沙、湿布、灭火器等以防火灾；更换敷设电缆时无专人统一指挥；电缆盘滚动时用手制动，戴设中未注意滚轮、管口部位的挤压伤害；锯断电缆未核对图纸，未挂接接地线，未佩戴绝缘手套站在绝缘垫上；电缆接头及电缆接头盒制作中未采取动火作业防护措施，调配环氧树脂过程中未采取有效防毒措施；使用摇表对电缆试验人带电间隔；试验拆线前未做好标记，登高拆除电缆引线时平台不稳固或未系安全带；对电缆进行外部清扫检查时未使用柔软物件，用力过猛磕碰伤害电缆及其附件；其他违反检修规程的行为	起重伤害、中毒、机械伤害、火灾、触电、高处坠落、设备损坏	维护检修规程和作业指导书未正式发布、起重伤害类应急预案缺失

续表

序号	设备系统	风险点（危险源）	危险源特征		风险分析		目前状态
			作业分类	涉及的高危作业类型	危险或事故诱因（人的不安全行为或管理缺陷）	可能导致的事故及后果	
50	计算机监控和调度自动化系统	操作员站、工程师站检修作业	二次设备检修	/	检查过程断开网线和光纤的连接；对主机设备检查、清扫时未确保操作员站工作正常；未使用静电手套手环，工作前未释放身体静电；操作前未确保放置其他设备；工作时无人监护；磁盘清理前未做好防护工作，操作前未做静电防护；删除关键文件；操作员站备设备存在病毒；磁盘清理前未做好备份工作；移动存储设备未做好操作部防护；操作员站在尾纤外置时未做好操作部防护处理导致导机状态；连通性和衰减检测未保证光纤头处在停机状态；测试光纤和衰减过程中光纤头直对眼睛；其他违反检修规程的行为	设备损坏、停机、灼伤眼睛	维护检修规程和作业指导书未正式发布
51		监控上位机系统检修作业	二次设备检修	临时用电作业	未使用绝缘工具进行工作；未明确工作范围，未采取防止设备误动措施；测试时未选择合适的测试档位；误碰对装置及连接线缆；清扫时吹风机未使用合适工具进行工作；未严格按照作业指导书执行、参数修改过程无专人监护；未明确工作范围误碰运行设备；工作时未使用带绝缘缠绕的工具，直接用手触碰端子；对数据服务器清扫时未返台，同时保障一台正常运行；操作时无人监护，软件升级前未做好备份工作；未删除操作人员删除文件；操作人员不具备相关知识，无专人监护；其他违反检修规程的行为	设备损坏、停机、触电	维护检修规程和作业指导书未正式发布

续表

序号	设备系统	风险点 （危险源）	危险源特征		风险分析		目前状态
			作业分类	涉及的高危 作业类型	危险或事故诱因（人的不安全行为或管理缺陷）	可能导致的 事故及后果	
52	计算机监控和调度自动化系统	LCU 现地控制单元（模拟屏、开关站、机组、公用）检修作业	二次设备检修	临时用电作业	未办理工作票、操作票；准备工作不足；检修周围未设置围栏或悬挂警示标识；作业前未断电或未带电作业；设备清扫时未选择合适风力风向；清扫过程粉尘污染；定值核校无人复核，出现错误；误碰通信设备连接线缆；试验仪器校位不合适；误碰试验设备外壳未接地；未对同期回路电压进行专项测量；传动试验未做到2人进行；清扫、功能检查和测试时未佩戴防静电手套；未释放身体静电；清扫毛刷的裸露部分未使用绝缘胶布包裹；外接移动存储设备存在病毒；拆除滤网未做好防护，造成挤压伤害；使用水和溶剂对设备清扫；紧固端子用力不均匀，损坏端子；工可能误碰的回路，元件未设置防护带和警示标识；工作中未戴防护手套被划伤；电源切换前未确保备用电源电压正常；插拔继电器使用蛮力；接线、旋钮等初始位置未做好标记，接线错误；电缆头、线芯外露；随意更改软件设置；物品或工具遗留；未拆除无关回路；对交直流回路操作不当造成短路、装置交直流回路与其他回路接线；TA回路开路、TV回路短路；对交直流回路操作不正确，回路接线有误；PLC误开出；物品遗留；工器具存在绝缘损坏不到位等方面缺陷；个人防护措施不到位；其他违反操作规程的行为	触电、设备损坏、割伤、夹伤等	维护检修规程和作业指导书未正式发布

续表

序号	设备系统	风险点（危险源）	危险源特征		风险分析		目前状态
			作业分类	涉及的高危作业类型	危险或事故诱因（人的不安全行为或管理缺陷）	可能导致的事故及后果	
53	计算机监控和调度自动化系统	远动RTU及调度数据网柜检修作业	二次设备检修	临时用电作业	未严格按照作业指导书操作；修改参数无人监护；检查过程误碰通信设备连接电缆；外界移动存储设备存在病毒；未明确工作范围，误碰运行设备和带电端子；磁盘清理前未将文件备份；未佩戴防尘口罩；吹风机档位不合适；清理过程未做病毒查杀和测试；拆除接线未做好标记；未使用合适档位进行校验和测试；未使用绝缘工具进行紧固；作业前未消除身体静电；其他违反操作规程的行为	设备损坏、粉尘污染、触电	维护检修规程和作业指导书未正式发布
54		关口电量计量系统检修作业	二次设备检修	临时用电作业	作业时未使用带绝缘缠绕的工具工作；未分清带电端子，用手直接触碰端子；未及时保存整理数据；未严格按照作业指导书要求执行，完成工作未专人监护；参数修改无专人监护；其他违反操作规程的行为	触电、设备损坏	维护检修规程和作业指导书未正式发布
55		现地相量采集装置（PMU）检修作业	二次设备检修	临时用电作业	作业过程未佩戴口罩；作业时吹扫时未注意调整风力和风向；作业时损坏端子；通道测试未注意接线极性，测试用仪表未使用合适档位；未做好防误碰措施，误动设备，误碰通讯或对时装置等；信号传动未做好安全隔离致使电流互感器开路，电压互感器短路；其他违反操作规程的行为	设备损坏、影响装置使用、触电	维护检修规程和作业指导书未正式发布

续表

序号	设备系统	危险源特征			风险分析		目前状态
		风险点(危险源)	作业分类	涉及的高危作业类型	危险或事故诱因(人的不安全行为或管理缺陷)	可能导致的事故及后果	
56	线路保护、断路器保护及系统稳措设备	220kV皂盘线光纤差动保护柜检修作业	二次设备检修	临时用电作业	未做好防护措施,作业过程误碰设备或元件;工作前未确认最新定值单,定值调整后未核对和记录;工作前未做好与现场设备一致的图纸,拆接线无人监护并拆开交直流电源;检修过程频繁插拔、操作不当;损坏保护装置,空气开关,端子板,光纤等;检修时未使用带电保护器的电源盘;检修过程未拆接回路的工具;未使用绝缘良好的工具;拆除或变动二次设备,装置的接地线;自行传动的检验时无专人监护;物品或工具遗留;检CT二次回路开路,PT二次回路短路;作业过程未做到一人操作,一人监护;其他违反操作规程的行为	设备损坏、触电、影响装置使用	维护检修规程和作业指导书未正式发布
57		220kV断路器(610/620断路器保护装置检修作业	二次设备检修	临时用电作业	未做好防护措施,作业过程误碰设备或元件;工作前未确认最新定值单,定值调整后未核对和记录;工作前未做好与现场设备一致的图纸,拆接线无人监护并拆开交直流电源;检修过程频繁插拔、操作不当;损坏保护装置,空气开关,端子板,光纤等;检修时未使用带电保护器的电源盘;检修过程未拆接回路的工具;未使用绝缘良好的工具;拆除或变动二次设备,装置的接地线;自行传动的检验时无专人监护;物品或工具遗留;检CT二次回路开路,PT二次回路短路;作业过程未做到一人操作,一人监护;其他违反操作规程的行为	设备损坏、触电、影响装置使用	维护检修规程和作业指导书未正式发布

续表

序号	设备系统	危险源特征			风险分析		目前状态
		风险点（危险源）	作业分类	涉及的高危作业类型	危险或事故诱因（人的不安全行为或管理缺陷）	可能导致的事故及后果	
58	线路保护、断路器保护及系统稳措设备	远方跳闸保护柜检修作业	二次设备检修	临时用电作业	未检查确认线路已停电，未断开相关连片、开关；检修周围未设置围栏或悬挂警示标识；走错间隔；检修过程电流回路开路、电压回路短路；线路侧电压回路末用绝缘胶带包好、误碰带电设备；损坏带电或端子排；绝缘测量；定值校验无专人监护和记录；物品工具遗留	设备损坏、触电	维护检修规程和作业指导书未正式发布
59		高周切机低周启动柜检修检修作业	二次设备检修	临时用电作业	未办理工作票、操作票；检修过程未消除人身静电；检修中CT二次侧开路，PT二次侧短路；未使用装有漏电保护器的电源盘；误用检修工具；螺丝刀、接线卡子等检修工具绝缘存在缺陷；现场工作粗心大意导致误触碰、误接线，误接线；未实行二人检查制，一人工作一人监督，直接在运行设备差错位置；临时电源未使用专用电源；试验接线接搭接；检修过程检修个人防护存在个人防护不到位；物品或检修工具遗留；未站在绝缘垫上；未用绝缘胶带包好；其他违反操作规程的行为	设备损坏、触电	维护检修规程和作业指导书未正式发布

续表

序号	危险源特征				风险分析		目前状态
	设备系统	风险点（危险源）	作业分类	涉及的高危作业类型	危险或事故诱因（人的不安全行为或管理缺陷）	可能导致的事故及后果	
60	直流成套装置系统	直流系统控制装置（充电柜、切换柜、馈电柜、放电负荷柜、交流负荷柜等）检修作业	二次设备检修	临时用电作业	未办理工作票、操作票；作业前未消除静电、未佩戴防静电手环，手套；未使用合格工（器）具、毛刷未绝缘处理；清扫除尘使用工具不当、损坏元器件；物品或工具遗留；测量前用万用表量程或档位不合适；二次回路绝缘检查拆装端子前未核对编号；操作未执行监护制度，一人操作，一人监护；试验人员未佩戴绝缘手套；操作仪器模块损坏；设备外壳未接地；个人防护不到位；其他违反操作规程的行为	触电、设备损坏	维护检修规程和作业指导书未正式发布
61		直流系统蓄电池组检修作业	二次设备检修	临时用电作业、危化作业	未办理工作票、操作票；个人防护用品；检修中同时触碰电池正负极或接地部分；工作时未加强蓄电池室通风；未使用绝缘类工器具、防酸防护手套；更换电池时直接接退出需更换电池；更换电池类工器具运行不正常，造成直流失压；工作完毕未恢复盖板和电解液；蓄电池切换误操作；校对性充放电过放电或充电超过规定值损坏极板；其他违反操作规程的行为	设备损坏、触电、腐蚀、中毒	维护检修规程和作业指导书未正式发布

续表

序号	设备系统	风险点（危险源）	危险源特征		风险分析		目前状态
			作业分类	涉及的高危作业类型	危险或事故诱因（人的不安全行为或管理缺陷）	可能导致的事故及后果	
62	不间断电源装置系统	不间断电源装置（UPS）检修作业	二次设备检修	临时用电作业	未办理工作票、操作票；未设置警示标识，走错间隔；未按操作规程断开有关设备开关；对设备运行情况不了解；现场图纸不齐全或与实际不符，误设定、误接线、误测量；检修前未检查，2套UPS系统全部失电；测量前万用表量程或档位不合适；绝缘工器具存在缺陷；个人防护用品穿戴不到位；检修过程未执行监护制度；其他违反操作规程的行为	设备损坏、触碰电	维护检修规程和作业指导书未正式发布
63	故障录波分析装置系统	故障录波分析装置检修作业	二次设备检修	临时用电作业	未办理工作票、操作票；未检查确认线路是否停电；检修前未拉开、断开相关开关；未打开电流回路压板并将试验导线连接；未将线路侧电压回路解开并做好绝缘，或未在带电端子排上做有效标识，人员误碰；检修过程电流回路开路、电压回路短路、定值误修改；检修过程未及时核对导致电流回路接地；回路绝缘测量万用表量程或档位不合适；作业过程未执行监护制度；个人防护存在缺陷；工（器）具绝缘未接地，未佩戴手套；试验仪器外壳未接地，拆接线未做好接线记号对图纸；导线误接线，不熟悉方法和步骤误操作部分设备；工具物品遗留；其他违反操作规程的行为	设备损坏、触电、装置故障	维护检修规程和作业指导书未正式发布

续表

序号	设备系统	风险点(危险源)	危险源特征		风险分析		目前状态
			作业分类	涉及的高危作业类型	危险或事故诱因(人的不安全行为或违章管理缺陷)	可能导致的事故及后果	
64		中低压气机控制系统检修作业(本体、联合)	二次设备检修	临时用电作业	未办理工作票、操作票;未将气机切换至停止、切除位置,未拉开相应电源开关、人员走错间隔;未将线路侧电压回路解开并做好绝缘、或未在带电端子排上做有效标识,人员误碰带电设备;检修工具破损、绝缘存在缺陷;测量回路绝缘时未验明回路确无电压且目上人工作;绝缘测量仪表未选择合适挡位;校验表回装时未采取防漏气措施;个人防护措施不到位;物品或工具遗留人员私自上电和进行PLC逻辑试验;未通知专人监护或制度;未执行专人监护制度;其他违反操作规程的行为	设备损坏、触电、装置故障	维护检修规程和作业指导书未正式发布
65	压缩空气系统	中低压气机检修作业	机械检修	临时用电作业、机械检修作业、危化作业、高压作业	未办理工作票、操作票;未及时拉开、关闭相关控制开关、出气阀,开始工作前未检查确认无电源导致触电、检修中误动电磁阀等设备;在机器转动时清扫、擦拭润滑机器转动部件或将手伸进栅栏内;遗留异物在曲轴箱内,阀门关闭不严密、导致气体倒送伤人;工作现场未铺设彩条布导致跑油、使用易燃溶剂或四氯化碳清洁部件;在润滑油系统附近进行焊接、动火作业;在气机充分冷却前打开检查盖导致空气与油蒸汽自燃;投入运行前未检查压力、温度、时间、控制装置是否正常;现场消防器材配备不到位;其他违反操作规程的行为	触电、机械伤害、设备损坏、火灾、爆炸	维护检修规程和作业指导书未正式发布

续表

序号	设备系统	危险源特征		风险分析		
		风险点（危险源）	作业分类	涉及的高危作业类型	危险或事故诱因（人的不安全行为或违章管理缺陷）	可能导致的事故及后果	目前状态
66	压缩空气系统	中低压气系统储气罐和闸阀检修作业	机械检修	临时用电作业、有限空间作业、危化作业、高处作业、动火作业、辐射作业	未办理工作票、操作票；检修前未将中低压气机停机，断开控制电源；作业前未完全泄压，罐内储气未遵循未使用安全门，未加首板将离中低压气罐进出气阀电压；有限空间作业未遵循先检测、再通风、后作业的流程；作业过程无人监护；作业工（器）具存在缺陷；防腐作业时间过长或采用易燃易爆涂料；现场消防器材装altering不合规；高处作业防护不到位；起重吊装配备不到位；进行金属探伤时未采取防辐射措施；水压试验升压过快；其他违反操作规程的行为	触电、高处坠落、机械伤害、中毒窒息、火灾爆炸、辐射伤害	维护检修规程和作业指导书未发布、辐射伤害类应急预案缺失
67	大坝和厂房排水系统	排水系统控制柜检修作业（大坝、厂房、机组、消力池、顶盖）	二次设备检修	临时用电作业	未办理工作票、操作票；未检查确认集水井水位及水泵水位以下；检修前未将控制柜内的开关断开，并悬挂警示标识；人员走错间隔；未将线路侧电压回路解开并做好绝缘，或未在带电端子排上做有效标识；人员私自上电和进行PLC逻辑试验；误碰带电设备；检修工具破损、绝缘存在缺陷；测量回路绝缘时未验明回路确保无电电压；绝缘电阻表未选择适合档位；个人防护措施不到位；校验测量仪表时未采取防漏电措施；未通知运行人员执行专人监护；物品或工具遗留；作业过程未监视井水位、突然大量来水、未立即中断作业；在机组运行期间开展排水顶盖排水系统检修；其他违反操作规程的行为	触电、设备损坏、水淹厂房机组或廊道	维护检修规程和作业指导书未正式发布

续表

序号	设备系统	风险点（危险源）	危险源特征		风险分析		目前状态
			作业分类	涉及的高危作业类型	危险或事故诱因（人的不安全行为或管理缺陷）	可能导致的事故及后果	
68	大坝和厂房排水系统	排水系统排水泵检修作业（大坝，厂房，机组，消力池，顶盖）	机械检修	临时用电作业、起重作业、高处作业	未办理工作票、操作票；检修前未将开关电源置于停止切断状态；未确认水管阀门已关闭；集水井孔洞未做好防护；起重吊装作业不合规，未注意起吊速度；手拉葫芦悬挂点不牢固，未穿防滑鞋；脚手架搭设基础不稳固；个人防护措施不到位，未使用安全帽等；电压照明设施；物品传递搬运不稳定不牢固；水泵拆卸过程导致机械伤害；且未做好标记，未确认调速器处于紧停位置并切换至纯手动，其他违反操作规程作业的行为	高处坠落、起重伤害、触电、淹溺、机械伤害、设备损坏	维护检修规程和作业指导书未正式发布，起重、伤害、伤害、淹溺水淹溺类应急预案类缺失
69	消防供水系统	消防供水系统控制柜检修检修作业	二次设备检修	临时用电作业	未办理工作票、操作票；未将管道泵和阀门切换至停止、切除位置；未拉开相应电源开关；未悬挂警示标识；人员走错位置；未将线路侧电压回路解开并做好绝缘，或未在带有端子排上做有效标识，人员误碰带电设备；检修工具破损、绝缘存在缺陷，测量回路绝缘时未验明回路确保无电且无人工作；绝缘测量仪表未选择合适档位；个人防护措施不到位；校验表回装时未采取防漏水措施；未通知运行人员，私自上电和进行 PLC 逻辑试验；物品或工具遗留；未执行专人监护制度；其他违反操作规程的行为	设备损坏、触电、装置故障	维护检修规程和作业指导书未正式发布

续表

序号	设备系统	风险点（危险源）	危险源特征		风险分析		目前状态
			作业分类	涉及的高危作业类型	危险或事故诱因（人的不安全行为或管理缺陷）	可能导致的事故及后果	
70	消防供水系统	消防供水系统闸阀、水泵、阀组检修作业（缓闭止回阀、阀门、水器、减压阀、水力控制阀、管道泵、雨淋阀组等）	机械检修	高压作业、起重吊装作业、机械作业	未办理工作票、操作票，未悬挂警示标识；作业不规范；关闭前后阀门和动力控制电源前未完全泄压；脚手架、电动葫芦、液压小吊车基础不稳，起吊速度过快；搬运重物无人指挥；未使用行灯等安全电压照明设备；拆卸时未做好标记，未防止雨水漏出，弄脏地面；个人防护、机械伤害；未采取措施防止雨水漏出，弄脏地面；物品工具遗留	触电、机械伤害、起重伤害、摔伤、设备损坏	维护检修规程和作业指导书未正式发布
71	通信系统	通信系统设备检修作业（程控调度交换机、数字配线柜、直流电源柜、PCM机、载波机、光端机）	二次设备检修	临时用电作业	未按规定提前3个工作日向省调提交检修申请；未办理工作票、操作票，未悬挂警示标识；未认真核对图纸、接头、接线标签；回路标签卫生清扫；不同型号单元板之间，配件互换，误碰带电部位，绝缘及端子紧固时未隔离带电电源，接地不良；测试时仪表未选择合适档位并接地；工作中未使用绝缘工具并戴手套；插拔故障板卡时未戴好防静电手套；物品或工具遗留；未执行各类开关开合并悬挂警示标识；2套通信电源配柜内电源工作未分开进行；信电源柜内电源工作未分开进行；绝缘手套、绝缘靴、拆除蓄电池出线侧电源未戴好绝缘手套；未用专用套管将尾纤保护好，尾纤损坏压不足；其他违反操作规程的行为	触电、设备损坏、调度失控	维护检修规程和作业指导书未正式发布

续表

序号	危险源特征				风险分析		目前状态
	设备系统	风险点（危险源）	作业分类	涉及的高危作业类型	危险或事故诱因（人的不安全行为或安全管理缺陷）	可能导致的事故及后果	
72	绝缘油、透平油系统	绝缘油、透平油处理设备检修作业（滤油机、油泵、闸阀、管道）	机械检修	临时用电作业、高压作业、起重作业、动火作业、危化作业	未办理工作票、操作票；检修前未关闭电源开关，未确认相关阀门已关闭并悬挂相关警示标识；作业前未完全泄压；现场作业照明不足；起重吊装作业不合规，无专人指挥；起重工（器）具基础不稳固；附近无专人监护；拆卸前未做好飞溅防护，钢管在酸洗、中和钝化作业时未做好防护措施；耐压试验堵头质量不合格，工作人员未佩戴护目镜、耐酸手套、破布等物品或工具遗留；工作或劳务边站人；检查后、破布在跑油、漏油等现象遗留；工作现场未铺设彩条布；存在跑油、漏油等现象；个人防护不到位；其他违反操作规程的行为	触电、起重伤害、火灾、腐蚀、物体打击、摔伤、设备损坏	维护检修规程和作业指导书未正式发布
73		绝缘油、透平油储油罐检修作业	机械检修	临时用电作业、有限空间作业、危化作业、高处作业、动火作业、辐射作业	未办理工作票、操作票；检修前未将处理设备停机、断开控制电源，作业前未关闭进出口阀门，未加盲板隔离并未完全泄压；有限空间作业过程无人监护；作业流程、作业过程无人监护；罐内照明作业未遵循先检测、再通风、后作业的流程；防腐作业时间过长或采用易燃易爆涂料；作业不合规；安全阀校验高处作业防护不到位；现场消防器材配备不合规；耐压试验前未采取防辐射措施；耐压试验升压过快；进行金属探伤时未做好防护；个人防护不到位；使用明火或直接向罐内输送氧气；其他违反操作规程遗留；作品或工具遗留；其他违反操作规程的行为	触电、高处坠落、机械伤害、中毒窒息、火灾、爆炸、辐射伤害	维护检修规程和作业指导书未正式发布、辐射伤害类应急预案缺失

续表

序号	设备系统	风险点（危险源）	危险源特征		风险分析		目前状态
			作业分类	涉及的高危作业类型	危险或事故诱因（人的不安全行为或管理缺陷）	可能导致的事故及后果	
74	采暖通风与空气调节系统	采暖系统风机控制柜检修作业	二次设备检修	临时用电作业	未办理工作票、操作票；未将风机切换至停止位置，未拉开相应电源侧电源开关，未悬挂警示标识；人员走错间隔；未将线路侧电压回路解开并做好绝缘，或未在带电端子排上做有效短路，人员误碰带电设备；检修工具破损、绝缘存在缺陷；测量回路绝缘时未验电，绝缘电阻测量仪表未选择合适档位；确保无电且无人工作时，绝缘未通知地远方启停试验，私自上电和进行风机现地远方启停制度；物品或工具遗留；个人防护措施现场远方不到位；未执行专人监护制度；其他违反操作规程的行为	触电、设备损坏	维护检修规程和作业指导书未正式发布
75		采暖系统风机检修作业	机械检修	临时用电作业、起重作业、机械作业	未办理工作票、操作票；未确认风机动力电源和控制电源已断开并悬挂警示标识；起重吊装作业不合规，现场照明不足，无专人指挥；吊装基础不牢，更换皮带时候未注意转动部位伤害；风机拆卸时未做好标记；物品或工具遗留；试车前未先调试电机旋转方向；试车未联系运管人员，无专人指挥；个人防护措施不到位；其他违反操作规程的行为	触电、起重伤害、机械伤害、设备损坏	维护检修规程和作业指导书未正式发布，起重伤害类应急预案缺失

续表

序号	危险源特征				风险分析		目前状态
	设备系统	风险点（危险源）	作业分类	涉及的高危作业类型	危险或事故诱因（人的不安全行为或管理缺陷）	可能导致的事故及后果	
76	工业电视系统	工业电视系统控制柜、电源箱检修作业	二次设备检修	临时用电作业	未办理工作票、操作票；检修前未断开动力电源和控制电源开关并悬挂警示标识；人员走错间隔，未将线路侧电压回路解开未做好绝缘、人员误碰带电设备，或未在错电端子排上做好绝缘；检修工具破损、绝缘存在缺陷；测量回路绝缘时未验明回路确保无电压且无人工作；绝缘测量仪表未选择适档位；个人防护措施不到位；物品或工具遗留；未执行专人监护制度；其他违反操作规程的行为	触电、设备损坏	维护检修规程和作业指导书未正式发布
77		工业电视系统摄像头检修作业	二次设备检修	临时用电作业、高处作业	未办理工作票、操作票；检修前未断开摄像头控制电源开关；清灰除尘时未佩戴口罩；高处作业不合规、平台不稳或未系安全带	触电、高处坠落、粉尘伤害	维护检修规程和作业指导书未正式发布
78	火灾自动报警与联动控制系统	火灾联动控制柜和机组火灾控制柜检修作业	二次设备检修	临时用电作业	未办理工作票、操作票；检修前未断开动力电源和控制电源开关并悬挂警示标识；作业前未消除静电和佩戴防静电手环；人员走错间隔，未将线路侧电压回路解开未做好绝缘、人员误碰带电设备，或未在错电端子排上做好绝缘；检修工具破损、绝缘存在缺陷；测量回路绝缘时未验明回路确保无电压且无人工作；绝缘测量仪表未选择适档位；物品或工具遗留；未执行专人监护制度；个人防护措施加电前各部件未正确安装；其他违反操作规程的行为	触电、设备损坏	维护检修规程和作业指导书未正式发布

续表

序号	设备系统	危险源特征			风险分析		目前状态
		风险点（危险源）	作业分类	涉及的高危作业类型	危险或事故诱因（人的不安全行为或违管理缺陷）	可能导致的事故及后果	
79	火灾自动报警与联动控制系统	火灾探测器、报警装置和广播设备检修作业	二次设备检修	临时用电作业、高处作业	未办理工作票、操作票；检修前未断开动力电源和控制电源开关并悬挂警示标识；未执行专人监护制度；高处作业不合规、平台不稳或未系安全带；其他违反操作规程的行为	触电、高处坠落	维护检修规程和作业指导书未正式发布
80	照明系统	事故照明和日常照明系统检修作业	一次设备检修	临时用电作业、高处作业	未办理工作票、操作票；作业前未断开需维护的照明灯具电源开关；未待灯具冷却后再检查和作业；现场未提供临时照明；未使用合格的工（器）具、绝缘工具存在缺陷；高处作业不合规、平台不稳或未搭好安全平台；个人防护用品配备不到位；其他违反操作规程行为	触电、高处坠落、灼烫	维护检修规程和作业指导书未正式发布
81	构（建筑物）系统	水工建筑物维修养护作业（大坝、厂房、消力池、护岸、防汛道路）	土建维护	临时用电作业、高处作业、动火作业、机械作业、高压作业、水上作业、断路作业、野外作业	未办理工作票、操作票；作业前未签订安全协议、未明确安全风险；现场临时用电不合规、私搭私接电源；钻机、灌浆机、卷扬机、挖掘机等设备切割机、动火作业未开具动火票；采取防火措施、造成机械伤害；灌浆材料等化学品管控不到位；严格控制灌浆压力；现场模板、脚手架搭设不规范，粉尘防端天气作业防护不到位；对作业人员个人防护措施不到位；作业不合规；交通道路中断未设置警告示警告和防护；水上作业不合规；其他违反操作规程行为	触电、机械伤害、高处坠落、火灾、职业伤害、起重伤害、车辆伤害、溺水、淹溺、坍塌	起重伤害类、落水淹溺类应急预案缺失

续表

序号	设备系统	风险点（危险源）	危险源特征		风险分析		目前状态
			作业分类	涉及的高危作业类型	危险或事故诱因（人的不安全行为或安全管理缺陷）	可能导致的事故及后果	
82		地下洞室维修养护作业（廊道、排水洞）	土建维护	临时用电作业、有限空间作业、机械作业	未办理工作票、操作票；作业前未签订安全协议，未明确安全风险；有限空间作业照明不足或未采用安全电压；有限空间作业的程序；洞室作业进出未执行无检测、未通风，再作业的程序；洞室作业未执行监护登记制度；灌浆材料等化学品管控不到位；未严格控制灌浆压力；对作业人员产生的噪声、粉尘的防护不到位；作业人员个人防护措施不到位；其他违反操作规程行为	中毒窒息、摔伤、触电、机械伤害、职业伤害等	/
83	构建筑物系统	滑坡体、高边坡维修养护作业	土建维护	高处作业、野外作业	作业前未签订安全协议，未明确安全风险；独自一人野外作业，未注意野生动物；极端天气照明；夜间作业无可靠照明；未按施工方案或塌方或落石；作业时随意跨越或破坏临边防护设施	坍塌、高处坠落、动物伤害、雷击等	动物伤害类应急预案缺失
84		生活区房屋建筑维修养护作业	土建维护	临时用电作业、高处作业、机械作业、动火作业、高压作业、水土作业、断路作业	未办理工作票、操作票；作业前未签订安全协议，未明确安全风险；高处作业不合规；现场临时用电不合规、私搭私接电源；风钻、切割机、卷扬机、挖掘机等设备工器具使用不合规；动火作业未开用火票、现场可燃物堆积，未采取防火措施；现场搭设不规范；脚手架模板、脚手架搭设不规范；极端天气作业防护不到位；对作业人员产生的噪声、粉尘防护不到位；作业人员个人防护措施不到位；起重吊装建筑物拆除作业未制定方案；其他违反操作规程行为	触电、机械伤害、高处坠落、火灾、职业伤害、起重伤害、坍塌	起重伤害类应急预案缺失

续表

序号	危险源特征				风险分析		目前状态
	设备系统	风险点（危险源）	作业分类	涉及的高危作业类型	危险或事故诱因（人的不安全行为或管理缺陷）	可能导致的事故及后果	
85	金属结构设备设施及控制系统	各类闸门、拦污栅、阀门组维护检修作业（进水口、表孔、底孔）	机械检修	临时用电作业、起重作业、危化作业、动火作业、电焊作业、高处作业、水上作业	未办理工作票、操作票；作业前未签订安全协议；未明确安全风险；作业前未做好准备；检修现场未设置临时防护和警示标识；现场临时用电搭设不规范；吊点不牢固；闸门及其部件作业时、现场临时用电搭设不规范、吊点不牢固，无专人指挥；作业现场部件、物资摆放混乱；焊接、切割、打磨等作业设备工具存在缺陷；现场气瓶、油漆等危险化学品管理不善；动火作业未与可燃物保持安全距离，未配置灭火器；高处作业不合规、平台不稳或未系安全带；防腐作业时未戴口罩、未做好现场通风并远离火源；作业用脚手架搭设不规范，未按规定程序试运行；试验过程通信不畅；物品或工具遗留；个人防护不到位；其他违反操作规程行为	触电、物体打击、高处坠落、淹溺、火灾、机械伤害、起重伤害、设备损坏	维护检修规程和作业指导书未正式发布、落水淹溺类应急预案缺失
86		各类液压启闭机维护检修作业（进水口、表孔、底孔）	机械检修	临时用电作业、高压作业、起重搬运作业、机械作业、高处作业	未办理工作票、操作票；检修前机组或阀门未处于关闭状态；未断开电源和阀门；作业前专人指挥；起重吊装不合规、吊重作业无专人指挥；作业现场未铺设场落地面；油泵阀组拆卸未做好标记；未防止油液洒落地；栓塞弹出伤人；压力软管接头未做好防止甩御措施；加压过程未及时排气；集油箱清扫物品遗留；启闭机接力器更换脚手架搭设和高处作业不规范；作业现场使用明火；其他违反操作规程行为	触电、设备损坏、物体打击、起重伤害、摔伤、爆管、油压设备爆管、高处坠落、火灾	维护检修规程和作业指导书未正式发布、油压设备爆管应急预案缺失

序号	危险源特征			风险分析		目前状态
	设备系统	风险点（危险源）	作业分类	涉及的高危作业类型	危险或事故诱因（人的不安全行为或管理缺陷）	可能导致的事故及后果	
87	金属结构设施设备	各类闸门现地和远程集中控制柜、电源柜检修作业	二次设备检修	临时用电作业	未办理工作票、操作票；检修前未断开动力电源和控制电源开关并悬挂警示标识；作业前未消除静电、佩戴防静电手环；人员走错间隔；未将线路侧电压回路解开并做好绝缘，或未在带电设备上做有效标识、人员误碰带电设备；检修工具破损、绝缘存在缺陷；测量回路绝缘时未验明回路确定无电压且无人工作；绝缘测量仪表未选择合适档位、未执行专人监护制度；个人防护措施不到位；物品或工具遗留；其他违反操作规程的行为	触电、设备损坏	维护检修规程和作业指导书未正式发布
88	控制系统	发电机组进水压力钢管检修作业	机械检修	临时用电作业、有限空间作业、危化作业、高处作业、动火作业、辐射作业	未办理工作票、操作票；检修前未关闭各类闸门和阀门、未将压力钢管水完全排空；检修前未充分泄压、清洗和通风；动火作业未办理动火作业票、未落实防火措施；金属探伤作业未做好防辐射防护；有限空间作业不合规、未执行通风检测规程；打磨机械存在缺陷造成机械伤害；防病作业时周边存在明火、日通风不畅；材料搬运不稳；物品或工具遗留；其他违反操作规程监护制度；个人防护措施不到位的行为	淹溺、触电、机械伤害、中毒窒息、火灾	维护检修规程和作业指导书未正式发布；落水、溺水、淹溺类应急预案缺失

续表

序号	危险源特征				风险分析		目前状态
	设备系统	风险点（危险源）	作业分类	涉及的高危作业类型	危险或事故诱因（人的不安全行为或管理缺陷）	可能导致的事故及后果	
89	大坝门机系统、厂房桥机系统	门机和桥式起重机维修保养作业	机械检修	临时用电作业、起重作业、动火作业、电焊作业、水上作业、高处作业	未办理工作票、操作票；检修前未断开门机总电源和急停按钮，开关未悬挂警示标识；外观检查时未系安全带或平台不稳；对卷筒、滑轮检修时未注意检查部位存在缺陷；未使用合格的工具、电动工具和打磨工具存在缺陷；现场临时用电不合规、搭接不规范；恶劣天气防护措施不到位；绝缘测量时档位不合适；脚手架搭设不规范；涂漆作业周边有明火、且未及时通风；未执行监护制度；个人防护措施不到位；其他违反操作规程的行为	淹溺、高处坠落、机械伤害、火灾、中毒窒息、触电	维护检修规程和作业指导书未正式发布、落水、淹溺类应急预案缺失
90	水情自动测报系统	水情自动测报系统遥测站、中心站维护检修作业	二次设备检修	临时用电作业、危化作业、野外作业	未办理工作票、操作票；用电设备检修前未断开电源并悬挂警示标识；未将线路端子排上做好回路解开并做好绝缘，或未在带电端子排上做好绝缘；检修工具破损、绝缘存在缺陷；测量回路绝缘时未验明回路确定无电压且无人工作；绝缘测量仪表未选择合适档位；蓄电池、放电电池电流超过规定值；同时触碰正负极；氢气瓶搬运过程不稳定、未轻拿轻放；野外作业无危险动物防护措施；极端天气作业无防护措施；道路通行不遵守交通规则；未执行监护制度；个人防护措施不到位；其他违反操作规程的行为	触电、物体打击、动物伤害、雷击、交通伤害	动物伤害应急预案缺失

序号	设备系统	风险点（危险源）	危险源特征		风险分析		目前状态
			作业分类	涉及的高危作业类型	危险或事故诱因（人的不安全行为或管理缺陷）	可能导致的事故及后果	
91	安全监测系统	大坝、厂房、边坡、堆积体安全设施监测设备维修养护作业	二次设备备修	临时用电作业、高处作业	未办理工作票、操作票；对用电设备检修前未断开电源并悬挂警示标识，未将线路侧电压回路解开并做好绝缘，或未在带电端子排上做有效标识；人员误碰带电设备；检修工具破损；绝缘存在缺陷；测量仪表未选择合适档位；绝缘测量时未验明回路确无电压且无人工作；临边作业无防护措施；极端天气作业无防护措施；个人防护措施不到位；其他违反操作规程的行为	触电、高处坠落、动物伤害、雷击	动物伤害类应急预案缺失
92	检修相关和试验检验	机组检修后整启动和甩负荷试验	主设备检修	临时用电作业	未办理工作票、操作票；试验前未做好准备工作；试验前未检查确保各项保护装置投入正常；试验期间未严格监视振动、摆度、温度等变化；出现问题未及时分析并停车；试验过程未保证通信通畅；试验过程管道断裂大量漏油；升压区工作安全防护距离不到位；转动部位、螺栓连接部位未及紧状况；试验期间过塑保护动作不动作，未及时停机；动平衡试验配重块安装过程伤人、物品遗留风洞中；试验前未对屏柜中电流互感和电压互感接线正确可靠性检查；充排水速率过快损坏设备；个人防护措施不到位；其他违反操作规程的行为	水淹厂房、机组飞逸、设备损坏、触电、物体打击	维护检修规程和作业指导书未正式发布

续表

序号	设备系统	危险源特征			风险分析		目前状态
		风险点（危险源）	作业分类	涉及的高危作业类型	危险或事故诱因（人的不安全行为或管理缺陷）	可能导致的事故及后果	
93		高压电气设备预防性试验（发电机、变压器、电力电缆、避雷器、断路器、开关站、共箱母线、互感器等）	一次设备检修	临时用电作业	未办理工作票、操作票；试验装置电源无漏电保护器，电源开关未使用具有明显的双极刀闸；人员劳保不符合试验规范要求；放电未使用绝缘手套；试验过程无专人监护，未与带电设备保持安全距离；拆接线前未对被试设备充分放电，未确保升压设备电源断开，未验明无电后再开始操作；个人防护措施不到位；其他违反操作规程的行为	触电、爆炸、漏气、油漏气、设备损坏	维护检修规程和作业指导书未正式发布
94	检修相关和试验检验	金属结构耐压试验和无损检测作业（压力容器、压力管道、闸门、管路、阀门、拦污栅）	机械检修	高处作业、临时用电作业、辐射作业、水上作业、有限空间作业	未办理工作票、操作票；高处作业不合规，未设置警戒隔离区、悬挂标志牌；高处试验台不稳或平台不稳、爬梯或平台不合规，试验过程未拴安全带；压力试验速度和保压时间、制升压速度和保压时间；作业时将密闭空间进出通道关闭，在有限空间作业未用排风扇加强通风、未用打磨工具；打磨过程无专人管理；放射源未正确使用打磨工具；打磨过程无专人管理；放射源未佩戴好护目镜；工（器）具尾部未拴绳固定、临水作业未穿救生衣；个人防护措施不到位；其他违反操作规程的行为	触电、高压伤人、高处坠落、中毒窒息、辐射伤害、淹溺	维护检修规程和作业指导书未正式发布，高压、辐射伤人害类、辐射害类、落水淹溺类应急预案缺失
95	工作区和生活区办公生活设备	电脑、空调、冰箱、电视、消毒柜、热水器等日常办公生活设备检修作业	其他设备检修	临时用电作业、高处作业	检修前未断开用电设备或开关；未邀请专业设备维护人员进行检修；高处作业不合规、平台不稳或平台不合规，未系安全带；检修工具绝缘存在缺陷；其他违反操作规程的行为	触电、高处坠落	/

表 3.6-1　某水电站运行操作类一般危险源辨识清单

序号	设备系统	风险点(危险源)	危险源特征		风险分析		目前状态
			所在位置	涉及的高危作业类型	危险或事故诱因(人的不安全行为或管理缺陷)	可能导致的事故及后果	
1	运行操作作业通用部分	操作前的准备	/	/	值班负责人未安排合适人员拟写操作票；操作人员未根据规范操作内容进行合理资源配置；操作人和监护人未依据风险评估及资源配置进行作业风险分析，或风险分析不详；操作票填写错误或工器具准备不当；没有进行风险预想，造成操作人员对风险预知不充分；未按要求进行各项内容确认，造成事故	设备损坏、人员伤亡	/
2		操作中的变更	/	/	未办理工作变更，草率开工；变更单工作内容、安全隔离措施不明	设备损坏、人员伤亡	/
3		结束前的验收	/	/	操作人员完成后未进行检查，监护人未确认操作正确；现场未清理，人员、工(器)具遗留、废弃物未分类收拾；未断开操作使用的临时动力源(气源、电源)支接；操作完成后未对工作进行验收确认	设备损坏、人员伤亡	/
4	1#、2#水轮机	水轮机巡视检查和日常监视	水轮机层、中控室		监视值守人员能力、状态、资格不足；巡视人员单独巡视；未制定巡视路线并按路线巡视；水车室、水轮机及通道等处无充足照明和防滑措施；巡视中踩踏运行设备、控制柜、接力器推拉杆、导水机构拐臂区，过分接近或触摸转动部件；可能误视破坏缺陷无警示标识；巡视和监视不到位未及时发现问题或发展成故障，未填写巡视监视记录；巡视人员未佩戴安全帽等个人防护用具；值班人员未经批准随意改变机组状态或运行方式；运行中水轮机发生故障未及时按规程操作；其他未按巡视检查规程操作的行为人员	机械伤害、高处坠落、设备损坏	/

续表

序号	设备系统	风险点（危险源）	危险源特征		风险分析		目前状态
			所在位置	涉及的高危作业类型	危险或事故诱因（人的不安全行为或管理缺陷）	可能导致的事故及后果	
5	1#、2#水轮机	水轮机开机操作	发电机层、中控室	带电作业、高压作业	未办理操作票或操作票填写错误；人员走错间隔；未悬挂警示标识；操作过程中未按程序或操作错误；开机前未确认制动风闸全部落下，空气围带退出；投入备用或启动前未检修工作完结验收；未确认各类闸阀、开关、装置关闭到位；开机过程发现振动、温度、转速异常未立即停机并上报有关领导；事故停机后未查明原因再次开机；操作阀门用力过猛或缓慢开启或踏踩油水管路导致高压管路破裂；未时刻检查水室和风洞漏水情况；开操作电弧灼伤；开关实际位置与开关位置不分开；出现异常状况处理不及时或未按规程操作停机；其他未按运行规程操作的行为人员	触电、灼伤、物体打击、机组损坏飞逸、水淹厂房	/
6		水轮机停机操作	发电机层、中控室	带电作业、高压作业	未办理操作票或操作票填写错误；人员走错间隔；未悬挂警示标识；操作过程中未按程序或操作错误；停机前未确认自动操作设备、水机保护、油水气系统状态正常；风闸间自动投入失效及时手动制动；未检查水轮机顶盖制动风闸全部落下情况；手动操作阀门用力过猛或踏踩油水管路导致高压管路破裂；电源开关电弧灼伤；开关实际位置未分开；出现异常状况处理不及时或未按规程操作停机；其他未按运行规程操作的行为人员	触电、物体打击、设备损坏	/

续表

序号	设备系统	风险点（危险源）	危险源特征		风险分析		目前状态
			所在位置	涉及的高危作业类型	危险或事故诱因（人的不安全行为或管理缺陷）	可能导致的事故及后果	
7	1#、2#水轮机	蜗壳、压力钢管及尾水管充排水操作	技术供水室、中控室、坝顶进水口闸门启闭机室、进人门层	高压作业、高处作业、带电作业	未办理操作票或操作票填写错误；操作警示标识悬挂错误；人员走错间隔，未按程序操作或误操作；充水前未检查相关进人门，阀组未检查在全开或全闭到位、是否处在正确位置；未检查尾水管排气阀气排出，未进行充水平压操作开启旁通阀，发现异常情况未安排专人检查漏水情况，发现异常立即停止充水；操作人关阀时未平压再操作阀门，操作正面站人；排水时未平压再操作阀门，作业工具；水阀正面站人；高处作业时未系安全带，阀门；高处作业时平台不稳或未系安全带，主变冷却水切换后未检查确认冷却水流量变化，发现问题未及时处理；其他未按运行规程操作的行为	触电、物体打击、高处坠落、设备损坏	/
8	1#、2#发电机组	发电机巡视检查与日常监视	发电机层、中控室	/	监视值守人员能力、状态、资格不足，巡视人员单独巡视，未按巡视路线巡视；巡视中跨越围栏、遮挡、误碰、误动、误登运行设备或置自改变设备状态；未佩戴安全帽等个人防护用具；高压设备接地巡视安全距离不足；夜间巡视照明不足；发现缺陷及异常未及时汇报处理；进出未随手关门或置自打开封闭大门；其他未按巡视检查及规程操作的行为	设备损坏、触电、机械伤害	/

续表

序号	设备系统	危险源特征			风险分析		
		风险点（危险源）	所在位置	涉及的高危作业类型	危险或事故诱因（人的不安全行为或管理缺陷）	可能导致的事故及后果	目前状态
9		发电机开、停机操作	发电机层、中控室	带电作业、高处作业	未办理操作票或操作票填写错误；人员走错间隔；操作误听调度命令；操作过程中未按程序或误操作；刀闸开关不合位；操作中随意解除闭锁装置；操作中突然来电；个人防护不到位或接地线装设不合格；放电不充分；带负荷作业；登高无防护；验电器未检查并确认良好；其他未按运行规程操作的行为	设备损坏、触电、电弧灼伤、高处坠落、	/
10	1#、2# 发电机组	发电机零起升压操作	发电机层、中控室	带电作业	未办理操作票或操作票填写错误；人员走错间隔；操作误听调度命令；操作过程中未按程序或误操作；刀闸操作不到位；个人防护措施不到位；设备未处在备用状态；其他未按运行规程操作的行为	设备损坏、触电	/
11		发电机手动顶风闸操作	发电机层、中控室	机械作业	未办理操作票或操作票填写错误；人员走错间隔；操作误听调度命令；操作过程中未按程序或误操作；操作前未检查压力表；未待机组低转速提前操作；刀闸操作不到位；其他未按运行规程操作的行为	设备损坏、火灾	/
12		发电机手动顶转子操作	发电机层	机械作业	未办理操作票或操作票填写错误；人员走错间隔；操作误听调度命令；操作过程中未按程序或误操作；操作前未检查油泵；转子顶起高度不符合规范要求；刀闸操作不到位；其他未按运行规程操作的行为	设备损坏	/

续表

序号	设备系统	风险点（危险源）	危险源特征		风险分析		目前状态
			所在位置	涉及的高危作业类型	危险或事故诱因（人的不安全行为或管理缺陷）	可能导致的事故及后果	
13	1#、2#主变压器	主变压器巡视检查和日常监视	主变压器室	高处作业	监视值守人员能力、状态、资格不足；巡视未按巡视路线巡视，巡视中跨越围栏、遮挡、误碰、误动、误登、误操作或设备状态自改变状态；登高检查感应电时、人失去平衡；误登运行设备或设置自改变状态；未与高压设备接地点保持足够安全距离；登高作业未佩戴安全帽等个人防护用具；夜间巡视照明不足；发现缺陷及异常未及时汇报处理；进出未随手关门；其他未按巡视检查规程操作的行为	设备损坏、触电、高处坠落、摔伤	/
14		主变压器运行转检修或检修转运行	主变压器室	带电作业	未办理操作票或操作票填写错误；人员走错间隔；操作误调度命令；操作过程中未按程序或操作误闭锁装置；闸操作不到位；操作中随意解除防误闭锁装置；操作过程无人监护；个人防护不到位、带电作业；绝缘手套存在缺陷；放电无防护；登高无防护；验电器未检查并确认良好；接地线装设不合格；其他未按规程操作的行为	设备损坏、触电、高处坠落	/
15		主变压器冲击合闸	主变压器室	带电作业	未办理操作票或操作票填写错误；人员走错间隔；操作误调度命令；操作过程中未按程序或操作误闭锁装置；闸操作不到位；主变处在热备用状态未按规定投退；个人防护不到位、相关保护未投；其他未按运行规程操作行为	设备损坏、触电	/

续表

序号	设备系统	风险点（危险源）	危险源特征		风险分析		目前状态
			所在位置	涉及的高危作业类型	危险或事故诱因（人的不安全行为或管理缺陷）	可能导致的事故及后果	
16	1#、2#主变压器	主变压器零起升压	主变压器室	带电作业	未办理操作票或操作票填写错误，人员走错间隔，操作误听调度命令，操作过程中未按程序或误操作，刀闸操作不到位，主变中性点未合闸，个人防护措施不到位，操作过程无人监护，其他未按运行规程操作行为	设备损坏、触电	/
17		主变压器冷却器控制柜运行操作	主变压器室	/	未办理操作票或操作票填写错误，人员走错间隔，操作误听调度命令，操作过程中未按程序或误操作，其他未按运行规程操作行为	设备损坏、触电	/
18		励磁系统检查及日常监视	发电机层	/	监视值守人员能力、状态、资格不足；巡视人员单独巡视，未按巡视线路巡视，巡视中跨越围栏、遮挡，误动、误碰运行设备或擅自改变设备状态；未与高压设备接地点保持安全距离；未佩戴安全帽，未穿绝缘靴等个人防护用品；发现缺陷及异常未及时汇报及处理；进出未随手关门；其他未按巡视检查规程操作的行为	设备损坏、触电、摔伤	/
19	励磁系统	励磁装置投入和退出操作	发电机层、中控室	带电作业	未办理操作票或操作票填写错误，设备名称编号、人员走错间隔，操作前未认真核对或野蛮操作，变压器高压断路器分合操作方式，误碰带电设备，未尽量采用远方操作，开关未操作到位，带电设备未在正面监视；未与带电设备保持安全距离；未佩戴安全帽穿绝缘靴等个人防护用品；其他未按运行规程操作行为	触电、灼伤、设备损坏	/

续表

序号	危险源特征				风险分析		目前状态
	设备系统	风险点（危险源）	所在位置	涉及的高危作业类型	危险或事故诱因（人的不安全行为或管理缺陷）	可能导致的事故及后果	
20	励磁系统	励磁通道手动切换	发电机层、中控室	带电作业	未办理操作票或操作票填写错误;人员走错间隔;操作前后未认真核查设备状态;未检查备用通道和运行信号基本一致再操作;其他未按运行规程操作行为	设备损坏	/
21		励磁系统自动切换、现地增减磁、手动逆变操作	发电机层、中控室	带电作业	未办理操作票或操作票填写错误;人员走错间隔;操作前未认真核查设备名称编号;操作过程未认真检查设备状态,指示灯和电压给定值;增减磁按钮按下滞粘时间不足4s;逆变令未保持10s以上;其他未按运行规程操作行为	设备损坏	/
22		励磁系统零起升压操作	发电机层、中控室	带电作业	未办理操作票或操作票填写错误;操作前未认真核查设备名称编号;人员走错间隔;操作过程中未按程序操作;操作前未认真检查机组在额定转速稳定运行;误操作误调运行设备或擅自改变设备状态,电压预置值;未选择两个通道的零起升压功能投入;其他未按运行规程操作行为	设备损坏	/
23	调速器系统	调速器系统巡视检查和日常监视	发电机层、中控室	/	监视值守人员能力、状态、资格不足;巡视人员单独巡视;未按巡视路线巡视、巡视中跨越围栏、遮拦;误动、误登运行设备或擅自改变设备状态;检查油泵等部件时,电机突然启动转动装置伤人;误入导叶、调速器臂转动区域;未佩戴安全帽、穿绝缘靴等个人防护用品;发现缺陷及异常未及时汇报处理;进出未随手关门;其他未按巡视检查规程操作的行为	机械伤害、触电、设备损坏	/

续表

序号	设备系统	风险点（危险源）	危险源特征		风险分析		目前状态
			所在位置	涉及的高危作业类型	危险或事故诱因（人的不安全行为或管理缺陷）	可能导致的事故及后果	
24		调速器电手动开停机、增减负荷操作	发电机层	/	未办理操作票或操作票填写错误；操作前未真核对设备名称编号，人员走错间隔；操作过程中未按程序误操作；操作过程未认真检查设备状态和指示灯；开停机过程未注意观察导叶开度和频率显示，导致机组过速；停机过程未监视机组转速、未及时投入风闸制动；电手动切换自动模式未调整与电调输出信号一致；其他未按运行规程操作的行为	设备损坏	/
25	调速器系统	调速器油压装置手动补气	发电机层	高压作业	未办理操作票或操作票填写错误；操作前未真核对设备名称编号，人员走错间隔；操作过程中未按程序误操作，手动操作补气时，未监视压油槽压力和油位变化和压油泵运行情况；出现事故低压、排油时未监视压力油罐油压防止排油时油泵启动打击；其他未按运行规程操作的行为	物体打击、设备损坏	/
26		调速器压力油罐充油及建压	发电机层	带电作业、高压作业	未办理操作票或操作票填写错误；操作过程未按程序误操作；操作前未核对设备名称编号，未使用合格工具、野蛮操作；阀门操作前未备用正常；阀门操作完毕后未采取防范操作方式进行；电源断路器操作未采取防范方式进行，正面操作和正面监视；操作方未确认操作柜到位情况；出过程野蛮操作；建压时未缓慢开启关门关紧固，小车开关摇进；建压时未缓慢开启补气阀、油压控制罐；发现异常未及时停止建压；建压后未再次检查确认阀门关闭到位；其他未按运行规程操作的行为	灼伤、触电、压力容器或管道爆裂、设备损坏	/

续表

序号	设备系统	风险点（危险源）	危险源特征		风险分析		目前状态
			所在位置	涉及的高危作业类型	危险或事故诱因（人的不安全行为或管理缺陷）	可能导致的事故及后果	
27	调速器系统	调速器压力油罐消压	发电机层	带电作业、高压作业	未办理操作票或操作票填写错误；操作过程未按程序或录操作（机组、闸门、现地LCU、油泵和补气装置未处在备用或关闭状态；压力油泵、循环油泵电源断路器未采取远方操作方式进行正面操作和监视；操作前未确认断路器柜门关闭牢固；小车开关摇进出过程野蛮操作；阀门操作未使用合格工具；野蛮操作、操作完毕后未检查到位情况；打开泄压排气阀；操作人员正对泄压排气阀；泄压阀未上消声器；泄压阀缓慢开启；其他未按运行规程操作的行为	灼伤、触电、高压气伤人、设备损坏	/
28	高压输配电系统	发电机出口断路器及共箱母线巡视检查	0.4kV及10kV配电室、水轮机层	高处作业	巡视人员单独巡视、未按巡视路线巡视、巡视中跨越围栏、遮挡、误碰、误动、误登运行设备或设置自改变设备状态；巡视过程触碰共箱母线箱外壳、登高检查高温设备感应电等个人防护用品；未佩戴安全帽；未穿绝缘鞋等；穿高压设备接地点保持足够安全距离；巡视路线照明不足；发现缺陷及异常未及时的汇报处理；进出未随手关门；其他未按巡视检查规程操作的行为	设备损坏、触电、高处坠落、烫伤	/
29		GIS设备的巡视检查	GIS室	高处作业、有限空间作业	巡视人员单独巡视、未按巡视路线巡视、误碰、误动、误登运行设备或设置自改变设备状态；进入GIS室前未排风机未启动排风30min以上；六氟化硫气体超标时未佩戴防毒面具巡视；登高检查应急电时、人失去平衡；未去与高压设备接地点保持足够安全距离；接近孔洞和临近部位；巡视路线照明不足；大雷雨、酷热等恶劣天气未进行巡视；发现缺陷及异常未及时汇报处理；进出未随手关门；其他未按巡视检查规程操作的行为	设备损坏、中毒窒息、触电、高处坠落	缺少中毒窒息类现场处置方案

续表

序号	设备系统	危险源特征		风险分析		目前状态
		风险点（危险源）	所在位置	涉及的高危作业类型	危险或事故诱因（人的不安全行为或管理缺陷）	可能导致的事故及后果	
30		220kV 出线设备巡视检查	出线平台	/	巡视人员单独巡视，未按巡视路线巡视，巡视中跨越围栏、遮挡、误碰、误动，误登运行变设备状态；大风、降雨、雨雪等恶劣天气未开展机动性巡查；恶劣天气巡视过程未做好防滑、防霜暑等防护措施；未与高压设备接地点保持足够安全距离；发现缺陷及异常未及时汇报处理；其他未按巡视检查规程操作的行为	设备损坏、触电、高处坠落、摔伤	缺少摔伤分类现场处置方案
31	高压输配电系统	发电机出口断路器合闸或分闸操作	0.4kV 及10kV 配电室、中控室	带电作业、高处作业	未办理操作票或操作票填写错误；操作前未认真核对设备名称编号；操作过程未按规程操作；人员走错间隔；操作过程无人监护或未采用安全带；操作过程无护栏扶手或未系好远方操作方式；高压断路器采用正面操作；现地和本体操作采用优先采用远方操作方式；现地操作未确认正面操作；现地和本体操作确认刀闸已分开和合上；操作前未确认监视，未检查确认刀闸是否车固；小车开关搭进出野蛮操断路器柜门是否闭是否车固；合闸接地隔离开关前未进行验电；其他未按运行规程操作的行为	设备损坏、灼伤、触电、高处坠落	/

续表

序号	设备系统	风险点（危险源）	危险源特征		风险分析		目前状态
			所在位置	涉及的高危作业类型	危险或事故诱因（人的不安全行为或安全管理缺陷）	可能导致的事故及后果	
32	高压输配电系统	GIS设备合闸或分闸操作（断路器、隔离开关）	GIS室、中控室	带电作业	未办理操作票或操作票填写错误；对设备名称、编号、位置未认真核对或看错；操作未经过值班调度员同意并做好登记；GIS设备操作未按程序或误操作；未优先采用远方操作方式；操作前未确认GIS设备外壳上无人工作；断路器低压油压和六氟化硫低压力报警时操作设备；登高检查刀闸无护栏扶手或未系好安全带；操作过程无人监视；现地和本体操作采用正面操作，正面监视未检查确认已确认分开和合上；操作前未确认断路器柜门关闭牢固；小车开关摇进摇出野蛮操作；合接地隔离开关前未进行验电；进入GIS室现地操作前未充分排风；其他未按运行规程操作的行为	设备损坏、灼伤、触电、高处坠落、中毒窒息	缺少中毒窒息类现场处置方案
33	发变组保护装置	发变组巡视检查和装置日常监视	发电机层	/	监视值守人员能力、状态、资格不足，巡视人员单独巡视，未按巡视路线巡视，巡视中跨越围栏、遮挡、误碰、误动、误登运行设备或擅自改变设备状态；运行过程中随意操作开出传动，修改固化定值，设置CPU数目，改变通信地址等命令；发现缺陷及异常未及时汇报处理；其他未按巡视检查规程操作的行为	触电、设备损坏	/

续表

序号	设备系统	危险源特征			风险分析		目前状态
		风险点（危险源）	所在位置	涉及的高危作业类型	危险或事故诱因（人的不安全行为或管理缺陷）	可能导致的事故及后果	
34	发变组保护装置	发变组保护装置投入或退出保护压板	发电机层	带电作业	未办理操作票或操作票填写错误，对设备名称编号、走错间隔；操作前未认真核对设备名称编号、走错间隔；操作过程未按程序或误操作；投入压板前未进行电压测量，未确认无电压；投入出口压板未检查保护装置投误投压板；操作中未按顺序导致误投压板；压板投入前后未用万用表检查电位情况；其他未按运行规程操作的行为	触电、设备损坏	/
35	线路保护及断路器保护装置	线路和断路器保护装置巡查检查和日常监视	中控室	/	监视值守人员能力、状态、资格不足；巡视人员单独巡视，未按巡视线路巡视，巡视中跨越围栏、遮挡；误碰、误动、误登运行设备或遮挡；误登运行设备自改变设备状态；发现缺陷及异常未及时汇报处理；其他未按巡视检查规程操作的行为	触电、设备损坏	/
36		线路和断路器保护装置投入或退出保护压板	中控室	带电作业	未办理操作票或操作票填写错误，对设备名称编号，人员走错间隔；操作前未认真核对设备名称编号、走错间隔；操作过程未按程序或误操作；投入压板前未检查保护进行电压测量，未确认无电压；投入出口压板未检查保护装置报警信息；操作中未按顺序导致误投压板；压板投入人前后未用万用表检查电位情况；其他未按运行规程操作的行为	触电、设备损坏	/

续表

序号	设备系统	危险源特征			风险分析		目前状态
		风险点 (危险源)	所在位置	涉及的高危 作业类型	危险或事故诱因(人的不安全行为或管理缺陷)	可能导致的 事故及后果	
37	计算机监控系统	计算机监控系统巡视检查与日常监视	中控室、发电机层、GIS室	/	监视值守人员能力、状态、资格不足;巡视人员单独巡视;未按巡视路线巡视;巡视中跨越围栏、遮挡;误碰;误动;误登运行设备或擅自改变设备状态;巡视线孔洞盖板存在缺陷、堆放杂物处无警示标识;进入中控室带人污染源或干扰源;运行温度和湿度不满足要求未及时调整;发现缺陷及异常未及时汇报并按照运行规程要求处理;其他未按巡视检查规程操作的行为	触电、设备损坏、摔伤	缺少摔伤类现场处置方案
38		计算机监控系统开停机,调节、分合、AGC等操作	中控室、发电机层、GIS室	/	未办理操作票或操作票填写错误;操作前未认真核对设备名称编号;人员走错间隔;操作过程未按程序或设备误操作;在操作系统的 LCU 同时操作;有关操作人未授权;监控系统主机未按运行规程操作;AVC、AGC 是否投入停电或重启;其他未经省调闭锁人未经省调闭锁定;其他未按运行规程操作的行为	设备损坏、电力事故	/
39	厂用及生活区配电系统	厂用及生活区配电系统巡视检查和日常监视	10.5kV 和 0.4kV 配电室、大坝 0.4kV 配电室、生活区配电室	/	监视值守人员能力、状态、资格不足;巡视人员单独巡视;未按巡视路线巡视;巡视中跨越围栏、遮挡;误碰、误动,误登运行设备或擅自改变设备状态;巡视线路孔洞封闭万能钥匙;登高检查用电时、人失去平衡;未与高压设备接地点保持足够安全距离;未戴安全帽等个人防护用具;夜间巡视照明不足;发现缺陷及异常未及时汇报处理;进出未随手关门;其他未按巡视检查规程操作的行为	设备损坏、触电、高处坠落、摔伤	/

续表

序号	设备系统	危险源特征			风险分析		目前状态
		风险点（危险源）	所在位置	涉及的高危作业类型	危险或事故诱因（人的不安全行为或管理缺陷）	可能导致的事故及后果	
40	厂用及生活区配电系统	厂用及生活区配电系统变压器、断路器、负荷开关等停复役、分合操作	10.5kV和0.4kV配电室、大坝0.4kV配电室、生活区、中控室、配电室	带电作业	未办理操作票或操作票填写错误；操作前认核对设备名称编号；操作前登高检查未系安全带或误操作；人员走错间隔；操作过程未采用远方操作方式；现场高压断路器分合检查未优先采用远方监视画面操作；未使用前正面监视画面操作和正面监视画面操作；操作前未确认设备柜二元法检查；小车开关未立即隔离后即接地；验电后未立即隔离，门关闭牢固；接地线未先接地端、挂接地线，放电后再接导体端；未及时通过观察孔或二元法检查隔离开关、断路器实际位置；其他未按运行规程操作的行为	设备损坏、触电、灼伤、高处坠落	/
41	直流成套装置	直流系统巡视检查和定期工作	蓄电池室、中控室	/	巡视人员单独巡视，未按巡视路线巡视；进入蓄电池室前未通风和开启照明；强充电过程中通风机未始终保持运行；巡视过程接触蓄电池及其裸露带电体；误碰、误动，误登运行设备或置自改变设备状态；发现缺陷及异常未及时分析并汇报处理；进出未随手关门；未佩戴安全帽等个人防护用具；值班人员未按规程要求每进行一次全面检查；进出未定期开展核对性放电试验；其他未按巡视检查规程操作的行为	设备损坏、触电、中毒窒息	缺少中毒窒息类现场处置方案

143

续表

序号	设备系统	风险点(危险源)	危险源特征		风险分析		目前状态
			所在位置	涉及的高危作业类型	危险或事故诱因(人的不安全行为或管理缺陷)	可能导致的事故及后果	
42	直流成套装置	直流系统分段、并列运行切换操作	蓄电池室、中控室	/	未办理操作票或操作票填写错误;操作前未认真核对设备名称或编号;人员走错间隔;操作过程未注意先接通后断开,造成直流系统断电;其他未按运行规程操作的行为	设备损坏	/
43	压缩空气系统	压缩空气系统巡视检查、监视及定期工作	空压机房	/	巡视人员单独巡视,未按巡视线路巡视;巡视检查人员随意拔动风扇及其他转动部分;任意改变空气压缩系统运行方式;运行中随意打开管路,堵塞不必要的阀门;进入高分贝噪声区未佩戴防护耳塞;未佩戴安全帽等个人防护用具;发现缺陷及异常未及时分析汇报处理;进出本随手关门;未定期开启储气罐排污阀排污一次;其他未按巡视检查规程操作的行为	机械伤害、物体打击、噪声危害、设备损坏	/
44		中低压空气机手动启停操作	空压机房	带电作业、高压作业	未办理操作票或操作票填写错误;操作前未认真核对设备名称或编号;人员走错间隔;操作过程未按程序或误操作;打开关闭电源时正面监视柜门关闭情况;小车开关未摇动过;卸载阀操作,操作完毕后未检查到位置;未确保完全泄压;操作过程未使用合格工具,野蛮操作;卸载阀未锁定在常开位置;未确保个人防护;空压机故障异常时未紧急停机;其他未按运行规程操作的行为	灼伤、触电、噪声危害、物体打击、设备损坏	/

续表

序号	设备系统	风险点（危险源）	危险源特征		风险分析		目前状态
			所在位置	涉及的高危作业类型	危险或事故诱因（人的不安全行为或管理缺陷）	可能导致的事故及后果	
45	进水口工作闸门系统	进水口工作闸门系统巡视和定期检查、监视工作	坝顶进水口启闭机门门、启闭机房、水工楼	/	巡视人员单独巡视，未按巡视路线巡视，巡视中跨越围栏、遮挡；误碰、误动，误登运行设备或擅自改变设备状态；未佩戴安全帽，穿绝缘靴等个人防护用具；发现缺陷及异常未及时汇报并处理；进出未随手关门；巡视检查经过湿滑区域；其他未按巡视检查规程操作的行为	设备损坏、高处坠落、摔伤	缺少摔伤类和进水口闸门门故障现场处置方案
46		进水口工作闸门启闭操作	坝顶进水口闸门启闭机门、启闭机房、水工楼	/	未办理操作票或操作票填写错误；操作过程未按程序或误操作；操作过程中未监视电磁阀、压力阀、继电器等是否灵活、安全可靠；升过程不正常未停机检查；系统工作或试运行时，人员靠近高压油管路、正对连接系统、高压油管路发生局部喷射；未立即停止油泵运行；直接用手或物堵塞；其他未按运行规程操作的行为	设备损坏、物体打击	缺少进水口工作闸门故障现场处置方案
47	渗漏、检修、排水系统	排水系统设备巡视检查和日常监视	技术供水室、集水井	/	巡视人员单独巡视，未按巡视路线巡视，巡视过程自改变设备状态；误碰、误动，误登运行设备或擅自改变设备状态；未佩戴安全帽，穿防滑鞋，携带照明手电筒等个人防护措施，巡视路线照明不足；检查时，水系、阀门出现漏水、湿滑或孔洞盖板存在缺陷；发现缺陷及异常未及时汇报处理；雨季渗透量大时，未每日开展检查、特殊天气未加强巡查次数；其他未按巡视检查规程操作的行为	触电、高处坠落、摔伤，设备损坏、水淹厂房	缺少摔伤类现场处置方案

续表

序号	设备系统	危险源特征			风险分析		目前状态
		风险点（危险源）	所在位置	涉及的高危作业类型	危险或事故诱因（人的不安全行为或管理缺陷）	可能导致的事故及后果	
48	渗漏、检修排水系统	水泵手动启停操作	技术供水室、集水井	/	未办理操作票或操作票填写错误;操作前未认真核对设备名称编号;人员走错间隔;操作过程未按程序或误操作;操作中未监视抽水过程和水位变化;阀门操作未使用合格工具、野蛮操作;操作完毕后未检查到位情况;集水井水位在停泵水位以下手动启动水泵;水泵长期停运,未至少14天启动一次、且运转时间少于5min;连续启动间隔少于3min;新安装或检修后水泵首次未手动控制方式启动;其他未按运行规程操作的行为	设备损坏、水淹厂房	/
49	同步相量测量装置	同步相量装置巡视检查和日常监视	0.4kV及10kV配电室	/	监视值守人员能力、状态、资格不足;巡视人员单独巡视;未按巡视路线巡视,巡视中跨越围栏、遮挡;误碰、误动、误登运行设备或擅自改变设备状态;随意堆放杂物堆积;巡视路线门闭锁万能钥匙起;登高检查接应电时,人失去平衡;未与高压设备接地点保持足够安全距离;发现缺陷及异常未及时汇报处理;夜间巡视照明不足;进出未随手关门,运行中带电插拔插件;其他未按巡视检查规程操作的行为	设备损坏、触电、高处坠落、摔伤	缺少摔伤类现场处置方案

续表

序号	设备系统	危险源特征			风险分析		目前状态
		风险点（危险源）	所在位置	涉及的高危作业类型	危险或事故诱因（人的不安全行为或管理缺陷）	可能导致的事故及后果	
50		不间断电源装置巡视检查及日常监视	中控室	/	监视值守人员能力、状态、资格不足；巡视未按巡视路线巡视，巡视中跨越围栏、遮挡、误碰、误动、误登运行设备或擅自改变设备状态；运行温度和湿度不满足要求未及时调整；未定期充放电；发现缺陷及异常未及时汇报并按照运行规程要求处理；其他未按巡视检查规程操作的行为	设备损坏、触电	/
51	不间断电源装置	不间断电源开停机操作	中控室	带电作业	未办理操作票或操作票填写错误；操作前未认真核对设备名称编号、人员走错间隔；操作过程未按程序或误操作，频繁进行UPS电源开停机操作；其他未按运行规程操作的行为	设备损坏、触电	/
52	故障录波装置	故障录波装置巡视检查和日常监视	中控室	/	监视值守人员能力、状态、资格不足；巡视人员单独巡视，未按巡视路线巡视，巡视中跨越围栏、遮挡、误碰、误动、误登运行设备或擅自改变设备状态；运行温度和湿度不满足要求未及时调整；录波装置未至少每年检查一次；发现缺陷及异常未及时汇报并按照运行规程操作要求处理；其他未按巡视检查规程操作的行为	设备损坏	/
53	泄洪闸门系统	泄洪闸门系统巡视检查和定期工作	表底孔闸门、启闭机房、水工楼	/	巡视人员单独巡视，未按巡视路线巡视，巡视中跨越围栏、遮挡、误碰、误动、误登运行设备或擅自改变设备状态；未佩戴安全帽、穿绝缘鞋等个人防护用品，发现缺陷及异常未及时汇报处理；进出未随手关门；巡视经过落石、湿滑区域；其他未按巡视检查规程操作的行为	设备损坏、高处坠落、摔伤	缺少摔伤类和泄洪闸门损坏现场处置方案

续表

序号	设备系统	风险点（危险源）	危险源特征			风险分析		目前状态
			所在位置	涉及的高危作业类型	危险或事故诱因（人的不安全行为或管理缺陷）	危险或事故诱因（人的不安全行为或管理缺陷）	可能导致的事故及后果	
54	泄洪闸门系统	泄洪闸门启闭操作	坝顶进水口闸门启闭机房、水工楼	/	未办理操作票或操作票填写错误；操作过程未按程序或误操作；操作过程无人监护；未按照省防指调度指令开启闸门及电站；未提前进行坝区预警并撤离人员，船只撤离情况；未逐级控制泄洪；表d孔开孔顺序、开启高度、开启数量、延缓时间小于闸门开度运行规范的基本原则；操作中未监视电磁阀、压力阀、继电器等是否灵活、准确、安全可靠；启闭过程不正常未及时停机检查；高压油管路近高压油管路、正对连接系统、高压油泵运行或停试压时人员靠近局部喷射、未立即停止油泵运行、直接用手或物堵塞；其他未按运行规程操作的行为	设备损坏、淹溺、洪灾、物体打击	缺少摔伤类和泄洪闸门损坏现场处置方案
55	工业电视系统	工业电视系统日常管理和操作	各监视点	/	将监控画面停在无关区域，每班未对工业电视画面巡检2次；特殊天气未对重点部位加强巡检、删除工业电视图像保存录像及照片；其他未按运行规程操作的行为	影响工程安全运行	/

148

续表

序号	设备系统	风险点（危险源）	危险源特征		风险分析		目前状态
			所在位置	涉及的高危作业类型	危险或事故诱因（人的不安全行为或管理缺陷）	可能导致的事故及后果	
56	水工建筑物及附属设施	水工巡视检查作业	大坝、厂房、消力池、滑坡体	高处作业、洞室作业、野外作业、水上作业	巡视人员精神状态不佳；巡视前准备工作不足；巡视人员单独巡视，未按巡视路线巡视，误碰设备；高处作业平台不稳或未系安全带；巡视过程与带电设备未保持安全距离；巡视中跨越围栏、遮挡；巡视路线道路阶梯湿滑或洞盖板存在缺陷；经过落石区域未佩戴安全帽；洞室内巡查照明不足或通风不足；巡视遭遇危险动物，未配备棍具、蛇药和蚊虫药；水上作业未携带救生衣、上下船未良好的通信设备；水上作业未搭设跳板；恶劣天气未做好防雷击、防风、防水等措施；发现缺陷及异常未及时汇报处理；其他未按巡视检查规程操作的行为	触电、高处坠落、摔伤、动物伤害、雷击、淹溺	缺少摔伤类、动物伤害类、淹溺类现场处置方案
57	安全监测设施	人工测绘和监测作业	各监测点	高处作业、洞室作业、野外作业	测量设备没有定期测试；测绘监测人员精神、资质、能力不足；高处作业平台不稳或作业中未系安全带；作业中跨越围栏、遮挡；测绘路线道路阶梯湿滑或作业中存在缺陷；经过落石区域未佩戴安全帽；洞室内巡查照明不足或通风不足；作业路线遭遇危险动物，未配备棍具、蛇药和蚊虫药；遭遇危险动物未携带良好的通信设备；恶劣天气未做好防雷击、防风、防水等措施；测量点未恢复原状或安全保护状态；未及时整理数据报送成果；其他未按规程操作的行为	触电、高处坠落、摔伤、动物伤害、雷击、淹溺	缺少摔伤类、动物伤害类、淹溺类现场处置方案

续表

序号	设备系统	风险点（危险源）	危险源特征		风险分析		目前状态
			所在位置	涉及的高危作业类型	危险或事故诱因（人的不安全行为或管理缺陷）	可能导致的事故及后果	
58	门机、桥机、电动葫芦等起重设备	起重设备起重吊装操作	坝顶、电厂、GIS室等	起重吊装作业	室外雷雨恶劣天气进行起重作业；起重设备操作人员资质、身体、能力不符合要求；起重设备绝缘防护失效，起重完毕后未恢复状态，切断电源和关闭门窗；其他人员登上起重机或轨道，起重作业人无专人指挥；起重前未仔细检查绑扎情况，起重物附近区域站人；起重过程沟通联系不畅，报警信号缺失；其他违反操作规程的行为	触电、起重伤害、机械碰伤	未制定水电站起重运行操作规程
59	机械加工设备	机械加工作业	机械工具室	机械作业	作业人员未穿好工作服、戴好手套、衣服袖扣未扣好；辫子、长发未盘在帽内；锉刀、手锯、木锉刀、大锤和手锤等手柄未安装牢固，加工件未扶持握紧；存在飞溅伤害情况下操作人员未戴护目镜；电动工具绝缘存在缺陷；在机器完全停止前清扫、擦拭、润滑机器转动部位；砂轮机防护罩和砂轮存在缺陷；操作人员站在砂轮正面操作；使用钻床时未佩戴手套、工作钻孔时未垫木板和支撑；其他违反操作规程的行为	机械伤害、物体打击	未制定水电站机械加工作业安全操作规程
60	路上和水上交通设备	汽车驾驶操作	交通道路	/	驾驶员能力、资质、状态不足，未系安全带、疲劳驾驶、不遵守交通规则，恶劣天气驾驶未采取针对性防护措施；其他违规行为	车辆伤害	/
61		防汛船舶驾驶操作	库区	水上作业	船员能力、资质、状态不足、水上作业未穿救生衣，船只行驶未遵守水上交通规则，驾驶过程未注意保持平衡，存在超载现象；暴雨、洪水、溢流汛期间进行水上作业；其他违规行为	船舶交通事故、淹溺	/

续表

序号	设备系统	危险源特征			风险分析		
		风险点（危险源）	所在位置	涉及的高危作业类型	危险或事故诱因（人的不安全行为或管理缺陷）	可能导致的事故及后果	目前状态
62	生活区设备设施	食堂烹饪作业	生活区	动火作业	食堂作业人员未持健康证；厨房切菜误切手；炒菜热油溅出烫伤；厨房刀具摆放不整齐；厨房油烟排放不顺畅；未及时关闭燃气灶或电灶；微波炉、电烤箱、蒸柜操作不当烫伤；搅拌机使用不当绞手	机械伤害、烫伤、割伤、燃气爆炸	缺少燃气爆炸事故现场处置方案
63		生活区环卫作业	生活区	高处作业、机械作业	夏天室外高温作业未采取防暑降温措施；室外防蚊虫、防蛇措施不到位；喷洒农药未佩戴口罩、误溅到皮肤上；处理树枝、清洗窗户等高处作业防护不到位	中暑、动物伤害、中毒、割伤、高处坠落	缺少中暑类、动物伤害类现场处置方案
64		日常办公设备和生活设备的使用	生活区、水工楼、电站厂房	/	电脑、电灯、空调、插座、冰箱、洗衣机、烘干机、热水壶等各类电气设备保护措施存在缺陷，未及时更换；下班后未及时切断设备电源；现场线路凌乱；工作时随意吸烟、乱丢烟头；设备墙面固定或摆放不牢固；洗衣机、烘干机操作不当触电和烫伤	触电、物体打击、火灾、烫伤	未制定某水电站日常办公及生活类设备管理制度

3.7　管理类一般危险源辨析案例

某水电站管理活动包括管理体系构建、运行管理要求落实、安全管理要求落实等。参照《水利水电工程(水库、水闸、水电站、泵站)运行危险源辨识与风险评价导则(试行)》附件5的有关要求,结合该水电站运行实际和有关技术资料,采用工作危害分析法(JHA法)对管理活动的工作内容进行系统性辨识。目前共辨识管理体制优化、规章制度和操作规程管理、经费保障、大坝注册登记、大坝安全责任制、工程划界与保护、安全鉴定等一般危险源17个。同时参照《企业职工伤亡事故分类标准》(GB 6441—86)和《生产过程危险和有害因素分类与代码》(GB/T 13861—2022)对一般危险源的事故原因和可能导致的事故进行风险分析。具体情况见表3.7-1。

3.8　环境类一般危险源辨析案例

某水电站周边环境可分为自然环境和工作环境2大类。参照《水利水电工程(水库、水闸、水电站、泵站)运行危险源辨识与风险评价导则(试行)》附件5的有关要求,结合该水电站运行实际和有关技术资料,采用安全检查表法(SCL法)对环境类危险源进行系统性辨识。目前共辨识出恶劣天气、危险动物、地震、洪水、漂浮物垃圾、水质、滑坡体、临边孔洞、场所布置、楼梯通道、废气、噪声、有害气体、照度、微小气候等一般危险源95个。同时参照《企业职工伤亡事故分类标准》(GB 6441—86)和《生产过程危险和有害因素分类与代码》(GB/T 13861—2022)对一般危险源的事故原因和可能导致的事故进行风险分析。具体情况见表3.8-1。

表 3.7-1   某水电站管理类一般危险源辨识清单

编号	区域/部位	所属系统	风险点（危险源）	风险分析		目前状态
				危险或事故诱因（物的不安全状态）	可能导致的事故及后果	
1	全电站	管理体系	管理体制优化、机构组建与人员配备	未进行水管体制改革，管理体制不顺畅，未推行管养分离，事企分开，竞聘上岗，奖励机制等机制；管理机构设置不健全，岗位设置与职责不清晰，人员配备不满足工程管理需要；未定期开展业务培训，人员专业技能不足	影响工程运行管理	管理人员配备不满足初设要求，处于超负荷运行状态
2	全电站		规章制度和操作规程	管理制度和操作规程不健全，管理制度和操作规程针对性和操作性不强，闸门操作等关键操作规程和规程未明示	影响工程运行管理	部分设备设施检修维护规程尚未正式印发
3	全电站		工程经费保障	运行管理、维修养护、安全生产等费用不能及时足额到位，运行管理、维修养护经费等使用不规范，人员工资不能按时发放，未按规定落实专职工医疗、医疗社会保险	影响工程运行管理	/
4	全电站		工程档案管理	档案管理制度不健全，档案存放设施不足，管理人员不明确；工程档案管理不规范，内容不完整，资料档案信息缺失，工程档案信息化程度低	影响工程运行管理	档案制度不健全、工程档案内容不完整、资料缺失、工程档案信息化程度低

续表

编号	区域/部位	所属系统	风险点（危险源）	风险分析		目前状态
				危险或事故诱因（物的不安全状态）	可能导致的事故及后果	
5	全电站		大坝注册登记	未按规定注册登记；注册登记信息不完整，存在虚假或错误问题；注册登记信息与工程实际存在差异，未及时变更登记	影响工程运行管理	/
6	全电站		大坝安全责任制	未按照《水库大坝安全管理条例》及其他有关规定，明确政府责任人、行政主管责任人、水管责任人；责任人未在公共媒体公告或履职存在不足；责任人未定期组织参加培训	影响工程运行管理	/
7	全电站	安全管理	工程划界	未按规定划定工程管理范围和保护范围，工程管理范围内界桩和公告牌设置不合理；管理范围内土地使用权属不明确	影响工程运行管理	/
8	全电站		工程保护管理	在工程管理范围和保护范围内未开展水事巡查，发现问题未及时有效制止，报告、投诉和配合水行政执法部门查处；工程管理范围内存在违规建设行为或危害工程安全的活动	影响工程安全	库区管理范围内存在一定的违规建设行为尚未处理完成
9	全电站		工程安全鉴定	未按照《水库大坝安全鉴定办法》及有关技术标准在规定限内开展安全鉴定；鉴定承担单位不符合规定；鉴定成果未用于指导水库安全运行，更新改造和除险加固等；未对安全鉴定存在的问题，整改不到位，有遗留问题未整改	影响工程安全	/
10	全电站		防汛组织和物资准备	未制定防汛抢险应急预案或预案未审批；防汛预案针对性、可操作性不强，未明确抢险任务、队伍、措施等内容；未定期开展防汛抢险和除涝演练；防汛物料储备不健全；防汛物资存放不当，台账混乱，无专人管理；通信设备、抢险器具保障率低	影响防汛抢险	/

续表

编号	区域/部位	所属系统	风险点(危险源)	风险分析		
				危险或事故诱因(物的不安全状态)	可能导致的事故及后果	目前状态
11	全电站	安全管理	应急救援管理	未成立应急管理机构和救援队伍;未编制、完善自然灾害,生产安全、公共卫生等突发事件应急预案;尤其是水库大坝等安全管理应急预案;水库大坝安全管理应急预案未完成审批报备;应急预案内容不完整,措施不具体;未开展演习演练和宣传培训;预案内应急物资配备不到位	影响事故抢险	由于危险源和事故风险辨识不全,应急预案不够完善(缺少机组飞逸抬机、淹溺、高压气伤人等方面的应急预案)
12	全电站	安全管理	安全管理体系构建	未建立全员安全生产责任制,安全生产管理机构设置和人员配备不到位;安全管理制度不健全,未建立双重预防机制	影响工程运行管理	/
13	全电站	运行管理	水雨情测报	未开展水雨情测报和洪水预测预报工作,预测预报合格率、实效性不满足规范要求;未运用测报成果指导调度运用	影响工程运行安全	/
14	全电站		工程巡查管理	未按规定开展日常、年度和特别巡查;巡查路线、频次和内容不符合要求,巡查记录不规范,发现问题未及时处理	影响工程运行安全	/
15	全电站		工程维修养护管理	未制定维修养护计划,实施过程标准不明确,未按计划完成;维修养护记录不规范,维修项目无设计、审批,验收不及时;维修养护记录缺失或混乱	影响工程运行安全	/
16	全电站		安全监测管理	未开展安全监测,监测项目、频次、记录等不规范;未定期开展监测资料整编分析,未开展监测设备校验和比测	影响工程运行安全	/
17	全电站		调度运用	未编制水库调度规程或调度运用方案(计划);调度方案未审批;调度原则、权限不清晰;发生变化未及时修订;未严格执行调度规程、方案、计划和上级指令,调度记录不完整、不规范	影响工程运行安全	/

表 3.8-1

某水电站环境类一般危险源辨识清单

序号	区域/部位	所属系统	风险点（危险源）	危险或事故诱因（物的不安全状态）	风险分析 可能导致的事故及后果	目前状态
1	坝顶	自然环境	坝顶雷电、暴雨雪、大风、冰雹、极端温度、大雾等恶劣天气	防范措施和检查不到位	设备设施损坏、人员被雷击、摔伤、冻伤、砸伤、迷失方向、中毒	/
2		自然环境	坝顶野猪、蛇等危险动物	进入工作区目被激怒	咬伤、中毒	/
3		工作环境	坝顶临边、临水部位和各类闸门、吊物井孔洞	防护措施不到位	高处坠落、淹溺	/
4		工作环境	坝顶场所布置	场所湿滑、狭窄、杂乱、杂物堆积	碰撞、摔伤	/
5		工作环境	坝顶各类工作间室内布置	高温、湿滑、狭窄、杂乱、杂物堆积	碰撞、摔伤	/
6		工作环境	坝顶表孔启闭机室、进水口闸门门控制室内噪声	噪声超标	听力损伤	/
7		工作环境	坝顶上下通行楼梯	湿滑、临边无防护	高处坠落、摔伤	/
8		工作环境	坝顶左右岸门禁	门禁损坏、失效	设备设施损坏、人员伤亡	/
9		自然环境	地震	超过设计抗震标准	工程和设备受损、人员伤亡	/
10	1#~18#坝段	自然环境	洪水	超防洪标准、超保证水位运行	漫坝、水淹厂房和周边设施、人员伤亡	/
11		工作环境	左右坝肩灌洞交通楼梯	湿滑、临边无防护	高处坠落、摔伤	左岸坝肩楼梯部分锈蚀
12		工作环境	1#~5#表孔和1#~4#底孔启闭门检修平台	平台不稳固、临边无防护、防护存在缺陷	高处坠落	/
13		工作环境	1#~4#底孔启闭机房室内布置	湿滑、狭窄、杂乱、杂物堆积	碰撞、摔伤	/

续表

序号	区域/部位	所属系统	风险点(危险源)	危险或事故诱因(物的不安全状态)	可能导致的事故及后果	目前状态
14	1#~18#坝段	工作环境	1#~4#底孔启闭机房室内噪声	噪声超标	听力损伤	/
15		工作环境	1#~4#底孔启闭机房吊物孔	无盖板	物体打击	/
16		工作环境	柴油发电机室噪声	噪声超标	听力损伤	/
17		工作环境	柴油发电机工作废气	溢出	中毒,窒息	缺少警示标识
18		工作环境	柴油发电机室内布置	湿滑,狭窄,杂乱,杂物堆积	碰撞,摔伤	/
19		工作环境	坝顶0.4kV配电室电磁噪声	噪声超标	听力损伤	/
20		工作环境	坝顶0.4kV配电室工频电场	辐射超标	健康损伤	/
21		工作环境	坝顶0.4kV配电室内布置	湿滑,狭窄,杂乱,杂物堆积	碰撞,摔伤	/
22		工作环境	厂坝导墙电缆廊道坝顶人口和爬梯	无盖板,无护笼,爬梯锈蚀	高处坠落	无护笼,爬梯锈蚀
23		工作环境	厂坝导墙顶部通道临边部位	无防护栏杆	高处坠落	/
24		工作环境	电梯井步梯	湿滑,临边无防护	高处坠落,摔伤	/
25	库区及近坝库岸	自然环境	水面漂浮物和垃圾	门槽附近堆积	影响闸门启闭,机组发电	/
26		自然环境	大坝下游行洪管理围内船舶	未经允许进入大坝下游行洪管理区	翻船,淹溺	缺少下游行洪区管理制度
27		自然环境	库区水质	对结构产生侵蚀性作用	建筑物结构损坏	/
28		自然环境	库内水生生物	吸附在闸门上,门槽上	影响闸门启闭	/
29		自然环境	鱼滩滑坡体	未按规范要求监测或治理变形,滑动	堵塞河道,浪涌	未建立工作联系机制,不掌握库区滑坡体情况

续表

序号	区域/部位	所属系统	风险点（危险源）	危险或事故诱因（物的不安全状态）	风险分析		目前状态
					可能导致的事故及后果		
30		自然环境	珠宝街滑坡体	未按规范要求监测或治理、变形、滑动	堵塞河道、浪涌		未建立工作联系机制、不掌握库区滑坡体情况
31		自然环境	狮扑溪滑坡体	未按规范要求监测或治理、变形、滑动	堵塞河道、浪涌		未建立工作联系机制、不掌握库区滑坡体情况
32		自然环境	何家湾滑坡体	未按规范要求监测或治理、变形、滑动	浪涌		未建立工作联系机制、不掌握库区滑坡体情况
33		自然环境	泥坝溪滑坡体	未按规范要求监测或治理、变形、滑动	堵塞河道、浪涌、淹没		未建立工作联系机制、不掌握库区滑坡体情况
34		自然环境	郑家湾滑坡体	未按规范要求监测或治理、变形、滑动	堵塞河道、浪涌、淹没		未建立工作联系机制、不掌握库区滑坡体情况
35	库区及近坝库岸	自然环境	河嘴滑坡体	未按规范要求监测或治理、变形、滑动	堵塞河道、浪涌、淹没		未建立工作联系机制、不掌握库区滑坡体情况
36		自然环境	尖山寺滑坡体	未按规范要求监测或治理、变形、滑动	堵塞河道、浪涌、淹没		未建立工作联系机制、不掌握库区滑坡体情况
37		自然环境	水阳坪—邓家嘴滑坡体	未按规范要求监测或治理、变形、滑动	堵塞河道、掩埋工作生活区		/
38		自然环境	金家沟崩滑积体	未按规范要求监测或治理、变形、滑动	堵塞河道、掩埋工作生活区		/
39		自然环境	尾水渠右岸 146.0m 高程以上崩塌积体	未按规范要求监测或治理、变形、滑动	堵塞河道、掩埋工作生活区		崩积体基岩接触面倾角较陡、长期降雨情况下饱和孔隙水压力会进一步增加
40		工作环境	码头上下通行楼梯	楼梯湿滑、临边无防护	高处坠落、摔伤、落水		/

续表

序号	区域/部位	所属系统	风险点(危险源)	危险或事故诱因(物的不安全状态)	可能导致的事故及后果	目前状态
					风险分析	
41	各类廊道、灌浆平洞及排水洞(大坝)	自然环境	廊道内老鼠、蛇、蝙蝠等危险动物	进入工作区且被激惹	咬伤、中毒	缺少蝙蝠、蜈蚣的驱散措施
42	洞(大坝)EL63m,大坝EL90m,大坝EL163~118m;消力池廊道,右岸水阴坪,左岸EL148m,右岸EL148m,右岸1#~3#,左岸EL94m,右岸金家沟,右岸水井(右岸水阴坪)	工作环境	廊道内有害气体(CO_2)	通风不畅,聚积	中毒、窒息	大坝廊道通风状况较差
43		工作环境	廊道内放射性气体(氡)	通风不畅,聚积	放射性伤害	/
44		工作环境	廊道内照度	照度不足或过强	分辨下降、摔倒、眩光	大坝廊道照明状况较差
45		工作环境	廊道内微小气候	温度、湿度、风速、气压不达标	影响作业	/
46		工作环境	廊道内步梯	湿滑,临边无防护	高处坠落、摔伤	/
47		工作环境	廊道内场所布置	湿滑、狭窄、杂乱、杂物堆积	碰撞、摔伤	/
48		工作环境	廊道内临边、孔洞等部位(含集水井、吊物孔)	无临边防护,无盖板	高处坠落	/
49	左右岸边坡(左坝肩高边坡、右坝肩高边坡、右岸坝后高边坡、右岸厂房右边坡、号流洞出口边坡、消力池左岸高边坡)	自然环境	野猪、蛇等危险动物	进入巡视路线且被激惹	咬伤、中毒	/
50		自然环境	边坡雷电、暴雨雪、大风、冰雹、极端温度、大雾等恶劣天气	防范措施不到位	人员被雷击、摔伤、冻伤、砸伤、迷失方向、中暑	/
51	边坡马道临边部位	工作环境	边坡马道临边部位	无防护,防护存在缺陷	高处坠落	边坡马道缺少护栏

续表

序号	区域/部位	所属系统	风险点（危险源）	危险或事故诱因（物的不安全状态）	风险分析		目前状态
					可能导致的事故及后果		
52	防汛上坝公路（右岸上坝公路、沿江进场公路）	自然环境	上坝公路雷电、暴雨雪、大风、冰雹、极端温度、大雾等恶劣天气	防范措施和检查不到位	车辆伤害		/
53		工作环境	右岸上坝公路临边、临水部位	无防护、防护存在缺陷	车辆伤害		/
54		工作环境	沿江进场公路临边、临水部位	无防护墩、防护存在缺陷	车辆伤害		/
55		自然环境	厂房内老鼠、蛇等危险动物	进入工作区	咬伤、中毒、设备损坏		/
56		自然环境	出线平台及厂房顶恶劣天气	防范措施和检查不到位	设备损坏、屋顶坍塌、人员摔伤		/
57		工作环境	安装场临边部位	无防护、防护存在缺陷	高处坠落		/
58		工作环境	厂房1#~5#楼梯	湿滑、临边无防护、狭小部位无警示、照明不足	坠落、摔伤		/
59	电站厂房区	工作环境	厂房内吊物孔和集水井等孔洞	无盖板、盖板存在缺陷	高处坠落、淹溺		/
60		工作环境	厂房外消防通道	堵塞、通道不满足设计规范和设计要求	火灾		/
61		工作环境	厂房内疏散逃生通道	堵塞、不满足设计要求	火灾		/
62		工作环境	厂房室内布置	场所湿滑、狭窄、杂乱、杂物堆积	碰撞、摔伤		/
63		工作环境	厂房内有害气体（CO_2）	通风不畅、聚积	中毒、窒息		手持式检测仪未定期校验

补充目前状态列说明：
- 第59行目前状态：厂房屋顶部分排水孔未疏通

续表

序号	区域/部位	所属系统	风险点(危险源)	风险分析		目前状态
				危险或事故诱因(物的不安全状态)	可能导致的事故及后果	
64		工作环境	厂房内放射性气体(氡)	通风不畅、聚积	放射性伤害	/
65		工作环境	厂房内各部位照度	照明不足或过强	分辨不清或眩光、摔倒、眩光	/
66		工作环境	厂房内微小气候	温度、湿度、风速、气压不达标	影响作业	/
67		工作环境	水轮发电机、空压机、风机、水泵等机械噪声	噪声超标	听力损伤	/
68		工作环境	中心控制室、GIS室、配电室、变压器室等电磁噪声	噪声超标	听力损伤	/
69		工作环境	GIS室、主变压器、出线平台、配电室、水轮发电机房等工频电场	辐射超标	职业病	/
70	电站厂房区	工作环境	蓄电池室铅及其无机化合物	浓度超标	中毒	/
71		工作环境	蓄电池室硫酸雾	浓度超标	中毒	/
72		工作环境	GIS室六氟化硫	泄漏、浓度超标	中毒	缺少正压式呼吸器
73		工作环境	尾水平台临边部位	无防护、防护存在缺陷	高处坠落、淹溺	/
74		工作环境	尾水平台检修门库等孔洞	无盖板、盖板存在缺陷	高处坠落	/
75		自然环境	水工楼内老鼠、蛇等危险动物	进入工作区	咬伤、中毒、设备损坏	/
76		工作环境	水工楼楼梯	湿滑、临边无防护	高处坠落、摔伤	/
77		工作环境	水工楼仓库室内布置	湿滑、狭窄、杂物堆积	碰撞、摔伤、坍塌	物资摆放不整齐
78		工作环境	水工楼配电房室内布置	湿滑、狭窄、杂物堆积	碰撞、摔伤	/

续表

序号	区域/部位	所属系统	风险点（危险源）	危险或事故诱因（物的不安全状态）	风险分析	
					可能导致的事故及后果	目前状态
79	电站厂房区	工作环境	水工楼办公区室内布置	湿滑、狭窄、杂乱、杂物堆积	碰撞、摔伤	/
80		工作环境	水工楼配电房工频电场	辐射超标	职业病	/
81		工作环境	水工楼疏散通道	堵塞、不满足设计要求	火灾	/
82		工作环境	水工楼仓库吊物孔	无盖板、盖板存在缺陷	坠落	/
83	生活区	自然环境	生活区雷电、暴雨雪、大风、冰雹、极端温度、大雾等恶劣天气	防范措施和检查不到位	设备设施损坏，人员被雷击、摔伤、冻伤、砸伤、中暑等	暴雨时排水沟易堵塞
84		自然环境	生活区老鼠、蛇、猫等危险动物	进入人生活区、配电室	抓伤、咬伤、中毒、设备损坏	/
85		工作环境	综合、公寓、家属楼、食堂等办公楼楼梯	湿滑、临边无防护	高处坠落、摔伤	/
86		工作环境	综合、公寓、家属楼、食堂等办公楼室内布置	湿滑、狭窄、杂乱、杂物堆积	碰撞、摔伤	/
87		工作环境	综合、公寓、家属楼、食堂等办公楼疏散通道	堵塞、不满足设计要求	火灾	/
88		工作环境	武警仓库、防汛物资仓库、成品油仓库、化学品储存间、危废暂存间室内布置和物资摆放	湿滑、狭窄、杂乱、杂物堆积	碰撞、摔伤	/
89		工作环境	生活区东南角楼梯	湿滑、临边无防护	高处坠落、摔伤	/
90		工作环境	生活区大门至家属楼楼梯	湿滑、临边无防护	高处坠落、摔伤	/

续表

序号	区域/部位	所属系统	风险点（危险源）	风险分析			目前状态
				危险或事故诱因（物的不安全状态）	可能导致的事故及后果		
91		工作环境	公寓楼走廊花盆	临边摆放	物体打击		目前花盆无防护，随意摆放临边部位
92		工作环境	生活区配电房工频电场	辐射超标	职业病		/
93	生活区	工作环境	食堂食材	有毒、变质	中毒		/
94		工作环境	生活区门禁系统和围栏	门禁或围栏损坏、失效	财产损失、人员伤亡		/
95		工作环境	生活区临边部位	无灌木丛遮挡或栏杆	高处坠落		部分部位灌木丛破损，存在缺口

第4章 水库典型安全风险等级评价案例

4.1 构(建)筑类一般危险源风险评价案例

对某水电站辨识分析出的 96 个构(建)筑物类一般危险源,采用改进型风险矩阵评价方法(LMECS 法)分析后,得出:在库内近期水位为 123m 左右的情况下,该水电站构(建)筑物共有 67 项低风险、25 项一般风险、4 项较大风险。具体情况见表 4.1-1。

4.2 设备设施类一般危险源风险评价案例

对某水电站辨识分析出的 118 个设备设施类一般危险源,采用改进型风险矩阵评价方法(LMECS 法)分析后,得出:在库内近期水位为 123m 左右的情况下,该水电站设备设施共有 63 项低风险、53 项一般风险、2 项较大风险。具体情况见表 4.2-1。

4.3 金属结构类一般危险源风险评价案例

对某水电站辨识分析出的 15 个金属结构类一般危险源,采用改进型风险矩阵评价方法(LMECS 法)分析后,得出:在库内近期水位为 123m 左右的情况下,该水电站金属结构共有 9 项低风险、6 项一般风险。具体情况见表 4.3-1。

4.4 维护检修类一般危险源风险评价案例

对某水电站辨识分析出的 95 个维护检修作业类一般危险源,采用改进型风险矩阵评价方法(LMECS 法)分析后,得出:在库内近期水位为 123m 左右的情况下,该水电站范围内维护检修作业共有 29 项低风险、66 项一般风险。具体情况见表 4.4-1。

表 4.1-1

某水电站构建筑物类一般危险源风险评价清单

序号	风险点(危险源)	可能性判断				严重程度判断		风险值(R或D值)	风险等级	管控层级
		管控措施情况(M)	工作状态(C)	可能性(L)	是否与汛期相关	可能造成的死亡、重伤、中毒、直接经济损失	严重程度(S)			
1	坝顶排水设施	各项管控措施均落实到位	工作状态、条件好	2	否	无人员死亡,可致残或重伤,直接经济损失不超过100万元	3	6	一般风险	部门级
2	坝顶路面	各项管控措施均落实到位	工作状态、条件好	2	否	造成3人以下死亡,或者10人以下重伤或中毒,或者100万元以上1000万元以下直接经济损失	2	4	低风险	班组级
3	坝顶防浪墙	各项管控措施均落实到位	工作状态、条件好	2	否	造成3人以下死亡,或者10人以下重伤或中毒,或者100万元以上1000万元以下直接经济损失	2	4	低风险	班组级
4	坝顶电缆沟及混凝土盖板	仅工程技术、个人防护管控措施制定不全面或落实不到位	工作状态、条件好	7	否	无人员死亡,致残或重伤,或100万元以下直接经济损失	1	7	一般风险	部门级
5	坝顶引张线槽及盖板	仅工程技术、个人防护管控措施制定不全面或落实不到位	工作状态、条件较好	7	否	无人员死亡,可致残或重伤,或100万元以下直接经济损失	1	7	一般风险	部门级

续表

序号	风险点（危险源）	可能性判断				严重程度判断		风险值（R 或 D 值）	风险等级	管控层级
		管控措施情况（M）	工作状态（C）	可能性（L）	是否与汛期相关	严重程度（S）				
6	大坝岗亭结构、屋面和外墙防水	各项管控措施均落实到位	工作状态、条件好	2	否	无人员死亡、可致残或重伤，或100万元以下直接经济损失	1	2	低风险	班组级
7	发电机进水口闸门启闭机室结构、屋面和外墙防水	各项管控措施均落实到位	工作状态、条件好	2	否	造成3人以下死亡，或者10人以下重伤或中毒，或者100万元以上1000万元以下直接经济损失	2	4	低风险	班组级
8	1#表孔闸门启闭机室结构、屋面和外墙防水	各项管控措施均落实到位	工作状态、条件好	2	否	造成3人以下死亡，或者10人以下重伤或中毒，或者100万元以上1000万元以下直接经济损失	2	4	低风险	班组级
9	2#表孔闸门启闭机室结构、屋面和外墙防水	各项管控措施均落实到位	工作状态、条件好	2	否	造成3人以下死亡，或者10人以下重伤或中毒，或者100万元以上1000万元以下直接经济损失	2	4	低风险	班组级
10	3#表孔闸门启闭机室结构、屋面和外墙防水	各项管控措施均落实到位	工作状态、条件好	2	否	造成3人以下死亡，或者10人以下重伤或中毒，或者100万元以上1000万元以下直接经济损失	2	4	低风险	班组级

续表

序号	风险点（危险源）	可能性判断				严重程度判断		风险值（R 或 D 值）	风险等级	管控层级
		管控措施情况（M）	工作状态（C）	可能性（L）	是否与汛期相关	可能造成的死亡、重伤、中毒、直接经济损失	严重程度（S）			
11	4#、5# 表孔闭门启闭机室结构、屋面和外墙防水	各项管控措施均落实到位	工作状态、条件好	2	否	造成 3 人以下死亡，或者 10 人以下重伤或中毒，或者 100 万元以上 1000 万元以下直接经济损失	2	4	低风险	班组级
12	柴油发电机室结构、屋面和外墙防水	仅工程技术、个人防护管控措施制定不全面或落实不到位	工作状态、条件较好	7	否	造成 3 人以下死亡，或者 10 人以下重伤或中毒，或者 100 万元以上 1000 万元以下直接经济损失	2	14	一般风险	部门级
13	大坝 0.4kV 配电室结构，屋面和外墙防水	各项管控措施均落实到位	工作状态、条件好	2	否	造成 3 人以下死亡，或者 10 人以下重伤或中毒，或者 100 万元以上 1000 万元以下直接经济损失	2	4	低风险	班组级
14	大坝坝顶电缆通道结构及排水设施	仅工程技术、个人防护管控措施制定不全面或落实不到位	工作状态、条件较好	7	否	无人员死亡，或致残或重伤，或 100 万元以下直接经济损失	1	7	一般风险	部门级
15	坝顶电梯配电房结构、屋面和外墙防水	各项管控措施均落实到位	工作状态、条件好	2	否	造成 3 人以下死亡，或者 10 人以下重伤或中毒，或者 100 万元以上 1000 万元以下直接经济损失	2	4	低风险	班组级

续表

序号	风险点（危险源）	可能性判断				严重程度判断			风险值（R 或 D 值）	风险等级	管控层级
		管控措施情况（M）	工作状态（C）	可能性（L）	是否与汛期相关	可能造成的死亡、重伤、中毒、直接经济损失	严重程度（S）				
16	左岸非溢流坝段上下游面及坝体	各项管控措施均落实到位	工作状态、条件好	2	是		2	4	低风险	班组级
17	左岸非溢流坝段接缝与止水	各项管控措施均落实到位	工作状态、条件好	2	是		2	4	低风险	班组级
18	坝顶检修闸门门库	各项管控措施均落实到位	工作状态、条件好	2	否	造成 3 人以下死亡，或者 10 人以下重伤或中毒，或者 100 万元以上 1000 万元以下直接经济损失	2	4	低风险	班组级
19	4# 坝段灌溉引水管道与坝体结合部	仅工程技术、个人防护措施施制定不全面或落实不到位	工作状态、条件较好	7	是		2	14	一般风险	部门级
20	左岸非溢流坝段帷幕、固结、接触灌浆和排水管	各项管控措施均落实到位	工作状态、条件好	2	是		2	4	低风险	班组级
21	溢流坝段上下游面及坝体	各项管控措施均落实到位	工作状态、条件好	2	是		2	4	低风险	班组级

续表

序号	风险点（危险源）	管控措施情况（M）	可能性判断			严重程度判断		风险值（R 或 D 值）	风险等级	管控层级
			工作状态（C）	可能性（L）	是否与汛期相关	可能造成的死亡、重伤、中毒、直接经济损失	严重程度（S）			
22	溢流坝段接缝与止水	各项管控措施均落实到位	工作状态、条件好	2	是		2	4	低风险	班组级
23	表孔溢流面及宽尾墩	各项管控措施均落实到位	工作状态、条件好	2	是		2	4	低风险	班组级
24	底孔泄流通道及边墩	各项管控措施均落实到位	工作状态、条件好	2	是		2	4	低风险	班组级
25	1#底孔闸门启闭机室结构、屋面和外墙防水	各项管控措施均落实到位	工作状态、条件好	2	否	造成 3 人以下死亡，或者 10 人以下重伤或中毒，或者 100 万元以上 1000 万元以下直接经济损失	2	4	低风险	班组级
26	2#底孔闸门启闭机室结构、屋面和外墙防水	各项管控措施均落实到位	工作状态、条件好	2	否	造成 3 人以下死亡，或者 10 人以下重伤或中毒，或者 100 万元以上 1000 万元以下直接经济损失	2	4	低风险	班组级
27	3#底孔闸门启闭机室结构、屋面和外墙防水	各项管控措施均落实到位	工作状态、条件好	2	否	造成 3 人以下死亡，或者 10 人以下重伤或中毒，或者 100 万元以上 1000 万元以下直接经济损失	2	4	低风险	班组级

续表

序号	风险点（危险源）	可能性判断			严重程度判断			风险值（R 或 D 值）	风险等级	管控层级
		管控措施情况（M）	工作状态、条件（C）	可能性（L）	是否与汛期相关	可能造成的死亡、重伤、中毒、直接经济损失	严重程度（S）			
28	4#底孔闸门启闭机室结构、屋面和外墙防水	各项管控措施均落实到位	工作状态良好	2	否	造成 3 人以下死亡，或者 10 人以下重伤或中毒，或者 100 万元以上 1000 万元以下直接经济损失	2	4	低风险	班组级
29	溢流坝段帷幕、固结、接触灌浆和排水幕	各项管控措施均落实到位	工作状态良好	2	是		2	4	低风险	班组级
30	厂房坝段上下游面及坝体	仅工程技术、个人防护措施不全面或落实不到位	工作状态较好	7	是		2	14	一般风险	部门级
31	厂房坝段接缝与止水	各项管控措施均落实到位	工作状态良好	2	是		2	4	低风险	班组级
32	1#，2# 机组进水口	各项管控措施均落实到位	工作状态良好	2	是		2	4	低风险	班组级
33	1#，2# 机组引水管外包混凝土结构	各项管控措施均落实到位	工作状态良好	2	否	造成 10～29 人死亡，或者 50～99 人重伤或中毒，或者 5000 万元以上 1 亿元以下直接经济损失	12	24	一般风险	部门级

续表

序号	风险点（危险源）	可能性判断			严重程度判断			风险值（R 或 D 值）	风险等级	管控层级
		管控措施情况（M）	工作状态（C）	可能性（L）	是否与汛期相关	可能造成的死亡、重伤、中毒、直接经济损失	严重程度（S）			
34	1#、2# 机组伸缩节室	各项管控措施均落实到位	工作状态、条件好	2	否	造成 3 人以下死亡，或者 10 人以下重伤或中毒，或者 100 万元以上 1000 万元以下直接经济损失	2	4	低风险	班组级
35	厂坝导墙电缆廊道结构及排水设施	各项管控措施均落实到位	工作状态、条件好	2	否	造成 3 人以下死亡，或者 10 人以下重伤或中毒，或者 100 万元以上 1000 万元以下直接经济损失	2	4	低风险	班组级
36	厂房坝段帷幕、固结、接触灌浆和排水幕	各项管控措施均落实到位	工作状态、条件好	2	是		2	4	低风险	班组级
37	右岸非溢流坝段上下游面及坝体	各项管控措施均落实到位	工作状态、条件好	2	是		2	4	低风险	班组级
38	右岸非溢流坝段接缝与止水	各项管控措施均落实到位	工作状态、条件好	2	是		2	4	低风险	班组级
39	17# 坝段灌溉引水管道与坝体结合部	各项管控措施均落实到位	工作状态、条件好	2	是		2	4	低风险	班组级

续表

序号	风险点（危险源）	可能性判断				严重程度判断		风险值（R 或 D 值）	风险等级	管控层级
		管控措施情况（M）	工作状态（C）	可能性（L）	是否与汛期相关	可能造成的死亡、重伤、中毒、直接经济损失	严重程度（S）			
40	15#坝段电梯井结构及防水	各项管控措施均落实到位	工作状态伴好	2	否	造成 3～9 人死亡，或者 10～49 人重伤或中毒，或者 1000 万元以上 5000 万元以下直接经济损失	5	10	一般风险	部门级
41	右岸非溢流坝段帷幕、固结、接触灌浆和排水幕	各项管控措施均落实到位	工作状态伴好	2	是		2	4	低风险	班组级
42	大坝 EL63m 基础灌浆排水廊道结构、接缝及止水	各项管控措施均落实到位	工作状态伴好	2	是		2	4	低风险	班组级
43	大坝 EL63m 基础灌浆排水廊道排水设施	各项管控措施均落实到位	工作状态伴好	2	是		2	4	低风险	班组级
44	大坝 1#、2#集水井	各项管控措施均落实到位	工作状态伴好	2	否	造成 3 人以下死亡，或者 10 人以下重伤或中毒，或者 100 万元以上 1000 万元以下直接经济损失	2	4	低风险	班组级

续表

序号	风险点（危险源）	可能性判断				严重程度判断		风险值（R 或 D 值）	风险等级	管控层级
		管控措施情况（M）	工作状态（C）	可能性（L）	是否与汛期相关	可能造成的死亡、重伤、中毒、直接经济损失	严重程度（S）			
45	大坝 EL90m 交通排水廊道结构、接缝及止水	仅工程技术、个人防护措施制定不全面或落实不到位	工作状态、条件较好	7	是		2	14	一般风险	部门级
46	大坝 EL90m 交通排水廊道排水设施	各项管控措施均落实到位	工作状态、条件好	2	是		2	4	低风险	班组级
47	大坝 EL116～118m 交通排水廊道结构、接缝及止水	仅工程技术、个人防护措施制定不全面或落实不到位	工作状态、条件较好	7	是		2	14	一般风险	部门级
48	大坝 EL116～118m 交通排水廊道排水设施	各项管控措施均落实到位	工作状态、条件好	2	是		2	4	低风险	班组级
49	消力池灌浆和交通排水廊道结构、接缝及止水	各项管控措施均落实到位	工作状态、条件好	2	是		2	4	低风险	班组级
50	消力池灌浆和交通排水廊道排水设施	各项管控措施均落实到位	工作状态、条件好	2	是		2	4	低风险	班组级

续表

序号	风险点（危险源）	管控措施情况（M）	可能性判断 工作状态（C）	可能性（L）	是否与汛期相关	严重程度判断	严重程度（S）	风险值（R 或 D 值）	风险等级	管控层级
51	EL.94m 消力池廊道人口结构及屋面外墙防水	各项管控措施均落实到位	工作状态、条件好	2	否	无人员死亡，可致残或重伤，或100万元以下直接经济损失	1	2	低风险	班组级
52	消力池 1#、2# 集水井	各项管控措施均落实到位	工作状态、条件好	2	否	造成 3 人以下死亡，或者10 人以下重伤或中毒，或者 100 万元以上 1000 万元以下直接经济损失	2	4	低风险	班组级
53	左坝肩	各项管控措施均落实到位	工作状态、条件好	2	是		2	4	低风险	班组级
54	右坝肩	各项管控措施均落实到位	工作状态、条件好	2	是		2	4	低风险	班组级
55	左坝肩边坡坡面排水、马道、支护及地质条件	仅工程技术、个人防护管控措施不全面或落实不到位	工作状态、条件较好	7	否	造成 10～29 人死亡，或者 50～99 人重伤或中毒，或者 5000 万元以上 1 亿元以下直接经济损失	12	84	较大风险	本站级
56	左岸 EL.148m 灌浆平洞结构及排水设施	仅工程技术、个人防护管控措施不全面或落实不到位	工作状态、条件较好	7	否	造成 3 人以下死亡，或者 10 人以下重伤或中毒，或 100 万元以上 1000 万元以下直接经济损失	2	14	一般风险	部门级

续表

序号	风险点（危险源）	可能性判断				严重程度判断		风险值（R 或 D 值）	风险等级	管控层级
		管控措施情况（M）	工作状态（C）	可能性（L）	是否与汛期相关	可能造成的死亡、重伤、中毒、直接经济损失	严重程度（S）			
57	右坝肩边坡坡面排水、马道、支护及地质条件	仅工程技术、个人防护管控措施制定不全面或落实不到位	工作状态、条件较好	7	否	造成 10～29 人死亡、或者 50～99 人重伤或中毒、或者 5000 万元以上 1 亿元以下直接经济损失	12	84	较大风险	本站级
58	右岸 EL148m 灌浆平洞结构及排水设施	仅工程技术、个人防护管控措施制定不全面或落实不到位	工作状态、条件较好	7	否	造成 3 人以下死亡、或者 10 人以下重伤或中毒、或者 100 万元以上 1000 万元以下直接经济损失	2	14	一般风险	部门级
59	右岸厂房高边坡面排水、马道、支护及地质条件	仅工程技术、个人防护管控措施制定不全面或落实不到位	工作状态、条件较好	7	否	造成 10～29 人死亡、或者 50～99 人重伤或中毒、或者 5000 万元以上 1 亿元以下直接经济损失	12	84	较大风险	本站级
60	右岸 1# 排水洞结构及排水设施	各项管控措施均落实到位	工作状态、条件好	2	是	造成 3 人以下死亡、或者 10 人以下重伤或中毒、或者 100 万元以上 1000 万元以下直接经济损失	2	4	低风险	班组级
61	右岸 2# 排水洞结构及排水设施	各项管控措施均落实到位	工作状态、条件好	2	是		2	4	低风险	班组级

续表

序号	风险点（危险源）	可能性判断				严重程度判断		风险值（R或D值）	风险等级	管控层级
		管控措施情况（M）	工作状态（C）	可能性（L）	是否与汛期相关	可能造成的死亡、重伤、中毒，直接经济损失	严重程度（S）			
62	右岸3#排水洞结构及排水设施	各项管控措施均落实到位	工作状态、条件好	2	是		2	4	低风险	班组级
63	导流洞出口口边坡坡面排水，马道，支护及地质条件	各项管控措施均落实到位	工作状态、条件较好	3	否	造成3~9人死亡，或者10~49人重伤或中毒，或者1000万元以上5000万元以下直接经济损失	5	15	一般风险	部门级
64	消力池左岸高边坡坡面排水，马道，支护及地质条件	仅工程技术、个人防护管控措施制定不全面或落实不到位	工作状态、条件较好	7	否	造成10~29人死亡，或者50~99人重伤或中毒，或者5000万元以上1亿元以下直接经济损失	12	84	较大风险	本站级
65	左岸EL.94m灌浆平洞结构及排水设施	各项管控措施均落实到位	工作状态、条件好	2	否	造成3人以下死亡，或者10人以下重伤或中毒，或者100万元以上1000万元以下直接经济损失	2	4	低风险	班组级
66	右岸金家沟排水洞结构及排水设施	各项管控措施均落实不到位	工作状态、条件差	20	否	造成3人以下死亡，或者10人以下重伤或中毒，或者100万元以上1000万元以下直接经济损失	2	40	一般风险	部门级

续表

序号	风险点(危险源)	可能性判断				严重程度判断		风险值(R或D值)	风险等级	管控层级
		管控措施情况(M)	工作状态(C)	可能性(L)	是否与汛期相关	可能造成的死亡、重伤、中毒、直接经济损失	严重程度(S)			
67	右岸水阳坪排水洞结构及排水设施	各项管控措施均落实到位	工作状态、条件好	2	是		2	4	低风险	班组级
68	消力池左岸贴坡式边墙	各项管控措施均落实到位	工作状态、条件好	2	是		2	4	低风险	班组级
69	消力池护坦	各项管控措施均落实到位	工作状态、条件好	2	是		2	4	低风险	班组级
70	消力池尾坎、防冲板和防冲槽	各项管控措施均落实到位	工作状态、条件好	2	是		2	4	低风险	班组级
71	消力池右侧厂坝导墙	各项管控措施均落实到位	工作状态、条件好	2	是		2	4	低风险	班组级
72	消力池各部位分缝及止水设施	各项管控措施均落实到位	工作状态、条件好	2	是		2	4	低风险	班组级
73	消力池基础和左岸封闭帷幕灌浆、排水幕	各项管控措施均落实到位	工作状态、条件好	2	是		2	4	低风险	班组级
74	电站厂房结构、屋面和外墙防水	各项管控措施均落实到位	工作状态、条件好	2	否	造成3~9人死亡,或者10~49人重伤或中毒,或者1000万元以上5000万元以下直接经济损失	5	10	一般风险	部门级

序号	风险点（危险源）	可能性判断				严重程度判断		风险值（R 或 D 值）	风险等级	管控层级
		管控措施情况（M）	工作状态（C）	可能性（L）	是否与汛期相关	可能造成的死亡、重伤、中毒，直接经济损失	严重程度（S）			
75	电站厂房排水设施	仅工程技术、个人防护管控措施制定不全面或落实不到位	工作状态、条件较好	7	否	造成 3～9 人死亡，或者 10～49 人重伤或中毒，或者 1000 万元以上 5000 万元以下直接经济损失	5	35	一般风险	部门级
76	电站厂房玻璃幕墙	各项管控措施均落实到位	工作状态、条件好	2	否	造成 3 人以下死亡，或者 10 人以下重伤或中毒，或者 100 万元以上 1000 万元以下直接经济损失	2	4	低风险	班组级
77	水工楼结构、屋面和外墙防水	各项管控措施均落实到位	工作状态、条件好	2	否	造成 3～9 人死亡，或者 10～49 人重伤或中毒，或者 1000 万元以上 5000 万元以下直接经济损失	5	10	一般风险	部门级
78	尾水平台土建结构及分缝止水	仅工程技术、个人防护管控措施制定不全面或落实不到位	工作状态、条件较好	7	是	造成 3～9 人死亡，或者 10～49 人重伤或中毒，或者 1000 万元以上 5000 万元以下直接经济损失	2	14	一般风险	部门级

续表

序号	风险点(危险源)	可能性判断				严重程度判断		风险值(R或D值)	风险等级	管控层级
		管控措施情况(M)	工作状态(C)	可能性(L)	是否与汛期相关	可能造成的死亡、重伤、中毒,直接经济损失	严重程度(S)			
79	尾水渠护坦	各项管控措施均落实到位	工作状态、条件好	2	是		2	4	低风险	班组级
80	尾水渠右侧护岸	各项管控措施均落实到位	工作状态、条件好	2	是		2	4	低风险	班组级
81	导流洞封堵体	各项管控措施均落实到位	工作状态、条件好	2	否	造成3~9人死亡,或者,10~49人重伤或中毒,或者1000万元以上5000万元以下直接经济损失	5	10	一般风险	部门级
82	右岸上坝公路路面、排水和基础	各项管控措施均落实到位	工作状态、条件好	2	否	造成3人以下死亡,或者10人以下重伤或中毒,或者100万元以上1000万元以下直接经济损失	2	4	低风险	班组级
83	沿江进厂公路路面、排水和基础	各项管控措施均落实到位	工作状态、条件好	2	否	造成3人以下死亡,或者10人以下重伤或中毒,或者100万元以上1000万元以下直接经济损失	2	4	低风险	班组级
84	生活区交通道路(路面、排水、基础)	各项管控措施均落实到位	工作状态、条件好	2	否	造成3人以下死亡,或者10人以下重伤或中毒,或者100万元以上1000万元以下直接经济损失	2	4	低风险	班组级

续表

序号	风险点（危险源）	可能性判断				严重程度判断			风险值（R 或 D 值）	风险等级	管控层级
		管控措施情况（M）	工作状态（C）	可能性（L）	是否与汛期相关	可能造成的死亡、重伤、中毒、直接经济损失	严重程度（S）				
85	办公楼结构、屋面及外墙防水	各项管控措施均落实到位	工作状态、条件好	2	否	造成 3～9 人死亡，或者 10～49 人重伤或中毒，或者 1000 万元以上 5000 万元以下直接经济损失	5		10	一般风险	部门级
86	综合楼结构、屋面及外墙防水	各项管控措施均落实到位	工作状态、条件好	2	否	造成 3～9 人死亡，或者 10～49 人重伤或中毒，或者 1000 万元以上 5000 万元以下直接经济损失	5		10	一般风险	部门级
87	公寓楼结构、屋面及外墙防水	各项管控措施均落实到位	工作状态、条件好	2	否	造成 3～9 人死亡，或者 10～49 人重伤或中毒，或者 1000 万元以上 5000 万元以下直接经济损失	5		10	一般风险	部门级
88	家属楼结构、屋面及外墙防水	各项管控措施均落实到位	工作状态、条件好	2	否	造成 3～9 人死亡，或者 10～49 人重伤或中毒，或者 1000 万元以上 5000 万元以下直接经济损失	5		10	一般风险	部门级

续表

序号	风险点（危险源）	可能性判断				严重程度判断		风险值（R 或 D 值）	风险等级	管控层级
		管控措施情况（M）	工作状态（C）	可能性（L）	是否与汛期相关	可能造成的死亡、重伤、中毒，直接经济损失	严重程度（S）			
89	食堂结构、屋面及外墙防水	各项管控措施均落实到位	工作状态、条件好	2	否	造成 3～9 人死亡，或者 10～49 人重伤或中毒，或者 1000 万元以上 5000 万元以下直接经济损失	5	10	一般风险	部门级
90	生活区岗亭结构、屋面及外墙防水	各项管控措施均落实到位	工作状态、条件好	2	否	造成 3 人以下死亡，或者 10 人以下重伤或中毒，或者 100 万元以上 1000 万元以下直接经济损失	2	4	低风险	班组级
91	生活区景观亭	各项管控措施均落实到位	工作状态、条件好	2	否	无人员死亡，可致残或重伤，或造成 100 万元以下直接经济损失	1	2	低风险	班组级
92	生活区西侧排水沟	各项管控措施均落实到位	工作状态、条件好	2	否	造成 3 人以下死亡，或者 10 人以下重伤或中毒，或者 100 万元以上 1000 万元以下直接经济损失	2	4	低风险	班组级
93	生活区配电房结构、屋面及外墙防水	各项管控措施均落实到位	工作状态、条件好	2	否	造成 3 人以下死亡，或者 10 人以下重伤或中毒，或者 100 万元以上 1000 万元以下直接经济损失	2	4	低风险	班组级

续表

序号	风险点（危险源）	可能性判断					严重程度判断		风险值（R 或 D 值）	风险等级	管控层级
		管控措施情况（M）	工作状态（C）	可能性（L）	是否与汛期相关		严重程度（S）				
94	武警仓库结构、屋面及外墙防水	各项管控措施均落实到位	工作状态、条件好	2	否	造成 3 人以下死亡，或者 10 人以下重伤或中毒，或者 100 万元以上 1000 万元以下直接经济损失	2	4	低风险	班组级
95	防汛物资仓库结构、屋面及外墙防水	各项管控措施均落实到位	工作状态、条件好	2	否	造成 3 人以下死亡，或者 10 人以下重伤或中毒，或者 100 万元以上 1000 万元以下直接经济损失	2	4	低风险	班组级
96	污水处理站结构、屋面及外墙防水	各项管控措施均落实到位	工作状态、条件好	2	否	造成 3 人以下死亡，或者 10 人以下重伤或中毒，或者 100 万元以上 1000 万元以下直接经济损失	2	4	低风险	班组级

表 4.2-1

某水电站设备设施类一般危险源风险评价清单

序号	风险点（危险源）	可能性判断				严重程度判断		风险值（R 或 D 值）	风险等级	管控层级
		管控措施情况（M）	工作状态、条件（C）	可能性（L）	是否与汛期相关	可能造成的死亡、重伤、中毒，直接经济损失	严重程度（S）			
1	1#、2# 水轮机	仅管理、教育培训，应急处置管控措施制定不全面或落实不到位	工作状态、条件好	3	否	造成 3～9 人死亡，或者 10～49 人重伤或中毒，或者 1000 万元以上 5000 万元以下直接经济损失	5	15	一般风险	部门级
2	1#、2# 发电机	仅管理、教育培训，应急处置管控措施制定不全面或落实不到位	工作状态、条件好	3	否	造成 3～9 人死亡，或者 10～49 人重伤或中毒，或者 1000 万元以上 5000 万元以下直接经济损失	5	15	一般风险	部门级
3	1#、2# 发电机中性点接地装置（2套）	各项管控措施均落实到位	工作状态、条件好	2	否	造成 3 人以下死亡，或者 10 人以下重伤或中毒，或者 100 万元以上 1000 万元以下直接经济损失	2	4	低风险	班组级
4	1#、2# 发电机出口断路器（2套）	各项管控措施均落实到位	工作状态、条件好	2	否	造成 3 人以下死亡，或者 10 人以下重伤或中毒，或者 100 万元以上 1000 万元以下直接经济损失	2	4	低风险	班组级

续表

序号	风险点（危险源）	可能性判断				严重程度判断		风险值（R 或 D 值）	风险等级	管控层级
		管控措施情况（M）	工作状态（C）	可能性（L）	是否与汛期相关	可能造成的死亡、重伤、中毒，直接经济损失	严重程度（S）			
5	1#，2# 发电机共箱母线（2 套）	各项管控措施均落实到位	工作状态、条件好	2	否	造成 3 人以下死亡，或者 10 人以下重伤或中毒，或者 100 万元以上 1000 万元以下直接经济损失	2	4	低风险	班组级
6	1#，2# 发电机电压互感器（4 组 PT 柜）	各项管控措施均落实到位	工作状态、条件好	2	否	造成 3 人以下死亡，或者 10 人以下重伤或中毒，或者 100 万元以上 1000 万元以下直接经济损失	2	4	低风险	班组级
7	1#，2# 发电机出口断路器（2 套）	各项管控措施均落实到位	工作状态、条件好	2	否	造成 3 人以下死亡，或者 10 人以下重伤或中毒，或者 100 万元以上 1000 万元以下直接经济损失	2	4	低风险	班组级
8	1#，2# 发电机组调速器电气控制柜（2 套）	各项管控措施均落实到位	工作状态、条件好	2	否	造成 3 人以下死亡，或者 10 人以下重伤或中毒，或者 100 万元以上 1000 万元以下直接经济损失	2	4	低风险	班组级
9	1#，2# 发电机组调速器机械控制柜（2 套）	仅管理、教育培训、应急处置管控措施制定不全面或落实不到位	工作状态、条件好	3	否	造成 3 人以下死亡，或者 10 人以下重伤或中毒，或者 100 万元以下直接经济损失	2	6	一般风险	部门级

续表

序号	风险点（危险源）	可能性判断				严重程度判断		风险值（R或D值）	风险等级	管控层级
		管控措施情况（M）	工作状态（C）	可能性（L）	是否与汛期相关	可能造成的死亡、重伤、中毒、直接经济损失	严重程度（S）			
10	1#,2#发电机组油压装置电气控制柜（2套）	各项管控措施均落实到位	工作状态、条件好	2		造成3人以下死亡、或者10人以下重伤或中毒，或者100万元以上1000万元以下直接经济损失	2	4	低风险	班组级
11	1#,2#发电机组油压装置、管路、接力器和漏油箱（2套）	各项管控措施均落实到位	工作状态、条件好	2		造成3~9人死亡或中毒，或者10~49人重伤或中毒，或者1000万元以上5000万元以下直接经济损失	5	10	一般风险	部门级
12	1#,2#机组技术供水系统PLC控制柜（2台）	仅管理、教育培训、应急处置管控措施制定不全面或落实不到位	工作状态、条件好	3	否	造成3人以下死亡、或者10人以下重伤或中毒，或者100万元以上1000万元以下直接经济损失	2	6	一般风险	部门级
13	1#,2#机组技术机械设备和管道（2套）	仅管理、教育培训、应急处置管控措施制定不全面或落实不到位	工作状态、条件好	3		造成3人以下死亡、或者10人以下重伤或中毒，或者100万元以上1000万元以下直接经济损失	2	6	一般风险	部门级
14	主变冷却水PLC控制柜	仅管理、教育培训、应急处置管控措施制定不全面或落实不到位	工作状态、条件好	3	否	造成3人以下死亡、或者10人以下重伤或中毒，或者100万元以上1000万元以下直接经济损失	2	6	一般风险	部门级

续表

序号	风险点(危险源)	可能性判断				严重程度判断		风险值(R或D值)	风险等级	管控层级
		管控措施情况(M)	工作状态、条件(C)	可能性(L)	是否与汛期相关	可能造成的死亡、重伤、中毒、直接经济损失	严重程度(S)			
15	主变冷却水供水机械设备和管道	仅管理、教育培训,应急处置管控措施制定不全面或落实不到位	工作状态、条件好	3	否	造成3人以下死亡,或者10人以下重伤或中毒,或者100万元以上1000万元以下直接经济损失	2	6	一般风险	部门级
16	中低压气机本体柜和联合控制柜(3个)	各项管控措施均落实到位	工作状态、条件好	2	否	造成3人以下死亡,或者10人以下重伤或中毒,或者100万元以上1000万元以下直接经济损失	2	4	低风险	班组级
17	中低压气机和干燥机(5台)	仅管理、教育培训,应急处置管控措施制定不全面或落实不到位	工作状态、条件好	3	否	造成3人以下死亡,或者10人以下重伤或中毒,或者100万元以上1000万元以下直接经济损失	2	6	一般风险	部门级
18	中低压气系统储气罐、管道和阀组(5套)	各项管控措施均落实到位	工作状态、条件好	2	否	造成3人以下死亡,或者10人以下重伤或中毒,或者100万元以上1000万元以下直接经济损失	2	4	低风险	班组级

续表

序号	风险点（危险源）	可能性判断				严重程度判断		风险值（R 或 D 值）	风险等级	管控层级
		管控措施情况（M）	工作状态（C）	可能性（L）	是否与汛期相关	可能造成的死亡、重伤、中毒、直接经济损失	严重程度（S）			
19	大坝渗漏排水系统控制柜（2套）	仅管理、教育培训,应急处置管控措施制定不全面或落实不到位	工作状态、条件好	3	否	造成 3～9 人死亡、或者 10～49 人重伤或中毒、或者 1000 万元以上 5000 万元以下直接经济损失	5	15	一般风险	部门级
20	大坝渗漏排水系统潜水泵及管道（4台）	仅管理、教育培训,应急处置管控措施制定不全面或落实不到位	工作状态、条件好	3	否	造成 3～9 人死亡、或者 10～49 人重伤或中毒、或者 1000 万元以上 5000 万元以下直接经济损失	5	15	一般风险	部门级
21	消力池渗漏排水系统控制柜（2套）	仅管理、教育培训,应急处置管控措施制定不全面或落实不到位	工作状态、条件好	3	否	造成 3～9 人死亡、或者 10～49 人重伤或中毒、或者 1000 万元以上 5000 万元以下直接经济损失	5	15	一般风险	部门级
22	消力池渗漏排水系统潜水泵及管道（6台）	仅管理、教育培训,应急处置管控措施制定不全面或落实不到位	工作状态、条件好	3	否	造成 3～9 人死亡、或者 10～49 人重伤或中毒、或者 1000 万元以上 5000 万元以下直接经济损失	5	15	一般风险	部门级

续表

序号	风险点（危险源）	可能性判断				严重程度判断		风险值（R 或 D 值）	风险等级	管控层级
		管控措施情况（M）	工作状态（C）	可能性（L）	是否与汛期相关	可能造成的死亡、重伤、中毒、直接经济损失	严重程度（S）			
23	厂房渗漏排水系统 PLC 控制柜和动力柜	各项管控措施均落实到位	工作状态、条件好	2	否	造成 3～9 人死亡，或者 10～49 人重伤或中毒，或者 1000 万元以上 5000 万元以下直接经济损失	5	10	一般风险	部门级
24	厂房渗漏排水系统潜水泵及管道（3 台）	各项管控措施均落实到位	工作状态、条件好	2	否	造成 3～9 人死亡，或者 10～49 人重伤或中毒，或者 1000 万元以上 5000 万元以下直接经济损失	5	10	一般风险	部门级
25	机组检修排水系统 PLC 控制柜和启动柜	各项管控措施均落实到位	工作状态、条件好	2	否	造成 3～9 人死亡，或者 10～49 人重伤或中毒，或者 1000 万元以上 5000 万元以下直接经济损失	5	10	一般风险	班组级
26	机组检修排水系统潜水泵及管道（2 台）	各项管控措施均落实到位	工作状态、条件好	2	否	造成 3～9 人死亡，或者 10～49 人重伤或中毒，或者 1000 万元以上 5000 万元以下直接经济损失	5	10	一般风险	班组级

续表

序号	风险点（危险源）	可能性判断				严重程度判断		风险值（R 或 D 值）	风险等级	管控层级
		管控措施情况（M）	工作状态（C）	可能性（L）	是否与汛期相关	可能造成的死亡、重伤、中毒、直接经济损失	严重程度（S）			
27	机组顶盖排水系统控制箱（2个）	各项管控措施均落实到位	工作状态、条件好	2	否	造成3人以下死亡，或者10人以下重伤或中毒，或者100万元以上1000万元以下直接经济损失	2	4	低风险	班组级
28	机组顶盖排水系统排水泵及管道（4台）	各项管控措施均落实到位	工作状态、条件好	2	否	造成3人以下死亡，或者10人以下重伤或中毒，或者100万元以上1000万元以下直接经济损失	2	4	低风险	班组级
29	透平油系统油处理设备（3台）	各项管控措施均落实不到位	工作状态、条件好	7	否	造成3人以下死亡，或者10人以下重伤或中毒，或者100万元以上1000万元以下直接经济损失	2	14	一般风险	部门级
30	透平油系统油罐及管道阀门（2个）	仅管理、教育培训，应急处置管控措施制定不全面或落实不到位	工作状态、条件好	3	否	造成3~49人重伤或中毒，或者1000万元以上5000万元以下直接经济损失	5	15	一般风险	部门级
31	绝缘油系统油处理设备（3台）	各项管控措施均落实不到位	工作状态、条件好	7	否	造成3人以下死亡，或者10人以下重伤或中毒，或者100万元以上1000万元以下直接经济损失	2	14	一般风险	部门级

续表

序号	风险点（危险源）	管控措施情况（M）	可能性判断				严重程度判断		风险值（R 或 D 值）	风险等级	管控层级
			工作状态（C）	可能性（L）	是否与汛期相关		严重程度（S）				
32	绝缘油系统油罐及管道阀门	仪管理、教育培训、应急处置管控措施制定不全面或落实不到位	工作状态、条件好	3	否	造成 3～9 人死亡，或者 10～49 人重伤或中毒，或者 1000 万元以上 5000 万元以下直接经济损失	5	15	一般风险	部门级
33	机组水力仪表盘柜（2 个）	各项管控措施均落实到位	工作状态、条件好	2	否	无人员死亡，可致残或重伤，或 100 万元以下直接经济损失	1	2	低风险	班组级
34	1#、2# 主变压器及其附属设备	各项管控措施均落实到位	工作状态、条件好	2	否	造成 3～9 人死亡，或者 10～49 人重伤或中毒，或者 1000 万元以上 5000 万元以下直接经济损失	5	10	一般风险	部门级
35	厂用变压器（3 台）	各项管控措施均落实到位	工作状态、条件好	2	否	造成 3 人以下死亡，或者 10 人以下重伤或中毒，或者 100 万元以上 1000 万元以下直接经济损失	2	4	低风险	班组级
36	生活变压器（1 台）	各项管控措施均落实不到位	工作状态、条件好	7	否	造成 3 人以下死亡，或者 10 人以下重伤或中毒，或者 100 万元以上 1000 万元以下直接经济损失	2	14	一般风险	部门级

续表

序号	风险点（危险源）	管控措施情况（M）	可能性判断			严重程度判断		风险值（R 或 D 值）	风险等级	管控层级
			工作状态、条件（C）	可能性（L）	是否与汛期相关	可能造成的死亡、重伤、中毒、直接经济损失	严重程度（S）			
37	10.5kV 厂用电PT柜(2组)	各项管控措施均落实到位	工作状态、条件好	2	否	造成3人以下死亡，或者10人以下重伤或中毒，或者100万元以上1000万元以下直接经济损失	2	4	低风险	班组级
38	10.5kV 断路器和隔离开关柜	各项管控措施均落实到位	工作状态、条件好	2	否	造成3人以下死亡，或者10人以下重伤或中毒，或者100万元以上1000万元以下直接经济损失	2	4	低风险	班组级
39	厂房 0.4kV 断路器开关柜	各项管控措施均落实到位	工作状态、条件好	2	否	造成3人以下死亡，或者10人以下重伤或中毒，或者100万元以上1000万元以下直接经济损失	2	4	低风险	班组级
40	大坝 0.4kV 断路器开关柜	仅管理、教育培训，应急处置管控措施制定不全面或落实不到位	工作状态、条件好	3	否	造成3人以下死亡，或者10人以下重伤或中毒，或者100万元以上1000万元以下直接经济损失	2	6	一般风险	部门级
41	外来电源开关柜（六氟化硫）	各项管控措施均落实到位	工作状态、条件好	2	否	造成3人以下死亡，或者10人以下重伤或中毒，或者100万元以上1000万元以下直接经济损失	2	4	低风险	班组级

续表

序号	风险点（危险源）	可能性判断				严重程度判断		风险值（R或D值）	风险等级	管控层级
		管控措施情况（M）	工作状态（C）	可能性（L）	是否与汛期相关	可能造成的死亡、重伤、中毒，直接经济损失	严重程度（S）			
42	0.4kV厂用配电盘柜(18个)	各项管控措施均落实到位	工作状态、条件良好	2	否	造成3人以下死亡，或者10人以下重伤或中毒，或者100万元以上1000万元以下直接经济损失	2	4	低风险	班组级
43	柴油发电机组	仪器管理、教育培训，应急处置措施制定不全面或落实不到位	工作状态、条件良好	3	否	造成3～9人死亡，或者10～49人重伤或中毒，或者1000万元以上5000万元以下直接经济损失	5	15	一般风险	部门级
44	大坝和厂房检修动力箱和配电箱	各项管控措施均落实到位	工作状态、条件良好	2	否	造成3人以下死亡，或者10人以下重伤或中毒，或者100万元以上1000万元以下直接经济损失	2	4	低风险	班组级
45	220kV GIS设备	各项管控措施均落实到位	工作状态、条件良好	2	否	造成3～9人死亡，或者10～49人重伤或中毒，或者1000万元以上5000万元以下直接经济损失	5	10	一般风险	部门级
46	220kV出线平台设备	各项管控措施均落实到位	工作状态、条件良好	2	否	造成3人以下死亡，或者10人以下重伤或中毒，或者100万元以上1000万元以下直接经济损失	2	4	低风险	班组级

续表

序号	风险点（危险源）	可能性判断				严重程度判断		风险值（R或D值）	风险等级	管控层级
		管控措施情况（M）	工作状态（C）	可能性（L）	是否与汛期相关		严重程度（S）			
47	电站接地网	各项管控措施均落实到位	工作状态、条件好	2	否	造成3人以下死亡、或者10人以下重伤或中毒，或者100万元以下直接经济损失	2	4	低风险	班组级
48	电站高压电力电缆	各项管控措施均落实不到位	工作状态、条件好	7	否	造成3~9人死亡、或者10~49人重伤或中毒，或者1000万以上5000万元以下直接经济损失	5	35	一般风险	部门级
49	计算机监控上位机系统设备	各项管控措施均落实到位	工作状态、条件好	2	否	造成3人以下死亡、或者10人以下重伤或中毒，或者100万元以上1000万元以下直接经济损失	2	4	低风险	班组级
50	LCU现地控制单元柜（5套）	各项管控措施均落实到位	工作状态、条件好	2	否	造成3人以下死亡、或者10人以下重伤或中毒，或者100万元以上1000万元以下直接经济损失	2	4	低风险	班组级
51	10.5kV及0.4kV厂用电远程测量柜（2个）	各项管控措施均落实到位	工作状态、条件好	2	否	造成3人以下死亡、或者10人以下重伤或中毒，或者100万元以上1000万元以下直接经济损失	2	4	低风险	班组级

续表

序号	风险点（危险源）	可能性判断			严重程度判断			风险值（R 或 D 值）	风险等级	管控层级
		管控措施情况（M）	工作状态（C）	可能性（L）	是否与汛期相关	可能造成的死亡、重伤、中毒、直接经济损失	严重程度（S）			
52	调度数据网柜	各项管控措施均落实到位	工作状态、条件好	2	否	无人员死亡，可致残或重伤，或100万元以下直接经济损失	1	2	低风险	班组级
53	关口电能计量装置	各项管控措施均落实到位	工作状态、条件好	2	否	无人员死亡，可致残或重伤，或100万元以下直接经济损失	1	2	低风险	班组级
54	1#、2#发变组保护装置 A 柜和 B 柜（4个）	各项管控措施均落实到位	工作状态、条件好	2	否	造成3人以下死亡，或者10人以下重伤或中毒，或者100万元以上1000万元以下直接经济损失	2	4	低风险	班组级
55	继电保护信息处理系统柜	各项管控措施均落实到位	工作状态、条件好	2	否	造成3人以下死亡，或者10人以下重伤或中毒，或者100万元以上1000万元以下直接经济损失	2	4	低风险	班组级
56	220kV 皂盘线光纤差动保护柜	各项管控措施均落实到位	工作状态、条件好	2	否	造成3人以下死亡，或者10人以下重伤或中毒，或者100万元以上1000万元以下直接经济损失	2	4	低风险	班组级

续表

序号	风险点（危险源）	可能性判断				严重程度判断		风险值（R 或 D 值）	风险等级	管控层级
		管控措施情况（M）	工作状态（C）	可能性（L）	是否与汛期相关	可能造成的死亡、重伤、中毒、直接经济损失	严重程度（S）			
57	610 和 620 断路器保护柜（2 个）	各项管控措施均落实到位	工作状态，条件好	2	否	造成 3 人以下死亡，或者 10 人以下重伤或中毒，或者 100 万元以上 1000 万元以下直接经济损失	2	4	低风险	班组级
58	远方跳闸保护柜	各项管控措施均落实到位	工作状态，条件好	2	否	造成 3 人以下死亡，或者 10 人以下重伤或中毒，或者 100 万元以上 1000 万元以下直接经济损失	2	4	低风险	班组级
59	高周切机低周启动柜	各项管控措施均落实到位	工作状态，条件好	2	否	造成 3 人以下死亡，或者 10 人以下重伤或中毒，或者 100 万元以上 1000 万元以下直接经济损失	2	4	低风险	班组级
60	1#、2# 机组励磁系统控制设备（8 个）	各项管控措施均落实到位	工作状态，条件好	2	否	造成 3 人以下死亡，或者 10 人以下重伤或中毒，或者 100 万元以上 1000 万元以下直接经济损失	2	4	低风险	班组级
61	1#、2# 机组励磁变压器（2 台）	各项管控措施均落实到位	工作状态，条件好	2	否	造成 3 人以下死亡，或者 10 人以下重伤或中毒，或者 100 万元以上 1000 万元以下直接经济损失	2	4	低风险	班组级

续表

序号	风险点（危险源）	可能性判断				严重程度判断		风险值（R或D值）	风险等级	管控层级
		管控措施情况（M）	工作状态（C）	可能性（L）	是否与汛期相关		严重程度（S）			
62	直流系统控制屏柜设备（7个）	各项管控措施均落实到位	工作状态、条件好	2	否	造成3人以下死亡，或者10人以下重伤或中毒，或者100万元以上1000万元以下直接经济损失	2	4	低风险	班组级
63	直流系统蓄电池组（2组）	仅管理、教育培训、应急处置管控措施制定不全面或落实不到位	工作状态、条件好	3	否	造成3人以下死亡，或者10人以下重伤或中毒，或者100万元以上1000万元以下直接经济损失	2	6	一般风险	部门级
64	同步相量测量装置柜（PMU）	各项管控措施均落实到位	工作状态、条件好	2	否	造成3人以下死亡，或者10人以下重伤或中毒，或者100万元以上1000万元以下直接经济损失	2	4	低风险	班组级
65	故障录波装置柜	各项管控措施均落实到位	工作状态、条件好	2	否	造成3人以下死亡，或者10人以下重伤或中毒，或者100万元以上1000万元以下直接经济损失	2	4	低风险	班组级
66	1#、2# UPS电源柜（2个）	各项管控措施均落实到位	工作状态、条件好	2	否	造成3人以下死亡，或者10人以下重伤或中毒，或者100万元以上1000万元以下直接经济损失	2	4	低风险	班组级

续表

序号	风险点(危险源)	可能性判断				严重程度判断		风险值(R或D值)	风险等级	管控层级
		管控措施情况(M)	工作状态(C)	可能性(L)	是否与汛期相关	可能造成的死亡、重伤、中毒、直接经济损失	严重程度(S)			
67	工业电视系统控制设备	各项管控措施均落实到位	工作状态、条件好	2	否	无人员死亡，可致残或重伤，或100万元以下直接经济损失	1	2	低风险	班组级
68	摄像头及电缆	各项管控措施均落实到位	工作状态、条件好	2	否	无人员死亡，可致残或重伤，或100万元以下直接经济损失	1	2	低风险	班组级
69	水电站通信系统设备(10台)	仪管理、教育培训，应急处置管控措施制定不全面或落实不到位	工作状态、条件好	3	否	造成3人以下死亡，或者10人以下重伤或中毒，或者100万元以上1000万元以下直接经济损失	2	6	一般风险	部门级
70	移动通信设备	仪管理、教育培训，应急处置管控措施制定不全面或落实不到位	工作状态、条件好	3	否	造成3人以下死亡，或者10人以下重伤或中毒，或者100万元以上1000万元以下直接经济损失	2	6	一般风险	部门级
71	1#、2#机组状态监测系统设备	仪管理、教育培训，应急处置管控措施制定不全面或落实不到位	工作状态、条件好	3	否	造成3~9人死亡，或者10~49人重伤或中毒，或者1000万元以上5000万元以下直接经济损失	5	15	一般风险	部门级

序号	风险点（危险源）	可能性判断				严重程度判断		风险值（R 或 D 值）	风险等级	管控层级
		管控措施情况（M）	工作状态（C）	可能性（L）	是否与汛期相关	可能造成的死亡、重伤、中毒、直接经济损失	严重程度（S）			
72	1#、2# 机组自动测温系统设备	各项管控措施均落实到位	工作状态、条件好	2	否	造成 3～9 人死亡，或者 10～49 人重伤或中毒，或者 1000 万元以上 5000 万元以下直接经济损失	5	10	一般风险	部门级
73	1#、2# 机组共箱母线测温设备	各项管控措施均落实到位	工作状态、条件好	2	否	造成 3 人以下死亡，或者 10 人以下重伤或中毒，或者 100 万元以上 1000 万元以下直接经济损失	2	4	低风险	班组级
74	发电主副厂房轴流风机、送排风口及风道	仅管理、教育培训、应急处置管控措施制定不全面或落实不到位	工作状态、条件好	3	否	造成 3 人以下死亡，或者 10 人以下重伤或中毒，或者 100 万元以上 1000 万元以下直接经济损失	2	6	一般风险	部门级
75	发电主副厂房风机控制箱	仅管理、教育培训、应急处置管控措施制定不全面或落实不到位	工作状态、条件好	3	否	造成 3 人以下死亡，或者 10 人以下重伤或中毒，或者 100 万元以上 1000 万元以下直接经济损失	2	6	一般风险	部门级

续表

序号	风险点（危险源）	可能性判断				严重程度判断		风险值（R 或 D 值）	风险等级	管控层级
		管控措施情况（M）	工作状态（C）	可能性（L）	是否与汛期相关	可能造成的死亡、重伤、中毒、直接经济损失	严重程度（S）			
76	发电厂房和水工楼空调设备	各项管控措施均落实到位	工作状态、条件好	2	否	造成 3 人以下死亡，或者 10 人以下重伤或中毒，或者 100 万元以上 1000 万元以下直接经济损失	2	4	低风险	班组级
77	发电主副厂房除湿机	各项管控措施均落实到位	工作状态、条件好	2	否	造成 3 人以下死亡，或者 10 人以下重伤或中毒，或者 100 万元以上 1000 万元以下直接经济损失	2	4	低风险	班组级
78	大坝、电梯井和消力池轴流风机，送排风口及风道	仅管理、教育培训，应急处置管控措施制定不全面或落实不到位	工作状态、条件好	3	否	造成 3 人以下死亡，或者 10 人以下重伤或中毒，或者 100 万元以上 1000 万元以下直接经济损失	2	6	一般风险	部门级
79	大坝、电梯井和消力池风机控制箱	仅管理、教育培训，应急处置管控措施制定不全面或落实不到位	工作状态、条件好	3	否	造成 3 人以下死亡，或者 10 人以下重伤或中毒，或者 100 万元以上 1000 万元以下直接经济损失	2	6	一般风险	部门级

续表

序号	风险点（危险源）	可能性判断				严重程度判断		风险值（R 或 D 值）	风险等级	管控层级
		管控措施情况（M）	工作状态（C）	可能性（L）	是否与汛期相关	可能造成的死亡、重伤、中毒、直接经济损失	严重程度（S）			
80	发电厂房和大坝防火分隔设施	仅管理、教育培训,应急处置管控措施制定实不全面或落实不到位	工作状态、条件良好	3	否	造成3～9人死亡,或者10～49人重伤或中毒,或者1000万元以上5000万元以下直接经济损失	5	15	一般风险	部门级
81	发电厂房和大坝灭火器材	各项管控措施均落实到位	工作状态、条件良好	2	否	造成3人以下死亡,或者10人以下重伤或中毒,或者100万元以上1000万元以下直接经济损失	2	4	低风险	班组级
82	中控室七氟丙烷灭火装置	仅管理、教育培训,应急处置管控措施制定实不全面或落实不到位	工作状态、条件良好	3	否	造成3～9人死亡,或者10～49人重伤或中毒,或者1000万元以上5000万元以下直接经济损失	5	15	一般风险	部门级
83	发电厂房水喷雾灭火装置	仅管理、教育培训,应急处置管控措施制定实不全面或落实不到位	工作状态、条件良好	3	否	造成3～9人死亡,或者10～49人重伤或中毒,或者1000万元以上5000万元以下直接经济损失	5	15	一般风险	部门级

续表

序号	风险点 (危险源)	可能性判断				严重程度判断		风险值 (R 或 D 值)	风险 等级	管控 层级
		管控措施情况 (M)	工作状态 (C)	可能性 (L)	是否与 汛期相关	可能造成的死亡、重伤、 中毒、直接经济损失	严重程度 (S)			
84	消防技术供水系统设备	仅管理、教育培训、应急处置管控措施制定不全面或落实不到位	工作状态、条件好	3	否	造成 3 人以下死亡、或者 10 人以下重伤或中毒,或者 100 万元以上 1000 万元以下直接经济损失	2	6	一般风险	部门级
85	火灾自动报警和联动控制系统设备	仅管理、教育培训、应急处置管控措施制定不全面或落实不到位	工作状态、条件好	3	否	造成 3～9 人死亡、或者 10～49 人重伤或中毒,或者 1000 万元以上 5000 万元以下直接经济损失	5	15	一般风险	部门级
86	发电厂房和大坝应急照明设备和疏散标识	各项管控措施均落实到位	工作状态、条件好	2	否	造成 3 人以下死亡、或者 10 人以下重伤或中毒,或者 100 万元以上 1000 万元以下直接经济损失	2	4	低风险	班组级
87	发电厂房双小车桥式起重机	仅管理、教育培训、应急处置管控措施制定不全面或落实不到位	工作状态、条件好	3	否	造成 3～9 人死亡、或者 10～49 人重伤或中毒,或者 1000 万元以上 5000 万元以下直接经济损失	5	15	一般风险	部门级

续表

序号	风险点(危险源)	可能性判断				严重程度判断		风险值(R或D值)	风险等级	管控层级
		管控措施情况(M)	工作状态(C)	可能性(L)	是否与汛期相关	可能造成的死亡、重伤、中毒、直接经济损失	严重程度(S)			
88	GIS室行吊	仅管理、教育培训,应急处置管控措施制定实不全面或落实不到位	工作状态、条件好	3	否	造成3人以下死亡,或者10人以下重伤或中毒,或者100万元以上1000万元以下直接经济损失	2	6	一般风险	部门级
89	坝顶门机	各项管控措施均落实不到位	工作状态、条件较好	20	否	造成3~9人死亡,或者10~49人重伤或中毒,或者1000万元以上5000万元以下直接经济损失	5	100	较大风险	本站级
90	尾水平台门机	仅管理、教育培训,应急处置管控措施制定实不全面或落实不到位	工作状态、条件好	3	否	造成3人以下死亡,或者10人以下重伤或中毒,或者100万元以上1000万元以下直接经济损失	2	6	一般风险	部门级
91	大坝上下通行电梯	各项管控措施均落实不到位	工作状态、条件好	2	否	造成3~9人死亡,或者10~49人重伤或中毒,或者1000万元以上5000万元以下直接经济损失	5	10	一般风险	部门级

续表

序号	风险点(危险源)	管控措施情况(M)	工作状态(C)	可能性(L)	是否与汛期相关	可能造成的死亡、重伤、中毒、直接经济损失	严重程度(S)	风险值(R或D值)	风险等级	管控层级
				可能性判断		严重程度判断				
92	液化六氟化硫储气瓶	仅管理、教育培训,应急处置管控措施制定不全面或落实不到位	工作状态,条件好	3	否	造成3人以下死亡,或者10人以下重伤或中毒,或者100万元以上1000万元以下直接经济损失	2	6	一般风险	部门级
93	大坝及消力池安全监测设施	仅工程技术、个人防护管控措施制定不全面或落实不到位	工作状态,条件较好	7	否	造成10~29人死亡,或者50~99人重伤或中毒,或者5000万元以上1亿元以下直接经济损失	12	84	较大风险	本站级
94	电站厂房安全监测设施	各项管控措施均落实到位	工作状态,条件好	2	否	造成3~9人死亡,或者10~49人重伤或中毒,或者1000万元以上5000万元以下直接经济损失	5	10	一般风险	部门级
95	左右岸边坡及消坡体安全监测设施	各项管控措施均落实到位	工作状态,条件好	2	否	造成10~29人死亡,或者50~99人重伤或中毒,或者5000万元以上1亿元以下直接经济损失	12	24	一般风险	部门级

续表

序号	风险点（危险源）	可能性判断				严重程度判断		风险值（R或D值）	风险等级	管控层级
		管控措施情况（M）	工作状态（C）	可能性（L）	是否与汛期相关	可能造成的死亡、重伤、中毒、直接经济损失	严重程度（S）			
96	导流洞封堵体安全监测设施	各项管控措施均落实到位	工作状态、条件好	2	否	造成10~29人死亡，或者50~99人重伤或者中毒，或者5000万元以上1亿元以下直接经济损失	12	24	一般风险	部门级
97	水雨情遥测站和中心站设备	各项管控措施均落实到位	工作状态、条件好	2	否	无人员死亡，可致残或重伤，可造成100万元以下直接经济损失	1	2	低风险	班组级
98	闸门远控、水调自动化和洪水预报系统设备	各项管控措施均落实到位	工作状态、条件好	2	否	造成3人以下死亡，或者10人以下重伤或者中毒，或者100万元以上1000万元以下直接经济损失	2	4	低风险	班组级
99	大坝和电站照明分配电箱	各项管控措施均落实到位	工作状态、条件好	2	否	造成3人以下死亡，或者10人以下重伤或者中毒，或者100万元以上1000万元以下直接经济损失	2	4	低风险	班组级
100	大坝和电站照明灯具和开关	仅工程技术、个人防护管控措施制定不全面或落实不到位	工作状态、条件好	7	否	造成3人以下死亡，或者10人以下重伤或者中毒，或者100万元以上1000万元以下直接经济损失	2	14	一般风险	部门级

续表

序号	风险点（危险源）	可能性判断				严重程度判断		风险值（R或D值）	风险等级	管控层级
		管控措施情况（M）	工作状态（C）	可能性（L）	是否与汛期相关	可能造成的死亡、重伤、中毒、直接经济损失	严重程度（S）			
101	防汛公路路灯	各项管控措施均落实到位	工作状态伴好	2	否	造成3人以下死亡，或者10人以下重伤或中毒，或者100万元以下直接经济损失	2	4	低风险	班组级
102	电站厂房机械加工设备	各项管控措施均落实到位	工作状态伴好	2	否	造成3人以下死亡，或者10人以下重伤或中毒，或者100万元以上1000万元以下直接经济损失	2	4	低风险	班组级
103	电站厂房各类工器具	各项管控措施均落实到位	工作状态伴好	2	否	造成3人以下死亡，或者10人以下重伤或中毒，或者100万元以上1000万元以下直接经济损失	2	4	低风险	班组级
104	化学品储存仓库	各项管控措施均落实到位	工作状态伴较好	3	否	造成3~9人死亡，或者10~49人重伤或中毒，或者1000万元以上5000万元以下直接经济损失	5	15	一般风险	部门级
105	电站厂房污水处理设备及设施	各项管控措施均落实到位	工作状态伴好	2	否	造成3人以下死亡，或者10人以下重伤或中毒，或者100万元以上1000万元以下直接经济损失	2	4	低风险	班组级

序号	风险点（危险源）	可能性判断				严重程度判断		风险值（R 或 D 值）	风险等级	管控层级
		管控措施情况（M）	工作状态（C）	可能性（L）	是否与汛期相关	可能造成的死亡、重伤、中毒、直接经济损失	严重程度（S）			
106	电站公用车辆（5 台）	仅工程技术、个人防护管控措施制定不全面或落实不全面到位	工作状态、条件好	7	否	造成 3 人以下死亡，或者 10 人以下重伤或中毒，或者 100 万元以上 1000 万元以下直接经济损失	2	14	一般风险	部门级
107	电站防汛工作艇（2 条）	各项管控措施均落实到位	工作状态、条件好	2	是	造成 3 人以下死亡，或者 10 人以下重伤或中毒，或者 100 万元以上 1000 万元以下直接经济损失	2	4	低风险	班组级
108	后方生活营地变压器及刀闸、隔离开关	各项管控措施均落实到位	工作状态、条件好	2	否	造成 3 人以下死亡，或者 10 人以下重伤或中毒，或者 100 万元以上 1000 万元以下直接经济损失	2	4	低风险	班组级
109	生活区电脑、空调、冰箱、电视、热水器、烧水壶、插座、打印机等日常办公和生活设备	各项管控措施均落实到位	工作状态、条件好	2	否	造成 3 人以下死亡，或者 10 人以下重伤或中毒，或者 100 万元以上 1000 万元以下直接经济损失	2	4	低风险	班组级
110	食堂柴油箱和抽油泵	各项管控措施均落实到位	工作状态、条件好	2	否	造成 3 人以下死亡，或者 10 人以下重伤或中毒，或者 100 万元以上 1000 万元以下直接经济损失	2	4	低风险	班组级

续表

序号	风险点（危险源）	可能性判断			严重程度判断			风险值（R 或 D 值）	风险等级	管控层级
		管控措施情况（M）	工作状态（C）	可能性（L）	是否与汛期相关	可能造成的死亡、重伤、中毒、直接经济损失	严重程度（S）			
111	食堂液化气罐和灶具	各项管控措施均落实到位	工作状态、条件好	2	否	造成 3 人以下死亡，或者 10 人以下重伤或中毒，或者 100 万元以上 1000 万元以下直接经济损失	2	4	低风险	班组级
112	食堂消毒柜、热水器、蒸箱、抽油烟机等用电气设备	仅工程技术、个人防护管控措施制定不全面或落实不到位	工作状态、条件较好	7	否	造成 3 人以下死亡，或者 10 人以下重伤或中毒，或者 100 万元以上 1000 万元以下直接经济损失	2	14	一般风险	部门级
113	生活区照明配电箱和电源动力箱	各项管控措施均落实到位	工作状态、条件好	2	否	造成 3 人以下死亡，或者 10 人以下重伤或中毒，或者 100 万元以上 1000 万元以下直接经济损失	2	4	低风险	班组级
114	生活区照明灯具和开关	各项管控措施均落实到位	工作状态、条件好	2	否	造成 3 人以下死亡，或者 10 人以下重伤或中毒，或者 100 万元以上 1000 万元以下直接经济损失	2	4	低风险	班组级
115	生活区灭火器材	各项管控措施均落实到位	工作状态、条件好	2	否	无人员死亡，可致残或重伤，或 100 万元以下直接经济损失	1	2	低风险	班组级

续表

序号	风险点（危险源）	可能性判断				严重程度判断		风险值（R 或 D 值）	风险等级	管控层级
		管控措施情况（M）	工作状态（C）	可能性（L）	是否与汛期相关	可能造成的死亡、重伤、中毒，直接经济损失	严重程度（S）			
116	生活区应急照明设备和疏散标识	各项管控措施均落实到位	工作状态、条件好	2	否	无人员死亡、致残或重伤，或100万元以下直接经济损失	1	2	低风险	班组级
117	生活供水系统设备	各项管控措施均落实到位	工作状态、条件好	2	否	造成3人以下死亡，或者10人以下重伤或中毒，或者100万元以上1000万元以下直接经济损失	2	4	低风险	班组级
118	办公楼档案室	各项管控措施均落实到位	工作状态、条件好	2	否	造成3人以下死亡，或者10人以下重伤或中毒，或者100万元以上1000万元以下直接经济损失	2	4	低风险	班组级

表 4.3-1　　某水电站金属结构类一般危险源风险评价清单

编号	风险点（危险源）	可能性判断				严重程度判断		风险值（R 或 D 值）	风险等级	管控层级
		管控措施情况（M）	2工作状态（C）	可能性（L）	是否与汛期相关	可能造成的死亡、重伤、中毒、直接经济损失	严重程度（S）			
1	1#~5#泄水表孔工作闸门、埋件及止水（5扇）	各项管控措施均落实到位	工作状态、条件较好	3	是		2	6	一般风险	部门级
2	泄水表孔事故检修闸门、埋件及止水（1扇）	各项管控措施均落实到位	工作状态、条件好	2	是		2	4	低风险	班组级
3	1#~5#表孔启闭机及现地控制设备（5台）	各项管控措施均落实到位	工作状态、条件好	2	是		2	4	低风险	班组级
4	1#~4#泄水底孔工作闸门、埋件及止水（4扇）	各项管控措施均落实到位	工作状态、条件较好	3	是		2	6	一般风险	部门级
5	泄水底孔事故检修闸门、埋件及止水（1扇）	各项管控措施均落实到位	工作状态、条件好	2	是		2	4	低风险	班组级
6	1#~4#底孔启闭机及现地控制设备（4台）	各项管控措施均落实到位	工作状态、条件好	2	是		2	4	低风险	班组级
7	1#、2#进水口拦污栅、埋件及清污机（6扇）	各项管控措施均落实到位	工作状态、条件较好	3	否	造成 3~9 人死亡，或者 10~49 人重伤或中毒，或者 1000 万元以上 5000 万元以下直接经济损失	5	15	一般风险	部门级

续表

编号	风险点（危险源）	可能性判断				严重程度判断		风险值（R或D值）	风险等级	管控层级
		管控措施情况（M）	2工作状态、条件（C）	可能性（L）	是否与汛期相关	可能造成的死亡、重伤、中毒、直接经济损失	严重程度（S）			
8	发电机组进水口检修闸门、埋件及止水（1扇）	各项管控措施均落实到位	工作状态、条件伴好	2	否	造成3人以下死亡、或者10人以下重伤或中毒、或者100万元以上1000万元以下直接经济损失	2	4	低风险	班组级
9	1#、2#进水口快速闸门、埋件及止水（2扇）	各项管控措施均落实到位	工作状态、条件较好	3	否	造成3～9人死亡、或者10～49人重伤或中毒、或者1000万元以上5000万元以下直接经济损失	5	15	一般风险	部门级
10	1#、2#进水口快速闸门启闭机及现地控制设备	各项管控措施均落实到位	工作状态、条件伴好	2	否	造成3～9人死亡、或者10～49人重伤或中毒、或者1000万元以上5000万元以下直接经济损失	5	10	一般风险	部门级
11	1#、2#机组压力钢管及伸缩节（2组）	各项管控措施均落实到位	工作状态、条件较好	3	否	造成3～9人死亡、或者10～49人重伤或中毒、或者1000万元以上5000万元以下直接经济损失	5	15	一般风险	部门级

续表

编号	风险点（危险源）	可能性判断				严重程度判断		风险值（R 或 D 值）	风险等级	管控层级
		管控措施情况（M）	2 工作状态（C）	可能性（L）	是否与汛期相关	可能造成死亡、重伤、中毒、直接经济损失	严重程度（S）			
12	$1^{\#}$、$2^{\#}$ 机组尾水检修闸门、埋件及止水（4 扇）	各项管控措施均落实到位	工作状态、条件好	2	否	造成 3 人以下死亡，或者 10 人以下重伤或中毒，或者 100 万元以上 1000 万元以下直接经济损失	2	4	低风险	班组级
13	左右岸灌溉渠首拦污栅及埋件（4 扇）	各项管控措施均落实到位	工作状态、条件好	2	否	无人员死亡或重伤，或 100 万元以下直接经济损失	1	2	低风险	班组级
14	左右岸灌溉渠首检修闸门及止水（1 扇）	各项管控措施均落实到位	工作状态、条件好	2	否	无人员死亡，可致残或重伤，或 100 万元以下直接经济损失	1	2	低风险	班组级
15	左右岸灌溉取水口压力钢管及蝶阀（2 组）	各项管控措施均落实到位	工作状态、条件好	2	否	造成 3 人以下死亡，或者 10 人以下重伤或中毒，或者 100 万元以上 1000 万元以下直接经济损失	2	4	低风险	班组级

表 4.4-1　　某水电站维护检修类一般危险源风险评价清单

序号	风险点（危险源）	可能性判断				严重程度判断		风险值（R 或 D 值）	风险等级	管控层级
		管控措施情况（M）	暴露频繁程度（E）	可能性（L）	是否与汛期相关	可能造成的死亡、重伤、中毒，直接经济损失	严重程度（S）			
1	检修作业前的准备	各项管控措施均落实到位	每天工作时间内暴露或出现	7	否	造成 3 人以下死亡，或者 10 人以下重伤或中毒，或者 100 万元以上 1000 万元以下直接经济损失	2	14	一般风险	部门级
2	检修作业中的变更	各项管控措施均落实到位	每周一次，或偶然暴露、出现	3	否	造成 3 人以下死亡，或者 10 人以下重伤或中毒，或者 100 万元以上 1000 万元以下直接经济损失	2	6	一般风险	部门级
3	检修作业后的验收	各项管控措施均落实到位	每天工作时间内暴露或出现	7	否	造成 3 人以下死亡，或者 10 人以下重伤或中毒，或者 100 万元以上 1000 万元以下直接经济损失	2	14	一般风险	部门级
4	发电机定子检修作业	仅管理、教育培训、应急处置管控措施制定不全面或落实不到位	更少地暴露、出现	2	否	造成 3~9 人死亡，或者 10~49 人重伤或中毒，或者 1000 万元以上 5000 万元以下直接经济损失	5	10	一般风险	部门级

续表

序号	风险点（危险源）	可能性判断				严重程度判断		风险值（R 或 D 值）	风险等级	管控层级
		管控措施情况（M）	暴露频繁程度（E）	可能性（L）	是否与汛期相关	可能造成的死亡、重伤、中毒、直接经济损失	严重程度（S）			
5	发电机转子检修作业	仅管理、教育培训,应急处置管控措施制定不全面或落实不到位	更少地暴露、出现	2	否	造成 3～9 人死亡,或者 10～49 人重伤或中毒,或者 1000 万元以上 5000 万元以下直接经济损失	5	10	一般风险	部门级
6	发电机上下导轴承检修作业	仅管理、教育培训,应急处置管控措施制定不全面或落实不到位	更少地暴露、出现	2	否	造成 3～9 人死亡,或者 10～49 人重伤或中毒,或者 1000 万元以上 5000 万元以下直接经济损失	5	10	一般风险	部门级
7	发电机推力轴承检修作业	仅管理、教育培训,应急处置管控措施制定不全面或落实不到位	更少地暴露、出现	2	否	造成 3～9 人死亡,或者 10～49 人重伤或中毒,或者 1000 万元以上 5000 万元以下直接经济损失	5	10	一般风险	部门级
8	发电机上下机架和挡风板检修作业	仅管理、教育培训,应急处置管控措施制定不全面或落实不到位	更少地暴露、出现	2	否	造成 3～9 人死亡,或者 10～49 人重伤或中毒,或者 1000 万元以上 5000 万元以下直接经济损失	5	10	一般风险	部门级

续表

序号	风险点（危险源）	可能性判断			严重程度判断		风险值（R 或 D 值）	风险等级	管控层级
		管控措施情况（M）	暴露频繁程度（E）	可能性（L）	是否与汛期相关	严重程度判断	严重程度（S）			

序号	风险点（危险源）	管控措施情况（M）	暴露频繁程度（E）	可能性（L）	是否与汛期相关	严重程度判断	严重程度（S）	风险值（R 或 D 值）	风险等级	管控层级
9	发电机通风冷却系统检修作业	仅管理、教育培训,应急处置管控措施制定不全面或落实不到位	更少地暴露,出现	2	否	造成 3～9 人死亡、或者 10～49 人重伤或中毒,或者 1000 万元以上 5000 万元以下直接经济损失	5	10	一般风险	部门级
10	发电机机械制动系统作业	仅管理、教育培训,应急处置管控措施制定不全面或落实不到位	更少地暴露,出现	2	否	造成 3～9 人死亡、或者 10～49 人重伤或中毒,或者 1000 万元以上 5000 万元以下直接经济损失	5	10	一般风险	部门级
11	发电机集电环检修作业	仅管理、教育培训,应急处置管控措施制定不全面或落实不到位	每年几次暴露,出现	3	否	造成 3 人以下死亡、或者 10 人以下重伤或中毒,或者 100 万元以上 1000 万元以下直接经济损失	2	6	一般风险	部门级
12	发电机消防系统检修作业	仅管理、教育培训,应急处置管控措施制定不全面或落实不到位	更少地暴露,出现	2	否	造成 3 人以下死亡、或者 10 人以下重伤或中毒,或者 100 万元以上 1000 万元以下直接经济损失	2	4	低风险	班组级

续表

序号	风险点（危险源）	可能性判断				严重程度判断		风险值（R 或 D 值）	风险等级	管控层级
		管控措施情况（M）	暴露频繁程度（E）	可能性（L）	是否与汛期相关	可能造成的死亡、重伤、中毒、直接经济损失	严重程度（S）			
13	发电机加热装置检修作业	仅管理、教育培训,应急处置管控措施制定不全面或落实不到位	更少地暴露、出现	2	否	造成 3 人以下死亡,或者 10 人以下重伤或中毒、或者 100 万元以上 1000 万元以下直接经济损失	2	4	低风险	班组级
14	发电机中心点接地装置检修作业	仅管理、教育培训,应急处置管控措施制定不全面或落实不到位	每年几次暴露、出现	3	否	造成 3 人以下死亡,或者 10 人以下重伤或中毒、或者 100 万元以上 1000 万元以下直接经济损失	2	6	一般风险	部门级
15	发电机出口断路器检修作业	仅管理、教育培训,应急处置管控措施制定不全面或落实不到位	每年几次暴露、出现	3	否	造成 3 人以下死亡,或者 10 人以下重伤或中毒、或者 100 万元以上 1000 万元以下直接经济损失	2	6	一般风险	部门级
16	发电机引出线检修作业	仅管理、教育培训,应急处置管控措施制定不全面或落实不到位	每年几次暴露、出现	3	否	造成 3 人以下死亡,或者 10 人以下重伤或中毒、或者 100 万元以上 1000 万元以下直接经济损失	2	6	一般风险	部门级

续表

序号	风险点（危险源）	管控措施情况（M）	可能性判断			严重程度判断		风险值（R 或 D 值）	风险等级	管控层级
			暴露频繁程度（E）	可能性（L）	是否与汛期相关	可能造成的死亡、重伤、中毒、直接经济损失	严重程度（S）			
17	发电机共箱母线检修作业	仅管理、教育培训,应急处置管控措施制定不全面或落实不到位	每年几次暴露,出现	3	否	造成 3 人以下死亡,或者 10 人以下重伤或中毒,或者 100 万元以上 1000 万元以下直接经济损失	2	6	一般风险	部门级
18	发电机电压电流互感器检修作业	仅管理、教育管控,应急处置管控措施制定不全面或落实不到位	每年几次暴露,出现	3	否	造成 3 人以下死亡,或者 10 人以下重伤或中毒,或者 100 万元以上 1000 万元以下直接经济损失	2	6	一般风险	部门级
19	发电机组动力柜检修作业	仅管理、教育培训,应急处置管控措施制定不全面或落实不到位	每年几次暴露,出现	3	否	造成 3 人以下死亡,或者 10 人以下重伤或中毒,或者 100 万元以上 1000 万元以下直接经济损失	2	6	一般风险	部门级
20	发电机和主变保护装置(保护 A 柜、保护 B 柜)检修作业	仅管理、教育培训,应急处置管控措施制定不全面或落实不到位	每年几次暴露,出现	3	否	造成 3 人以下死亡,或者 10 人以下重伤或中毒,或者 100 万元以上 1000 万元以下直接经济损失	2	6	一般风险	部门级

续表

序号	风险点（危险源）	可能性判断				严重程度判断		风险值（R 或 D 值）	风险等级	管控层级
		管控措施情况（M）	暴露频繁程度（E）	可能性（L）	是否与汛期相关	可能造成的死亡、重伤、中毒、直接经济损失	严重程度（S）			
21	机组调速系统（电气柜、机械柜、油压装置等）检修作业	仅管理、教育培训、应急处置管控措施制定不全面或落实不到位	每年几次暴露、出现	3	否	造成 3 人以下死亡，或者 10 人以下重伤或中毒，或者 100 万元以上 1000 万元以下直接经济损失	2	6	一般风险	部门级
22	机组技术供水系统（过滤器、控制管、管道阀门、水泵）检修作业	仅管理、教育培训、应急处置管控措施制定不全面或落实不到位	每年几次暴露、出现	3	否	造成 3 人以下死亡，或者 10 人以下重伤或中毒，或者 100 万元以上 1000 万元以下直接经济损失	2	6	一般风险	部门级
23	机组自动测温装置检修作业	仅管理、教育培训、应急处置管控措施制定不全面或落实不到位	每年几次暴露、出现	3	否	造成 3 人以下死亡，或者 10 人以下重伤或中毒，或者 100 万元以上 1000 万元以下直接经济损失	2	6	一般风险	部门级
24	机组状态监测与分析系统检修作业	仅管理、教育培训、应急处置管控措施制定不全面或落实不到位	每年几次暴露、出现	3	否	造成 3 人以下死亡，或者 10 人以下重伤或中毒，或者 100 万元以上 1000 万元以下直接经济损失	2	6	一般风险	部门级

续表

序号	风险点（危险源）	可能性判断				严重程度判断		风险值（R 或 D 值）	风险等级	管控层级
		管控措施情况（M）	暴露频繁程度（E）	可能性（L）	是否与汛期相关	可能造成的死亡、重伤、中毒、直接经济损失	严重程度（S）			
25	机组励磁系统（调节柜、功率柜、灭磁柜，起励磁灭磁装置、励磁变）检修作业	仅管理、教育培训，应急处置管控措施制定不全面或落实不到位	每年几次暴露、出现	3	否	造成 3 人以下死亡，或者 10 人以下重伤或中毒，或者 100 万元以上 1000 万元以下直接经济损失	2	6	一般风险	部门级
26	水轮机转轮检修作业	仅管理、教育培训，应急处置管控措施制定不全面或落实不到位	更少地暴露、出现	2	否	造成 3 人以下死亡，或者 10 人以下重伤或中毒，或者 100 万元以上 1000 万元以下直接经济损失	2	4	低风险	班组级
27	水轮机顶盖检修作业	仅管理、教育培训，应急处置管控措施制定不全面或落实不到位	更少地暴露、出现	2	否	造成 3～9 人死亡，或者 10～49 人重伤或中毒，或者 1000 万元以上 5000 万元以下直接经济损失	5	10	一般风险	部门级
28	水轮机主轴检修作业	仅管理、教育培训，应急处置管控措施制定不全面或落实不到位	更少地暴露、出现	2	否	造成 3～9 人死亡，或者 10～49 人重伤或中毒，或者 1000 万元以上 5000 万元以下直接经济损失	5	10	一般风险	部门级

续表

序号	风险点（危险源）	可能性判断				严重程度判断		风险值（R 或 D 值）	风险等级	管控层级
		管控措施情况（M）	暴露频繁程度（E）	可能性（L）	是否与汛期相关	可能造成的死亡、重伤、中毒、直接经济损失	严重程度（S）			
29	水轮机水导轴承检修作业	仅管理、教育培训,应急处置管控措施制定不全面或落实不到位	更少地暴露,出现	2	否	造成3～9人死亡,或者10～49人重伤或中毒,或者1000万元以上5000万元以下直接经济损失	5	10	一般风险	部门级
30	水轮机座环、底环、基础环检修作业	仅管理、教育培训,应急处置管控措施制定不全面或落实不到位	更少地暴露,出现	2	否	造成3～9人死亡,或者10～49人重伤或中毒,或者1000万元以上5000万元以下直接经济损失	5	10	一般风险	部门级
31	水轮机导水机构（导叶、控制环、剪断销等）检修作业	仅管理、教育培训,应急处置管控措施制定不全面或落实不到位	更少地暴露,出现	2	否	造成3～9人死亡,或者10～49人重伤或中毒,或者1000万元以上5000万元以下直接经济损失	5	10	一般风险	部门级
32	水轮机蜗壳、尾水管检修作业	仅管理、教育培训,应急处置管控措施制定不全面或落实不到位	更少地暴露,出现	2	否	造成3～9人死亡,或者10～49人重伤或中毒,或者1000万元以上5000万元以下直接经济损失	5	10	一般风险	部门级

续表

序号	风险点（危险源）	可能性判断				严重程度判断		风险值（R 或 D 值）	风险等级	管控层级
		管控措施情况（M）	暴露频繁程度（E）	可能性（L）	是否与汛期相关	可能造成的死亡、重伤、中毒、直接经济损失	严重程度（S）			
33	水轮机主轴密封检修作业	仅管理、教育培训,应急处置管控措施制定不全面或落实不到位	更少地暴露、出现	2	否	造成 3～9 人死亡、或者 10～49 人重伤或中毒、或者 1000 万元以上 5000 万元以下直接经济损失	5	10	一般风险	部门级
34	水轮机进水阀系统（接力器、进水阀、伸缩节等）检修作业	仅管理、教育培训,应急处置管控措施制定不全面或落实不到位	更少地暴露、出现	2	否	造成 3～9 人死亡、或者 10～49 人重伤或中毒、或者 1000 万元以上 5000 万元以下直接经济损失	5	10	一般风险	部门级
35	水轮机调相压水设备检修作业	仅管理、教育培训,应急处置管控措施制定不全面或落实不到位	更少地暴露、出现	2	否	造成 3～9 人死亡、或者 10～49 人重伤或中毒、或者 1000 万元以上 5000 万元以下直接经济损失	5	10	一般风险	部门级
36	主变压器检修作业	仅管理、教育培训,应急处置管控措施制定不全面或落实不到位	更少地暴露、出现	2	否	造成 3～9 人死亡、或者 10～49 人重伤或中毒、或者 1000 万元以上 5000 万元以下直接经济损失	5	10	一般风险	部门级

续表

序号	风险点（危险源）	可能性判断				严重程度判断		风险值（R或D值）	风险等级	管控层级
		管控措施情况（M）	暴露频繁程度（E）	可能性（L）	是否与汛期相关	可能造成的死亡、重伤、中毒，直接经济损失	严重程度（S）			
37	主变消防系统检修作业	仅管理、教育培训,应急处置管控措施制定实不全面或落实不到位	更少地暴露,出现	2	否	造成3人以下死亡,或者10人以下重伤或中毒,或者100万元以上1000万元以下直接经济损失	2	4	低风险	班组级
38	厂用变（TM11、TM21、TM31）和生活变压器（TM32）检修作业	仅管理、教育培训,应急处置管控措施制定实不全面或落实不到位	每年几次暴露,出现	3	否	造成3人以下死亡,或者10人以下重伤或中毒,或者100万元以上1000万元以下直接经济损失	2	6	一般风险	部门级
39	厂房0.4kV和10.5kV断路器柜（312、302、110 等）检修作业	仅管理、教育培训,应急处置管控措施制定实不全面或落实不到位	每年几次暴露,出现	3	否	造成3人以下死亡,或者10人以下重伤或中毒,或者100万元以上1000万元以下直接经济损失	2	6	一般风险	部门级
40	大坝0.4kV断路器柜（100、102 等）检修作业	仅管理、教育培训,应急处置管控措施制定实不全面或落实不到位	每年几次暴露,出现	3	否	造成3人以下死亡,或者10人以下重伤或中毒,或者100万元以上1000万元以下直接经济损失	2	6	一般风险	部门级

续表

序号	风险点（危险源）	可能性判断				严重程度判断		风险值（R 或 D 值）	风险等级	管控层级
		管控措施情况（M）	暴露频繁程度（E）	可能性（L）	是否与汛期相关	可能造成的死亡、重伤、中毒、直接经济损失	严重程度（S）			
41	外来电源负荷开关柜（332，334 等）检修作业	仅管理、教育培训，应急处置管控措施制定不全面或落实不到位	每年几次暴露、出现	3	否	造成 3 人以下死亡，或者 10 人以下重伤或中毒，或者 100 万元以上 1000 万元以下直接经济损失	2	6	一般风险	部门级
42	0.4kV 和 10.5kV 配电系统备自投装置检修作业	仅管理、教育培训，应急处置管控措施制定不全面或落实不到位	每年几次暴露、出现	3	否	造成 3 人以下死亡，或者 10 人以下重伤或中毒，或者 100 万元以上 1000 万元以下直接经济损失	2	6	一般风险	部门级
43	0.4kV 厂用盘柜负荷断路器检修作业	仅管理、教育培训，应急处置管控措施制定不全面或落实不到位	每年几次暴露、出现	3	否	造成 3 人以下死亡，或者 10 人以下重伤或中毒，或者 100 万元以上 1000 万元以下直接经济损失	2	6	一般风险	部门级
44	后方生活区营地变压器（TM33，TM34）及刀闸、隔离开关检修作业	仅管理、教育培训，应急处置管控措施制定不全面或落实不到位	每年几次暴露、出现	3	否	造成 3 人以下死亡，或者 10 人以下重伤或中毒，或者 100 万元以上 1000 万元以下直接经济损失	2	6	一般风险	部门级

续表

序号	风险点（危险源）	可能性判断				严重程度判断		风险值（R或D值）	风险等级	管控层级
		管控措施情况（M）	暴露频繁程度（E）	可能性（L）	是否与汛期相关	可能造成的死亡、重伤、中毒、直接经济损失	严重程度（S）			
45	柴油发电机组检修作业	仅管理、教育培训,应急处置管控措施制定不全面或落实不到位	更少地暴露、出现	2	否	造成3~9人死亡,或者10~49人重伤或中毒,或者1000万元以上5000万元以下直接经济损失	5	10	一般风险	部门级
46	GIS设备（1#3#进线间隔、2#出线间隔）检修作业	仅管理、教育培训,应急处置管控措施制定不全面或落实不到位	更少地暴露、出现	2	否	造成3~9人死亡,或者10~49人重伤或中毒,或者1000万元以上5000万元以下直接经济损失	5	10	一般风险	部门级
47	220kV出线设备（皂盘线出线平台设备）检修作业	仅管理、教育培训,应急处置管控措施制定不全面或落实不到位	更少地暴露、出现	2	否	造成3人以下死亡,10人以下重伤或中毒,或者100万元以上1000万元以下直接经济损失	2	4	低风险	班组级
48	220kV线路母线及避雷器检修作业	仅管理、教育培训,应急处置管控措施制定不全面或落实不到位	更少地暴露、出现	2	否	造成3人以下死亡,10人以下重伤或中毒,或者100万元以上1000万元以下直接经济损失	2	4	低风险	班组级

续表

序号	风险点（危险源）	可能性判断				严重程度判断		风险值（R或D值）	风险等级	管控层级
		管控措施情况（M）	暴露频繁程度（E）	可能性（L）	是否与汛期相关	可能造成的死亡、重伤、中毒、直接经济损失	严重程度（S）			
49	高压电力电缆检修作业	仅管理、教育培训,应急处置管控措施制定不全面或落实不到位	更少地暴露、出现	2	否	造成3～9人死亡,重伤10～49人或中毒,或者1000万元以上5000万元以下直接经济损失	5	10	一般风险	部门级
50	操作员站、工程师站检修作业	仅管理、教育培训,应急处置管控措施制定不全面或落实不到位	更少地暴露、出现	2	否	造成3人以下死亡,或者10人以下重伤或中毒,或者100万元以上1000万元以下直接经济损失	2	4	低风险	班组级
51	监控上位机系统检修作业	仅管理、教育培训,应急处置管控措施制定不全面或落实不到位	更少地暴露、出现	2	否	造成3人以下死亡,或者10人以下重伤或中毒,或者100万元以上1000万元以下直接经济损失	2	4	低风险	班组级
52	LCU现地控制单元（模拟屏、开关站、机组、公用）检修作业	仅管理、教育培训,应急处置管控措施制定不全面或落实不到位	更少地暴露、出现	2	否	造成3人以下死亡,或者10人以下重伤或中毒,或者100万元以上1000万元以下直接经济损失	2	4	低风险	班组级

续表

序号	风险点（危险源）	可能性判断				严重程度判断		风险值（R 或 D 值）	风险等级	管控层级
		管控措施情况（M）	暴露频繁程度（E）	可能性（L）	是否与汛期相关	可能造成的死亡、重伤、中毒，直接经济损失	严重程度（S）			
53	远动 RTU 及调度数据网柜检修作业	仅管理、教育培训，应急处置管控措施制定实不全面或落实不到位	更少地暴露，出现	2	否	造成 3 人以下死亡，或者 10 人以下重伤或中毒，或者 100 万元以上 1000 万元以下直接经济损失	2	4	低风险	班组级
54	关口电量计量系统检修作业	仅管理、教育培训，应急处置管控措施制定实不全面或落实不到位	更少地暴露，出现	2	否	造成 3 人以下死亡，或者 10 人以下重伤或中毒，或者 100 万元以上 1000 万元以下直接经济损失	2	4	低风险	班组级
55	现地相量采集装置（PMU）检修作业	仅管理、教育培训，应急处置管控措施制定实不全面或落实不到位	更少地暴露，出现	2	否	造成 3 人以下死亡，或者 10 人以下重伤或中毒，或者 100 万元以上 1000 万元以下直接经济损失	2	4	低风险	班组级
56	220kV 皂盘线光纤差动保护柜检修作业	仅管理、教育培训，应急处置管控措施制定实不全面或落实不到位	更少地暴露，出现	2	否	造成 3 人以下死亡，或者 10 人以下重伤或中毒，或者 100 万元以上 1000 万元以下直接经济损失	2	4	低风险	班组级

续表

序号	风险点(危险源)	可能性判断				严重程度判断		风险值(R或D值)	风险等级	管控层级
		管控措施情况(M)	暴露频繁程度(E)	可能性(L)	是否与汛期相关	可能造成的死亡、重伤、中毒,直接经济损失	严重程度(S)			
57	220kV断路器(610/620断路器)保护装置检修作业	仅管理、教育培训,应急处置管控措施制定实不全面或落实不到位	更少地暴露、出现	2	否	造成3人以下死亡,或者10人以下重伤或中毒,或者100万元以上1000万元以下直接经济损失	2	4	低风险	班组级
58	远方跳闸保护柜检修作业	仅管理、教育培训,应急处置管控措施制定实不全面或落实不到位	更少地暴露、出现	2	否	造成3人以下死亡,或者10人以下重伤或中毒,或者100万元以上1000万元以下直接经济损失	2	4	低风险	班组级
59	高周切机启动柜检修作业	仅管理、教育培训,应急处置管控措施制定实不全面或落实不到位	更少地暴露、出现	2	否	造成3人以下死亡,或者10人以下重伤或中毒,或者100万元以上1000万元以下直接经济损失	2	4	低风险	班组级
60	直流系统控制装置(充电柜、切换柜、馈电柜、放电装置、交流负荷柜等)检修作业	仅管理、教育培训,应急处置管控措施制定实不全面或落实不到位	每年几次暴露、出现	3	否	造成3人以下死亡,或者10人以下重伤或中毒,或者100万元以上1000万元以下直接经济损失	2	6	一般风险	部门级

续表

序号	风险点（危险源）	可能性判断				严重程度判断		风险值（R 或 D 值）	风险等级	管控层级
		管控措施情况（M）	暴露频繁程度（E）	可能性（L）	是否与汛期相关	可能造成的死亡、重伤、中毒、直接经济损失	严重程度（S）			
61	直流系统蓄电池组检修作业	仅管理、教育培训、应急处置管控措施制定不全面或落实不到位	每年几次暴露、出现	3	否	造成 3 人以下死亡，或者 10 人以下重伤或中毒或者 100 万元以上 1000 万元以下直接经济损失	2	6	一般风险	部门级
62	不间断电源装置（UPS）检修作业	仅管理、教育培训、应急处置管控措施制定不全面或落实不到位	更少地暴露、出现	2	否	造成 3 人以下死亡，或者 10 人以下重伤或中毒或者 100 万元以上 1000 万元以下直接经济损失	2	4	低风险	班组级
63	故障录波分析装置检修作业	仅管理、教育培训、应急处置管控措施制定不全面或落实不到位	更少地暴露、出现	2	否	造成 3 人以下死亡，或者 10 人以下重伤或中毒或者 100 万元以上 1000 万元以下直接经济损失	2	4	低风险	班组级
64	中低压气机控制系统检修作业（本体、联合）	仅管理、教育培训、应急处置管控措施制定不全面或落实不到位	每年几次暴露、出现	3	否	造成 3 人以下死亡，或者 10 人以下重伤或中毒或者 100 万元以上 1000 万元以下直接经济损失	2	6	一般风险	部门级

续表

序号	风险点（危险源）	可能性判断				严重程度判断		风险值（R或D值）	风险等级	管控层级
		管控措施情况（M）	暴露频繁程度（E）	可能性（L）	是否与汛期相关	可能造成的死亡、重伤、中毒,直接经济损失	严重程度（S）			
65	中低压气机检修作业	仅管理、教育培训,应急处置管控措施制定实不全面或落实不到位	每年几次暴露、出现	3	否	造成3～9人死亡,或者10～49人重伤或中毒,或者1000万元以上5000万元以下直接经济损失	5	15	一般风险	部门级
66	中低压气系统储气罐和闸阀检修作业	仅管理、教育培训,应急处置管控措施制定实不全面或落实不到位	更少地暴露、出现	2	否	造成3～9人死亡,或者10～49人重伤或中毒,或者1000万元以上5000万元以下直接经济损失	5	10	一般风险	部门级
67	排水系统控制柜检修作业（大坝,厂房,机组,消力池,顶盖）	仅管理、教育培训,应急处置管控措施制定实不全面或落实不到位	更少地暴露、出现	2	否	造成3人以下死亡,或者10人以下重伤或中毒,或者100万元以上1000万元以下直接经济损失	2	4	低风险	班组级
68	排水系统排水泵检修作业（大坝,厂房,机组,消力池,顶盖）	仅管理、教育培训,应急处置管控措施制定实不全面或落实不到位	更少地暴露、出现	2	否	造成3人以下死亡,或者10人以下重伤或中毒,或者100万元以上1000万元以下直接经济损失	2	4	低风险	班组级

续表

序号	风险点（危险源）	可能性判断					严重程度判断		风险值（R 或 D 值）	风险等级	管控层级
		管控措施情况（M）	暴露频繁程度（E）	可能性（L）	是否与汛期相关		可能造成的死亡、重伤、中毒、直接经济损失	严重程度（S）			
69	消防供水系统阀控制柜检修作业	仅管理、教育培训,应急处置管控措施制定不全面或落实不到位	更少地暴露,出现	2	否		造成 3 人以下死亡,或者 10 人以下重伤或中毒,或者 100 万元以上 1000 万元以下直接经济损失	2	4	低风险	班组级
70	消防供水系统闸阀、水泵、阀组检修作业（缓闭止回阀、滤水器、减压阀、水力控制阀、管道泵、雨淋阀组等）	仅管理、教育培训,应急处置管控措施制定不全面或落实不到位	更少地暴露,出现	2	否		造成 3~9 人死亡,或者 10~49 人重伤或中毒,或者 1000 万元以上 5000 万元以下直接经济损失	5	10	一般风险	部门级
71	通信系统设备检修作业（程控交换机、数字配线柜、直流电源柜、PCM 机、载波机、光端机）	仅管理、教育培训,应急处置管控措施制定不全面或落实不到位	每年几次暴露、出现	3	否		造成 3 人以下死亡,或者 10 人以下重伤或中毒,或者 100 万元以上 1000 万元以下直接经济损失	2	6	一般风险	部门级

续表

序号	风险点（危险源）	可能性判断				严重程度判断		风险值（R或D值）	风险等级	管控层级
		管控措施情况（M）	暴露频繁程度（E）	可能性（L）	是否与汛期相关	可能造成的死亡、重伤、中毒、直接经济损失	严重程度（S）			
72	绝缘油、透平油油处理设备检修作业（滤油机、油泵、闸阀、管道）	仅管理、教育培训、应急处置管控措施制定不全面或落实不到位	更少地暴露、出现	2	否	造成3人以下死亡，或者10人以下重伤或中毒，或者100万元以上1000万元以下直接经济损失	2	4	低风险	班组级
73	绝缘油、透平油储油罐检修作业	仅管理、教育培训、应急处置管控措施制定不全面或落实不到位	更少地暴露、出现	2	否	造成3～9人死亡，或者10～49人重伤或中毒，或者1000万元以上5000万元以下直接经济损失	5	10	一般风险	部门级
74	采暖系统风机控制柜检修作业	仅管理、教育培训、应急处置管控措施制定不全面或落实不到位	更少地暴露、出现	2	否	造成3人以下死亡，或者10人以下重伤或中毒，或者100万元以上1000万元以下直接经济损失	2	4	低风险	班组级

续表

序号	风险点(危险源)	可能性判断			是否与汛期相关	严重程度判断		风险值(R 或 D 值)	风险等级	管控层级
		管控措施情况(M)	暴露频繁程度(E)	可能性(L)		可能造成的死亡、重伤、中毒、直接经济损失	严重程度(S)			
75	采暖系统风机检修作业	仅管理、教育培训,应急处置管控措施制定实不全面或落实不到位	更少地暴露出现	2	否	造成3～9人死亡,10～49人重伤或中毒,或者1000万元以上5000万元以下直接经济损失	5	10	一般风险	部门级
76	工业电视系统控制柜、电源箱检修作业	仅管理、教育培训,应急处置管控措施制定实不全面或落实不到位	更少地暴露出现	2	否	造成3人以下死亡,10人以下重伤或中毒,或者100万元以上1000万元以下直接经济损失	2	4	低风险	班组级
77	工业电视系统摄像头检修作业	仅管理、教育培训,应急处置管控措施制定实不全面或落实不到位	更少地暴露出现	2	否	造成3人以下死亡,10人以下重伤或中毒,或者100万元以上1000万元以下直接经济损失	2	4	低风险	班组级
78	火灾联动控制柜和机组火灾控制柜检修作业	仅管理、教育培训,应急处置管控措施制定实不全面或落实不到位	更少地暴露出现	2	否	造成3人以下死亡,10人以下重伤或中毒,或者100万元以上1000万元以下直接经济损失	2	4	低风险	班组级

续表

序号	风险点（危险源）	可能性判断				严重程度判断		风险值（R或D值）	风险等级	管控层级
		管控措施情况（M）	暴露频繁程度（E）	可能性（L）	是否与汛期相关	可能造成的死亡、重伤、中毒、直接经济损失	严重程度（S）			
79	火灾探测器、报警装置和广播设备检修作业	仅管理、教育培训、应急处置管控措施制定不全面或落实不到位	更少地暴露、出现	2	否	造成3人以下死亡，或者10人以下重伤或中毒，或者100万元以上1000万元以下直接经济损失	2	4	低风险	班组级
80	事故照明和日常照明系统检修作业	仅管理、教育培训、应急处置管控措施制定不全面或落实不到位	每周一次，或偶然暴露、出现	7	否	造成3人以下死亡，或者10人以下重伤或中毒，或者100万元以上1000万元以下直接经济损失	2	14	一般风险	部门级
81	水工建筑物维修养护作业（大坝、厂房、消力池、护岸、防汛道路）	仅管理、教育培训、应急处置管控措施制定不全面或落实不到位	更少地暴露、出现	2	否	造成3~9人死亡，或者10~49人重伤或中毒，或者1000万元以上5000万元以下直接经济损失	5	10	一般风险	部门级
82	地下洞室维修养护作业（廊道、排水洞）	各项管控措施均落实到位	更少地暴露、出现	2	否	造成3~9人死亡，或者10~49人重伤或中毒，或者1000万元以上5000万元以下直接经济损失	5	10	一般风险	部门级

续表

序号	风险点（危险源）	可能性判断				严重程度判断		风险值（R 或 D 值）	风险等级	管控层级
		管控措施情况（M）	暴露频繁程度（E）	可能性（L）	是否与汛期相关	可能造成的死亡、重伤、中毒，直接经济损失	严重程度（S）			
83	渠坡体、高边坡维修养护作业	仅管理、教育培训，应急处置管控措施制定不全面或落实不到位	更少地暴露，出现	2	否	造成3～9人死亡，或者10～49人重伤或中毒，或者1000万元以上5000万元以下直接经济损失	5	10	一般风险	部门级
84	生活区房屋建筑维修养护作业	仅管理、教育培训，应急处置管控措施制定不全面或落实不到位	更少地暴露，出现	2	否	造成3～9人死亡，或者10～49人重伤或中毒，或者1000万元以上5000万元以下直接经济损失	5	10	一般风险	部门级
85	各类闸门、拦污栅、阀组维护检修作业（进水口、表孔、底孔）	仅管理、教育培训，应急处置管控措施制定不全面或落实不到位	更少地暴露，出现	2	否	造成3～9人死亡，或者10～49人重伤或中毒，或者1000万元以上5000万元以下直接经济损失	5	10	一般风险	部门级
86	各类液压启闭机维护检修作业（进水口、表孔、底孔）	仅管理、教育培训，应急处置管控措施制定不全面或落实不到位	更少地暴露，出现	2	否	造成3～9人死亡，或者10～49人重伤或中毒，或者1000万元以上5000万元以下直接经济损失	5	10	一般风险	部门级

续表

序号	风险点(危险源)	可能性判断				严重程度判断		风险值(R或D值)	风险等级	管控层级
		管控措施情况(M)	暴露频繁程度(E)	可能性(L)	是否与汛期相关	可能造成的死亡、重伤、中毒,直接经济损失	严重程度(S)			
87	各类闸门现地和远程集中控制柜、电源柜检修作业	仅管理、教育培训,应急处置管控措施制定不全面或落实不到位	更少地暴露、出现	2	否	造成3人以下死亡,或者10人以下重伤或中毒,或者100万元以上1000万元以下直接经济损失	2	4	低风险	班组级
88	发电机机组进水压力钢管检修作业	仅管理、教育培训,应急处置管控措施制定不全面或落实不到位	每年几次暴露、出现	3	否	造成3～9人死亡,或者10～49人重伤或中毒,或者1000万元以上5000万元以下直接经济损失	5	15	一般风险	部门级
89	门机和桥式起重机维修保养作业	仅管理、教育培训,应急处置管控措施制定不全面或落实不到位	更少地暴露、出现	2	否	造成3～9人死亡,或者10～49人重伤或中毒,或者1000万元以上5000万元以下直接经济损失	5	10	一般风险	部门级
90	水情自动测报系统遥测站、中心站维护检修作业	仅管理、教育培训,应急处置管控措施制定不全面或落实不到位	每月一次暴露、出现	3	否	造成3人以下死亡,或者10人以下重伤或中毒,或者100万元以上1000万元以下直接经济损失	2	6	一般风险	部门级

续表

序号	风险点（危险源）	可能性判断				严重程度判断		风险值（R 或 D 值）	风险等级	管控层级
		管控措施情况（M）	暴露频繁程度（E）	可能性（L）	是否与汛期相关	可能造成的死亡、重伤、中毒、直接经济损失	严重程度（S）			
91	大坝、厂房、边坡、堆积体安全设施、监测设备、设施维修养护作业	仅管理、教育培训、应急处置管控措施制定不全面或落实不到位	每月一次暴露、出现	3	否	造成 3 人以下死亡，或者 10 人以下重伤或中毒，或者 100 万元以上 1000 万元以下直接经济损失	2	6	一般风险	部门级
92	机组检修后整启动和甩负荷试验	仅管理、教育培训、应急处置管控措施制定不全面或落实不到位	更少地暴露、出现	2	否	造成 3~9 人死亡，或者 10~49 人重伤或中毒，或者 1000 万元以上 5000 万元以下直接经济损失	5	10	一般风险	部门级
93	高压电气设备预防性试验（发电机、变压器、电力电缆、断路器、开关站、共箱母线、互感器等）	仅管理、教育培训、应急处置管控措施制定不全面或落实不到位	更少地暴露、出现	2	否	造成 3~9 人死亡，或者 10~49 人重伤或中毒，或者 1000 万元以上 5000 万元以下直接经济损失	5	10	一般风险	部门级

续表

序号	风险点（危险源）	可能性判断				严重程度判断			风险值（R或D值）	风险等级	管控层级
		管控措施情况（M）	暴露频繁程度（E）	可能性（L）	是否与汛期相关	可能造成的死亡、重伤、中毒、直接经济损失	严重程度（S）				
94	金属结构附压力试验和无损检测作业（压力钢管、压力容器、闸门、管路、阀门、拦污栅）	仅管理、教育培训,应急处置管控措施制定不全面或落实不到位	更少地暴露、出现	2	否	造成3～9人死亡,或者10～49人重伤或中毒,或者1000万元以上5000万元以下直接经济损失	5		10	一般风险	部门级
95	电脑、空调、冰箱、电视、消毒柜、热水器等日常办公生活设备检修作业	各项管控措施均落实到位	每年几次暴露、出现	2	否	造成3人以下死亡,或者10人以下重伤或中毒,或者100万元以上1000万元以下直接经济损失	2		4	低风险	班组级

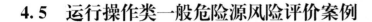

4.5　运行操作类一般危险源风险评价案例

对某水电站辨识分析出的 64 个运行操作作业类一般危险源,采用改进型风险矩阵评价方法(LMECS 法)分析后,得出:在库内近期水位为 123m 左右的情况下,该水电站范围内运行操作作业共有 25 项低风险、39 项一般风险。具体情况见表 4.5-1。

4.6　管理类一般危险源风险评价案例

对某水电站辨识分析出的 17 个管理类一般危险源,采用改进型风险矩阵评价方法(LMECS 法)分析后得出:在库内近期水位为 123m 左右情况下,该水电站管理活动共有 7 项低风险、10 项一般风险。具体情况见表 4.6-1。

4.7　环境类一般危险源评价案例

对某水电站辨识分析出的 95 个环境类一般危险源,采用改进型风险矩阵评价方法(LMECS 法)分析后得出:在库内近期水位为 123m 左右情况下,该水电站环境类一般危险源共有 55 项低风险、29 项一般风险、11 项较大风险。具体情况见表 4.7-1。

表 4.5-1　某水电站运行操作类一般危险源风险评价清单

序号	风险点（危险源）	可能性判断				严重程度判断		风险值（R 或 D 值）	风险等级	管控层级
		管控措施情况（M）	暴露频繁程度（E）	可能性（L）	是否与汛期相关	严重程度（S）	可能造成死亡、重伤、中毒，直接经济损失			
1	操作前的准备	各项管控措施均落实到位	每天工作时间内暴露或出现	7	否	1	无人员死亡，可致残或重伤，或100万元以下直接经济损失	7	一般风险	部门级
2	操作中的变更	各项管控措施均落实到位	每周一次，或偶然暴露、出现	3	否	1	无人员死亡，可致残或重伤，或100万元以下直接经济损失	3	低风险	班组级
3	操作后的鉴收	各项管控措施均落实到位	每天工作时间内暴露或出现	7	否	1	无人员死亡，可致残或重伤，或100万元以下直接经济损失	7	一般风险	部门级
4	水轮机巡视检查和日常监视	各项管控措施均落实到位	每天工作时间内暴露或出现	7	否	2	造成3人以下死亡，或者10人以下重伤或中毒，或者100万元以上1000万元以下直接经济损失	14	一般风险	部门级
5	水轮机开机操作	各项管控措施均落实到位	每年几次暴露、出现	2	否	5	造成3～9人死亡，或者10～49人重伤或中毒，或者1000万元以上5000万元以下直接经济损失	10	一般风险	部门级

续表

序号	风险点（危险源）	管控措施情况（M）	可能性判断			严重程度判断		风险值（R 或 D 值）	风险等级	管控层级
			暴露频繁程度（E）	可能性（L）	是否与汛期相关	可能造成的死亡、重伤、中毒、直接经济损失	严重程度（S）			
6	水轮机停机操作	各项管控措施均落实到位	每年几次暴露、出现	2	否	造成3～9人死亡，或者10～49人重伤或中毒，或者1000万元以上5000万元以下直接经济损失	5	10	一般风险	部门级
7	蜗壳、压力钢管及尾水管充排水操作	各项管控措施均落实到位	每年几次暴露、出现	2	否	造成3人以下死亡，或者10人以下重伤或中毒，或者100万元以上1000万元以下直接经济损失	2	4	低风险	班组级
8	发电机巡视检查与日常监视	各项管控措施均落实到位	每天工作时间内暴露或出现	7	否	造成3人以下死亡，或者10人以下重伤或中毒，或者100万元以上1000万元以下直接经济损失	2	14	一般风险	部门级
9	发电机开、停机操作	各项管控措施均落实到位	每年几次暴露、出现	2	否	造成3～9人死亡，或者10～49人重伤或中毒，或者1000万元以上5000万元以下直接经济损失	5	10	一般风险	部门级

续表

序号	风险点（危险源）	可能性判断				严重程度判断	风险值（R或D值）	风险等级	管控层级
		管控措施情况（M）	暴露频繁程度（E）	可能性（L）	是否与汛期相关	严重程度（S）			
10	发电机零起升压操作	各项管控措施均落实到位	每年几次暴露出现	2	否	可能造成3人以下死亡、重伤、中毒，直接经济损失10人以下中毒或者100万元以上1000万元以下直接经济损失	2	4	低风险	班组级
11	发电机手动顶风闸操作	各项管控措施均落实到位	每年几次暴露出现	2	否	造成3人以下死亡、或者10人以下重伤或中毒，或者100万元以上1000万元以下直接经济损失	2	4	低风险	班组级
12	发电机手动顶转子操作	各项管控措施均落实到位	更少地暴露出现	2	否	造成3人以下死亡、或者10人以下重伤或中毒，或者100万元以上1000万元以下直接经济损失	2	4	低风险	班组级
13	主变压器巡视检查和日常监视	各项管控措施均落实到位	每天工作时间内暴露或出现	7	否	造成3人以下死亡、或者10人以下重伤或中毒，或者100万元以上1000万元以下直接经济损失	2	14	一般风险	部门级
14	主变压器运维检修或转运行	各项管控措施均落实到位	每年几次暴露出现	2	否	造成3人以下死亡、或者10人以下重伤或中毒，或者100万元以上1000万元以下直接经济损失	2	4	低风险	班组级

续表

序号	风险点（危险源）	可能性判断				严重程度判断		风险值（R 或 D 值）	风险等级	管控层级
		管控措施情况（M）	暴露频繁程度（E）	可能性（L）	是否与汛期相关	可能造成的死亡、重伤、中毒、直接经济损失	严重程度（S）			
15	主变压器冲击合闸	各项管控措施均落实到位	每年几次暴露、出现	2	否	造成 3 人以下死亡、或者 10 人以下重伤或中毒、或者 100 万元以上 1000 万元以下直接经济损失	2	4	低风险	班组级
16	主变压器零起升压	各项管控措施均落实到位	每年几次暴露、出现	2	否	造成 3 人以下死亡、或者 10 人以下重伤或中毒、或者 100 万元以上 1000 万元以下直接经济损失	2	4	低风险	班组级
17	主变压器冷却器控制柜运行操作	各项管控措施均落实到位	每年几次暴露、出现	2	否	造成 3 人以下死亡、或者 10 人以下重伤或中毒、或者 100 万元以上 1000 万元以下直接经济损失	2	4	低风险	班组级
18	励磁系统巡视检查及日常监视	各项管控措施均落实到位	每天工作时间内暴露或出现	7	否	造成 3 人以下死亡、或者 10 人以下重伤或中毒、或者 100 万元以上 1000 万元以下直接经济损失	2	14	一般风险	部门级
19	励磁装置投入和退出操作	各项管控措施均落实到位	每年几次暴露、出现	2	否	造成 3 人以下死亡、或者 10 人以下重伤或中毒、或者 100 万元以上 1000 万元以下直接经济损失	2	4	低风险	班组级

续表

序号	风险点（危险源）	可能性判断					严重程度判断		风险值（R或D值）	风险等级	管控层级
		管控措施情况（M）	暴露频繁程度（E）	可能性（L）	是否与汛期相关	严重程度（S）	可能造成的死亡、重伤、中毒、直接经济损失				
20	励磁通道手动切换	各项管控措施均落实到位	每年几次暴露、出现	2	否	造成3人以下死亡，或者10人以下重伤或中毒，或者100万元以上1000万元以下直接经济损失	2	4	低风险	班组级
21	励磁系统手动切换、现地增减磁，手动逆变操作	各项管控措施均落实到位	每年几次暴露、出现	2	否	造成3人以下死亡，或者10人以下重伤或中毒，或者100万元以上1000万元以下直接经济损失	2	4	低风险	班组级
22	励磁系统零起升压操作	各项管控措施均落实到位	每年几次暴露、出现	2	否	造成3人以下死亡，或者10人以下重伤或中毒，或者100万元以上1000万元以下直接经济损失	2	4	低风险	班组级
23	调速器系统巡视检查和日常监视	各项管控措施均落实到位	每天工作时间内暴露或出现	7	否	造成3人以下死亡，或者10人以下重伤或中毒，或者100万元以上1000万元以下直接经济损失	2	14	一般风险	部门级
24	调速器电手动开停机、增减负荷操作	各项管控措施均落实到位	每年几次暴露、出现	2	否	造成3人以下死亡，或者10人以下重伤或中毒，或者100万元以上1000万元以下直接经济损失	2	4	低风险	班组级

续表

序号	风险点（危险源）	可能性判断				严重程度判断		风险值（R 或 D 值）	风险等级	管控层级
		管控措施情况（M）	暴露频繁程度（E）	可能性（L）	是否与汛期相关	可能造成的死亡、重伤、中毒、直接经济损失	严重程度（S）			
25	调速器油压装置手动补气	各项管控措施均落实到位	每年几次暴露、出现	2	否	造成 3 人以下死亡、或者 10 人以下重伤或中毒、或者 100 万元以上 1000 万元以下直接经济损失	2	4	低风险	班组级
26	调速器压力油罐充油及建压	各项管控措施均落实到位	每年几次暴露、出现	2	否	造成 3 人以下死亡、或者 10 人以下重伤或中毒、或者 100 万元以上 1000 万元以下直接经济损失	2	4	低风险	班组级
27	调速器压力油罐消压	各项管控措施均落实到位	每年几次暴露、出现	2	否	造成 3 人以下死亡、或者 10 人以下重伤或中毒、或者 100 万元以上 1000 万元以下直接经济损失	2	4	低风险	班组级
28	发电机出口断路器及共箱母线巡视检查	各项管控措施均落实到位	每天工作时间内暴露或出现	7	否	造成 3 人以下死亡、或者 10 人以下重伤或中毒、或者 100 万元以上 1000 万元以下直接经济损失	2	14	一般风险	部门级
29	GIS 设备的巡视检查	仅管理、教育培训,应急处置管控措施制定不全面或落实不到位	每天工作时间内暴露或出现	20	否	造成 3 人以下死亡、或者 10 人以下重伤或中毒、或者 100 万元以上 1000 万元以下直接经济损失	2	40	一般风险	部门级

续表

序号	风险点（危险源）	管控措施情况（M）	可能性判断			严重程度判断		风险值（R 或 D 值）	风险等级	管控层级
			暴露频繁程度（E）	可能性（L）	是否与汛期相关	严重程度判断	严重程度（S）			
30	220kV 出线设备巡视检查	仅管理、教育培训,应急处置管控措施制定不全面或落实不到位	每天工作时间内暴露或出现	20	否	造成 3 人以下死亡,或者 10 人以下重伤或中毒,或者 100 万元以上 1000 万元以下直接经济损失	2	40	一般风险	部门级
31	发电机出口断路器合闸或分闸操作	各项管控措施均落实到位	每年几次暴露、出现	2	否	造成 3 人以下死亡,或者 10 人以下重伤或中毒,或者 100 万元以上 1000 万元以下直接经济损失	2	4	低风险	班组级
32	GIS 设备合闸或分闸操作(断路器、隔离开关)	仅管理、教育培训,应急处置管控措施制定不全面或落实不到位	每年几次暴露、出现	3	否	造成 3 人以下死亡,或者 10 人以下重伤或中毒,或者 100 万元以上 1000 万元以下直接经济损失	2	6	一般风险	部门级
33	发变组保护装置巡视检查和日常监视	各项管控措施均落实到位	每天工作时间内暴露或出现	7	否	造成 3 人以下死亡,或者 10 人以下重伤或中毒,或者 100 万元以上 1000 万元以下直接经济损失	2	14	一般风险	部门级

续表

序号	风险点（危险源）	可能性判断				严重程度判断		风险值（R或D值）	风险等级	管控层级
		管控措施情况（M）	暴露频繁程度（E）	可能性（L）	是否与汛期相关	可能造成的死亡、重伤、中毒、直接经济损失	严重程度（S）			
34	发变组保护装置投入或退出保护压板	各项管控措施均落实到位	每年几次暴露、出现	2	否	造成3人以下死亡，或者10人以下重伤或中毒，或者100万元以上1000万元以下直接经济损失	2	4	低风险	班组级
35	线路和断路器保护装置巡视检查和日常监视	各项管控措施均落实到位	每天工作时间内暴露或出现	7	否	造成3人以下死亡，或者10人以下重伤或中毒，或者100万元以上1000万元以下直接经济损失	2	14	一般风险	部门级
36	线路和断路器保护装置投入或退出保护压板	各项管控措施均落实到位	每年几次暴露、出现	2	否	造成3人以下死亡，或者10人以下重伤或中毒，或者100万元以上1000万元以下直接经济损失	2	4	低风险	班组级
37	计算机监控系统巡视检查与日常监视	仅管理、教育培训，应急处置管控措施制定不全面或落实不到位	每天工作时间内暴露或出现	20	否	造成3人以下死亡，或者10人以下重伤或中毒，或者100万元以上1000万元以下直接经济损失	2	40	一般风险	部门级
38	计算机监控系统开停机，调节、分合，AGC等操作	各项管控措施均落实到位	每天工作时间内暴露或出现	7	否	造成3～9人死亡，或者10～49人重伤或中毒，或1000万元以上5000万元以下直接经济损失	5	35	一般风险	部门级

序号	风险点（危险源）	可能性判断			严重程度判断		风险值（R 或 D 值）	风险等级	管控层级
		管控措施情况（M）	暴露频繁程度（E）	可能性（L）	是否与汛期相关	严重程度（S）			
39	厂用及生活区配电系统巡视检查和日常监视	各项管控措施均落实到位	每天工作时间内暴露或出现	7	否	可能造成的死亡、重伤、中毒，直接经济损失 造成 3 人以下死亡，或者 10 人以下重伤或中毒，或者 100 万元以上 1000 万元以下直接经济损失	2	14	一般风险	部门级
40	厂用及生活区配电系统变压器、断路器、负荷开关等停复役、分合操作	各项管控措施均落实到位	每年几次暴露、出现	2	否	造成 3 人以下死亡，或者 10 人以下重伤或中毒，或者 100 万元以上 1000 万元以下直接经济损失	2	4	低风险	班组级
41	直流系统巡视检查和定期工作	仅管理、教育培训，应急处置管控措施制定不全面或落实不到位	每天工作时间内暴露或出现	20	否	造成 3 人以下死亡，或者 10 人以下重伤或中毒，或者 100 万元以上 1000 万元以下直接经济损失	2	40	一般风险	部门级
42	直流系统分段、并列运行切换操作	各项管控措施均落实到位	每年几次暴露、出现	2	否	造成 3 人以下死亡，或者 10 人以下重伤或中毒，或者 100 万元以上 1000 万元以下直接经济损失	2	4	低风险	班组级

续表

序号	风险点（危险源）	可能性判断				严重程度判断		风险值（R 或 D 值）	风险等级	管控层级
		管控措施情况（M）	暴露频繁程度（E）	可能性（L）	是否与汛期相关	可能造成的死亡、重伤、中毒、直接经济损失	严重程度（S）			
43	压缩空气系统巡视检查、监视及定期工作	各项管控措施均落实到位	每天工作时间内暴露或出现	7	否	造成 3 人以下死亡，或者 10 人以下重伤或中毒，或者 100 万元以上 1000 万元以下直接经济损失	2	14	一般风险	部门级
44	中低压气机手动启停操作	各项管控措施均落实到位	每年几次暴露、出现	2	否	造成 3 人以下死亡，或者 10 人以下重伤或中毒，或者 100 万元以上 1000 万元以下直接经济损失	2	4	低风险	班组级
45	进水口工作闸门系统巡视检查、监视和定期工作	仅管理、教育培训,应急处置管控措施制定不全面或落实不到位	每天工作时间内暴露或出现	20	否	造成 3 人以下死亡，或者 10 人以下重伤或中毒，或者 100 万元以上 1000 万元以下直接经济损失	2	40	一般风险	部门级
46	进水口工作闸门启闭操作	仅管理、教育培训,应急处置管控措施制定不全面或落实不到位	每年几次暴露、出现	3	否	造成 3 人以下死亡，或者 10 人以下重伤或中毒，或者 100 万元以上 1000 万元以下直接经济损失	2	6	一般风险	部门级

续表

序号	风险点(危险源)	可能性判断				严重程度判断		风险值(R或D值)	风险等级	管控层级
		管控措施情况(M)	暴露频繁程度(E)	可能性(L)	是否与汛期相关	严重程度判断	严重程度(S)			
47	排水系统设备巡视检查和日常监视	仅管理、教育培训,应急处置管控措施制定不全面或落实不到位	每天工作时间内暴露或出现	20	否	造成3人以下死亡,或者10人以下重伤或中毒,或者100万元以上1000万元以下直接经济损失	2	40	一般风险	部门级
48	水泵手动启停操作	各项管控措施均落实到位	每月一次暴露、出现	3	否	造成3~9人死亡,或者10~49人重伤或中毒,或者1000万元以上5000万元以下直接经济损失	5	15	一般风险	部门级
49	同步相量装置巡视检查和日常监视	仅管理、教育培训,应急处置管控措施制定不全面或落实不到位	每天工作时间内暴露或出现	20	否	造成3人以下死亡,或者10人以下重伤或中毒,或者100万元以上1000万元以下直接经济损失	2	40	一般风险	部门级
50	不间断电源装置巡视检查及日常监视	各项管控措施均落实到位	每天工作时间内暴露或出现	7	否	造成3人以下死亡,或者10人以下重伤或中毒,或者100万元以上1000万元以下直接经济损失	2	14	一般风险	部门级

续表

序号	风险点(危险源)	可能性判断			是否与汛期相关	严重程度判断		风险值(R或D值)	风险等级	管控层级
		管控措施情况(M)	暴露频繁程度(E)	可能性(L)		可能造成的死亡、重伤、中毒、直接经济损失	严重程度(S)			
51	不间断电源开停机操作	各项管控措施均落实到位	更少地暴露、出现	2	否	造成3人以下死亡,或者10人以下重伤或中毒,或者100万元以上1000万元以下直接经济损失	2	4	低风险	班组级
52	故障录波装置巡视检查和日常监视	各项管控措施均落实到位	每天工作时间内暴露或出现	7	否	造成3人以下死亡,或者10人以下重伤或中毒,或者100万元以上1000万元以下直接经济损失	2	14	一般风险	部门级
53	泄洪闸门系统巡视检查、监视和定期工作	仅管理、教育培训,应急处置管控措施制定不全面或落实不到位	每年几次暴露、出现	3	是	造成10~29人死亡,或者50~99人重伤或中毒,或者5000万元以上1亿元以下直接经济损失	5	15	一般风险	部门级
54	泄洪闸门启闭操作	仅管理、教育培训,应急处置管控措施制定不全面或落实不到位	每年几次暴露、出现	3	是	造成10~29人死亡,或者50~99人重伤或中毒,或者5000万元以上1亿元以下直接经济损失	5	15	一般风险	部门级

续表

序号	风险点（危险源）	可能性判断				严重程度判断		风险值（R或D值）	风险等级	管控层级
		管控措施情况（M）	暴露频繁程度（E）	可能性（L）	是否与汛期相关	可能造成的死亡、重伤、中毒，直接经济损失	严重程度（S）			
55	工业电视系统日常管理和操作	各项管控措施均落实到位	每天工作时间内暴露或出现	7	否	造成3人以下死亡，或者10人以下重伤或中毒，或者100万元以上1000万元以下直接经济损失	2	14	一般风险	部门级
56	水工巡视检查作业	仅管理、教育培训，应急处置管控措施制定不全面或落实不到位	每月一次暴露、出现	3	否	造成3人以下死亡，或者10人以下重伤或中毒，或者100万元以上1000万元以下直接经济损失	2	6	一般风险	部门级
57	人工测绘和监测作业	仅管理、教育培训，应急处置管控措施制定不全面或落实不到位	每周一次，或偶然暴露、出现	7	否	造成3人以下死亡，或者10人以下重伤或中毒，或者100万元以上1000万元以下直接经济损失	2	14	一般风险	部门级
58	起重设备起重吊装操作	仅管理、教育培训，应急处置管控措施制定不全面或落实不到位	每年几次暴露、出现	3	否	造成3~9人死亡，或者10~49人重伤或中毒，或者1000万元以上5000万元以下直接经济损失	5	15	一般风险	部门级

续表

序号	风险点（危险源）	可能性判断				严重程度判断		风险值（R 或 D 值）	风险等级	管控层级
		管控措施情况（M）	暴露频繁程度（E）	可能性（L）	是否与汛期相关	可能造成的死亡、重伤、中毒、直接经济损失	严重程度（S）			
59	机械加工作业	仅管理、教育培训,应急处置管控措施制定不全面或落实不到位	每年几次暴露、出现	3	否	造成 3 人以下死亡,或者 10 人以下重伤或中毒,或者 100 万元以上 1000 万元以下直接经济损失	2	6	一般风险	部门级
60	汽车驾驶操作	各项管控措施均落实到位	每天工作时间内暴露或出现	7	否	造成 3 人以下死亡,或者 10 人以下重伤或中毒,或者 100 万元以上 1000 万元以下直接经济损失	2	14	一般风险	部门级
61	防汛船舶驾驶操作	各项管控措施均落实到位	每年几次暴露、出现	2	否	造成 3～9 人死亡,或者 10～49 人重伤或中毒,或者 1000 万元以上 5000 万元以下直接经济损失	5	10	一般风险	部门级
62	食堂烹饪作业	仅管理、教育培训,应急处置管控措施制定不全面或落实不到位	每天工作时间内暴露或出现	20	否	造成 3 人以下死亡,或者 10 人以下重伤或中毒,或者 100 万元以上 1000 万元以下直接经济损失	2	40	一般风险	部门级

续表

序号	风险点(危险源)	可能性判断				严重程度判断		风险值(R或D值)	风险等级	管控层级
		管控措施情况(M)	暴露频繁程度(E)	可能性(L)	是否与汛期相关	可能造成的死亡、重伤、中毒与直接经济损失	严重程度(S)			
63	生活区环卫作业	各项管控措施均落实到位	每周一次，或偶然暴露出现	3	否	无人员死亡，致残或重伤，中毒，或100万元以下直接经济损失	1	3	低风险	班组级
64	日常办公设备和生活设备的使用	各项管控措施均落实到位	连续暴露，常态	20	否	造成3人以下死亡，或者10人以下重伤，或者100万元以上1000万元以下直接经济损失	2	40	一般风险	部门级

表 4.6-1　某水电站管理类一般危险源风险评价清单

序号	风险点(危险源)	可能性判断			严重程度判断		风险值(R或D值)	风险等级	管控层级
		管控措施情况(M)	可能性(L)	是否与汛期相关	危害程度	严重程度(S)			
1	管理体制优化、机构组建与人员配备	仅管理、教育培训、应急处置管控措施制定不全面或落实不到位	3	否	轻微的	2	6	一般风险	部门级
2	规章制度利操作规程	仅管理、教育培训、应急处置管控措施制定不全面或落实不到位	3	否	轻微的	2	6	一般风险	部门级
3	工程经费保障	各项管控措施均落实到位	2	否	轻微的	2	4	低风险	班组级
4	工程档案管理	仅管理、教育培训、应急处置管控措施制定不全面或落实不到位	3	否	轻微的	2	6	一般风险	部门级
5	大坝注册登记	各项管控措施均落实到位	2	否	极轻微的	1	2	低风险	班组级

续表

序号	风险点 (危险源)	可能性判断			严重程度判断			风险值 (R 或 D 值)	风险等级	管控 层级
		管控措施情况 (M)	可能性 (L)	是否与 汛期相关	危害程度	严重程度 (S)				
6	大坝安全责任制	各项管控措施均落实到位	2	否	轻微的	2		4	低风险	班组级
7	工程划界	各项管控措施均落实到位	2	否	轻微的	2		4	低风险	班组级
8	工程保护管理	仅管理、教育培训,应急落实不全面或落实不到位管控措施制定不全面或处置管控	3	否	轻微的	2		6	一般风险	部门级
9	工程安全鉴定	各项管控措施均落实到位	2	否	中等的	5		10	一般风险	部门级
10	防汛组织和物资准备	各项管控措施均落实到位	2	否	中等的	5		10	一般风险	部门级
11	应急救援管理	仅管理、教育培训,应急落实不全面或处置管控措施制定不全面或处置管控	3	否	中等的	5		15	一般风险	部门级
12	安全管理体系构建	各项管控措施均落实到位	2	否	轻微的	2		4	低风险	班组级
13	水雨情测报	各项管控措施均落实到位	2	否	中等的	5		10	一般风险	部门级
14	工程巡查管理	各项管控措施均落实到位	2	否	轻微的	2		4	低风险	班组级
15	工程维修养护管理	各项管控措施均落实到位	2	否	中等的	5		10	一般风险	部门级
16	安全监测管理	各项管控措施均落实到位	2	否	轻微的	2		4	低风险	班组级
17	调度运用	各项管控措施均落实到位	2	否	中等的	5		10	一般风险	部门级

表 4.7-1

某水电站环境类一般危险源风险评价清单

序号	风险点（危险源）	可能性判断				严重程度判断		风险值（R 或 D 值）	风险等级	管控层级
		管控措施情况（M）	危险暴露频繁程度（E）	可能性（L）	是否与汛期相关	可能造成的死亡、重伤、中毒、直接经济损失	严重程度（S）			
1	坝顶雷电、暴雨雪、大风、冰雹、极端温度、大雾等恶劣天气	各项管控措施均落实到位	每年几次暴露、出现	2	否	造成3人以下死亡、或者10人以下重伤或中毒、或者100万元以上1000万元以下直接经济损失	2	4	低风险	班组级
2	坝顶野猪、蛇等危险动物	各项管控措施均落实到位	更少地暴露、出现	2	否	造成3人以下死亡、或者10人以下重伤或中毒、或者100万元以上1000万元以下直接经济损失	2	4	低风险	班组级
3	坝顶临边、临水部位和各类闸门、吊物井孔洞	各项管控措施均落实到位	每年几次暴露、出现	2	否	造成3人以下死亡、或者10人以下重伤或中毒、或者100万元以上1000万元以下直接经济损失	2	4	低风险	班组级
4	坝顶场所布置	各项管控措施均落实到位	每周一次、或偶然暴露、出现	3	否	无人员死亡、可致残或重伤，或100万元以下直接经济损失	1	3	低风险	班组级
5	坝顶各类工作房屋室内布置	各项管控措施均落实到位	每周一次、或偶然暴露、出现	3	否	无人员死亡、可致残或重伤，或100万元以下直接经济损失	1	3	低风险	班组级

续表

序号	风险点(危险源)	可能性判断				严重程度判断		风险值(R或D值)	风险等级	管控层级
		管控措施情况(M)	危险暴露频繁程度(E)	可能性(L)	是否与汛期相关	可能造成的死亡、重伤、中毒、直接经济损失	严重程度(S)			
6	坝顶表孔启闭机室、进水口闸门控制室内噪声	各项管控措施均落实到位	每月一次暴露,出现	3	否	无人员死亡,致残或重伤,或100万元以下直接经济损失	1	3	低风险	班组级
7	坝顶上下通行楼梯	各项管控措施均落实到位	每月一次暴露,出现	3	否	造成3人以下死亡,或者10人以下重伤或中毒,或者100万元以上1000万元以下直接经济损失	2	6	一般风险	部门级
8	坝顶左右岸门禁	各项管控措施均落实到位	每周一次,或偶然暴露,出现	3	否	无人员死亡,可致残或重伤,或100万元以下直接经济损失	1	3	低风险	班组级
9	地震	各项管控措施均落实到位	更少地暴露,出现	2	否	造成30人及以上死亡,或100人以上重伤或中毒,或者1亿元以上直接经济损失	25	50	较大风险	本站级
10	洪水	各项管控措施均落实到位	更少地暴露,出现	2	否	造成30人及以上死亡,或100人以上重伤或中毒,或者1亿元以上直接经济损失	25	50	较大风险	本站级

续表

序号	风险点（危险源）	可能性判断				严重程度判断		风险值（R 或 D 值）	风险等级	管控层级
		管控措施情况（M）	危险暴露频繁程度（E）	可能性（L）	是否与汛期相关	可能造成的死亡、重伤、中毒、直接经济损失	严重程度（S）			
11	左右坝肩灌溉洞交通楼梯	仅工程技术、个人防护管控措施制定不全面或落实不到位	每月一次暴露、出现	7	否	造成 3 人以下死亡，或者 10 人以下重伤或中毒，或者 100 万元以上 1000 万元以下直接经济损失	2	14	一般风险	部门级
12	1#～5#表孔和 1#～4#底孔闸门检修平台	各项管控措施均落实到位	每年几次暴露、出现	2	否	造成 3 人以下死亡，或者 10 人以下重伤或中毒，或者 100 万元以上 1000 万元以下直接经济损失	2	4	低风险	班组级
13	1#～4#底孔启闭机房室内布置	各项管控措施均落实到位	每周一次，或偶然暴露、出现	3	否	无人员死亡，可致残或重伤，或 100 万元以下直接经济损失	1	3	低风险	班组级
14	1#～4#底孔启闭机房室内噪声	各项管控措施均落实到位	每周一次，或偶然暴露、出现	3	否	无人员死亡，可致残或重伤，或 100 万元以下直接经济损失	1	3	低风险	班组级
15	1#～4#底孔启闭机房吊物孔	各项管控措施均落实到位	每年几次暴露、出现	2	否	造成 3 人以下死亡，或者 10 人以下重伤或中毒，或者 100 万元以上 1000 万元以下直接经济损失	2	4	低风险	班组级

续表

序号	风险点(危险源)	可能性判断				严重程度判断		风险值(R或D值)	风险等级	管控层级
		管控措施情况(M)	危险暴露频繁程度(E)	可能性(L)	是否与汛期相关	可能造成的死亡、重伤、中毒、直接经济损失	严重程度(S)			
16	柴油发电机室噪声	各项管控措施均落实到位	每月一次暴露出现	3	否	无人员死亡,可致残或重伤,或100万元以下直接经济损失	1	3	低风险	班组级
17	柴油发电机工作室废气	仅管理、教育培训,应急处置管控措施制定不全面或落实不到位	每月一次暴露出现	3	否	造成3人以下死亡,或者10人以下重伤或中毒,或者100万元以上1000万元以下直接经济损失	2	6	一般风险	部门级
18	柴油发电机室室内布置	各项管控措施均落实到位	每月一次暴露出现	3	否	无人员死亡,可致残或重伤,或100万元以下直接经济损失	1	3	低风险	班组级
19	坝顶0.4kV配电室电磁噪声	各项管控措施均落实到位	更少地暴露,出现	2	否	无人员死亡,可致残或重伤,或100万元以下直接经济损失	1	2	低风险	班组级
20	坝顶0.4kV配电室工频电场	各项管控措施均落实到位	更少地暴露,出现	2	否	无人员死亡,可致残或重伤,或100万元以下直接经济损失	1	2	低风险	班组级
21	坝顶0.4kV配电室室内布置	各项管控措施均落实到位	每周一次,或偶然暴露、出现	3	否	无人员死亡,可致残或重伤,或100万元以下直接经济损失	1	3	低风险	班组级

续表

序号	风险点(危险源)	可能性判断				严重程度判断		风险值(R或D值)	风险等级	管控层级
		管控措施情况(M)	危险暴露频繁程度(E)	可能性(L)	是否与汛期相关	可能造成的死亡、重伤、中毒，直接经济损失	严重程度(S)			
22	厂坝导墙电缆廊道顶部入口和爬梯	仅工程技术、个人防护管控措施制定不全面或落实不到位	每月一次暴露、出现	7	否	造成3人以下死亡，或者10人以下重伤或中毒，或者100万元以上1000万元以下直接经济损失	2	14	一般风险	部门级
23	厂坝导墙顶部通道临边部位	各项管控措施均落实到位	每年几次暴露、出现	2	否	造成3人以下死亡，或者10人以下重伤或中毒，或者100万元以上1000万元以下直接经济损失	2	4	低风险	班组级
24	电梯井步梯	各项管控措施均落实到位	每月一次暴露、出现	3	否	造成3人以下死亡，或者10人以下重伤或中毒，或者100万元以上1000万元以下直接经济损失	2	6	一般风险	部门级
25	水面漂浮物和垃圾	各项管控措施均落实到位	每年几次暴露、出现	2	否	造成3人以下死亡，或者10人以下重伤或中毒，或者100万元以上1000万元以下直接经济损失	2	4	低风险	班组级

续表

序号	风险点（危险源）	可能性判断				严重程度判断		风险值（R 或 D 值）	风险等级	管控层级
		管控措施情况（M）	危险暴露频繁程度（E）	可能性（L）	是否与汛期相关	可能造成的死亡、重伤、中毒、直接经济损失	严重程度（S）			
26	大坝下游管理范围内国内船舶	仅管理、教育培训,应急处置管控措施制定不全面或落实不到位	每周一次,或偶然暴露出现	7	否	造成3人以下死亡,或10人以下重伤或中毒,或者100万元以上1000万元以下直接经济损失	2	14	一般风险	部门级
27	库区水质	各项管控措施均落实到位	更少地暴露、出现	2	否	无人员死亡,可致残或重伤,或100万元以下直接经济损失	1	2	低风险	班组级
28	库内水生物	各项管控措施均落实到位	每年几次暴露、出现	2	否	无人员死亡,可致残或重伤,或100万元以下直接经济损失	1	2	低风险	班组级
29	鱼滩滑坡体	仅工程技术、个人防护管控措施制定不全面或落实不到位	每年几次暴露、出现	7	否	造成10～29人死亡,或者50～99人重伤或中毒,或5000万元以上1亿元以下直接经济损失	12	84	较大风险	本站级

续表

序号	风险点（危险源）	可能性判断				严重程度判断		风险值（R或D值）	风险等级	管控层级
		管控措施情况（M）	危险暴露频繁程度（E）	可能性（L）	是否与汛期相关	可能造成的死亡、重伤、中毒、直接经济损失	严重程度（S）			
30	珠宝街滑坡体	仅工程技术、个人防护管控措施不全面或落实不到位	每年几次暴露、出现	7	否	造成10～29人死亡，或者50～99人重伤或中毒，或者5000万元以上1亿元以下直接经济损失	12	84	较大风险	本站级
31	狮朴溪滑坡体	仅工程技术、个人防护管控措施不全面或落实不到位	每年几次暴露、出现	7	否	造成10～29人死亡，或者50～99人重伤或中毒，或者5000万元以上1亿元以下直接经济损失	12	84	较大风险	本站级
32	何家湾滑坡体	仅工程技术、个人防护管控措施不全面或落实不到位	每年几次暴露、出现	7	否	造成10～29人死亡，或者50～99人重伤或中毒，或者5000万元以上1亿元以下直接经济损失	12	84	较大风险	本站级
33	泥坝溪滑坡体	仅工程技术、个人防护管控措施不全面或落实不到位	每年几次暴露、出现	7	否	造成10～29人死亡，或者50～99人重伤或中毒，或者5000万元以上1亿元以下直接经济损失	12	84	较大风险	本站级

续表

序号	风险点（危险源）	可能性判断				严重程度判断		风险值（R 或 D 值）	风险等级	管控层级
		管控措施情况（M）	危险暴露频繁程度（E）	可能性（L）	是否与汛期相关	可能造成的死亡、重伤、中毒、直接经济损失	严重程度（S）			
34	郑家塌坡体	仅工程技术、个人防护管控措施制定不全面或落实不到位	每年几次暴露、出现	7	否	造成10~29人死亡，或者50~99人重伤或中毒，或者5000万元以上1亿元以下直接经济损失	12	84	较大风险	本站级
35	河嘴滑坡体	仅工程技术、个人防护管控措施制定不全面或落实不到位	每年几次暴露、出现	7	否	造成10~29人死亡，或者50~99人重伤或中毒，或者5000万元以上1亿元以下直接经济损失	12	84	较大风险	本站级
36	尖山寺滑坡体	仅工程技术、个人防护管控措施制定不全面或落实不到位	每年几次暴露、出现	7	否	造成10~29人死亡，或者50~99人重伤或中毒，或者5000万元以上1亿元以下直接经济损失	12	84	较大风险	本站级
37	水阳坪—邓家嘴滑坡体	各项管控措施均落实到位	每年几次暴露、出现	2	否	造成10~29人死亡，或者50~99人重伤或中毒，或者5000万元以上1亿元以下直接经济损失	12	24	一般风险	部门级

续表

序号	风险点（危险源）	可能性判断			是否与汛期相关	严重程度判断		风险值（R 或 D 值）	风险等级	管控层级
		管控措施情况（M）	危险暴露频繁程度（E）	可能性（L）		可能造成的死亡、重伤、中毒、直接经济损失	严重程度（S）			
38	金家沟崩坡积体	各项管控措施均落实到位	每年几次暴露,出现	2	否	造成10～29人死亡,或者50～99人重伤或中毒,或者5000万元以上1亿元以下直接经济损失	12	24	一般风险	部门级
39	尾水渠右岸146.0m高程以上崩坡积体	仅工程技术、个人防护管控措施,制定不全面或落实不到位	每年几次暴露,出现	7	否	造成10～29人死亡,或者50～99人重伤或中毒,或者5000万元以上1亿元以下直接经济损失	12	84	较大风险	本站级
40	码头上下通行楼梯	各项管控措施均落实到位	每月一次暴露,出现	3	否	造成3人以下死亡,或者10人以下重伤或中毒,或者100万元以上1000万元以下直接经济损失	2	6	一般风险	部门级
41	廊道内老鼠、蛇、蝙蝠等危险动物	仅工程技术、个人防护管控措施,制定不全面或落实不到位	每周一次,偶然暴露,出现	7	否	造成3人以下死亡,或者10人以下重伤或中毒,或者100万元以上1000万元以下直接经济损失	2	14	一般风险	部门级

续表

序号	风险点（危险源）	可能性判断			是否与汛期相关	严重程度判断		风险值（R或D值）	风险等级	管控层级
		管控措施情况（M）	危险暴露频繁程度（E）	可能性（L）		可能造成的死亡、重伤、中毒、直接经济损失	严重程度（S）			
42	廊道内有害气体（CO_2）	仅工程技术、个人防护管控措施制定实不全面或落实不到位	每周一次，或偶然暴露出现	7	否	造成3人以下死亡，或10人以下重伤或中毒，或者100万元以上1000万元以下直接经济损失	2	14	一般风险	部门级
43	廊道内放射性气体（氡）	各项管控措施均落实到位	更少地暴露出现	2	否	无人员死亡，可致残或重伤，或100万元以下直接经济损失	1	2	低风险	班组级
44	廊道内照度	仅工程技术、个人防护管控措施制定实不全面或落实不到位	每周一次，或偶然暴露出现	7	否	造成3人以下死亡，或10人以下重伤或中毒，或者100万元以上1000万元以下直接经济损失	2	14	一般风险	部门级
45	廊道内微小气候	各项管控措施均落实到位	每周一次，或偶然暴露出现	3	否	无人员死亡、致残或重伤，或100万元以下直接经济损失	1	3	低风险	班组级
46	廊道内步梯	各项管控措施均落实到位	每周一次，或偶然暴露出现	3	否	造成3人以下死亡，或10人以下重伤或中毒，或者100万元以上1000万元以下直接经济损失	2	6	一般风险	部门级

续表

序号	风险点（危险源）	可能性判断				严重程度判断			风险值（R 或 D 值）	风险等级	管控层级
		管控措施情况（M）	危险暴露频繁程度（E）	可能性（L）	是否与汛期相关	可能造成的死亡、重伤、中毒、直接经济损失	严重程度（S）				
47	廊道内场所所布置	各项管控措施均落实到位	每月一次暴露、出现	3	否	无人员死亡，致残或重伤，或100万元以下直接经济损失	1		3	低风险	班组级
48	廊道内临边、孔洞等部位（含集水井、吊物孔）	各项管控措施均落实到位	每年几次暴露、出现	2	否	造成3人以下死亡，或者10人以下重伤或中毒，或者100万元以上1000万元以下直接经济损失	2		4	低风险	班组级
49	边坡野猪、蛇等危险动物	各项管控措施均落实到位	每年几次暴露、出现	2	否	造成3人以下死亡，或者10人以下重伤或中毒，或者100万元以上1000万元以下直接经济损失	2		4	低风险	班组级
50	边坡雷电、暴雨雪、大风、冰雹、极端温度、大雾等恶劣天气	各项管控措施均落实到位	每年几次暴露、出现	2	否	造成3人以下死亡，或者10人以下重伤或中毒，或者100万元以上1000万元以下直接经济损失	2		4	低风险	班组级
51	边坡马道临边部位	仅工程技术、个人防护管控措施，制定不全面或落实不到位	每周一次、或偶然暴露、出现	7	否	造成3人以下死亡，或者10人以下重伤或中毒，或者100万元以上1000万元以下直接经济损失	2		14	一般风险	部门级

续表

序号	风险点（危险源）	可能性判断				严重程度判断		风险值（R 或 D 值）	风险等级	管控层级
		管控措施情况（M）	危险暴露频繁程度（E）	可能性（L）	是否与汛期相关	可能造成的死亡、重伤、中毒，直接经济损失	严重程度（S）			
52	上坝公路雷电、暴雨雪、大风、冰雹、极端温度、大雾等恶劣天气	各项管控措施均落实到位	每年几次暴露、出现	2	否	造成3人以下死亡，或者10人以下重伤或中毒，或者100万元以上1000万元以下直接经济损失	2	4	低风险	班组级
53	右岸上坝公路临边、临水部位	各项管控措施均落实到位	每年几次暴露、出现	2	否	造成3人以下死亡，或者10人以下重伤或中毒，或者100万元以上1000万元以下直接经济损失	2	4	低风险	班组级
54	沿江进场公路临边、临水部位	各项管控措施均落实到位	每年几次暴露、出现	2	否	造成3人以下死亡，或者10人以下重伤或中毒，或者100万元以上1000万元以下直接经济损失	2	4	低风险	班组级
55	厂房内老鼠、蛇等危险动物	各项管控措施均落实到位	每年几次暴露、出现	2	否	造成3人以下死亡，或者10人以下重伤或中毒，或者100万元以上1000万元以下直接经济损失	2	4	低风险	班组级
56	出线平台及厂房屋顶恶劣天气	仅工程技术、个人防护管控措施制定不全面或落实不到位	每年几次暴露、出现	7	否	造成3人以下死亡，或者10人以下重伤或中毒，或者100万元以上1000万元以下直接经济损失	2	14	一般风险	部门级

续表

序号	风险点（危险源）	可能性判断			严重程度判断			风险值（R 或 D 值）	风险等级	管控层级
		管控措施情况（M）	危险暴露频繁程度（E）	可能性（L）	是否与汛期相关	可能造成的死亡、重伤、中毒、直接经济损失	严重程度（S）			
57	安装场临边部位	各项管控措施均落实到位	每年几次暴露，出现	2	否	造成 3 人以下死亡，或者 10 人以下重伤或中毒，或者 100 万元以上 1000 万元以下直接经济损失	2	4	低风险	班组级
58	厂房 1#～5# 楼梯	各项管控措施均落实到位	每周一次，或偶然暴露，出现	3	否	造成 3 人以下死亡，或者 10 人以下重伤或中毒，或者 100 万元以上 1000 万元以下直接经济损失	2	6	一般风险	部门级
59	厂房内吊物孔和集水井等孔洞	各项管控措施均落实到位	每年几次暴露，出现	2	否	造成 3 人以下死亡，或者 10 人以下重伤或中毒，或者 100 万元以上 1000 万元以下直接经济损失	2	4	低风险	班组级
60	厂房外消防通道	各项管控措施均落实到位	更少地暴露，出现	2	否	造成 3～9 人死亡，或者 10～49 人重伤或中毒，或者 1000 万元以上 5000 万元以下直接经济损失	5	10	一般风险	部门级
61	厂房内疏散逃生通道	各项管控措施均落实到位	更少地暴露，出现	2	否	造成 3～9 人死亡，或者 10～49 人重伤或中毒，或者 1000 万元以上 5000 万元以下直接经济损失	5	10	一般风险	部门级

续表

序号	风险点（危险源）	可能性判断				严重程度判断		风险值（R或D值）	风险等级	管控层级
		管控措施情况（M）	危险暴露频繁程度（E）	可能性（L）	是否与汛期相关	可能造成死亡、重伤、中毒、直接经济损失	严重程度（S）			
62	厂房室内布置	各项管控措施均落实到位	每年几次露、出现	2	否	无人员死亡，致残或重伤，或100万元以下直接经济损失	1	2	低风险	班组级
63	厂房内有害气体（CO$_2$）	仅管理、教育培训、应急处置管控措施制定不全面或落实不到位	每年几次露、出现	3	否	造成3人以下死亡，或者10人以下重伤或中毒，或者100万元以上1000万元以下直接经济损失	2	6	一般风险	部门级
64	厂房内放射性气体（氢）	各项管控措施均落实到位	更少地暴露、出现	2	否	无人员死亡，可致残或重伤，或100万元以下直接经济损失	1	2	低风险	班组级
65	厂房内各部位照度	各项管控措施均落实到位	每周一次，或偶然暴露、出现	3	否	无人员死亡，可致残或重伤，或100万元以下直接经济损失	1	3	低风险	班组级
66	厂房内微小气候	各项管控措施均落实到位	每周一次，或偶然暴露、出现	3	否	无人员死亡，可致残或重伤，或100万元以下直接经济损失	1	3	低风险	班组级
67	水轮发电机、空压机、风机、水泵等机械噪声	各项管控措施均落实到位	每年几次露、出现	2	否	无人员死亡，可致残或重伤，或100万元以下直接经济损失	1	2	低风险	班组级

续表

序号	风险点（危险源）	可能性判断				严重程度判断		风险值（R 或 D 值）	风险等级	管控层级
		管控措施情况（M）	危险暴露频繁程度（E）	可能性（L）	是否与汛期相关	可能造成的死亡、重伤、中毒、直接经济损失	严重程度（S）			
68	中心控制室、GIS室、配电室、变压器等电磁噪声	各项管控措施均落实到位	每年几次暴露、出现	2	否	无人员死亡，可致残或重伤，或100万元以下直接经济损失	1	2	低风险	班组级
69	GIS室、主变压器、出线平台、配电室、水轮发电机等工频电场	各项管控措施均落实到位	每年几次暴露、出现	2	否	无人员死亡，可致残或重伤，或100万元以下直接经济损失	1	2	低风险	班组级
70	蓄电池室铅及其无机化合物	各项管控措施均落实到位	每年几次暴露、出现	2	否	造成3人以下死亡，或者10人以下重伤或中毒，或者100万元以上1000万元以下直接经济损失	2	4	低风险	班组级
71	蓄电池室硫酸雾	各项管控措施均落实到位	每年几次暴露、出现	2	否	造成3人以下死亡，或者10人以下重伤或中毒，或者100万元以上1000万元以下直接经济损失	2	4	低风险	班组级
72	GIS室六氟化硫	仅管理、教育培训、应急处置管控措施制定不全面或落实不到位	每年几次暴露、出现	3	否	造成3～9人死亡，或者10～49人重伤或中毒，或者1000万元以上5000万元以下直接经济损失	5	15	一般风险	部门级

续表

序号	风险点（危险源）	可能性判断				严重程度判断		风险值（R 或 D 值）	风险等级	管控层级
		管控措施情况（M）	危险暴露频繁程度（E）	可能性（L）	是否与汛期相关	可能造成的死亡、重伤、中毒、直接经济损失	严重程度（S）			
73	尾水平台临边部位	各项管控措施均落实到位	每年几次暴露、出现	2	否	造成 3 人以下死亡、或者 10 人以下重伤或中毒、或者 100 万元以上 1000 万元以下直接经济损失	2	4	低风险	班组级
74	尾水平台检修门库等孔洞	各项管控措施均落实到位	每年几次暴露、出现	2	否	造成 3 人以下死亡、或者 10 人以下重伤或中毒、或者 100 万元以上 1000 万元以下直接经济损失	2	4	低风险	班组级
75	水工楼内老鼠、蛇等危险动物	各项管控措施均落实到位	每年几次暴露、出现	2	否	造成 3 人以下死亡、或者 10 人以下重伤或中毒、或者 100 万元以上 1000 万元以下直接经济损失	2	4	低风险	班组级
76	水工楼楼梯	各项管控措施均落实到位	每月一次暴露、出现	3	否	造成 3 人以下死亡、或者 10 人以下重伤或中毒、或者 100 万元以上 1000 万元以下直接经济损失	2	6	一般风险	部门级
77	水工楼仓库室内布置	仅工程技术、个人防护措施，制定不全面或落实不到位	每月一次暴露、出现	7	否	造成 3 人以下死亡、或者 10 人以下重伤或中毒、或者 100 万元以上 1000 万元以下直接经济损失	2	14	一般风险	部门级

续表

序号	风险点（危险源）	可能性判断				严重程度判断		风险值（R 或 D 值）	风险等级	管控层级
		管控措施情况（M）	危险暴露频繁程度（E）	可能性（L）	是否与汛期相关	可能造成的死亡、重伤、中毒、直接经济损失	严重程度（S）			
78	水工楼配电房室内布置	各项管控措施均落实到位	每月一次暴露出现	3	否	无人员死亡、致残或重伤，或100万元以下直接经济损失	1	3	低风险	班组级
79	水工楼办公区室内布置	各项管控措施均落实到位	每月一次暴露出现	3	否	无人员死亡、致残或重伤，或100万元以下直接经济损失	1	3	低风险	班组级
80	水工楼配电房工频电场	各项管控措施均落实到位	更少地暴露、出现	2	否	无人员死亡、致残或重伤，或100万元以下直接经济损失	1	2	低风险	班组级
81	水工楼疏散通道	各项管控措施均落实到位	每年几次暴露、出现	2	否	造成3人以下死亡，或者10人以下重伤或中毒，或者100万元以上1000万元以下直接经济损失	2	4	低风险	班组级
82	水工楼仓库吊物孔	各项管控措施均落实到位	每月一次暴露、出现	3	否	造成3人以下死亡，或者10人以下重伤或中毒，或者100万元以上1000万元以下直接经济损失	2	6	一般风险	部门级

续表

序号	风险点（危险源）	可能性判断				严重程度判断		风险值（R 或 D 值）	风险等级	管控层级
		管控措施情况（M）	危险暴露频繁程度（E）	可能性（L）	是否与汛期相关	可能造成的死亡、重伤、中毒、直接经济损失	严重程度（S）			
83	生活区雷电、暴雨雪、大风、冰雹、极端温度、大雾等恶劣天气	仅管理、教育培训，应急处置管控措施制定不全面或落实不到位	每年几次暴露、出现	3	否	造成3人以下死亡，或者10人以下重伤或中毒，或者100万元以上1000万元以下直接经济损失	2	6	一般风险	部门级
84	生活区老鼠、蛇、猫等危险动物	各项管控措施均落实到位	每周一次，或偶然暴露、出现	3	否	无人员死亡，可致残或重伤，或100万元以下直接经济损失	1	3	低风险	班组级
85	综合、公寓、食堂等办公楼楼梯	各项管控措施均落实到位	每周一次，或偶然暴露、出现	3	否	造成3人以下死亡，或者10人以下重伤或中毒，或者100万元以上1000万元以下直接经济损失	2	6	一般风险	部门级
86	综合、公寓、家属楼、食堂等办公楼室内布置	各项管控措施均落实到位	每年几次暴露、出现	2	否	造成3人以下死亡，或者10人以下重伤或中毒，或者100万元以上1000万元以下直接经济损失	2	4	低风险	班组级
87	综合、公寓、家属楼、食堂等办公楼疏散通道	各项管控措施均落实到位	每年几次暴露、出现	2	否	造成3人以下死亡，或者10人以下重伤或中毒，或者100万元以上1000万元以下直接经济损失	2	4	低风险	班组级

续表

序号	风险点（危险源）	管控措施情况（M）	危险暴露频繁程度（E）	可能性（L）	是否与汛期相关	可能造成的死亡、重伤、中毒、直接经济损失	严重程度（S）	风险值（R 或 D 值）	风险等级	管控层级
				可能性判断		严重程度判断				
88	武警仓库、防汛物资仓库、成品油仓库、化学品储存间、危废暂存间室内布置和物资摆放	各项管控措施均落实到位	每月一次暴露，出现	3	否	造成3人以下死亡，或者10人以下重伤或中毒，或者100万元以上1000万元以下直接经济损失	2	6	一般风险	部门级
89	生活区东南角楼梯	各项管控措施均落实到位	每年几次暴露，出现	2	否	造成3人以下死亡，或者10人以下重伤或中毒，或者100万元以上1000万元以下直接经济损失	2	4	低风险	班组级
90	生活区大门至家属配楼楼梯	各项管控措施均落实到位	每年几次暴露，出现	2	否	无人员死亡、致残或重伤，或100万元以下直接经济损失	1	2	低风险	班组级
91	公寓楼走廊花盆	仅工程技术、个人防护措施制定不全面或落实不到位	每年几次暴露，出现	7	否	造成3人以下死亡，或者10人以下重伤或中毒，或者100万元以上1000万元以下直接经济损失	2	14	一般风险	部门级
92	生活区配电房工频电场	各项管控措施均落实到位	每年几次暴露，出现	2	否	无人员死亡、致残或重伤，或100万元以下直接经济损失	1	2	低风险	班组级

续表

序号	风险点（危险源）	可能性判断					严重程度判断		风险值（R 或 D 值）	风险等级	管控层级
		管控措施情况（M）	危险暴露频繁程度（E）	可能性（L）	是否与汛期相关	可能造成的死亡、重伤、中毒、直接经济损失	严重程度（S）			
93	食堂食材	各项管控措施均落实到位	每周一次，或偶然暴露出现	3	否	造成 3 人以下死亡，或者 10 人以下重伤或中毒，或者 100 万元以上 1000 万元以下直接经济损失	2	6	一般风险	部门级
94	生活区门禁系统和围栏	各项管控措施均落实到位	每年几次暴露、出现	2	否	无人员死亡，可致残或重伤，或 100 万元以下直接经济损失	1	2	低风险	班组级
95	生活区临边部位	仅工程技术、个人防护管控措施制定不全面或落实不到位	每天工作时间内暴露或出现	20	否	造成 3 人以下死亡，或者 10 人以下重伤或中毒，或者 100 万元以上 1000 万元以下直接经济损失	2	40	一般风险	部门级

第5章　水库典型安全风险管控措施建议案例

5.1　构(建)筑类危险源安全风险管控措施建议案例

参照《构建水利安全生产风险管控"六项机制"的实施意见》的有关要求,水利生产经营单位要从组织、制度、技术、应急等方面,制定并落实具体防范措施,综合运行隔离危险源、采取技术手段、实施个体防护、设置监控设施等手段,达到消除、降低风险的目的。结合构(建)筑物类一般危险源辨识和风险分析情况,依据有关法律法规、国家行业规范以及相关技术资料,可以从工程技术、管理、教育培训、应急处置4个方面制定和完善相关安全管控措施。

(1)工程技术措施建议

构(建)筑物类危险源导致事故的主要原因在于功能的老旧失效,钢筋混凝土结构发生变形、破损、裂缝,结合部位冲刷或渗漏破坏,不良地质,水流淘刷等物的不安全状态。为了及时解决这些隐患,保证构(建)筑物类危险源处在风险可控状态,重点在于通过维护、修复、清理、加固等工程技术措施从根本上消除、替代或控制这些不安全状态,从而保证安全运行。比如:及时清理堵塞的排水孔、对存在缺陷的部位进行修补和加固、渗漏部位补充灌浆、更换破损的盖板等。

(2)管理措施建议

为了保证构(建)筑物类危险源事故诱因得到及早发现和处理,从管理上首先要及时制定和完善各类维护保养、巡视检查、安全监测等方面的制度、规程和工作计划,并严格按照相关规定执行,填写记录和整编分析资料,发现问题及时上报处理。其次严格按照国家和行业规范要求进行安全评价、评估及鉴定,并按鉴定意见进行整改。需要外委作业时签订安全协议,明确责任和风险。

(3)教育培训措施建议

可以从3个方面着手,一是对水工部新进人员开展三级安全教育,加强风险意识帮助新员工了解管理的构(建)筑物可能存在的风险和处置措施,掌握水工结构、工程观测等基础知识。二是不定期开展专题讲座、技术培训、安规考试,帮助员工了解某水电站水工建筑物相关管理制度、巡视检查和维护保养要求。三是每次班前班后、巡视检查前就风险分析和预控措施进行交流交底。

(4)应急处置措施建议

首先应根据构(建)筑物类可能发生的积水、设备损坏、结构破坏、溃坝、水淹厂房等事故和后果制定有针对性的、可操作性强的综合应急预案、专项应急预案和现场处置方案。其次在现场配置或存储一定数量的抽水泵、编织袋、担架、急救药品、防汛沙袋、遮雨布、抛石块石等应急物资和设备,组建应急救援队伍,按要求定期对相关应急预案和急救知识进行培训。

具体案例可参考表5.1-1。

5.2 设备设施类危险源安全风险管控措施建议案例

参照《构建水利安全生产风险管控"六项机制"的实施意见》的有关要求,水利生产经营单位要从组织、制度、技术、应急等方面,制定并落实具体防范措施,综合运行隔离危险源、采取技术手段、实施个体防护、设置监控设施等,达到消除、降低风险的目的。结合设备设施类一般危险源辨识和风险分析情况,依据有关法律法规、国家行业规范以及相关技术资料,可以从工程技术、管理、教育培训、应急处置4个方面制定和完善相关安全管控措施。

(1)工程技术措施建议

设备设施类危险源导致事故的主要原因在于设备设计、安装、调试和检修遗留缺陷,设备运行存在锈蚀、振动异常、泄漏、松动等缺陷或异常,安全防护装置失效或缺失,仪表、指示灯等关键配件损坏,设备标识缺失,接地不良等物的不安全状态。为了及时解决这些隐患,保证设备设施类危险源处在风险可控的状态,首先在于通过对装置、设备设施、工艺等的设计来消除控制危险源,从而保证安全运行。比如:用低危害物质替代或降低系统能量(使用较低的动力、电流、电压和温度)、实现自动化作业、设计各类安全闭锁装置等。其次采用封闭或隔离措施,对产生或导致危害的设施或场所进行密闭、隔离。比如:设置临边防护、机械传动部位设置防护罩,设置围栏、警戒绳、安全罩、隔音设施等,采用遥控作业,保持安全距离等。

(2)管理措施建议

为保证设备设施类危险源事故诱因得到及早发现和处理,从管理上首先要及时制

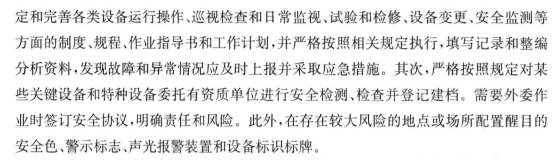

定和完善各类设备运行操作、巡视检查和日常监视、试验和检修、设备变更、安全监测等方面的制度、规程、作业指导书和工作计划,并严格按照相关规定执行,填写记录和整编分析资料,发现故障和异常情况应及时上报并采取应急措施。其次,严格按照规定对某些关键设备和特种设备委托有资质单位进行安全检测、检查并登记建档。需要外委作业时签订安全协议,明确责任和风险。此外,在存在较大风险的地点或场所配置醒目的安全色、警示标志、声光报警装置和设备标识标牌。

(3)教育培训措施建议

可以从3个方面着手,一是对生产部、水工部新进人员开展三级安全教育,帮助其了解设备设施基本结构、运行操作知识和设备可能存在的风险。二是不定期开展专题讲座、技术培训、安规考试,帮助员工了解某水电站设备设施相关管理制度、巡视检查和维护保养要求,尤其是异常情况的处理。三是每次班前班后、巡视检查前就巡查重点、危险点和预控措施进行交底。

(4)应急处置措施建议

首先应根据设备设施可能发生的触电、火灾、设备损坏、机械伤害、水淹厂房、机组飞逸、火灾、灼伤、中毒窒息等事故后果制定有针对性、可操作性强的综合应急预案、专项应急预案和现场处置方案。其次在现场配置或存储一定数量的二氧化碳、干粉灭火器、正压式呼吸器、急救药品和担架等应急物资和设备,组建应急救援队伍,按要求定期对相关应急预案和急救知识进行培训。

具体案例可参考表 5.2-1。

表 5.1-1　某水电站构筑建筑物类一般危险源安全管控措施清单

序号	风险点(危险源)	控制措施				
		工程技术措施	管理措施	教育培训措施	个人防护	应急处置措施
1	坝顶排水设施	1. 按照《某水电站水工建筑物维护规程》的要求定期养护,对坝顶的排水沟、排水孔应经常清理,每年4月应进行一次全面清理。 2. 如有堵塞、淤积或破坏时,及时按照《某水电站水工建筑物维护管理制度》《某水电站水工建筑物维护规程》的要求对缺陷登记建档,申报维护建议或计划,按方案修复或增开新的排水孔。修复时可用人工掏挖、高压水(或气)冲洗	1. 及时制定和完善《某水电站水工建筑物管理制度》《某水电站水工建筑物巡视制度》《某水电站水工建筑物维护规程》《某水电站水工建筑物巡视检查规范》,并满足国家、地方相关法规规范的要求。 2. 按照巡视制度要求开展巡视检查。正常巡检每月开展2次。汛期巡检每月不少于2次。年度巡检每年开展3次。特殊巡检加密为每周2次。 3. 巡视检查后认真填写检查记录,发现问题按照规程要求及时处理,处理、验收和存档案。 4. 需要外委单位作业的,应与外委单位签订安全协议,督促其开展安全技术交底,并根据需要派人监督	1. 对水工部新进人员开展三级安全教育,加强风险管控认识的培训,指导新进员工了解坝顶排水管设施存在的风险和控制措施。 2. 不定期开展专题讲座、技术培训讲课、安全规程培训考试、安全知识竞赛、安全月等活动,就《水库大坝安全管理条例》《混凝土坝养护修理规程》(SL 230—2015)、某水电站维护管理制度规程等知识开展宣贯培训。 3. 在班前班后,巡视检查作业前、工作负责人应就风险分析和预控与作业人员进行交底、接受交底措施进行交底、接受交底人员签名确认	/	1. 制定有《大坝坝顶积水现场处置方案》。 2. 在坝顶应有关部位存有防汛沙袋、块石、尼龙袋等物资,以及铁锹、抽水泵等掏挖、排水工具。 3. 按照相关制度定期开展应急演练,并做好记录

续表

序号	风险点（危险源）	控制措施				
		工程技术措施	管理措施	教育培训措施	个人防护	应急处置措施
2	坝顶路面	1. 按照《某水电站水工建筑物维护规程》的要求，对混凝土破损、裂缝、剥落的部位登记建档，申报维护建设计划，按照方案进行修补。不能及时修补的部位悬挂警示标识和提示。 2. 若发生变形、错台的情况应加强变形、应力应变、测缝的观测分析，影响大坝安全时，应优先保证空库运行。 3. 在坝顶路面设置限重、限速、限宽高的交通警示标识	1. 及时制定和完善《某水电站水工建筑物维护管理制度》《某水电站水工日常观测和巡视制度》《某水电站水工建筑物巡视检查规程》《某水电站水工安全监测规程》《水工监测资料整编分析规程》，并满足国家、地方相关法规标准的要求。 2. 按照制度要求开展巡视检查。正常巡检每月开展2次、汛期巡检每月不少于2次、年度巡检每年不少于2次，特殊巡检加密为每周2次。 3. 巡视检查后认真填写检查记录。发现问题按照制度、规程要求及时上报、处理，验收并存档备案。 4. 定期对大坝安全监测的资料进行整编分析，对存在异常的部位组织专家分析研判。 5. 需要外委单位作业的，应与外委单位签订安全协议，督促其开展安全技术交底，并根据需要派人监督。 6. 某水电站在运行管理期间应每隔6~10年组织一次安全鉴定	1. 对水工部新进人员开展三级安全教育，加强对安全风险意识和对安全风险分级管控认识的培训，指导和帮助新进员工了解大坝基本结构、工程观测知识和车辆伤害应急救援知识。 2. 就《水库大坝安全管理条例》《混凝土坝养护修理规程》(SL 230—2015)、《混凝土坝安全监测技术规范》(SL 601—2013)及某水电站巡视检查、安全监测和维护管理制度规程等知识开展宣贯培训。 3. 每次班前、明确巡查重点，开展安全技术交底，并签字确认	/	1. 制定有《车辆伤害事故应急预案》《某水电站水库防汛与抢险规程》《某水电站水库大坝安全管理应急预案》《跨坝安全事故应急预案》等。 2. 配备有应急救援药品，定期开展相关的应急演练或培训

续表

序号	风险点(危险源)	控制措施				应急处置措施
		工程技术措施	管理措施	教育培训措施	个人防护	
3	坝顶防浪墙	1. 按照《某水电站水工建筑物维护规程》的要求，对混凝土破损、基础架空的部位维护建设登记建档，申报维护计划，按照方案进行修补。 2. 不能及时修补的部位应悬挂警示标识和提示，并用防汛沙袋、块石、水泥、无纺布等对缺口、破损处进行临时封堵。 3. 若发生错位、倾斜、挤碎的情况应加强变形、应力、测缝计的观测巡检。测量安全时，应适当加强巡检。影响大坝安全时，应优先保证空库运行	1. 及时制定和完善《某水电站水工建筑物维护规程》《某水电站水工建筑物巡视检查规程》《某水电站水工监测资料整编分析规程》《水工监测规程》，并满足国家、地方相关法规标准的要求。 2. 按照制度要求开展巡视检查。正常巡视检查每月开展2次，汛期巡检每月开展3次，年度巡检每年不少于2次，特殊巡检加密为每周2次。 3. 巡视检查后认真填写检查记录。发现问题即按照制度、规程要求及时上报、处理，验收和存档备案。 4. 定期对大坝安全监测的资料进行整编分析，对存在异常的部位组织专家分析研判。 5. 需要外委单位作业的，应与外委单位签订安全协议，督促其开展安全技术交底，并根据需要派人监督。 6. 某水电站在运行管理期间应每隔6～10年组织一次安全鉴定	1. 对水工部新进人员开展三级安全教育，加强风险意识和对安全风险分级管控认识的培训，指导和帮助新进员工了解大坝基本结构，工程观测知识和落实水淹溺应急救援知识。 2. 就《水库大坝安全管理条例》《混凝土坝安全监测技术规范》(SL 601—2013)及某《混凝土坝安全监测技术规程》(SL 230—2015)，水电站巡视检查、安全监测和维护管理制度规程开展培训。 3. 每次班前班后及巡视检查前，明确巡查重点，开展安全技术交底，并签字确认。	/	1. 制定有《人身伤亡事故应急预案》《某水电站水工抢险水电站防汛与抢险规程》《某水电站管理规程》《某大坝安全管理应急预案》《跨坝事故应急预案》等。 2. 发现有人溺水时，应立即进行救援，上岸后如出现昏迷状况，应立即实施人工呼吸及心肺复苏措施，直到溺水者恢复正常。 3. 定期开展相关应急演练和急救知识培训

序号	风险点(危险源)	控制措施				
		工程技术措施	管理措施	教育培训措施	个人防护	应急处置措施
4	坝顶电缆沟及混凝土盖板	1. 按照《某水电站水工建筑物维护规程》的要求定期养护,对电缆沟内杂草、散落物、垃圾或杂物经常清理,每年4月进行一次全面清理。 2. 盖板具有足够的强度,发现有盖板破损时,及时进行更换;更换完成前在附近悬挂警示标识或警示色。 3. 若因长期浸水、电缆或消防水管破损的,修复前需断电或关闭消防水阀。 4. 若沟内堵塞、淤积严重,及时按照《某水电站水工建筑物维护管理制度》《某水电站水工建筑物维护规程》的要求对缺陷建登记建档,申报维修建议或增设计划,按方案修复或增开新的排水孔	1. 及时制定和完善《某水电站水工建筑物管理制度》《某水电站水工建筑物巡视维护规程》《某水电站水工建筑物维护规程》,并满足国家、地方相关法规标准的要求。 2. 按照制度要求开展巡视检查。正常巡检每月开展3次,年度巡检每年不少于2次、特殊巡检加密为每周2次。汛期巡检每年2次。 3. 巡视检查后认真填写检查记录,发现问题按照制度、规程要求及时上报、处理,验收和存档备案。 4. 需要外委单位作业,应与委托单位签订安全协议,督促其开展安全技术交底,并根据需要派人监督	1. 对水工部新进人员开展三级安全教育,加强风险意识和对安全风险分级管控认识的培训,指导和帮助新进员工了解坝顶电缆沟存在的风险和控制措施。 2. 不定期开展专题讲座、技术培训讲课、安全知识竞赛、安全月等活动,就《水库大坝安全管理条例》《混凝土坝养护修理规程》(SL 230—2015)、某水电站巡视检查和维护管理制度规程等知识开展宣贯培训。 3. 在班前班后,巡视检查作业前,工作负责人对参与人员就风险分析和预控措施进行交底,接受交底人员签名确认	/	1. 制定有《人身事故应急预案》《触电事故现场处置方案》。 2. 在适当的部位储备铁锹、抽水泵等掏挖、排水工具。 3. 按照相关制度、定期开展应急演练,并做好预案的要求、定期开展演练记录

续表

序号	风险点（危险源）	控制措施				
		工程技术措施	管理措施	教育培训措施	个人防护	应急处置措施
5	坝顶引张线槽及盖板	1. 按照《某水电站水工建筑物维护规程》的要求定期养护，对电缆沟内杂草、散落物、垃圾或杂物经常清理，每年4月进行一次全面清理。 2. 盖板有足够的强度，发现有盖板破损时，及时进行更换；更换完成前在附近悬挂警示标识或警示色。 3. 若沟内堵塞、淤积严重，及时按照《某水电站水工建筑物维护规程》《某水电站水工建筑物维护管理制度》的要求对缺陷建登记建档，申报维护建议或维修计划，按方案修复或增开新的排水孔	1. 及时制定和完善《某水电站水工建筑物维护管理制度》《某水电站水工建筑物巡视制度》《某水电站水工建筑物巡视检查规程》，并满足国家、地方相关法规标准的要求。 2. 按照制度要求开展巡视检查。正常巡检每月开展2次；汛期巡检每月开展3次，年度巡检加密为每周2次；特殊巡检每年不少于2次。 3. 巡视检查后认真填写检查记录，发现问题按照巡视制度、规程要求及时上报、处理，验收和存档备案	1. 对水工部新进人员开展三级安全教育，加强风险意识和对安全风险分级管控认识的培训，指导和帮助新进员工了解坝顶引张线沟存在的风险和控制措施。 2. 不定期开展专题讲座、技术培训讲课、安全规程培训考试，就安全知识竞赛、安全月等活动，就《水库大坝安全管理条例》《混凝土坝养护修理规程》(SL 230—2015)、某水电站巡视检查和维护管理制度规程等知识贯彻开展培训。 3. 在班前班后，巡视检查作业前、工作负责人对参与人员就风险分析和预控措施进行交底，接受交底人员签名确认	/	1. 制定有《人身事故应急预案》； 2. 在适当部位存储铁锹、抽水泵等淘挖、排水工具和急救药品

续表

序号	风险点（危险源）	控制措施				
		工程技术措施	管理措施	教育培训措施	个人防护	应急处置措施
6	大坝岗亭结构、屋面和外墙防水	1.分析混凝土脱落、裂缝、渗漏和房屋防水失效的原因，对需要维护和修理的房屋，及时按照《某水电站房屋建筑检查修缮规程》的要求，采取针对性的修补、翻新措施，并建立技术档案。	1.及时制定和完善《某水电站房屋建筑检查修缮规程》，并满足国家、地方相关法规标准的要求。 2.按照制度要求定期进行检查和维护，及时做好各种防护工作，保证正常、安全使用。 3.根据房屋及设施发现的缺陷和检查发现使用的年限规定，及时向站部上报维修或更新改造计划。 4.需要外委单位作业的，应与委外单位签订安全协议，督促其开展安全技术交底，并根据需要派人监督。	1.按照《某水电站房屋建筑检查修缮规程》对管理责任人进行定期培训	/	配备临时排水泵和水桶，及时清除室内积水。
7	发电机进水口闸门启闭机室结构、屋面和外墙防水	1.分析混凝土脱落、裂缝、渗漏和房屋防水失效的原因，及时按照《某水电站水工建筑物维护管理制度》《某水电站水工建筑物维护规程》《某水电站房屋建筑检查修缮规程》的要求，对缺陷登记建档、申报维护建议或计划，采取针对性的修补、翻新措施。	1.及时制定和完善《某水电站水工建筑物管理制度》《某水电站水工建筑物维护规程》《某水电站房屋建筑检查修缮规程》，并满足国家、地方相关法规标准的要求。 2.按照制度要求开展巡视检查。正常巡检每月开展2次，汛期巡检每年不少于2次，年度巡检每月开展3次，特殊巡检需加密为每周2次。	1.对水工部新进人员开展三级安全教育，加强风险意识和对安全风险分级管控认识的培训，指导和帮助新进员工了解闭门机房基本结构和风险防控措施。	/	配备防水布，出现屋面渗漏水，及时防护室内电气设备。配备临时排水泵和水桶，及时清除室内积水。

续表

序号	风险点（危险源）	控制措施			个人防护	应急处置措施
		工程技术措施	管理措施	教育培训措施		
7	发电机进水口闸门启闭机室结构、屋面和外墙防水		3. 巡视检查后应认真填写检查记录,发现问题按照制度、规程要求及时上报、处理,验收和存档。 4. 需要外委单位作业的,应与外委单位签订安全协议,并督促其开展安全技术交底,并根据需要派人监督	2. 不定期开展专题讲座、技术培训讲课,安全规程培训考试,安全知识竞赛,安全月等活动,就《水库大坝安全管理条例》《混凝土坝养护修理规程》(SL 230—2015)、某水电站巡视检查规程等知识维护管理制度宣贯培训。 3. 在班前班后,工作负责人对参与人员就风险分析和预控措施进行交底、接受交底人员签名确认	/	
8	1#表孔闸门启闭机室结构、屋面和外墙防水	1. 分析混凝土脱落、裂缝、渗漏和房屋防水失效的原因,及时按照《某水电站水工建筑物维护管理制度》《某水电站水工建筑物维护规程》《某水电站房屋建筑检查修缮规程》的要求对缺陷登记建档,申报维护建议或计划,采取针对性的修补、翻新措施	1. 及时制定和完善《某水电站水工建筑物维护管理制度》《某水电站水工建筑物观测和巡视制度》《某水电站水工建筑物巡视检查规程》《某水电站房屋建筑检查修缮规程》,并满足国家、地方相关法规标准的要求。	1. 对水工部新进人员开展三级安全教育,加强风险意识和对安全风险分级管控认识的培训,指导和帮助新进员工了解启闭机房基本结构和风险防控措施。	/	配备防水布,出现屋面渗漏水,及时防护室内电气设备。配备临时排水和帮水泵和水桶,及时清除室内积水

续表

序号	风险点（危险源）	控制措施			个人防护	应急处置措施
		工程技术措施	管理措施	教育培训措施		
8	1#表孔闸门启闭机室结构、屋面和外墙防水	1. 分析混凝土脱落、裂缝、渗漏和房屋防水失效的原因，及时按照《某水电站水工建筑物维护管理制度》《某水电站水工建筑物维护规程》《某水电站房屋建筑检查维修规程》的要求对缺陷登记建档、申报维护建议或计划，采取针对性的修补、翻新措施	2. 按照制度要求开展巡视检查。正常巡检每月开展2次，年度巡检每年不少于2次，汛期巡检每月开展3次，特殊巡检加密。3. 巡视检查后认真填写检查记录，发现问题及时上报、处理，鉴收和存档备案。4. 需要外委单位作业的，应与外委单位签订安全协议，督促其开展安全技术交底，并根据需要派人监督	2. 不定期开展专题讲座、技术培训讲课，安全知识竞赛、安全月等活动，就《水库大坝安全管理条例》《混凝土坝养护修理规程》(SL 230—2015)某水电站巡视检查和维护管理制度规程等知识开展官贯培训。3. 在班前班后，工作负责人就风险分析和预控措施进行交底，接受交底人员签名确认		
9	2#表孔闸门启闭机室结构、屋面和外墙防水		1. 及时制定和完善《某水电站管理制度》《某水电站水工建筑物日常观测和巡视制度》《某水电站水工建筑物维护规程》《某水电站房屋建筑巡视检查规程》《某水电站房屋建筑检查维修规程》，并满足国家、地方相关法规标准的要求。	1. 对水工部新进人员开展水电站三级安全教育，加强风险意识和对安全风险分级管控认识的培训，指导和帮助新进员工了解闭合机房基本结构和风险防控措施。	/	配备防水布，出现屋面渗漏水，及时防护室内电气设备。配备临时排水水泵和水桶，及时清除室内积水。

续表

序号	风险点（危险源）	控制措施				应急处置措施
		工程技术措施	管理措施	教育培训措施	个人防护	
9	2#表孔闸门启闭机室结构、屋面和外墙防水		2. 按照制度要求开展巡视检查。正常巡检每月开展2次、汛期巡检每月开展3次、年度巡检每年不少于2次、特殊巡检加密为每周2次。 3. 巡视检查后认真填写检查记录，发现问题按照制度、规程要求及时上报、处理，验收和存档案。 4. 需委外委单位作业的，应与委外单位签订安全协议，督促其开展安全技术交底，并根据需要派人监督。	2. 不定期开展专题讲座、技术培训讲课、安全知识竞赛、安全月等活动，就《水库大坝安全管理条例》《混凝土坝养护修理规程》（SL 230—2015）、某水电站巡视检查和维护管理制度和规程等知识开展宣贯培训。 3. 在班前班后，工作负责人就巡视检查措施进行交底、接受交底与参与人员对参与人员签名确认		
10	3#表孔闸门启闭机室结构、屋面和外墙防水	1. 分析混凝土脱落、裂缝、渗漏和屋面防水失效的原因。及时按照《某水电站水工建筑物维护管理制度》《某水电站水工建筑物维护规程》《某水电站水工建筑检查规程》《某水电站房屋建筑检查修缮规程》的要求对缺陷登记建档，申报维护建议或计划，采取针对性的修补、翻新措施	1. 及时制定和完善《某水电站水工建筑物维护管理制度》《某水电站水工日常观测和巡视制度》《某水电站水工建筑物维护规程》《某水电站建筑检查规程》《某水电站房屋建筑检查修缮规程》，并满足国家、地方相关法规标准的要求。	1. 对水工部新进人员开展三级安全教育，加强风险意识和对安全风险分级管控认识的培训，指导和帮助新进员工了解闭闭机房基本结构和风险防控措施。	/	配备防水布，出现屋面渗漏时，及时防护室内电气设备。配备临时排水水泵和水桶，及时清除室内积水。

285

续表

序号	风险点（危险源）	控制措施			个人防护	应急处置措施
		工程技术措施	管理措施	教育培训措施		
10	3#表孔闸门启闭机室结构、屋面和外墙防水		2. 按照制度要求开展巡视检查。正常巡检每月开展 2 次，年度巡检每年不少于 2 次，汛期巡检每周 3 次，特殊巡检加密为每周 2 次。3. 巡视检查后认真填写检查记录，发现问题按照制度规程要求及时上报、处理，并存档备案。4. 需要外委单位作业的，应与外委单位签订安全协议，督促其开展安全技术交底，并根据需要派人监督。	2. 不定期开展专题讲座、技术培训讲课、安全规程培训考试、安全知识竞赛、安全月等活动。就《水库大坝安全管理条例》《混凝土坝养护修理规程》(SL 230—2015)某水电站巡视检查和维护管理制度规程等知识开展宣贯培训。3. 在班前班后、工作负责人对参与人员就风险分析和预控措施进行交底，接受交底人员签名确认		
11	4#、5#表孔闸门启闭机室结构、屋面和外墙防水	1. 分析混凝土脱落、裂缝、渗漏和房屋防水失效的原因，及时按照《某水电站水工建筑物维护管理制度》《某水电站水工建筑物维护规程》《某水电站水工建筑房屋建筑检查修缝规程》的要求对缺陷登记建档、申报维护建议或计划，采取针对性的修补、翻新措施	1. 及时制定和完善《某水电站水工建筑物维护管理制度》《某水电站水工建筑物维护规程》《某水电站房屋建筑检查修缝规程》，并满足国家、地方相关法规标准的要求。	1. 对水工部新进人员开展水电站水工二级安全教育、加强风险意识和对安全风险分级管控认识的培训、指导和帮助新进员工了解闭机房基本结构和风险防控措施。	/	配备防水布，出现屋面渗漏水，及时防护室内电气设备。配备临时排水水泵和帮桶，及时清除室内积水

续表

序号	风险点（危险源）	控制措施				应急处置措施
		工程技术措施	管理措施	教育培训措施	个人防护	
11	4#、5#表孔闸门启闭机室结构、屋面和外墙防水		2. 按照制度要求开展巡视检查。正常巡检每月开展2次、年度巡检每年不少于2次、特殊巡检加密为每周2次。 3. 巡视检查后认真填写检查记录，发现问题按照制度、规程要求及时上报、处理，验收和存档备案。 4. 需要外委单位作业的，应与外委单位签订安全协议，督促其开展安全技术交底，并根据需要派人监督。	2. 不定期开展专题讲座、技术培训讲课、安全知识竞赛、安全规程培训考试，安全知识竞赛、安全月等活动，就《水库大坝安全管理条例》《混凝土坝安全养护修理规程》(SL 230—2015)、某水电站巡视检查和维护管理制度规程等知识开展宣贯培训。 3. 在班前班后，巡视检查作业前，工作负责人对参与人员就风险分析和预控措施进行交底，接受交底人员签名确认		
12	柴油发电机室结构、屋面和外墙防水	1. 分析混凝土脱落、裂缝、渗漏和房屋防水失效的原因，及时按照《某水电站水工建筑物维护管理制度》《某水电站水工建筑物维护规程》《某水电站房屋建筑检查规程》《某水电站房屋建筑维修规程》的要求对缺陷登记建档、申报维护建议或计划，采取针对性的修补、翻新措施	1. 及时制定和完善《某水电站水工建筑物维护管理制度》《某水电站水工建筑物维护规程》《某水电站房屋建筑检查规程》《某水电站房屋建筑维修规程》，并满足国家、地方相关法规标准的要求。	1. 对水工部新进人员开展三级安全教育，加强风险意识和对安全风险分级管控认识的培训，指导和帮助新进员工了解闭机房基本结构、防水等措施。	/	配备防水布。出现屋面渗漏水，及时防护室内电气设备。配备临时排水泵和水桶，及时清除室内积水

续表

序号	风险点 （危险源）	控制措施				
		工程技术措施	管理措施	教育培训措施	个人防护	应急处置措施
12	柴油发电机室结构、屋面和外墙防水		2. 按照制度要求开展巡视检查。正常巡检每月开展2次，年度巡检每年不少于2次，汛期巡检加密为每周2次，特殊巡检加密为每周2次。 3. 巡视检查后认真填写检查记录，发现问题按照制度、规程要求及时上报、处理，鉴收和存档备案。 4. 需要外委单位作业的，应与外委单位签订安全协议，督促其开展安全技术交底，并根据需要派人监督	2. 不定期开展专题讲座、技术培训讲课，安全知识竞赛、安全月等活动，就《水库大坝安全管理条例》《混凝土坝养护修理规程》（SL 230—2015）某水电站巡视检查和维护管理制度规程等知识开展宣贯培训。 3. 在班前班后，巡视检查作业前，工作负责人对参与人员就风险分析和预控措施进行交底，接受交底人员签名确认		
13	大坝0.4kV配电室结构、屋面和外墙防水	1. 分析混凝土脱落、裂缝、渗漏和房屋防水失效的原因，及时按照《某水电站水工建筑物维护管理制度》《某水电站水工建筑物维护规程》《某水电站房屋建筑检查缝修规程》的要求对缺陷登记建档、申报维护建议或计划、采取针对性的修补、翻新措施	1. 及时制定和完善《某水电站水工建筑物维护管理制度》《某水电站水工建筑物维护规程》《某水电站房屋建筑巡视检查规程》《某水电站房屋建筑检查缝修规程》，并满足国家、地方相关法规标准的要求。	1. 对水工部新进人员开展三级安全教育，加强风险意识和对安全风险分级管控认识的培训，指导和帮助新进员工了解启闭机房基本结构和风险防控措施。	/	配备防水布，出现屋面渗漏水，及时防护，室内电气设备。配备临时排水泵和帮桶，及时清除室内积水

续表

序号	风险点（危险源）	控制措施				应急处置措施
		工程技术措施	管理措施	教育培训措施	个人防护	
13	大坝0.4kV配电室结构、屋面和外墙防水		2. 按照制度要求开展巡视检查。正常巡检每月开展2次，汛期巡检每月不少于2次、年度巡检每年不少于2次。特殊巡检加密为每周2次。 3. 巡视检查后认真填写检查记录，发现问题按照制度、规程要求及时上报、处理，验收和存档案。 4. 需要外委单位作业的，应与外委单位签订安全协议，督促其开展安全技术交底，并根据需要派人监督	2. 不定期开展专题讲座、技术培训讲课、安全规程培训考试、安全知识竞赛、安全月等活动，就《水库大坝安全管理条例》《混凝土坝养护修理规程》(SL 230—2015)、某水电站巡视规程和维护管理制度规程等知识开展宣贯培训。 3. 在班前班后，巡视检查作业前，工作负责人对参与人员就风险分析和预控措施进行交底、接受交底人员签名确认		
14	大坝坝顶电缆通道结构及排水设施	1. 按照《某水电站水工建筑物维护规程》的要求定期养护，对通道内排水沟、排水孔经常清理； 2. 若有积水或裂缝，按照相关规程制度的要求，对裂缝进行修补、疏通或新增排水孔	1. 及时制定和完善《某水电站水工建筑物维护管理制度》《某水电站水工建筑物巡视制度》《某水电站水工建筑物检查规程》，并满足国家、地方有关法规标准的要求	1. 对水工部新进人员开展三级安全教育，加强风险意识和对安全风险分级管控知识的培训，指导和帮助新进员工了解坝顶电缆通道存在的风险和控制措施	/	配备临时排水泵、铁锹或水桶，及时清除室内积水

续表

序号	风险点（危险源）	控制措施				
		工程技术措施	管理措施	教育培训措施	个人防护	应急处置措施
14	大坝坝顶电缆通道结构及排水设施		2. 按照制度要求开展巡视检查。正常巡检每月开展 2 次，年度巡检每年不少于 2 次，汛期巡检加密为每周 2 次，特殊巡检加密为每月 2 次。3. 巡视检查后认真填写检查记录，发现问题按照制度、规程要求及时上报、处理，验收和存档备案	2. 不定期开展专题讲座、技术培训考试、安全知识竞赛、安全月等活动，就《水库大坝安全管理条例》《混凝土坝养护修理规程》(SL 230—2015)某水电站巡视检查和维护管理制度规程等知识开展管理员专员培训。3. 在班前班后，巡视检查作业前，工作负责人对参与人员就风险分析和预控措施进行交底，接受交底人员签名确认		
15	坝顶电梯配电房结构、屋面结构和外墙防水	1. 分析混凝土脱落、裂缝、渗漏和房屋防水失效的原因。及时按照《某水电站水工建筑物维护管理制度》《某水电站水工建筑物日常观测和巡视制度》《某水电站水工建筑物维护规程》《某水电站房屋建筑物检查修缮规程》的要求对缺陷登记建档，申报维护建议或计划，采取针对性的修补、翻新措施	1. 及时制定和完善《某水电站水工建筑物维护管理制度》《某水电站水工建筑物日常观测和巡视制度》《某水电站水工建筑物维护规程》《某水电站房屋建筑物检查修缮规程》，并满足国家、地方相关法规标准的要求。	1. 对水工部新进人员开展三级安全教育，加强风险意识和对安全风险分级管控认识的培训，指导和帮助新进员工了解机构、基本结构和风险防控措施。	/	配备防水布，出现屋面渗漏水，及时设备。配备室内电气设备，及时清除室内积水，配备临时排水泵和水桶

290

续表

序号	风险点（危险源）	控制措施				应急处置措施
		工程技术措施	管理措施	教育培训措施	个人防护	
15	坝顶电梯配电房结构、屋面结构和外墙防水		2. 按照制度要求开展巡视检查。正常巡检每月开展 2 次，汛期巡检每月开展 3 次，年度巡检每年不少于 2 次、特殊巡检加密为每周 2 次。 3. 巡视检查后认真填写检查记录，发现问题按照制度、规程要求及时上报、处理，验收和存档案。 4. 需要外委单位作业的，应与外委单位签订安全协议，督促其开展安全技术交底，并根据需要派人监督。	2. 不定期开展专题讲座、技术培训讲课、安全知识竞赛、安全月等活动，就《水库大坝安全管理条例》《混凝土坝养护修理规程》（SL 230—2015）某水电站水库巡视检查和维护管理制度规程等知识开展宣贯培训。 3. 在班前班后、巡视检查与值班前、工作负责人对参与人员就风险分析和预控措施进行交底、接受交底人员签名确认		1. 制定《某水电站防汛与抢险规程》《某水电站水库大坝安全管理应急预案》《垮坝事故应急预案》等。
16	左岸非溢流坝段上下游面及坝体防水	1. 按照《某水电站》《水工监测整编分析规程》《水工监测资料整编分析规程》的要求，应开展变形、位移、渗流、应力应变监测和分析，发生险情时加强监测。	1. 及时制定和完善《某水电站水工建筑物维护管理制度》《某水电站水工日常观测和巡视制度》《某水电站水工建筑物维护规程》《某水电站水工安全巡视检查规程》《某水电站水工安全监测规程》《水工监测资料整编分析规程》，并满足国家、地方相关规范标准的要求。	1. 对水工部新进人员开展安全教育、加强风险意识和对安全风险分级管控知识的培训，指导和帮助新进员工了解大坝基本结构、工程观测知识，并进行渗漏抢险知识培训。	/	

续表

序号	风险点(危险源)	控制措施				
		工程技术措施	管理措施	教育培训措施	个人防护	应急处置措施
16	左岸非溢流坝段上下游面及坝体	2. 对裂缝或渗水点加强变形、沉降和渗透的安全监测和分析，应力开展进一步发展。邀请专家召开专题会议，编制处置方案，可采取挖除、灌浆、封堵等方法修补	2. 按照制度要求开展巡视检查。正常巡检每月开展 3 次、汛期巡检每月开展 2 次、年度巡检每年不少于 2 次、特殊巡检加密为每月 2 次。 3. 巡视检查后认真填写检查记录，发现问题按制度、规程要求及时上报、处理，验收和存档案。 4. 定期对大坝安全监测的资料进行整编分析，对存在异常的部位组织专家分析研判。 5. 需要委外委单位作业的，应与委单位签订安全协议，督促其开展安全技术交底，并监督需要派人监督。 6. 某水电站在运行管理期间应每隔 6~10 年组织一次安全鉴定	2. 就《水库大坝安全管理条例》《混凝土坝养护修理规程》(SL 230—2015)、《混凝土坝安全监测技术规范》(SL 601—2013)及某水电站巡视检查、安全监测和维护管理制度规程等知识开展宣贯培训。 3. 每次值班前明确巡查任务、巡查重点。开展安全技术交底，并签字确认	/	2. 配备水库应急抢险常备队伍和预备队伍、配备冲锋舟、救生衣、块石、钢丝绳、尼龙袋等应急物资、装备。 3. 每年至少开展一次以上演练
17	左岸非溢流坝段接缝与止水	1. 按照《某水电站水工监测规程》《水工监测资料整编分析规程》的要求开展变形、位移、渗流监测和分析，对结构缝渗漏量的变化及其与水库水位之间的关系。	1. 及时制定和完善《某水电站水工建筑物维护管理制度》《某水电站水工日常观测和巡视制度》《某水电站水工建筑物维护规程》《某水电站水工安全巡视检查规程》《某水电站水工监测资料整编分析规程》《水工监测规程》，并满足国家、地方相关法规标准的要求。	1. 对水工部新进人员开展安全教育，加强风险分级管控意识和对安全风险认识的培训，指导和帮助新进员工了解大坝基本结构，工程观测知识，并进行抢险知识培训。	/	1. 制定《某水电站防汛与抢险规程》《某水电站大坝安全管理应急预案》《某水电站大坝安全事故应急预案》《跨流域应急预案》等。

续表

序号	风险点（危险源）	控制措施				
		工程技术措施	管理措施	教育培训措施	个人防护	应急处置措施
17	左岸非溢流坝段接缝与止水	2. 接缝破损和止水失效的部位加强监测和渗透系数的安全监测和分析，若进一步发展，邀请专家召开专题会议，编制处置方案，按照方案要求采取灌浆、封堵等方法修补。	2. 按照制度要求开展巡视检查。正常巡检每月开展2次，汛期巡检每月开展3次，年度巡检每年不少于2次，特殊巡检加密为每周上1次。 3. 巡视检查后认真填写检查记录，发现问题按照制度、规程要求及时上报、处理，整编、验收和存档。 4. 定期对大坝安全监测的资料进行整编分析，对存在异常的部位组织专家分析研判。 5. 需委外单位作业的，应与外委单位签订安全协议，督促其开展安全技术交底，并根据需要派专人监督。 6. 某水电站在运行管理期间应每隔6~10年组织一次安全鉴定。	2. 就《水库大坝安全管理条例》《混凝土坝养护修理规程》（SL 230—2015）、《混凝土坝安全监测技术规范》（SL 601—2013）及某水电站巡视检查、安全监测和维护管理制度规程等知识开展宣贯培训。 3. 每次当班前班后巡视检查前，明确巡查重点，开展安全技术交底，并签字确认。	/	2. 配备水库应急抢险备队伍和预备队，配备冲锋舟、救生衣、块石、钢丝绳、尼龙袋等应物资装备。 3. 每年至少开展一次演练似演练
18	坝顶检修闸门门库	1. 按照《某水电站水工建筑物维护管理制度》《某水电站水工建筑物维护规程》《某水电站水工建筑房屋维护规程》的要求对缺陷登记建档、申报维护建议或计划，采取针对性的修补、翻新措施。	1. 及时制定和完善《某水电站水工建筑物观测和巡视制度》《某水电站水工建筑检查维护规程》，并满足国家、地方相关法规标准的要求。	1. 对水工部新进人员开展三级安全教育，加强风险意识和对安全风险分级管控知识认识的培训。	/	1. 制定《人身事故应急预案》《高处坠落现场处置方案》《车辆伤害事故应急预案》等。

续表

序号	风险点（危险源）	控制措施				
		工程技术措施	管理措施	教育培训措施	个人防护	应急处置措施
18	坝顶检修闸门门库	2. 破损部位不能及时更换时，及时在周边悬挂临时防护围挡标识或设置临时防护围挡。	2. 按照制度要求开展巡视检查。正常巡检每月开展 2 次，年度巡检每年不少于 2 次，特殊巡检加密。3. 巡视检查后认真填写检查记录，发现问题按照制度、规程要求及时上报、处理，验收和存档备案。4. 需要外委单位作业的，应与外委单位签订安全协议，规程要求及根据需要派人监督。	2. 就《水库大坝安全管理条例》《混凝土坝养护修理规程》（SL 230—2015）及某水电站巡视检查和维护管理制度规程等知识开展经常培训。3. 每次班前班后及巡检查前，明确巡查重点。开展安全技术交底后及巡检确认并签字	/	2. 配备应急药品，视受伤程度将伤者转移到安全地带，需要包扎止血救治，并汇报领导或拨打急救电话。3. 按照相关制度、定期开展应急演练，并做好记录
19	4 井坝段灌溉引水管道与坝体结合部	1. 按照《某水电站水工安全监测规程》《水工监测资料整编分析规程》的要求开展流量监测和分析，发生险情时加强监测。	1. 及时制定和完善《某水电站水工建筑物管理制度》《某水电站水工日常观测和巡视检查制度》《某水电站水工建筑物维护规程》《某水电站水工巡视检查规程》《水工监测资料整编分析规程》，并满足国家、地方相关法规规程的要求。2. 按照制度要求开展巡视检查。正常巡检每月开展 2 次，年度巡检每年不少于 2 次，特殊巡检加密。	1. 对水工部新进人员开展三级安全教育，加强风险意识和对安全风险分级管控认识的培训，指导和帮助新进员工了解大坝基本结构、工程观测知识，并进行渗漏抢险知识培训。	/	1. 制定《某水电站防汛与抢险规程》《某水电站水库大坝安全管理应急预案》《跨坝应急预案》等。

续表

序号	风险点（危险源）	控制措施				应急处置措施
		工程技术措施	管理措施	教育培训措施	个人防护	
19	4#坝段灌浆与引水管道与坝体结合部	2. 对渗水点加强变形、沉降和渗透系数的安全监测和分析，若进一步发展，请专家召开专题会议，编制处置方案。按照方案要求采取灌浆、封堵等方法修补	3. 巡视检查后认真填写检查记录，发现问题按照制度、规程要求及时上报、处理，验收和存档备案。4. 定期对大坝安全监测的资料进行整编分析，对存在异常发展、邀请外委相关部位组织专家分析研判。5. 需要外委单位作业的，应与外委单位签订安全协议，督促其开展安全技术交底，并根据需要派人监督。6. 某水电站在运行管理期间应每隔6～10年组织一次安全鉴定	2. 就《水库大坝安全管理条例》《混凝土坝养护修理规程》(SL 230—2015)、《混凝土坝安全监测技术规范》(SL 601—2013)及某水电站巡视检查、安全监测和维护管理制度规程等知识开展宣贯培训。3. 每次班前班后及视检查前，明确巡查重点，开展安全技术交底，并签字确认	/	2. 配备水库应急抢险常备队伍、配备冲锋舟、救生衣、块石、钢丝绳、尼龙袋等应急物资、装备。3. 每年至少开展一次类似演练
20	左岸非溢流坝段帷幕、固结、接触灌浆和排水幕	1. 按照《某水电站水工安全监测规程》《水工监测资料整编分析规程》的要求，应开展变形、位移、渗流，应力应变监测和分析，了解和判断帷幕的运行情况。	1. 及时制定和完善《某水电站水工建筑物维护管理制度》《某水电站水工日常观测和巡视规程》《某水电站水工建筑物维护检查规程》《某水电站水工安全监测规程》《水工监测资料整编分析规程》，并满足国家、地方相关法规规范的要求。2. 按照制度要求开展巡视检查。正常巡检每月开展2次，汛期巡检每年不少于2次，年度巡检每年开展3次，特殊巡检加密为每周2次。	1. 对水工部新进人员开展三级安全教育，加强风险意识和对安全风险分级管控知识的培训，指导和帮助新进员工了解大坝基本结构，工程观测知识，并进行现场巡检隐患识别培训。	/	1. 制定有《某水电站大坝防汛与抢险规程》《某水电站水库大坝安全管理应急预案》《垮坝事故应急预案》等。

续表

序号	风险点（危险源）	控制措施				
		工程技术措施	管理措施	教育培训措施	个人防护	应急处置措施
20	左岸非溢流坝段帷幕、固结、接触灌浆和排水帷幕	2. 若变形、位移、渗流等监测数据超过设计标准或者分析异常，邀请专家进一步分析研判，查找原因，按照规程规范及时进行维护和补强	3. 巡视检查后认真填写检查记录，发现问题按照制度、规程要求及时上报、处理，验收和存档案。 4. 定期对大坝安全监测的资料进行整编分析，对存在异常的部位组织专家分析研判。 5. 需要外委单位作业的，应与外委单位签订安全协议，并督促其开展安全技术交底，并根据需要派人监督。 6. 某水电站在运行管理期间应每隔6～10年组织一次安全鉴定	2. 就《水库大坝安全管理条例》、《混凝土坝养护修理规程》（SL 230—2015），《混凝土坝安全监测技术规范》（SL 601—2013）及某水电站巡视检查、安全监测和维护管理制度规程等知识开展宣贯培训。 3. 每次班前班后巡视检查时，明确巡查重点，开展安全技术交底，并签字确认	/	2. 配备水库应急抢险常备队伍。配备冲锋舟、救生衣、块石、钢丝绳、尼龙袋等应急物资、装备。 3. 每年至少开展一次类似演练
21	溢流坝段上下游面及坝体	1. 按照《某水电站规程》、《水工监测资料整编分析规程》的要求，开展变形、位移、渗流，应力应变监测和分析，发生险情时应加强监测。	1. 及时制定和完善《某水电站巡视制度》、《某水电站水工建筑物观测和巡视规程》、《某水电站水工巡视检查规程》、《水工监测资料整编分析规程》，并满足国家、地方相关法规标准的要求。 2. 按照制度要求开展巡视检查。正常巡检每月开展2次，汛期巡检每月开展3次，年度巡检每年不少于2次，特殊巡检加密为每周2次。	1. 对水工部新进人员开展安全教育、加强风险三级安全培训，和对安全风险分级管控意识和认识的培训，指导和帮助新进员工了解大坝基本结构、工程观测知识，并进行渗漏抢险知识培训。	/	1. 制定《某水电站防汛与抢险应急预案》、《某水电站大坝安全管理应急预案》、《跨坝事故应急预案》等。

续表

序号	风险点（危险源）	控制措施				
		工程技术措施	管理措施	教育培训措施	个人防护	应急处置措施
21	溢流坝段上下游面及坝体	2. 对裂缝或渗水点加强变形、沉降和渗透、应力变化的安全监测和分析，若进一步发展，邀请专家召开专题会议，编制处置方案，可采取挖除、灌浆、封堵等方法修补	3. 巡视检查后认真填写检查记录，发现问题按照制度、规程要求及时上报、处理，验收和存档案。4. 定期对大坝安全监测的资料进行整编分析，对存在异常的部位组织专家分析研判。5. 需要外委单位作业的，应与外委单位签订安全协议，督促其开展安全技术交底，并根据需要派人监督。6. 水电站在运行管理期间应每隔6～10年组织一次安全鉴定	2. 就《水库大坝安全管理条例》《混凝土坝安全管理规程》(SL 230—2015)、《混凝土坝安全监测技术规范》(SL 601—2013)及某水电站巡视检查、安全监测和维护管理规度规程等知识开展宣贯培训。3. 每次班前班后巡视检查前，明确巡查重点，开展安全技术交底，并签字确认	/	2. 配备水库应急抢险常备队伍，配备冲锋舟、救生衣、块石、钢丝绳、尼龙袋等应急物资、装备。3. 每年至少开展一次类似演练
22	溢流坝段接缝与止水	1. 按照《某水电站水工监测规程》《水工监测资料整编规范》的要求开展变形、位移、渗流监测和分析，对结构缝定期检查，尤其关注结构缝渗漏量的变化及其与水库水位之间的关系。	1. 及时制定和完善《某水电站水工建筑物日常观测和巡视制度》《某水电站水工建筑物维护规程》《某水电站水工巡视检查规程》《某水电站资料整编分析规范》，并满足国家、地方相关法规标准的要求。2. 按照制度要求开展巡视检查。正常巡检每月开展2次，汛期巡检每年不少于2次，年度巡检每年开展3次，特殊巡检加密为每周2次。	1. 对水工部新进人员开展三级安全教育，加强风险意识和对安全风险分级管控认识的培训，指导和帮助新进员工了解大坝基本结构、工程观测知识，并进行渗漏抢险知识培训。	/	1. 制定《某水电站防汛与抢险规程》《某水电站大坝安全管理应急预案》《跨坝事故应急预案》等。

续表

序号	风险点（危险源）	控制措施				
		工程技术措施	管理措施	教育培训措施	个人防护	应急处置措施
22	溢流坝段接缝与止水	2. 接缝破损和止水失效的部位应加强沉降变形和渗透系数的安全监测，对存在异常的资料进行整编分析。若进一步发展、邀请专家召开专题会议，可采取灌浆、封堵置等方法修补	3. 巡视检查后应认真填写检查记录，发现问题应按照制度、规程要求及时上报、处理，验收和存档案。 4. 定期对大坝安全监测的资料进行整编分析，对存在异常的部位组织专家分析研判。 5. 需要外委单位作业的，应与委单位签订安全协议，督促其开展安全技术交底，并根据需要派人监督。 6. 水电站在运行管理期间应每隔6～10年组织一次安全鉴定	2. 就《水库大坝安全管理条例》、《混凝土坝养护修理规程》（SL 230—2015）、《混凝土坝安全监测技术规范》（SL 601—2013）及某水电站巡视检查、安全监测和维护管理制度规程等知识开展宣贯培训。 3. 每次班前班后及巡视检查、明确检查重点。开展安全技术交底，并签字确认	/	2. 配备水库应急抢险常备队伍和预备队伍，配备冲锋舟、救生衣、块石、钢丝绳、尼龙袋等应急物资、装备。 3. 每年至少开展一次类似演练
23	表孔溢流面及宽尾墩	1. 按照《某水电站水工建筑物维护规程》的要求定期养护，溢流面和闸墩表面应保持光滑、平整，出现裂缝应及时处理、涂抹防护材料。 2. 汛期必须详细检查，溢流面上能引起冲磨损坏的凸体和其他重物应及时清除	1. 及时制定和完善《某水电站水工建筑物维护管理制度》《某水电站水工建筑物日常观测和巡视制度》《某水电站水工建筑物巡视检查规范》，并满足国家、地方相关法规标准的要求。 2. 按照巡视制度要求开展巡视检查。正常巡检每月开展2次，年度巡检每年不少于2次；汛期巡检每月开展3次，特殊巡检加密为每周2次	1. 对水工部新进人员开展三级安全教育，加强风险意识和对安全风险分级管控认识的培训，指导和帮助新进员工了解工程大坝基本结构、工程观测知识，并进行渗透抢险知识培训	/	1. 制定《某水利枢纽工程《某水电站规程》《某水库调度规程》《某水电站水库大坝安全管理应急预案》《跨坝事故应急预案》等

续表

序号	风险点（危险源）	控制措施				
		工程技术措施	管理措施	教育培训措施	个人防护	应急处置措施
23	表孔溢流面及宽尾墩	3. 闸墩牛腿出现应力破坏、裂缝时,应停止使用该泄流面,按照相关制度,采取要求,编制处置方案,加固措施,验收合格后可继续使用	3. 巡视检查后认真填写检查记录,发现问题按照相关制度,规程要求及时上报、处理,验收和存档案。 4. 需要外委单位作业的,应与外委单位签订安全协议,并督促其开展安全技术交底,并根据需要要求派人监督。 5. 某水电站在运行管理期间应每隔6～10年组织一次安全鉴定	2. 就《水库大坝安全管理条例》《混凝土坝养护修理规程》(SL 230—2015)、《某水电站巡视检查和维护管理制度规程》等知识开展宣贯培训。 3. 每次班前班后及巡视检查前、明确检查重点,并签字,开展安全技术交底,并签字确认	/	2. 汛期发生该类突发情况,选择合理运行方式,调整闸门开启顺序,或减小下泄闸门开度,经地方防汛办批准同意后,减小下泄流量,延长下泄时间
24	底孔泄流通道及边墩	1. 按照《某水电站水工建筑物维护规程》的要求定期养护、溢流面和闸墩面应保持光滑、平整,出现裂缝、气蚀、凹坑,应及时处理,涂抹防护材料。 2. 汛期必须详细检查。溢流面上能引起冲磨损坏的凸体和其他重物应及时清除。	1. 及时制定和完善《某水电站管理制度》《某水电站水工建筑物日常观测和巡视制度》《某水电站水工建筑物维护规程》,并满足国家、地方相关法规标准的要求。 2. 按照制度要求开展巡视检查。正常巡检每月开展2次,汛期巡检每年不少于2次。年度巡检为每月2次,特殊巡检加密为每月2次。 3. 巡视检查后认真填写检查记录,发现问题按照相关制度,规程要求及时上报、处理,验收和存档案。	1. 对水工部新进人员开展三级安全教育,加强风险意识和对安全风险分级管控认识的培训,指导和帮助新进员工了解大坝基本结构,工程观测知识,并进行渗漏抢险知识培训。 2. 就《水库大坝安全管理条例》《混凝土坝养护修理规程》(SL 230—2015)、《某水电站巡视检查和维护管理制度规程》等知识开展宣贯培训。	/	1. 制定《某水电站防汛与抢险预案》《某省水利枢纽工程某水电站调度规程》《某水电站大坝安全管理应急预案》《跨坝事故应急预案》等。

续表

序号	风险点(危险源)	控制措施				
		工程技术措施	管理措施	教育培训措施	个人防护	应急处置措施
24	底孔泄流通道及边墩	3. 闸墩牛腿出现应力破坏、裂缝时,应停止使用该泄流面,按照相关制度要求,编制处置方案,采取加固措施,验收合格后方可继续使用	4. 需要外委单位作业的,应与外委单位签订安全协议,督促其开展安全技术交底,并根据需要派人监督。 5. 某水电站在运行管理期间应每隔6~10年组织一次安全鉴定	3. 每次班前班后及巡视检查前,明确巡查重点,并开展安全技术交底,并签字确认	/	2. 汛期发生该类突发情况,选择合理的闸门运行方式,调整闸门开启顺序,或按报经当地方防汛办批准同意后,减小下泄流量,延长下泄时间
25	1#底孔闸门启闭机室结构、屋面和外墙防水	1. 分析混凝土脱落、裂缝、渗漏和房屋防水失效的原因,及时按照《某水电站工建筑物维护规程》《某水电站房屋建筑物维修规程》《某水电站工建筑物维护规程》的要求,对缺陷建档、申报维护建议或计划,采取针对性的修补、翻新措施	1. 及时制定和完善《某水电站工建筑物维护规程》《某水电站工建筑物巡视检查规程》,并满足国家、地方相关法规标准的要求。 2. 按照制度要求开展巡视检查。正常巡检每月开展2次;汛期巡检每月开展3次,特殊巡检加密为每月2次,年度巡检每年不少于2次。 3. 巡视检查后认真填写检查记录,发现问题按照制度、规程要求及时上报、处理,验收和存档。	1. 对水工部新进人员开展三级安全教育,加强风险意识和对安全风险分级管控认识的培训,指导和帮助新进员工了解机房基本结构和风险防控措施。 2. 不定期开展专题讲座、技术培训讲课、安全规程培训考试、安全知识竞赛、安全月等活动,就《水库大坝安全管理条例》《混凝土坝养护维修规程》(SL 230—2015)《某水电站巡视检查和维护管理制度规程》等知识开展宣贯培训。	/	配备防水布,出现屋面渗漏水时,及时防护室内电气设备。 配备临时排水水泵和水桶,及时清除室内积水

续表

序号	风险点（危险源）	控制措施				
		工程技术措施	管理措施	教育培训措施	个人防护	应急处置措施
25	1#底孔闸门启闭机室结构、屋面和外墙防水		4. 需要外委单位作业的，应与外委单位签订安全协议，督促其开展安全技术交底，并根据需要派人监督	3. 在班前班后、工作前，作业前与人员就风险分析和预控措施进行交底、接受交底人员签名确认		
26	2#底孔闸门启闭机室结构、屋面和外墙防水	1. 分析混凝土脱落、裂缝、渗漏和房屋防水失效的原因，及时按照《某水电站水工建筑物维护管理制度》《某水电站水工建筑物维护规程》《某水电站房屋建筑检查修缮规程》的要求对缺陷登记建档、申报维护建议或计划，采取针对性的修补、翻新措施	1. 及时制定和完善《某水电站水工建筑物检查和巡视制度》《某水电站水工建筑物日常观测和巡视制度》《某水电站水工建筑检查修缮规程》《某水电站房屋建筑检查修缮规程》，并满足国家、地方相关法规标准的要求。 2. 按照制度要求开展巡视检查。正常巡检每月开展 2 次，汛期巡检每月开展 3 次，年度巡检每年不少于 2 次，特殊巡检加密为每月 2 次。 3. 巡视检查后认真填写检查记录，发现问题及时上报、处理，规范要求及时上报、处理，验收和存档案。 4. 需要外委单位作业的，应与外委单位签订安全协议，督促其开展安全技术交底，并根据需要派人监督	1. 对水工部新进人员开展三级安全教育，加强风险意识和安全风险分级管控认识和认识的培训，指导帮助新进员工了解启闭机房基本结构和风险防控措施。 2. 不定期开展专题讲座、技术培训讲课、安全规程培训考试、安全知识竞赛、安全月等活动，就《水库大坝安全管理条例》《混凝土坝养护修理规程》(SL 230—2015)、某水电站巡视检查和维护管理制度规程等知识开展宣贯培训。 3. 在班前班后、工作前，作业前与人员就风险分析和预控措施进行交底、接受交底人员签名确认	/	配备防水布，出现屋面渗漏水时，及时防护室内电气设备。配备临时排水泵和水桶，及时清除室内积水

续表

序号	风险点（危险源）	控制措施				
		工程技术措施	管理措施	教育培训措施	个人防护	应急处置措施
27	3#底孔闸门启闭机室结构、屋面和外墙面防水	1. 分析混凝土脱落、裂缝、渗漏和房屋防水失效的原因，及时按照《某水电站水工建筑物防水管理制度》《某水电站水工建筑物维护规程》《某水电站水工建筑物维护规程》《某水电站房屋建筑检查维修缮规程》的要求，对缺陷登记建档、申报维护建议或计划，采取针对性的修补、翻新措施	1. 及时制定和完善《某水电站水工建筑物防水管理制度》《某水电站水工建筑物维护规程》《某水电站水工建筑物巡视检查养护规程》《某水电站房屋建筑检查维修缮规程》，并满足国家、地方相关法规规标准的要求。 2. 按照制度要求开展巡视检查。正常巡检每月开展2次，汛期巡检每月开展3次，年度巡检每年不少于2次，特殊巡检加密为每周2次。 3. 巡视检查后认真填写检查记录，发现问题按照制度、规程要求及时上报、处理，验收和存档案。 4. 需要外委单位作业的，应与外委单位签订安全协议，督促其开展安全技术交底，并根据需要派人监督	1. 对水工部新进人员开展三级安全教育，加强风险意识和对安全风险分级管控认识的培训，指导和帮助新进员工了解启闭机房基本结构和风险防控措施。 2. 不定期开展专题讲座、技术培训讲课、安全规程培训考试，就《水库大坝安全管理条例》《混凝土坝养护修理规程》（SL 230—2015）、某水电站巡视检查和维护管理制度规程等知识开展宣贯培训。 3. 在班前班后，工作负责人就作业前、工作要求人对参与人员就风险分析和预控措施进行交底，接受交底人员签名确认	/	配备防水布、出现屋面渗漏水时，及时做好屋内电气设备。配备临时排水泵和水桶，及时清除室内积水

续表

序号	风险点（危险源）	控制措施				应急处置措施
		工程技术措施	管理措施	教育培训措施	个人防护	
28	4#底孔闸门启闭机室结构、屋面和外墙防水	1. 分析混凝土脱落、裂缝、渗漏和房屋防水失效的原因，及时按照《某水电站水工建筑物维护规程《某水电站水工建筑物检查修缮规程》的要求，对缺陷登记建档，申报维护建议或计划，采取针对性的修补、翻新措施	1. 及时制定和完善《某水电站水工建筑物维护管理规程》《某水电站水工建筑物巡视制度》《某水电站水工建筑物检查修缮规程》《某水电站房屋建筑维护规程》，并满足国家、地方相关法规标准的要求。 2. 按照制度要求开展巡视检查。正常巡检每月开展2次，汛期巡检每月开展3次，年度巡检每年不少于2次，特殊巡检加密为每周2次。 3. 巡视检查后认真填写检查记录，发现问题按照制度、规范要求及时上报、处理，规范和存档案。 4. 需要外委单位作业的，应与外委单位签订安全协议，督促其开展安全技术交底，并根据需要派人监督	1. 对水工部新进人员开展三级安全教育，加强风险意识和对安全风险分级管控认识的培训，指导和帮助新进员工了解启闭机房基本结构和风险防控措施。 2. 不定期开展专题讲座、技术培训讲课、安全规程培训考试、安全知识竞赛、安全月等活动，就《水库巡坝安全管理案例》《混凝土坝养护修理规程》（SL 230—2015）、某水电站巡视检查和维护管理制度规程等知识开展宣贯培训。 3. 在值前班后，巡视检查作业前，工作负责人对参与人员就风险分析和预控措施进行交底、接受交底人员签名确认	/	配备防水布，出现屋面渗漏水时，及时防护室内电气设备。配备临时排水泵和水桶，及时清除室内积水

续表

序号	风险点（危险源）	控制措施				
		工程技术措施	管理措施	教育培训措施	个人防护	应急处置措施
29	溢流坝段帷幕、接触灌浆固结、坝帷幕和排水幕	1. 按照《某水电站水工安全监测规程》《水工监测资料整编规程》的要求，应开展变形、位移、渗流，了解力应变监测和分析，了解和判断帷幕的运行情况。 2. 若变形、位移、渗流等监测数据超过设计标准或者分析异常，邀请专家进一步分析研判，查找原因及时进行维护和按照规范规程及时进行维护和补强	1. 及时制定和完善《某水电站水工建筑物维护管理制度》《某水电站水工日常观测和巡视制度》《某水电站水工巡视维护规程》《某水电站水工建筑物检查规程》《水工监测资料整编规程》，并满足国家、地方相关法规标准的要求。 2. 按照制度要求开展巡检查，正常巡检每月开展2次、汛期巡检每年不少于2次。常检查每月开展3次，年度巡检每年不少于2次，特殊巡检加密为每周2次。 3. 巡规检查后认真填写检查记录，发现问题按照制度、规程要求及时上报、处理，验收和存档备案。 4. 定期对大坝安全监测的资料进行整编分析，对存在异常的部位组织专家分析研判。 5. 需要外委单位作业的，应与委单位签订安全协议，督促其开展安全技术交底，并根据需要派人监督。 6. 水电站在运行管理期间应每隔6～10年组织一次安全鉴定	1. 对水工部新进人员开展三级安全教育，加强风险意识和对安全风险分级管控认识的培训，指导和帮助新进员工了解大坝基本结构、工程观测知识，并进行渗漏险隐患知识培训。 2. 就《水库大坝安全管理条例》《混凝土坝养护修理规程》（SL 230—2015）、《混凝土坝安全监测技术规范》（SL 601—2013）及某水电站巡视检查、安全监测和维护管理制度规程等知识评开展宣贯培训。 3. 每次班前班后巡视重点。开展安全技术交底，并签字确认	/	1. 制定《某水电站防汛与抢险规程》《某水电站水库大坝安全管理事故应急预案》《跨物管理应急预案》等。 2. 配备水库应急抢险常队伍，配备冲锋舟、救生衣、块石、钢丝绳、尼龙袋等应急物资、装备。 3. 每年至少开展一次类似演练

续表

序号	风险点（危险源）	控制措施				
		工程技术措施	管理措施	教育培训措施	个人防护	应急处置措施
30	厂房坝段上下游面及坝体	1. 按照《某水电站水工安全监测规程》《水工监测资料整编分析规程》的要求开展变形、位移、渗流、应力应变监测和分析。发生险情时加强监测。 2. 对裂缝或渗水点加强变形、沉降和渗透，应力监测和分析。若应力发展，邀请专家召开专题会议，编制处置方案，可采取挖除、灌浆、封堵等方法修补	1. 及时制定和完善《某水电站水工建筑物维护管理制度》《某水电站水工建筑物巡视维护规程》《某水电站水工巡视检查规程》《水工监测资料整编分析规程》，并满足国家、地方相关法规标准的要求。 2. 按照规章制度要求开展巡视检查。正常巡检每月开展 3 次、年度巡检每年不少于 2 次、汛期巡检每月开展 3 次、特殊巡检加密为每周 2 次。 3. 巡视检查后认真填写检查记录。发现问题按照规章制度、规程要求及时上报、处理、验收和存档案。 4. 定期对大坝安全监测的资料进行整编分析。对存在异常的部位组织专家分析研判。 5. 需要外委单位作业的，应与外委单位签订安全协议，督促其开展安全技术交底，并根据需要派人监督。 6. 水电站在运行管理期间应每隔 6～10 年组织一次安全鉴定	1. 对水工部新进人员开展三级安全教育，加强风险意识认识的培训，指导和帮助新进员工了解大坝安全结构，工程观测知识，并进行渗漏抢险知识培训。 2. 就《水库大坝安全管理条例》《混凝土坝养护修理规程》（SL 230—2015）、《混凝土坝安全监测技术规范》（SL 601—2013）及某水电站巡视检查、安全监测和维护管理制度规程等知识开展宣贯培训。 3. 每次班前班后巡视检查前，明确巡查重点，开展安全技术交底，并签字确认	/	1. 制定《某水电站防汛与险情抢险规程》《某水电站水库大坝安全管理事故应急预案》《跨河工程应急预案》等。 2. 配备水车应急抢险常备队伍，配备冲锋舟、救生衣、块石、钢丝绳、尼龙袋等应急物资、装备。 3. 每年至少开展一次类似演练

续表

序号	风险点（危险源）	控制措施				
		工程技术措施	管理措施	教育培训措施	个人防护	应急处置措施
31	厂房坝段接缝与止水	1. 按照《某水电站水工安全监测规程》《水工监测资料整编分析规程》《某水电站渗流监测》的要求开展变形、位移、渗流监测和分析，对结构缝渗漏检查和分析，尤其关注结构缝渗漏量的变化及其与水库水位之间的关系。 2. 接缝破损和止水失效的部位加强变形、沉降和渗透系数的安全监测和分析，若进一步发展，邀请专家召开专题会议，编制处置方案，按照方案采取灌浆、封堵等方法进行修补。	1. 及时制定和完善《某水电站水工建筑物维护管理制度》《某水电站水工建筑物日常观测和巡视制度》《某水电站水工巡视检查规程》，并满足国家、地方相关法规规标准的要求。 2. 按照制度要求开展巡视检查。正常巡检每月开展2次，年度巡检每年不少于2次，汛期巡检加密为每周2次，特殊巡检加密为每周2次。 3. 巡视检查后认真填写检查记录。发现问题按照制度、规程要求及时上报、处理，验收和存档案。 4. 定期对大坝安全监测的资料进行整编分析，对存在异常的部位组织专家分析研判。 5. 需要外委单位作业的，应与委外单位签订安全协议，督促其开展安全技术交底，并根据需要派人监督。 6. 水电站在运行管理期间应每隔6～10年组织一次安全鉴定	1. 对水工部新进人员开展三级安全教育，加强风险意识和对安全风险分级管控认识的培训，指导和帮助新进员工了解大坝基本结构，工程观测知识，并进行渗漏抢险知识培训。 2. 就《水库大坝安全管理条例》《混凝土坝养护维修规程》《混凝土坝安全监测技术规范》(SL 230—2015)、(SL 601—2013)及某水电站巡视检查、安全监测和维护管理制度规程等知识开展宣贯培训。 3. 每次班前班后巡视及巡视检查重点。开查前，明确巡查重点，开展安全技术交底，并签字确认	/	1. 制定《某水电站防汛与抢险规程》《某水库大坝安全管理应急预案》《跨坝电站事故应急预案》等。 2. 配备水库应急抢险常备队伍，配备冲锋舟、救生衣、块石、钢丝绳、尼龙袋等应急物资、装备。 3. 每年至少开展一次应急演练

续表

序号	风险点(危险源)	控制措施				
		工程技术措施	管理措施	教育培训措施	个人防护	应急处置措施
32	1#、2#机组进水口	1. 在进水口闸门前安装拦污栅,并定期清理拦污栅前堆积物、杂物。 2. 对存在裂缝、冲刷破坏的部位,按照《某水电站水工建筑物维护管理制度》《某水电站水工建筑物维护规程》的要求,编制处理方案,采取灌浆、涂抹环氧砂浆等方式修补。	1. 及时制定和完善《某水电站水工建筑物维护管理制度》《某水电站水工巡视维护规程》《某水电站水工巡视检查规程》并满足国家、地方相关法规标准的要求。 2. 定期开展流道检查工作,检查后认真填写检查记录,发现问题及时上报、处理,规程按照要求及时上报、处理,验收和存档备案。 3. 需要外委单位作业的,应与外委单位签订安全协议,督促其开展安全技术交底,并根据需要委派专人监督。 4. 水电站在运行管理期间应每隔6~10年组织一次安全鉴定。	1. 对水工部新进人员开展三级安全教育,加强风险意识和对安全风险分级管控认识的培训,指导和帮助新进员工了解大坝基本结构、工程观测知识,并进行渗漏险知识培训。 2. 就《水库大坝安全管理条例》《混凝土坝养护修理规程》(SL 230—2015)、《混凝土坝安全监测技术规范》(SL 601—2013)及某水电站安全监测和维护管理制度规程等知识开展宣贯培训。 3. 开展流道检查前,明确巡查重点,做好安全技术交底,并确认签字。	/	/
33	1#、2#机组引水管外包混凝土结构	1. 按照《某水电站水工日常观测和巡视制度》《某水电站水工巡查检查规程》的要求,当发现有危害建筑物安全的重要裂缝或缺陷时,应报告上级,临时增设简易设施进行观测。	1. 及时制定和完善管理制度《某水电站水工建筑物维护和巡视规程》《某水电站水工巡视维护规程》《某水电站水工资料整编分析规程》《水工监测资料整编规程》,并满足国家、地方相关法律标准的要求。	1. 对水工部新进人员开展三级安全教育,加强风险意识和对安全风险分级管控认识的培训,指导和帮助新进员工了解大坝基本结构、工程观测知识,和维修漏抢险知识培训。	/	1. 制定《某水电站防汛与抢险规程》《某水库大坝安全管理应急预案》《跨坝事故应急预案》《水淹厂房事故应急预案》等。

续表

序号	风险点（危险源）	控制措施				应急处置措施
		工程技术措施	管理措施	教育培训措施	个人防护	
33	1#、2#机组引水管外包混凝土结构	2. 对裂缝和渗水点加强安全监测和分析，若出现进一步形、沉降和渗透系数变化，邀请专家召开专题会议，编制处置方案，按照方案要求采取灌浆、封堵等方法修补。	2. 按照制度要求开展巡视检查。正常巡检每月开展2次，年度巡检每年不少于2次，特殊巡检加密为每周2次。3. 巡视检查后认真填写检查记录，发现问题按照制度、规程要求及时上报、处理，整编制存档案。4. 定期对大坝安全监测的资料进行整编分析，对存在异常的部位组织专家分析研判。5. 需要外委单位作业的，应与外委单位签订安全协议，督促其开展安全技术交底，并根据需要派人监督。6. 水电站在运行管理期间应每隔6~10年组织一次安全鉴定	2. 就《水库大坝安全管理条例》《混凝土坝养护修理规程》(SL 230—2015)、《混凝土坝安全监测技术规范》(SL 601—2013)及某水电站巡视检查、安全监测和维护管理制度规程等知识开展宣贯培训。3. 每次班前班后巡查及巡检查前，明确巡查重点。开展安全技术交底，并签字确认	/	2. 配备水库应急抢险备常队伍，配备冲锋舟、救生衣、块石、钢丝绳、尼龙袋、抽水泵等应急物资、装备。3. 每年至少开展一次以演练
34	1#、2#机组伸缩节室	1. 按照《某水电站水工日常观测和巡视制度》《某水电站水工建筑物检查规程》的要求，当发现有危害建筑物安全的重要裂缝或缺陷时，应报告上级，临时埋设简易设施进行观测。	1. 及时制定和完善《某水电站水工建筑物维护管理制度》《某水电站水工日常观测和巡视制度》《某水电站水工建筑物维护规程》《某水电站水工建筑物巡视检查规程》《某水电站水工安全监测规程》《水工监测资料整编分析规程》，并满足国家、地方相关法规标准的要求。	1. 对水工部新进人员开展安全教育，加强风险三级安全教育，加强风险意识和对安全风险分级管控认识的培训，指导和帮助新进员工了解大坝基本结构、工程观测知识，并进行渗漏知识培训。	/	1. 制定《某水电站防汛与抢险规程》《廊道、伸缩节室积水现场处置方案》。

续表

序号	风险点（危险源）	控制措施				
		工程技术措施	管理措施	教育培训措施	个人防护	应急处置措施
34	1#、2#机组伸缩节室	2. 对裂缝和渗水点加强变形、沉降和渗透系数的安全监测和分析，若进一步发展，邀请专家召开专题会议，编制处置方案。按照方案要求采取灌浆、封堵等方法进行修补	2. 按照制度要求开展巡视检查。正常巡检每月开展3次，年度巡检每年不少于2次，特殊巡检加密为每周2次。3. 巡视检查后认真填写检查记录，发现问题按照制度、规程要求及时上报、处理，验收和存档备案。4. 定期对大坝安全监测的资料进行整编分析，对存在任何异常部位组织专家分析研判。5. 需委外单位作业的，应与外委单位签订安全协议，督促其开展安全技术交底，并根据需要派人监督。6. 水电站在运行管理期间应每隔6～10年组织一次安全鉴定	2. 就《水库大坝安全管理条例》《混凝土坝养护修理规程》(SL 230—2015)、《混凝土坝安全监测技术规范》(SL 601—2013)及某水电站巡视检查、安全监测和维护管理制度规程等知识开展宣贯培训。3. 每次班前巡查前及巡视检查后，明确巡查重点，开展安全技术交底，并签字确认	/	2. 配备临时排水泵和水桶，及时清除室内积水；若廊道被淹，及时切断各类电源。3. 定期开展针对性的应急演练和培训。
35	厂坝导墙电缆廊道结构及排水设施	1. 按照《某水电站水工建筑物维护规程》的要求定期养护，对廊道内排水沟经常清理，每年4月应进行一次全面清理。	1. 及时制定和完善《某水电站水工建筑物维护管理制度》《某水电站水工建筑物观测和巡视制度》《某水电站水工建筑巡视检查规程》，并满足国家、地方相关标准规范的要求。	1. 对水工部新进人员开展三级安全教育，加强风险意识和对安全风险分级管控认识认识的培训，指导和帮助新进员工了解大坝基本结构，工程观测知识，并进行渗漏抢险知识培训。	/	1. 制定《廊道积水处置方案》《触电伤亡类现场处置方案》等。

续表

序号	风险点（危险源）	控制措施				
		工程技术措施	管理措施	教育培训措施	个人防护	应急处置措施
35	厂坝导墙电缆廊道结构及排水设施	2.分析混凝土脱落、裂缝、渗漏和原因，及时按照有关制度要求对缺陷登记建档、申报维护建议或计划，采取针对性的修补、翻新措施	2.按照制度要求开展巡视检查。正常巡检每月开展2次、汛期巡检每年不少于2次、特殊巡检加密为每月2次。3.巡视检查后认真填写与检查记录。发现问题按照制度、规程要求及时上报、处理、验收和存档备案。4.需要外委单位作业的，应与委外单位签订安全协议，并督促其开展安全技术交底，并根据需要派人监督	2.就《水库大坝安全管理条例》《混凝土坝养护修理规程》(SL 230—2015)，《混凝土坝安全监测技术规范》(SL 601—2013)及某水电站检查、安全监测和维护管理制度等知识开展宣贯培训。3.每次班前班后明确巡查重点，开展安全技术交底，并签字确认	/	2.配备临时排水泵和水桶，及时清除廊道内积水；发现有人触电，立即切断电源。3.定期开展针对性的应急演练和培训。
36	厂房坝段帷幕、固结接触灌浆和排水幕	1.按照《某水电站水工安全监测规程》《水工监测资料整编分析规程》的要求，开展变形、位移、渗流，应力变监测和分析，了解和判断帷幕的运行情况。	1.及时制定和完善《某水电站水工建筑物维护管理制度》《某水电站水工日常观测和巡视规程》《某水电站水工建筑物检查规程》《某水电站水工巡视检查规程》《水工监测资料整编分析规程》《某水电站水工监测规程》，并满足国家、地方相关法规标准的要求。2.按照制度要求开展巡视检查。正常巡检每月开展2次、汛期巡检每年不少于2次、特殊巡检加密为每周2次。	1.对水工部新进人员开展三级安全教育、加强风险意识和对安全风险分级管控认识的培训，指导和帮助新进员工了解大坝基本结构、工程观测知识，并进行渗漏抢险知识培训。	/	1.制定有《某水电站防讯与抢险预案》《某水电站水库大坝安全管理应急预案》《垮坝事故应急预案》等。

续表

序号	风险点 (危险源)	控制措施				
		工程技术措施	管理措施	教育培训措施	个人防护	应急处置措施
36	厂房坝段帷幕、固结、接触灌浆和排水幕	2. 若变形、位移、渗流等监测数据超过设计标准或者进一步分析异常,查找原因,邀请专家研判,按照规程规范及时进行维护和补强	3. 巡视检查后认真填写检查记录,发现问题按照制度、规程要求及时上报、处理,验收和存档案。 4. 定期对大坝安全监测的资料进行整编分析,对存在异常的部位组织专家分析研判。 5. 需要外委单位作业的,应与外委单位签订安全协议,并督促其开展安全技术交底,并根据需要派人监督。 6. 水电站在运行管理期间应每隔6～10年组织一次安全鉴定	2. 就《水库大坝安全管理条例》《混凝土坝安全养护管理规程》(SL 230—2015)、《混凝土坝安全监测技术规范》(SL 601—2013)及某水电站巡视检查、安全监测和维护管理制度规程等知识开展宣贯培训。 3. 每次班前班后及巡视检查前,明确巡查重点,开展安全技术交底,并签字确认	/	2. 配备水库应急抢险常备队伍和预备队伍,配备冲锋舟、救生衣、块石、钢丝绳、尼龙袋等应急物资、装备。 3. 每年至少开展一次类似演练
37	右岸非溢流坝段上下游面及坝体	1. 按照《某水电站水工安全监测规程》《水工监测资料整编分析规程》的要求,应开展变形、位移、渗流监测,发生险情时加强监测。	1. 及时制定和完善《某水电站工建筑物维护管理制度》《某水电站水工日常观测和巡视制度》《某水电站水工建筑物维护规程》《某水电站水工巡视检查规程》《水工监测规程》,并满足国家、地方相关法规规范的要求。 2. 按照制度要求开展巡视检查。正常巡检每月开展2次,汛期巡检每年不少于2次。工建巡检每月开展3次,年度巡检加密为每周2次,特殊巡检加密为每周2次。	1. 对水工部新进入员开展安全教育,加强风险三级教育和对安全风险分级管控认识知识的培训,指导和帮助新进员工了解大坝基本结构,工程观测知识,并进行渗漏抢险知识培训。	/	1. 制定《某水电站防汛与抢险规程》《某水电站安全管理应急预案》《某水电站大坝安全管理事故应急预案》《跨坝管理应急预案》等。

续表

序号	风险点（危险源）	控制措施				
		工程技术措施	管理措施	教育培训措施	个人防护	应急处置措施
37	右岸非溢流坝段上下游坝面及坝体	2. 对裂缝或渗水点加强变形、沉降和渗透，应力观测和渗透的安全监测和分析，若进一步发展，邀请专家召开专题会议，编制处置方案，可采取挖除、灌浆、封堵等方法修补	3. 巡视检查后认真填写检查记录，发现问题按照制度、规程要求及时上报、处理，验收和存档备案。 4. 定期对大坝安全监测的资料进行整编分析，对存在异常的部位组织专家分析研判。 5. 需要外委单位作业的，应与外委单位签订安全协议，督促其开展安全技术交底，并根据需要派人监督。 6. 水电站在运行管理期间应每隔6～10年组织一次安全鉴定	2. 就《水库大坝安全管理条例》、《混凝土坝养护修理规程》（SL 230—2015）、《混凝土坝安全监测技术规范》（SL 601—2013）及某水电站巡视检查、安全监测和维护管理制度规程等知识开展宣贯培训。 3. 每次班前班中交底、明确巡查重点，开展安全技术交底，并签字确认。	/	2. 配备水库应急抢险常备队伍和预备队伍、配备冲锋舟、救生衣、块石、钢丝绳、尼龙袋等应急物资、装备。 3. 每年至少开展一次类似演练
38	右岸非溢流坝段接缝与止水	1. 按照《某电站规程》《水工监测规程》的要求开展变形、位移、渗流监测和分析，对结构缝定期检查，尤其关注结构缝渗漏量的变化及其与水库水位之间的关系。	1. 及时制定和完善《某电站管理制度》《某水电站水工建筑物维护和巡视规程》《某水电站水工巡视检查规程》《某水电站水工安全监测规程》《水工监测资料整编规程》，并满足国家、地方相关法规标准的要求。 2. 按照制度要求开展巡视检查。正常巡检每月开展 3 次，汛期巡检每月开展 2 次，年度巡检每年不少于 2 次，特殊巡检加密为每周 2 次。	1. 对水工部新进人员开展安全三级安全教育、加强风险意识和对安全风险分级管控认识的培训，指导和帮助新进员工了解大坝基本结构，了解工程观测知识，并进行渗漏抢险知识培训。	/	1. 制定《某水电站防汛与抢险规程》《某水电站大坝安全管理应急预案》《跨坝事故应急预案》等。

续表

序号	风险点（危险源）	控制措施					应急处置措施
		工程技术措施	管理措施	教育培训措施	个人防护		
38	右岸非溢流坝段接缝与止水	2. 接缝破损和止水失效的部位加强变形、沉降和渗透系数的安全监测和分析，若进一步发展，邀请专家召开专题会议，按照方案进行处置，按照方案灌浆、封堵等方法采取修补。	3. 巡视检查后认真填写检查记录，发现问题按照制度、规程要求及时上报、处理，验收和存档备案。 4. 定期对大坝安全监测的资料进行整编分析，对存在异常的部位组织专家分析研判。 5. 需要委外单位作业的，应与外委单位订立安全协议，督促其开展安全技术交底，并根据需要派人监督。 6. 水电站在运行管理期间应每隔6～10年组织一次安全鉴定。	2. 就《水库大坝安全管理条例》《混凝土坝安全管理规程》（SL 230—2015）、《混凝土坝安全监测技术规范》（SL 601—2013）及某水电站巡视检查、安全监测和维护管理制度规程开展宣贯培训。 3. 每次班前班后巡查及巡视检查前，明确巡查重点，开展安全技术交底，并签字确认。	/		2. 配备水库应急抢险常备队伍和预备队伍、配备冲锋舟、救生衣、块石、钢丝绳、尼龙袋等应急物资、装备。 3. 每年至少开展一次应急演练。
39	17#坝段灌浆引水管道与坝体结合部	1. 按照《某水电站水工监测规程》《水工监测资料整编分析规程》的要求，开展渗流监测和分析，发生险情时加强监测。	1. 及时制定和完善《某水电站水工建筑物维护管理制度》《某水电站水工巡视检查规程》《某水电站水工建筑物维护规程》《某水电站水工监测规程》《水工监测资料整编分析规程》，并满足国家、地方相关法规规范的要求。 2. 按照制度要求开展巡视检查。正常巡检每月开展2次，汛期巡检每月开展3次，年度巡检每年不少于2次，特殊巡检加密为每周2次。	1. 对水工部新进人员开展安全教育，加强风险意识和对安全风险分级管控认识的培训，指导和帮助新进员工了解大坝基本结构、工程观测知识，并进行渗漏抢险知识培训。	/		1. 制定《某水电站防汛与抢险规程》《某水电站大坝安全管理应急预案》《跨坝事故应急预案》等。

续表

序号	风险点（危险源）	控制措施				
		工程技术措施	管理措施	教育培训措施	个人防护	应急处置措施
39	17#坝段灌浆与引水管道与坝体结合部	2. 对渗水点加强变形、沉降和渗透系数的安全监测和分析，若进一步发展，邀请专家召开专题会议，按照处置方案，采取取灌浆、封堵等方法修补	3. 巡视检查后认真填写检查记录，发现问题按照规章制度、规程要求及时上报、处理，验收和存档案。4. 定期对大坝安全监测的资料进行整编分析，对存在异常的部位组织专家分析研判。5. 需要外委单位作业的，应与外委单位签订安全协议，并根据需要派人监督。6. 水电站在运行管理期间应每隔6～10年组织一次安全鉴定	2. 就《水库大坝安全管理条例》《混凝土坝养护修理规程》(SL 230—2015)、《混凝土坝安全监测技术规范》(SL 601—2013)及某水电站巡视检查、安全监测和维护管理制度规程等知识开展宣贯培训。3. 每次班前班后巡视检查、明确巡查重点，开展安全技术交底，并签字确认	/	2. 配备水库应急抢险常备队伍、配备冲锋舟、救生衣、块石、钢丝绳、尼龙袋等应急物资、装备。3. 每年至少开展一次实似演练
40	15#坝段电梯井结构及防水	1. 按照《某水电站水工日常观测和巡视维护规程》《某水电站水工巡视检查规程》的要求，当发现有危害建筑物安全的重要裂缝或缺陷时，应报告上级、临时埋设简易设施进行观测。	1. 制定和完善《某水电站水工建筑物日常观测管理制度》《某水电站水工建筑物巡视测和巡视维护规程》《某水电站水工巡视检查规程》，并满足国家、地方相关法规标准的要求。2. 按照制度要求开展巡视检查，正常巡检每月开展 2 次，汛期巡检每月开展 3 次，年度巡检每年不少于 2 次，特殊巡检加密为每周 2 次。	1. 对水工部新进人员开展三级安全教育，加强风险意识和对安全风险分级管控认识的培训，指导和帮助新进员工了解大坝基本结构、工程观测知识，并进行渗漏抢险知识培训。2. 就《水库大坝安全管理条例》《混凝土坝养护修理规程》(SL 230—2015)、《混凝土坝安全监测技术规范》(SL 601—2013)及某水	/	1. 制定《电梯事故应急预案》《特种设备损坏现场处置方案》《电梯井积水现场处置方案》等。2. 配备临时排水泵和水桶，及时清除室内积水，建立与电梯维保和维修单位联动机制，出险后能及时排除，一旦出现人员伤害，及时送至医院救治或拨打急救电话。

续表

序号	风险点（危险源）	控制措施				应急处置措施
		工程技术措施	管理措施	教育培训措施	个人防护	
40	15#坝段电梯井结构及防水	2. 对裂缝和渗漏水点变形、渗漏的安全监测和分析，若进一步发展，邀请专家召开专题会议，编制处置方案，按照方案要求采取修补灌浆，封堵等方法。	3. 巡视检查后认真填写检查记录。发现问题按照制度、规程要求及时上报、处理，验收和存档备案。 4. 需要外委单位作业的，应与外委单位签订安全协议，督促其开展安全技术交底，并根据需要要派人监督。	电站巡视检查、安全监测和维护管理制度规程等知识开展人员培训。 3. 每次班前班后及巡视检查前，明确巡查重点。开展安全技术交底，并签字确认。	/	3. 定期开展相关应急演练和应急知识培训。
41	右岸非溢流坝段帷幕、固结、接触灌浆和排水幕	1. 按照《某水电站水工安全监测规整编整分析规程》《水工监测资料整编分析规程》的要求，应开展变形、位移、渗流和应力变监测和分析。了解和判断帷幕的运行情况。	1. 及时制定和完善《某水电站水工建筑物管理制度》《某水电站水工建筑物维护和巡视制度》《某水电站水工巡视检查规程》《某水电站水工安全监测规程》《某水工监测资料整编分析规程》，并满足国家、地方相关法规标准的要求。 2. 按照规程要求开展巡视检查。正常巡检每月开展2次、汛期巡检每月开展3次，年度巡检每年不少于2次、特殊巡检加密为每周2次。 3. 巡视检查后认真填写检查记录。发现问题按照制度、规程要求及时上报、处理，验收和存档备案。 4. 定期对大坝安全监测的资料进行整编分析，对存在异常的部位的组织专家分析研判。	1. 对水工部新进人员开展三级安全教育，加强风险意识和对安全风险分级管控认识的培训，指导和帮助新进员工了解大坝基本结构，工程观测知识，并进行渗漏抢险知识培训。 2. 就《水库大坝安全管理条例》《混凝土坝养护修理规程》（SL 230—2015），《混凝土坝安全监测技术规范》（SL 601—2013）及某水电站巡视检查、安全监测和维护管理制度规程等知识开展员工培训。	/	1. 制定《某水电站防汛与抢险规程》《某水电站水库大坝安全管理应急预案》《跨坝管理事故应急预案》等。

续表

序号	风险点（危险源）	控制措施					应急处置措施
		工程技术措施	管理措施	教育培训措施	个人防护		

| 41 | 右岸非溢流坝段帷幕、固结、接触灌浆排水幕和排水幕 | 2. 若变形、位移、渗流等监测数据超过设计标准或者异常，邀请专家进一步分析研判，查找原因，按照规范及时进行维护和补强 | 5. 需要外委单位作业的，应与外委单位签订安全协议，督促其开展安全技术交底，并根据需要派人监督。6. 水电站在运行管理期间应每隔6～10年组织一次安全鉴定 | 3. 每次班前班后及巡视检查前、明确巡查重点。开展安全技术交底，并签字确认 | / | 2. 配备水库应急抢险常备队伍，配备冲锋舟、救生衣、块石、钢丝绳、尼龙袋等应急物资、装备。3. 每年至少开展一次应急演练 |
| 42 | 大坝EL63m基础灌浆排水廊道结构、接缝及止水 | 1. 按照《某水电站水工建筑物维修养护规程》的要求，对缺陷登记备案，翻新措施，针对性的修补。2. 止水失效引起结构缝漏水处理，确定止水出水点位置和范围，降低库水位，在坝体迎水面采用水溶性聚氨酯（HW或LW）进行化学灌注处理。 | 1. 制定《水工日常观测和巡视制度》《水工巡视检查规程》。2. 按照规定频次进行检查、巡查，尤其是汛期、有感地震或持续高水位等，记录并及时上报。3. 制定《水工建筑物维护管理制度》《水工建筑物维护规程》，按照规定对接缝止水、裂缝进行维护。 | 1. 对水工部新进人员开展风险三级安全教育，加强对安全风险分级管控意识和对安全风险分级管控认识的培训，指导和帮助新进员工了解大坝基本结构、工程观测知识，并进行渗漏抢险知识培训。2. 就《水库大坝安全管理条例》《混凝土坝养护修理规程》《混凝土坝安全监测技术规范》(SL 230—2015)，《混凝土坝安全监测技术规范》(SL 601—2013)及某水电站巡视检查、安全监测和维护管理制度规程等知识开展宣贯培训。 | / | 1. 制定《某水电站防汛与抢险规程》《某水电站水库大坝安全管理应急预案》《垮坝事故应急预案》等。2. 若渗漏量大，发生管涌隐情，降低水位运行，恢复排水积水设施，尽快排干砌封堵措施；如排水临时封堵不够，增加临时排水泵；如廊道被淹，断开廊道各类电源。 |

续表

序号	风险点（危险源）	控制措施				
		工程技术措施	管理措施	教育培训措施	个人防护	应急处置措施
42	大坝 EL63m 基础灌浆排水廊道结构、接缝及止水	3. 应力缝必须及时进行加固处理；温度缝加强保温、隔热措施，并埋设仪器进行监测；收缩缝监测稳定后，在上下游面采用钢丝网片和纤维砂浆进行封堵。	4. 定期对大坝安全监测的资料进行整编分析，对存在异常的部位组织专家分析研判。 5. 需要外委单位作业的，应与外委单位签订安全协议，督促其开展安全技术交底，并根据需要派人监督。 6. 水电站在运行管理期间应每隔 6～10 年组织一次安全鉴定。	3. 每次班前班后及巡视检查前，明确巡查重点，开展安全技术交底，并签字确认。	/	3. 组建有应急队伍，准备抽水泵、编织袋、防汛沙袋等物资。 4. 定期开展应急演练和培训工作。
43	大坝 EL63m 基础灌浆排水廊道及排水设施	1. 按照《某水电站水工建筑物维修养护规程》的要求，对排水沟定期进行清理，排水孔、排水管保持畅通。 2. 当部分排水廊道及排水孔发生破坏或堵塞时，若无法疏通应将破坏或堵塞的部分分挖除，按原设计断面进行修复。	1. 制定《水工安全监测规程》《水工监测资料整编分析制度》《水工日常观测和巡视规程》《水工巡视检查规程》，按照规定对廊道排水设施、测压管进行巡检、观测、分析。 2. 制定《水工建筑物维护管理制度》《水工建筑物维护管理规程》，按照规定对廊道排水设施进行维护。	1. 对水工部新进人员开展三级安全教育，加强风险意识和对安全风险分级管控知识的培训，指导帮助新进员工了解大坝基本结构，工程观测知识，并进行渗漏抢险知识培训。 2. 就《水库大坝安全管理条例》《混凝土坝养护修理规程》（SL 230—2015）、《混凝土坝安全监测技术规范》（SL 601—2013）及某水电站巡视检查、安全监测和维护管理制度规程等知识开展育贯培训。	/	1. 制定《某水电站防汛与抢险规程》《某水电站水库大坝安全管理应急预案》《跨坝安全事故应急预案》等。 2. 若渗水量大、发生管涌险情，降低水位运行，恢复排水设施，尽快排干积水，可能时采取临时封堵措施；如排水能力不够，增加临时排水泵；如廊道被淹、断开廊道各类电源。

序号	风险点（危险源）	控制措施				
		工程技术措施	管理措施	教育培训措施	个人防护	应急处置措施
43	大坝 EL.63m 基础灌浆排水廊道排水设施	3. 对杂物较多、孔口容易被堵死的排水孔、孔口应采取防堵塞措施。	3. 需要外委单位作业的，应与外委单位签订安全协议，督促其开展安全技术交底，并根据需要派人监督。4. 水电站在运行管理期间应每隔6~10年组织一次安全鉴定。	3. 每次班前班后巡视检查前，明确巡查重点，并开展安全技术交底，并签字确认。	/	3. 组建有应急队伍，准备抽水泵、编织袋、防汛沙袋等物资。4. 定期开展应急演练和培训工作。
44	大坝 1#、2# 集水井	1. 按照《某水电站水工日常观测和巡视制度》《某水电站水工巡查检查规程》的要求，当发现有危害建筑物安全的重要裂缝或缺陷时，应报告上级，临时埋设简易设施进行观测。	1. 及时制定和完善《某水电站水工建筑物维护管理制度》《某水电站水工日常观测和巡视制度》《某水电站水工建筑物维护规程》《某水电站水工巡视检查规程》《某水电站水工监测资料整编规程》《水工监测规程》，并满足国家、地方相关法规规范标准的要求。2. 按照制度要求开展巡视检查。正常巡检每月开展2次，汛期巡检每月开展3次，年度巡检每年不少于2次，特殊巡检加密为每周2次。3. 巡视检查后认真填写检查记录，发现问题按照制度、规程要求及时上报、处理，应报告上级，验收和存档。4. 定期对大坝安全监测的资料进行整编分析，对存在异常的部位组织专家分析研判。	1. 对水工部新进人员开展安全教育，加强风险三级安全管控意识和对安全风险分级管控知识的培训，指导和帮助新进员工了解大坝基本结构、工程观测知识，并进行渗漏抢险知识培训。2. 就《水库大坝安全管理条例》《混凝土坝养护修理规程》（SL 230—2015），《混凝土坝安全监测技术规范》（SL 601—2013）及某水电站巡视检查、安全监测与维护管理制度规程等知识对管理员开展宣贯培训。	/	1. 制定《某水电站防汛与抢险水库大坝安全管理应急预案》《跨坝事故应急预案》等。2. 如排水能力不够，增加临时排水泵；如廊道被淹，断开廊道各类电源。

续表

序号	风险点（危险源）	控制措施				
		工程技术措施	管理措施	教育培训措施	个人防护	应急处置措施
44	大坝1#、2#集水井	2. 对裂缝和渗水点加强变形、沉降和渗透系数的安全监测和分析，若向进一步发展，邀请专家召开专题会议，编制处置备用方案。按照要求采取灌浆、封堵等方法修补	5. 需要外委单位作业的，应与外委单位签订安全协议，并督促其开展安全技术交底，督促据需要派人监督。6. 水电站在运行管理期间应每隔6～10年组织一次安全鉴定	3. 每次班前及巡视检查前，明确巡查重点。开展安全技术交底，并签字确认	/	3. 组建有应急队伍，准备有抽水泵、编织袋、防汛沙袋等物资。4. 定期开展应急演练和培训工作
45	大坝EL.90m交通排水廊道结构、接缝及止水	1. 按照《某水电站水工建筑物养护规程》的要求，对缺陷登记备案采取针对性的修补、翻新措施。2. 止水失效引起结构缝漏水处理，应根据止水失效的位置，确定止水点位置和范围，降低库水位，在坝体迎水面采用水溶性聚氨酯（HW或LW）进行化学灌注处理。	1. 制定《水工日常观测和巡视制度》《水工巡视检查规程》。2. 按照规定频次进行检查、巡查，尤其是汛期、有感地震或持续高水位等，记录并及时上报。3. 制定《水工建筑物维护管理制度》《水工建筑物维护规程》，按照规定对接缝止水、裂缝进行维护。4. 定期对大坝安全监测的资料进行整编分析，对存在异常的部位组织专家分析研判。	1. 对水工部新进人员开展三级安全教育，加强风险意识和对安全风险分级管控认识的培训，指导和帮助新进员工了解大坝基本结构、工程观测知识，并进行渗漏抢险知识培训。2. 就《水库大坝安全管理条例》《混凝土坝养护修理规程》（SL 230—2015）、《混凝土坝安全监测技术规范》（SL 601—2013）及某水电站运行维护管理制度和知识开展宣贯培训。	/	1. 制定《某水电站防汛与抢险规程》《某水电站水库大坝安全管理应急预案》《垮坝事故应急预案》等。2. 若渗水量大、发生管涌险情，降低水位运行，恢复排水设施，尽快排干积水，可能时采取临时封堵措施；如出现临时封堵不够，增加临时排水泵；如廊道被淹、断开廊道各类电源。

续表

序号	风险点（危险源）	控制措施				
		工程技术措施	管理措施	教育培训措施	个人防护	应急处置措施
45	大坝EL.90m交通排水廊道结构、接缝及止水	3. 廊道裂缝处理：应力缝必须及时进行加固处理，隔热措施；温度缝加强保温，并埋设仪器进行监测；收缩缝监测稳定后，在上下游面采用钢丝网片和纤维砂浆进行封堵	5. 需要外委单位作业的，应与外委单位签订安全协议，并督促其开展安全技术交底，并根据需要派人监督。6. 水电站在运行管理期间应每隔6～10年组织一次安全鉴定	3. 每次班前班后及巡检查前，明确巡查重点。开展安全技术交底，并签字确认	/	3. 组建应急队伍，准备有抽水泵、编织袋、防汛沙袋等物资。4. 定期开展应急演练和培训工作
46	大坝EL.90m交通排水廊道排水设施	1. 按照《某水电站水工建筑物维修养护规程》的要求，对排水孔、排水沟定期进行清理，保持畅通。2. 当部分排水廊道发生破坏或堵塞时，若无法疏通应将破坏或堵塞的部分分拆除，按原设计断面进行修复。	1. 制定《水工安全监测规程》《水工监测资料整编分析规程》《水工巡视检查规程》，按照规定对廊道排水设施、测压管进行巡检、观测、分析。2. 制定《水工建筑物维护管理制度》《水工建筑物维护规程》按照规定对廊道排水设施进行维护。3. 需要外委单位作业的，应与外委单位签订安全协议，并督促其开展安全技术交底，并根据需要派人监督。	1. 对水工部新进人员开展三级安全教育，加强风险意识和对安全风险分级管控认识的培训，指导和帮助新进员工了解基本大坝观测知识，工程、工程观测结构，并进行工程观测知识培训。2. 就《水库大坝安全管理条例》《混凝土坝养护规范》(SL 230—2015)，《混凝土坝安全监测技术规范》(SL 601—2013)及《某水电站巡视检查、安全监测和维护管理制度规程等水电站维护管理制度知识开展宣贯培训。	/	1. 制定《某水电站防汛与抢险规程》《某水库水电站大坝安全管理应急预案》《跨坝事故应急预案》等。2. 若渗漏量大、发生管涌险情、降低水位运行，恢复排水设施，尽快排干积水，可能时采取临时封堵措施；如排水能力不够，增加临时排水泵；如廊道被淹，断开廊道各类电源。

续表

序号	风险点（危险源）	控制措施				
		工程技术措施	管理措施	教育培训措施	个人防护	应急处置措施
46	大坝 EL90m 交通排水廊道排水设施	3. 对杂物较多、孔口容易被堵死的排水孔、孔口应采取防堵塞措施	4. 水电站在运行管理期间应每6～10年组织一次安全鉴定	3. 每次班前班后及巡视检查前，明确巡查重点。开展安全技术交底，并签字确认	/	3. 组建应急队伍，准备有抽水水泵、编织袋、防汛沙袋等物资。 4. 定期开展应急演练和培训工作
47	大坝 EL116～118m 交通排水廊道结构、接缝排水及止水	1. 按照《某水电站水工建筑物维修养护规程》的要求，对缺陷登记造册，采取针对性的修补、翻新措施。 2. 止水失效引起结构缝漏水处理，应根据出水点位置，确定止水失效的位置和范围，降低库水位后，在坝体迎水面采用水溶性聚氨酯（HW 或 LW）进行化学灌注处理。 3. 廊道裂缝处理：应力裂缝必须及时进行加固处理；温度缝加强保温、隔热措施，并埋设仪器进行监测；收缩缝监测稳定后，在上下游面采用钢丝网片和纤维砂浆进行封堵	1. 制定《水工日常观测和巡视制度》《水工巡视检查规程》。 2. 按照规定频次进行检查、巡查，尤其是汛期、有感地震或持续高水位期等，记录异常并及时上报。 3. 制定《水工建筑物维护管理制度》，按照规定对接缝止水、裂缝进行维护。 4. 定期对大坝监测的资料进行整编分析，对存在任何异常的部位组织专家分析研判。 5. 需委外单位作业的，应与外委单位签订安全协议，并根据其开展安全技术交底，督促其派驻专人监督。 6. 水电站在运行管理期间应每6～10年组织一次安全鉴定	1. 对水工部新进人员开展三级安全教育，加强风险意识和对安全风险分级管控认识的培训，指导和帮助新进员工了解大坝基本结构、工程观测知识，并进行渗漏抢险知识培训。 2. 就《水库大坝安全管理条例》《混凝土坝养护修理规程》（SL 230—2015）、《混凝土坝安全监测技术规范》（SL 601—2013）及某水电站巡视检查、安全监测和维护管理制度规程等知识开展宣贯培训。 3. 每次班前班后及巡视检查前，明确巡查重点。开展安全技术交底，并签字确认	/	1. 制定《某水电站防汛与应急抢险》《某水电站水库大坝安全管理应急预案》《跨坝事故应急预案》等。 2. 若参观险情、降低水位运行、恢复正常排水设施，尽快排干积水；可能时采取临时封堵措施；如排水能力不够，增加临时排水泵；如廊道被淹、断开廊道各类电源。 3. 组建应急队伍，准备有抽水水泵、编织袋、防汛沙袋等物资。 4. 定期开展应急演练和培训工作

续表

序号	风险点（危险源）	控制措施				
		工程技术措施	管理措施	教育培训措施	个人防护	应急处置措施
48	大坝EL116~118m交通排水廊道排水设施	1. 按照《某水电站水工建筑物维修养护规程》的要求，对排水孔、排水沟定期进行清理，保持畅通。 2. 当部分排水廊道及排水孔发生破坏或堵塞时，若无法疏通应将破环或堵塞的部分挖除，按原设计断面进行修复。 3. 对杂物较多、孔口容易被堵死的排水孔，孔口应采取防堵塞措施。	1. 制定《水工安全监测规程》《水工监测资料整编分析规程》《水工日常观测和巡视制度》《水工巡视检查规程》，按照规定对廊道排水设施、测压管进行巡检、观测、分析。 2. 制定《水工建筑物维护规程》，按照规定对廊道排水设施进行维护。 3. 需要外委单位作业的，应与外委单位签订安全协议，督促其开展安全技术交底，并根据需要派人监督。 4. 水电站在运行管理期间应每隔6~10年组织一次安全鉴定	1. 对水工部新进人员开展三级安全教育，加强风险意识和对安全风险分级管控认识的培训，指导和帮助新进员工了解大坝基本结构、工程观测知识，并进行渗漏抢险知识培训。 2. 就《水库大坝安全管理条例》《混凝土坝安全监测技术规范》(SL 601—2013)及某水电站巡视检查、安全监测和维护管理制度规程等知识开展宣贯培训。 3. 每次班前班后及巡检查前、明确巡查重点，开展安全技术交底，并签字确认	/	1. 制定《某水电站防汛与抢险规程》《某水电站水库大坝安全管理应急预案》《垮坝事故应急预案》等。 2. 若渗水量大、发生管涌险情，降低水位运行，尽快排干积水。尽可能时采取临时封堵措施；如排水能力不够，增加排水泵；如廊道被淹、断开廊道各类电源。 3. 组建应急队伍，准备有抽水泵、防汛沙袋等物资。 4. 定期开展应急演练和培训工作

续表

序号	风险点（危险源）	控制措施				应急处置措施
		工程技术措施	管理措施	教育培训措施	个人防护	
49	消力池灌浆和交通排水廊道结构、接缝及止水	1. 按照《某水电站水工建筑物维修养护规程》的要求，对缺陷登记备案，采取针对性的修补、翻新措施。2. 止水失效引起结构缝漏水处理，应根据出水点位置，确定止水失效的位置和范围，降低库水位，在坝体迎水面采用水溶性聚氨酯（HW 或 LW）进行化学灌注处理。3. 廊道裂缝处理，应力裂缝必须及时进行加固处理；温度缝加强保温、隔热措施，并埋设仪器进行监测；收缩缝监测稳定后，在上下游面采用稳定钢丝网片和纤维砂浆进行封堵	1. 制定《水工日常观测和巡视制度》《水工巡视检查规程》。2. 按照规定频次进行检查、巡查，尤其是在汛期、有感地震或持续高水位等，记录并及时上报。3. 制定《水工建筑物维护管理制度》，按照规定对接缝止水、裂缝进行维护。4. 定期对大坝安全监测的资料进行整编分析，对存在异常的部位组织专家分析研判。5. 需要外委单位作业的，应与外委单位签订安全协议，督促其开展安全技术交底，并根据需要派人监督。6. 水电站在运行管理期间应每隔 6～10 年组织一次安全鉴定	1. 对水工部新进人员开展三级安全教育，加强风险意识和对安全风险分级管控认识的培训，指导和帮助新进员工了解消力池基本结构，工程观测知识，并进行渗漏抢险知识培训。2. 就《水库大坝安全管理条例》《混凝土坝养护修理规程》（SL 230—2015）、《混凝土坝安全监测技术规范》（SL 601—2013）及某水电站巡视检查、安全监测和维护管理制度规程等知识开展宣贯培训。3. 每次班前班后及巡视检查前，明确巡查重点，开展安全技术交底，并签字确认	/	1. 制定《某水电站防汛与抢险水库大坝安全管理应急预案》《跨坝水库事故应急预案》等。2. 若渗漏险情，发生管涌险情，降低水位运行，恢复排水设施，尽快排干积水，可能时采取临时封堵措施；如排水能力不够，增加临时排水泵；如廊道被淹，断开廊道各类电源。3. 组建应急队伍、编织备有抽水泵，准袋、防汛沙袋等物资。4. 定期开展应急演练和培训工作

323

续表

序号	风险点（危险源）	控制措施				应急处置措施
		工程技术措施	管理措施	教育培训措施	个人防护	
50	消力池灌浆和交通排水廊道排水设施	1. 按照《某水电站水工建筑物维修养护规程》的要求，对排水孔、排水沟定期进行清理，保持畅通。 2. 当部分排水廊道及排水孔发生破坏堵塞时，若孔发生破坏或堵塞，无法疏通应将破坏的部分进行处理。 3. 对杂物较多、孔口容易被堵死的排水孔、孔口应采取防堵塞措施	1. 制定《水工安全监测规程》《水工监测资料整编分析规程》《水工日常观测和巡视制度》《水工巡视视检查规程》，按照规定对廊道排水设施、测压管进行巡检、观测、分析。 2. 制定《水工建筑物维护管理制度》《水工建筑物维护规程》，按照规定对廊道排水设施进行维护。 3. 需要外委单位作业的，应与外委单位签订安全协议，督促其开展安全技术交底，并根据需要派人监督。 4. 水电站在运行管理期间应每隔6～10年组织一次安全鉴定	1. 对水工部新进人员开展二级安全教育，加强风险意识和对安全风险分级管控认识的培训，指导和帮助新进员工了解消力池基本结构，工程观测知识，并进行渗漏抢险知识培训。 2. 就《水库大坝安全管理条例》《混凝土坝养护修理规程》《混凝土坝安全监测技术规范》（SL 230—2015），《混凝土坝安全监测技术规范》（SL 601—2013）及某水电站巡视检查、安全监测和维护管理制度规程等知识开展宣贯培训。 3. 每次班前及巡检检查前，明确巡查重点。开展安全技术交底，并签字确认	/	1. 制定《某水电站防汛与抢险规程》《某水电站水库大坝安全管理应急预案》《垮坝事故应急预案》等。 2. 若渗水量大、发生管涌险情，降低水位运行，恢复排水设施。尽快排干积水，可能时采取临时封堵措施；如廊道排水能力不够，增加临时排水泵；如廊道被淹、断开廊道各类电源。 3. 组建应急队伍，准备有抽水泵、编织袋、防汛沙袋等物资。 4. 定期开展应急演练和培训工作

续表

序号	风险点（危险源）	控制措施				
		工程技术措施	管理措施	教育培训措施	个人防护	应急处置措施
51	EL.94m 消力池廊道进人口结构及屋面外墙防水	1. 分析混凝土脱落、裂缝、渗漏和房屋防水失效的原因，及时按照《某水电站水工建筑物维护管理制度》《某水电站水工建筑物维护规程》《某水电站房屋建筑检查维缮规程》的要求对缺陷登记建档、申报维护建议或计划，采取针对性的修补、翻新措施	1. 及时制定和完善《某水电站水工建筑物维护管理制度》《某水电站水工建筑物巡视检查制度》《某水电站水工建筑物维护规程》《某水电站水工建筑物日常观测和巡视检查规程》《某水电站房屋建筑检查维缮规程》，并满足国家、地方相关法规标准的要求。 2. 按照制度要求开展巡视检查。正常巡检每月开展 2 次，年度巡检每年不少于 2 次，汛期巡检加密为每周 3 次、特殊巡检加密为每周 2 次。 3. 巡视检查后认真填写检查记录，发现问题按照制度、规程要求及时上报、处理，验收和存档。 4. 需要外委单位作业的，应与外委单位签订安全协议，督促其开展安全技术交底，并根据需要派人监督	1. 对水工部新进人员开展三级安全教育，加强风险意识和对安全风险分级管控知识的培训。 2. 不定期开展专题讲座、技术培训讲课、安全规程培训考试、安全知识党课、安全月等活动，就《水库大坝安全管理条例》《混凝土坝养护修理规程》（SL 230—2015）、某水电站巡视检查和维护管理制度规程等知识开展宣贯培训。 3. 在班前班后，工作负责人对参与人员就风险分析和预控措施进行交底，接受交底人员签名确认	/	配备临时排水泵和水桶，及时清除室内积水

续表

序号	风险点（危险源）	控制措施				
		工程技术措施	管理措施	教育培训措施	个人防护	应急处置措施
52	消力池1#、2#集水井	1. 按照《某水电站水工日常观测和巡视规程》《某水电站水工巡查检查规程》的要求，当发现有危害建筑物安全的重要裂缝或缺陷时，应报告上级。临时埋设简易设施进行观测。 2. 对裂缝和渗水点加强变形、沉降和渗透系数的安全监测和分析。若进一步发展，邀请专家召开专题会议，编制处置方案。按照方案要求采取灌浆、封堵等方法修补	1. 及时制定和完善《某水电站水工建筑物维护管理制度》《某水电站水工日常观测和巡视制度》《某水电站水工巡视检查规程》《某水电站水工监测规程》《水工建筑物维护规程》《水工监测资料整编分析规程》，并满足国家、地方相关规范标准的要求。 2. 按照制度要求开展巡视检查。正常巡检每月开展2次，年度巡检每年不少于2次。汛检每年不少于2次。特殊巡检加密为每周2次。 3. 巡视检查后认真填写检查记录，发现问题及时上报、处理，鉴收和存档备案。 4. 定期对大坝安全监测的资料进行整编和分析，对存在异常的部位组织专家分析研判。 5. 需要外委单位作业的，应与外委单位签订安全协议，督促其开展安全技术交底，并根据需要派人监督。 6. 水电站在运行管理期间应每隔6~10年组织一次安全鉴定	1. 对水工部新进人员开展三级安全教育，加强对安全风险分级管控认识的培训，指导和帮助新进员工了解消力池基本结构、工程观测知识，并进行渗漏抢险知识培训。 2. 就《水库大坝安全管理条例》《混凝土坝养护修理规范》（SL 230—2015）、《混凝土坝安全监测技术规范》（SL 601—2013）及某水电站巡视检查、安全监测和维护管理制度规程等知识开展宣贯培训。 3. 每次班前班后巡视及巡检查看前，明确巡查重点。开展安全技术交底，并签字确认	/	1. 制定《某水电站防汛与水库大坝安全管理事故应急预案》《跨坝水电站防汛应急预案》等。 2. 如排水能力不够，增加临时排水系，断开廊道各类电源。 3. 组建应急队伍，准备有抽水泵、编织袋、防汛沙袋等物资。 4. 定期开展应急演练和培训工作

续表

序号	风险点（危险源）	控制措施				
		工程技术措施	管理措施	教育培训措施	个人防护	应急处置措施
53	左坝肩	1. 加强巡视检查和安全监测，若发现明显绕渗出逸点，应及时上报，具体情况根据观测措施详细论证后实施。2. 对山体破碎的渗漏形式，用水泥灌浆加固，封堵渗水点；对岩溶形式的渗漏，封堵渗水通道，结合下游导排等综合处理措施	1. 制定《水工日常观测和巡视制度》《水工巡视检查规定》，按照规定对大坝下游左右岸边坡进行巡检。2. 制定《水工建筑物维护管理制度》，按照规定进行补充防渗帷幕灌浆。3. 定期对大坝安全监测的资料进行整编分析，对存在异常部位组织专家分析研判。4. 需要外委单位作业的，应与委外单位签订安全协议，督促其开展安全技术交底，并根据需要派人监督。5. 水电站在运行管理期间应每隔6～10年组织一次安全鉴定	1. 对水工部新进人员开展三级安全教育，加强风险分级管控认识的培训，指导和帮助新进员工了解大坝基本结构，工程观测知识，并进行渗漏抢险知识培训。2. 就《水库大坝安全管理条例》《混凝土坝养护修理规程》（SL 230—2015），《混凝土坝安全监测技术规范》（SL 601—2013）及某水电站巡视检查、安全监测和维护管理制度规程等知识开展宣贯培训。3. 每次班前及巡视检查前，明确本次巡查重点，并展安全技术交底，并签字确认	/	1. 制定《某水电站防汛与抢险规程》《某水电站水库大坝安全管理应急预案》《跨坝事故应急预案》等。2. 配备水库应急抢险常备队伍和预备队伍，配备冲锋舟、救生衣、块石、钢丝绳、尼龙袋等应急物资、装备。3. 每年至少开展一次类似演练

续表

序号	风险点（危险源）	控制措施				
		工程技术措施	管理措施	教育培训措施	个人防护	应急处置措施
54	右坝肩	1. 加强巡视检查和安全监测。若发现明显绕坝渗出逸点，应及时上报，具体处理措施应根据观测情况，制定详细措施论证后实施。 2. 对山体破碎的渗漏形式用水泥灌浆加固，封堵渗水来源；对岩溶形式的渗漏用灌浆或铺盖封堵，结合下游导排等综合处理措施。 3. 补充防渗帷幕灌浆	1. 制定《水工日常观测和巡视制度》《水工巡视检查规程》，按照规定对大坝下游及右岸边坡进行巡检。 2. 制定《水工建筑物维护管理制度》《水工建筑物维护规程》，按照规定进行补充防渗帷幕灌浆。 3. 定期对大坝安全监测的资料进行整编分析，对存在异常的部位组织专家分析研判。 4. 需要外委单位作业的，应与外委单位签订安全协议，并督促其开展安全技术交底，并根据需要派人监督。 5. 水电站在运行管理期间应隔每6～10年组织一次安全鉴定	1. 对水工部新进人员开展三级安全教育，加强风险分级管控知识和对安全风险认识的培训，指导和帮助新进员工了解大坝基本结构，工程观测知识，并进行渗漏抢险知识培训。 2. 就《水库大坝安全管理条例》《混凝土坝养护维修规程》（SL 230—2015），《大坝安全监测技术规范》（SL 601—2013）及某水电站巡视检查、安全监测和维护管理制度规程等知识开展宣贯培训。 3. 每次班前班后巡视及巡检查前，明确巡查重点。并展开安全技术交底，并签字确认	/	1. 制定《某水电站防汛与抢险规程》《某水电站水库大坝安全管理应急预案》《跨坝事故应急预案》等。 2. 配备水库应急抢险常备队伍和预备队伍，配备冲锋舟、救生衣、块石、钢丝绳、尼龙袋等应急物资。 3. 每年至少开展一次应急演练

续表

序号	风险点(危险源)	控制措施				应急处置措施
		工程技术措施	管理措施	教育培训措施	个人防护	
55	左坝肩边坡坡面排水、马道、支护及地质条件	1. 按照《某水电站水工建筑物修养护规程》的要求,对排水孔、排水沟定期进行清理,保持畅通。 2. 巡检发现边坡裂缝或坡监测数据表现异常时,加强边坡巡视检查,增加边坡内外监测项目监测频次。 3. 如确有滑动失稳迹象,召集有关专家论证紧急加固方案,并及时进行加固。 4. 在马道的临边部位安装永久性安全防护栏杆	1. 制定《水工日常观测和巡视制度》《水工巡视检查规程》《水工监测资料整编分析规程》,按照规定对边坡进行巡检、监测;定期对监测资料进行整编分析,发现问题邀请专家分析研判。 2. 制定《水工建筑物维护管理制度》《水工建筑物维护规程》,按照规定对边坡排水设施、支护措施进行维护,出现险情时按照抢险加固方案进行加固。 3. 需要外委单位作业的,应与外委单位签订安全协议,督促其开展安全技术交底,并根据需要派人监督。 4. 水电站在运行管理期间应每隔6~10年组织一次安全鉴定	1. 对水工部新进人员开展三级安全教育,加强风险意识和对安全风险分级管控知识的培训,指导和帮助新进员工了解库岸基本结构,工程安全监测知识,并进行明塌抢险知识培训。 2. 就《水库大坝安全管理条例》、《混凝土坝养护修理规程》(SL 230—2015)、《水利水电工程安全监测设计规范》(SL 601—2013)及某水电站安全监测和维护管理制度规程等知识宣贯培训。 3. 每次班前及巡检查前,明确巡查重点。开展安全技术交底,并签字确认	/	1. 制定《防地质灾害应急预案》《防地质灾害现场处置方案》《滑坡体塌方现场处置方案》《高处坠落类伤亡事故现场处置方案》《某水电站大坝及边坡安全管理应急处理预案》等。 2. 配置有专业的应急救援队伍,发生险情后,裂缝封堵、补充排水,通知人员、船舶撤离,控制库水位骤降,并以适当速率降低库水位,达到不至于壅高的程度,并立即组织疏液河道。 3. 对相关应急知识和应急救知识进行培训

续表

序号	风险点(危险源)	控制措施				
		工程技术措施	管理措施	教育培训措施	个人防护	应急处置措施
56	左岸EL148m灌浆平洞结构及排水设施	1. 对排水孔、排水沟定期进行清理，保持畅通。 2. 当部分排水廊道及排水孔发生破坏堵塞或堵塞无法疏通应将环破环堵的部分分拣治除，按原设计面进行修复。 3. 对杂物较多、孔口容易被堵死的排水孔、孔口应采取防堵塞措施。 4. 止水失效引起结构缝漏水处理，应根据出水点位置的原因，确定止水失效的位置和范围，降低库水位后，在坝体迎水面采用水溶性聚氨酯（HW或LW）进行化学灌注处理。 5. 隧洞裂缝处理：应力缝必须及时进行加固处理，温度缝加强保温、隔热措施，并埋设仪器进行监测；收缩缝监测稳定后，在上下游面采用钢丝网片和纤维砂浆进行封堵	1. 制定《水工日常观测和巡视制度》《水工巡视检查规程》。 2. 按照规定频次进行检查、巡查，尤其是汛期、有感地震等持续高水位等，记录并及时上报。 3. 制定《水工建筑物维护规程》，按照规定对接缝止水、裂缝进行维护。 4. 定期对边坡安全监测的资料进行整编编分析，对存在异常的部位组织专家分析研判。 5. 需要外委单位作业的，应与委单位签订安全协议，并根据需要派人监督其开展安全技术交底。 6. 水电站在运行管理期间应每隔6～10年组织一次安全鉴定	1. 对水工部新进人员开展三级安全教育，加强风险意识和对安全风险分级管控认识的培训，指导和帮助新进员工了解基本结构、工程观测知识，并进行滑坡、坍塌险情知识培训。 2. 就《水库大坝安全管理条例》《混凝土坝养护修理规程》（SL 230—2015）、《混凝土坝安全监测技术规范》（SL 601—2013）及某水电站巡视检查、安全监测和维护管理制度规程等知识开展宣贯培训。 3. 每次班前班后及巡视检查前，明确班组巡查重点，开展安全技术交底，并签字确认	/	1. 制定《某水电站防汛与抢险规程》《某水电站水库大坝安全管理应急预案》《跨坝管理应急预案》等。 2. 若检修量大、发生管涌险情，恢复低水位运行，尽快排干积水措施，可能时采取临时封堵措施；如排水能力不够，增加临时排水泵；如廊道被淹、断开廊道各类电源。 3. 组建应急队伍，准备有抽水泵、编织袋、防汛沙袋等物资。 4. 定期开展应急演练和培训工作

续表

序号	风险点（危险源）	控制措施				
		工程技术措施	管理措施	教育培训措施	个人防护	应急处置措施
57	右坝肩边坡面排水、马道，支护及地质条件	1. 按照《某水电站水工建筑物维修养护规程》的要求，对排水孔、排水沟定期进行清理，保持畅通。 2. 巡检发现边坡裂缝或边坡监测数据表现表现异常时，加强巡视检查及边坡内外监测项目监测频次。 3. 如确有滑动失稳迹象，召集专家论证应急加固方案，并及时进行加固。 4. 在马道的临边部位安装永久性安全防护栏杆	1. 制定《水工日常观测和巡视制度》《水工巡视检查规程》《水工监测资料整编分析规程》，按照规定对边坡进行巡检、监测；定期对监测资料进行整编分析、发现问题邀请专家分析研判。 2. 制定《水工建筑物维修养护管理制度》《水工建筑物维护规程、支护维护规范》，按照规定对边坡排水设施、支护措施进行维护，出现险情时按照抢险险加固方案进行加固。 3. 需要外委单位作业的，应与外委单位签订安全协议，督促其开展安全技术交底，并根据需要派人监督。 4. 水电站在运行管理期间应每隔6～10年组织一次安全鉴定	1. 对水工部新进人员开展三级安全教育，加强风险意识和对安全风险分级管控认识的培训，指导和帮助新进员工了解库岸边坡的基本结构，工程观测知识，并进行坍塌抢险知识培训。 2. 就《水库大坝安全管理条例》《混凝土坝养护修理规程》（SL 230—2015）、《混凝土坝安全监测技术规范》（SL 601—2013）《水利水电工程安全监测设计规范》及某水电站安全巡视检查、安全监测和维修养护管理制度规程等知识开展宣贯培训。 3. 每次班前班后巡视检查，明确巡查重点。开展安全技术交底，并签字确认	/	1. 制定《防地质灾害应急预案》《防地质灾害现场处置方案》《滑坡体塌方现场处置方案》《高处坠落类伤亡事故现场处置方案》《某水电站水工管大坝边坡安全管理应急处理预案》等。 2. 配置专业的应急救援队伍，发生险情后，裂缝封堵，补充排水；通知人员、船舶撤离，控制库水位骤降，并适当运行降低水位流速率减小出库流量，达到不至于壅水的程度，并立即组织疏浚河道。 3. 对相关应急预案和应急知识进行培训

续表

序号	风险点（危险源）	控制措施				应急处置措施
		工程技术措施	管理措施	教育培训措施	个人防护	
58	右岸EL148m灌浆平洞结构及排水设施	1. 对排水孔、排水沟定期进行清理，保持畅通。 2. 当部分排水廊道及排水孔发生破坏堵塞时，若无法疏通应将破坏或堵塞的部分挖除，按原设计断面进行修复。 3. 对杂物较多、孔口容易被堵死的排水孔，孔口应采取防堵措施。 4. 止水失效引起结构缝漏水处理。确定止水失效的位置，应根据出水点位置和范围，在坝体迎水面采用水溶性聚氨酯（HW或LW）进行化学灌注处理。 5. 隧洞裂缝处理、应力缝必须及时进行加固处理，隔热措施。并埋设仪器进行监测；温度缝加强保温、缝上收缩缝监测稳定后，在上下游面采用钢丝网片和纤维砂浆进行封堵	1. 制定《水工日常观测和巡视制度》《水工巡视检查规程》。 2. 按照规定频次进行检查、巡查，尤其是汛期，有感地震或持续高水位等，记录并及时上报。 3. 制定《水工建筑物维护规程》《水工建筑物维护管理制度》，按照规定对接缝止水、裂缝进行维护。 4. 定期对边坡安全监测的资料进行整编分析，对存在异常的部位组织专家分析研判。 5. 需要外委单位作业的，应与受委托单位签订安全协议，并督促其开展安全监督。 6. 水电站在运行管理期间应每6～10年组织一次安全鉴定	1. 对水工部新进人员开展三级安全教育，加强风险意识和对安全风险分级管控认识的培训，指导和帮助新进员工了解基本结构，工程观测知识并进行滑坡、坍塌抢险知识培训。 2. 就《水库大坝安全管理条例》《混凝土坝养护修理规程》（SL 230—2015），《混凝土坝安全监测技术规范》（SL 601—2013）及某水电站巡视检查、安全监测和维护管理制度规程等知识开展宣贯培训。 3. 每次班前班后及巡检查前、明确巡查重点，开展安全技术交底，并签字确认	/	1. 制定《某水电站防汛抢险水库大坝安全管理应急预案》《某水电站大坝应急预案》《跨坝事故应急预案》等。 2. 若渗水量大、发生管涌险情，降低水位运行、恢复正常后设施，尽快排干积水，可能时采取临时封堵措施；如排水能力不够，增加临时排水泵；如廊道被淹、断开廊道各类电源。 3. 组建应急队伍，准备有抽水泵、编织袋、防汛沙袋等物资。 4. 定期开展应急演练和培训工作

序号	风险点（危险源）	控制措施				
		工程技术措施	管理措施	教育培训措施	个人防护	应急处置措施
59	右岸厂房高边坡、马道、坡面排水、支护及地质条件	1. 按照《某水电站水工建筑物维修养护规程》的要求，对排水孔、排水沟定期进行清理，保持畅通。 2. 巡检发现边坡裂缝或边坡监测数据表现异常时，加强巡视检查及边坡监测项目监测频次。 3. 确有滑动失稳迹象，召集专家论证紧急加固方案，并及时进行加固。 4. 在马道的临边部位安装永久性安全防护栏杆	1. 制定《水工日常观测和巡视制度》《水工巡视检查规程》《水工监测资料整编分析规程》，按照规定对边坡进行巡检、监测；定期对监测资料进行整编分析、发现问题邀请专家分析研判。 2. 制定《水工建筑物维护管理制度》《水工建筑物维护规程》，按照规定对边坡排水设施、支护措施进行维护，出现险情时按照抢险加固方案加固。 3. 需要外委单位作业的，应与外委单位订立安全协议，督促其开展安全技术交底，并根据需要派人监督。 4. 水电站在运行管理期间应每隔6～10年组织一次安全鉴定	1. 对水工部新进人员开展三级安全教育，加强风险意识和对安全风险分级管控认识的培训，指导和帮助新进员工了解库岸边坡的基本结构，工程岸边观测知识并进行明塌抢险险知识培训。 2. 就《水库大坝安全管理条例》《混凝土坝养护修理规程》（SL 230—2015）、《混凝土坝安全监测技术规范》（SL 601—2013）《水利水电工程安全监测设计规范》及某水电站巡视检查、安全监测和维护管理制度规程等知识开展宣贯培训。 3. 每次班前及巡视检查前，明确巡查重点。开展安全技术交底，并签字确认	/	1. 制定《防地质灾害应急预案》《防地质灾害现场处置方案》《滑坡体塌方现场处置方案》《高处坠落类伤亡事故现场处置方案》《某水电站大坝边坡及边坡安全管理应急处理预案》等。 2. 配置有专业的应急救援队伍，发生险情后，裂缝封堵、补充排水、通知人员，船舶撤离、控制库水位骤降，并以适当速率降低库水位运行，减小出库流量、达到不至于壅水的程度，并立即组织疏浚河道。 3. 对相关应急知识和应急救知识进行培训

序号	风险点（危险源）	控制措施				应急处置措施
		工程技术措施	管理措施	教育培训措施	个人防护	
60	右岸 1# 排水洞结构及排水设施	1. 对排水孔、排水沟定期进行清理，保持畅通。 2. 当部分排水廊道及排水孔发生破坏或堵塞时，若无法疏通应将破坏或堵塞的部分挖除，按原设计断面进行修复。 3. 对杂物较多、孔口容易被堵死的排水孔、孔口应采取防堵塞措施。 4. 止水失效引起结构缝渗漏水处理，确定止水失效位置和范围，在降低库水位后，坝体迎水面采用水溶性聚氨酯（HW 或 LW）进行化学灌注处理。 5. 隧洞裂缝处理，应力裂缝必须及时进行加固处理。 温度缝加强保温、隔热措施，并埋设仪器进行监测；收缩缝监测稳定后，在上下游面采用钢丝网片和纤维砂浆进行封堵	1. 制定《水工日常观测和巡视制度》《水工巡视检查规定》。 2. 按照规定频次进行检查、巡查，尤其是高水位或有感地震或持续高水位等，记录并及时上报。 3. 制定《水工建筑物维护管理制度》，按照规定对接缝止水、裂缝进行维护。 4. 定期对边坡安全监测的资料进行整编分析，对存在异常的部位组织专家分析研判。 5. 需要外委单位作业的，应与外委单位签订安全协议，督促其开展安全技术交底，并根据需要派人监督。 6. 水电站在运行管理期间应每隔 6～10 年组织一次安全鉴定	1. 对水工部新进人员开展三级安全教育，加强风险意识和对安全风险分级管控认识的培训，指导和帮助新进员工了解观测知识及基本结构、工程观测知识并进行清淤、坍塌抢险知识培训。 2. 就《水库大坝安全管理条例》《混凝土坝安全监测技术规范》（SL 601—2013）及某水电站巡视检查、安全监测和维护管理制度规程等知识开展宣贯培训。 3. 每次班前班后及巡检查前，明确巡查重点。开展安全技术交底，并签字确认	/	1. 制定《某水电站防汛与抢险规程》《某水电站水库大坝安全管理应急预案》《垮坝事故应急预案》等。 2. 若渗水量大、发生管涌险情，恢复水位运行，尽快排干积水。可能时采取临时封堵措施；如临时排水能力不够，增加临时排水泵；如廊道破淹、断开廊道各类电源。 3. 组建应急队伍，准备有抽水泵、编织袋、防汛沙袋等物资。 4. 定期开展应急演练和培训工作

续表

序号	风险点（危险源）	控制措施				应急处置措施
		工程技术措施	管理措施	教育培训措施	个人防护	
61	右岸 2# 排水洞结构及排水设施	1. 对排水孔、排水沟定期进行清理，保持畅通。 2. 当部分排水廊道或排水孔发生破环堵塞或破环堵塞无法疏通应采取临时或原设计断面进行修复。 3. 对杂物较多、孔口容易被堵死的排水孔、孔口应采取防堵塞措施。 4. 止水失效引起结构缝漏水处理，应根据出水点位置、确定止水失效的位置和范围。降低库水位后，在坝体迎水面采用水溶性聚氨酯（HW 或 LW）进行化学灌注处理。 5. 隧洞裂缝处理，应力缝必须及时进行加固处理。隔热措施温度缝加强保温、隔热措施，并埋设仪器进行监测；收缩缝监测稳定后，在上下游面采用钢丝网片和纤维砂浆进行封堵	1. 制定《水工日常观测和巡视制度》《水工巡视检查规程》。 2. 按照规定频次进行检查、巡查、尤其是汛期、有感地震或持续高水位时，记录并及时上报。 3. 制定《水工建筑物维护管理制度》，按照规定对接缝止水、裂缝进行维护。 4. 定期对边坡安全监测的资料进行整编分析，对存在异常的部位组织专家分析研判。 5. 需要外委单位作业的，应与外委单位签订安全协议，并根据其开展安全技术交底，并督促其派人监督。 6. 水电站在运行管理期间应每隔 6~10 年组织一次安全鉴定	1. 对水工部新进人员开展三级安全教育，加强风险意识和对安全风险分级管控认识的培训，指导和帮助新进员工了解边坡基本结构，工程观测知识并进行滑坡、坍塌抢险知识培训。 2. 就《水库大坝安全管理条例》《混凝土坝养护修理规程》（SL 230—2015），《混凝土坝安全监测技术规范》（SL 601—2013）及某水电站巡视检查、安全监测和维护管理制度规程等知识开展宣贯培训。 3. 每次班前班后及巡视检查前，明确巡查重点。开展安全技术交底，并签字确认	/	1. 制定《某水电站防汛与抢险规程》《某水电站水库大坝安全管理应急预案》《垮坝事故应急预案》等。 2. 若渗水量大、发生管涌险情，降低水位运行、恢复正常排水设施，尽快排干积水，可能时采取临时封堵措施；如临水能力不够，增加临时排水泵；如廊道被淹、断开廊道各类电源。 3. 组建应急队伍、编织备有抽水泵、防汛沙袋等物资。 4. 定期开展应急演练和培训工作

序号	风险点（危险源）	控制措施				
		工程技术措施	管理措施	教育培训措施	个人防护	应急处置措施
62	右岸3#排水洞结构及排水设施	1. 对排水孔、排水沟定期进行清理，保持畅通。 2. 当部分排水廊道及排水孔发生某破环或堵塞时，若无法疏通应将破环或堵塞的部分分拆除，按原设计断面进行修复。 3. 对杂物较多、孔口容易被堵死的排水孔、孔口应采取防堵塞措施。 4. 止水失效引起结构缝漏水处理，应根据出水点位置，确定止水失效的位置和范围，在坝体迎水面采用水溶性聚氨酯（HW或LW）进行化学灌注处理。 5. 隧洞裂缝处理，应力裂缝必须及时进行加固处理、降低库水位后，裂缝宽度进行加强保温、隔热措施，并埋设仪器进行监测；收缩缝稳定后，在上下游面采用钢丝网片和纤维砂浆进行封堵	1. 制定《水工日常观测和巡视制度》《水工巡视检查规程》。 2. 按照规定频次进行检查、巡查，尤其是汛期、有感地震或持续高水位等，记录并及时上报。 3. 制定《水工建筑物维护管理制度》《水工建筑物维护规程》，按照规定对结构缝进行维护。 4. 定期对边坡安全监测的资料进行整编分析，对存在异常的部位组织专家分析研判。 5. 需要外委单位作业的，应与外委单位签订安全协议，并督促其开展安全技术交底，并根据需要派人监督。 6. 水电站在运行管理期间应每6～10年组织一次安全鉴定	1. 对水工部新进人员开展三级安全教育，加强风险意识和对安全风险分级管控认识的培训，指导和帮助新进员工了解边坡基本结构、工程观测知识，并进行清捡、坍塌抢险知识培训。 2. 就《水库大坝安全管理条例》《混凝土坝安全监测技术规范》（SL 230—2015）、《混凝土坝安全监测技术规范》（SL 601—2013）及某水电站巡视检查、安全监测和维护管理制度规程等知识开展宣贯培训。 3. 每次班前及巡检查后，明确巡查重点。开展安全技术交底，并签字确认	/	1. 制定《某水电站防汛与险抢规程》《某水电站大坝安全管理应急预案》《跨坝事故应急预案》等。 2. 若渗水量大，发生管涌险情，降低水位运行，恢复正常运行，尽快排干积水，可能时采取临时封堵措施；如排水能力不够，增加临时排水泵；如廊道被淹、断开廊道各类电源。 3. 组建应急队伍，编织备有抽水泵、防汛沙袋等物资。 4. 定期开展应急演练和培训工作

续表

序号	风险点（危险源）	控制措施				
		工程技术措施	管理措施	教育培训措施	个人防护	应急处置措施
63	导流洞出口边坡、马道、坡面排水、支护及地质条件	1. 按照《某水电站水工建筑物维修养护规程》的要求，对排水孔、排水沟定期进行清理，保持畅通。 2. 巡检发现边坡裂缝或边坡监测数据表现异常时，加强巡视检查及边坡监测频次。 3. 确有滑动失稳迹象，召集专家论证紧急加固方案，并及时进行加固。 4. 在马道的临边部位安装永久性安全防护栏杆	1. 制定《水工日常观测和巡视制度》《水工巡视检查规程》《水工监测资料整编分析规程》，按照规定对边坡进行巡检、监测；发现问题邀请专家分析研判。 2. 制定《水工建筑物维护管理制度》，按照规定对水工建筑物维护规程》、支护措施进行维护，出现险情时按照抢险加固险加固方案进行加固。 3. 需要外委单位作业的，应与外委单位签订安全协议，督促其开展安全技术交底，并根据需要派人监督。 4. 水电站在运行管理期间应每隔6～10年组织一次安全鉴定	1. 对水工部新进人员开展三级安全教育，加强风险意识和对安全风险分级管控认识的培训，指导和帮助新进员工了解库岸的基本结构，工程观测、监测知识，并进行明塌抢险知识培训。 2. 就《水库大坝安全管理条例》《混凝土坝安全养护修理规程》(SL 230—2015)、《混凝土坝安全监测技术规范》(SL 601—2013)《水利水电工程安全监测设计规范》及某水电站巡视检查、安全监测和维护管理制度规程等知识宣贯培训。 3. 每次班前班后及巡视检查前，明确巡查重点。开展安全技术交底，并签字确认	/	1. 制定《防地质灾害应急预案》《防地质灾害现场处置方案》《滑坡体塌方现场处置方案》《高处坠落类伤亡事故现场处置方案》《某水电站大坝及边坡安全管理应急处理预案》等。 2. 配置有专业的应急救援队伍，发生险情后，裂缝封堵、补充排水，通知人员、船舶撤离，控制库水位骤降，并以适当速率降低出库流量，达到不至于壅动水体的程度，并立即组织疏浚河道。 3. 对相关应急预案和应急救知识进行培训

续表

序号	风险点（危险源）	控制措施				应急处置措施
		工程技术措施	管理措施	教育培训措施	个人防护	
64	消力池左岸高边坡坡面排水、马道、支护及地质条件	1. 按照《某水电站水工建筑物维修养护规程》的要求,对排水孔,排水沟定期进行清理,保持畅通。 2. 巡检发现边坡裂缝或边坡监测数据表现异常时,加强边坡巡视检查及边坡内外监测项目监测频次。 3. 确有滑动失稳迹象,召集有关专家论证宜急加固方案,并及时进行加固。 4. 在马道的临时部位安装永久性安全防护栏杆	1. 制定《水工日常观测和巡视制度》《水工巡视检查规程》《水工监测资料整编分析规程》,按照规定对边坡进行巡检,监测;定期对监测资料进行整编分析,发现问题邀请专家分析研判。 2. 制定《水工建筑物维护管理制度》《水工建筑物维护规程》,按照规定对边坡排水设施,支护措施进行维护,出现险情时按照抢险加固方案加固。 3. 需委外委单位作业的,应与外委单位签订安全协议,督促其开展安全技术交底,并根据需要派人监督。 4. 水电站在运行管理期间应每隔6～10年组织一次安全鉴定	1. 对水工部新进人员开展三级安全教育,加强风险意识和对安全风险分级管控认识的培训,指导和帮助新进员工了解库岸边坡的基本结构,工程观测知识,并进行坍塌抢险知识培训。 2. 就《水库大坝安全管理条例》《混凝土坝养护管理规程》(SL 230—2015)、《混凝土坝安全监测技术规范》(SL 601—2013)《水利水电工程安全监测设计规范》及某水电站巡视检查,安全监测和维护管理制度规程等知识开展宣贯培训。 3. 每次班前班后巡视检查,明确巡查重点。开展安全技术交底,并签字确认	/	1. 制定《防地质灾害应急预案》《防地质灾害现场处置方案》《滑坡体塌方现场处置方案》《高边坡坍落类伤亡事故现场处置方案》《某大坝边坡安全管理应急处理预案》等。 2. 配置有专业的应急救援队伍,发生险情后,裂缝封堵,补充排水,通知人员,船舶撤离,控制库水位骤降,并以适当速率降低库水位,达到减小出库流量,不至于壅高的程度,并立即组织疏浚河道。 3. 对相关应急预案和应急知识进行教育培训

续表

序号	风险点(危险源)	控制措施				应急处置措施
		工程技术措施	管理措施	教育培训措施	个人防护	
65	左岸 EL94m 灌浆平洞结构及排水设施	1. 对排水孔、排水沟定期进行清理，保持畅通。 2. 当部分排水廊道及排水孔发生破坏或将环破堵塞无法疏通应将破坏堵塞的部分拆除，按原设计断面进行修复。 3. 对杂物较多、孔口容易被堵死的排水孔、孔口应采取防堵塞措施。 4. 止水失效引起结构缝漏水处理，应根据出水点位置，确定止水失效的位置和范围，降低库水位，坝体迎水面采用水溶性聚氨酯(HW 或 LW)进行化学灌注处理。 5. 隧洞裂缝处理、应力裂缝必须及时进行加固处理，隔热措施温度缝加强保温、隔热措施，并埋设仪器进行监测，收缩缝监测稳定后，在上下游面采用钢丝网片和纤维砂浆进行封堵	1. 制定《水工日常观测和巡视制度》《水工巡视检查规程》。 2. 按照规定频次进行检查、巡查，尤其是汛期、有感地震或持续高水位期等，记录并及时上报。 3. 制定《水工建筑物维护管理制度》《水工建筑物维护规程》，按照规定对接缝止水、裂缝进行维护。 4. 定期对边坡安全监测的资料进行整编分析，对存在异常的部位组织专家分析研判。 5. 需要外委单位作业的，应与外委单位签订安全协议，督促其开展安全技术交底，并根据需要派人监督。 6. 水电站在运行管理期间应每隔6～10 年组织一次安全鉴定	1. 对水工部新进人员开展三级安全教育，加强风险意识和对安全风险分级管控知识的培训，指导新进员工了解边坡基本结构、工程观测知识，并进行滑坡、坍塌险抢险知识培训。 2. 就《水库大坝安全管理条例》《混凝土坝养护修理规程》(SL 230—2015)、《混凝土坝安全监测技术规范》(SL 601—2013)及某水电站巡视检查、安全监测和维护管理制度规程等知识开展宣贯培训。 3. 每次班前班后及巡检检查前，明确巡查重点，开展安全技术交底，并签字确认	/	1. 制定《某水电站防汛与抢险规程》《某水电站水库大坝安全管理应急预案》《跨坝事故应急预案》等。 2. 若渗水量大、发生管涌险情，恢复排水设施运行，尽快排干积水，可能时采取临时封堵措施；如排水能力不够，增加临时排水泵；如廊道被淹没，断开廊道各类电源。 3. 组建应急队伍、编织备有抽水泵、防汛沙袋等物资。 4. 定期开展应急演练和培训工作

续表

序号	风险点（危险源）	控制措施				应急处置措施
		工程技术措施	管理措施	教育培训措施	个人防护	
66	右岸金家沟排水洞结构及排水设施	1. 对排水孔、排水沟定期进行清理，保持畅通。 2. 当部分排水廊道及排水孔发生破坏或堵塞时，若无法疏通应将破坏或堵塞的部分挖除，按原设计断面进行修复。 3. 对杂物较多、孔口容易被堵死的排水孔，孔口应采取防堵塞措施。 4. 止水失效引起结构缝漏水处理，应根据出水点位置、确定止水失效的位置，在坝体迎水库低水位后，坝体迎水面采用水溶性聚氨酯（HW或LW）进行化学灌注处理。 5. 隧洞裂缝处理，应力裂缝必须及时进行加固处理、隔热措施，并埋设仪器进行监测；收缩缝监测稳定后，在上下游面采用钢丝网片和纤维砂浆来进行封堵	1. 制定《水工日常观测和巡视制度》《水工巡视检查规程》。 2. 按照规定频次进行检查、巡查，尤其是汛期、有感地震或持续高水位应记录并及时上报。 3. 制定《水工建筑物维护规程》，按照规定对接缝止水、裂缝进行维护。 4. 定期对边坡安全监测的资料进行整编分析，对存在异常的部位组织专家分析研判。 5. 需要外委单位作业的，应与外委单位签订安全协议，并督促其开展安全技术交底，并根据需要派人监督。 6. 水电站在运行管理期间应每隔6～10年组织一次安全鉴定	1. 对水工部新进人员开展三级安全教育，加强风险意识和对安全风险分级管控认识的培训，指导和帮助新进员工了解边坡基本结构、工程观测知识，并进行清坡、坍塌坡、地震抢险知识培训。 2. 就《水库大坝安全管理规程》（SL 230—2015）、案例》《混凝土坝安全监测技术规范》（SL 601—2013）及某水电站巡视检查、安全监测和维护管理制度规程等知识开展宣贯培训。 3. 每汛期前班后及巡视检查前、明确巡查重点、开展安全技术交底，并签字确认	/	1. 制定《某水电站防汛抢险预案》《某水电站大坝安全管理应急预案》《垮坝事故应急预案》等。 2. 若渗水量大，发生管涌情况，降低水位运行，恢复排水设施，尽快排干积水，可能时采取临时封堵措施；如排水能力不够，增加临时排水泵，如廊道被淹、断开廊道各类电源。 3. 组建应急队伍，准备有抽水泵、编织袋、防汛沙袋等物资。 4. 定期开展应急演练和培训工作

续表

序号	风险点（危险源）	控制措施				应急处置措施
		工程技术措施	管理措施	教育培训措施	个人防护	
67	右岸水阳坪排水洞结构及排水设施	1. 对排水孔、排水沟定期进行清理，保持畅通。 2. 当部分排水廊道及排水孔发生破损或堵塞时，若无法疏通应将破环堵塞的部分拆除，按原设计断面进行修复。 3. 对杂物较多、孔口易被堵死的排水孔、孔口应采取防堵塞措施。 4. 止水失效引起结构缝漏水处理，确定止水失效的位置和范围，降低库水位后，在坝体迎水面采用水溶性聚氨酯（HW 或 LW）进行化学灌注处理。 5. 隧洞裂缝处理：应力裂缝必须及时进行加固处理，温度裂缝加强保温、隔热措施，并埋设仪器进行监测，收缩缝监测稳定后，在上下游面采用钢丝网片和纤维砂浆进行封堵	1. 制定《水工日常观测和巡视制度》《水工巡视检查规程》。 2. 按照规定频次进行检查、巡查，尤其是汛期、有感地震或持续高水位等，记录并及时上报。 3. 制定《水工建筑物维护管理制度》《水工建筑物维护规程》，按照规定对接缝止水、裂缝进行维护。 4. 定期对边坡安全监测的资料进行整编分析，对存在异常的部位组织专家分析研判。 5. 需要外委单位作业的，应与外委单位签订安全协议，并根据需要派人监督、督促其开展安全技术交底。 6. 水电站在运行管理期间应每隔 6～10 年组织一次安全鉴定	1. 对水工部新进人员开展三级安全教育，加强风险意识和对安全风险分级管控认识的培训，指导和帮助新进员工了解边坡基本结构、工程观测知识并进行滑坡、坍塌抢险知识培训。 2. 就《水库大坝安全管理案例》《混凝土坝养护修理规程》（SL 230—2015）、《混凝土坝安全监测技术规范》（SL 601—2013）及某水电站巡视检查、安全监测和维护管理制度规程等知识开展宣贯培训。 3. 每次班前班后及巡视检查前，明确巡查重点，开展安全技术交底，并签字确认	/	1. 制定《某水电站防汛与抢险规程》《某水电站水库大坝安全管理应急预案》《垮坝事故应急预案》等。 2. 若汛水量大、发生管涌险情，降低水位运行，恢复排水设施，尽快排干积水，可能时采采临时封堵措施；如临临时排水能力不够，增加临时排水泵；如廊道敞篷、断开廊道各类电源。 3. 组建应急队伍，编织有备有抽水泵、备有防汛沙袋、防汛等物资。 4. 定期开展应急演练和培训工作

序号	风险点（危险源）	控制措施					
		工程技术措施	管理措施	教育培训措施	个人防护	应急处置措施	
68	消力池左岸贴坡式边墙	1. 加强巡视检查，发现异常及时上报。 2. 对护岸边坡坡脚部位进行加固。 3. 对护岸支护措施及时维护，必要时增加新的支护措施	1. 制定《水工日常观测和巡视制度》《水工巡视检查规程》，按照规定频次进行巡视检查。 2. 制定《水工建筑物维护管理制度》《水工建筑物维护规程》，按照规定对护岸支护措施及时进行维护	1. 对水工部新进人员开展三级安全教育，加强风险意识和对安全风险分级管控认识的培训，指导和帮助新进员工了解消力池基本结构，工程观测知识，并进行滑坡、坍塌抢险知识培训。 2. 就《水库大坝安全管理条例》《混凝土坝养护修理规程》（SL 230—2015）、《混凝土坝安全监测技术规范》（SL 601—2013）及某水电站巡视检查、安全监测和维护管理制度等知识开展宣贯培训。 3. 每次班前班后及巡视检查前，明确巡查重点，并展开安全技术交底，并签字确认	/	1. 制定《防地质灾害应急预案》《防地质灾害现场处置方案》《滑坡体塌方现场处置方案》等。 2. 配置专业的应急救援队伍和工程机械，发生险情后，减小出库流量、减小冲刷，并立即组织疏浚河道。 3. 对相关应急预案和急救知识进行培训	

续表

序号	风险点（危险源）	控制措施				应急处置措施
		工程技术措施	管理措施	教育培训措施	个人防护	
69	消力池护坦	1. 按照《某水电站水工建筑物维修养护规程》的要求，大流量泄洪后应对消力池护坦进行检查。对其冲刷情况进行分析，确定是否进行修补处理；当冲刷严重时，应及时上报集团公司。 2. 混凝土结构破损部位人工凿除，基面涂刷或材料相适应的基液或界面粘结材料（如环氧树脂或水泥浆），再嵌补砂浆、树脂基材料回填修补破损部位。 3. 裂缝处理可采用水溶性聚氨酯（HW 或 LW）进行化学灌注修补	1. 及时制定和完善《某水电站水工建筑物维护管理制度》《某水电站水工日常观测和巡视制度》《某水电站水工建筑物维护养护规程》《某水电站水工巡视检查规范》《某水电站水工安全监测规程》《水工监测资料整理分析规程》，并满足国家、地方相关法规规范的要求。 2. 按照制度要求开展巡视检查。正常巡检每月开展 2 次，年度巡检每年不少于 2 次，特殊巡检加密为每周 2 次。 3. 巡视检查后认真填写检查记录。发现问题应按照制度、规程要求及时上报、处理，验收和存档备。 4. 需要外委单位作业的，应与委单位签订安全协议，督促其开展安全技术交底，并根据需要派人监督。 5. 水电站在运行管理期间应每隔 6～10 年组织一次安全鉴定	1. 对水工部新进人员开展三级安全教育，加强风险意识和对安全风险分级管控认识的培训，指导和帮助新进员工了解消力池基本结构、工程观测知识，并进行滑坡、坍塌抢险知识培训。 2. 就《水库大坝安全管理条例》《混凝土坝养护修理规程》（SL 230—2015）、《混凝土坝安全监测技术规范》（SL 601—2013）及某水电站巡视检查、安全监测和维护管理制度规程等知识开展宣贯培训。 3. 每次班前班后及巡视检查时，明确巡查重点。开展安全技术交底，并签字确认	/	1. 制定《某水电站防汛与抢险规程》《防洪调度规程》等。 2. 配置块石、凹陷和破损处临时抛石处理

序号	风险点（危险源）	控制措施				
		工程技术措施	管理措施	教育培训措施	个人防护	应急处置措施
70	消力池尾坎、防冲板和防冲槽	按照《某水电站水工建筑物维修养护规程》的要求，大流量泄洪后应对消力池尾坎、防冲槽进行检查，对其冲刷情况进行分析，确定是否进行修补处理，当冲刷严重必须进行修补处理时，应及时上报集团公司	1. 及时制定和完善《某水电站水工建筑物维护管理制度》《某水电站水工日常观测和巡视制度》《某水电站水工建筑物维护规程》《某水电站水工巡视检查规程》《某水电站水工安全监测规程》《水工监测资料整编分析规程》，并满足国家、地方相关法规标准的要求。 2. 按照制度要求开展巡检检查。正常检查每月开展3次，年度巡检每年同不少于2次，特殊巡检加密为每周2次。 3. 巡视检查后认真填写检查记录，发现问题应按照制度、规程要求及时上报、处理、验收和存档。 4. 需要外委单位作业的，应与外委单位签订安全协议，督促其开展安全技术交底，并根据需要派人监督。 5. 水电站在运行管理期间应每隔6～10年组织一次安全鉴定	1. 对水工部新进人员开展三级安全教育，加强风险意识和安全风险分级管控认识的培训，指导和帮助新进员工了解消力池基本结构、工程观测知识，并进行滑坡、明塌抢险知识培训。 2. 就《水库大坝安全管理条例》《混凝土坝养护修理规程》(SL 230—2015)，《混凝土坝安全监测技术规范》(SL 601—2013)及某省水电站巡视检查、安全监测等知识开展宣传培训。 3. 每次班前班后及巡检查前，明确巡查重点。开展安全技术交底，并签字确认	/	1. 制定《某水电站防汛与抢险规程》《某省水利板组工程水库调度规程》等。 2. 配置块石、凹陷和破损处临时抛石处理

续表

序号	风险点（危险源）	控制措施				应急处置措施
		工程技术措施	管理措施	教育培训措施	个人防护	
71	消力池右侧厂坝导墙	1. 按照《某水电站水工建筑物维修养护规程》的要求，大流量泄洪后应对导墙进行检查，根据检查结果，对其冲刷情况进行分析，确定是否进行修补处理，修补处理严重必须进行上报集团公司。 2. 混凝土结构破损部位人工凿除，基面涂刷与修补材料相适应的基液或界面粘结材料（如环氧树脂浆或水泥浆），再嵌补砂浆、树脂基材料回填修补破损部位。 3. 裂缝处理可采用水溶性聚氨酯（HW 或 LW）进行化学灌注修补	1. 及时制定和完善《某水电站水工建筑物维修养护规程》《某水电站水工日常观测和巡视制度》《某水电站水工建筑物检查规程》《某水电站水工巡视检查规程》《某水工监测资料整编分析规程》，并满足国家、地方相关法规规范的要求。 2. 按照制度要求开展巡视检查。正常巡视检查每月开展 2 次，年度巡检每年不少于 2 次，特殊巡检加密为每周 2 次。 3. 巡视检查后认真填写检查记录，发现问题按照制度、规程要求及时上报、处理，验收存档备案。 4. 需要外委单位作业的，应与委单位签订安全协议，督促其开展安全技术交底，并根据需要派人监督。 5. 水电站在运行管理期间应每隔 6～10 年组织一次安全鉴定	1. 对水工部新进人员开展三级安全教育，加强风险意识和对安全风险分级管控认识的培训，指导和帮助新进员工了解消力池基本结构、工程观测知识，并进行滑坡、坍塌险情知识培训。 2. 就《水库大坝安全管理条例》《混凝土坝养护修理规程》（SL 230—2015）、《混凝土坝安全监测技术规范》（SL 601—2013）及某水电站巡视检查、安全监测和维护管理制度规程等知识开展宣贯培训。 3. 每次班前班后及巡视检查前，明确巡检重点，开展安全技术交底，并签字确认	/	1. 制定《某水电站防汛与抢险规程》《某省某水利枢纽工程水库调度规程》等。 2. 配置块石，回陷和破损处临时抛石处理

续表

序号	风险点（危险源）	控制措施				应急处置措施
		工程技术措施	管理措施	教育培训措施	个人防护	
72	消力池各部位分缝及止水设施	1. 按照《某水电站水工安全监测规程》《水工监测资料整编分析规程》的要求，开展变形、位移、渗流监测和分析，对结构缝要定期检查，尤其关注结构缝渗漏量的变化及其与库水位之间的关系。 2. 接缝破损和止水失效的部位加强监测，沉降和渗透系数的安全监测和分析，若进一步发展，邀请专家召开专题会议，编制处置方案，按照方案、封堵等方法采取灌浆、封堵等方法进行修补。	1. 及时制定和完善《某水电站水工建筑物维护管理制度》《某水电站水工日常观测和巡视制度》《某水电站水工建筑物维护规程》《某水电站水工巡视检查规程》《某水电站水工监测规程》《水工监测资料整编分析规程》，并满足国家、地方相关法规标准的要求。 2. 按照制度每月开展巡视检查。正常巡检每月开展 2 次，汛期巡检每月不少于 2 次、年度巡检每年不少于 2 次，特殊巡检加密为每周 2 次。 3. 巡视检查后认真填写检查记录，发现问题按照规定流程、规范要求及时上报、处理，验收和存档案。 4. 定期对大坝安全监测的资料进行整编分析，对存在异常情况组织专家召开专题会议。邀请处置方案、按照专题会议分析研判。 5. 需委外委单位作业的，应与委外单位签订安全协议，督促其开展安全技术交底，并根据需要派人监督。 6. 水电站在运行管理期间应每隔 6～10 年组织一次安全鉴定	1. 对水工部新进人员开展三级安全教育，加强风险意识和对安全风险分级管控认识的培训，指导和帮助新进员工了解消力池基本结构，了解大坝基本结构，工程观测知识，并进行渗漏抢险知识培训。 2. 就《水库大坝安全管理条例》《混凝土坝养护修理规程》（SL 230—2015）、《混凝土坝安全监测技术规范》（SL 601—2013）及某水电站巡视检查，安全监测和维护管理制度规程等知识开展宣贯培训。 3. 每次班前巡视检查，明确巡查重点，开展安全技术交底，并签字确认	/	1. 制定《某水电站防汛与抢险规程》《某水电站水库大坝安全管理应急预案》《跨坝管理应急预案》等。 2. 配备水库应急抢险常备队伍和预备队伍，配备冲锋舟、救生衣、块石、钢丝绳、尼龙袋等应急物资、装备。 3. 每年至少开展一次类似演练

续表

序号	风险点（危险源）	控制措施				
		工程技术措施	管理措施	教育培训措施	个人防护	应急处置措施
73	消力池基础和左岸封闭帷幕灌浆、排水幕	1. 按照《某水电站水工安全监测规程》《水工监测资料整编分析规程》的要求，应开展变形、位移、渗流，应力应变监测和分析，了解和判断帷幕的运行情况。 2. 若变形、位移、渗流等监测数据超过设计标准或者监测数据异常，邀请专家进一步分析研判，查找原因，按照规程规范及时进行维护和补强	1. 及时制定和完善《某水电站水工建筑物维护管理制度》《某水电站水工日常观测和巡视制度》《某水电站水工巡视检查规程》《某水电站水工安全监测规程》，并满足国家、地方相关法规标准的要求。 2. 按照制度要求开展巡视检查。正常巡视检查每月开展2次、汛期巡检每年不少于2次，年度巡检每年不少于2次、特殊巡检加密为每周2次。 3. 巡视检查后认真填写检查记录。发现问题按照制度、规程要求及时上报、处理，验收和存档备案。 4. 定期对大坝安全监测的资料进行整编分析，对存在异常数据的部位组织专家分析研判。 5. 需要外委单位作业的，应与委外单位签订安全协议，督促其开展安全技术交底，并根据需要派人监督。 6. 水电站在运行管理期间应每隔6～10年组织一次安全鉴定	1. 对水工部新进人员开展三级安全教育，加强风险意识和对安全风险分级管控认识的培训，指导和帮助新进员工了解大坝基本结构，工程观测知识，并进行渗漏抢险知识培训。 2. 就《水库大坝安全管理条例》《混凝土坝养护修理规程》(SL 230—2015)、《混凝土坝安全监测技术规范》(SL 601—2013)及某水电站巡视检查、安全监测和维护管理制度规程等知识开展宣贯培训。 3. 每次班前、明确巡查重点。开展安全技术交底，并签字确认	/	1. 制定《某水电站防汛与抢险规程》《某水库大坝安全管理事故应急预案》等。 2. 配备水库应急抢险常备队伍、配备冲锋舟、救生衣、块石、钢丝绳、尼龙袋等应急物资、装备。 3. 每年至少开展一次似应演练

续表

序号	风险点（危险源）	控制措施				
		工程技术措施	管理措施	教育培训措施	个人防护	应急处置措施
74	电站厂房结构、屋面和外墙防水	分析混凝土脱落、裂缝、渗漏和房屋防水失效的原因，及时按照《某水电站水工建筑物维护管理制度》《某水电站水工建筑物维护规程》《某水电站房屋建筑检查修缮规程》的要求对缺陷登记建档、申报维护建议或计划，采取针对性的修补、翻新措施。	1. 及时制定和完善《某水电站水工建筑物维护管理制度》《某水电站水工日常观测和巡视制度》《某水电站水工建筑物维护规程》《某水电站房屋建筑检查修缮规程》，并满足国家、地方相关法规标准的要求。 2. 按照巡视制度要求开展巡视检查。正常巡检每月开展2次，汛期巡检每月开展3次，年度巡检每年不少于2次。特殊巡检加密为每周2次。 3. 巡视检查后认真填写检查记录，发现问题按照制度、规程要求及时上报、处理，验收和存档备案。 4. 需委外委单位作业的，应与外委单位签订安全协议，督促其开展安全技术交底，并根据需要派人监督	1. 对水工部新进人员开展三级安全教育，加强风险意识和对安全风险分级管控认识的培训，指导和帮助新进员工了解电站厂房基本结构和风险防控措施。 2. 不定期开展专题讲座、技术培训讲课、安全规程培训考试、安全知识竞赛、安全月等活动。就《水库大坝安全管理条例》《混凝土坝养护修理规程》（SL 230—2015）、某水电站巡视检查和维护管理制度规程等知识开展宣贯培训。 3. 在班前班后会、巡视检查作业前，工作负责人对参与人员就风险分析和预控措施进行交底、接受交底人员签名确认	/	配备防水布，出现屋面渗漏水，及时防护室内电气设备。配备临时排水水泵和水桶，及时清除室内积水

续表

序号	风险点（危险源）	控制措施				应急处置措施
		工程技术措施	管理措施	教育培训措施	个人防护	
75	电站厂房排水设施	1. 按照《某水电站水工建筑物维护规程》管理制度》《某水电站水工建筑物维护规程》的要求对电站厂房的排水沟、排水孔应经常清理、养护，排水孔应经常清理，每年4月应进行一次全面清理。 2. 如有堵塞、淤积或破坏时，及时按照《某水电站水工建筑物维护规程》《某水电站水工建筑物管理制度》的要求对缺陷登记建档，申报维护建议或计划，按方案修复或增开新的排水孔。修复可用人工掏挖、高压水（或气）冲洗	1. 及时制定和完善《某水电站水工建筑物管理制度》《某水电站水工建筑物维护规程》《某水电站水工建筑物巡视检查规程》，并满足国家、地方相关法规标准相应的要求。 2. 按照制度要求开展巡视检查。正常检查每月开展2次，汛期巡检每年不少于2次，特殊巡检加密为每月开展3次，年度巡检每年不少于2次。 3. 巡视检查后认真填写检查记录，发现问题按照相关要求及时上报、处理，规范要求和存档备案。 4. 需要外委单位作业的，应与外委单位签订安全协议，督促其开展安全技术交底，并根据需要派人监督	1. 对水工部新进人员开展教育，加强风险分级管控认识的培训，指导和帮助新进员工了解电站厂房排水设施基本情况。 2. 不定期开展专题讲座、技术培训讲课，安全规程培训考试，安全知识竞赛、安全月等活动，就《水库巡坝安全管理条例》《混凝土坝养护修理规程》（SL 230—2015）、某水电站巡视检查和维护管理制度规程等知识开展宣贯培训。 3. 在班前班后会、巡视检查作业前，工作负责人对参与风险措施分析和预控措施进行交底，接受交底人员签名确认	/	1. 制定《水淹厂房事故应急预案》等。 2. 在适当部位存有防汛沙袋、块石、尼龙袋等物资，以及铁锹、抽水泵等掏挖、排水工具。 3. 按照相关制度或预案的要求，定期开展应急演练，并做好记录。

续表

序号	风险点（危险源）	控制措施				
		工程技术措施	管理措施	教育培训措施	个人防护	应急处置措施
76	电站厂房玻璃幕墙	及时更换破损的玻璃，不能及时更换的用幕布等方式及时遮挡	1. 制定《水工日常观测和巡视制度》《水工巡视检查规范》，按照规定对玻璃幕墙进行巡检。2. 制定《水工建筑物维护管理制度》《水工建筑物维护规程》，按照规定对破损的玻璃进行更换	/	/	1. 制定《物体打击事故专项应急预案》等。2. 配备急救药品、临时排水泵和水桶；及时清除室内积水。3. 按照相关制度的要求，定期开展应急演练，并做好记录
77	水工楼结构、屋面和外墙防水	分析混凝土脱落、裂缝、渗漏和房屋防水失效的原因。及时按照《某水电站水工建筑物维护管理制度》《某水电站房屋建筑检查修缮规程》的要求，对缺陷建档、申报维护建议或计划，采取针对性的修补、翻新措施	1. 及时制定和完善《某水电站水工建筑物维护管理制度》《某水电站水工建筑物日常观测和巡视制度》《某水电站水工建筑物维护规程》《某水电站房屋建筑检查修缮规程》，并满足国家、地方相关法规标准的要求。2. 按照制度要求开展巡视检查。正常巡检每月开展2次，汛期巡检每月开展3次，年度巡检每年不少于2次，特殊巡检加密为每周2次。	1. 对水工部新进人员开展三级安全教育，加强风险意识和对安全风险分级管控认识的培训，指导和帮助新进员工了解电站厂房基本结构和风险防控措施。2. 不定期开展专题讲座、技术培训讲课、安全规程培训考试、安全知识竞赛、安全月等活动，就《水库大坝安全管理条例》《混凝土	/	配备防水布，出现屋面渗漏水，及时防护室内电气设备。配备临时排水泵和水桶，及时清除室内积水

续表

序号	风险点（危险源）	控制措施				应急处置措施
		工程技术措施	管理措施	教育培训措施	个人防护	
77	水工楼结构、屋面和外墙防水		3.巡视检查后认真填写检查记录，发现问题及时处理，规程要求的工报、处理，验收按照，规程要求归档备案。4.需要外委单位作业的，应与外委单位签订安全协议，督促其开展安全技术交底，并根据需要派人监督	坝养护修理规程》、某水电站巡视检查物管理制度等知识宣贯培训。3.任班前班后会、巡视检查前，工作负责人对参与人员就风险分析和预控措施进行交底，接受交底人员签名确认		
78	尾水平台土建结构及分缝止水	1.按照《某水电站水工安全监测规程》水工监测资料整编分析和《某水电站水工监测规程》的要求开展变形、位移、渗流监测和分析，对结构构缝要定期检查，尤其关注结构缝渗漏量的变化及其与水库水位之间的关系。	1.及时制定和完善《某水电站水工建筑物管理制度》《某水电站水工日常观测和巡视制度》《某水电站水工建筑物维护规程》《某水电站水工巡视检查规范》《水工监测资料整编分析规范》，并满足国家、地方相关法规规程标准的要求。2.按照制度要求开展巡视检查。正常巡检每月开展2次，汛期巡检每月不少于2次，年度巡检每年2次，特殊巡检加密为每年3次、特殊巡检加密为每年2次。3.巡视检查后认真填写检查记录，发现问题按照制度、规程要求及时上报、	1.对水工部新进人员开展三级安全教育，加强风险意识和对安全监测分级管控认识的培训，帮助新进员工了解消力池基本结构、工程观测知识，并进行渗漏抢险知识培训。	/	1.制定《某水电站防汛与抢险规程》《某水电站大坝安全管理应急预案》《跨坝水电站事故应急预案》等。2.配备水库应急抢险常备队伍和预备队伍、配备冲锋舟、救生衣、块石、钢丝绳、尼龙袋等应急物资、装备。3.每年至少开展一次似演练

续表

序号	风险点（危险源）	控制措施				
		工程技术措施	管理措施	教育培训措施	个人防护	应急处置措施
78	尾水平台土建结构及分缝止水	2. 接缝破损和止水失效的部位加强分析，对存在异常部位数据的安全监测透系数的安全监测和分析。若进一步发展，邀请专家召开专题会议，编制处置方案，按照方案要求采取灌浆、封堵等方法修补	4. 定期对大坝安全监测的资料进行整编分析，对存在异常的部位组织专家分析研判。 5. 需要外委单位作业的，应与外委单位签订安全协议，督促其开展安全技术交底，并根据需要派人监督。 6. 水电站在运行管理期间应每隔6～10年组织一次安全鉴定	2. 就《水库大坝安全管理条例》《混凝土坝安全养护管理规程》（SL 230—2015），《混凝土坝安全监测技术规范》（SL 601—2013）及某水电站巡视检查、安全监测和维护管理制度规程等知识开展宣贯培训。 3. 每次班前及巡视检查前，明确巡查重点，开展安全技术交底，并签字确认		
79	尾水渠护坦	1. 按照《某水电站水工建筑物维修养护规程》的要求，发电机停机后应对消力池护坦进行检查。根据检查结果，对其冲刷情况进行分析，确定是否进行修补处理；当冲刷严重必须进行修补处理时，应及时上报集团公司。 2. 混凝土结构破损部位，工凿除、基面涂刷与修补材料相适应的基液或界面粘结材料（如环氧树脂脂或水泥浆，再嵌补砂浆、树脂	1. 及时制定和完善《某水电站水工建筑物维修养护管理制度》《某水电站水工日常观测和巡视维护规程》《某水电站水工巡视检查》《某水电站整改资料整编规程》《某水工监测资料整理和分析规程》并满足国家、地方相关法规标准的要求。 2. 按照制度要求开展巡视检查。正常巡检每月开展2次，年度巡检每年不少于2次，汛期巡检加密为每周2次、特殊巡检加密为每周2次。 3. 巡视检查后认真填写与检查记录，发现问题和认真填写与检查记录，发现问题及时处理、规范记录并存档备案。	1. 对水工部新进人员开展三级安全教育，加强风险意识和对安全风险分级管控认识的培训，指导和帮助新进员工了解尾水渠基本结构、坍塌抢险知识，并开展工程观测知识和本结构、坍塌抢险知识。 2. 就《水库大坝安全管理条例》《混凝土坝安全养护管理规程》（SL 230—2015），《混凝土坝安全监测技术规范》（SL 601—2013）及某水	/	1. 制定《某水电站防汛与抢险规程》《防洪调度规程》等。 2. 配置块石、凹陷和破损处临时处理抛石处理

续表

序号	风险点（危险源）	控制措施				
		工程技术措施	管理措施	教育培训措施	个人防护	应急处置措施
79	尾水渠护坦	基材料回填修补破损部位。3.裂缝处理可采用水溶性聚氨酯（HW或LW）进行化学灌注修补	处理、验收和存档备案。4.需要外委单位作业的，应与外委单位签订安全协议，督促其开展安全技术交底，并根据需要派人监督。5.水电站在运行管理期间应每隔6～10年组织一次安全鉴定	电站巡视检查、安全监测和维护管理制度规程等知识开展宣贯培训。3.每次班前班后及巡视检查前，明确巡查重点，开展安全技术交底，并签字确认		
80	尾水渠右侧护岸	1.加强巡视检查，发现异常及时上报。2.对护岸边坡脚部位进行加固。3.对护岸支护措施及时维护，必要时增加新的支护措施	1.制定《水工日常观测和巡视制度》《水工巡视检查规范》，按照规定频次进行巡视检查。2.制定《水工建筑物维护管理制度》《水工建筑物维护规程》，按照规定对护岸支护措施及时进行维护	1.对水工部新进人员开展三级安全教育，加强风险意识和对安全风险分级管控认识的培训，指导和帮助新进员工了解消力池基本结构、冲塌抢险知识，并进行培训。2.就《水库大坝安全管理条例》《混凝土坝安全监测技术规范》（SL 601—2013）及某《混凝土坝养护修理规程》（SL 230—2015）及某水电站巡视检查、安全监测和维护管理制度规程等知识开展宣贯培训。3.每次班前班后及巡视检查前，明确巡查重点，开展安全技术交底，并签字确认	/	1.制定《防地质灾害应急预案》《防地质灾害现场处置方案》《滑坡体塌方现场处置方案》等。2.配置专业的应急救援队伍和工程机械，发生险情后，以减少出库流量、冲刷，并立即组织疏浚河道。3.对相关应急预案和应急救知识进行培训

续表

序号	风险点（危险源）	控制措施				
		工程技术措施	管理措施	教育培训措施	个人防护	应急处置措施
81	导流洞封堵体	1. 及时对封堵体的监测资料进行整编分析，若发现异常，及时上报。 2. 对导流洞出口渗流量检查，必要时降低库水位对导流洞重新进行封堵	1. 及时制定和完善《某水电站水工建筑物维护管理制度》《某水电站水工巡视和巡查制度》《某水电站水工建筑物维护规程》《某水电站水工安全监测规程》《水工监测资料整编规程》，并满足国家、地方相关法规规范的要求。 2. 按照制度要求开展巡视检查。正常巡检每月开展2次，汛期巡检每年不少于2次。特殊巡检加密为每月2次。 3. 巡视检查后认真填写检查记录，发现问题按照制度、规程要求及时上报、处理，验收和存档备案。 4. 定期对大坝安全监测的资料进行整编分析，对存在异常的部位组织专家分析研判。 5. 需委外委单位作业的，应与外委单位签订安全协议，督促其开展安全技术交底，并根据需要委派人监督。 6. 水电站在运行管理期间应每隔6～10年组织一次安全鉴定	1. 对水工部新进人员开展三级安全教育，加强风险意识和对安全风险分级管控认识的培训。指导和帮助新进员工了解大坝基本结构、工程观测知识，并进行渗漏基本结构、地方渗漏抢险知识培训。 2. 就《水库大坝安全管理条例》《混凝土坝养护修理规程》(SL 230—2015)、《混凝土坝安全监测技术规范》(SL 601—2013)及某水电站巡视检查、安全监测和维护管理制度规程等知识开展管员培训。 3. 每次夜班前班前及班后巡检查前，明确夜班巡查重点。开展安全技术交底，并签字确认	/	1. 制定《导流洞失稳、涌水事故应急预案》。 2. 配备水库应急抢险常备队伍和预备队伍。配备冲锋舟、救生衣、块石、钢丝绳、尼龙袋等应急物资、装备。 3. 每年至少开展一次似演练

续表

序号	风险点（危险源）	控制措施					应急处置措施
		工程技术措施	管理措施	教育培训措施	个人防护		
82	右岸上坝公路路面、排水和基础	1. 按照《某水电站水工建筑物维护规程》的要求，对路面沉降破损、基础破损部位登记建档，申报维护计划，按照修补方案进行修补。不能及时修补的部位应悬挂警示标识和提示。 2. 对道路排水沟、排水孔应经常清理，每年4月应进行一次全面清理。 3. 在坝顶路面设置限重、限速、限宽、限高的交通警示标识	1. 制定《水工日常测和巡视制度》《水工巡视检查规程》，按照规定频次进行检查、巡查。 2. 制定《车辆交通行驶道路维护管理制度》《车辆交通行驶道路维护规程》，按照规定对车辆交通行驶道路进行维护	就《水工日常观测和巡视制度》《水工巡视检查规程》《车辆交通行驶道路维护管理制度》《车辆交通行驶道路维护规程》《公路水泥混凝土路面施工技术规范》等开展教育培训	/		1. 制定《车辆伤害事故应急预案》《某水电站防汛与抢险规程》。 2. 配备应急救援药品，定期开展相关的应急演练或培训
83	沿江进厂公路路面、排水和基础	1. 按照《某水电站水工建筑物维护规程》的要求，对路面沉降破损、基础破损部位登记建档，申报维护计划，按照修补方案进行修补。不能及时修补的部位应悬挂警示标识和提示。 2. 对道路排水沟、排水孔应经常清理，每年4月应进行一次全面清理。 3. 在坝顶路面设置限重、限速、限宽、限高的交通警示标识	1. 制定《水工日常测和巡视制度》《水工巡视检查规程》，按照规定频次进行检查、巡查。 2. 制定《车辆交通行驶道路维护管理制度》《车辆交通行驶道路维护规程》，按照规定对车辆交通行驶道路进行维护	就《水工日常观测和巡视制度》《水工巡视检查规程》《车辆交通行驶道路维护管理制度》《车辆交通行驶道路维护规程》《公路水泥混凝土路面施工技术规范》等开展教育培训	/		1. 制定《车辆伤害事故应急预案》《某水电站防汛与抢险规程》。 2. 配备应急救援药品，定期开展相关的应急演练或培训

续表

序号	风险点 （危险源）	控制措施				
		工程技术措施	管理措施	教育培训措施	个人防护	应急处置措施
84	生活区交通道路（路面、排水、基础）	1. 按照《某水电站水工建筑物维护规程》的要求，对路面破损、基础沉降部位登记建档，申报维护进行修补计划，按照预案对修补不能及时修补的部位悬挂警示标识和提示。 2. 对道路排水沟、排水孔应经常清理，每年4月应进行一次全面清理。 3. 在坝顶路面设置限重、限速、限高等的交通警示标识	1. 制定《水工日常观测和巡视制度》《水工巡视检查规程》，按照规定频次进行检查、巡查。 2. 制定《车辆交通行驶道路维护管理制度》《车辆交通行驶道路维护规程》，按照规定对车辆交通行驶道路进行维护	1.《水工日常观测和巡视制度》《水工巡视检查规程》《车辆交通行驶道路维护管理制度》《车辆交通行驶道路维护规程》《公路水泥混凝土路面施工技术规范》等开展教育培训	/	1. 制定《车辆伤害事故应急预案》《某水电站防汛与抢险应急规程》。 2. 配备应急救援药品、定期开展应急演练或培训
85	办公楼结构、屋面及外墙防水	分析混凝土脱落、裂缝、渗漏和房屋防水失效的原因，对需要维护和修理的房屋、及时按照《某水电站房屋建筑检查修缮规程》的要求，及时针对性的修补、翻新，并建立技术档案	1. 及时制定和完善《某水电站房屋建筑检查修缮规程》，并满足国家、地方相关法规标准的要求。 2. 按照制度要求定期进行检查和维护，及时做好各种防护工作，保证正常、安全使用。 3. 根据房屋及设施使用的年限规定和检查发现的缺陷，及时向站部上报维修或更新改造计划。 4. 需要外委单位作业的，应与外委单位签订安全协议，督促其开展安全技术交底，并根据需要派人监督	就《某水电站房屋建筑检查修缮规程》对管理责任人进行定期培训	/	配备防水布，出现屋面渗漏水，及时防护室内电气设备。配备临时排水泵和水桶，及时清除室内积水

续表

序号	风险点（危险源）	控制措施				应急处置措施
		工程技术措施	管理措施	教育培训措施	个人防护	
86	综合楼结构、屋面及外墙防水	分析混凝土脱落、裂缝、渗漏和房屋防水失效的原因，及时按照《某水电站房屋建筑检查修缮规程》的要求对需要维护和修理的房屋，建立技术档案，采取针对性的修补、翻新措施	1. 及时制定和完善《某水电站房屋建筑检查修缮规程》，并满足国家、地方相关法规标准的要求。 2. 按照制度要求定期进行检查和维护，及时做好各种防护工作，保证正常、安全使用。 3. 根据房屋及设施使用的年限规定和检查发现的缺陷，及时向站部上报维修或更新改造计划。 4. 需要外委单位作业的，应与外委单位签订安全协议，督促其开展安全技术交底，并根据需要派人监督	就《某水电站房屋建筑检查修缮规程》对管理责任人进行定期培训	/	配备防水布，出现屋面渗漏水，及时防护室内电气设备。配备临时排水泵和水桶，及时清除室内积水
87	公寓楼结构、屋面及外墙防水	分析混凝土脱落、裂缝、渗漏和房屋防水失效的原因，对需要维护和修理的房屋，及时按照《某水电站房屋建筑检查修缮规程》的要求，采取针对性的修补、翻新措施，并建立技术档案	1. 及时制定和完善《某水电站房屋建筑检查修缮规程》，并满足国家、地方相关法规标准的要求。 2. 按照制度要求定期进行检查和维护，及时做好各种防护工作，保证正常、安全使用。 3. 根据房屋及设施使用的年限规定和检查发现的缺陷，及时向站部上报维修或更新改造计划。 4. 需要外委单位作业的，应与外委单位签订安全协议，督促其开展安全技术交底，并根据需要派人监督	就《某水电站房屋建筑检查修缮规程》对管理责任人进行定期培训	/	配备防水布，出现屋面渗漏水，及时防护室内电气设备。配备临时排水泵和水桶，及时清除室内积水

序号	风险点（危险源）	控制措施				
		工程技术措施	管理措施	教育培训措施	个人防护	应急处置措施
88	家属楼结构、屋面及外墙防水	分析混凝土脱落、裂缝、渗漏和房屋防水失效的原因，对需要维护和修理的房屋，及时按照《某水电站房屋建筑检查修缮规程》的要求，采取针对性的修补、翻新措施，并建立技术档案	1.及时制定和完善《某水电站房屋建筑检查修缮规程》，并满足国家、地方相关法规标准的要求。2.按照制度要求定期进行检查和维护，及时做好各种防护工作，保证正常、安全使用。3.根据房屋及设施使用的年限规定和检查发现的缺陷，及时向站部上报维修或更新改造计划。4.需要外委单位作业的，应与外委单位签订安全协议，督促其开展安全技术交底，并根据需要派人监督	就《某水电站房屋建筑检查修缮规程》对管理责任人进行定期培训	/	配备防水布，出现屋面渗漏水，及时防护室内电气设备。配备临时排水泵和水桶，及时清除室内积水
89	食堂结构、屋面及外墙防水	分析混凝土脱落、裂缝、渗漏和房屋防水失效的原因，对需要维护和修理的房屋，及时按照《某水电站房屋建筑检查修缮规程》的要求，采取针对性的修补、翻新措施，并建立技术档案	1.及时制定和完善《某水电站房屋建筑检查修缮规程》，并满足国家、地方相关法规标准的要求。2.按照制度要求定期进行检查和维护，及时做好各种防护工作，保证正常、安全使用。3.根据房屋及设施使用的年限规定和检查发现的缺陷，及时向站部上报维修或更新改造计划。4.需要外委单位作业的，应与外委单位签订安全协议，督促其开展安全技术交底，并根据需要派人监督	就《某水电站房屋建筑检查修缮规程》对管理责任人进行定期培训	/	配备防水布，出现屋面渗漏水，及时防护室内电气设备。配备临时排水泵和水桶，及时清除室内积水

续表

序号	风险点（危险源）	控制措施				应急处置措施
		工程技术措施	管理措施	教育培训措施	个人防护	
90	生活区岗亭等结构、屋面及外墙防水	分析混凝土脱落、裂缝、渗漏和房屋防水失效的原因，及时按照《某水电站房屋建筑检查修缮规程》的要求对房屋进行维护和修理的修补、翻新措施，并建立技术档案	1. 及时制定和完善《某水电站房屋建筑检查修缮规程》，并满足国家、地方相关法规标准的要求。 2. 按照制度要求定期进行检查和维护，及时做好各种防护工作，保证正常、安全使用。 3. 根据房屋及设施使用的年限规定和检查发现的缺陷，及时向站部上报维修或更新改造计划。 4. 需要外委单位作业的，应与外委单位签订安全协议，督促其开展安全技术交底，并根据需要派人监督	就《某水电站房屋建筑检查修缮规程》对管理责任人进行定期培训	/	配备防水布，出现屋面渗漏水时防护室内电气设备。配备排水泵和水桶，及时清除室内积水
91	生活区景观亭	分析混凝土脱落、裂缝、渗漏和房屋防水失效的原因，及时按照《某水电站房屋建筑检查修缮规程》的要求对需要维护和修理的景观亭，建立技术档案，采取针对性的修补、翻新措施	1. 及时制定和完善《某水电站房屋建筑检查修缮规程》，并满足国家、地方相关法规标准的要求。 2. 按照制度要求定期进行检查和维护，及时做好各种防护工作，保证正常、安全使用。 3. 根据景观设施使用的年限规定和检查发现的缺陷，及时向站部上报维修或更新改造计划。 4. 需要外委单位作业的，应与外委单位签订安全协议，督促其开展安全技术交底，并根据需要派人监督	就《某水电站房屋建筑检查修缮规程》对管理责任人进行定期培训	/	/

续表

序号	风险点 （危险源）	控制措施				
		工程技术措施	管理措施	教育培训措施	个人防护	应急处置措施
92	生活区西侧排水沟	排水沟、排水孔应经常清理，至少每年应进行一次全面清理	1. 按照制度要求定期进行检查和维护，及时做好各种防护工作，保证正常使用。 2. 根据设施使用的年限规定检查和检查发现的缺陷，及时向站部上报维修或更新改造计划	就《某水电站房屋建筑检查修缮规程》对管理责任人进行定期培训	/	1. 配备临时排水泵和水桶，及时清除生活区积水
93	生活区配电房结构、屋面及外墙防水	分析混凝土脱落、裂缝、渗漏和房屋防水失效的原因，对需要维护和修理的房屋，及时按照《某水电站房屋建筑检查修缮规程》的要求，采取针对性的修补、翻新措施，并建立技术档案	1. 及时制定和完善《某水电站房屋建筑检查修缮规程》，并满足国家、地方相关法规标准的要求。 2. 按照制度要求定期进行检查和维护，及时做好各种防护工作，保证正常使用。 3. 根据房屋及设施发现的缺陷和检查发现的缺陷，及时向站部上报维修或更新改造计划。 4. 需要外委单位作业的，应与外委单位签订安全协议，督促其开展安全技术交底，并根据需要派人监督	就《某水电站房屋建筑检查修缮规程》对管理责任人进行定期培训	/	配备防水布，出现屋面渗漏水，及时做好室内电气设备。配备临时排水泵和水桶，及时清除室内积水

续表

序号	风险点 （危险源）	控制措施					应急处置措施
		工程技术措施	管理措施	教育培训措施	个人防护		
94	武警仓库结构、屋面及外墙防水	分析混凝土脱落、裂缝、渗漏和房屋防水失效的原因，对需要维护和修理的房屋，及时按照《某水电站房屋建筑检查修缮规程》的要求，采取针对性的修补、翻新措施，并建立技术档案	1. 及时制定和完善《某水电站房屋建筑检查修缮规程》，并满足国家、地方相关法规标准的要求。 2. 按照制度要求定期进行检查和维护，及时做好各种防护工作，保证正常、安全使用。 3. 根据房屋及设施使用的年限规定和检查发现的缺陷，及时向站部上报维修或更新改造计划。 4. 需要外委单位作业的，应与外委单位签订安全协议，并督促其开展安全技术交底，并根据需要派人监督	就《某水电站房屋建筑检查修缮规程》对管理责任人进行定期培训	/	配备防水布，出现屋面渗漏水，及时防护；室内电气设备，配备临时排水泵和室内清除室内积水
95	防汛物资仓库结构、屋面及外墙防水	分析混凝土脱落、裂缝、渗漏和房屋防水失效的原因，对需要维护和修理的房屋，及时按照《某水电站房屋建筑检查修缮规程》的要求，采取针对性的修补、翻新措施，并建立技术档案	1. 及时制定和完善《某水电站房屋建筑检查修缮规程》，并满足国家、地方相关法规标准的要求。 2. 按照制度要求定期进行检查和维护，及时做好各种防护工作，保证正常、安全使用。 3. 根据房屋及设施使用的年限规定和检查发现的缺陷，及时向站部上报维修或更新改造计划。 4. 需要外委单位作业的，应与外委单位签订安全协议，并督促其开展安全技术交底，并根据需要派人监督	就《某水电站房屋建筑检查修缮规程》对管理责任人进行定期培训	/	配备防水布，出现屋面渗漏水，及时防护；室内电气设备，配备临时排水泵和室内清除室内积水

续表

序号	风险点（危险源）	控制措施				应急处置措施
		工程技术措施	管理措施	教育培训措施	个人防护	
96	污水处理站结构、屋面及外墙防水	分析混凝土脱落、裂缝、渗漏和房屋防水失效的原因，对需要维护和修理的房屋，及时按照《某水电站房屋建筑检查修缮规程》的要求，采取针对性的修补、翻新措施，并建立技术档案	1. 及时制定和完善《某水电站房屋建筑检查修缮规程》，并满足国家、地方相关法规标准的要求。 2. 按照制度要求定期进行检查和维护，及时做好各种防护工作，保证正常安全使用。 3. 根据房屋及设施使用的年限规定和检查发现的缺陷，及时向站部上报维修或更新改造计划。 4. 需要外委单位作业的，应与外委单位签订安全协议，督促其开展安全技术交底，并根据需要派人监督	就《某水电站房屋建筑检查修缮规程》对管理责任人进行定期培训	/	配备防水布。出现屋面渗漏水、及时防护室内电气设备。配备临时排水和水泵和水桶。及时清除室内积水

表 5.2-1　某水电站设备设施类一般危险源安全管控措施清单

编号	风险点（危险源）	控制措施				应急处置措施
		工程技术措施	管理措施	教育培训措施	个人防护	
1	1#、2#水轮机		1. 根据国家和地方有关规范的要求，制定和完善《某水电站水轮机运行操作规程》，对水轮机的主要技术参数要求、注意事项、巡视检查和日常监视、日常操作、检修隔离措施、故障和事故应处理做出明确规定，遭遇异常情况能够按照规程要求及时处理，避免机组在振动区域运行。	1. 对电站新进人员开展三级安全教育，加强风险分级管控意识和安全风险认识的培训，新进员工了解水轮机基本结构、运行操作知识和设备可能存在危险的风险。	/	1. 针对机组飞逸、抬机、磨损撞击损坏、主轴密封过热、水淹厂房等事故，制定专项应急预案或现场处置方案。

续表

编号	风险点(危险源)	控制措施				应急处置措施
		工程技术措施	管理措施	教育培训措施	个人防护	
1	1#、2#水轮机	1. 水轮机设计满足国家和行业规范要求，设置有剪断销剪断保护、过速限制器、联锁快速落闸门，备用冷却水等装置，能够对机组状态实时监测，并实现自动化控制和保护。拦污栅密度设计满足要求，能够防止损坏转轮异物进入。紧固件有防松动技术措施。 2. 蜗壳和尾水室设置有进人门，水车室设置有门禁入口和噪声显示装置。 3. 顶盖排水泵设置有自动启停和报警功能。	2. 制定和完善水轮机巡视检查制度，按制度要求定时、定点进行巡视检查和日常监视，发现问题及时上报处理，并做好记录。汛期、恶劣天气、检修后等特殊情况下，加强机动巡查。 3. 制定和完善《某水电站水轮机检修规程》或检修作业指导书，每年初将水轮机检修试验计划纳入年度检修计划，按照规程要求定期开展 A/B/C/D 类检修和各项试验。 4. 需要外委单位作业的，应与外委单位签订安全协议，督促其开展安全技术交底，并根据需要派人监督。 5. 在蜗壳进人门、尾水管进人门、水车室入口等转动部位附近悬挂禁止人内，禁止开启，严禁触碰和翻越等警示标识	2. 就《电力安全工作规程》《电业安全工作规程》《水轮机运行规程》《水轮机基本技术条件》(GB/T 15468—2020)、《水电站运行规程》(DL/T 710—2018)及某水电站水轮机基本技术条件等知识开展宣贯培训，尤其是异常情况的处理。 3. 每次巡视检查、日常监视，维护检修作业前开展安全技术交底，明确巡查或工作重点，并签字确认	/	2. 按照相关制度要求，定期开展培训和应急演练，使运行监视人员掌握水轮机故障及事故的处置措施，并做好记录。 3. 事故扩大无法维持正常运行，应立即向调度汇报、申请停机并通知专职检修人员处理。 4. 现场存放一定量的灭火器、抽水泵等抢险工具和应急救援药品
2	1#、2#发电机	1. 发电机设计满足国家和行业规范要求，采取了防止紧固件松动、抗短路能力、绝缘损坏的设计，设置有保护装置和消防系统，能	1. 根据国家和地方有关规范的要求，制定和完善《某水电站发电机运行规程》，对发电机的主要技术参数要求、注意事项、巡视检查和日常操作，日常检查、巡视检查和事故	1. 对电站新进人员开展三级安全教育，加强风险意识和安全风险分级管控知识的培训，认识认识的培训，指导和帮助新进员工了解发电机基本	/	1. 针对机组扫膛，振动损坏，局部过热，绝缘损坏，水淹厂房等事故，制定专项应急预案或现场处置方案。

续表

编号	风险点(危险源)	控制措施				
		工程技术措施	管理措施	教育培训措施	个人防护	应急处置措施
2	1#、2#发电机	够对机组状态实时监测，并实现自动化控制和保护。 2. 风洞人孔门设置严密大门，传动部位设置安全防护设施，线路均有穿管防护，电气设备接地良好	故处理措施做出明确规定。遭遇异常情况能够按照规程要求及时处理，避免机组在振动区域运行，每隔15天进行一次顶转子操作。 2. 制定和完善发电机巡视检查制度，按照制度要求定时、定点进行巡视检查和日常维护，并做好记录。汛期、恶劣天气、检修后等特殊情况加强机动巡查。采用轮班制度减少在风洞室巡视时间。 3. 制定和完善《某水电站发电机检修规程》或检修操作指导书，每年初将发电机检修和试验项目纳入年度检修计划。按照规程和检修计划的要求定期开展 A/B/C/D 类检修和检修各项试验。 4. 需要外委单位作业的，应与外委单位签订安全协议，督促其开展安全技术交底，并根据需要派人监督。 5. 在风洞人口和转动部位附近悬挂禁止入内、禁止开启、严禁触碰、翻越等警示标识	结构、运行操作知识和设备可能存在的风险。 2. 就《电力安全工作规程》《电业安全工作规程》《水轮发电机运行规程》(DL/T 751—2014)，《水轮发电机基本技术条件》GB/T 7894—2009)及某水电站巡行操作规程、维护管理和运行操作规程制度培训，尤其是异常情况的处理。 3. 每次巡视检查、日常监视、维护检修作业班前班后，开展安全技术交底，明确巡查或检修工作重点，并签字确认	/	2. 按照相关制度和预案要求，定期开展培训和应急演练，使运行监视人员掌握发电机故障及事故的处置措施，并做好记录。 3. 事故扩大无法控制运行，应立即持正常运行，向调度汇报，申请停机并通知检修人员处理。 4. 现场存放一定数量的灭火器、抽水泵等抢险工具和应急救援药品

续表

编号	风险点（危险源）	控制措施				
		工程技术措施	管理措施	教育培训措施	个人防护	应急处置措施
3	1#、2#发电机中性点接地装置（2 Q 套）	1. 发电机定子中性点引出线采用硬铜排或电缆。2. 中心点接地装置封闭、隔离在接地柜体内	1. 制定和完善发电机巡视检查制度和运行操作规程，按要求对运视设备定时、定点按巡视路线进行巡视检查。发现问题及时上报、处理和维护，并做好记录。汛期、恶劣天气，检修后等特殊情况加强机动巡查。2. 发现存在柜体松动破损、绝缘老化失效、接地装置不良情况，根据机组检修计划及时开展维护检修，并做好验收工作。3. 在柜体上粘贴或悬挂止步、当心触电等警示标识。	每次巡视检查、日常监视、维护检修作业班前班后，开展安全技术交底，明确巡查或巡视工作重点，并签字确认	/	1. 制定和完善《人身事故应急预案》《火灾事故应急预案》《高电压设备爆炸现场处置方案》《物体打击类伤亡事故现场处置方案》等。2. 现场存放一定量的电气火灾灭火器，配置有消防栓和包扎类应急药品。3. 按照相关制度要求、定期开展应急演练，并做好记录
4	1#、2#发电机出口断路器（2套）	1. 断路器具备低频断开功能，可装设灭弧测以及余电气寿命检测装置以及灭弧室外壳温度监测装置。	1. 根据国家和地方有关规范的要求，制定和完善《某水电站高压配电系统运行操作规程》，对出口断路器的主要技术参数要求、注意事项、巡视检查和日常监视，日常操作、检修隔离措施，故障和事故处理措施能够按照规程要求及时处理。遭遇异常情况能够按照规程要求及时处理。	1. 对电站新进人员开展三级安全教育，加强风险意识和对安全风险分级管控认识的培训，指导和帮助新进员工了解出口断路器基本结构，运行操作知识和设备可能出现的风险。	/	1. 制定和完善《电力设备事故应急预案》《人身事故应急预案》《火灾事故应急预案》《高电压设备爆炸现场处置方案》等。故障扩大运时断开断路器电源。

续表

编号	风险点（危险源）	控制措施				
		工程技术措施	管理措施	教育培训措施	个人防护	应急处置措施
4	1#、2#发电机出口断路器（2套）	2. 出口断路器封闭、隔离在固定柜体内。 3. 工作面设置绝缘胶垫。	2. 制定和完善发电机出口断路器巡视检查制度，按制度要求对运行设备定时、定点按巡视路线进行巡视检查和日常监视，发现问题及时上报，处理和维护，并做好记录。无法处理的及时通知检修人员处理。恶劣天气、汛期、恶劣天气、检修后等特殊情况下，加强机动巡查。 3. 制定和完善相关检修规程和检修作业指导书，制定年度检修计划，定期进行维护、检修和试验，并做好验收和记录。 4. 在柜体上粘贴或悬挂禁止开启、当心触电等警示标识	2. 就《电力安全工作规程》《电业安全工作规程》及某水电站巡视检查、维护管理和运行操作制度规程等知识开展经常培训，尤其是异常情况的处理。 3. 每次巡视检查、日常监视、维护检修作业班前班后，开展安全技术交底，明确巡查重点、危险点和预控措施，并签字确认。	/	2. 现场存放一定量的电气火灾灭火器材和正压式呼吸器，配置有急救药品和担架。 3. 按照相关制度定期开展应急演练，并做好记录。运行值班人员需熟知运行操作规程中的故障和事故处理措施
5	1#、2#发电机共箱母线（2套）	1. 可结合实际考虑设置干燥空气循环装置，长期停运应采取有效措施防潮。	1. 根据国家和地方有关规范的要求，制定和完善《某水电站操作规程》，对共箱母线的主要技术参数要求、注意事项、巡视检查和日常监视、日常操作、检修隔离措施、故障和事故处理措施做到明确规定。遭遇异常情况能够按照规程要求及时处理；定期进行维护、清除外壳积尘和异物。	每次巡视检查、日常监视、维护检修作业班前班后，开展安全技术交底，明确巡查重点、危险点和预控措施，并签字确认。	/	1. 制定和完善《电力设备事故应急预案》《触电伤亡类事故现场处置方案》《水轮发电机组异常停机现场处置方案》等，设备故障扩大应立即断开电源，通知检修人员进行抢修。

续表

编号	风险点（危险源）	控制措施				
		工程技术措施	管理措施	教育培训措施	个人防护	应急处置措施
5	1#、2#发电机共箱母线（2套）	2.将母线封闭、隔离在固定的间隔中	2.制定和完善共箱母线巡视检查制度和巡视要求，定时、定点进行巡视检查和日常检查，发现破损、锈蚀、温度异常，密封不严等情况及时上报、处理和维护，并做好记录。无法处理的及时通知检修人员处理。汛期、恶劣天气、检修后等特殊情况下，加强机动巡查。3.制定和完善相关检修规程和检修作业指导书，制定年度检修计划，结合机组检修定期进行维护、检修和试验，并做好验收和记录。4.相序、外壳接地标识等正确、规范、设备名称标识完整		/	2.现场存放一定量的电气火灾灭火器，急救药品和担架。3.按照相关制度定期开展应急演练，运行值班人员需熟知运行操作和事故处理规程中的故障和事故处理措施
6	1#、2#发电机电压互感器（4组PT柜）	1.将电压互感器封闭、隔离在固定的柜体中。2.工作面设置绝缘胶垫	1.根据国家水利和地方有关规范的要求，制定和完善《某水电站高压配电系统运行操作规程》。对发电机电压互感器的主要技术参数要求，注意事项，巡视检查和日常监视，日常操作，检修隔离措施，故障和事故处理措施做出明确规定，遭遇异常情况能够按照规程要求及时处理，定期进行维护，清除外壳积尘和异物。	1.对电站新进人员开展三级安全教育，加强安全风险分级管控识别和对高压配电系统风险意识和认识的培训，指导和帮助新进员工了解发电机电压互感器基本结构，运行操作和识知可能存在的风险。	/	1.制定和完善《电力设备事故应急预案》《火灾事故应急预案》《人身事故应急预案》《高电压设备爆炸现场处置方案》等，设备故障扩大或救援前应及时断开电源，通知应急检修人员进行抢修。

续表

编号	风险点（危险源）	控制措施				
		工程技术措施	管理措施	教育培训措施	个人防护	应急处置措施
6	1#、2#发电机电压互感器（4组PT柜）		2. 制定和完善发电机出口电压器巡视检查制度，定时、定点进行巡视检查和日常监视，发现破损、异常放电、接头松动、漏油渗油、接地不良等情况及时上报、处理和维护，并做好记录。无法处理的及时通知检修人员处理。汛期、恶劣天气等特殊情况加强机动巡查。 3. 制定和完善相关检修规程和检修作业指导书，制定年度检修计划，结合机组检修定期进行维护、检修和试验，并做好验收和记录。 4. 电压、接地标识等标识正确、规范，屏柜带电部位"有电危险"警示标示完整、设备名称标识完整。	2. 就《电力安全工作规程》《电业安全工作规程》和某水电站巡视检查、维护管理和运行操作规程等知识开展宣贯培训，尤其是异常情况的处理。 3. 每次巡视检查、日常监视、维护检修作业班前班后，开展安全技术交底，明确巡查重点、危险点和预控措施，并签字确认。	/	2. 现场存放一定量的电气火灾灭火器、急救药品和担架。 3. 按照相关制度要求、定期开展应急演练，并做好记录。运行值班人员需熟知运行操作规程中的故障和事故处理措施
7	1#、2#发电机出口断路器（2套）	1. 将发电机出口断路器封闭、隔离在固定的柜体中。 2. 工作面设置绝缘胶垫	1. 根据国家和地方有关规范的要求，制定和完善《某水电站出口电压输配电系统运行操作规程》，对发电机出口断路器的主要技术参数要求、注意事项、巡视检查和日常监视、日常操作、检修隔离措施，故障和事故处理措施做出明确规定，遭遇异常情况能够按照规程要求及时处理。定期进行维护、清除外壳积尘和异物。	每次巡视检查、日常监视、维护检修作业班前班后，开展安全技术交底，明确巡查重点、危险点和预控措施，并签字确认	/	1. 制定和完善《电力设备事故应急预案》《人身事故应急预案》《火灾事故应急预案》《高电压设备爆炸现场处置方案》等，设备故障扩大或救援前应及时断开电源，通知检修人员进行抢修。

续表

编号	风险点（危险源）	控制措施				
		工程技术措施	管理措施	教育培训措施	个人防护	应急处置措施
7	1#、2#发电机出口断路器（2套）		2. 制定和完善出口断路器巡视要求，定时、定点按巡视线路进行巡视检查。发现柜体破损松动，信号异常、绝缘老化，接线异常等问题及时上报，处理和维护，并做好记录，无法处理的及时通知检修人员处理。3. 制定和完善相关检修规程和检修作业指导书，制定年度检修计划，结合机组检修定期进行维护、检修和试验，并做好验收和记录。4. 电压、接地标识等标识正确、规范。屏柜带电部位"有电危险"警示标识完整，设备名称标识完整		/	2. 现场存放一定量的电气火灾灭火器、急救药品和担架。3. 按照相关制度要求，定期开展应急演练，并做好值班人员记录。运行值班人员需熟知运行操作和事故规程中的故障和事故处理措施。
8	1#、2#发电机组调速器电气控制柜（2套）	将控制元器件等封闭、隔离在固定、绝缘的柜体中	1. 根据国家和地方有关规范的要求，制定和完善《某水电站调速器系统运行操作规程》，对调速器的主要技术参数监视、日常操作，注意事项、巡视检查和日常监视，检修隔离措施，故障和事故处理措施。遇有异常情况能够按照规程要求及时处理；定期进行维护，清除外壳积尘和异物。	1. 对电站新进人员开展三级安全教育，加强风险分级管控知识和对安全风险分级管控认识的培训，指导和帮助新进员工了解调速器基本结构、运行操作知识和设备可能存在的风险。	/	1. 制定和完善《人身事故应急预案》《火灾事故应急预案》《触电伤亡类事故现场处置方案》等，设备发生故障时能够及时调整到无故障一套运行，若2套系统都出现故障，及时断开电源，申请停机。

续表

编号	风险点（危险源）	控制措施				
		工程技术措施	管理措施	教育培训措施	个人防护	应急处置措施
8	1#、2#发电机组调速器电气控制柜（2套）		2. 制定和完善调速器设备巡视检查制度，定时、定点进行巡视检查和日常监视，发现破损、锈蚀、搭接不良，接头松动，交直流投入不正常，接地不良等情况及时上报，处理和维护，并做好记录。无法处理的及时通知检修人员处理。 3. 制定和完善相关检修规程和检修作业指导书，A/B/C/D检修和试验，定期进行维护，并做好验收和记录。 4. 电压、接地标识等标识正确、规范，屏柜带电部位"有电危险"警示标识完整。设备名称标识完整	2. 就《电力安全工作规程》、《电业安全工作规程》、《水轮机调节系统及装置运行与检修规程》(DL/T 792—2013)和某水电站巡视检查、维护管理和运行操作制度等知识开展宣贯培训，尤其是异常情况的处理。 3. 每次巡视检查、日常监视、维护检修作业班前班后，开展安全技术交底，明确巡查重点、危险点和预控措施，并签字确认	/	2. 现场存放一定量的电气火灾灭火器、急救药品和担架。 3. 按照相关制度要求，定期开展应急演练，并做好值班人员需熟知运行操作规程中的故障和事故处理措施
9	1#、2#发电机组调速器机械控制柜（2套）	1. 将控制元器件等封闭、隔离在固定、绝缘的柜体中。 2. 传动部位设有安全防护罩	1. 根据国家和地方有关规范的要求，制定和完善《某水电站操作规程》，对调速器系统运行参数要求、注意事项、日常操作、巡视检查和日常维护、故障和事故处理措施做出明确规定。遭遇异常情况能够按照规程要求及时处理；定期进行维护，清除外壳积尘和异物。	1. 对电站新进人员开展三级安全教育，加强风险分级管控意识和对安全风险的培训，指导和帮助新进员工了解调速器基本结构、运行操作知识和设备可能存在的风险。	/	

续表

编号	风险点 (危险源)	控制措施				应急处置措施
		工程技术措施	管理措施	教育培训措施	个人防护	
9	1#、2#发电机组调速器机械控制柜(2套)		2. 制定和完善调速器设备巡视检查制度,定时、定点进行巡视检查和日常监视,发现破损、锈蚀、信号异常,开关位置不到位,接触不良,漏油渗油,异常抽动等情况及时上报,处理和维护,并做好记录。无法处理的及时通知检修人员处理。 3. 制定和完善相关检修规程和检修作业指导书,制定年度检修计划,定期进行维护,A/B/C/D检和试验,并做好验收和记录;超过10年的调速系统,应加强技术监督工作并逐步安排更新改造。 4. 悬挂有注意高压伤害,当心触电,物体打击等警示标志,设备名称标识完整	2. 就《电力安全工作规程》《电业安全工作规程》《水轮机调节系统及装置运行与检修规程》(DL/T 792—2013)和某水电站巡视检查、维护管理和运行操作制度规程等智知识开展宣贯培训,尤其是识别运行操作及异常情况的处理。 3. 每次巡视检查、日常监视、维护检修作业班前班后,开展安全技术交底,明确巡视检查重点、危险点和预控措施,并签字确认	/	1. 制定和完善《人身事故应急预案》《触电伤亡类事故处置方案》《机械伤害类和物体打击类现场处置方案》等,设备发生故障时能够及时调整到无故障一套运行,若2套系统都出现故障,及时断开电源,申请停机。 2. 现场存放急救药品和担架。 3. 按照相关制度或预案的要求,定期开展应急演练,并做好记录。运行值班人员需熟知运行操作规程中故障和事故处理措施

续表

编号	风险点（危险源）	控制措施				
		工程技术措施	管理措施	教育培训措施	个人防护	应急处置措施
10	1#、2#发电机组油压装置电气控制柜（2套）	将控制元器件等封闭、隔离在固定、绝缘的柜体中	1. 根据国家和地方有关规范的要求，制定和完善《某水电站调速器系统运行操作规程》，对调速器的主要技术参数监视，日常检查和注意事项，巡视检查和日常操作，检修隔离措施，故障和事故异常情况能够按照规程要求及时处理；定期进行维护，清除外壳积尘和杂物。 2. 制定和完善调速器设备巡视检查制度，定时、定点进行巡视检查和日常监视，发现破损、锈蚀、搭接不良，接头松动，交直流投入不正常，接地不良等情况及时上报，处理和维护，并做好记录。无法处理的及时通知检修人员处理。 3. 制定和完善相关检修规程和检修作业指导书，制定年度检修计划，定期进行维护，A/B/C/D检修和试验，并做好验收和记录。 4. 电压带电部位、接地标识等标识正确、规范，屏柜带电部位"有电危险"警示字标识完整，设备名称标识完整	1. 对电站新进人员开展三级安全教育，加强对安全风险分级管控认识的培训，指导和帮助新进员工了解调速器基本结构，运行操作知识和设备可能存在的风险。 2. 就《电力安全工作规程》《电业安全工作规程》《水轮机调节系统及装置运行与检修规程》（DL/T 792—2013）和某水电站巡视检查，维护管理和运行操作制度规程等知识开展培训，尤其是异常情况的处理。 3. 每次巡视检查、日常检查、维修维护作业班前班后，开展安全技术交底，明确巡查重点，危险点和预控措施，并签字确认	/	1. 制定和完善《人身事故应急预案》《火灾事故应急预案》《触电伤亡类事故现场处置方案》等，设备发生故障时能够及时调整到无故障运行。若2套系统都出现故障及时断开电源，申请停机。 2. 现场存放一定量的电气火灾灭火器，急救药品和担架。 3. 按照相关制度或预案要求，定期开展应急演练，并做好记录。运行值班人员需熟知运行规程中的故障和事故处理措施

续表

编号	风险点（危险源）	控制措施				
		工程技术措施	管理措施	教育培训措施	个人防护	应急处置措施
11	1#,2#发电机组油压装置、管路、接力器和漏油箱（2套）	1. 调速器系统设计、制造、安装满足国家和行业标准要求。压力油罐磁翻板油位计采用铜质磁翻板等不易老化材料的液位计，配置双套独立互为备用油泵和电源系统、油过滤器等。 2. 传动部位设置安全防护罩，有限空间入口设置有盖板。	1. 根据国家和地方有关规范的要求，制定和完善《某水电站调速器系统运行操作规程》对调速器的主要技术参数要求、注意事项、巡视检查和日常监视，故障和事故处理措施、检修隔离措施。遭遇异常情况能够按照规程规定要求及时处理。定期进行维护，清除外壳积尘和异物。 2. 制定和完善调速器设备巡视检查制度，定时、定点进行巡视检查和日常监视，发现破损、锈蚀、油泵异常、漏油渗油、阀门漏气、紧固件松动、异常振动和噪声等情况，并做好记录。无法处理的及时通知检修人员处理。 3. 制定和完善相关检修规程和检修作业指导书，制定年度检修计划、定期进行维护、A/B/C/D检修和试验，并做好验收和记录。 4. 设备名称标识完整、管箱示标线正确、规范，油、水、气管线着色满足规范要求。 5. 调速系统压力油罐应每年进行一次全面检查，此后每3~6年进行一次全面检查，并取得特种设备注册登记证	1. 对电站新进人员开展三级安全教育，加强风险意识和对安全风险分级管控认识的培训，指导和帮助新进员工了解调速器基本结构，运行操作存在的风险。 2. 就《电力安全工作规程》、《电业安全工作规程》、《水轮机调节系统及装置运行与检修规程》（DL/T 792—2013）和某水电站巡视检查、维护管理和运行操作规程等知识开展安全技术交底，明确日常监视、巡查重点、危险点和预控措施，并签字确认	/	1. 制定和完善应急预案《人身伤亡类事故应急预案》《触电伤亡类事故现场处置方案》《机械伤害类现场处置方案》《物体打击类现场处置方案》《油水气系统中断事故现场处置方案》《特种设备损坏事故现场处置方案》等，故障发生故障时能够及时调整到无故障一套系统运行，若2套系统都出现故障及时断开电源，申请停机。 2. 现场存放一定量的油类火灾灭火器材、急救药品和担架。 3. 按照相关制度或预案要求，定期开展应急演练，并做好记录。运行值班人员需熟知运行操作规程中的故障和事故处理措施

续表

编号	风险点（危险源）	控制措施				
		工程技术措施	管理措施	教育培训措施	个人防护	应急处置措施
12	1#、2#机组技术供水系统PLC控制柜（2台）	将控制元器件等封闭、隔离在固定、绝缘的柜体中	1. 根据国家和地方有关规范的要求，制定和完善《某水电站运行操作规程》，对技术供水系统参数要求、注意事项、日常监视、检修隔离措施、故障和事故处理措施做出明确规定。 2. 制定和完善技术供水系统巡检查制度，定时、定点进行巡视检查和日常监视，发现破损、锈蚀、搭接不良、接头松动、接地不良、设备缺失等情况及时上报，处理和维护，并做好记录。无法处理的及时通知检修人员处理。 3. 制定和完善技术供水检修规程和检修作业指导书，制定年度检修计划，按照制度要求定期进行检修和各项试验，并做好验收和记录。 4. 电压、接地标识等标识正确、规范、屏柜带电部位"有电危险"警示标识完整、设备名称标识完整	1. 对电站新进人员开展三级安全教育，加强对安全风险分级管控认识的培训，指导和帮助新进员工了解技术供水系统基本结构，运行操作知识和对设备可能存在的风险。 2. 就《电力安全工作规程》《电业安全工作规程》《水轮机运行规程》(DL/T 710—2018)、《水轮机基本技术条件》(GB/T 15468—2020)和某水电站巡视检查、维护管理等知识开展宣贯培训，尤其异常情况的处理。 3. 每次巡视检查、日常监视、维护检修作业班前班后，开展安全技术交底，明确巡查重点、危险点和预控措施，并签字确认	/	1. 制定和完善《人身事故应急预案》《火灾事故应急预案》《触电伤亡类事故现场处置方案》《腐蚀伤害现场处置方案》《油水气类系统中断事故现场处置方案》等，设备发生故障时应检查冷却水投入是否正常，若继续恶化，开启备用技术供水，甚至手动投入，密切监视轴承、空冷器、定子温度情况。 2. 现场存放一定数量的电气火灾灭火器、急救药品和担架。 3. 按照相关要求，定期开展应急演练。运行值班人员需熟知运行操作规程中故障和事故处理措施

续表

编号	风险点（危险源）	控制措施				
		工程技术措施	管理措施	教育培训措施	个人防护	应急处置措施
13	1#、2#机组技术供水机械设备和管道（2套）	技术供水系统管路、阀组、水泵的设计、制造和安装要满足国家和行业标准要求。关键承压部位优先使用不锈钢材质，适用压力不低于压力钢管设计压力的120%	1. 根据国家和地方有关规范的要求，制定和完善《某水电站运行操作规程》，对设备技术参数要求、注意事项、巡视检查和日常监视，日常操作、检修隔离措施、故障和事故处理措施做出明确规定。严禁超压运行，并有可靠的防止超压措施。 2. 制定和完善技术供水系统巡视检查制度和巡视要求。定时、定点进行巡视检查和日常监视，发现破损、锈蚀、渗水、管道和设备堵塞等情况及时上报处理和维护，并做好记录。无法处理的及时通知检修人员处理。 3. 制定和完善技术供水检修规程和检修作业指导书，制定年度检修计划，按照制度要求定期进行 A/B/C/D 类检修和各项试验，并做好验收和记录。 4. 设备名称标识完整、地面通道、设备警示标线正确、规范，水管线着色满足规范要求。 5. 压力管道每年至少开展一次在线检测，至少每 6 年开展一次全面检查	1. 对电站新进人员开展三级安全教育，加强风险意识和对安全风险分级管控认识的培训，指导和帮助新进员工了解技术供水系统基本结构，运行操作知识和设备可能存在的风险。 2. 就《电力安全工作规程》、《电业安全工作规程》、《水轮机运行规程》（DL/T 710—2018）、《水轮机基本技术条件》(GB/T 15468—2020)和某水电站巡视检查、维护管理和运行操作制度规程等知识进行贯宣培训，尤其是异常情况的处理。 3. 每次巡视检查、日常监视、维护检修作业班前班后，开展安全技术交底，明确巡查重点、危险点和预控措施，并签字确认	/	1. 制定和完善《水淹厂房事故应急预案》《人身事故应急预案》《油水气系统中断事故现场处置方案》《机械伤害和物体打击类现场处置方案》等。设备发生故障时检查冷却水投入是否正常，若恶化开启备用技术供水，甚至手动投入，密切监视导轴承、空冷器、定子温度情况。 2. 现场配置急救药品、担架和固定支架，以及抢修设备必要的配件。 3. 按照相关制度要求、定期开展应急演练，并做好记录。运行值班人员需熟知运行规程中的故障和预案处理措施

续表

编号	风险点（危险源）	控制措施				
		工程技术措施	管理措施	教育培训措施	个人防护	应急处置措施
14	主变冷却水PLC控制柜	将控制元器件等封闭、隔离在固定、绝缘的柜体中	1. 根据国家和地方有关规范的要求，制定和完善《某水电站运行操作规程》，对设备技术参数要求、注意事项、巡视检查和日常监视、日常操作、检修隔离措施、故障和事故处理措施做出明确规定。 2. 制定和完善技术供水系统巡视检查制度和巡视要求，定时、定点进行巡视检查和日常监视，发现破损、锈蚀、搭接不良、接头松动、接地不良、设备缺失等情况及时上报、处理和维护，并做好记录。无法处理的及时通知检修人员处理。 3. 制定和完善技术供水检修规程和检修作业指导书，制定年度检修计划，按照制度要求定期进行检修和各项试验，并做好验收和记录。 4. 电压、接地标识等标识正确、规范，电柜带电部位"有电危险"警示标识完整、设备名称标识完整	1. 对电站新进人员开展三级安全教育，加强风险分级管控意识和对安全风险管控认识的培训，指导和帮助新进员工了解系统基本结构、运行操作知识和运行操作中可能存在的风险。 2. 就《电力安全工作规程》《电业安全工作规程》《电力变压器运行规程》（DL/T 572—2021）和某水电站巡视检查、维护管理和运行制度规程等知识开展宣贯培训，尤其是异常情况的处理。 3. 每次巡视检查、日常监视、维护检修作业前班后，开展安全技术交底，明确巡查重点、危险点与预控措施，并签字确认	/	1. 制定和完善《人身事故应急预案》《火灾事故伤亡类事故预案》《触电伤亡类事故处置方案》《腐蚀伤害现场处置方案》《油水气系统中断事故现场处置方案》等，设备发生故障时检查设备冷却水投入是否正常，若继续恶化开启备用技术供水，甚至手动投入，密切监视主变压器温度情况。 2. 现场存放一定量的电气灭火器、的急救药品和担架。 3. 按照相关制度要求，定期开展应急演练，并做好记录。运行值班人员需熟知操作规程中的故障和事故处理措施

续表

编号	风险点（危险源）	控制措施				应急处置措施
		工程技术措施	管理措施	教育培训措施	个人防护	
15	主变冷却水供水机械设备和管道	技术供水系统管路、阀组、水泵的设计、制造和安装要求满足国家和行业标准要求。关键承压部位优先使用不锈钢材质，适用压力不低于压力钢管设计压力的120%	1. 根据国家和地方有关规范的要求，制定和完善《某水电站运行操作规程》，对设备技术参数要求、注意事项、日常监视和日常操作、故障和事故处理措施做出明确规定。严禁超压运行，并有可靠的防止超压措施。 2. 制定和完善技术供水系统巡视检查制度和巡视要求，定时、定点进行巡视检查和日常检查，发现破损、锈蚀、渗水、管道和设备堵塞等情况及时上报、处理和维护，并做好记录。无法处理的及时通知检修人员处理。 3. 制定和完善技术供水系统检修规程和检修作业指导书，制定年度检修计划，按照检修和各项试验要求定期进行A/B/C/D类检查和验收，并做好验收和记录。 4. 设备名称标识完整、盖板载荷、地面通道、设备警示标示正确、规范，水管着色满足规范要求。 5. 压力管道每年至少开展一次在线检测，至少每6年开展一次全面检查。	1. 对电站新进人员开展三级安全教育，加强安全风险分级管控意识和安全风险辨识的培训，指导和帮助新进员工了解技术供水系统基本结构、运行操作存在的风险。 2. 就《电力安全工作规程》《电业安全工作规程》(DL/T 572—2021)和某电力变压器运行规程等知识开展宣贯培训，尤其是异常情况的处理。 3. 每次巡视检查、日常监视、维护和检修作业班前班后，开展安全技术交底，明确巡查重点、危险点和预控措施，并签字确认	/	1. 制定和完善应急预案《水淹厂房事故应急预案》《人身事故应急预案》《油水气系统中断事故现场处置方案》等机械伤害和物体打击类现场处置方案。设备发生故障时，设备冷却水投入是否正常、检查冷却水是否正常，若恶化开启备用技术供水，甚至手动投入，密切监视主变压器温度情况。 2. 现场配置一定量的急救药品、担架和固定支架，以及抢修设备必要的配件。 3. 按照相关制度要求，定期开展应急演练，并做好记录。运行值班人员需熟知操作规程中的故障和事故处理措施

续表

编号	风险点（危险源）	控制措施				
		工程技术措施	管理措施	教育培训措施	个人防护	应急处置措施
16	中低压气机本体柜和联合控制柜（3个）	将控制元器件等封闭、隔离在固定、绝缘的柜体中	1. 根据国家和地方有关规范的要求，制定和完善《某水电站公用辅助设备运行操作规程》，对压缩空气系统设备技术参数要求、注意事项、巡视检查和日常监视、故障和事故处理措施做出明确规定。 2. 制定和完善压缩空气系统巡视检查制度和日常巡视要求，定时、定点进行巡视检查，发现破损、锈蚀、搭接不良、接头松动、接地不良、设备缺失等情况及时上报，无法处理的及时通知检修人员处理。 3. 制定和完善压缩空气系统检修规程和检修作业指导书，制定年度检修计划，按照制度要求定期开展各项试验检验，及时消除缺陷，并做好检修和记录。 4. 电压、接地柜等标识正确、规范，屏柜带电部位"有电危险"警示标识完整、设备名称标识完整	1. 对电站新进人员开展三级安全教育，加强风险意识和对安全风险分级管控认识的培训，指导和帮助新进员工了解压缩空气系统基本结构、运行操作知识和设备可能存在的风险。 2. 就《电力安全工作规程》《电业安全工作规程》《空气压缩机使用说明书》和某水电站巡视检查、维护管理和运行操作制度规程等知识开展宣贯培训，尤其是异常情况的处理。 3. 每次巡视检查、日常监视、维修检修作业前班后，开展安全技术交底，明确巡查重点、危险点和预控措施，并签字确认	/	1. 制定和完善《人身事故应急预案》《火灾事故应急预案》《触电伤亡类事故现场处置方案》《腐蚀伤害现场处置方案》《油水系统中断事故现场处置方案》等。 2. 现场存放一定数量的电气火灾灭火器、急救药品和担架。 3. 按照相关制度要求、定期开展应急演练，并做好记录。运行值班人员需熟知运行操作规程规范中的故障和事故处理措施

续表

编号	风险点（危险源）	工程技术措施	控制措施		个人防护	应急处置措施
			管理措施	教育培训措施		
17	中低压气机和干燥机（5台）	1. 气机和干燥机传动部位设置防护罩，设备接地装置良好。 2. 在空压机设备附近配置防噪耳塞取用器。	1. 根据国家和地方有关规范的要求，制定和完善《某水电站公用辅助设备运行操作规程》，对压缩空气系统设备技术参数要求、注意事项、巡视检查和日常监视、日常操作、检查隔离措施、故障和事故处理措施做出明确规定。 2. 制定和完善压缩空气系统巡视检查和巡视要求，每周至少2次定时、定点进行巡视检视，发现接地不良、防护罩缺失、振动异常、裂纹、漏气、漏油、干燥机堵塞等情况及时上报、处理和维护，并做好记录。无法处理的及时通知检修人员处理。采用轮班制加强在空压机室的巡视时间。 3. 制定和完善压缩空气系统检修规程和检修作业指导书，制定年度检修计划，按照制度要求定期开展检修和各项试验检验，及时消除缺陷，并做好验收和记录。 4. 保证设备名称正确、规范，转动部件防护悬挂"禁止攀爬"等警示标识；管道、阀门着黄色符合规范要求	1. 对电站新进人员开展三级安全教育，加强对安全风险分级管控意识和认识的培训，指导和帮助新进员工了解压缩空气系统基本结构，运行操作知识和设备可能存在的风险。 2. 就《电力安全工作规程》《空气压缩机使用说明书》《干燥机使用说明书》和某水电站巡视检查、维护操作规程等知识开展宣贯培训，尤其是识别异常情况的处理。 3. 每次巡视检查、日常监视、维护检修作业班前班后，开展安全技术交底，明确巡查重点、危险点和预控措施，并签字确认	/	1. 制定和完善《人身事故应急预案》《火灾事故应急预案》《触电伤亡类事故现场处置方案》《机械伤害类事故现场处置方案》《油水气系统中断事故现场处置方案》等。出现运行规程规定的紧急情况，应急停机，拉开动力电源，通知检修人员处理，无法自启动的应手动启动。 2. 现场存放一定量的电气火灾灭火器、急救药品和担架、木板、竹片和棕绳等固定支架的现场配置，一定量的抢险工具和设备配件。 3. 按照相关制度定期或预案要求、定期开展应急演练，并做好记录。运行直班人员需熟知运行操作规程中的故障和事故处理措施

续表

编号	风险点（危险源）	控制措施				
		工程技术措施	管理措施	教育培训措施	个人防护	应急处置措施
18	中低压气系统储气罐、管道和阀组（5套）	1. 压力容器设计、制造和安装符合国家和行业标准，设计符合合理的超压排放和泄压装置和其他安全附件。 2. 排污口和安全阀的泄压方向应避开巡视检查路线	1. 根据国家和地方有关规范的要求，制定和完善《某水电站公用辅助设备运行操作规程》，对压缩空气系统设备技术参数要求、注意事项、巡视检查和日常监视、日常操作、检修隔离措施、故障和事故处理措施做出明确规定，避免超压运行，出现异常情况能够按规范运行及时处理。 2. 建立压力容器和压力管道管理制度，办理使用登记并建立技术档案，进行全过程管理。至少每6年进行一次全面检查和耐压试验。 3. 制定和完善压缩空气系统巡视检查制度，定点进行巡视检查，每周至少2次。发现罐体基础不稳、锈蚀破损、安全附件和压力表损坏失效、未接地、管道堵塞、漏气等情况及时上报、处理。无法处理的及时通知检修人员处理。 4. 制定和完善压缩空气系统检修规程和检修作业指导书，制定定期检查和年度检查计划，按照制度要求定期开展检查和各项试验检验，及时消除缺陷，并做	1. 对电站新进人员开展三级安全教育，加强风险意识和对安全风险分级管控认识的培训、指导和帮助，新进员工了解压缩空气系统基本结构、运行操作可能存在的风险。 2. 就《电力安全工作规程》《电业安全工作规程》《空气压缩机使用说明书》和某水干燥机使用说明书和运行操作规程、维护管理规程等知识开展宣贯培训，尤其是电站巡视检查、维护等日常监视和运行操作的处理。 3. 每次巡视检查、日常监视、检修作业班前班后，开展安全技术交底，明确巡查重点、危险点和预控措施，并签字确认	/	1. 制定和完善《人身事故应急预案》《机械伤害类事故亡方案》《大型机械、特种设备物体打击类应急预案》《油水气系统中断事故处置方案》等。出现储罐压力过高现象，应立即手动停止，打开安全阀若罐空气排污阀，同时通知检修专业人员处理。 2. 现场存放一定量的急救药品和担架、木板、竹片和绳布等固定支架，现场配置一定量的抢险工具和设备配件。 3. 按照相关制度、定期开展应急预案的要求，定期开展应急演练，并做好

续表

编号	风险点(危险源)	控制措施				
		工程技术措施	管理措施	教育培训措施	个人防护	应急处置措施
18	中低压气系统储气罐、管道和阀阀组(5套)		好验收和记录。5.保证设备名称正确、规范;管道、阀门着色符合规范要求			记录。运行值班人员需熟知运行操作规程和事故障中的故障处理措施
19	大坝渗漏排水系统控制柜(2套)	将控制元器件等封闭,隔离等固定,绝缘的柜体中	1. 根据国家和地方有关规范的要求,制定和完善《某水电站公用系统运行操作规程》,对大坝公用设备水泵检查和日常监视,注意事项,巡视检查和日常监视,故障和事故处理措施做出明确规定。 2. 制定和完善大坝渗漏排水系统巡视检查制度,定时,定点进行巡视检查,发现破损、锈蚀,搭接不良、接头松动、接地不良,设备标识缺失、绝缘老化等情况及时上报,处理和维护,并做好记录。无法处理的及时通知检修人员处理。 3. 制定和完善供排水设备检修规程和检修作业指导书,制定年度检修计划,按照检修规程进行检修和各项试验,并做好验收和记录。 4. 电压、接地标识正确、规范,屏柜带电部位"有电危险"警示标识完整、设备名称标识完整	1. 对电站新进人员开展三级安全教育,加强风险分级管控认识的培训,指导和帮助新进员工了解和某水电站运行系统基本结构,运行操作知识和设备可能存在的风险。 2. 就《电力安全工作规程》《潜水泵安装、检修,保养和某水电站巡用说明书》和维护管理和运行视检查、维护保养知识开展宣贯培训,操作规程培训,尤其是异常情况的处理。 3. 每次巡视检查,日常监视,维护检修作业班前班后,开展安全技术交底,明确巡查重点,危险点和预控措施,并签字确认	/	1. 制定和完善《人身事故应急预案》《触电伤亡类事故灾害现场处置方案》《公用系统设备故障预案》等。 2. 现场存放一定量的电气火灾灭火器,急救药品和担架。 3. 按照相关制度要求,定期开展应急演练,并做好记录。运行值班人员需熟知运行操作规程和事故障中的故障处理措施

续表

编号	风险点(危险源)	控制措施				
		工程技术措施	管理措施	教育培训措施	个人防护	应急处置措施
20	大坝渗漏排水系统潜水泵及管道(4台)	1. 水泵设计排水能力满足渗漏排水量的工作要求,备用泵的总排水量不小于工作泵总排水量的50%。	1. 根据国家和地方有关规范的要求,制定和完善《某水电站公用设备系统运行操作规程》,对大坝渗漏排水设备技术参数要求、注意事项、巡视检查和日常监视、日常操作、检修隔离措施,故障和事故处理措施做出明确规定。 2. 制定和完善大坝渗漏排水系统巡视检查制度和巡视要求,发现巡视检查进行巡视检查,定时、定点、紧固基础不牢,紧固件松动,运行声音异常、漏水、接线过热情况及时上报、处理和维护,并做好记录。无法处理的及时通知检修人员处理。雨季时运行值班人员应每日检查排水泵运行情况,特殊天增减巡视次数。	1. 对电站新进人员开展三级安全教育,加强风险意识和对安全风险分级管控认识对的培训,指导和帮助新进员工了解大坝排水系统基本结构,运行操作知识和设备可能存在的风险。 2. 就《电力安全工作规程》《潜水泵安装、检修、保养和使用说明书》和某水电站巡视检查、维护管理和运行操作规程、维护制度规章等知识开展宣贯培训,尤其是异常情况的处理。	/	1. 制定和完善《人身事故应急预案》《火灾事故应急预案》《触电伤亡类事故应急预案》《机械伤害类事故应急预案》《公用系统设备故障现场处置方案》等。水泵排水出现异情况,应立即停止运行,检查并监视集水井水位情况;若水位较高,立即启用备用水泵,未水量突然增大,立即报告相关领导,通知检修和水工人员协助处理。 2. 现场存放一定量的电气火灾灭火器,防汛沙袋,备用抽水泵、急救药品和担架等。

续表

编号	风险点（危险源）	控制措施				
		工程技术措施	管理措施	教育培训措施	个人防护	应急处置措施
20	大坝渗漏排水系统潜水泵及管道（4台）	2. 水泵和电机连接轴端转动部件防护设施完好，保护罩和接地装置完好。3. 集水井铺设有盖板	3. 制定和完善供排水设备检修规程和检修作业指导书，制定年度检修计划，按照检修制度要求定期进行各项检修，及时消除缺陷，并做好验收和记录。4. 设备各名称标识完整，排水管道着色满足规范要求	3. 每次巡视检查，日常监视、维护检修作业班前班后，开展安全技术交底，明确巡检重点、危险点和预控措施，并签字确认	/	3. 按照相关要求，定期开展应急演练，并做好记录。运行值班人员需熟知运行操作和事故处理的故障处理措施
21	消力池渗漏排水系统控制柜（2套）	将控制元器件等封闭，隔离在固定、绝缘的柜体中	1. 根据国家和地方有关规范的要求，制定和完善《某水电站公用系统运行操作规程》，对消力池渗漏排水设备技术参数要求，注意事项，巡视检查和日常监视，日常操作，检修隔离确认，故障和事故处理措施做出明确规定。2. 制定和完善消力池渗漏排水系统巡视检查制度和巡视要求，定时、定点进行巡视检查，发现破损、锈蚀、搭接不良、接头松动、接地不良、设备标识缺失、绝缘老化等情况及时上报处理和维护，并做好记录。无法处理的及时通知检修人员处理。	1. 对电站新进人员开展三级安全教育，加强风险意识和对安全风险分级管控认识的培训，指导和帮助新进员工了解消力池渗漏排水系统基本结构，运行操作知识和设备可能存在的风险。2. 就《电力安全工作规程》《电业安全工作规程》《潜水泵安装、检修、保养和某水电站巡视检查、维护和运行管理和操作制度规程等知识进行开展宣贯培训，尤其是异常情况的处理。	/	1. 制定和完善《人身事故应急预案》《火灾事故应急预案》《公用系统设备故障现场处置方案》等。2. 现场存放一定量的电气火灾灭火器，急救药品和担架。

续表

编号	风险点（危险源）	控制措施				
		工程技术措施	管理措施	教育培训措施	个人防护	应急处置措施
21	消力池渗漏排水系统排水控制柜（2套）	将控制元器件等封闭、隔离在固定、绝缘的柜体中	3. 制定和完善供排水设备检修规程和检修作业指导书，制定年度检修计划，按照制度要求定期进行检修和各项试验，及时消除缺陷，并做好验收和记录。 4. 电压、接地标识等标识正确、规范，巡视检查和日常监视，日常操作，检修隔离措施，故障和事故处理措施做好。屏柜带电部位"有电危险"警示标识完整，设备名称标识完整	3. 每次巡视检查、日常监视，维护检修作业班前班后，开展安全技术交底，明确巡查重点、危险点和预控措施，并签字确认	/	3. 按照相关制度要求，定期开展应急演练，并做好运行值班记录。运行值班人员需熟知运行规程中的故障和事故处理措施
22	消力池渗漏排水系统潜水泵及管道（6台）	1. 水泵设计排水能力满足渗漏排水量的工作要求，备用泵的总排水量不小于工作泵总排水量的50%。	1. 根据国家和地方有关规范的要求，制定和完善《某水电站公用设备系统运行操作规程》。对消力池渗漏排水设备技术参数要求、注意事项、巡视检查和日常监视、日常操作，检修隔离措施，日常操作，检修隔离措施和事故处理措施做出明确规定。 2. 制定和完善消力池渗漏排水系统巡视检查制度和巡视要求，定时、定点进行巡视检查，发现基础不牢，紧固件松动、运行声音和振动异常、漏水、接线过热、卡阻、锈蚀等情况及时上报，处理和维护，并做好记录。无法处理的及时通知值班人员处理。雨季时运行值班人员应每日检查排水泵运行情况，特殊天气增减巡视次数。	1. 对电站新进人员开展三级安全教育，加强风险意识和对安全风险分级管控认识的培训，指导新进员工了解消力池渗漏排水系统基本结构，运行和某电站设备知识和设备可能存在的风险。 2. 就《电力安全工作规程》《潜水泵安装、检修、保养和使用说明书》维护管理和运行操作制度规程等知识开展宣贯培训，尤其是异常情况的处理。	/	1. 制定和完善《人身事故应急预案》《火灾事故应急预案》《触电伤亡类事故现场处置方案》《机械伤害类事故现场处置方案》《公用系统设备故障现场处置方案》等。水泵排水出现紧急情况应立即停止运行，检查并监视水位情况。若水位较高，立即启动备用水泵，来水量突然增大，立即报告相关领导，通知检修和运水工人员协助处理。

续表

编号	风险点(危险源)	控制措施				
		工程技术措施	管理措施	教育培训措施	个人防护	应急处置措施
22	消力池渗漏排水系统潜水泵及管道(6台)	2. 水泵和电机连接轴转动部件防护设施完好，保护罩和接地装置完好。 3. 集水井铺设有盖板	3. 制定和完善供排水设备检修规程和检修作业指导书，制定年度检修计划，按照制度要求定期进行检修和各项试验，及时消除缺陷，并做好验收和记录。 4. 设备名称标识完整，排水管道着色满足规范要求	3. 每次巡视检查、日常监视、维护检修作业班前班后，开展安全技术交底，明确巡查重点、危险点和预控措施，并签字确认	/	2. 现场存放一定量的电气火灾灭火器、防汛沙袋、备用抽水泵、急救药品和担架等。 3. 按照相关制度或定期开展应急演练，并做好记录。运行值班人员需熟知操作规程中的故障和事故处理措施
23	厂房渗漏排水系统PLC控制柜和动力柜	将控制元器件等封闭、隔离并固定，绝缘的柜体中	1. 根据国家和地方有关规范的要求，制定和完善《某水电站公用系统运行操作规程》。对厂房渗透排水设备技术参数要求、巡视检查和日常监视、日常操作、故障和事故隔离措施做出明确规定。	1. 对电站新进人员开展三级安全教育，加强风险意识和对安全风险分级管控认识的培训，指导和帮助新进员工了解厂房渗漏排水系统基本结构、运行操作和识别设备可能存在的风险。	/	1. 制定和完善《人身事故应急预案》《火灾事故应急预案》《触电伤亡类事故现场处置方案》《水泵房处置方案》《公用系统应急处置方案》等。

续表

编号	风险点（危险源）	控制措施				
		工程技术措施	管理措施	教育培训措施	个人防护	应急处置措施
23	厂房渗漏排水系统PLC控制柜和动力柜	将控制元器件等封闭、隔离在固定、绝缘好的柜体中	2. 制定和完善厂房漏渗排水系统巡视检查制度巡视要求，定时、定点进行巡视检查。发现破损、锈蚀、搭接不良、接头松动、接地不良、设备标识缺失、绝缘老化等情况及时上报、处理和维修，并做好记录。无法处理的及时通知检修人员处理。3. 制定和完善供排水设备检修规程和检修作业指导书，制定年度检修计划，按照制度要求对各项检修进行A/B/C/D类检修和各项试验，及时消除缺陷，并做好验收和记录。4. 电压、接地标识等标识正确、规范，屏柜前电部位"有电危险"警示标识完整，设备名称标识完整。	2. 就《电力安全工作规程》《电业安全工作规程》《潜水泵安装、检修、保养和使用说明书》和某水电站巡视检查、维护管理和运行操作规程制度规程等知识开展宣贯培训，尤其是异常情况的处理。3. 每次巡视检查、日常监视、维护检修作业班前班后，开展安全技术交底，明确巡查重点、危险点和预控措施，并签字确认。	/	2. 现场存放一定量的电气灭火器，急救药品和担架。3. 按照相关制度或预案的要求，定期开展应急演练，并做好记录。运行值班人员需熟知运行操作规程中的故障和事故处理措施。
24	厂房渗漏排水系统潜水泵及管道（3台）	1. 水泵设计排水能力满足渗漏排水量的工作要求，备用泵的总排水量不小于工作泵总排水量的50%。	1. 根据国家和地方有关规范的要求，制定和完善《某水电站公用辅助设备系统运行操作规程》，对厂房渗漏排水设备技术参数要求，水设备日常监视，故障措施，故障和事故处理措施做出明确规定。	1. 对电站新进人员开展二级安全教育，加强风险意识和对安全风险分级管控认识的培训，指导和帮助新进员工了解厂房排水系统基本结构，运行操作知识和设备可能存在的风险。	/	1. 制定和完善《人身事故应急预案》《火灾事故应急预案》《触电伤亡类事故现场处置方案》《机械伤害类事故现场处置方案》《水淹厂房事故应急预案》

续表

编号	风险点（危险源）	控制措施				
		工程技术措施	管理措施	教育培训措施	个人防护	应急处置措施
24	厂房渗漏排水系统潜水泵及管道（3台）	2. 水泵和电机连接轴端转动部件防护设施完好，保护罩和接地装置完好。 3. 集水井铺设有盖板	2. 制定和完善厂房渗漏排水系统巡视检查制度和巡视要求，定时、定点进行巡视检查。发现基础不牢、紧固件松动，运行过热、异常声音和振动异常，漏水、漏油、卡阻、锈蚀等情况及接线过热等情况及时做好记录。时上报，处理和维护，并做好记录。无法处理的及时通知检修人员处理。运行值班人员应每日检查排雨季时运行值班人员应每日检查排水泵运行情况。特殊天气增减巡视次数。 3. 制定和完善供排水设备检修规程和检修作业指导书，制定年度检修计划，按照制度要求定期进行检修和各项试验，及时消除缺陷，并做好验收和记录。 4. 设备名称标识完整，排水管道着色满足规范要求	2. 就《电力安全工作规程》《电业安全工作规程》、潜水泵安装、检修、保养和使用说明书》和某水电站巡视检查，维护管理和运行操作制度规程等知识开展宣贯培训，尤其是异常情况的处理。 3. 每次巡视检查，日常监视、维护检修作业班前班后，开展安全技术交底，明确巡查重点，危险点和预控措施，并签字确认	/	《公用系统设备故障现场处置方案》等。水泵排水出现紧急情况应立即停止运行，检查并监视水位，井水位较高则启动备用集水泵，未水量突然增大，立即报告相关领导，通知检修和水工人员协助处理。 2. 现场存放一定量的电气火灭火器、防汛沙袋、备用抽水泵和急救药品和担架等。 3. 按照相关制度或预案的要求，定期开展应急演练，并做好记录。运行值班人员需熟知运行操作规程中的故障和事故处理措施

编号	风险点（危险源）	控制措施				
		工程技术措施	管理措施	教育培训措施	个人防护	应急处置措施
25	机组检修排水系统 PLC 控制柜和启动柜	将控制元器件等封闭、隔离在固定、绝缘的柜体中	1. 根据国家和地方有关规范的要求，制定和完善《某水电站公用辅助设备系统运行操作规程》，对机组检修排水设备技术参数要求、注意事项、巡视检查和日常监视、日常操作、检修隔离措施、故障和事故处理措施做出明确规定。 2. 制定和完善机组检修排水系统巡视检查制度和巡视要求，定时、定点进行巡视检查，发现破损、锈蚀、搭接不良、接头松动、接地不良、绝缘老化等情况时上报，处理时做好记录，无法处理的缺失，并做好记录。 3. 制定和完善供排水设备检修规程和检修作业指导书，制定年度检修计划，按照制度要求定期对检修和各项试验，及时消除缺陷，并做好验收和记录。 4. 电压、接地标识正确、规范，屏柜带电部位"有电危险"警示标识完整，设备名称标识完整	1. 对电站新进人员开展三级安全教育，加强风险分级管控认识和对安全风险意识的培训，指导和帮助新进员工了解机组检修排水系统基本结构，运行操作知识和设备可能存在的风险。 2. 就《电业安全工作规程》《电力安全工作规程》《潜水泵安装、检修、保养和使用说明书》和某水电站巡视检查、维护管理和运行操作情况等知识进行开展宣贯培训，尤其是异常情况下的处理。 3. 每次巡视检查、日常监视、维护检修作业班前班后，开展安全技术交底，明确巡查重点、危险点和预控措施，并签字确认	/	1. 制定和完善《人身事故应急预案》《火灾事故应急预案》《触电伤亡类事故应急现场处置方案》《水施厂房事故应急预案》《公用系统设备故障现场处置方案》等。 2. 现场存放一定量的电气火灾灭火器、急救药品和担架。 3. 按照相关制度或预案的要求、定期开展应急演练，并做好记录。运行值班人员需熟知有关故障和事故运行规程中的故障和事故处理措施

续表

编号	风险点 （危险源）	控制措施					
		工程技术措施	管理措施	教育培训措施	个人防护	应急处置措施
26	机组检修排水系统潜水泵及管道（2台）	1. 水泵设计排水能力满足机组检修排水量的工作要求，备用泵的总排水量不小于工作泵总排水量的50%。 2. 水泵和电机连接轴端转动部件防护设施完好，保护罩和接地装置完好	1. 根据国家和地方有关规范的要求，制定和完善《某水电站公用辅助设备系统运行操作规程》，对机组检修排水系统运行技术参数要求、注意事项、巡视检查和日常监视、检修视检查和日常监视、检修隔离措施、故障和事故处理措施做出明确规定。 2. 制定和完善机组检修排水系统巡视检查和巡视检查，定时、定点进行巡视检查，发现基础不平、紧固件松动、运行声音和振动异常、漏水、接线过热等情况及无时上报处理和维护，并做好记录。无法处理的及时通知检修人员处理。雨季时运行值班人员应每日检查排水泵运行情况、特殊天气增减巡视次数。 3. 制定和完善供排水设备检修规程和检修作业指导书，制定年度检修计划，按照检修要求定期进行检修和各项试验，及时消除缺陷，并做好验收和记录。 4. 设备名称标识完整、排水管道着色满足规范要求	1. 对电站新进人员开展三级安全教育，加强对安全风险分级管控认识的培训，指导员工了解机组检修排水系统基本结构、运行操作知识和设备可能存在的风险。 2. 就《电力安全工作规程》《电业安全工作规程》《潜水泵安装、检修、保养和使用说明书》和某水电站巡视检查、维护管理和运行操作制度规程等知识开展贯宣培训，尤其是异常情况的处理。 3. 每次巡视检查、日常监视、维护检修作业班前班后，开展安全技术交底，明确巡查重点、危险点和预控措施，并签字确认	/	1. 制定和完善《人身事故应急预案》《火灾事故应急预案》《触电伤亡类事故现场处置方案》《机械伤害类事故伤亡事故现场处置方案《水淹厂房事故应急预案》《公用系统设备故障现场处置方案》等，现紧急情况应立即停止运行，检查并监视集水井水位情况。若水位较高立即启动备用水泵，未水量突然增大，立即报告相关领导，通知检修和水工人员协助处理。 2. 现场配放一定量的电气火灾灭火器、防汛沙袋、备用抽水泵和急救药品和担架等。 3. 按照相关制度或预案的要求、定期开展应急演练，并做好记录。运行值班人员需熟知运行操作规程中的故障和事故处理措施

续表

编号	风险点（危险源）	控制措施				
		工程技术措施	管理措施	教育培训措施	个人防护	应急处置措施
27	机组顶盖排水系统控制箱（2个）	将控制元器件等封闭、隔离在固定、绝缘的柜体中	1. 根据国家和地方有关规范的要求，制定和完善《某水电站公用设备系统运行操作规程》。对顶盖排水设备技术参数要求、注意事项、巡视检查和日常监视、日常操作，检修隔离措施、故障和事故处理措施做出明确规定。 2. 制定和完善顶盖排水系统巡视检查制度和巡视要求。定时、定点进行巡视检查。发现破损、接地不良、接头松动、绝缘老化等情况及时上报、处理。无法处理的及时通知检修人员处理。 3. 制定和完善供排水设备检修规程和检修作业指导书，制定年度检修计划。按照制度要求定期进行各项试验、试验，及时消除缺陷，并做好验收和记录。 4. 电压、接地标识等标识正确、规范，屏柜带电部位"有电危险""警示标识完整。设备各名称标识完整	1. 对电站新进人员开展三级安全教育，加强对安全风险分级管控认识的培训，指导和帮助新进员工了解直流排水系统基本结构、运行操作和设备可能存在的风险。 2. 就《电力安全工作规程》《潜水泵安装、检修、保养和使用说明书》和某水电站巡视检查和维护管理运行操作制度规程等知识开展营规培训，尤其是异常情况的处理。 3. 每次巡视检查、日常监视、维护检修作业班前班后，开展安全技术交底，明确巡查重点、危险点和预控措施，并签字确认	/	1. 制定和完善《人身事故应急预案》《火灾事故应急预案》《触电伤亡类事故现场处置方案》《水淹厂房事故应急预案》《公用系统设备故障现场处置方案》等。 2. 现场存放一定量的电气火灾灭火器、急救药品和担架。 3. 按照相关制度要求，定期开展应急演练，并做好记录。运行值班人员需熟知运行操作规程中的故障和事故处理措施

续表

编号	风险点（危险源）	控制措施				应急处置措施
		工程技术措施	管理措施	教育培训措施	个人防护	
28	机组顶盖排水系统排水泵及管道（4台）	1. 水泵设计排水能力满足顶盖排水的工作要求，备用泵的总排水量不小于工作泵总排水量的50%。 2. 水泵和电机连接轴转动部件防护设施完好，保护罩和接地装置完好	1. 根据国家和地方有关规范的要求，制定和完善《某水电站公用辅助设备系统运行操作规程》。对顶盖排水设备技术参数要求、注意事项、巡视检查和日常监视、检修操作、故障和事故应置措施做出明确规定。 2. 制定和完善顶盖排水系统视检查制度和巡视要求，定时、定点进行巡视检查。发现基础不牢、紧固件松动、运行声音和振动异常、漏水、接线过热情况等情况及时上报，处理和维护，并做好记录。无法处理的及时通知检修人员处理。雨季时运行值班人员应每日检查排水泵运行情况，特殊天增减巡视次数。 3. 制定和完善供排水系统检修规程和检修作业指导书，制定年度检修计划，按照检修要求定期进行检修和各项试验，及时消除触陷，并做好验收和记录。 4. 设备名称标识完整、排水管道着色满足规范要求	1. 对电站新进人员开展三级安全教育，加强对安全风险分级管控认识的培训，指导和帮助新进员工了解顶盖排水系统基本结构，运行操作可能存在的风险。 2. 就《电力安全工作规程》《电业安全工作规程》《潜水泵安装、检修、保养和使用说明书》和某水电站巡视检查、维护和管理等知识开展运营培训，尤其是异常情况的处理。 3. 每次巡视检查、日常监视、维护检修作业班前班后，开展安全技术交底，明确巡视查重点、危险点和预控措施，并签字确认	/	1. 制定和完善《人身事故应急预案》《火灾事故应急预案》《触电伤亡类事故现场处置方案》《机械伤害类伤亡事故现场事故处置方案》《水库厂房事故应急预案》公用系统设备故障现场处置方案》等。水泵排水出现紧急情况立即停止运行，检查和监视集水井水位情况，若水位较高立即启动备用水泵，来水量相突然增大，立即报告相关领导，通知检修和水工人员协助处理。 2. 现场存放一定量的电气灭火火器、防汛沙袋、备用抽水泵和急救药品和担架等。 3. 按照相关制度定期开展应急演练，定期开展应急演练，运行值班人员需熟知运行操作规程中的故障和事故处理措施

续表

编号	风险点（危险源）	控制措施				应急处置措施
		工程技术措施	管理措施	教育培训措施	个人防护	
29	透平油系统油处理设备（3台）	1. 油泵、净油机和滤油机传动部位设置有安全防护罩，设备接地装置完好。 2. 在油处理设备附近配置防噪耳塞取用器。	1. 根据国家和地方有关规范的要求，制定和完善《某水电站透平油系统运行操作规程》。对透平油处理设备和油罐的技术参数监视和日常操作，注意事项、巡视检查和日常操作，检修隔离措施、故障和事故处理措施做出明确规定。 2. 制定和完善透平油系统巡视检查制度和巡视要求，定时、定点进行巡视检查。发现基础不平、紧固件松动、运行声音和振动异常、设备接地不规范、堵塞、漏油、密封不严等情况及时上报、处理和维护，并做好记录。无法处理的及时通知检修人员处理。 3. 制定和完善供透平油处理设备检修规程和检修作业指导书，制定年度检修计划，按照制度要求定期进行检修和各项试验，及时消除缺陷，并做好验收和记录。 4. 设备名称标识完整，悬挂注意高压伤人、禁止明火等警示标识。	每次巡视检查、日常监视、维护检修作业前班前班后，开展安全技术交底，明确巡查重点、危险点和预控措施，并签字确认。	/	1. 制定和完善《人身事故应急预案》《火灾事故应急预案》《触电伤亡类事故现场处置方案》《机械伤害类事故现场处置方案》《物体打击类事故现场处置方案》《油类气系统中断事故现场处置方案》等。紧急情况应立即切断电源。 2. 现场存放一定量的适用油类火灾灭火器、急救药品，担架和固定支架等。 3. 按照相关制度、定期开展应急演练，并做好记录。运行值班人员需熟知运行操作规程中的故障和事故处理措施。

续表

编号	风险点(危险源)	控制措施				应急处置措施
		工程技术措施	管理措施	教育培训措施	个人防护	
30	透平油系统油罐及管道阀门(2个)	1. 油罐室内应设计照明开关和插座,照明灯具为防爆型,并与其他房间设有防火分隔。设置有通风装置和火灾喷淋系统。 2. 钢质油罐安全配件、仪表齐全,装设有防感应雷接地。接地点不少于2处	1. 根据国家和地方有关规范的要求,制定和完善《某水电站透平油系统运行操作规程》,对透平油处理设备和油罐的技术参数要求,注意事项,巡视检查和日常操作,检修视检查和日常操作,故障和事故处理措施做出明确规定。油库备用钥匙,定时开启通风设施,降低油气浓度。进行充排油操作需有专人监护。 2. 制定和完善透平油系统巡视检查制度的巡视要求,定时,定点进行巡视检查。发现破损、锈蚀、漏油、安全附件损坏、接地不良、卡阻堵塞等情况及时上报,处理和维护,并做好记录。无法处理的及时通知检修人员处理。 3. 制定和完善供透平油处理设备检修规程和检修作业指导书,制定年度检修计划,按规程要求定期进行检修,及时消除缺陷,并做好验收和记录。 4. 设备名称标识完整,悬挂禁止明火等警示标识。油系统管道,阀门着色等标识,满足规范要求。	每次巡视检查、日常监视、维护检修作业班前班后,开展安全技术交底,明确巡查重点,危险点预控措施,并签字确认	/	1. 制定和完善《人身事故应急预案》《火灾事故应急预案》《透平绝缘油库火水气系统应急预案》。发现火情立即中断油库现场处置方案。发现火情立即拨打报警电话,停运滤油装置并按预案流程进行水机故障停机,使用灭火器和火灾喷淋系统控制火情,并紧急事故排油。 2. 现场存放一定量的适用油类火灾的灭火器、沙箱急救药品,担架并固定支架等。 3. 按照相关制度或预案的要求,定期开展应急演练,并做好记录。运行值班人员需熟知运行操作规程中的故障和事故处理措施

续表

编号	风险点（危险源）	控制措施				
		工程技术措施	管理措施	教育培训措施	个人防护	应急处置措施
31	绝缘油系统油处理设备（3台）	1. 油泵、净油机和滤油机传动部位设置有安全防护罩，设备接地装置完好。 2. 在油处理设备附近配置防噪耳塞取用器	1. 根据国家和地方有关规范的要求，制定和完善《某水电站绝缘油系统运行操作规程》。对绝缘油处理设备和油罐的技术参数监视、注意事项、巡视检查和日常操作，日常操作、检修隔离措施，故障和事故处理措施做出明确规定。 2. 制定和完善绝缘油系统巡视检查制度和巡视要求。定时、定点进行巡视检查。发现基础不均匀、紧固件松动、运行声音和振动异常，设备接地不规范，堵塞、漏油，密封不严等情况及时上报，处理和维护，并做好记录。无法处理的及时通知检修人员处理。 3. 制定和完善供绝缘油处理设备检修规程和检修作业指导书，制定年度检修计划，按照制度要求定期进行检修和各项试验，及时消除缺陷，并做好验收和记录。 4. 设备各名称标识完整，悬挂注意高压伤人、禁止明火等警示标识	每次巡视检查、日常监视、维护检修作业班前班后，开展运行安全技术交底，明确巡查重点、危险点和预控措施，并签字确认	/	1. 制定和完善《人身事故应急预案》《火灾事故应急预案》《触电伤亡类事故处置方案》《机械伤害类事故现场处置方案》《油水气系统中断事故现场处置方案》等。现场出现紧急情况应立即切断电源。 2. 现场存放一定量的适用油类火灾灭火器、急救药品，担架和固定支架等。 3. 按照相关制度要求、定期开展应急演练，并做好记录。运行值班人员需熟知运行操作规程中的故障和事故处理措施

续表

编号	风险点（危险源）	控制措施				
		工程技术措施	管理措施	教育培训措施	个人防护	应急处置措施
32	绝缘油系统油罐及管道阀门	1. 油罐室内不应设计照明开关和插座，照明灯具为防爆型，并与其他房间设有防火分隔。设置有通排风装置和火灾喷淋系统。 2. 钢质油罐安全配件、仪表齐全，装设有防雷接地，接地点不少于2处。	1. 根据国家和地方有关规范的要求，制定和完善《某水电站绝缘油系统运行操作规程》，对绝缘油处理设备和油罐的技术参数要求、注意事项、巡视检查和日常操作、日常监视、故障和事故处理措施做出明确规定。油库应随时锁闭，并在现场存有备用钥匙。定时开启通风设施，降低油气浓度。进行充排油操作需有专人监护。 2. 制定和完善绝缘油系统巡视检查制度和巡视要求，定时、定点进行巡视检查。发现破损、锈蚀、漏油、安全附件损坏、接地不良、卡阻堵塞等情况及时上报处理和维护，并做好记录。无法处理的及时通知检修人员处理。 3. 制定和完善供绝缘油处理设备检修规程和检修作业指导书，制定年度检修计划，按照制度要求进行检修，修前各项试验，及时消除缺陷，并做好验收和记录。 4. 设备名称标识完整，悬挂禁止明火等警示标识。油系统管道、阀门着色满足规范要求	每次巡视检查、日常监视，维护检修作业班前班后，开展安全技术交底，明确巡查重点、危险点和预控措施，并签字确认	/	1. 制定和完善《人身事故应急预案》《火灾事故应急预案》《透平绝缘油水气系统应急预案》等。发现火情立即拨打报警电话，向值班领导报告，并紧急使用灭火器和火灾喷淋系统控制火情，事故排油。 2. 现场存放一定量的适用油类灭火器、沙箱、急救药品、担架和固定支架等。 3. 按照相关制度要求，定期开展应急演练，并做好记录。运行值班人员需熟知运行操作规程中故障和事故处理措施

续表

编号	风险点(危险源)	控制措施				
		工程技术措施	管理措施	教育培训措施	个人防护	应急处置措施
33	机组水力仪表盘柜(2个)	1. 将控制元器件等封闭、隔离并固定在固定的柜体中。 2. 所用仪器仪表均经计量部门校验合格，并注明校验日期。 3. 仪表量程满足测量要求。	1. 制定和完善水力测量监视系统巡检查制度和巡视要求，发现松动破损、仪表指示不正确、接地不良、绝缘老化等情况及时上报处理，并做好记录。无法处理的及时通知检修人员处理。 2. 制定和完善水力测量监视系统检修规程和检修作业指导书，制定年度检修计划，按照制度要求定期进行检修和各项试验，及时消除缺陷，并做好验收和记录。 3. 设备各名称标识完整，悬挂禁止开启、禁止攀靠、当心触电等警示标识。	每次巡视检查、日常监视、维护检修作业班前班后，明确开展安全技术交底，巡查重点、危险点和预控措施，并签字确认	/	1. 制定和完善《人身事故应急预案》《火灾事故应急预案》《触电伤亡类事故现场处置方案》等。 2. 现场存放一定量的电气灭火器、急救药品和措施。 3. 按照相关制度开展应案的要求，定期开展应急演练，并做好记录。运行值班人员需熟知运行操作规程中的故障和事故处理措施
34	1#、2#主变压器及其附属设备	1. 主变压器设计、制造和安装满足国家和行业规范。水冷变压器冷却系统采用双层铜管冷却系统。在线监测装置包含绝缘油微水含量监测。	1. 根据国家和地方有关规范的要求，制定和完善《某水电站主变压器运行操作规程》，对主变压器技术参数运行、注意事项，巡视检查和日常监视，故障和事故处理措施做出明确规定。主变最高运行电压不得超过额定电压的5%；油温、水温、绕组温度不能超过运规规定值，主变纵差保护与重瓦保护同时能退出。	1. 对电站新进人员开展三级安全教育、加强风险意识和安全风险分级管控认识的培训，指导和帮助新进员工了解主变压器基本结构、运行操作存在的风险。设备可能存在的风险。	/	1. 制定和完善《人身事故应急预案》《火灾事故应急预案》《电力设备应急预案》《触电伤亡类事故现场处置方案》《变压器火灾类事故现场处置方案》等。若变压器着火迅速

续表

编号	风险点（危险源）	控制措施				应急处置措施
		工程技术措施	管理措施	教育培训措施	个人防护	
34	1#、2#主变压器及其附属设备	2. 变压器周围设置有不低于1.8m的固定围栏或遮挡，围栏距离变压器外围不小于0.8m。油式变压器相互间隔离满足规范要求。 3. 设置有火灾喷淋系统，主变事故放油池容积不小于主变总油量容纳要求。0.4h水喷雾水量容纳要求	2. 制定和完善主变压器巡视检查制度和巡视要求，定时、定点进行巡视检查。发现油质劣化、油温油位异常、冷却装置故障、漏油、锈蚀、噪声过大等情况及时上报、处理和维护，并做好记录。无法处理的及时通知检修人员处理。 3. 制定和完善变压器设备检修规程和检修作业指导书，制定年度检修计划，按照制度要求定期开展检修和各项试验检查，及时消除缺陷，并做好验收和记录。 4. 设备各名称标识完整，悬挂高压危险止靠近等警示标识	2. 就《电力安全工作规程》《电力变压器运行规程》（DL/T 572—2021），水电站巡视检查、维护管理和运行操作规程等知识开展宣贯培训，尤其是异常情况的处理。 3. 每次巡视检查、日常监视，维护检修作业班前班后，开展安全技术交底，明确巡查重点、危险点和预控措施，并签字确认。 4. 运行和维护电工作业人员取得特种作业资格证书	／	跳闸、断开电源，使用喷淋系统和灭火器材灭火。打开排油阀排油（内部故障着火除外），向调度及相关领导汇报。 2. 现场存放一定量的二氧化碳、干粉灭火器及消防沙、急救药品和担架。 3. 按照相关制度要求，定期开展应急演练，并做好记录。加强培训，运行值班人员需熟知运行操作规程中主变温度过高、上层油温异常、轻重瓦斯保护、主变差动保护，主变着火等故障和事故处理措施

续表

编号	风险点（危险源）	控制措施				应急处置措施
		工程技术措施	管理措施	教育培训措施	个人防护	
35	厂用变压器（3台）	1. 厂用变压器设计、制造和安装满足国家和行业规范。设置有泄压装置、变压器本体及外壳接地牢固。 2. 变压器所在配电室设置有火灾自动报警装置，采用向外开的甲级防火门。 3. 变压器封闭、隔离在固定的柜体中，铺绝缘胶垫	1. 根据国家和地方有关规范的要求，制定和完善《某水电站厂用操作规程》。对厂用变压器技术参数要求、注意事项、巡视检查和日常监视、故障和事故处理措施做出明确规定。备自投装置能够正常投入、禁止厂用变压器合环运行。报警温度为130℃，跳闸温度为150℃。备用电超过72h应反复用摇表测量对地电阻并干燥处理。 2. 制定和完善厂用变压器巡视检查制度和巡视要求。定时、定点进行巡视检查，发现绝缘老化、温度异常、声音振动异常、放电烧红、接地不牢、柜体破损等情况及时上报、处理和维护，并做好记录。无法处理的及时通知检修人员处理。 3. 制定和完善变压器设备检修规程和检修作业指导书，制定年度检修计划，按照制度要求定期开展检修各项试验和记录、及时消除缺陷，并做好验收和记录。 4. 设备名称标识完整、悬挂高危险、禁止靠近等警示标识	1. 对电站新进人员开展三级安全教育、加强风险分级管控认识和安全风险培训。就新进员工了解厂用变压器基本结构、运行操作知识和设备可能存在的风险。 2. 就《电力工作规程》《电力变压器运行规程》（DL/T 572—2021）、《电力调度控制规程》和某水电站巡视检查、维护管理开展宣贯培训，尤其是异常情况的处理。 3. 每次巡视检查、日常监视、维护检修作业班前班后，开展安全技术交底、明确巡查重点、危险点和预控措施，并签字确认。 4. 运行和维护电工作业人员需取得特种作业资格证书	/	1. 制定和完善《人身事故应急预案》《火灾事故应急预案》《电力设备事故现场处置方案》《触电伤亡类事故现场处置方案》《变压器火灾类事故现场处置方案》全厂停电应急预案等。若变压器故障导致厂停电、应根据情况尽快恢复闸闸开关供电、必要时倒换至外来电源、不成功则采取全厂停电源，最后考虑柴油发电机组。 2. 现场存放一定量的二氧化碳、干粉灭火器、正压式呼吸器、急救药品和担架。 3. 按照相关制度或预案要求、定期开展应急演练、运行值班人员需熟知和运行操作规程中过流保护动作、温度过高保护动作、全厂停电、单相接地等故障和事故处置措施

续表

编号	风险点（危险源）	控制措施				
		工程技术措施	管理措施	教育培训措施	个人防护	应急处置措施
36	生活变压器（1台）	1. 生活变压器设计、制造和安装满足国家和行业规范。设置有泄压装置，变压器本体及外壳接地牢固。 2. 变压器隔离在固定围栏中	1. 根据国家和地方有关规范的要求，制定和完善《某水电站厂用及生活区配电系统运行操作规程》，对生活变压器技术参数要求、注意事项、巡视检查和日常监视、日常操作、故障和事故处理措施、检修隔离措施能够按照规程要求及时处理；定期进行维护，清除壳外积尘和异物。 2. 制定和完善生活变压器巡视检查制度，定时、定点进行巡视检查，发现外壳锈蚀破损、声音异常、放电烧红、接地不牢、泄压阀损坏等情况及时上报。无法处理的及时通知检修人员处理。 3. 制定和完善变压器设备检修规程和检修作业指导书，制定年度检修计划，按照制度要求定期开展检验和各项试验检查，及时消除缺陷，并做好验收和记录。 4. 设备名称标识完整，悬挂高压危险、禁止靠近等警示标识。	1. 对电站新进人员开展三级安全教育，加强风险意识和对安全风险分级管控认识的培训，指导和帮助新进员工了解生活变压器基本结构、运行操作知识和设备可能存在的风险。 2. 就《电力安全工作规程》《电力变压器运行规程》（DL/T 572—2021）、《电力调度控制规程》和某水电站巡视检查、维护管理和运行操作规程等知识开展宣贯培训，尤其是异常情况的处理。 3. 每次巡视检查、日常监视、维护检修作业班前班后，开展安全技术交底，明确巡查重点、危险点和预控措施，并签字确认。 4. 运行和维护电工作业人员取得特种作业资格证书	/	1. 制定和完善《人身事故应急预案》《火灾事故应急预案》《电力设备事故应急预案》《变压器着火灾类事故现场处置方案》《变压器爆炸灾类事故现场处置方案》高电压类事故现场处置方案等。若变压器着火未跳闸应做好着火设备隔离措施，进行紧急灭火。灭火人员佩戴防毒面具。根据情况恢复损失电设备供电，向相关领导汇报通知检修人员处理。 2. 现场存放一定数量的二氧化碳、干粉灭火器、正压式呼吸器、急救药品和担架。 3. 按照相关制度或预案要求，定期开展应急演练，并做好记录。加强培训，运行值班人员需熟知运行操作规程中过流保护动作、轻重瓦斯保护、温度超高保护、变压器着火等故障和事故处理措施

编号	风险点（危险源）	控制措施				
		工程技术措施	管理措施	教育培训措施	个人防护	应急处置措施
37	10.5kV厂用电PT柜（2组）	1. 将电压互感器封闭、隔离在固定、绝缘的柜体中。 2. 工作面设置绝缘胶垫	1. 根据国家和地方有关规范的要求，制定和完善《某水电站运行操作规程》对厂用电配电系统运行操作规程，对厂用电PT柜的主要技术参数要求，注意事项，巡视检查和日常监视，日常操作，检修隔离措施，故障和事故处理措施做出明确规定。遭遇异常情况能够按照规程要求及时处理，定期进行维护，清除外壳积尘和异物。 2. 制定和完善厂用电PT柜巡视检查制度和日常巡视要求，定时、定点进行巡视和日常监视。发现破损、锈蚀、异常放电、接头松动、漏油、接地不良等情况及时上报、处理和维护，并做好记录。无法处理的及时通知检修人员处理。汛期、恶劣天气、检修后等特殊情况加强机动巡查。 3. 制定和完善厂用电PT柜检修规程和检修作业指导书，制定年度检修计划，结合机组检修定期进行维护、检修和试验，并做好验收和记录。 4. 电压、接地标识正确、规范，屏柜带电部位"有电危险"警示标识完整，设备名称标识完整	1. 对电站新进人员开展三级安全教育，加强风险分级管控知识和对安全风险意识的培训，对运行人员帮助新进员工了解PT柜基本结构，运行操作知识和设备可能存在的风险。 2. 就《电力安全工作规程》《电业安全工作规程》《水电站巡视检查、维护管理和运行操作制度规程》等知识开展宣贯培训，尤其是异常情况的处理。 3. 每次巡视检查、日常监视、维护检修作业班前班后，开展安全技术交底，明确巡查重点、危险点和预控措施，并签字确认。 4. 运行和维护电工作业人员取得特种作业资格证书	/	1. 制定和完善《电力设备事故应急预案》《人身事故应急预案》《火灾事故应急预案》《高电压设备爆炸、漏油、漏气类事故现场处置方案》等。设备故障扩大或救援前应及时断开电源，通知检修人员进行抢修。 2. 现场存放一定量的电气灭火器，正压式呼吸器、急救药品和担架。运行值班人员需熟知运行操作和事故中的故障处理措施

续表

编号	风险点（危险源）	控制措施				应急处置措施
		工程技术措施	管理措施	教育培训措施	个人防护	
38	10.5kV断路器和隔离开关柜	1. 开关柜设计、制造和安装满足国家和行业规范、地方国家和行业规范，柜内设置有专用加热和除湿装置，热继电器控制、断路器断源能独立控制、断路器摇至检修位置前需确认断路器在分闸位置。断路器摇至检修位置前需确认断路器在分闸位置。电动机电源相对地外绝缘爬电距离不小于1.15倍或采取了防污闪措施。外绝缘满足相对地不小于1.15倍或采取了防污闪措施。	1. 根据国家和地方有关规范的要求，制定和完善《某水电站运行操作规程》，对高低压开关柜的主要技术参数要求，注意事项，巡视检查和日常监视，日常操作，检修隔离措施，故障和事故处理措施做出明确规定。遭遇异常情况能够按照规程要求及时处理。断路器摇护、清除外壳积尘和有异物。断路器摇至检修位置至检修位置分闸位置。 2. 制定和完善高低压开关柜巡视检查制度和日常监视，定时、定点，定点进行巡视检查和日常监视，发现柜体松动破损、异常振动声音、密封不严、接地投入，指示灯异常情况及时上报、明处理和维护，并做好记录。无法处理的及时通知检修人员处理。	1. 对电站新进人员开展三级安全教育，加强风险意识和对安全风险分级管控认识的培训，指导和帮助新进员工了解高低压开关设备基本结构，运行操作知识和设备可能存在的风险。 2. 就《电力安全工作规程》《电业安全工作规程》《地方电力调度规程》和某水电站巡视检查、维护管理和运行操作等规程知识开展培训，尤其是异常情况的处理。 3. 每次巡视检查、日常监视，维护检修作业班前班后，开展安全技术交底，明确巡查重点、危险点和预控措施，并签字确认。	/	1. 制定和完善《人身事故应急预案》《火灾事故应急预案》《电力设备应急预案》《触电伤亡类事故现场处置方案》《全厂停电应急预案》《灼烫伤亡类事故现场处置方案》等。断路器发生拒分时，应立即采取措施将其停用，待查明拒动原因并消除缺陷后投运，无法处理的及时通知检修人员。 2. 现场存放一定量的二氧化碳、干粉灭火器、正压式呼吸器、急救药品和担架。

续表

编号	风险点（危险源）	控制措施				
		工程技术措施	管理措施	教育培训措施	个人防护	应急处置措施
38	10.5kV断路器和隔离开关柜	2. 将电压互感器封闭，隔离牢固定，绝缘的柜体中，盘柜内防护等级不小于IP41，工作面设置绝缘胶垫。	3. 制定和完善高低压开关柜检修规程和检修作业指导书，制定年度检修计划，定期进行检修和各类检测试验，并做好验收和记录。 4. 电压、接地标识等标识正确、规范，屏柜带电部位"有电危险"警示标识完整，设备名称标识完整	4. 运行和维护电工作业人员取得特种作业资格证书	/	3. 按照相关制度或预案的要求，定期开展应急演练，并做好记录。加强人员培训，运行值班人员需熟知运行操作规程中过流保护动作、温度过高保护动作、全厂停电、单相接地故障等故障和事故地故处理措施
39	厂房0.4kV断路器开关柜	1. 开关柜设计、制造和安装满足国家和行业规范，柜内设置专用加热和除湿装置，热器和电动机电源能独立控制，断路器断口间绝缘满足不小于1.15倍相对地外绝缘爬电距离要求或采取了防污闪措施。	1. 根据国家和地方有关规范的要求，制定和完善《某水电站厂用及生活区配电系统运行操作规程》，对高低压开关柜的主要技术参数要求，注意事项、巡视检查和日常监视，日常操作，检修隔离措施、故障和事故处理措施做出明确规定。遭遇异常情况能够按照规程要求及时处理；定期进行维护，清除外积尘和异物。断路器摇至检修位置前需确认断路器在分闸位置。	1. 对电站新进人员开展三级安全教育，加强对安全风险分级管控认识的培训和认识对电站新进员工了解设备基本结构、运行操作知识和设备可能存在的风险。	/	1. 制定和完善《人身事故应急预案》《火灾事故应急预案》《电力设备事故应急预案》《触电伤亡类事故现场处置方案》《全厂停电应急预案》《约溺伤亡类事故现场处置方案》等。断路器发生拒分时，应立即采取措施将其停用，待查明原因并拒动原因并消除缺陷后再投运，无法处理的及时通知检修人员。

续表

编号	风险点（危险源）	控制措施				应急处置措施
		工程技术措施	管理措施	教育培训措施	个人防护	
39	厂房0.4kV断路器开关柜	2. 将电压互感器封闭、隔离固定，绝缘柜等级的柜体中，盘柜防护等级不小于IP4X，工作面设置绝缘胶垫	2. 制定和完善高低压开关柜巡视检查制度和巡视检查要求，定时、定点进行巡视检查和日常监视，发现柜体松动破损、储能装置故障、密封不严、接地不牢、异常振动声音、设备自投无法投入、指示灯异常、瓷瓶破裂等情况及时上报处理，并做好记录。无法处理的及时通知检修人员处理。 3. 制定和完善高低压开关柜检修规程和检修作业指导书，制定年度检修计划、定期进行A/B/C/D检修和类检测试验，并做好验收和类检测记录。至少每三年对铜铝过渡接头进行无损检测。 4. 电压带电部位、接地标识等标识正确、规范，屏柜带电部位"有电危险"警示标识完整，设备名称标识完整	2. 就《电力安全工作规程》《地方电力调度规程》和《某水电站巡视检查、维护管理和运行操作制度规程等知识开展有针对性培训，尤其是异常情况的处理。 3. 每次巡视检查、日常监视、维护检修作业班前班后，开展安全技术交底，明确巡查重点、危险点和预控措施，并签字确认。 4. 运行和维护电工作业人员取得特种作业资格证书	/	2. 现场存放有一定量的二氧化碳、干粉灭火器、正压式呼吸器、急救药品和担架。 3. 按照相关制度或预案的要求，开展应急演练，并做好记录。加强培训，运行值班人员需熟知运行操作规程中过流保护动作、温度过高保护动作、全厂停电、单相接地故障等故障和事故处理措施
40	大坝0.4kV断路器开关柜	1. 开关柜设计、制造和安装满足国家和行业规范，柜内设置专用加热和除湿装置，热器和电动机电源能独立控制、断路器断口外绝缘满足不小于1.15	1. 根据国家和地方有关规范的要求，制定和完善《某水电站厂用及生活区配电系统运行操作规程》，对高低压开关柜的主要技术参数要求、注意事项、巡视检查和日常监视、日常操作，检修隔离消措施、故障和事故处理措施做出明确规定。遭遇异常情况能够	1. 对电站新进人员开展三级安全教育、加强风险意识和对安全风险分级管控认识的培训，帮助新进员工了解高低压开关设备、运行操作知识和基本结构、运行操作可能存在的风险。	/	1. 制定和完善《人身事故应急预案》《火灾事故应急预案》《电力设备应急预案》《触电伤亡类事故现场处置方案》《全厂停电应急预案》

续表

编号	风险点(危险源)	控制措施				
		工程技术措施	管理措施	教育培训措施	个人防护	应急处置措施
40	大坝0.4kV断路器开关柜	倍相对地外绝缘爬电距离要求或采取了防污闪措施。 2.将电压互感器封闭、隔离在固定、绝缘的柜体中,盘柜防护等级不小于IP4X,工作面设置绝缘胶垫	按照规程要求及时处理;定期进行维护,清除外壳积尘和异物。断路器摇至检修位置前需确认断路器在分闸位置。 2.制定和完善高低压开关柜巡视检查和巡视要求,定时、定点进行巡视和日常监视。发现柜体松动破损、储能装置故障,密封不严、接地不牢,异常振动声音,指示灯异常情况,设备自我无法投入和维护、处理和通知检修人员及时上报。无法处理的及时通知检修人员处理。 3.制定和完善高低压开关柜检修规程和检修作业指导书,制定年度检修计划,定期进行检修和各类检测试验,并做好验收和记录。 4.电压、接地标识等标识正确、规范,屏柜带电部位"有电危险"警示标识完整,设备名称标识完整	2.就《电力安全工作规程》和某水电力调度规程等知识开展培训,尤其是地方电站巡视检查、维护管理和运行操作规程费宣贯知识开展培训,尤其是异常情况的处理。 3.每次巡视检查、日常监视、维护检修作业班前班后,开展安全技术交底,明确巡查重点,危险点和预控措施,并签字确认。 4.运行和维护电工作人员取得相关特种作业资格证书	/	案》《灼烫伤亡类事故现场处置方案》等。断路器发生拒分时,应立即采取措施将其停用,待查明拒动原因并消除缺陷后再投运。无法检修处理的及时通知检修人员。 2.现场存放一定量的二氧化碳、干粉灭火器,急救药品和担架。 3.按照相关制度要求、定期开展应急演练,并做好记录。加强培训,运行值班人员需熟知运保护操作规范、全厂停电、单相接地故障等故障和事故处理措施

续表

编号	风险点（危险源）	控制措施				应急处置措施
		工程技术措施	管理措施	教育培训措施	个人防护	
41	外来电源开关柜（六氟化硫）	1. 开关柜设计、制造和安装满足国家和行业规范，柜内设置有专用加热和除湿装置，热器器和电动机电源能独立控制。断路器断口相对地外绝缘爬电距离不小于1.15倍相对地外绝缘满足了防污闪要求或采取了防污闪措施。	1. 根据国家和地方有关规范的要求，制定和完善《某水电站厂用及生活区配电系统运行规程》。对高低压开关柜的主要技术参数监视，注意事项、巡视检查和日常监视，故障和事故处理措施，做出明确规定。遭遇异常情况能够按照规程要求及时处理；定期进行维护、清除外壳积尘和异物。断路器器至检修位置前需确认断路器在分闸位置。 2. 制定和完善高低压开关柜巡视检查和日常巡视要求，定时、定点进行巡视和日常监视，发现柜体松动破损，储能装置故障，密封不严、接地不牢、异常振动声音，指示灯异常等情况及时上报，并做好记录。无法处理的及时通知检修人员处理。	1. 对电站新进人员开展三级安全教育，加强对安全风险管控认识的培训，指导和帮助新进员工了解设备基本结构、运行操作知识和设备可能存在的风险。 2. 就《电力安全工作规程》《电业安全工作规程》《地方电力调度规程》、维护管理等知识开展宣贯培训，尤其是识别异常情况的处理。	/	1. 制定和完善《人身事故应急预案》《火灾事故应急预案》《电力停电应急预案》《全厂停电应急预案》《触电伤亡处置方案》《灼烫伤亡处置方案》等。断路器器发生拒分时，应立即采取措施将其停用，待查明拒动原因并消除缺陷后再投运，无法处理及时通知检修人员。 2. 现场存放一定量的二氧化碳干粉灭火器、正压式呼吸器，急救药品和担架。

续表

编号	风险点(危险源)	控制措施				
		工程技术措施	管理措施	教育培训措施	个人防护	应急处置措施
41	外来电源开关柜(六氟化硫)	2. 将电压互感器封闭、隔离固定，绝缘的柜体中，盘柜防护等级不小于IP41，工作面设置绝缘胶垫。	3. 制定和完善高低压开关柜检修规程和检修作业指导书，制定年度检修计划，定期进行检修和各类检测试验，并做好验收和记录。 4. 电压、接地标识等标识正确、规范，屏柜带电部位"有电危险"警示标识完整，设备名称标识完整	3. 每次巡视检查、日常监视，维护检修作业班前班后，开展安全技术交底，明确巡查重点，危险点和预控措施，并签字确认。 4. 运行和维护用电工作业人员取得特种作业资格证书	/	3. 按照相关制度要求，定期开展应急演练，并做好记录，加强培训，运行值班人员需熟知，运行操作规程中过流保护动作、温度过高保护动作、全厂停电、单相接地故障等相关处置措施
42	0.4kV厂用配电盘柜(18个)	1. 开关柜设计、制造和安装满足国家和行业规范、规程有专用加热和除湿装置，热器和电动机电源能独立控制，断路器断口外绝缘满足不小于1.15倍相对地外绝缘爬电距离要求或采取了防污闪措施。	1. 根据国家和地方有关规范的要求，制定和完善《某水电站厂用及生活区配电系统运行操作规程》，对高低压开关柜的主要技术参数要求、注意事项、巡视检查和日常监视、日常操作、检修隔离措施，故障和事故处理措施做出明确规定。遭遇异常情况能够按照规程要求及时处理；定期进行维护，清除外壳积尘和异物。断路器摇至检修位置前需确认断路器在分闸位置。	1. 对电站新进人员开展安全教育，加强对安全风险分级管控认识对安全风险分级管控认识的培训，新进员工了解高低压开关设备基本结构，运行操作知识和设备可能存在的风险。	/	1. 制定和完善《人身事故应急预案》《火灾事故应急预案》《电力设备事故应急预案》《触电伤亡类事故现场处置方案》《全厂停电应急预案》《约120处置方案》等。断路器发生拒分时，应立即采取措施将其停用，待查明原因后再投运，无法处理及时通知检修人员。

续表

编号	风险点（危险源）	控制措施				应急处置措施
		工程技术措施	管理措施	教育培训措施	个人防护	
42	0.4kV厂用配电盘柜（18个）	2. 将电压互感器封闭、隔离柜固定、绝缘柜的柜体中，绝缘防护等级不小于IP4X，工作面设置绝缘胶垫	2. 制定和完善低压高压开关柜巡视检查制度和日常监视要求，定时、定点进行巡视检查和日常检查，发现柜体松动破损，储能装置故障，密封不严，接地不牢，异常振动声音，设备自投无法投入，指示灯异常，瓷瓶破裂等情况及时上报处理和维护，并做好记录。无法处理的及时通知检修人员处理。 3. 制定和完善低压高压开关柜检修规程和运行检修作业指导书，制定年度检修计划、定期进行检修和各类检测试验，并做好验收和记录。 4. 电压、接地标识等标识正确、规范，屏柜带电部位"有电危险"警示标识完整，设备名称标识完整。	2. 就《电力安全工作规程》《电业安全工作规程》和某水电站巡视检查、维护等管理和运行操作规程规程熟知和运行操作规程贯彻培训，尤其是异常情况的处理。 3. 每次巡视检查、日常监视，维护检修作业前班后，开展安全技术交底，明确隐患查重点、危险点和预控措施，并签字确认。 4. 运行和维护电工作业人员取得特种作业资格证书。	/	2. 现场存放一定量的二氧化碳、干粉灭火器，正压式呼吸器、急救药品和担架。 3. 按照相关制度要求、定期开展应急演练，并做好记录，加强培训，运行值班人员需熟知运行操作规程中过流保护动作，全厂停电、单相接地故障等故障和事故处理措施
43	柴油发电机组	1. 传动部位设置有安全防护罩。设置有通向室外的排烟装置。发电机底座减震设施完好。	1. 根据国家和地方有关规范的要求，制定和完善《某水电站柴油发电机组运行操作规程》，对柴油发电机组的主要技术参数要求、注意事项、巡视检查和日常监视、日常操作、检修隔离措施，故障和事故处理措施做出明确规定。进出柴油发电机房按规定办理钥匙借用手续；进出场所禁止带火种。	1. 对电站新进员开展三级安全教育，加强风险意识和对安全风险分级管控认识的培训，指导和帮助新进员工了解柴油发电机组基本结构，运行操作熟知和设备可能存在的风险。	/	1. 制定和完善《人身事故应急预案》《火灾事故应急预案》《触电伤亡类事故现场处置预案》《全厂停电应急预案》《机械伤害类事故亡事故应急预案》《中毒窒

续表

编号	风险点（危险源）	控制措施				应急处置措施
		工程技术措施	管理措施	教育培训措施	个人防护	
43	柴油发电机组	2. 柴油发电机组设有防噪声耳塞，布局能够满足正常操作和通行。 3. 将控制元器件等封闭、隔离在固定的、绝缘的柜体中	每月开机一次检查设备运行状况，汛期每月检查设备运行状况 2 次。 2. 制定和完善柴油发电机巡视检查制度和巡视要求。定时、定点进行巡视检查和日常监视，发现机油油泄漏、蓄电池漏液、排气管道破损、减震设备绝缘老化、排气管件松动、故障等情况及时上报、处理和维护，并做好记录。无法处理的及时通知检修人员处理。 3. 制定和完善油柴油发电机组检修规程和检修作业指导书，制定年度检修计划。定期进行各类检测试验，并做好验收和记录。 4. 电压、接地标识等标识正确、规范，控制柜悬挂"有电危险"，机组附近悬挂"禁止烟火""当心机械伤害""当心触电"警示标识，设备名称标识完整	2. 就《电力安全工作规程》《电业安全工作规程》《地方电力调度规程》和某水电站巡视检查、维护管理和运行操作规程等知识并展开培训，尤其是异常情况的处理。 3. 每次巡视检查、日常监视、维护检修作业班前班后，开展安全技术交底，明确巡查重点、危险点和预控措施，并签字确认。 4. 运行和维护电工作业人员取得特种作业资格证书	/	息事故发现现场处置方案》等，事故发生后立即按程序报告，若有人员受伤应采取包扎，心肺复苏等措施，并立即送医。为防止事故扩大，应立即切断电源。 2. 现场存放一定量的二氧化碳、干粉灭火器，正压式呼吸器，急救药品和担架。 3. 按照相关制度要求，定期开展应急演练，并做好记录。加强培训，运行值班人员需熟知运行操作规程中有关故障和事故处理措施

续表

编号	风险点（危险源）	控制措施				应急处置措施
		工程技术措施	管理措施	教育培训措施	个人防护	
44	大坝和厂房检修动力箱和配电箱	将控制元器件等封闭、隔离在固定柜体中，并有可靠接零接地	1. 制定和完善检修动力箱和配电箱巡视检查制度和巡视要求，定时、定点进行巡视检查，发现专人标示、无标识责任人标示、接地装置不良、破损、锈蚀、接线混乱松动等情况及时上报、处理和维护，接线清晰、接地牢固。确保柜体锁闭，接线清晰、接地牢固。 2. 设备名称标识完整，悬挂有当心触电、禁止操作等警示标识	运行和维护电工作业人员取得特种作业资格证书	/	1. 制定和完善《人身事故应急预案》《火灾事故应急预案》《触电伤亡类事故现场处置方案》等。事故发生后立即按程序报告，若有人员受伤采取包扎，心肺复苏等措施并立即送医。为防止事故扩大，应立即切断电源。 2. 现场存放一定量的二氧化碳、干粉灭火器，急救药品和担架。 3. 按照相关制度要求，定期开展应急演练，并做好记录。
45	220kV GIS设备		1. 根据国家和地方有关规范的要求，制定和完善《某水电站高压输电系统运行操作规程》，对GIS设备的主要技术参数要求、注意事项、巡视检查和日常监		/	1. 制定和完善《人身事故应急预案》《火灾事故应急预案》《电力设备触电伤亡类事故应急预案》

续表

编号	风险点（危险源）	控制措施				
		工程技术措施	管理措施	教育培训措施	个人防护	应急处置措施
45	220kV GIS设备	1. GIS设备设计、制造、安装满足国家和行业规范要求。六氟化硫密度继电器要满足不拆卸即可校验要求。GIS设备断路器和开关操作频次满足检修不检修小于10000次要求。设备过渡连接装置具备防止两种不同绝缘介质相互渗透的密封装置。 2. 配置有六氟化硫气体实时监测报警装置。GIS通风系统满足抽排风要求。	视、日常操作、检修隔离措施，故障和事故处理措施做出明确规定。隔离开关和接地隔离措施后的本体操作箱必须上锁，保持GIS室内通风良好、通风30min后工作人员才能进入。 2. 制定和完善GIS设备巡视检查制度和巡视要求。白班与晚班各巡视检查一次，发现支架松动、金属部件锈蚀氧化、信号异常、气室压力异常、裂痕、锈蚀、异常声音振动、接地装置失效等情况及时上报、处理和维护，并做好记录。无法处理的及时通知检修人员处理。恶劣天气（大雷雨、酷热等）或设备有缺陷时，应进行动态性巡视检查。 3. 制定和完善GIS设备检修规程和检修作业指导书、制定年度检修计划，定期开展各类检测试验，并做好验收和记录。 4. 电压、接地标志等标识正确、规范，悬挂禁止攀爬，注意通风，当心触电警示标识，设备名称标识完整	1. 对电站新进人员开展三级安全教育，加强对安全风险分级管控识和对安全风险分级管控认识的培训，指导和帮助新进员工了解GIS设备基本结构、运行操作知识和设备可能存在的风险。 2. 就《电业安全工作规程》《电力安全工作规程》《地方电力调度规程》《六氟化硫电气设备中气体管理和检测导则》（GB/T 8905—2012）和某水电站运行操作、维护和管理制度规程等知识开展专业的培训，尤其是异常情况的处理。 3. 每次巡视检查、日常监视、维修检修作业班前班后，开展安全技术交底，明确巡查重点、危险点和预控措施，并签字确认。 4. 运行和维护电工作业人员取得特种作业资格证书	/	故障现场处置方案《高电压设备爆炸、漏油、漏气类事故现场处置方案》《中毒类事故现场处置方案》等。六氟化硫气体报警时、戴好防毒面具开启风机，检测气体浓度断开控制电源、悬挂警示标识，向调度员和领导报告，通知检修人员处理。 2. 现场存放一定量的电气类灭火器，正压式呼吸器、防毒面具，急救药品和担架。 3. 按照相关制度或预案开展应急演练，并做好记录。加强培训、运行值班人员需熟知运行操作规程中六氟化硫低压、断路器拒动、220kV隔离开关拒动等故障事故处理措施

续表

编号	风险点（危险源）	控制措施				应急处置措施
		工程技术措施	管理措施	教育培训措施	个人防护	
46	220kV出线平台设备	1. 出线平台周围设置有不低于1.8m的固定围栏或遮挡。 2. 敞开式出线场站选用电容式电压互感器，接地装置与接地网连接牢固	1. 根据国家和地方有关规范的要求，制定和完善《某水电站高压输电系统运行操作规程》对出线平台设备的主要技术参数要求、注意事项、巡视检查和日常监视、日常操作、检修和事故处理措施做出明确规定。 2. 制定和完善出线平台设备巡视检查制度和巡视要求，定时、定点进行巡视检查。发现瓷瓶破损、设备连线和接地不良、避雷器倾斜、设备固件松动、漏油渗油、绝缘子破损放电、围栏遮挡缺失等情况及时上报，并做好记录。无法处理的及时通知检修人员处理。恶劣天气（大雷雨、酷热等）或设备有隐患时，应进行加密巡视检查。 3. 制定和完善出线平台检修规程和检修作业指导书，制定年度检修计划，定期开展检修和各类检测试验，并做好验收和记录。 4. 电压、接地心触电等标识正确、规范，悬挂当心触电、禁止翻越警示标识，设备名称标识完整	1. 对电站新进人员开展三级安全教育，加强对安全风险分级管控认识的培训、指导和帮助新进员工了解出线平台设备基本结构和设备可能存在的风险。 2. 就《电业安全工作规程》《电力安全工作规程》和某水电力调度规程、维护管理等规程知识开展培训，尤其是识别和运行操作规程异常情况的处理。 3. 每次巡视检查、日常巡查、作业班前班后，开展安全技术交底，明确巡查重点、危险点和预控措施，危险点确认。 4. 运行和维护电工作业人员取得特种作业资格证书	/	1. 制定和完善《人身事故应急预案》《火灾事故应急预案》《电力设备事故应急预案》《触电伤亡类事故》《高电压设备爆炸、漏油、漏气类事故现场处置方案》等。事故发生后，立即按程序报告，若有人员受伤应急包扎，心肺复苏即送医，并立即送医。为防止事故扩大，应立即切断电源。 2. 现场存放一定量的电气类灭火器、急救药品和担架。 3. 按照相关制度要求，定期开展应急演练，并做好记录。加强人员培训，运行值班人员需熟知运行操作规程中故障和事故处理措施

续表

编号	风险点（危险源）	控制措施				
		工程技术措施	管理措施	教育培训措施	个人防护	应急处置措施
47	电站接地网	接地网优先采用铜质、铜覆钢（铜层厚度不小于0.8mm）材料	1. 制定和完善各类设备的巡视制度和要求，明确对接地装置连接情况的巡查要求，发现接地网腐蚀、焊接断开、连接不畅、接地电阻不满足要求等情况，及时上报处理的及时维护，并做好记录。无法处理的及时通知检修人员处理。 2. 委托具有资质的单位每6年至少开展一次防雷接地检测。	运行和维护电工作业人员取得特种作业资格证书	/	/
48	电站高压电力电缆	1. 220kV等级的高压电缆应蛇形敷设，每相电缆预留不少于2次制作中间接头的余量。 2. 220kV高压电缆应设置接地环流监测装置和光纤测温装置，高压电缆中间接头采取防火防爆及阻燃措施。	1. 制定和完善高压电缆巡视检查制度和要求，定时、定点进行巡视检查。发现巡视不到位、线头松动脱落、绝缘层损坏、防火封堵不足、监测装置故障等情况及时上报处理，无法处理的及时通知检修人员处理。	1. 每次巡视检查、日常监视，维护检修作业班前班后，开展安全技术交底，明确巡查重点、危险点和预控措施，并签字确认。	/	1. 制定和完善《人身事故应急预案》《火灾火灾类事故预案》《电缆火灾应急现场处置方案》等。电缆火灾后立即断开着火电缆电源，用干粉灭火器或消防沙灭火，注意电缆静电伤人，向相关领导汇报、通知检修人员处理。

续表

编号	风险点（危险源）	控制措施				应急处置措施
		工程技术措施	管理措施	教育培训措施	个人防护	
48	电站高压电力电缆	3. 厂房主电缆沟道防火墙间距不大于60m，继电保护、直流、事故照明、安全稳定装置等重要设备采用耐火电缆	2. 制定和完善高压电力电缆检修规程和检修作业指导书，制定年度检修计划，并做好验收记录	2. 运行和维护电工作业人员取得特种作业资格证书	/	2. 现场存放一定量的电气类灭火器，急救药品和担架。3. 按照相关制度或预案的要求，定期开展应急演练，并做好记录
49	计算机监控上位机系统设备	1. 计算机监控系统具备防止误操作闭锁功能，采用冗余配置的不间断电源供电。	1. 根据国家和地方有关规范的要求，制定和完善《某水电站计算机监控系统运行操作规程》，对计算机监控系统的主要技术参数要求、注意事项、巡视检查和日常监视、故障和事故处理措施做出明确规定。温度、相对湿度控制在规定范围内。中控室严禁带入任何干扰源和污染源。	1. 对电站新进人员开展三级安全教育，加强风险辨识和安全风险分级管控认识的培训，指导和帮助新进员工了解计算机监控系统设备基本结构，运行操作中可能存在的风险。	/	1. 制定和完善《人身事故应急预案》《火灾事故应急预案》《电力网络信息系统安全事故应急预案》《集控室火灾事故处置方案》等。计算机系统故障，检查设备是否自动切换备用工作站，若均失效及时汇报调度AGC退出、及时重启，并通知检修专业人员处理。

续表

编号	风险点（危险源）	控制措施				
		工程技术措施	管理措施	教育培训措施	个人防护	应急处置措施
49	计算机监控上位机系统设备	2. 将控制元器件等封闭、隔离并固定，绝缘柜体的柜体中，并有可靠接零接地	2. 制定和完善计算机监控系统巡视检查制度和巡视要求，定时、定点进行巡视检查，发现柜体松动、锈蚀破坏、信号异常、接地搭接不良、硬件故障、温湿度不适等情况及时上报、处理。无法处理的及时通知检修人员处理。 3. 制定和完善计算机监控系统检修规程和检修作业指导书，制定年度检修计划，定期开展各类检测试验，并做好验收和记录。监控系统操作软件安装文件、逻辑参数和定值数据至少备份2份，异地保存每年检查一次。 4. 设备名称标识完整。	2. 就《电力安全工作规程》、《电业安全工作规程》《水电厂计算机监控系统运行及维护规程》（DL/T 1009—2016）和某水电站巡视检查、维护管理和运行操作制度规程等知识开展日常培训，尤其是异常情况的处理。 3. 每次巡视检查、日常监视、维护检修作业班前班后，开展安全技术交底、明确巡查重点、危险点和预控措施，并签字确认。 4. 运行和维护电工作业人员取得特种作业资格证书。	/	2. 现场存放一定量的电气类灭火器、急救药品和担架。 3. 按照相关制度的要求、定期开展应急演练，并做好记录。加强培训、运行值班人员需熟知运行操作规程中的单台和两台故障操作等工作站故障等故障处理措施和事故处理措施
50	LCU现地控制单元柜（5套）	1. 现地控制单元电源采取冗余配置，其中至少一路为直流电源。 2. 将控制元器件等封闭、隔离并固定，绝缘柜体的柜体中，并有可靠接零接地	1. 根据国家和地方有关规范的要求，制定和完善《某水电站计算机监控系统的运行操作规程》。对计算机监控系统的主要技术参数要求、注意事项、巡视检查和日常监视、日常操作、检修隔离措施，故障和事故处理措施做出明确规定。现地LCU运行定期禁止切调试状态或切断电源，不得随意按下归位按钮。	1. 对电站新进人员开展人身安全教育、加强对安全风险分级管控认识和对安全风险分级管控认识的培训，指导和帮助新进员工了解计算机监控系统设备基本结构，运行操作知识和设备可能存在的风险。	/	1. 制定和完善《人身事故应急预案》《火灾事故应急预案》《电力网络信息系统安全事故应急预案》等。若现地LCU故障，及时切换至调试状态后切回调试。

续表

编号	风险点（危险源）	控制措施				
		工程技术措施	管理措施	教育培训措施	个人防护	应急处置措施
50	LCU现地控制单元柜（5套）		2. 制定和完善计算机监控系统巡视检查制度和巡视要求，定时、定点进行巡视检查，发现装置故障、柜体松动、锈蚀破坏、硬件接搭接不良、接地搭接不合适等情况及时上报、处理和维护，并做好检修人员处理。无法处理的及时通知及时检查人员处理。 3. 制定和完善计算机监控系统检修规程和检修作业指导书，制定年度检修计划，定期开展A/B/C/D类检修和各类检测试验，并做好验收和记录。监控系统操作软件安装文件、逻辑参数和定值数据至少备份2份，异地保存每年检查一次。 4. 设备名称标识完整，悬挂当心触电、禁止随意操作警示标识。	2. 就《电力安全工作规程》《电业安全工作规程》《水电厂计算机监控系统运行及维护规程》(DL/T 1009—2016)和某水电站巡视检查、维护管理和运行操作规程等知识开展宣贯培训，尤其是异常情况的处理。 3. 每次巡视检查、日常监视、维护检修作业班前班后，开展安全技术交底，明确巡视检查重点、危险点和预控措施，并签字确认。 4. 运行和维护电工作业人员取得特种作业资格证书。	/	态，手动对PLC进行断电重启，通知电气检修专业人员，并加强巡查。 2. 现场存放一定数量的电气类灭火器，急救药品和担架。 3. 按照相关制度或预案的要求，定期开展应急演练，并做好记录。加强培训，运行值班人员需熟知运行操作规程中现地控制单元故障、失电等故障和事故处理措施
51	10.5kV及0.4kV厂用电远程测量柜（2个）		1. 制定和完善厂用电远程测量柜巡视检查制度和巡视要求，定时、定点进行巡视检查，发现柜体松动、锈蚀破坏、信号异常、接地搭接不合适等情况及时，硬件故障、处理和维护，并做好记录。无法处理的及时上报、处理，并做好记录。无法处理的及时通知检修人员处理。	1. 每次巡视检查、日常监视、维护检修作业班前班后，开展安全技术交底，明确巡视检查重点、危险点和预控措施，并签字确认。	/	1. 制定和完善《人身事故应急预案》《火灾应急预案》等

续表

编号	风险点(危险源)	控制措施				
		工程技术措施	管理措施	教育培训措施	个人防护	应急处置措施
51	10.5kV及0.4kV厂用电远程测量柜(2个)	将控制元器件等封闭、隔离在固定、绝缘好的柜体中,系统有可靠接零接地	2.制定和完善厂用电远程测量柜检修规程和检修作业指导书,定期开展A/B/C/D类检修和各类检测试验,并做好验收和记录。3.设备名称标识完整,悬挂当心触电警示标识	2.运行和维护电工作业人员取得特种作业资格证书	/	2.现场存放一定量的电气类灭火器、急救药品和担架。3.按照相关制度要求,定期开展应急演练,并做好应急记录
52	调度数据网柜	1.调度自动化系统设备应采用不同断电源供电,系统数据传输通道设计应采用主用、备用双链路方式,使用独立的网络设备组网。	1.根据国家和地方有关规范的要求,制定和完善《某水电站计算机监控系统运行操作规范》,对计算机监控系统的主要技术参数要求、注意事项、巡视检查和日常监视、故障和事故处理措施做好隔离措施,调度自动化系统投入正常,省调具备对某水电站的遥控和遥调功能。2.制定和完善调度自动化系统巡视检查制度和巡视要求,定时、定点进行巡视检查,发现柜体松动、破损锈蚀、信号号异常、接地不良、硬件故障、温度湿度异常等情况及时上报、处理和维护,并做好记录。无法处理的及时通知检修人员处理。	1.对电站新进人员开展三级安全教育,加强风险意识和对安全风险分级管控认识的培训,指导和帮助新进员工了解调度自动化设备基本结构、运行操作知识和设备可能存在的风险。2.就《电力安全工作规程》、《电业安全工作规程》和《水电厂计算机监控系统运行及维护规程》(DL/T 1009—2016)和某水电站巡视检查、维护管理和运行操作规范等知识开展宣贯培训,尤其是异常情况处理。	/	1.制定和完善《人身事故应急预案》《火灾事故应急信息系统安全应急预案》《电力网络应急预案》等。2.现场存放一定量的电气类灭火器、急救药品和担架。

续表

编号	风险点（危险源）	控制措施				
		工程技术措施	管理措施	教育培训措施	个人防护	应急处置措施
52	调度数据网柜	2. 将控制元器件等封闭、隔离在固定、绝缘的柜体中，并有可靠接零接地	3. 制定和完善调度自动化系统检修规程和检修作业指导书，制定年度检修计划，定期开展检测试验，并做好验收和记录。4. 设备名称标识完整，悬挂当心触电、禁止随意操作警示标识	3. 每次巡视检查、日常监视、维护检修作业班前班后，开展安全技术交底，明确巡查重点、危险点和预控措施，并签字确认。4. 运行和维护电工作业人员取得特种作业资格证书	/	3. 按照相关制度要求，定期开展预案应急演练，并做好记录
53	关口电能计量装置	将控制元器件等封闭、隔离在固定、绝缘的柜体中，并有可靠接零接地	1. 制定和完善关口电能计量装置巡视检查和巡视要求，发现柜体松动、锈蚀破坏、信号异常、接地搭接不良、硬件故障、温湿度不合适等情况及时上报、处理的及时通知和检修人员处理。无法处理的及时通知和检修人员处理。2. 制定和完善关口电能计量装置检修规程和检修作业指导书，定期开展检测试验，并做好验收和记录。3. 设备名称标识完整，悬挂当心触电警示标识	1. 每次巡视检查、日常监视、维护检修作业班前班后，开展安全技术交底，明确巡查重点、危险点和预控措施，并签字确认。2. 运行和维护电工作业人员取得特种作业资格证书	/	1. 制定和完善《人身事故应急预案》《火灾事故应急预案》等。2. 现场存放一定量的电气类灭火器，急救药品和担架。3. 按照相关制度要求，定期开展预案应急演练，并做好记录

续表

编号	风险点（危险源）	控制措施				
		工程技术措施	管理措施	教育培训措施	个人防护	应急处置措施
54	1#、2#发变组保护装置A柜和B柜（4个）	1. 发电机匝间保护设有负序方向闭锁元件。发电机差动保护优先选用误差较高的电流互感器。发变组保护的电流互感器应介入故障录波器。优先采用简单母差保护并冗余配置。 2. 将控制元件件封闭、隔离固定，绝缘的柜体中，铺设绝缘垫，并有可靠接地	1. 根据国家和地方有关规范的要求，制定和完善《某水电站发变组保护运行操作规程》。对发变组保护装置的主要技术参数要求、注意事项、巡视检查和日常监视、日常操作、检修隔离措施，故障和事故处理措施做出明确规定。发电机纵差保护和负序过序方向闭锁允许同时退出，主变压器主变动保护和重瓦斯保护不允许同时退出。保护定值由安技部负责管理，不允许许随便更改。 2. 制定和完善发变组保护装置巡视检查制度和巡视检查、定时、定点进行巡视检查，发现柜体松动、破损锈蚀、信号异常、接线和接地不良、硬件故障、温度湿度异常、焦糊味等情况及时上报、处理和维护，并做好记录。无法处理的及时通知检修人员处理。 3. 制定和完善继电保护装置检修规程和检修作业指导书。制定年度检修计划，定期开展A/B/C/D类检修和各类检测试验，并做好验收和记录。 4. 设备各名称标识完整，并挂好安全操作警示标识。电，禁止随意操作和心触	1. 对电站新进人员开展三级安全教育，加强风险意识和对安全风险分级管控认识的培训，指导和帮助新进员工了解发变组保护装置基本结构、运行操作知识和设备可能存在的风险。 2. 就《电力安全工作规程》、《电业安全工作规程》、《继电保护和安全自动装置运行管理规程》（DL/T 587—2016）和某水电站巡视检查、维护管理和运行操作规程等知识开展自贯培训，尤其是异常情况的处理。 3. 每次巡视检查、日常监视，维修作业班前班后，开展安全技术交底，明确巡查重点、危险点和预控措施，并签字确认。 4. 运行和维护电工作业人员取得特种作业资格证书	/	1. 制定和完善《人身事故应急预案》《火灾事故应急预案》《电力设备事故应急预案》《触电伤亡类事故应急预案》等。若发变组保护故障、现地检查装置信号、退出保护连片，及时向领导汇报并调度通知检修人员处理。 2. 现场存放一定量的二氧化碳、干粉灭火器、急救药品和担架。 3. 按照相关制度或预案的要求，定期开展应急演练，并做好记录。加强培训、运行值班人员熟知运行操作规程中保护动作、保护装置异常、装置直流电源消失或指示灯熄灭等故障和事故处理措施

续表

编号	风险点（危险源）	控制措施				
		工程技术措施	管理措施	教育培训措施	个人防护	应急处置措施
55	继电保护信息处理系统柜	将控制元器件等封闭、隔离在固定、绝缘的柜体中，铺设绝缘垫，并有可靠接地	1. 制定和完善继电保护信息处理系统柜巡视检查和巡视制度和巡视要求，定时定点进行巡视检查，发现柜体松动、破损锈蚀，信号异常、接线和接地不良、硬件故障，温度湿度异常、焦糊味等情况及时上报、处理和维护，并做好记录。无法处理的及时通知检修人员处理。 2. 制定和完善继电保护修规程和检修作业指导书，定期开展测试试验，并做好验收和记录。 3. 设备名称标识完整，悬挂当心触电警示标识	1. 每次巡视检查，日常监视、维护检修作业班前后，开展安全技术交底，明确巡查重点、危险点和预控措施，并签字确认。 2. 运行和维护人员取得特种作业资格证书	／	1. 制定和完善《人身事故应急预案》《火灾应急预案》《触电伤亡类事故应急预案》等。 2. 现场存放一定量的电气类灭火器、急救药品和担架。 3. 按照相关制度要求，定期开展应急演练，并做好记录
56	220kV皂盘线光纤差动保护护柜	将控制元器件等封闭、隔离在固定、绝缘的柜体中，铺设绝缘垫，并有可靠接地	1. 根据国家和地方有关规范的要求，制定和完善《某水电站保护及断路器保护运行操作规程》，对线路保护护装置的主要技术参数要求，注意事项、巡视检查和日常监视，故障和事故处理措施。线路运行的803A和303A保护运行不允许同时退出。保护护装置明确规定。保护投切由安技部负责管理，不允许随便更改。	1. 对电站新进人员开展三级安全教育，加强对安全风险分级管控知识和对安全风险分级管控认识的培训，认识的培训，新进员工了解线路保护装置基本结构，运行操作知识和设备可能存在的风险。	／	1. 制定和完善《人身事故》《火灾事故应急预案》《电力设备事故应急预案》《触电伤亡类事故现场处置方案》等。220kV线路保护动作，应及时检查主变断路器是否跳闸、倒换厂用电、收集和保存动作打印报告，及时向领导汇报和调度，通知检修人员处理。

续表

编号	风险点（危险源）	控制措施				应急处置措施
		工程技术措施	管理措施	教育培训措施	个人防护	
56	220kV 电盘线光纤差动保护柜		2. 制定和完善线路保护装置巡视检查制度和巡视要求，定时、定点进行巡视检查，发现柜体松动、破损锈蚀、信号异常，接线和接地不良、硬件故障，温度湿度异常，焦煳味等情况及时上报处理和维护，并做好记录。无法处理的及时通知检修人员处理。3. 制定和完善继电保护装置检修规程和检修作业指导书，制定年度检修计划，定期开展和各类检测试验，并做好验收和记录。4. 设备名称标识完整，悬挂当心触电、禁止随意操作警示标识。	2. 就《电力安全工作规程》《继电保护和安全自动装置运行管理规程》(DL/T 587—2016)和某水电站巡视检查、维护管理和运行操作制度规程等知识开展宣贯培训，尤其是异常情况的处理。3. 每次巡视检查、日常监视，维护检修作业班前班后，开展安全技术交底，明确巡视重点、危险点和预控措施，并签字确认。4. 运行和维护电工作业人员取得特种作业资格证书	/	2. 现场存放一定量的二氧化碳、干粉灭火器、急救药品和担架。3. 按照相关制度要求，定期开展应急演练，并做好记录。加强培训，运行值班人员需熟知运行操作规程中有关事故和运行故障处理措施
57	610 和 620 断路器保护柜(2 个)		1. 根据国家和地方有关规范的要求，制定和完善《某水电站线路保护及断路器保护运行操作规程》。对线路保护装置的主要技术参数要求、注意事项、巡视检查和日常监视、日常操作、检修隔离措施，故障和事故处理措施做出明确规定。220kV 断路器运行时，断路器保护和三相保护不一致保护必须投入。保护定值由安全部负责管理，不允许随便更改。	1. 对电站新进人员开展三级安全教育，加强风险意识认识和安全风险分级管控认识的培训，指导和帮助新进员工了解断路器保护基本结构，运行操作知识和设备可能存在的风险。	/	1. 制定和完善《人身事故应急预案》《火灾事故应急预案》《电力设备事故应急预案》《触电伤亡类事故现场处置方案》等。220kV断路器保护动作应及时并变断路器是否跳闸，排查

续表

编号	风险点 (危险源)	控制措施				
		工程技术措施	管理措施	教育培训措施	个人防护	应急处置措施
57	610 和 620 断路器保护柜(2个)	将控制元器件等封闭、隔离在固定、绝缘的柜体中，铺设绝缘垫，并有可靠接地	2. 制定和完善线路保护装置巡视检查制度和巡视要求，定时、定点进行巡视检查，发现柜体松动、接线和接地不良、信号异常，温度湿度异常，焦煳味等情况及时上报、处理和维护，并做好记录。无法处理的及时通知检修人员处理。 3. 制定和完善继电保护装置检修规程和检修作业指导书，制定年度检修计划、定期开展 A/B/C/D 类检修和各类检测试验，并做好验收和记录。 4. 设备名称标识完整，并悬挂安全警示标识 电，禁止随意操作警示标识	2. 就《电力安全工作规程》、《电业安全工作规程》《继电保护和安全自动装置运行管理规程》(DL/T 587—2016)和某水电站巡视检查、维护和运行管理等知识开展巡视操作宣贯培训，尤其是异常情况的处理。 3. 每次巡视检查、日常监视、维护检修作业班前班后，开展安全技术交底，明确巡查重点、危险点和预控措施，并签字确认。 4. 运行和维护电工作业人员取得特种作业资格证书	/	明显故障点，倒换厂用电，及时向领导汇报和调度，通知检修人员处理。 2. 现场存放一定量的二氧化碳、干粉灭火器.急救药品和担架。 3. 按照相关制度定期开展应急演练，并做好记录。加强培训，运行值班人员常熟知运行操作规程和事故处理，关系故障和事故处理措施
58	远方跳闸保护柜		1. 制定和完善远方跳闸保护柜巡视检查制度和巡视要求，定时、定点进行巡视检查，发现柜体松动、破损锈蚀，信号异常，接线和接地不良，硬件故障，温度湿度异常，焦煳味等情况及时上报、处理和维护，并做好记录。无法处理的及时通知检修人员处理。	1. 每次巡视检查、日常监视、维护检修作业班前班后，开展安全技术交底，明确巡查重点、危险点和预控措施，并签字确认。	/	1. 制定和完善《人身事故应急预案》《火灾事故应急预案》等。

续表

编号	风险点（危险源）	控制措施				
		工程技术措施	管理措施	教育培训措施	个人防护	应急处置措施
58	远方跳闸保护柜	将控制元器件等封闭、隔离在固定、绝缘的柜体中，铺设绝缘垫，并有可靠接地	2. 制定和完善远方跳闸保护柜检修规程和检修作业指导书，定期开展A/B/C/D类检修和各类检测试验，并做好验收和记录。3. 设备名称标识完整，悬挂当心触电警示标识	2. 运行和维护电工作业人员取得特种作业资格证书	/	2. 现场存放一定量的电气类灭火器，急救药品和担架。3. 按照预案的要求，定期开展应急演练，并做好记录
59	高周切机低周启动柜	将控制元器件等封闭、隔离在固定、绝缘的柜体中，铺设绝缘垫，并有可靠接地	1. 制定和完善高周切机低周启动柜巡视检查和巡视制度，定时、定点进行巡视检查，发现柜体松动、破损锈蚀，信号异常，接线和接地不良，硬件故障，温度湿度异常，焦糊味等情况及时上报、处理和维护，并做好记录。无法处理的及时通知检修人员处理。2. 制定和完善高周切机低周启动柜检修规程和检修作业指导书，定期开展A/B/C/D类检修和各类检测试验，并做好验收和记录。3. 设备各名称标识完整，悬挂当心触电警示标识	1. 每次巡检检查、日常监视、维修检修作业班前班后，开展安全技术交底，明确巡查重点、危险点和预控措施，并签字确认。2. 运行和维护电工作业人员取得特种作业资格证书	/	1. 制定和完善《人身事故应急预案》《火灾事故应急预案》等。2. 现场存放一定量的电气类灭火器，急救药品和担架。3. 按照预案的要求，定期开展应急演练，并做好记录

续表

编号	风险点 （危险源）	控制措施				
		工程技术措施	管理措施	教育培训措施	个人防护	应急处置措施
60	1#、2#机组励磁系统控制设备（8个）	1. 励磁系统控制设备的电机储能应接入监视，在并网运行有效监视。在并网前或解列后有电气制动时禁止励磁系统投入强励动作或或解列后有电气制动时禁止励磁系统投入强励动作。功率柜至变压器电缆连接应优先采用铜芯电缆。 2. 将控制元器件封闭、隔离在固定、绝缘的柜体中，铺设绝缘垫，并有可靠接地	1. 根据国家和地方有关规范的要求，制定和完善《某水电电站系统运行操作规程》，对励磁系统的主要技术参数要求，注意事项，巡视检查和日常监视，日常操作，检修隔离措施，故障和事故处理措施做出明确规定。出现异常情况能够按照运行要求及时退出运行或手动操作励磁装置。存在灰尘，异物时及时清理。 2. 制定和完善励磁系统巡视检查制度规范和日常监视，定时，定点进行巡视检查和日常监视。发现柜体松动，破损锈蚀，信号异常，过热，脱焊，焦糊，温度异常振动和声音异常，接地不良，温度湿度异常，故障报警等情况及时上报，处理和及时通知检修人员处理。无法处理的及时通知检修人员处理。 3. 制定和完善励磁系统检修规程和检修作业指导书，制定年度检修计划，定期开展A/B/C/D类检修和各类检测试验，并做好验收和记录。 4. 设备名称标识完整，悬挂必要验收和操作警示标识电，禁止随意触碰和操作	1. 对电站新进人员开展三级安全教育，加强风险意识和对安全风险分级管控认识对安全风险分级管控认识和帮助新进员工了解励磁系统基本结构，运行操作知识和设备可能存在的风险。 2. 就《电力安全工作规程》《大中型水轮发电机运行和检修规程》（DL/T 491—2008和某水电站巡视检查，维护管理和运行操作规程等知识开展宣贯培训，尤其是异常情况的处理。 3. 每次巡视检查，日常监视，维护检修作业班前班后，开展安全技术交底，明确巡检重点，危险点和预控措施，并签字确认。 4. 运行和维护电工作业人员取得特种作业资格证书	/	1. 制定和完善《人身事故应急预案》《火灾事故类事故应急预案》《电力设备事故应急预案》《触电伤亡类事故现场处置方案》《高电压设备事故、漏油、漏气类事故现场处置方案》等。功率柜故障时手动切除故障功率柜，检查功率柜故障时手动切除故障功率柜，检查非故障功率柜是否工作。若2台均故障，向调度申请停机，通知领导和电气检修人员。 2. 现场存放一定量的电气类灭火器，防毒面具，急救药品和担架。 3. 按照相关制度要求，定期开展应急演练，并做好

续表

编号	风险点（危险源）	控制措施				
		工程技术措施	管理措施	教育培训措施	个人防护	应急处置措施
60	1#、2#机组励磁系统控制设备（8个）					记录。加强培训，运行值班人员需熟知运行操作规程中PT故障、逆变灭磁失败、调节器电源故障、励磁装置交直流电源消失、起励失败、转子过压保护、同步断开等相关事故处理措施。
61	1#、2#机组励磁变压器（2台）	1. 励磁变压器优先采用电流速断保护为主保护，过流保护为后备保护。变压器优先采用干式自冷却。变压器高压侧采用电流和温度采取监视设计。	1. 根据国家和地方有关规范的要求，制定和完善《某水电站励磁系统运行操作规程》，对励磁系统运行的主要技术参数要求、注意事项、巡视检查和日常监视、日常操作、检修隔离措施、故障和事故处理措施做出明确规定。出现异常情况能够按照运行规程的要求及时退出运行或手动操作励磁装置，存在灰尘、异物时及时清理。	1. 对电站新进人员开展三级安全教育，加强风险意识和对安全风险分级管控认识和认识的培训，指导和帮助新进员工了解励磁系统基本结构，运行操作知识和设备可能存在的风险。	/	1. 制定和完善《人身事故应急预案》《火灾事故应急预案》《电力设备事故应急预案》《触电伤亡类事故现场处置方案》《高电压类事故现场处置方案》《漏油、漏气类事故现场处置方案》等。变压器速断保护动作，检查发电机出口断路器、灭磁开关是否在分闸位置，异常时及停机，检查保护设备，监视保护设

续表

编号	风险点(危险源)	控制措施				
		工程技术措施	管理措施	教育培训措施	个人防护	应急处置措施
61	1#、2#机组励磁变压器(2台)	2. 励磁变至励磁系统连接线应充分考虑抗振、防松、防潮措施，紧固螺栓至少2只。低压母线槽防护等级不低于IP65。 3. 将控制元器件等封闭、隔离在固定、绝缘的柜体中，铺设绝缘垫，并有可靠接地。	2. 制定和完善励磁变压器巡检视要求，定时、定点进行巡视检查和日常监视。发现绝缘损坏、柜体破损锈蚀、声音振动异常、发红过热、指示灯异常等情况及时上报。无法处理的及时通知维护人员处理。 3. 制定和完善励磁系统检修规程和检修作业指导书，制定年度检修计划，定期开展A/B/C/D类检修和各类检测试验，并做好验收和记录。 4. 设备名称标识完整，悬挂当心触电警示标识	2. 就《电力安全工作规程》《大中型励磁系统及装置运行和检修规程》(DL/T 491—2008)和某水轮发电机自并励磁系统运行检视检查、维护管理和运行操作制度等知识开展宣贯培训，尤其是异常情况的处理。 3. 每次巡视检查、日常监视、维护检修作业班前班后，开展安全技术交底，明确巡查重点、危险点和预控措施，并签字确认。 4. 运行和维护电工作业人员取得特种作业资格证书	/	备有无异常和故障，通知领导和电气检修人员。 2. 现场存放一定量的电气类灭火器，防毒面具、急救药品和担架。 3. 按照相关制度要求，定期开展应急演练，并做好记录。加强培训，运行值班人员需熟知运行操作规程中励磁变压器温度过高、励磁变压器速断和过流保护动作等措施处理措施
62	直流系统控制屏柜设备(7个)	1. 直流系统优先采用高频开关模块整流的充电装置，整流模块应满足"N+1"配置。应设立2台工作备用电、1台备用充电、2组蓄电池和2段母线。直流系统断路器采用具备自动脱扣功能的直流断路器。	1. 根据国家和地方有关规范的要求，制定和完善《某水电站直流运行操作规程》，对直流站成套装置主要技术参数做要求、注意事项、巡视检查和日常监视、故障和事故处理措施做出明确规定。母线电压允许在220V±5%范围内，最高不得超过242V。最	1. 对电站新进人员开展三级安全教育，加强风险管控认识和对安全风险分级管控认识的培训，指导和帮助新进员工了解直流成套装置基本结构，运行操作可能存在任的风险。	/	1. 制定和完善《人身事故应急预案》《火灾事故应急预案》《电力设备事故应急预案》《触电伤亡类事故预案》等。直流系统设备着火应迅

续表

编号	风险点（危险源）	控制措施				
		工程技术措施	管理措施	教育培训措施	个人防护	应急处置措施
62	直流系统控制屏柜设备（7个）	2. 配置必要的电压监查、保护及具备交流审直流故障测量记录和报警功能的绝缘监查装置。 3. 将控制元器件、隔离件固定、绝缘好的柜体中，铺设绝缘垫，并有可靠接地	低不得低于198V。直流系统不宜合环运行。绝缘电阻不低于0.1MΩ。 2. 制定和完善直流成套装置巡视检查制度和巡视检查，值班人员每班进行一次巡视检查，发现柜体破损锈蚀、信号异常、开关不到位、绝缘老化、温湿度异常、接地不良等情况及时上报、处理和维护，并做好记录。无法处理的及时通知检修人员处理。 3. 制定和完善直流成套装置检修规程和检修作业指导书，制定年度检修计划、定期开展检测试验，并做好验收和记录。 4. 设备名称标识完整，悬挂当心触电、禁止操作等警示标识	2. 就《电力安全工作规程》《电力系统用蓄电池直流电源装置运行与维护技术规程》(DL/T 724—2021)和某水电站巡视检查、维护管理和运行操作制度规程等知识开展宣贯培训，尤其是异常情况的处理。 3. 每次巡视检查、日常监视、维护检修作业班前班后，开展安全技术交底，明确巡查重点、危险点和预控措施，并签字确认。 4. 运行和维护电工作业人员取得特种作业资格证书	/	速切断电源，用二氧化碳灭火器灭火，同时进行复核倒换供电、报告领导通知检修专业人员处理。 2. 现场存放一定量的电气类灭火器、防毒面具、急救药品和担架。 3. 按照相关制度或预案的要求，定期开展应急演练，并做好记录。加强培训，运行值班人员需熟知运行操作规程中直流系统着火、充电模块故障、直流系统接地、直流母线电压异常等事故处理措施

续表

编号	风险点（危险源）	控制措施				应急处置措施
		工程技术措施	管理措施	教育培训措施	个人防护	
63	直流系统蓄电池组（2组）	1. 每组蓄电池组容量按照为整个机组或开关站直流系统供电考虑。 2. 两组蓄电池容量应考虑全厂停电后，满足机组黑启动等需要的工作电源。 3. 蓄电室和向外开启的甲级防火门，以及防爆抽排风设施和防爆照明灯具	1. 根据国家和地方有关规范的要求，制定和完善《某水电站直流成套装置运行技术规程》。对直流成套装置的主要技术参数要求，注意事项、巡视检查和日常监视，日常操作，检修隔离措施，故障和事故处理措施做出明确规定。蓄电池室内严禁烟火，不得装设电炉，温度保持在5～35℃，并保持良好的通风和照明。 2. 制定和完善直流成套装置巡视检查制度和巡视要求，值班人员每班进行一次巡视检查，发现巡检仪故障、接线松动、壳体破裂、漏液缺氧、通风不畅等情况及时上报，处理和维护。无法处理的及时通知检修人员处理。 3. 制定和完善直流成套装置检修规程和维修作业指导书，制定年度检修计划，定期开展A/B/C/D类检修和各类检测试验，并做好验收和记录。新安装和大修的蓄电池每2～3年进行一次核对性放电试验，使用6年后的蓄电池组，每年进行一次核对性放电试验。 4. 设备各名称标识完整，悬挂当心触电、禁止烟火和可燃物警示标识	1. 对电站新进人员开展三级安全教育，加强对安全风险分级管控意识和认识的培训，指导和帮助新进员工了解直流成套装置基本结构，运行操作可能存在的风险。 2. 就《电力安全工作规程》《电力系统用蓄电池直流电源装置运行与维护技术规程》（DL/T 724—2021）和某水电站运行操作规程等知识开展宣贯培训，尤其是异常情况的处理。 3. 每次巡视检查，日常监视，维护检修作业班前班后，开展安全技术交底，明确检查重点，危险点和预控措施，并签字确认。 4. 运行和维护电工作业人员取得特种作业资格证书	/	1. 制定和完善《人身事故应急预案》《火灾事故应急预案》《电力设备事故应急预案》《触电伤亡类事故应急预案》《中毒窒息现场处置方案》等。直流系统设备着火应迅速切断电源，用二氧化碳灭火器灭火，同时进行复核倒换恢复失电设备供电。报告领导通知检修专业人员处理。 2. 现场存放一定量的电气类灭火器、防毒面具、急救药品和担架。 3. 按照相关制度要求，定期开展应急演练，并做好记录。行值班人员需熟知直流系统着火、蓄电池巡检仪报警等故障和事故处理措施

续表

编号	风险点（危险源）	控制措施				
		工程技术措施	管理措施	教育培训措施	个人防护	应急处置措施
64	同步相量测量装置柜（PMU）	将控制元器件等封闭、隔离在固定、绝缘柜体中，铺设有绝缘垫，并有可靠接零接地	1. 根据国家和地方有关规范的要求，制定和完善《某水电站同步相量测量装置（PMU）运行操作规程》，对PMU装置的主要技术参数要求、注意事项、巡视检查和日常监视，日常操作、检修隔离措施、故障和事故处理措施做出明确规定。运行环境温度控制在−10～＋55℃。运行中不允许带电插拔，做传动试验，不可随意删除录波文件。 2. 制定和完善PMU装置巡视检查制度和巡视要求，定时、定点进行巡视检查，发现柜体松动、锈蚀破坏、信号异常、接地搭接不良、硬件故障、温湿度不合适等情况及时上报，处理和维护，并做好记录。无法处理的及时通知检修人员处理。 3. 制定和完善PMU装置检修规程和检修作业指导书，定期开展检修和各类检测试验，并做好验收和记录。 4. 设备各名称标识完整，悬挂当心触电警示标识	1. 每次巡视检查、日常监视、维护检修作业班前班后，开展安全技术交底，明确巡查重点、危险点和预控措施，并签字确认。 2. 运行和维护电工作业人员取得特种作业资格证书	/	1. 制定和完善《人身事故应急预案》《火灾事故应急预案》《触电伤亡类事故现场处置方案》等。 2. 现场存放一定量的电气类灭火器，急救药品和担架。 3. 按照相关制度要求，定期开展应急演练，并做好记录

续表

编号	风险点（危险源）	控制措施					应急处置措施
		工程技术措施	管理措施	教育培训措施	个人防护		
65	故障录波装置柜	将控制元器件等封闭、隔离在固定、绝缘的柜体中，铺设有绝缘垫，并有可靠接零接地	1. 根据国家和地方有关规范的要求，制定和完善《某水电站故障录波分析装置运行操作规程》，对故障录波装置的主要技术参数要求、注意事项、巡视检查和日常监视、日常操作、检修隔离等措施，故障和事故处理措施做出明确规定。运行环境温度不大于45℃。月平均湿度不大于90%。2. 制定和完善故障录波装置巡视检查和巡视检查要求，至少每年进行一次巡视检查。发现柜体松动、锈蚀破坏、信号异常、接地搭接不良、硬件故障、温湿度不合适等情况及时上报、处理和维护，并做好记录。无法处理的及时通知检修人员处理。3. 制定和完善故障录波装置检修规程和检修作业指导书，定期开展检修和各类检测试验，并做好验收和记录。4. 设备名称标识完整，悬挂当心触电警示标识	1. 每次巡视检查、日常监视，维护检修作业班前班后，开展安全技术交底，明确巡查重点、危险点和预控措施，并签字确认。2. 运行和维护电工作业人员取得特种作业资格证书	/	1. 制定和完善《人身事故应急预案》《火灾事故应急预案》《触电伤亡类事故现场处置方案》等。2. 现场存放一定数量的电气类灭火器，急救药品和担架。3. 按照相关制度要求，定期开展应急演练，并做好记录

续表

编号	风险点（危险源）	控制措施				
		工程技术措施	管理措施	教育培训措施	个人防护	应急处置措施
66	1#、2# UPS 电源柜（2个）	1. UPS 设计、制造和安装满足国家和行业规范。每套 UPS 容量能够满足一套故障另一套带动运行。UPS 设备的负荷不得超过额定输出功率的 70%，采用双用 UPS 供电时，单台 UPS 设备负荷不得超过额定输出的 35%。 2. 非监控系统设备不可接入监控系统设备 UPS 电源。 3. 将控制元器件等封闭、隔离在固定、绝缘的柜体中，铺设有绝缘垫，并有可靠接零接地	1. 根据国家和地方有关规范，制定和完善《某水电站不间断电源装置（UPS）运行操作规程》，对故障录波装置的主要技术参数要求、注意事项、巡视检查和日常监视、日常操作、检修隔离措施、故障和事故处理措施做出明确规定。 2. 制定和完善 UPS 专职装置巡视检查制度和巡视要求，定时、定点进行一次巡视检查，发现柜体松动、锈蚀破坏、信号异常、接地接触不良、硬件故障、温湿度不合适等情况及时上报、处理和维护，并做好记录。无法处理的及时通知检修人员处理。 3. 制定和完善 UPS 装置检修规程和检修作业指导书，定期开展检验收和各类检测试验，并做好验收和记录。 4. 设备名称标识完整，悬挂当心触电警示标识	1. 每次巡视检查、日常监视、维护检修作业班前班后，开展安全技术交底，确认巡查重点、危险点和预控措施，并签字确认。 2. 运行和维护维护电工作业人员取得特种作业资格证书	/	1. 制定和完善《人身事故应急预案》《火灾事故应急预案》《触电伤亡类事故现场处置方案》等。 2. 现场存放一定量的电气类灭火器、急救药品和担架。 3. 按照相关制度要求，定期开展应急演练，并做好记录

续表

编号	风险点（危险源）	控制措施				
		工程技术措施	管理措施	教育培训措施	个人防护	应急处置措施
67	工业电视系统控制设备	1. 工业电视系统具备通信中断后本地紧急存储、断电续传和过水后可读电缆传和过水后可读功能。 2. 汇集设备、存储设备和供电设备布置在厂房较高程处。 3. 将控制元器件等封闭、隔离有固定、绝缘较老的柜体中，铺设有绝缘垫至牢接零接地	1. 根据国家和地方有关规范的要求，制定和完善《某水电站工业电视运行操作规程》，对工业电视系统的主要技术参数要求、注意事项、巡视检查和日常监视、故障和事故处理措施做出明确规定。工业电视应对准监视区域，非监控专业人员禁停留在无关区域和照片。工业电视应对准监视区域，非监控专业人员禁止删除录像和照片。 2. 制定和完善工业电视系统巡视检查制度和巡视要求，发现不良等情况及时上报、处理和做好记录。无法处理的及时通知维修人员处理。迅期和加强对流天气情况下还应加强对重点部位的巡检和监视。 3. 存在问题及时通知美台公司专业人员现场处理。 4. 设备各称标识完整，悬挂当心触电警示标识	1. 对电站新进人员开展三级安全教育、加强风险分级管控认识的培训、指导和帮助新进员工了解工业电视系统基本结构、运行操作存在的风险和设备可能存在的风险。 2. 就《电力电视工作规程》《工业电视系统应用电视设备安全规范》《应用电视系统试验及试验方法》和某水电站巡视检查、维护管理要求开展巡视规程等知识开展宣贯培训，尤其是异常情况的处理。 3. 每次巡视检查、日常监视、维修检修班作业班前班后，开展安全技术交底，明确巡查重点、危险点和预控措施，并签字确认。 4. 运行和维护电工作业人员取得特种作业资格证书	/	1. 制定和完善《人身事故应急预案》《火灾事故应急预案》《触电伤亡类事故现场处置方案》等。设备着火应迅速切断电源，用二氧化碳灭火器灭火。报告领导通知检修专业人员处理。 2. 现场存放一定量的电气类灭火器、防毒面具、急救药品和担架。 3. 按照相关要求、定期开展应急演练，并做好记录。加强培训。运行值班人员需熟知运行操作规程，监视运行盘无法操作、监视器输入无图像、监视质量差、视频数据无法存储等故障和事故处理措施

续表

编号	风险点（危险源）	控制措施				应急处置措施
		工程技术措施	管理措施	教育培训措施	个人防护	
68	摄像头及电缆	/	1. 根据国家和地方有关规范的要求，制定和完善《某水电站工业电视电视系统运行操作规程》。对工业电视电视系统的主要技术参数要求、注意事项、巡视检查和日常监视、日常操作、检修隔离两措施、故障和事故处理措施做出明确规定。工业电视应对准监视区域，不得停留在无关区域，非监控专业人员禁止删除录像和照片。2. 制定和完善工业电视电视系统巡视检查和巡视检查，中控室每班进行两次巡视检查，发现摄像头损坏等情况及时上报。处理和维护，并做好记录。无法处理的及时通知检修人员处理。汛期和加强对流天气情况下还应加强对重点部位的巡检和监视。3. 存在问题及时通知美音公司专业人员现场处理	1. 每次巡视检查、日常监视、维护检修作业班前班后，开展安全技术交底，明确巡查重点、危险点和预控措施，并签字确认。2. 运行和维护特种电工作业人员取得特种作业资格证书	/	对摄像机进行相应切换，若别的摄像机有图，则为该摄像机问题。若均无图像，则为该监视器问题。立即通知美音公司专业人员进行处理

续表

编号	风险点（危险源）	控制措施				应急处置措施
		工程技术措施	管理措施	教育培训措施	个人防护	
69	电站通信系统设备及蓄电池	将控制元器件等封闭、隔离在固定、绝缘的柜体中，铺设有绝缘垫，并有可靠接零接地	1. 根据国家和地方有关规范的要求，制定和完善《某水电站通信系统运行操作规程》，对通信系统的主要技术参数要求、注意事项、巡视检查和日常监视，日常操作，检修操作、隔离措施、故障和事故处理措施做出明确规定。 2. 制定和完善通信系统巡视检查制度和巡视要求，定时、定点进行巡视检查。发现柜体松动、锈蚀破坏、信号异常、接地接不良、硬件故障、温湿度不合适、电池失效、电解液泄漏等情况及时上报，处理的及时通知检修人员处理。无法处理的及时通知检修人员处理。 3. 制定和完善通信系统检修规程和检修作业指导书，定期开展检测试验，并做好验收和记录。 4. 设备名称标识完整，悬挂适当心触电警示标识	1. 对电站新进人员开展三级安全教育，加强风险分级管控认识和对安全风险分级管控认识的培训、指导和帮助新进员工了解通信系统基本结构，运行操作知识和设备可能存在的风险。 2. 就《电力安全工作规程》《水利系统通信运行规程》和某水电站巡视检查、维护管理和运行制度等规程知识开展宣贯培训，尤其是异常运行情况的处理。 3. 每次巡视视检查，日常监视、维护作业班前班后，开展安全技术交底，明确巡查重点，危险点和预控措施，并签字确认。 4. 运行和维护电工作业人员取得特种作业资格证书	/	1. 制定和完善应急预案《通信系统事故应急预案》《人身事故应急预案》《火灾事故应急预案》《触电伤亡类事故现场处置方案》《生产调度通信信息系统通信类事故现场处置方案》等。通信系统设备着火应迅速切断电源，用二氧化碳灭火器灭火。对受伤人员开展人工呼吸和心肺复苏，报告领导通知检修专业人员处理。 2. 现场存放一定量的电气类灭火器，防毒面具，急救药品和担架。 3. 按照相关要求，定期开展应急演练，并做好记录

续表

编号	风险点（危险源）	控制措施				
		工程技术措施	管理措施	教育培训措施	个人防护	应急处置措施
70	移动通信设备	/	1. 发现柜体固定松动、外观破损锈蚀、绝缘老化、防雷接地不良、温度湿度异常等情况及时上报、处理和维护，并做好记录。 2. 存在问题及时检维修通知移动通信公司派人开展检维修工作，并做好验收和记录。 3. 设备名称标识完整	/	/	1. 制定和完善应急预案《人身触电伤亡类事故处置方案》《物体打击类事故处置方案》等。通信系统设备着火应迅速切断电源，用二氧化碳灭火器灭火，对受伤人员开展人工呼吸和心肺复苏，报告领导通知检修专业人员处理。 2. 现场存放一定量的电气类灭火器，防毒面具、急救药品和担架。 3. 按照相关要求，定期开展应急演练，并做好演练记录

续表

编号	风险点（危险源）	控制措施					应急处置措施
		工程技术措施	管理措施	教育培训措施	个人防护		
71	1#、2#机组状态监测系统设备	将控制器元器件等封闭、隔离在固定、绝缘的柜体中，并有可靠接零接地	1. 根据国家和地方有关规范的要求，制定和完善《某水电站机组状态监测装置运行操作规程》，对机组主要技术参数要求、注意事项、巡视检查和日常监视、日常操作、检修隔离措施、故障和事故处理措施做出明确规定。遭遇异常情况及时处理；定期进行维护、清除外壳积尘和异物。 2. 制定和完善制度和巡视装置状态监视要求，定时、定点进行巡视检查和日常监视，发现柜体松动破损、信号异常、接地装置不良、绝缘老化、监测模块损坏、环境温度异常等情况及时上报、处理和维护，并做好记录。无法处理的及时通知检修人员处理。 3. 制定和完善相关检修规程和检修作业指导书，制定年度检修计划，定期进行维护，A/B/C/D检修和各类检测试验，并做好验收和记录。 4. 电压、接地标识等标识正确、规范，屏柜带电部位"有电危险"警示标识完整，设备名称标识完整	1. 每次巡视检查、日常监视，维护检修作业班前班后，开展安全技术交底，明确巡查重点、危险点和预控措施，并签字确认。 2. 运行和维护电工作业人员取得特种作业资格证书	/		1. 制定和完善《人身事故应急预案》《火灾事故应急预案》《触电伤亡类事故现场处置方案》《水轮发电机组超速、振动摆动异常事故现场处置方案》等。机组着火应迅速切断电源，用二氧化碳灭火器灭火，对受伤人员开展人工呼吸和心肺复苏，报告领导通知检修专业人员。 2. 现场存放一定量的电气类灭火器，防毒面具，急救药品和担架。 3. 按照相关制度或预案的要求，定期开展应急演练，并做好记录

续表

编号	风险点（危险源）	控制措施					应急处置措施
		工程技术措施	管理措施	教育培训措施	个人防护		
72	1#、2#机组自动测温系统设备	将控制元器件等封闭、隔离在固定、绝缘的柜体中，铺设绝缘垫，并可靠接零接地	1. 制定和完善机组自动测温柜和柜部件巡视检查制度和巡视要求，定时、定点进行巡视检查和日常监视，发现柜体松动，信号异常，接地不良，绝缘老化，测温元件损坏等情况及时上报，处理的及时通知检修人员处理。无法处理的及时通知检修人员处理。 2. 制定和完善机组自动测温装置检修规程和检修作业指导书，制定年度检修计划，定期进行维护，A/B/C/D检修和各类检测试验，并做好验收和记录。 3. 电压、接地标识等标识正确、规范，设备名称标识完整	1. 每次巡视检查，日常监视，维护和检修作业班前班后，开展安全技术交底，明确巡查重点、危险点和预控措施，并签字确认。 2. 运行和维护电工作业人员取得特种作业资格证书	/	1. 制定和完善《人身事故应急预案》《火灾事故应急预案》《触电伤亡类事故现场处置方案》《水轮发电机组超速、振动摆动异常事故现场处置方案》等。机组自动测温设备着火应迅速切断电源，用二氧化碳灭火器灭火。对受伤人员开展人工呼吸和心肺复苏，报告领导通知检修专业人员处理。 2. 现场存放一定量的电气类灭火器，防毒面具、急救药品和担架。 3. 按照相关制度或预案的要求，定期开展应急演练，并做好记录

续表

编号	风险点（危险源）	控制措施				
		工程技术措施	管理措施	教育培训措施	个人防护	应急处置措施
73	1#、2#机组共箱母线测温设备	将控制元器件等封闭、隔离在固定、绝缘的柜体中，铺设有绝缘垫，并有可靠接零接地	1. 制定和完善共箱母线自动测温装置巡视检查制度和要求，定时、定点进行巡视检查和日常监视，发现箱门锁松动、线头松动、导线裸露、绝缘老化、测温元件损坏等情况及时上报、处理的及时通知检修人员处理。无法处理的及时通知检修人员处理。保证共箱母线外壳红外测温温度在70℃以内、热电阻测温温度在90℃以内。 2. 制定和完善共箱母线自动测温装置检修规程和检修作业指导书，制定年度检修计划、定期检测试验，并做好验收和记录。 3. 电压、接地标识等标识正确、规范、设备名称标识完整	1. 每次巡视检查、日常监视、维护检修作业班前班后，开展安全技术交底，明确巡查重点、危险点和预控措施，并签字确认。 2. 运行和维护电工作业人员取得特种作业资格证书	/	1. 制定和完善《人身伤亡类事故应急预案》《火灾事故应急预案》《高电压设备爆炸、漏油、漏气类事故现场处置方案》等。共箱母线测温设备着火应迅速切断电源，用二氧化碳灭火器灭火，对受伤人员开展人工呼吸和心肺复苏，报告领导通知检修专业作业人员处理。 2. 现场存放一定量的电气类灭火器，防毒面具、急救药品和担架。 3. 按照相关制度要求，定期开展应急演练或预案的要求，定期开展应急演练，并做好记录

续表

编号	风险点 （危险源）	控制措施					
		工程技术措施	管理措施	教育培训措施	个人防护	应急处置措施
74	发电主副厂房、轴流风机、送排风口及风道	1. 蓄电池室、油库室等具有防爆要求的位置设置防爆排风机。 2. 部分巡视操作人员可接近的送排风口安装防护网或遮挡栏，风机转动部位设置有防护罩。	1. 根据国家和地方有关规范的要求，制定和完善《某水电站通风系统运行操作规程》，对通风设备的主要技术参数要求、注意事项、巡视检查和日常监视、日常操作、检查隔离措施、故障和事故处理措施做出明确规定。风机运行过程中严禁人员倚靠，并在附近放置任何杂物、异物。 2. 制定和完善通风系统巡视检查制度和巡视要求、定时、定点进行巡视检查和日常监视，发现风机电源破损、接地装置不良、异物堵塞、管道锈蚀等情况及时上报、处理和维护，并做好记录。无法处理的及时通知检修人员处理。 3. 制定和完善通风系统设备检修规程和检修作业指导书、维护、检修和各类检修计划、定期进行维护、检修和验收，并做好验收和记录。 4. 电压、接地等心触电，当心机械伤害等警示标识正确、规范，悬挂各名称标识完整	1. 对电站新进人员开展三级安全教育，加强对安全风险分级管控认识和对安全风险认识的培训，指导和帮助新进员工了解通风系统设备基本结构、运行操作知识和设备可能存在的风险。 2. 就《电力安全工作规程》《轴流风机安装、使用和保养说明书》和某水电站运行操作管理规程知识开展视检查、维护管理和某类检修操作规程规范等知识宣贯培训，尤其是异常情况的处理。 3. 每次巡视检查、日常监视、维护检修作业班前班后，开展安全技术交底，明确巡查重点、危险点和预控措施，并签字确认。 4. 运行和维护电工作业人员取得特种作业资格证书	/	1. 制定和完善《人身事故应急预案》《火灾事故应急预案》《触电伤亡类事故现场处置方案》《物体打击类事故现场处置方案》《中毒窒息现场处置方案》等。轴流风机故障应立即停电、上报领导并通知检修、风机人员检查停用。 2. 现场存放一定量的电气类灭火器、防毒面具、急救药品和担架。 3. 按照相关要求、定期开展应急演练，并做好记录

续表

编号	风险点（危险源）	控制措施				应急处置措施
		工程技术措施	管理措施	教育培训措施	个人防护	
75	发电主副厂房风机控制箱	将控制元器件等封闭、隔离在固定、绝缘的柜体中，铺设绝缘垫，并可靠接零接地	1. 根据国家和地方有关规范的要求，制定和完善《某水电站通风系统运行操作规程》，对通风设备的主要技术参数要求、注意事项、巡视检查和日常监视、日常操作、检修隔离措施、故障和事故处理做出明确规定。控制柜内不能堆放杂物，应及时进行清扫和整理。 2. 制定和完善通风系统巡视检查制度和日常巡视要求，定时、定点进行巡视检查和日常监视，发现柜门松动、破损锈蚀、绝缘老化、接地不良、信号异常等情况及时上报、处理和维护，并做好记录。无法处理的及时通知检修人员处理。 3. 制定和完善通风系统设备检修规程和检修作业指导书，制定年度检修计划，定期进行维护、检修和各类检测试验，并做好验收和记录。 4. 电压、接地标识等标识正确、规范，悬挂当心触电等警示标识，设备名称标识完整	1. 对电站新进人员开展三级安全教育，加强对安全风险分级管控认识的培训，指导和帮助新进员工了解通风系统设备基本结构、运行操作知识和设备可能存在的风险。 2. 就《电力安全工作规程》《制流风机安装、使用说明书》和某水电站巡视检查、维护、管理和运行等知识开展宣贯培训，尤其是异常情况的处理。 3. 每次巡视检查、日常监视、维护检修作业前班后，开展安全技术交底，明确巡查重点、危险点和预控措施，并签字确认。 4. 运行和维护电工作业人员取得特种作业资格证书	/	1. 制定和完善《人身事故应急预案》《火灾事故应急预案》《触电伤亡类事故现场处置方案》等。控制着火或触电电源，迅速切断电源，用二氧化碳类灭火器灭火，对受伤人员开展人工呼吸和心肺复苏，报告领导通知相关专业人员处理。 2. 现场存放一定量的电气类灭火器、防毒面具、急救药品和担架。 3. 按照相关制度要求，定期开展应急演练，并做好记录

续表

编号	风险点 （危险源）	控制措施				
		工程技术措施	管理措施	教育培训措施	个人防护	应急处置措施
76	发电厂房和水工楼空调设备	/	1. 根据国家和地方有关规范的要求，制定日常办公设备安全管理制度，明确办公设备范围、管理责任人、管理部门、办公设备安全注意事项、检维修等方面要求。 2. 设备出现问题或损坏，及时联系外部维修保养人员开展检维修工作。检维修期间告知检修人员注意采取防触电和防坠落安全措施。 3. 设备名称标识完整	维护检修人员取得电工特种作业证和厂商维保资质	/	1. 制定和完善《人身事故应急预案》《火灾事故应急预案》《触电伤亡类事故现场处置方案》等。空调设备发生着火或触电，应迅速切断电源，用二氧化碳灭火器灭火，对受伤人员开展人工呼吸和心肺复苏，报告领导通知检修专业人员处理。 2. 现场存放一定量的电气类灭火器，防毒面具、急救药品和担架。 3. 按照相关制度或预案的要求，定期开展应急演练，并做好记录

续表

编号	风险点（危险源）	控制措施				应急处置措施
		工程技术措施	管理措施	教育培训措施	个人防护	
77	发电主副厂房除湿机	/	1. 根据国家和地方有关规范的要求，制定日常办公设备安全管理制度，明确办公设备范围，管理责任人、管理部门、办公设备安全注意事项、检维修等方面要求。 2. 设备出现问题或损坏，及时联系外部维修保养人员开展检维修工作。检修期间告知检修人员注意采取防触电和防坠落安全措施。 3. 设备名称标识完整	维护检修人员取得电工特种作业证和厂商维保资质	/	1. 制定和完善《人身事故应急预案》《火灾着火应急预案》等。除湿机着火或触电应迅速切断电源，用二氧化碳灭火器灭火，对受伤人员开展人工呼吸和心肺复苏，报告领导通知检修专业人员处理。 2. 现场存放一定量的电气类灭火器，防毒面具、急救药品和担架。 3. 按照相关制度要求，定期开展应急演练，并做好记录

续表

编号	风险点（危险源）	控制措施				
		工程技术措施	管理措施	教育培训措施	个人防护	应急处置措施
78	大坝、电梯井和消力池轴流风机、送排风口及风道	部分巡视操作人员可接近的送排风口安装防护网或遮拦、风机转动部位设置防护罩	1. 根据国家和地方有关规范的要求，制定和完善《某水电站通风系统运行操作规程》，对通风设备的主要技术参数要求、注意事项、巡视检查和日常监视、日常操作、检修隔离措施、故障和事故处理措施做出明确规定。风机运行过程中严禁人员倚靠和在附近放置任何杂物、异物。 2. 制定和完善通风系统巡视检查制度和巡视要求，定时、定点进行巡视检查和日常监视，发现风机电源破损、接地装置不良、防护网存在缺陷、紧固件松动、异物堵塞、管道锈蚀等情况及时上报，处理的及时通知检修人员处理。无法处理的及时通知检修人员处理。 3. 制定和完善检修设备检修规程和检修作业指导书，制定年度检修计划、定期进行维护、检修和验收试验，并做好验收和记录。 4. 电压、接地和中心触电，悬挂当心触电、当心机械伤害等警示标识，设备名称标识完整	1. 对电站新进人员开展三级安全教育，加强风险分级管控认识和对安全风险认识的培训，指导和帮助新进员工了解通风系统设备基本结构，运行操作和设备可能存在的风险。 2. 就《电力安全工作规程》、《轴流风机安装、使用和保养说明书》和某水电站运行巡视检查、维护管理规程开展宣贯培训，尤其是异常情况的处理。 3. 每次巡视检查、日常监视、维护检修作业班前班后，开展安全技术交底，明确巡视重点、危险点和预控措施，并签字确认。 4. 运行和维护电工作业人员取得特种作业资格证书	/	1. 制定和完善《人身事故应急预案》《火灾事故应急预案》《触电伤亡类事故现场处置方案》《物体打击类事故现场处置方案》《中毒类事故现场处置方案》《窒息现场处置方案》等。轴流风机故障应立即停电、上报领导并通知专业检修人员检查维护，悬挂停用标志。 2. 现场存放一定量的电气类灭火器，防毒面具、急救药品和担架。 3. 按照相关制度要求，定期开展应急演练，并做好记录

续表

编号	风险点（危险源）	控制措施				应急处置措施
		工程技术措施	管理措施	教育培训措施	个人防护	
79	大坝、电梯井和消力池风机控制箱	将控制元器件等封闭、隔离在固定、绝缘的柜体中，铺设绝缘垫，并可靠接零接地	1. 根据国家和地方有关规范的要求，制定和完善《某水电站通风系统运行操作规程》，对通风设备的主要技术参数监视，日常操作，注意事项，巡视检查和日常监视，故障和事故处理措施做出明确规定。控制柜内不能堆放杂物，应及时进行清扫和整理。 2. 制定和完善通风系统巡视检查制度和巡视要求，定时，定点进行巡视检查和日常监视，发现柜门松动、破损锈蚀，绝缘老化，接地不良，信号异常等情况及时上报、处理和维护，并做好记录。无法处理的及时通知检修人员处理。 3. 制定和完善通风系统设备检修规程和检修作业指导书，制定年度检修计划，定期进行维护，检修和各类检测试验，并做好验收和记录。 4. 电压，接地标识等标识正确、规范，悬挂当心触电等警示标识，设备名称标识完整	1. 对电站新进人员开展三级安全教育，加强风险分级管控认识对安全培训，指导和帮助新进员工了解通风系统设备基本结构，运行操作可能存在的识别和设备风险。 2. 就《电力安全工作规程》《轴流风机安装、使用和保养说明书》和某水电站巡视检查，维护管理和运行视检查，维护风险知识开展操作制度规程等知识营贯培训，尤其是异常情况的及时处理。 3. 每次巡视检查，日常监视，维修检修作业前班后，开展安全技术交底，明确巡查重点，危险点和预控措施，并签字确认。 4. 运行和维护电工作业人员取得特种作业资格证书	/	1. 制定和完善《人身事故应急预案》《火灾事故应急预案》《触电伤亡类事故应急处置方案》《物体打击类伤亡事故应急处置方案》《中毒窒息现场处置方案》等。控制柜着火或触电应迅速切断电源，用二氧化碳灭火器灭火，对受伤人员开展人工呼吸和心肺复苏，报告领导通知检修专业人员处理。 2. 现场存放一定量的电气类灭火器，防毒面具，急救药品和担架。 3. 按照相关制度预案的要求，定期开展应急演练，并做好记录

443

续表

编号	风险点（危险源）	控制措施				
		工程技术措施	管理措施	教育培训措施	个人防护	应急处置措施
80	发电厂房和大坝防火分隔设施	防火隔墙间、楼板、防火门、防火卷帘、挡油坎、防火封堵材料等防火分隔设施满足《建筑防火设计规范》（GB 50016—2014）、《水电工程设计防火规范》（GB 50872—2014）等国家和行业要求	根据国家和地方有关规范的要求，制定和完善消防安全管理制度或消防设施管理制度，建立消防设施台账。每月至少进行一次全面检查，发现挡油坎盖高度不足，存在防火封堵不满足要求、设施破损锈蚀、关闭封堵不严，堆放杂物等情况及时上报处理、维护或更换，并做好记录	1. 对电站新进人员开展三级安全教育，加强风险分级管控认识和对安全风险分级管控认识的培训，指导和帮助新进员工了解电站防火重点区域、消防设备设施配备情况和防火应急知识。 2. 结合安全规程培训考试、安全知识竞赛、安全月活动等形式就《水电工程设计防火规范》（GB 50872—2014）、《建筑物灭火器配置验收及检查规范》（GB 50444—2008）和某水电站消防安全管理制度等知识开展宣贯培训	/	/
81	发电厂房和大坝灭火器材	1. 灭火器应根据配置场所的物质及其燃烧特性、可燃物品数量等选择合适类型和数量的灭火器。配置满足《建筑灭火器配置设计规范》（GB 50140—2005）的有关规定。	1. 根据国家和地方有关规范的要求，制定和完善消防安全管理制度或消防设施管理制度，建立消防设施台账。每月至少进行一次全面检查，发现灭火器材放置不到位、配备不足、类型不匹配、锈蚀破损严重、消防栓配件缺失、水压不足、器材过期等情况及时上报、处理、维护或更换，并做好记录。	1. 对电站新进人员开展三级安全教育，加强风险分级管控认识和对安全风险分级管控认识的培训，指导和帮助新进员工了解电站防火重点区域、消防设备设施配备情况和防火应急知识。	/	定期开展消防演练，促使水电站工作人员熟练掌握灭火器材的位置和使用方法

续表

编号	风险点（危险源）	控制措施				
		工程技术措施	管理措施	教育培训措施	个人防护	应急处置措施
81	发电厂房和大坝灭火器材	2. 消防栓、沙箱和其他灭火器材的设计和配置满足《建筑防火设计规范》(GB 50016—2014)、《水电工程设计防火规范》(GB 50872—2014)的要求	2. 灭火器材放置和摆放区域标志线、消防指示标志和灭火栓箱和灭火器箱悬挂定期检查表、灭火器材上张贴有效期标签	2. 结合安全规程培训考试、安全知识竞赛、安全月活动等就《水电工程设计防火规范》(GB 50872—2014)、《建筑物灭火器配置验收检查规范》和某水电站消防安全管理制度等知识开展宣贯培训		
82	计算机室七氟丙烷灭火装置	七氟丙烷灭火装置的设计、安装满足《柜式气体灭火装置》(GB 16670—2006)的要求	1. 根据国家和地方有关规范的要求，制定和完善七氟丙烷灭火装置维护保养管理制度，并严格执行。2. 每天由经过培训的人员对系统日常外观及压力表值检查。每月对所有部件进行检查，检查有无碰撞变形及机械性损伤。每年对称重检查一次，发现问题及时更换，并每年进行一次模拟试验。每3年对七氟丙烷钢瓶进行检测。试验合格方可继续使用	1. 对电站新进人员开展三级安全教育，加强风险意识和对安全风险分级管控认识的培训，指导和帮助新进员工了解消防灭火重点区域、消防设备设施配备情况和防火应急知识。2. 使用、维护和保养人员应经过专门培训，掌握七氟丙烷灭火系统的基本结构及其部件工作原理，使用操作方法，对灭火系统应能熟练操作并定期演练	/	七氟丙烷气体灭火系统喷射灭火剂前，所有人员必须在延时期内（0～30s 可调）撤离火情现场。灭火完毕后，将废气排出动风机，必须启后，人员才可进入现场

续表

编号	风险点 （危险源）	控制措施					
		工程技术措施	管理措施	教育培训措施	个人防护	应急处置措施	

编号	风险点（危险源）	工程技术措施	管理措施	教育培训措施	个人防护	应急处置措施
83	发电厂防水喷雾灭火装置	水喷雾灭火装置的设计满足《水喷雾灭火系统技术规范》（GB 50219—2014）的要求。喷嘴工作压力、最大布置间距满足灭火需求	1. 根据国家和地方有关规范的要求，制定和完善水喷雾灭火装置管理、维护和保养制度，并严格执行。发现喷头无水标识、标志牌、流水无指示、漏水、控制系统故障等情况及时上报、处理，维护或更换，并做好记录。 2. 消防水池水箱每月检查一次，消防水泵每季度应模拟启动运转一次。每个季度应对系统所有的试水放水阀和放水源的供水能力进行一次测定。 3. 系统所有控制阀门均应采用铅封或锁链固定在规定状态，每月对铅封、锁链进行检查，存在问题及时修理或更换	1. 对电站新进人员开展三级安全教育、加强风险分级管控认识的培训，指导和帮助新进员工了解电站防火重点区域、消防设备设施配备情况和应急知识。 2. 使用、维护和保养人员应经过专门培训，掌握水喷雾灭火系统的基本结构及其工作部件工作原理、使用操作方法，对灭火系统应能熟练操作并定期演练	/	/
84	消防技术供水系统设备	1. 消防技术供水系统的设计满足《某水电站操作规程》《消防给水及消火栓系统技术规范》（GB 50974—2014）的要求。	1. 根据国家和地方有关规范的要求，制定和完善《某水电站消防技术供水系统运行操作规程》，对供水系统的主要技术参数要求、注意事项、巡视检查和日常监视、日常操作、故障和事故处理措施做出明确规定。	1. 对电站新进人员开展三级安全教育、加强风险分级管控认识的培训，指导和帮助新进员工了解电站防火重点区域、消防设备设施配备情况和应急知识。	/	1. 制定和完善《人身事故应急预案》《火灾事故应急预案》《触电伤亡类事故现场处置方案》等。

续表

编号	风险点（危险源）	控制措施				应急处置措施
		工程技术措施	管理措施	教育培训措施	个人防护	
84	消防技术供水系统设备	2. 控制元器件封闭、隔离在固定、绝缘的柜体中，并可靠接零接地	2. 制定和完善技术供水系统维护保养规程，至少每半年要进行一次全面的检查，发现控制柜松动、接地不良、绝缘老化、管道堵塞、水泵故障、渗漏、紧固件松动等情况及时上报，处理和维护，并做好记录。无法处理的及时通知启动试验、保障技术供水系统工作正常。定期开展模拟启动试验，保障技术供水系统工作正常。 3. 设备名称标识完整、消防给水管道着色满足规范要求，控制柜悬挂当心触电等警示标识	2. 使用、维护和保养人员应经过专门培训，掌握消防供水系统的基本结构及其部件工作原理、使用和操作方法，对给水系统应能熟练操作并定期演练	/	2. 现场存放一定量的电气类灭火器、防毒面具、急救药品和担架。 3. 按照相关制度或预案的要求，定期开展应急演练，并做好记录
85	火灾自动报警和联动控制系统设备	1. 水电站各类控制室、继电保护室、计算机房、通信室、高低压配电室、油库等重点防火部位设置火灾自动报警探头。	1. 根据国家和地方有关规范的要求，制定和完善《某水电站火灾自动报警和联动控制系统运行操作规程》，对设备的主要技术参数要求、注意事项、巡视检查和日常保养、维护保养、故障和事故处理措施做出明确规定。控制柜必须设置在保证有人24小时值班的位置。	1. 对电站新进人员开展三级安全教育，加强风险分级管控认识和对安全风险分级管控认识的培训，指导和帮助新进员工了解电站防火重点区域，消防设施配备情况和防火应急知识。	/	1. 制定和完善《人身事故应急预案》《火灾事故应急预案》《触电伤亡类事故现场处置方案》等。

续表

编号	风险点（危险源）	控制措施				
		工程技术措施	管理措施	教育培训措施	个人防护	应急处置措施
85	火灾自动报警和联动控制系统设备	2. 控制元器件等封闭、隔离在绝缘的柜体中，铺设绝缘垫，并可靠接零接地	2. 制定和完善规程，定期进行全面检查。发现缺少探测器、柜体破损锈蚀、接地不良、信号异常，处理和维护，并做好记录。及时上报，处理环境情况无法处理的及时通知检修人员处理。定期开展模拟启动和报警试验，保障技术供水系统工作正常。3. 设备名称标识完整，控制柜悬挂当心触电等警示标识	2. 使用、维护和保养人员应经过专门培训，掌握火灾自动报警系统的基本结构及其部件工作原理，使用操作方法，应能熟练操作并定期演练	/	2. 现场存放一定量的电气类灭火器，防毒面具、急救药品和担架。3. 按照相关制度或预案的要求，定期开展应急演练，并做好演练记录
86	发电厂房和大坝应急照明设备和疏散标识	1. 应急照明和疏散标志的配置数量、安装位置、间距，照明度、方向等满足《消防应急照明和疏散指示系统技术标准》(GB 51309—2018)的有关要求。2. 地下或明后式厂房各楼层逃生通道应急照明防护等级 IP67、蜗壳层、水轮机层（含水车室）、水轮机层以下的排水廊道等应急照明防护不低于 IP66	根据国家和地方有关规范的要求，制定和完善消防安全管理制度或消防设施管理制度、建立消防台账，发现设施每月至少进行一次全面检查，发现损坏率过大、照度不足、时长不满足要求、安装方向错误、位置不准确、数量不足等情况及时上报、处理、维护或更换，并做好记录	1. 对电站新进人员开展三级安全教育，加强风险分级管控认识和对安全风险管控认识的专门培训，指导和帮助新进员工了解电站防火重点区域、消防设备设施配备情况和防火应急知识。2. 结合安全知识竞赛，安全月活动等就《水电工程设计防火规范》(GB 50872—2014)、《消防应急照明和疏散指示系统技术标准》和某水电站消防安全管理制度等知识开展宣贯培训	/	/

续表

编号	风险点（危险源）	控制措施					应急处置措施
		工程技术措施	管理措施	教育培训措施	个人防护		
87	发电厂房双小车桥式起重机	1. 桥式起重机设计、制造、安装满足《起重机设计规范》（GB/T 3805—2008）和《起重机安全规程第五部分：桥式和门式起重机》（GB 6067.5—2010）的有关要求。 2. 桥式起重机设置有照明、声光报警装置、行程限位开关、紧急开关、超载限制器、临边防护栏杆、吊钩安全卡、轨道端部挡板、扫轨板、触线挡板、缓冲器、转动部位防护罩、驾驶室灭火器、驾驶室绝缘垫等安全防护装置	1. 根据国家和地方有关规范的要求，制定和完善《某水电站起重设备运行操作规程》或《起重设备运行管理制度》，对起重设备的主要技术参数、操作注意事项、巡视检查、技术档案管理、故障和事故处理措施做出明确规定。教育培训过程中相关操作规程，严格执行十不吊原则，及时注册登记。 2. 制定和完善起重设备安全检查制度，定点、定点进行巡视检查，发现设备磨损、锈蚀、变形、损坏等情况及时上报、处理，无法处理的及时通知检修人员处理。 3. 制定和完善起重设备检修规程和检修计划，定期开展起重年度检查试验，并做好验收和记录。起重设备需由特种设备检验机构按照安全技术规范要求进行检验，未经定期检验或者检验不合格的禁止继续使用。 4. 在起重机适当的位置或工作区域设置标识和标牌，设置明显可见的文字安全警示标识，如"起重物品下方严禁站人""作业半径注意安全"等高压设备悬挂高压危险标识	1. 对电站新进人员开展三级安全教育，加强风险分级管控认识和对安全风险分级管控认识的培训，指导和帮助新进员工了解起重设备基本结构、运行操作知识和设备可能存在的风险。 2. 就《起重设备安全规程》和某水电站巡视检查、维护管理和运行操作规程等知识开展员工培训，尤其是异常情况下的处理。 3. 每次巡视检查、日常监视、维护检修作业班前班后，开展安全技术交底，明确巡查重点、危险点和预控措施，并签字确认。 4. 起重吊装人员取得特种设备操作资格证书	/	1. 制定和完善《人身事故应急预案》《特种设备损坏应急预案》《起重机械、设备事故应急预案》《起重伤害事故现场处置方案》等。发生起重伤害事故立即上报，及时关闭电源、组织抢救伤者。根据情况开展人工呼吸、心肺复苏，包扎止血和固定等措施，并及时送医。 2. 现场存放一定数量的电气类灭火器，固定支架，急救药品和担架。 3. 按照相关制度或预案的要求，定期开展应急演练，并做好记录

续表

编号	风险点（危险源）	控制措施				应急处置措施
		工程技术措施	管理措施	教育培训措施	个人防护	
88	GIS室行吊	1. 桥式起重机设计、制造、安装满足《起重机设计规范》（GB/T 3805—2008）和《起重机安全规程第七部分：轻小型起重设备》（GB 6067.7—2010）的有关要求。 2. 行吊设置有行程限位开关、紧急开关、超载限制器、吊钩安全卡、机道端部挡板、缓冲器、扫轨板、转动部位防护罩等安全防护装置	1. 根据国家和地方有关规范的要求，制定和完善《某水电站起重设备运行操作规程》或《起重机管理制度》，对起重设备运行的主要技术参数、操作注意事项、巡视检查、技术档案管理、教育培训、故障事故处理措施做出明确规定。起吊过程严格遵守相关操作规程，严格执行十不吊原则，及时注册登记。 2. 制定和完善起重设备安全检查制度，定时、定点进行巡视检查，发现设备磨损、锈蚀、变形、安全防护装置存在缺陷，损坏等情况及时上报、处理和维护，并做好记录。无法处理的及时通知检修人员处理。 3. 制定和完善起重设备检修规程和检修作业指导书，制定年度检修计划，定期开展检修和各类检测试验，并做好验收和记录。起重设备需由特种设备检验机构按照安全技术规范要求进行检验，未经定期检验检验合格的禁止继续使用。 4. 在起重机适当的位置或工作区域设置标识和标牌，在醒目可见的文字安全警示标示，如"起升物品下方严禁站人"、"作业半径内注意安全"等高压设备悬挂高压危险标识	1. 对电站新进人员开展三级安全教育，加强风险分级管控认识和对安全风险分级管控认识，指导和帮助新进员工了解起重设备基本结构，运行和操作可能存在的风险。 2. 就《起重设备安全规程》和某水电站巡视检查、维护管理和运行操作制度规程等知识贯彻开展宣贯培训，尤其是异常情况的处理。 3. 每次巡视检查、日常监视、维护检修作业班前班后，开展安全技术交底、明确巡查重点、危险点和预控措施，并签字确认。 4. 起重吊装人员取得特种设备操作资格证书	/	1. 制定和完善《人身事故应急预案》《大型机械、特种设备事故应急预案》《特种设备损坏事故现场处置方案》《起重伤害事故现场处置方案》等。发生起重伤害事故后立即上报，及时切断电源、组织抢救伤者。根据事故情况开展人工呼吸、心肺复苏、包扎止血和固定等措施，并及时送医。 2. 现场存放一定数量的电气类灭火器、固定支架、急救药品和担架。 3. 按照相关制度要求、定期开展应急演练，并做好记录

续表

编号	风险点(危险源)	控制措施				
		工程技术措施	管理措施	教育培训措施	个人防护	应急处置措施
89	坝顶门机	1. 桥式起重机设计、制造、安装满足《起重机设计规范》(GB/T 3805—2008)和《起重机安全规程第五部分：桥式和门式起重机》(GB 6067.5—2010)的有关要求。 2. 桥式起重机设置有程限、声光报警装置、行程限位开关、紧急开关、超载限制器、临边防护栏杆、吊钩安全卡、轨道端部挡板、滑触线挡板、缓冲器、扫轨板、转动部位防护罩、驾驶室灭火器、驾驶室绝缘垫等安全防护装置	1. 根据国家和地方有关规范的要求，制定和完善《某水电站管理制度》或《起重机运行操作规程》，对起重机运行的主要技术参数、操作注意事项、巡视检查、技术档案管理、教育培训、故障和事故处理措施做出明确规定。严格吊过程严格遵守相关操作规程，严格执行十不吊原则。及时注册登记。 2. 制定和完善起重设备安全检查制度，定时、定点进行巡视检查，发现设备磨损、锈蚀、变形、损坏等情况及时上报、处理，无法处理的及时通知检修人员处理。 3. 制定和完善起重设备检修规程和检修计划，定期开展年度检验，并做好验收和各类检测试验。起重设备需由特种设备检验机构按照有关技术规范要求进行检验、未经定期检验或者检验不合格的禁止继续使用。 4. 在起重机适当的位置装设标记和标牌，在合适的位置或工作区域设置明显可见的文字安全警示标识，如"起升半径危险区""下方严禁站人""高压危险注意安全"等，高压设备悬挂高压危险标识	1. 对电站新进人员开展三级安全教育，加强对安全风险分级管控认识的培训，指导和帮助新进员工了解起重设备基本结构，运行操作知识和设备可能存在的风险。 2. 就《起重设备安全规程》和某水电站巡视检查、维护管理和运行操作制度规程等知识开展宣贯培训，尤其是异常情况的处理。 3. 每次巡视检查、日常监视、维护检修作业班前班后，开展安全技术交底，确认巡查重点、危险点和预控措施，并签字确认。 4. 起重吊装人员取得特种设备操作资格证书	/	1. 制定和完善《人身事故应急预案》《特种设备损坏事故应急预案》《起重类事故现场处置方案》等。发生起重类事故启动现场处置方案，发生事故后立即上报，及时关闭电源，组织抢救伤者，根据情况开展人工呼吸、心肺复苏，包扎止血和固定等措施，并及时送医。 2. 现场存放一定数量的电气类灭火器，固定支架和担架。 3. 按照相关制度或预案的要求，定期开展应急演练，并做好记录

续表

编号	风险点 (危险源)	控制措施				
		工程技术措施	管理措施	教育培训措施	个人防护	应急处置措施
90	尾水平台门机	1. 桥式起重机设计、制造、安装满足《起重机设计规范》(GB/T 3805—2008)和《起重机安全规程 第五部分：桥式和门式起重机》(GB 6067.5—2010)的有关要求。 2. 桥式起重机设置有照明、声光报警装置、行程限位开关、紧急开关、超载限制器、临边防护栏杆、吊钩安全卡、轨道端挡板、清扫板、缓冲器、扫轨板、转动部位防护罩、驾驶室灭火器、驾驶室绝缘垫等安全防护装置	1. 根据国家和地方有关规范的要求，制定和完善《某水电站起重机运行操管理制度》或《起重设备运行操作规程》，对起重设备运行的主要技术参数，操作注意事项，巡视检查、技术档案处理措施，故障和事故处理措施遵守相关操作规程，严格执行十不吊原则，及时注册登记。 2. 制定和完善起重设备安全检查制度，定时、定点进行巡视检查，发现设备磨损、锈蚀、变形等情况存在缺陷、损坏等情况及时上报、处理和维护，并做好记录。无法处理的及时通知检修人员处理。 3. 制定和完善起重设备检修规程和检修计划，定期开展检修和各类年度检测试验，并做好检修和试验记录。起重设备需由特种作业检修机构按照安全技术规范要求进行检验、未经定期检验或者检验不合格的禁止继续使用。 4. 在起重机适当的位置设置标记和标牌，在合适的位置或工作区域设置安全警示标识，如"严禁站人""作业半径应注意安全"下方严禁站人""禁止攀挂高压危险品"等高压设备悬挂高压危险标识	1. 对电站新进人员开展三级安全教育，加强风险分级管控认识和对安全风险分级管控认识和帮助，指导起重设备基新进员工了解起重设备基本结构、运行参数和设备可能存在的风险。 2. 就《起重设备安全规程》和某水电站巡视检查、维护管理和运行操作制度规程等知识开展宣贯培训，尤其是异常情况的处理。 3. 每次巡视检查、日常监视，维护检修作业班前班后，开展安全技术交底，明确巡查重点、危险点和预控措施，并签字确认。 4. 起重吊装人员取得特种设备操作资格证书	/	1. 制定和完善《人身事故应急预案》《大型机械、特种设备现场事故应急预案》《特种设备损坏事故现场处置方案》《起重伤害事故现场处置方案》等。发生起重伤害后立即上报，及时开关闭电源，组织抢救伤者。根据情况开展人工呼吸、心肺复苏，包扎止血固定等措施，并及时送医。 2. 现场存放一定量的电气类灭火器、固定支架、急救药品和担架。 3. 按照相关制度要求，定期开展应急演练，并做好记录

续表

编号	风险点（危险源）	控制措施				应急处置措施
		工程技术措施	管理措施	教育培训措施	个人防护	
91	大坝上下通行电梯	1. 电梯的设计、制造、安装满足《电梯制造与安装安全规范》（GB/T 7588—2020）的有关要求。2. 电梯设置有刹车、限位开关、越程开关、缓冲器、安全钳、限速器、门联锁、安全接地装置、电梯门、应急照明、报警和救援装置等安全装置	1. 根据国家和地方有关规范的要求，制定和完善电梯安全管理制度，对电梯的主要技术参数、技术档案管理、操作注意事项、巡视检查、教育培训、故障和事故处理措施做出明确规定。电梯具有出厂检验合格证、安装施工检验合格证并注册登记后方可使用。2. 制定和完善电梯安全检查制度。发现设备磨损、锈蚀、变形、安全防护装置存在缺陷、损坏等情况及时上报、处理和维护。3. 电梯存在问题及时委托具有资质的机构进行检修维护、消除设备隐患。起重设备需由特种设备检验机构按照安全技术规范要求至少每年进行一次检验，未经定期检验或者检验不合格的禁止继续使用。4. 电梯内部悬挂安全使用标志、当心夹手、禁止强行开门等警示标志，和应急处置措施	1. 对电站新进人员开展三级安全教育，加强风险分级管控意识和对安全风险分级管控认识的培训，指导和帮助新进员工了解电梯存在的风险和应急处置措施。2. 电梯维护和保养人员应经过专门培训，取得相应特种设备操作资格证书和特种作业证书	/	1. 制定和完善《人身事故应急预案》《电梯故障应急预案》等。电梯故障时及时通知管理部门，被困后保持冷静切勿扒开电梯门。及时拨打电梯报警电话等待救援。2. 现场存放一定量的电气类灭火器，固定支架、急救药品和担架。3. 按照相关制度要求、定期开展应急演练，并做好记录

续表

编号	风险点（危险源）	控制措施				
		工程技术措施	管理措施	教育培训措施	个人防护	应急处置措施
92	液化六氟化硫储气瓶	六氟化硫气瓶满足《气瓶安全技术规程》(TSG 23—2021)要求、标识、配件、安全帽、防震圈等齐全	1. 根据国家和地方有关规范的要求，制定和完善六氟化硫气瓶储存和使用管理制度，对六氟化硫的主要技术参数、储存和使用注意事项要求做出明确规定。2. 要对气瓶采取防潮措施，储存地不存在热源和油污，安全帽圈齐全，气瓶要存放在架子上；标志向外，搬运时轻拿轻放，严禁敲击碰撞、抛掷。储存场所通风顺畅。3. 制定和完善气瓶安全检查制度，发现设备磨损、锈蚀、变形、损坏等情况及时上报，处理气瓶在缺陷、变形、损坏等，及时处理和维护。惰性气体气瓶至少每5年检验一次，未经定期检验或者检验不合格的禁止继续使用。4. 气瓶上标识齐全，附近悬挂注意通风、禁止烟火，注意中毒等警示标识	1. 对电站新进人员开展三级安全教育，加强对安全风险分级管控知识的培训，指导和帮助新进员工了解六氟化硫气瓶基本结构、搬运设备可能存在的风险。2. 就《气瓶安全技术规程》(TSG 23—2021)和某水电站气瓶管理制度规程等知识开展宣贯培训	/	1. 制定和完善《人身事故应急预案》《大型机械、特种设备事故应急预案》《特种设备损坏事故现场处置方案》《中毒事故现场处置方案》等。气体泄漏后及时佩戴呼吸器材，加强通风，关闭阀门。2. 现场存放正压式呼吸器、固定支架、急救药品和担架。3. 按照相关制度要求，定期开展应急演练，并做好记录

续表

编号	风险点（危险源）	控制措施				
		工程技术措施	管理措施	教育培训措施	个人防护	应急处置措施
93	大坝及消力池安全监测设施	1. 监测仪器引出电缆接头进行防水处理，室外电缆应采用套管保护，并应有防雷接地保护措施，室内电缆配置置硬塑保护管。传感器测头加装保护装置。测压管管口设置保护装置。防雨水灌入、泥沙坠落保护装置。 2. 自动化采集设备加配热除湿、防涌电、防雷接地、电源避雷、信号避雷等保护装置。必要时配备信号增强设备	1. 依据《混凝土坝安全监测技术规范》（SL 601—2013）、《大坝安全监测系统运行维护规程》（DL/T 1558—2016）等国家、行业规范标准，制定和完善《某水电站自动化系统运行维护规程》《某水电站水工安全监测规程》《某水电站水工监测资料整编分析规程》。 2. 按照制度要求，定期对安全监测设施开展巡视检查，发现设施老化、精度灵敏度下降、损坏率过高，未定期整编分析等问题及时上报处理，维修或更换。 3. 定期对水工监测资料进行整编分析，形成巡视检查记录、定期检查报告、年度检查报告、特殊检查报告、监测年报、月报、日常分析报告、测量报告及其他专题报告等	1. 对电站新进人员开展三级安全教育，加强风险意识和对安全风险分级管控认识的培训，指导和帮助新进员工了解安全监测设施的基本结构、运行操作知识和设备可能存在的风险。 2. 就《混凝土坝安全监测技术规范》（SL 601—2013）、《大坝安全监测系统运行维护规程》（DL/T 1558—2016）和某水电站巡视检查、维护管理和运行操作规程等知识开展贯彻制度培训，尤其是异常情况的处理。 3. 每次巡视检查、日常监视、维护检修作业班前班后，开展安全技术交底，明确巡查重点、危险点和预控措施，并签字确认	/	/

续表

编号	风险点（危险源）	控制措施				
		工程技术措施	管理措施	教育培训措施	个人防护	应急处置措施
94	电站厂房安全监测设施	1. 监测仪器引出电缆接头进行防水处理，室外电缆应采用套管保护，并应有防雷接地保护措施，室内电缆配置硬质咬啮鼠防护管，传感器测头加装保护管，测压管管口设置保护装置。 2. 自动化采集设备配备加热除湿、防潮通电、防雷接地、电源避雷、信号避雷等保护装置，必要时配备信号增强设备。	1. 依据《混凝土坝安全监测技术规范》（SL 601—2013）、《大坝安全监测系统运行维护规程》（DL/T 1558—2016）等国家、行业规范标准，制定和完善《某水电站安全监测自动化系统运行维护规程》《某水电站水工安全监测维护规程》《某水电站水工监测资料整编分析规程》。 2. 按照制度规范要求，定期对安全监测设施开展巡视检查，发现设施老化、精度灵敏度下降、损坏率过高，未定期整编分析等问题及时上报、处理，进行维修或更换。 3. 定期对水工监测资料进行整编分析，形成巡视检查记录、特殊检查报告、定期检查报告、年度检查报告，日常监测年报、月报、日常分析报告	1. 对电站新进人员开展三级安全教育，加强对安全风险分级管控认识的培训，指导和帮助新进员工了解安全监测设施的基本结构、运行操作知识和设备可能存在的风险。 2. 就《混凝土坝安全监测技术规范》（SL 601—2013）、《大坝安全监测系统运行维护规程》（DL/T 1558—2016）和某水电站巡视检查、维护管理和运行操作制度规程等知识开展宣贯培训，尤其是异常情况的处理。 3. 每次巡视检查、日常监视、维护检修作业班前后，开展安全技术交底，明确巡查重点、危险点和预控措施，并签字确认	/	/

续表

编号	风险点（危险源）	控制措施				
		工程技术措施	管理措施	教育培训措施	个人防护	应急处置措施
95	左右岸边坡及滑坡体安全监测设施	1. 监测仪器引出电缆接头进行防水处理，室外电缆应采用套管保护，并应有防雷接地保护措施，室内电缆配置防鼠啮咬硬塑保护管。传感器测头加装保护装置，测压管口设置保护装置。防雨水灌入、泥沙坠落保护装置。 2. 自动化采集设备配备加热除湿、信号涌电、防雷接地、电源避雷、信号避雷等保护装置，必要时配备信号增强设备	1. 依据《混凝土坝安全监测技术规范》（SL 601—2013）、《大坝安全监测系统运行维护规程》（DL/T 1558—2016）等国家、行业规范、制定和完善《某水电站安全监测自动化系统运行维护规程》《某水电站水工安全监测规程》《某水电站水工监测资料整编分析规程》。 2. 按照制度要求，定期对安全监测设施开展巡视检查，发现设施老化、灵敏度下降、损坏率过高、定期整编分析等问题及时上报、处理，进行维修或更换。 3. 定期对水工监测资料进行整编分析，形成巡视检查记录、特殊检查报告、定期检查报告、年度检查报告，日常检查报告，监测年报，月报，日常分析报告	1. 对电站新进人员开展三级安全教育，加强风险分级管控认识的培训，指导和帮助新进员工了解安全监测设施的基本结构、知识和设备可能存在的风险。 2. 就《混凝土坝安全监测技术规范》（SL 601—2013）、《大坝安全监测系统运行维护规程》（DL/T 1558—2016）和某水电站巡视检查、维护管理和运行操作规程等知识开展宣贯培训，尤其是异常情况的处理。 3. 每次巡视检查、日常监视、维护检修作业班前班后，开展安全技术交底，明确巡查重点，危险点和预控措施，并签字确认	/	/

续表

编号	风险点（危险源）	控制措施				
		工程技术措施	管理措施	教育培训措施	个人防护	应急处置措施
96	导流洞封堵体安全监测设施	1. 监测仪器引出电缆接头进行防水处理，室外电缆应采用套管保护，并应有防雷接地保护措施，室内电缆配置防鼠啮咬硬塑保护管。传感器测头加装保护管。测压管管口设置保护装置，防雨水灌入、泥沙坠落保护装置。 2. 自动化采集设备配备加热除湿、防涌电、防雷接地、电源避雷、信号避雷保护装置，必要时配备信号增强设备	1. 依据《混凝土坝安全监测技术规范》（SL 601—2013）、《大坝安全监测系统运行维护规程》（DL/T 1558—2016）等国家、行业规范标准，制定和完善《某水电站安全监测自动化系统运行维护规程》《某水电站水工监测资料整编分析规程》。 2. 按照制度要求，定期检查，发现设施老化、未定期巡视、敏感度下降、损坏率过高、未定期整编分析等问题及时上报、处理，进行维修或更换。 3. 定期对水工监测资料进行整编分析，形成巡视检查记录、特殊检查报告、定期检查报告，年度检查报告、日常监测年报、月报、日常分析报告	1. 对电站新进人员开展三级安全教育、加强安全风险分级管控认识和对安全监测意识的培训，指导和帮助新进员工了解安全监测的基本结构、运行操作知识和设备可能存在的风险。 2. 就《混凝土坝安全监测技术规范》（SL 601—2013）、《大坝安全监测系统运行维护规程》（DL/T 1558—2016）和某水电站巡视检查、维护管理和运行操作制度规程等知识开展宣贯培训，尤其是异常情况的处理。 3. 每次巡视检查、日常监视、维护检修作业班前班后，开展安全技术交底，明确巡查重点、危险点和预控措施，并签字确认	/	/

续表

编号	风险点（危险源）	控制措施				
		工程技术措施	管理措施	教育培训措施	个人防护	应急处置措施
97	水雨情遥测站和中心站设备	1. 水情测报系统设计和站点分布满足《水利水电工程水情自动测报系统设计规定》的有关要求。 2. 水电站水情自动测报系统应考虑两种以上通讯方式，保证水情信息传递安全。 3. 电气设备控制器件封闭、隔离在固定、绝缘的柜体中，铺设绝缘垫，并可靠接零接地。野外站点设置有避雷针等防雷设施。 4. 氮气瓶标识、配件、安全帽、阀门、减震圈齐全	1. 根据国家和地方有关规范的要求，制定和完善《某水电站水情自动测报系统运行维护管理规程》。对水情测报设备的类型、技术指标，组成，工作流程、安装、运行管理系统的维护等内容作出明确规定。水情测报系统维护专责人为工作负责人，负责日常维护、设备巡视，定期检查、大修和消缺。与遥测站委托观测员签订合同，明确遥测工作职责和安全注意事项。 2. 制定和完善水情测报设备巡视回检查制度。中心站设备的巡视检查每日一次。坝上、坝下水文站每周巡视检查一次，站网常规视每年两次，汛前一次，汛后一次。发现柜体松动，破损锈蚀，蓄电池漏液，接地不良，氮气瓶变形漏气、防雷设施损坏、通信设备故障、雨量计损坏等情况及时上报，处理的及时通知检修人员处理。无法处理的及时通知检修人员处理，并做好记录。 3. 惰性气体或气瓶至少每5年检验一次。氮气一般未说应3～6个月换一次。蓄电池保存放在干燥通风的房间内，其温度不得高于35℃。 4. 在站房合适的位置设置警示标识，如"当心触电""注意搬运""严禁烟火"等	1. 对电站新进人员开展三级安全教育，加强对安全风险分级管控认识和对水情自动测报认识的培训，指导和帮助新进员工了解水情自动测报设备基本结构，运行操作知识和设备可能存在的风险。 2. 就《大中型水电站水库调度规范》《水电厂水情自动测报系统报报办法》和某水情文情预报报规范》水电站巡视检查、维护管理和运行操作规程规章知识开展业务培训，尤其是异常情况的处理。 3. 定期对水情观测站委托的观测员开展业务培训，明确工作内容与安全注意事项	/	1. 制定和完善《人身伤亡类事故预案》《火灾事故应急预案》《触电伤亡类事故处置方案》《特种设备损坏事故现场处置方案》等。控制柜着火或触电应迅速切断电源，用二氧化碳类灭火器灭火。对受伤人员开展人工呼吸和心肺复苏。报告领导或通知检修专业人员处理。 2. 现场存放一定量的电气类灭火器、防毒面具、急救药品和担架。 3. 按照相关制度或预案的要求，定期开展应急演练，并做好记录

续表

编号	风险点（危险源）	控制措施				应急处置措施
		工程技术措施	管理措施	教育培训措施	个人防护	
98	闸门远控、水调自动化和洪水预报系统设备	1. 将控制元器件等封闭、隔离固定在封闭的柜体中，铺设绝缘垫，并可靠接零接地。2. 远控、调度自动化、洪水预报系统设备应采用不间断电源供电，系统数据传输通道设计应采用主电、备用双链路备用方式。3. 管理用房加锁，加强用户权限管理，定期更换密码，避免计算机病毒侵入。4. 室内温度、湿度控制在合适位置，防止环境温湿度引起监控、调度、预报系统设备死机、故障	1. 根据国家和地方有关规范的要求，制定和完善操作规程、巡视控制度和巡视运行要求。定时、定点进行巡视检查，发现异常情况及时上报，处理。无法处理的及时通知检修人员处理。2. 制定和完善相关检修规程和检修作业指导书，制定年度检修计划，定期开展检修和各类检测试验，并做好验收和记录。3. 设备名称标识完整，悬挂当心触电、禁止随意操作等警示标识	1. 开展三级安全教育和不定期安全培训，就相关水电站运行巡视检查和巡视等知识开展宣贯培训，尤其是异常情况的处理。2. 每次巡视检查、日常监视、维护检修作业班前班后，开展安全技术交底，明确巡视检查重点、危险点和预控措施，并签字确认。3. 运行和维护电工作业人员取得特种作业资格证书	/	1. 制定和完善火灾、触电事故应急预案或电力设备事故应急预案，定期开展应急演练，并做好记录。2. 若闸门远控系统故障，立即关闭电源，采用现地控制方式调自动化和洪水预报系统故障，采取其他方式获取相关预报信息，并通知厂家尽快开展抢修。3. 现场存放一定数量的电气类灭火器，急救药品和担架
99	大坝和电站照明和分配电箱	将控制元器件等封闭、隔离固定在封闭的柜体中，并有可靠接零接地	1. 制定和完善照明配电箱巡视检查制度和巡视要求，定时、定点进行巡视检查，发现箱内存在杂物，无标识和责任人、接电装置不良、破损、锈蚀、接线混乱松动等情况及时上报处理和维护，并做好记录。每月至少巡视一次，确保柜体锁闭，责任人明确，接线清晰，接地牢固	运行和维护电工作业人员取得特种作业资格证书	/	1. 制定和完善《人身伤亡事故应急预案》《火灾事故应急预案》《触电伤亡事故处置方案》等。事故发生后立即按程序报告，若有人员受伤采取包扎、心肺复苏

续表

编号	风险点（危险源）	控制措施				
		工程技术措施	管理措施	教育培训措施	个人防护	应急处置措施
99	大坝和电站照明分配电箱		2. 设备名称标识完整，悬挂有当心触电、禁止操作等警示标识			苏等措施并立即送医。为防止事故扩大，应立即切断电源。2. 现场存放一定量的二氧化碳、干粉灭火器、急救药品和担架。3. 按照相关要求，定期开展应急演练，并做好记录
100	大坝和电站照明灯具和开关	1. 照明设计满足按照《工业企业照明设计标准》（GB 50034—92）和《建筑照明设计标准》（GB 50034—2013）的规定进行设计。现场照明度满足工作需求。	1. 制定照明系统管理制度，明确照明灯具的责任部门和责任人。巡视检查和维护保养等方面的要求。定期开展巡视检查，现场灯具损坏、开关老化、现场照明度不足等情况，及时上报处理，更换或补充无损坏灯具或开关。	运行和维护电工作业人员取得特种作业资格证书	/	1. 制定和完善《人身事故亡类事故现场电伤作业处置方案》《物体打击类事故现场处置方案》等。事故发生后立即按程序报告。若有人员受伤，采取包扎、心肺复苏等措施并立即送医。为防止事故扩大，应立即切断电源。

续表

编号	风险点（危险源）	控制措施				
		工程技术措施	管理措施	教育培训措施	个人防护	应急处置措施
100	大坝和电站照明灯具和开关	2. 照明灯具和开关均为合格产品，绝缘保护良好	2. 照明灯具开关标注控制设备名称			2. 现场存放一定量的急救药品和担架。 3. 按照相关要求，定期开展应急演练，并做好记录
101	防汛公路路灯	路灯基础稳固，绝缘保护良好	制定照明系统管理制度，明确照明灯具和路灯的责任部门和责任人，巡视期开展巡视检查，发现路灯基础不牢、锈蚀破损、灯泡损坏等情况，及时上报处理，更换或补齐无损坏灯具	运行和维护电工作业人员取得特种作业资格证书	/	1. 制定和完善《人身事故应急预案》《物体打击事故亡事故现场处置方案》等。事故发生后立即按程序报告，若有人员受伤采取包扎，心肺复苏等措施并立即送医。为防止事故扩大，应立即切断电源。 2. 现场存放一定量的急救药品和担架。 3. 按照相关要求，定期开展应急演练，并做好记录

续表

编号	风险点（危险源）	控制措施				应急处置措施
		工程技术措施	管理措施	教育培训措施	个人防护	
102	电站厂房机械加工设备	1. 起重吊具设置有行程限位开关、紧急开关、力矩超载限制器、吊钩防脱卡、转动部位防护罩、继电保护等安全防护装置。2. 锉刀、手锯、木钻、螺丝刀、大锤和手锤等的手柄应安装牢固。3. 电动工具绝缘良好、设置有接零和接地保护。4. 机械设备传动部位有防护罩、砂轮机轮盘防护罩齐全。5. 油压千斤顶有安全栓和行程限位标志线	1. 根据国家和地方有关规范的要求，制定和完善机械加工设备安全管理制度，对机械加工设备的主要技术参数、操作注意事项、责任人和责任部门等做出明确规定。2. 制定和完善机械加工设备安全检查制度，定时、定点进行巡视检查。发现设备磨损变形、安全防护装置缺失、接地不良、砂轮破裂、基础不牢、作业环境杂乱等情况及时上报、处理和维护，并做好记录。无法处理的及时通知检修人员处理。3. 制定和完善机械加工设备检修规程和维修作业指导书，制定年度检修计划。定期开展检修和各类检测试验，并做好验收和记录。4. 设备标志名称完整、工作区域挂当心触电、当心机械伤害、注意起重伤害、禁止烟火等警示标识，并在设备附近张贴防触电安全操作规程	1. 对电站新进人员开展三级安全教育，加强风险意识和安全风险分级管控认识的培训，指导和帮助新进员工了解机械加工设备基本结构、运行操作可能存在的风险。2. 就某水电站机械加工设备巡视检查、维护管理和运行操作规程等知识开展宣贯培训，尤其是异常情况的处理	/	1. 制定和完善《人身事故应急预案》《火灾事故应急预案》《触电伤亡类事故处置方案》《机械伤害类和起重伤害类事故现场处置方案》等。事故发生后立即按程序报告，若有人员受伤，采取包扎、心肺复苏等措施并立即送医。为防止事故扩大，应立即切断电源。2. 现场存放一定量的灭火器材、急救药品和担架。3. 按照相关制度的预案要求，定期开展应急演练，并做好记录

续表

编号	风险点（危险源）	控制措施				应急处置措施
		工程技术措施	管理措施	教育培训措施	个人防护	
103	电站厂房各类工器具	/	1. 根据国家和地方有关规范的要求，制定和完善某水电站工器具安全管理制度，对工器具分类种类、管理部门责任人、购置和检验、技术档案管理、操作注意事项等做出明确规定。2. 购买合格产品目录的安全工器具，并由采购部门履行严格的验收手续。各类安全工器具必须按照相关规范的要求由具有资质检验机构进行周期性试验，发现设备损坏、绝缘老化等情况及时维修或更换。部分安全工器具必须保存在干燥、恒温、适宜的环境中，并做好使用情况登记，避免遗失。3. 设备标识名称、检验标志规范、完整	定期对使用人员就某水电站工器具安全管理制度开展宣贯和运行操作知识培训，帮助了解其中存在的风险隐患和安全注意事项	/	1. 制定和完善《人身电伤亡类事故现场处置预案》《物体打击类事故现场处置方案》《高处坠落类伤亡事故应急预案》等，事故发生后立即按程序报告，若有人员受伤采取包扎、心肺复苏等措施并立即送医。为防止事故扩大，应立即切断电源。2. 现场存放一定量的固定支架、包扎绷带、急救药品和担架。3. 按照相关制度要求、定期开展应急演练，并做好记录

续表

编号	风险点（危险源）	控制措施				应急处置措施
		工程技术措施	管理措施	教育培训措施	个人防护	
104	化学品储存仓库	仓库内配置一定数量相适应的灭火器材	1. 根据国家和地方有关规范的要求，制定和完善某水电站仓库管理制度，对明确仓库储存化学品种类、存储要求、出门和责任人、入库要求、安全防护措施等做出明确规定。 2. 仓库设专人管理，无钥匙不可随意进场。仓库物资分类摆放、分项存放，堆垛之间保持足够安全距离，化学性质相互抵触的物品不可存放在一起。加强仓库通风，仓库内电气设备和电气照明装置采取有效防火措施。物品出入库遵循登记制度，库内严禁吸烟和使用明火。定期开展巡视检查，发现问题及时整改。 3. 仓库悬挂禁止烟火、当心火灾、注意通风等警示标识	定期对仓库管理人员就某水电站仓库管理制度和化学品储存知识开展宣贯培训，帮助了解其中存在的风险和安全注意事项	/	1. 制定和完善《人身事故应急预案》《危险化学品仓库火灾事故现场处置方案》等。事故发生后立即按程序报告，组织人员用灭火器扑灭初期火灾，若有人员受伤采取冷水清洗烧伤部位，包扎、心肺复苏等措施并立即送医。为防止事故扩大，应立即切断电源。 2. 现场存放一定量的固定支架，包扎绷带、急救药品和担架。 3. 按照相关要求，定期开展应急演练，并做好应急演练记录

续表

编号	风险点 （危险源）	控制措施				
		工程技术措施	管理措施	教育培训措施	个人防护	应急处置措施
105	电站厂房污水处理设备及设施	1. 将控制元器件等封闭、隔离在固定、绝缘的柜体中，并有可靠接零接地。 2. 配备必要的有毒气体检测仪和通风装置。机械设备传动部位设置防护罩、调节池、污水池设置盖板	1. 根据国家和地方有关规范的要求，制定和完善《某水电站污水处理设备的运行操作规程》，对污水处理设备的主要技术参数、操作注意事项、巡视检查、技术档案管理、教育培训和事故应急处理措施做出明确规定。 2. 制定和完善污水处理设备巡视检查制度和要求，定时、定点进行巡视检查，发现设备柜体锈蚀破损、接地不良、绝缘老化、渗漏卡阻、墙体破裂等情况及时上报，处理和维护，并做好记录。无法处理的及时通知维修人员处理。 3. 制定和完善污水处理设备检修规程和检修作业指导书，制定年度检修计划，定期开展检修和各类检测试验，并做好验收和记录。 4. 在合适的位置悬挂当心触电、注意通风，当心中毒息等警示标识，并在污水处理处悬挂运行操作规程、设备标识名称和各标识各完整	1. 对电站新进人员开展三级安全教育，加强风险意识和对安全风险分级管控认识的培训，指导和帮助新进员工了解污水处理设备基本结构、运行操作知识和设备可能存在的风险。 2. 就《污水处理设备安装、使用和保养说明书》和某水电站运行操作规程、维护管理和运行制度管理等知识开展宣贯培训，尤其是异常情况的处理。 3. 每次巡视检查、日常监视、维护检修作业班前班后开展安全技术交底，明确检查重点、危险点和预控措施，并签字确认。 4. 运行和维护电工作业人员取得特种作业资格证书	/	1. 制定和完善《人身事故应急预案》《环境污染事件应急预案》《故障、触电伤亡类事案》《中毒窒息现场处置方案》等。 2. 现场存放一定量的电气类灭火器、防毒面具、急救药品和担架。 3. 按照相关制度或预案的要求、定期开展应急演练，并做好记录

续表

编号	风险点（危险源）	控制措施				
		工程技术措施	管理措施	教育培训措施	个人防护	应急处置措施
106	电站公用车辆（5台）	1. 车辆安全带、安全气囊等被动安全配置性能良好、齐全。EBD等主动安全配置性能良好、齐全。 2. 车辆上存放有灭火器材、警示标识、反光背心或部分检修工具	1. 根据国家和地方有关规范的要求，制定和完善公用车辆安全管理制度。明确使用车辆责任人、注册登记、驾驶员管理、车检保险管理、事故处理等做出明确规定。 2. 车辆行驶前由驾驶员进行基本检查，确保行车安全。每月至少对车辆底盘、发动机、机油等开展一次全面检查，发现问题及时开展维修保养工作。每年定期办理车检和车辆保险手续。公务用车执行派车单制度，合理规划行车路线、注意天气和交通情况	1. 定期对某水电站车辆驾驶人员进行安全知识和交通安全注意事项培训，帮助了解其中存在的风险和安全注意事项。 2. 车辆驾驶人员取得相应等级驾驶证书	/	1. 制定和完善《车辆伤害事故应急预案》。发生车辆事故不要轻易移动受伤者，保持其呼吸道通畅。发生出血和骨折应立即定点包扎和固定，拨打报警电话和急救电话，及时送医。 2. 按照相关制度要求、定期开展应急演练，并做好记录
107	电站防汛工作艇（2条）	防汛船舶配置有充足的灭火器、沙箱、太平斧等消防设备和救生圈、救生衣等救生设备	1. 根据国家和地方有关规范的要求，制定和完善《某水电站防汛工作艇管理制度》、操作规程和水上交通安全知识开展宣传培训，明确船员工作制度、派船程序、运行操作一般要求、起航前检查、备船、启动操作、紧急情况处理等方面的要求。	1. 定期对某水电站船舶驾驶人员进行防汛工作艇管理制度、操作规程和水上交通安全知识开展宣传培训，帮助了解其中存在的风险和安全注意事项。	/	1. 制定和完善《防汛船沉船现场处置方案》《防汛船灭火现场处置方案》《防汛船落水现场处置方案》。发现有人员落水立即发出警报，报抛下救生圈、停船

续表

编号	风险点（危险源）	控制措施				
		工程技术措施	管理措施	教育培训措施	个人防护	应急处置措施
107	电站防汛工作艇（2条）		2. 定期对船舶进行巡查检查，发现船舶锈蚀破损、存在故障、救生消防设施配备不足、绝缘老化、未定期年检问题及时上报，由具有相应资质的单位进行维修处理。保持船舱整洁，严格执行派船程序，建立出船台账，船舶靠岸后要系好缆绳。	2. 船舶驾驶人员取得相应等级驾驶证书。	/	操舵摆开船身防止触及落水者，并报告领导。落水人员救上船后立即开展人工呼吸、心肺复苏等急救措施，靠岸后及时送医。2. 按照相关制度要求，定期开展应急演练，并做好记录。
108	后方生活区营地变压器及刀闸、隔离开关	1. 后方生活区变压器设计，制造和安装满足国家和行业规范。设置有泄压装置、变压器本体及外壳接地牢固。	1. 根据国家和地方有关规范的要求，制定和完善《某水电站厂用及生活区配电系统运行操作规程》，对后方生活区变压器技术参数要求，注意事项、巡视检查和日常监视，日常操作，检修隔离措施，故障和事故处理措施做出明确规定。备自投装置能够正常投入，禁止变压器合环运行。最高温度不能高于130℃，备用超过72h应及时用摇表测量对地电阻并干燥处理。	1. 对电站新进人员开展三级安全教育，加强对安全风险分级管控认识的培训，指导和帮助新进员工了解后方生活变压器基本结构，运行操作知识和设备可能存在的风险。	/	1. 制定和完善《人身事故应急预案》《火灾事故应急预案》《电力设备应急预案》《触电伤亡类事故现场处置方案》《变压器火灾类事故现场处置方案》等。

续表

编号	风险点（危险源）	控制措施				
		工程技术措施	管理措施	教育培训措施	个人防护	应急处置措施
108	后方生活区营地变压器及刀闸、隔离开关	2. 变压器所在配电室设置有采用向外开的甲级防火门，检修废油设置有废油收集装置。 3. 附属设备封闭，隔离开关固定在绝缘的柜体中，铺绝缘胶垫	2. 制定和完善后方生活变压器巡视检查制度和巡视要求，定时、定点进行巡视检查，发现绝缘老化、温度异常、声音振动异常、柜体破损、放电烧红、接地不牢等情况及时上报和维护，并做好记录。无法处理的及时通知检修人员处理。 3. 制定和完善变压器设备检修规程和检修作业指导书，制定年度检修计划，按照和各项试验检验要求定期开展，及时消除缺陷，并做好验收和记录。 4. 设备名称标识完整，悬挂高压危险、禁止攀近等警示标识	2. 就《电力安全工作规程》《电力变压器运行规程》（DL/T 572—2021）和某水电站巡视检查、维护管理和运行操作规程等知识开展宣贯培训，尤其是异常情况的处理。 3. 每次巡视检查、日常监视、维修检修作业班前班后，开展安全技术交底，明确巡查重点、危险点和预控措施，并签字确认。 4. 运行和维护电工作业人员取得特种作业资格证书	/	2. 现场存放一定量的二氧化碳、干粉灭火器、正压式呼吸器、急救药品和担架。 3. 按照相关制度或预案的要求、定期开展应急演练，并做好记录。加强培训、运行值班人员需熟知过流保护动作、温度过高保护动作、全厂停电、单相接地故障等故障处理措施

续表

编号	风险点 （危险源）	控制措施					
		工程技术措施	管理措施	教育培训措施	个人防护	应急处置措施	
109	生活区电脑、空调、冰箱、电视、热水器、烧水壶、插座、打印机等日常办公和生活设备	各类设备绝缘良好、接零接地保护装置完好	1. 根据国家和地方有关规范的要求，制定日常办公设备安全管理制度。管理部门办公设备范围、管理责任人、明确办公设备安全注意事项、检查维修等方面要求。 2. 设备出现问题或损坏，及时联系外部维修保养人员开展检修工作。检修期间告知检修人员注意采取防触电和防坠落安全措施。 3. 设备名称标识完整	维护检修人员取得电工特种作业证和厂商维保资质	/	1. 制定和完善《人身事故应急预案》《火灾事故应急预案》《触电伤亡类事故处置方案》等。设备着火或触电应迅速切断电源。用二氧化碳灭火器灭火。对受伤人员开展人工呼吸和心肺复苏。报告领导导通知专修作业人员处理。 2. 现场存放一定量的电气类灭火器，防毒面具、急救药品和担架。 3. 按照相关制度要求，定期开展应急演练，并做好预案的演练或记录	

续表

编号	风险点（危险源）	控制措施				应急处置措施
		工程技术措施	管理措施	教育培训措施	个人防护	
110	食堂柴油箱和抽油泵	柴油箱、抽油泵放置在合适的高度，避免人员直接接触；隔离开关控制开关闭合，隔离在固定、绝缘的柜体中；抽油泵转动部位设置防护罩	1. 根据国家和地方有关规范的要求，制定和完善某水电站危险化学品和仓库管理制度。对柴油箱和抽油泵管理部门、出库责任人、入库要求、存储要求、安全防护措施等做出明确规定。 2. 设有专人管理，周边应严禁吸烟和使用明火。做好柴油注入和抽取数量登记。同时操作过程中应注意采取防火、防静电措施。定期开展巡视检查。发现支架松动、泄漏、机械故障、橡胶管破损等情况及时整改。 3. 悬挂禁止烟火、当心火灾、注意通风等警示标识	不定期对专职管理人员就仓库管理制度和化学品存储知识开展宣贯培训，帮助了解柴油化学特性、存在的风险和安全注意事项	/	1. 制定和完善火灾、触电、物体打击、机械伤害类事故应急预案等，事故发生后立即按程序报告、组织人员启用灭火器扑灭初期火灾。若有人员受伤采取冷水清洗烧伤部位、包扎，心肺复苏等措施并立即送医。为防止事故扩大，应立即切断电源。 2. 现场存放一定量的灭火器材、固定支架，包括绷带、急救药品和担架。 3. 按照相关制度要求，定期开展应急演练，并做好记录

续表

编号	风险点 （危险源）	控制措施				
		工程技术措施	管理措施	教育培训措施	个人防护	应急处置措施
111	食堂液化气罐和灶具	1. 液化气瓶满足《气瓶安全技术规程》（TSG 23—2021）的要求，标志、配件、安全帽、防震圈等齐全。 2. 灶具配置有熄火保护装置	1. 根据国家和地方有关规范的要求，制定和完善液化石油气瓶储存和使用安全管理制度，对气瓶的主要技术参数，储运、搬运及使用做出明确规定。 2. 要对气瓶采取防晒、防潮和防热措施，气瓶与燃气灶距离合适、安全帽防震圈拿拿轻放，严禁敲击碰撞、抛掷。搬运时轻拿轻放，严禁敲击碰撞、抛掷。搬运、储存场所通风顺畅，使用完后及时关闭阀门。 3. 制定和完善气瓶安全检查制度，发现设备磨损、锈蚀、变形、安全防护装置存在缺陷、燃气软管老化等情况及时上报，处理和维护。液化石油气瓶至少每 3～4 年检验一次，未经定期检验或者检验不合格的禁止继续使用。 4. 气瓶上标志齐全，附近悬挂注意通风、禁止烟火、注意中毒等警示标识	加强食堂工作人员风险意识和对安全风险分级管控认识的培训，就《气瓶安全技术规程》（TSG 23—2021）和某水电站气瓶安全管理制度规程开展宣贯培训，指导和帮助新进员工了解气瓶基本结构、搬运使用储存知识和设备可能存在的风险	/	1. 制定和完善《人身事故应急预案》《火灾爆炸类事故现场处置方案》等。气体泄漏后应及时佩戴呼吸器材，加强通风，关闭阀门。 2. 现场存放一定量的灭火器材、固定支架、急救药品和担架。 3. 按照相关制度要求，定期开展应急演练，并做好记录

续表

编号	风险点（危险源）	控制措施				应急处置措施
		工程技术措施	管理措施	教育培训措施	个人防护	
112	食堂消毒柜、热水器、蒸箱、抽油烟机等电气设备	各类设备绝缘良好，接零接地保护装置装置完好	1. 根据国家和地方有关规范的要求，制定日常办公设备安全管理制度，明确办公设备范围、管理责任人，管理部门、办公设备安全注意事项、检修维修等方面要求。 2. 设备出现问题或损坏，及时联系外部维修保养人员开展检修维修工作。检修期间告知检修人员注意预防触电和防坠落等安全措施。 3. 设备名称标识完整	维护检修人员取得电工特种作业证和厂商维保资质	/	1. 制定和完善《人身事故应急预案》《火灾事故应急预案》《触电伤亡类事故处置方案》等。设备着火或触电应迅速切断电源，用二氧化碳灭火器灭火，对受伤人员开展人工呼吸和心肺复苏。报告领导通知检修专业人员处理。 2. 现场存放一定量的电气类灭火器、防毒面具、急救药品和担架。 3. 按照相关制度或预案的要求，定期开展应急演练，并做好记录

续表

编号	风险点（危险源）	控制措施				应急处置措施
		工程技术措施	管理措施	教育培训措施	个人防护	
113	生活区照明配电箱和电源动力箱	将控制元器件等封闭、隔离在固定、绝缘好的柜体中，并有可靠接零接地	1. 制定和完善照明配电箱巡视检查制度和巡视要求，定时、定点进行巡视检查，发现箱内存在杂物、无标识和责任人，接线装置不良、破损、锈蚀、接线混乱松动等情况及时上报，处理和维护，并做好记录。每月至少巡视一次，确保柜体锁闭，责任人明确。接线清晰、接地牢固。 2. 设备名称标识完整、悬挂有当心触电、禁止操作等警示标识	运行和维护电工作业人员取得特种作业资格证书	/	1. 制定和完善《人身事故应急预案》《火灾事故应急预案》等。事故发生后立即按程序报告。若有人员受伤采取包扎、心肺复苏等措施并立即送医。为防止事故扩大，应立即切断电源。 2. 现场存放一定量的二氧化碳、干粉灭火器、急救药品和担架。 3. 按照相关制度要求、定期开展应急演练，并做好记录

续表

编号	风险点（危险源）	控制措施				应急处置措施
		工程技术措施	管理措施	教育培训措施	个人防护	
114	生活区照明灯具和开关	1. 照明设计按照《工业企业照明设计标准》（GB 50034—92）和《建筑照明设计标准》（GB 50034—2013）的规定进行设计。现场照度满足工作需求。 2. 照明灯具和开关均为合格产品，绝缘保护良好	1. 制定照明系统管理制度，明确照明灯具的责任部门和责任人，巡视检查和维护保养等方面的要求。定期开展巡视检查，发现灯具损坏，开关绝缘老化，现场照度不足等情况，及时上报处理，更换或补充损坏灯具或开关。 2. 照明灯具开关标注控制设备名称	运行和维护电工作业人员取得特种作业资格证书	/	1. 制定和完善《人身事故应急预案》《触电伤亡类事故处置方案》《物体打击类伤亡事故处置方案》等。事故发生后立即按程序报告。若有人员受伤采取包扎、心肺复苏等措施并立即送医。为防止事故扩大，应立即切断电源。 2. 现场存放一定量的急救药品和担架。 3. 按照预案相关要求，定期开展应急演练，并做好记录

续表

编号	风险点(危险源)	控制措施				
		工程技术措施	管理措施	教育培训措施	个人防护	应急处置措施
115	生活区灭火器材	1. 灭火器应根据配置场所的物质及其燃烧特性，可燃物物质数量等选择合适类型和数量的灭火器。配置满足《建筑灭火器设计规范》的有关规定。 2. 消防栓、沙箱和其他灭火器材的设计和配置满足《建筑防火设计规范》(GB 50016—2014)、《水电工程设计防火规范》(GB 50872—2014)的要求	1. 根据国家和地方有关规范的要求，制定和完善消防安全管理制度，建立消防设施台账，每月至少进行一次全面检查。发现灭火器材放置不到位、配备不足、类型不匹配、锈蚀破损严重、消防栓配件缺失、水压不足、器材过期等情况及时上报、处理、维护或更换，并做好记录。 2. 灭火器材放置的位置显著的消防指示标志和摆放区域标志线。消防栓箱和灭火器箱悬挂定期检查表、灭火器材上张贴有效期标签	1. 对电站新进人员开展三级安全教育，加强对安全风险分级管控认识的培训，指导和帮助新进员工了解电站设备设施配点区域，消防设备应急知识。 2. 结合安全规程培训考试，安全知识竞赛，安全月活动等就《水电工程设计防火规范》(GB 50872—2014)、《建筑物灭火器配置验收检查规范》和某水电站消防安全管理制度等电站消防安全管理制度培训	/	定期开展消防演练，促使水电站工作人员熟练掌握灭火器材的位置和使用方法
116	生活区应急照明设备和疏散标识	应急照明和疏散标志的配置数量、安装位置、间距、照度、方向和疏散应急照明和疏散指示标志技术标准》(GB 51309—2018)的有关要求	根据国家和地方有关规范的要求，制定和完善消防安全管理制度或消防设施管理台账。每月至少进行一次全面检查，发现设施损坏率过大、照度不足、时长不满足要求、安装方向错误、位置错误、数量不足等情况及时上报处理，维护或更换，并做好记录	1. 对电站新进人员开展三级安全教育，加强对安全风险分级管控认识的培训，指导和帮助新进员工了解电站防火重点区域，消防设备设施配备情况和应急知识。	/	/

续表

编号	风险点（危险源）	控制措施					
		工程技术措施	管理措施	教育培训措施	个人防护	应急处置措施	
116	生活区应急照明设备和疏散标识		1. 根据国家和地方有关规范的要求，制定和完善《某水电站生活供水设备的运行操作规程》对生活供水设备的主要技术参数、操作注意事项、巡视检查、技术档案管理、教育培训、故障和事故处理措施做出明确规定。	2. 结合安全规程培训考试、安全知识竞赛、安全月活动等就《水电工程设计防火规范》（GB 50872—2014）、《消防应急照明和疏散指示系统技术标准》和某水电站消防安全管理制度消防知识开展宣贯培训	/	/	
117	生活供水系统设备	1. 将控制元器件等封闭、隔离在固定、绝缘的柜体中，并有可靠接零接地。	1. 制定和完善《某水电站生活供水设备巡视检查制度和要求》，发现设备锈蚀破损、接地不良、绝缘老化、渗漏卡阻、墙体破裂等情况及时上报，处理和维护，并做好记录。无法处理的及时通知检修人员处理。	1. 对电站新进人员开展三级安全教育，加强风险意识和对安全风险分级管控认识的培训，指导和帮助新进员工了解生活供水设备基本结构、运行操作存在的风险。	/	1. 制定和完善《人身事故应急预案》《环境污染应急预案》《故现场处置类事故现场处置方案》《中毒窒息现场处置方案》等。	
			2. 制定和完善生活供水设备巡视检查制度和要求，定时，定点进行巡视检查。	2. 就《生活供水设备安装、使用保养说明书》和某水电站巡视检查、维护管理和运行操作制度规程等知识开展宣贯培训，尤其是异常情况的处理。		2. 现场存放一定量的电气类灭火器，防毒面具，急救药品和担架。	

续表

编号	风险点(危险源)	控制措施				
		工程技术措施	管理措施	教育培训措施	个人防护	应急处置措施
117	生活供水系统设备	2. 机械设备传动部位设置防护罩,调节池、污水池设置盖盖板	3. 制定和完善生活供水设备检修规程和检修作业指导书,制定年度检测计划,定期开展检修和各类检测试验,并做好验收和记录。 4. 在合适的位置悬挂当心触电、当心淹溺等警示标识,设备标识名称完整	3. 每次巡视检查、日常监视,维护检修作业班前班后,开展安全技术交底,明确巡查重点、危险点和预控措施,并签字确认。 4. 运行和维护用电工作人员取得特种作业资格证书	/	3. 按照相关制度或预案的要求,定期开展应急演练,并做好记录
118	办公楼档案室	1. 办公楼建筑防火通过消防部门审核、验收,耐火等级满足规范要求。档案室未毗邻办公楼配电室。 2. 档案室排水通畅,室内外地面设有防潮措施,室内外地面高差大于0.5m,设置有机械通风或空调设备,温度计、湿度计等,暖通空调设备功率能够保证通风设备满足标准规定,并能够强力控制。 3. 采购的固定档案架柜隔板承重大于40kg,设置有防倾倒装置及挡块,必要时安装防挤压保护装置。	1. 制定和完善《某水电站档案管理制度》《某水电站消防管理制度》《某水电站环境卫生管理制度》,定期对档案室环境卫生进行清扫和整理,避免杂物、工具、器械、材料随意堆放。	定期对档案室管理人员就《某水电站档案管理制度》《某水电站消防管理制度》《某水电站环境卫生管理制度》开展宣贯培训,帮助了解其中存在的风险和安全注意事项	/	1. 针对火灾、挤压伤害制定应急预案或现场处置方案,定期开展应急演练,并做好记录。

续表

编号	风险点 （危险源）	控制措施				应急处置措施
		工程技术措施	管理措施	教育培训措施	个人防护	
		4. 库房门与地面缝隙不大于5mm，且采用金属门；门窗能够保持紧闭，并设置摄像头，做到防尘、防污染，有着生物和防盗。				2. 事故发生后应立即按程序报告，组织人员用灭火器扑灭初期火灾。若有人员受伤采取冷水清洗烧伤部位，包扎，心肺复苏等措施并立即送医。现场存放有一定灭火器材，包扎绷带、急救药品和担架
118	办公楼档案室	5. 办公楼附近设置有消防给水系统，档案室配备有足够的灭火器材，档案装具采用不燃烧或难燃烧材料。档案室内配电线路做好穿管保护，禁止明敷管线，线路绝缘良好	2. 按照有关巡视检查制度的要求，定期对室内场所布置、杂物堆积、电气设备、存储、房屋漏水等情况进行检查，做好记录，门窗锁闭等问题及时上报、处理。对灭火器定期进行检查，维护、更新。 3. 设置当心火灾、当心挤压，注意关门等安全警示标识		/	

5.3 金属结构类危险源安全风险管控措施建议案例

参照《构建水利安全生产风险管控"六项机制"的实施意见》的有关要求,水利生产经营单位要从组织、制度、技术、应急等方面,制定并落实具体防范措施,综合运用隔离危险源、技术手段、个体防护、监控设施等手段,达到消除、降低风险的目的。结合金属结构类一般危险源辨识和风险分析情况,依据有关法律法规、国家行业规范以及相关技术资料,可以从工程技术、管理、教育培训、应急处置 4 个方面制定和完善相关安全管控措施。

(1)工程技术措施建议

金属结构类危险源导致事故的主要原因在于金属结构各部件存在变形、裂纹、锈蚀和损坏现象,运行过程存在卡堵、振动、泄漏、不灵活等现象,限位开关、临边防护、应急和闭锁装置等安全防护装置失效或缺失,仪表、指示灯等关键配件损坏,设备标识缺失,异物撞击等物的不安全状态。为了及时解决这些隐患,保证金属结构类危险源处在风险可控状态,首先在于通过对装置、设备设施、工艺等的设计来消除控制危险源,从而保证安全运行。比如:闸门启闭设备要配置有限位开关、爬梯设置护栏、平台设施防护栏杆、通气孔设置安全格栅等。其次采取维修、更换、清理等措施,保证设备部件状况良好,运行环境干净整洁。

(2)管理措施建议

为了保证金属结构类危险源事故诱因得到及早发现和处理,从管理上首先要根据《水工钢闸门和启闭安全运行过程要求》制定和完善运行操作、巡护检查、设备管理和挂牌、维修养护、定期试验和轮换等制度,并严格执行,填写相关记录,发现故障和异常情况能够及时上报并采取应急措施。其次严格按照国家和行业规范要求定期对金属结构开展安全评价、设备管理等级评定和结构安全检测,不安全的及时进行更新改造。需要外委作业时委托有资质的单位承接,并签订安全协议,明确责任和风险。此外,配置醒目的安全色、警示标识和设备标识标牌,现场悬挂操作规程。

(3)教育培训措施建议

可以从 4 个方面着手:一是对生产部、水工部新进人员开展三级安全教育,帮助了解金属结构基本结构、运行操作知识和设备可能存在的风险;二是不定期开展专题讲座、技术培训、安规考试,帮助员工了解某水电站金属结构相关管理制度、巡视检查和维护保养要求,尤其是异常情况的处理;三是每次班前班后、巡视检查前就巡查重点、危险点和预控措施进行交底。四是焊接、无损探伤、起吊等作业操作人员取得相应资格证书。

（4）应急处置措施建议

首先应根据金属结构可能导致的闸门无法启闭、设备损坏、洪涝灾害、高处坠落、机械伤害、火灾等事故和后果制定有针对性的、可操作性强的综合应急预案、专项应急预案和现场处置方案，尤其是《钢闸门和启闭机安全运行专项应急预案》。其次在现场配置或存储一定数量抢险所需的备品备件、物资和设备设施，组建应急救援队伍。按要求定期对相关应急预案和急救知识进行培训，尤其是在每年汛期、冰期前。

具体案例可参考表 5.3-1。

5.4　维护检修类危险源安全风险管控措施建议案例

参照《构建水利安全生产风险管控"六项机制"的实施意见》的有关要求，水利生产经营单位要从组织、制度、技术、应急等方面，制定并落实具体防范措施，综合运行隔离危险源、技术手段、个体防护、监控设施等手段，达到消除、降低风险的目的。结合维护检修作业类一般危险源辨识和风险分析情况，依据有关法律法规、国家行业规范以及某水电站维护检修过程资料，可以从管理、教育培训、个人防护、应急处置 4 个方面制定和完善相关安全管控措施。

（1）管理措施建议

维护检修作业类危险源导致事故的主要原因在于检修前准备不足、作业过程违章操作与违反劳动纪律、指挥人员违章指挥、个人防护措施不到位、个人状态和能力不足、未进行技术交底等人的不安全性行为或管理缺陷。为了保证危险源事故诱因得到及早发现和处理，从管理上首先要根据国家和行业规范要求，制定和完善维护检修技术规程、作业工作指导书，明确维护检修作业应采取的安全措施、工作步骤、危险点和注意事项，并严格执行。其次，针对可能涉及的高危作业，制定相应的高危作业管理制度，工作前办理相关许可，监督安全防护措施落实到位。此外，实行轮班制以减少暴露时间，比如减少作业人员在空压机房、风洞室的作业与巡查时间。

（2）教育培训措施建议

可以从 4 个方面着手，一是对生产部、水工部新进人员开展三级安全教育，帮助了解维护检修知识和作业可能涉及的风险；二是不定期通过专题讲座、技术培训、安规考试、安全知识竞赛、安全月活动等形式开展安全教育培训工作；三是检修作业开工前工作负责人应组织全体工作班成员进行危险点分析、预控措施（包括运行应采取的措施和检修人员自理措施）和安全注意事项交底，接受交底人员应签名确认；四是焊接、无损探伤、起吊、带电操作、动火等作业人员取得相应资格证书。

（3）个人防护措施建议

参照《个体防护装备配备规范》（GB 39800—2020）和《电力安全工作规程 发电厂和变电站电气部分》（GB 26860—2021）的有关要求，制定适用于某水电站的作业人员个体劳动防护用品配置标准，常见防护用品包括：安全帽、安全带、安全绳、救生衣、救生圈、绝缘手套、绝缘杆、防护手套、防尘口罩、耳塞、绝缘鞋、酸碱防护服、焊工防护服等。当工程技术措施不能消除或减弱危险物质或能量时，均应采取个人防护措施。

（4）应急处置措施建议

首先应根据维护检修作业活动可能发生的触电、设备损坏、高处坠落、机械伤害、物体打击、中毒窒息、起重伤害、淹溺等事故和后果制定有针对性的、可操作性强的综合应急预案、专项应急预案和现场处置方案。其次在现场配置或存储一定量的医用酒精、纱布、碘伏等外伤急救用品，组建应急救援队伍。按照相关制度或预案的要求，定期开展应急演练和培训，并做好相关记录。

具体案例可参考表 5.4-1。

表5.3-1　某水电站金属结构类一般危险源安全管控措施清单

序号	风险点（危险源）	控制措施				
		工程技术措施	管理措施	教育培训措施	个人防护	应急处置措施
1	1#~5#泄水表孔工作闸门、埋件及止水（5扇）	1. 闸门启闭设备配置有开度传感器及上、下行程限位开关装置；主要构件之间设置安全走道和爬梯，爬梯设有防护笼、弧形闸门支臂上宜设扶手栏杆；闸门槽、铰座平台周围设置防护栏杆；通气孔保持畅通无阻。通气孔进口处设置安全格栅。 2. 闸门的制造、安装和验收按照国家有关规范和设计要求。 3. 出现变形、裂纹、锈蚀、破损、堵塞等情况时，及时按照水电站水工建筑物或闸门启闭设备维修养护规程、制定维修养护计划，对问题登记建档，制定维修养护计划；查明原因并采取水工建筑物防锈涂层，及时和损坏部件、清除杂草，及时更换老化止水，贝类生物等相应技术处置措施。	1. 根据有关国家法规和《水工钢闸门和启闭机安全运行规程》（SL/T 722—2020）要求，制定和完善设备管理和操作制度，巡回检查制度，定期试验和轮换制度，维修养护制度，设备运行安全大事记制度，设备运行控制系统管理制度，自动控制等级评定制度，设备管理等制度。 2. 根据《某水电站闸门操作制度》的要求和运行调度指令进行操作，填写操作记录。闸门操作时应有人监护，开启高度满足和运行前进行安全要求。开启过程中提前进行进行坝区预警，逐级控制泄洪。 3. 根据有关巡视检查制度定期开展巡视检查，其中至少每月开展一次日常检查。每年至少2次定期检查，并根据特殊情况开展定期检查，并对巡视检查发现的问题做好记录和报告。 4. 根据有关维修保养制度定期进行维修保养，其中设备维护每年不少于一次，设备存在故障无法恢复正常工作时应及时进行检修，检修后做好维修养护记录和报告。	1. 对水工部新进人员开展三级安全教育，加强风险意识和对安全风险分级管控认识的培训，指导和帮助新进员工了解闸门启闭设备存在的风险和控制措施。 2. 不定期开展专题讲座、技术培训讲课、安全规程培训考试，将《水工钢闸门和启闭机安全运行规程》（SL/T 722—2020）、某水电站巡视检查和维护管理制度、设备管理制度、闸门操作规程、维护保养规程等知识纳入宣传培训。 3. 在闸门操作、检修作业、巡视检查作业班前就工作负责人对参与人员进行风险分析和管控预控措施进行交底。接受交底人员签名确认。	/	1. 制定和完善《钢闸门和启闭机安全运行专项应急预案》，明确应急组织机构人员，特殊时期设置值班人员，不同工况下设备应急调度运行方案。闸门无法关闭或开启时应急处理方案，供电电源缺失情况时应急处理方案，设备运行故障时的应急抢修方案等内容。 2. 针对高处坠落情况、制定和完善《人身伤亡事故应急预案》《高处坠落事故现场处置方案》。 3. 在有闸门和启闭设备抢险所需物品、备品、备件、物资和设备设施。

续表

序号	风险点（危险源）	控制措施				
		工程技术措施	管理措施	教育培训措施	个人防护	应急处置措施
1	1#~5#泄水表孔工作闸门、埋件及止水（5扇）		5. 需要外委单位作业的，应委托具备相应资质的单位承修，并与其签订安全协议，督促其开展安全技术交底，做好安全防护措施，并根据需要派人监督。6. 按照有关规范要求定期开展设备管理等级评定、闸门设备等级评定，每5年进行一次。7. 按照有关规范要求开展安全评价工作，首次投入运行5年内进行首次安全评价，每隔5年进行安全评价，评价为不安全的及时进行除险加固或更新改造的及时进行除险加固或更新改造	4. 闸门操作人员经相关技术培训、合格后上岗作业。5. 检修探伤人员、焊接人员、无损探伤人员和检修作业人员应具备相应的人员资格作业人员资格证书	/	4. 按照相关制度或预案的要求，定期开展应急演练（宜安排在每年汛期、冰期前，并做好记录，对演练中存在的问题，及时进行改进
2	泄水表孔事故检修闸门、埋件及止水（1扇）	1. 主要构件之间设置安全走道和爬梯、爬梯设有防护笼、扶手栏杆；闸门槽、铰座平台周围设置防护栏杆；通气孔保持畅通无阻、通气孔进口处设置安全格栅；门库内干净整洁。	1. 根据有关国家法规和《水工钢闸门和启闭机安全运行规程》（SL/T 722—2020）要求，制定和完善运行操作制度、巡回检查制度、设备管理和维修保养制度、定期试验和轮换制度、维修保养制度、自动控制系统设备管理制度、设备运行安全大事记制度、设备管理等级评定制度等。2. 根据《某水电站闸门操作制度》的要求和运行调度指令进行操作，填写操作记录，闸门操作时应有人巡视。	1. 对水工部新进人员开展三级安全教育，加强风险意识和对安全风险分级管控认识的培训，指导和帮助新进员工了解闸门启闭的风险分级和控制措施。	/	/

续表

序号	风险点（危险源）	控制措施				
		工程技术措施	管理措施	教育培训措施	个人防护	应急处置措施
2	泄水表孔事故检修闸门、埋件及止水（1扇）	2. 闸门的制造、安装和验收应符合国家有关规范和设计要求。 3. 出现变形、裂纹、锈蚀、破损、堵塞等情况时，及时按照某水电站水工建筑物或闸门启闭设备维修养护规程要求，制定维修养护计划。查明原因并采取刷防锈涂层，及时更换老化止水设施和损坏部件、清除杂草、贝类生物等相应技术处置措施	和监护，开启高度满足调度和运行安全要求。开启过程中提前进行坝区预警，逐级控制泄洪。 3. 根据有关巡视检查制度定期开展巡视检查，其中至少每月开展一次日常检查，每年至少2次定期检查，并根据特殊情况开展巡视检查，对巡视检查发现的问题做好记录和报告。 4. 根据有关维修保养制度定期进行维护保养，其中设备维护每年不少于一次，设备存在故障无法恢复正常工作时应及时进行检修、检修后做好维修养护记录和报告。 5. 需委外单位承接作业的，应委托具备相应资质的单位承接，并与其签订安全协议，督促其开展安全技术交底，做好安全防护措施，并根据需要派人监督。 6. 按照有关规范要求定期开展设备管理等级评定，闸门设备等级评定宜每5年进行一次。 7. 按照有关规范要求开展安全评价工作，首次投入运行5年内进行首次安全评价，每隔5年进行安全评价，评价为不安全的及时进行除险加固或更新改造	2. 不定期开展专题讲座、技术培训讲课、安全知识竞赛、培训考试、安全知识竞赛、安全月等活动。将《水工钢闸门和启闭机安全运行规程》(SL/T 722—2020)、某水电站巡视检查和设备管理制度、设备操作规程、闸门操作规程、维护保养规程等知识开展宣传培训。 3. 在闸门操作、检修作业、巡视检查作业前对参与作业工作负责人对相关预控措施进行风险分析和预控措施进行交底、接受交底人员签名确认。 4. 检修闸门起吊门机操作人员经过相关技术培训、人员考试上岗后。 5. 检修作业时、焊接人员、无损探伤人员、其他特殊作业人员和检修作业人员应具备相应的资格证书		

续表

序号	风险点（危险源）	控制措施				
		工程技术措施	管理措施	教育培训措施	个人防护	应急处置措施
3	1#~5#表孔启闭机及现地控制设备（5台）	1. 根据相关规范的要求，设置必要的启开度指示装置、载荷限制装置、行程限位开关等启闭机保护装置。 2. 运行人员可能触及的齿轮、皮带等转动部件，裸露的电器元件和导线，应增设防护罩；电气设备应保证 0.5m 以上的安全通道；启闭机周围的人梯、周围设置连续完整、垂直爬梯设置防护栏杆、垂直爬梯设置防护笼；启闭机室按规定配备消防器材。 3. 运行环境干净整洁，无鸟巢、蜂窝、蛛网，门窗完整无漏水；设置必要的照明设施。	1. 根据有关国家法规和《水工钢闸门和启闭机安全运行规程》（SL/T 722—2020）要求，制定和完善运行操作制度、巡回检查制度、设备运行和轮换制度、挂牌制度，定期试验和维修保养制度、设备运行大事记制度、自动控制系统设备管理制度、设备运行评级制度等。 2. 根据《某水电站闸门操作制度》的要求和运行调度指令进行操作，作业前具有工作票，做好操作和监护，开启高度及时足量调度和运行安全要求，操作后立即停机。填写操作记录，出现异常立即报警，开启过程中提前进行坝区预警、逐级控制泄洪。 3. 根据有关巡视检查制度定期开展巡视检查，其中至少每月开展一次日常检查，每年至少 2 次定期检查，并根据特殊情况开展定期检查。对巡视检查发现的问题做做记录和报告。	1. 对水工部新进人员开展三级安全教育，加强风险意识和对安全风险分级管控认识的培训，指导和帮助新进员工了解闸门启闭设备存在的风险和控制措施。 2. 不定期开展专题讲座、技术培训讲课、安全规程培训考试，安全知识竞赛、安全月等活动。就《水工钢闸门和启闭机安全运行规程》（SL/T 722—2020）某水电站巡视检查和维护保养管理制度、设备管理制度、闸门操作规程、维护保养规程等知识进行宣传培训。 3. 在启闭机操作、检修作业、巡视检查作业班前班后，工作负责人对参与人员就风险分析和预控措施进行交底，接受交底人员签字确认。	／	1. 制定和完善《钢闸门和启闭机安全运行专项应急预案》，明确对闸门启闭运行或明确工况下设置班人员，不同工况下设备应急调度运行方案，闸门无法关闭或开启时应急处置方案，供电电源缺失情况时应急处理方案，设备运行故障时的应急抢修方案等方面的内容。 2. 针对机械伤害、火灾、触电等情况，制定有《人身事故应急预案》《机械伤害类伤亡事故现场处置方案》。

续表

序号	风险点（危险源）	控制措施				
		工程技术措施	管理措施	教育培训措施	个人防护	应急处置措施
		4. 及时按照某水电站水工建筑物或闸门启闭设备的要求进行维修养护。定期对液压油杂质、水分检验过滤，达不到质量要求时，及时更换。存在变形、锈蚀、裂纹等情况及时停机检修	4. 根据有关维修保养制度定期进行检修和维护，其中设备维护每年不少于一次，设备存在故障无法恢复正常工作时应及时进行检修，检修后做好维修养护记录和报告。 5. 需要外委单位作业的，应委托具备相应资质的单位承接，并与其签订安全协议，督促其开展安全技术交底，做好安全防护措施，并根据需要派人监督。 6. 按照有关规范要求定期开展设备管理等级评定、闸门设备等级评定宜每5年进行一次。 7. 按照有关规范要求开展安全评价工作，首次投入运行5年内进行首次安全评价，每隔5年进行定期安全检测与评价，评价为不安全的及时进行除险加固或更新改造	4. 闸门运行工经过相关技术培训，合格后上岗作业。 5. 检修作业时，电工、焊工和其他特殊作业人员，检修作业人员应具备相应的人员资格证书		3. 在坝顶或仓库储备有闸门和启闭设备抢险所需的备品备件、物资、设备设施、急救药品和消防器材等。 4. 按照相关制度或预案的要求，定期开展应急演练，并做好记录

续表

序号	风险点（危险源）	控制措施				
		工程技术措施	管理措施	教育培训措施	个人防护	应急处置措施
4	1#～4#泄水底孔工作闸门、埋件及止水（4扇）	1. 闸门启闭设备配置有开度传感器及上、下行程限位开关装置；主要构件之间设置安全走道和爬梯、爬梯设有防护笼、弧形闸门支臂上宜设置扶手栏杆；闸门上宜设置平台和周围设置防护栏杆；铰座平台、通气孔四周设置防护栏杆；通气孔进口处畅通无阻、通气孔进口处设置安全格栅。 2. 闸门的制造、安装和验收符合国家有关规范和设计要求。 3. 出现变形、裂纹、锈蚀、破损、塌陷等情况时，及时按照某水电站水工建筑物或闸门启闭设备维修养护的要求，对问题登记建档、制定维修养护计划、查明原因并采取刷防锈涂层，及时更换老化止水设施和损坏部件、清除杂草、贝类生物等相应技术处置措施。	1. 根据有关国家法规和《水工钢闸门和启闭机安全运行规程》(SL/T 722—2020)要求，制定和完善运行操作制度、巡回检查制度、设备管理挂牌制度、定期试验和轮换制度、维修养护制度、设备运行安全大事记制度、自动控制系统设备管理制度、设备管理等级评定制度等。 2. 根据《某水工钢闸门操作制度》的要求和某运行调度指令进行操作，填写操作记录。闸门操作时应有人巡视和运行监护、开启高度应满足坝区预警。开启过程中提前进行坝区预警、逐级控制泄洪。 3. 根据有关巡视检查制度定期开展巡视检查，其中至少每月开展一次日常检查。每年2次定期检查，并根据特殊情况开展定期检查、对巡视检查发现的问题做好记录和报告。 4. 根据有关维修保养制度定期进行维修保养，其中设备维护每年不少于一次，设备存在故障无法恢复正常工作时应及时进行检修、检修后做好维修养护记录和报告。	1. 对水工部新进人员开展三级安全教育、加强风险意识和对安全风险分级管控认识的培训、指导和帮助新进员工了解存在的风险和控制措施。 2. 不定期开展专题讲座、技术培训讲课、安全规程培训考试、安全知识竞赛、安全月等活动，就《水工钢闸门和启闭机安全运行规程》(SL/T 722—2020)、某水电站巡视检查和维护管理制度、设备管理制度、闸门操作规程、维护保养规程等知识开展宣传培训。 3. 在闸门操作、检修作业、巡视检查作业前，工作负责人对参与措施人员进行风险分析和预控措施交底、接受交底人员签名确认。	/	1. 制定和完善《钢闸门和启闭机安全运行专项应急预案》，明确应急组织机构人员、特殊时期值班制度，不同工况下设备应急调度运行方案、闸门无法关闭或开启时应急处理方案、供电电源缺失时应急处理方案、设备运行故障时的应急抢修方案等方面的内容。 2. 针对高处坠落情况、制定和完善《人身伤亡事故应急预案》《高处坠落事故现场处置方案》。 3. 在坝顶门或启闭设备备闸门和启闭设备抢修所需的备品备件、物资和设备设施。

续表

序号	风险点（危险源）	控制措施				
		工程技术措施	管理措施	教育培训措施	个人防护	应急处置措施
4	1#～4#泄水底孔工作闸门、埋件及止水（4扇）		5. 需要外委单位的作业的，应委托具备相应资质的单位承接，并与其签订安全协议，督促其开展安全技术交底，做好安全防护措施，并根据需要派人监督。6. 按照有关规范要求定期开展设备管理等级评定，闸门设备等级评定宜每5年进行一次。7. 按照有关规范要求开展安全评价工作：首次投入运行5年内进行首次安全监测与安全评价，之后每隔5年进行定期安全检测与评价，评价为不安全的及时进行除险加固或更新改造	4. 闸门操作人员经过相关技术培训，合格后上岗作业。5. 检修作业时，焊接人员、无损探伤人员和检修人员应具备相应的资格证书		4. 按照相关制度或预案的要求，定期开展应急演练（宜安排在每年汛期、冰期前），并做好记录，对演练中存在的问题及时进行改进
5	泄水底孔事故检修闸门、埋件及止水（1扇）	1. 主要构件之间设置安全走道和爬梯，爬梯设有防护笼、弧形闸门支臂上宜设安全栏杆；闸门门槽、铰座平台周围设置防护栏杆；通气孔保持畅通无阻，通气孔进口处设置安全格栅；门库内净干整洁。2. 闸门的制造、安装和验收符合国家有关规范和设计要求。	1. 根据有关国家法规和《水工钢闸门和启闭机安全运行规程》（SL/T 722—2020）要求，制定和完善运行操作制度，巡回检查制度、设备定期试验和轮换制度、维修养护制度、设备运行安全大事记制度，自动控制系统运行安全管理制度、设备管理等级评定制度等。	1. 对水工部新进人员开展三级安全教育，加强风险意识和对安全风险分级管控认识的培训，指导和帮助新进员工了解闸门启闭设备存在的风险和整治措施。2. 不定期开展专题讲座、技术培训讲课、安全规程培训考试，安全知识竞赛、	/	/

续表

序号	风险点（危险源）	控制措施				
		工程技术措施	管理措施	教育培训措施	个人防护	应急处置措施
5	泄水底孔事故检修闸门、埋件及止水（1 扇）	3. 出现变形、裂纹、锈蚀、破损、堵塞等情况时，及时按照某水电站水工建筑物或闸门启闭设备维修养护规程的要求，对问题登记建档，制定维修养护计划，及时更换老化止水设施，清除杂草、清除老化止水设施，查明原因并采取防锈涂层、贝类生物等相应技术处置措施	2. 根据《某水电站闸门操作制度》的要求和运行调度指令进行操作，填写操作记录，闸门操作时候应有人巡视和监护，开启高度调度满足和运行安全要求。开启过程中提前进行安全要求。开启过程中预警，逐级控制泄洪。 3. 根据有关巡视检查制度定期开展巡视检查，其中至少每月开展一次日常检查，每年 2 次以定期开展检查，并根据特殊情况开展定期检查，并对巡视检查中发现的问题做记录和报告。 4. 根据有关维修保养制度定期进行维修保养，其中设备维护每年不少于一次，设备存在故障无法恢复正常工作时应及时进行检修，检修后做好维修养护记录和报告。 5. 需要外委单位作业的，应托具备相应资质的单位承接，并与其签订安全协议，督促其开展安全技术交底，做好安全防护措施，并根据需要派人监督。 6. 按照有关规范要求定期开展安全评定，闸门设备等级评定宜每 5 年进行一次。 7. 按照有关规范要求开展安全评价工作，首次投入运行 5 年内进行首次安全评价，之后每隔 5 年进行定期安全检测与评价，评价、评价为不安全的及时进行除险加固或更新改造	安全月等活动，就《水工钢闸门和启闭机安全运行规程》(SL/T 722—2020)，某水电站巡视检查和维护管理制度、设备管理制度、闸门操作规程、维护保养规程等知识开展宣传培训。 3. 在闸门操作、检修作业、巡视检查作业前班前会，工作负责人对参与人员就风险分析和预控措施进行交底，接受交底人员签字确认。 4. 检修闸门起吊门机操作人员经过相关技术培训，合格后上岗作业。 5. 检修作业时，焊接人员、无损探伤人员，其他特殊作业人员应具备相应的人员资格证书		

续表

序号	风险点（危险源）	控制措施				
		工程技术措施	管理措施	教育培训措施	个人防护	应急处置措施
6	1#～4#底孔启闭机及现地控制设备（4台）	1. 根据相关规范的要求，设置必要的启闭度开度指示装置、载荷限制装置、行程限位开关等启闭机保护装置。2. 运行人员可能触及的齿轮、皮带等转动部件、裸露的电器元件和导线，应增设防护装置。3. 运行环境干净整洁、无鸟巢、蜂窝、蛛网、门窗完整无漏水；设置必要的照明设施。设置配备消防器材。	1. 根据有关国家法规和《水工钢闸门和启闭机安全运行规程》（SL/T 722—2020要求，制定和完善运行操作制度、巡回检查制度、设备管理和维修养护制度、定期试验和轮换制度、维修养护制度，设备运行大事记制度、自动控制系统设备评定制度、设备管理等级评定制度等。2. 根据《某水电站闸门操作制度》的要求和运行调度进行操作作业，操作时具有操作票，做好操作前检查、操作平台应连续完整、垂直高度满足安全要求，操作后及时填写操作记录，出现异常立即停机。开启过程中提前进行坝区预警，逐级控制泄洪。3. 根据有关巡视检查制度定期开展巡视检查，其中至少每月开展一次日常检查。每年定期检查、并根据特殊情况开展定期检查，并对巡视检查发现的问题做定记录和报告。	1. 对水工部新进入员开展三级安全教育、加强风险意识和对安全风险分级管控认识的培训、指导和帮助新进员工了解闸门启闭设备存在的风险和控制措施。2. 不定期开展专题讲座、技术培训讲课、安全知识培训考试、安全月等活动，就《水工钢闸门和启闭机安全运行规程》（SL/T 722—2020）、某水电站巡视检查和维护保养管理制度、设备管理制度、闸门操作规程、维修保养培训等知识开展宣传培训。3. 在启闭机检查作业、巡视检查作业前班业，工作负责人对参与人员就风险分析和预控措施进行交底，接受交底人员签名确认。		1. 制定和完善《钢闸门和启闭机安全运行专项应急预案》，明确应急组织机构人员，特殊时期设值班制度，不同工况下设备应急调度运行方案、闸门无法关闭或开启时应急处理方案、供电电源缺失时的应急运行故障时的应急抢修方案，设备方面的应急处理预案等内容。2. 针对机械伤害、火灾、触电等事故，制定有《人身事故应急预案》《机械伤亡事故现场处置方案》。

续表

序号	风险点（危险源）	控制措施				
		工程技术措施	管理措施	教育培训措施	个人防护	应急处置措施
6	1#~4#底孔启闭机及现地控制设备（4台）	4. 及时按照某水电站水工建筑物或闸门启闭机设备维修养护规程的要求进行维修养护。定期对液压油质、水分检验过滤，达不到GB/T30507要求时，及时更换。存在变形、锈蚀、裂纹等情况及时停机检修	4. 根据有关维修保养制度定期进行检修和维护，其中设备存在故障无法恢复每年不少于一次，设备存在故障无法恢复正常工作时应及时对进行检修，检修后做好维修养护记录和报告。5. 需要外委单位作业的，应委托具备相应资质的单位承接，并与其签订安全协议，督促其开展安全技术交底，做好安全防护措施，并根据需要派人监督。6. 按照有关规范要求定期开展设备管理等级评定，闸门设备等级评定宜每5年进行一次。7. 按照有关规范要求开展安全评价工作：首次投入运行5年内进行首次安全检测与安全评价，之后每隔5年进行一次定期安全检测与评价，评价为不安全的及时进行除险加固或更新改造	4. 闸门运行工经过相关技术培训，合格后上岗作业。5. 检修作业时，电工、焊工和其他特殊作业人员，检修作业人员应具备相应的人员资格证书		3. 在坝顶或仓库备齐闸门和启闭设备抢险所需的备品备件、物资、设备设施、急救药品和消防器材等。4. 按照相关制度或预案的要求，定期开展应急演练，并做好记录
7	1#、2#进水口拦污栅、埋件及清污机（6扇）	1. 设置清污抓斗，采用停机提清污斗抓污，清除拦污栅前水面漂浮物。	1. 根据有关国家法规和技术标准的要求，制定和完善金属结构操作规程、巡回检查制度、设备管理和挂牌制度、维修养护制度等，对电站拦污栅的管理作出明确规定。	1. 对水工部新进人员开展三级安全教育，加强风险意识和对安全风险分级管控认识的培训，指导和帮助新进员工了解拦污栅和清污设备存在的风险和控制措施。		

续表

序号	风险点（危险源）	控制措施				
		工程技术措施	管理措施	教育培训措施	个人防护	应急处置措施
7	1#、2# 进水口拦污栅、埋件及清污机（6扇）	2. 耙斗式清污机转动部件设置防护罩。 3. 按照有关维修养护规程要求进行检修保养，采取更换损坏部件、涂刷防腐涂层、紧固连接螺栓等技术措施保障状态良好	2. 制定水轮机运行操作规程。当拦污栅前后压差超过0.03MPa，应向调度申请减少负荷运行，必要时停机清污或关闭进水口快速闸门清污。 3. 根据有关维修保养制度定期进行检修和维护，其中设备维护每年不少于一次，设备存在故障无法恢复正常工作时应及时进行检修，检修后做好维修保养护记录和维修养护报告。 4. 需要外委单位作业的，应委托具备相应资质的单位承包，并与其签订安全协议，督促其开展安全技术交底，做好安全防护措施，并根据需要派人员监督。 5. 按照有关规范要求定期开展设备管理等级评定、闸门设备等级评定，每5年进行一次。 6. 按照有关规范要求定期开展安全评价。工作首次投入运行5年内进行首次安全检测与安全评价，之后每隔5年进行定期安全检测与评价，评价为不安全的及时进行除险加固或更新改造	2. 不定期开展专题讲座、技术培训讲课、安全知识竞赛、安全月等活动，将《水工钢闸门和启闭机安全运行规程》(SL/T 722—2020)、某水电站巡视检查和维护管理制度、设备管理制度、维护保养规程、操作规程等知识讲解开展宣传培训。 3. 在拦污栅清污作业、清污作业、检修作业班前班后，工作负责人对参与人员就风险分析和预控措施进行交底，接受交底的人员签名确认。 4. 拦起吊闸门操作人员经过相关技术培训、合格过上岗作业。 5. 检修作业时，焊接人员，无损探伤人员，其他特殊作业人员和检修作业人员应具备相应的人员资格证书	/	1. 制定和完善《水轮发电机组超速、振动摆动异常事故现场处置方案》，当发生拦污栅进水口堵塞、变形等紧急情况，威胁水轮机组正常发电时，应及时申请向调度部门减负荷运行，关闭进水口快速闸门。 2. 按照相关制度或预案的要求，定期开展应急演练，并做好记录

续表

序号	风险点（危险源）	控制措施				
		工程技术措施	管理措施	教育培训措施	个人防护	应急处置措施
8	发电机组进水口检修闸门、埋件及止水（1扇）	1. 主要构件之间设置安全走道和爬梯，爬梯设有防护笼、弧形闸门支臂上宜设扶手栏杆；闸门槽、铰座平台周围设置防护栏杆；通气孔保持畅通无阻，通气孔进口处设置安全格栅；门库内干净整洁。2. 闸门的制造、安装和验收符合国家有关规范和设计要求。3. 出现变形、裂纹、锈蚀、破损、堵塞等情况时，及时按照某水电站水工建筑物或闸门启闭设备维修养护的要求，制定维修养护计划、建档，制定维修养护计划、查明原因并采取刷防锈涂层、及时更换老化止水设施和损坏部件、清除杂草、贝类生物等相应技术处置措施。	1. 根据有关国家法规和《水工钢闸门和启闭机安全运行规程》（SL/T 722—2020）要求，制定和完善运行操作制度、巡回检查制度、设备管理和维护制度、定期试验和轮换制度、维修养护制度、设备运行安全大事记制挂牌制度、自动控制系统设备管理制度、设备运行等级评定制度等。2. 根据《某水电站闸门操作制度》的要求和运行调度指令进行操作，填写操作记录、闸门操作时应有人监护，开启高度满足某过坝区预警、逐级控制泄洪。开启前提前进行坝区预警、逐级控制泄洪。3. 根据有关巡视检查制度定期开展巡视检查，其中至少每月开展一次日常检查，每年2次定期检查，并根据特殊情况开展定期检查。对巡视检查发现的问题做好记录和报告。	1. 对水工部新进人员开展三级安全教育，加强风险意识和对安全风险分级管控认识的培训，指导和帮助新进员工了解闸门启闭设备存在的风险和控制措施。2. 不定期开展专题讲座、技术培训讲课、安全知识竞赛、安全月等活动，将《水工钢闸门和启闭机安全运行规程》（SL/T 722—2020），某水电站巡视检查和维护管理制度、设备管理制度、闸门操作规程、维护保养规程等知识对展开培训。3. 在闸门操作、检修作业、巡视检查作业前班前后，工作负责人对参与人员就风险分析和预控措施进行交底，接受交底人员签名确认。	/	/

续表

序号	风险点（危险源）	控制措施					应急处置措施
		工程技术措施	管理措施	教育培训措施	个人防护		
8	发电机组进水口检修闸门、埋件及止水（1扇）		4. 根据有关维修保养制度定期进行维护保养，其中设备维护每年不少于一次，设备存在故障无法恢复正常工作时应及时进行检修，检修后做好维修养护记录和维修养护报告。 5. 需要外委单位作业的，应委托具备相应资质的单位承接工作，并与其签订安全协议，做好安全防护措施，督促其开展安全技术交底，派人监督。 6. 按照有关规范要求定期开展设备管理等级评定，闸门设备等级评定宜每5年进行一次。 7. 按照有关规范要求运行5年内进行首次安全评价工作，首次投入运行5年内进行首次安全监测与安全评价，之后每隔5年进行定期安全检测与评价，评价为不安全的及时除险加固或更新改造	4. 检修闸门起吊门机操作人员经过相关技术培训，人员经过相关技术培训合格后上岗作业。 5. 检修作业时，焊接人员、无损探伤人员，其他检修作业人员应具备相应的人员资格证书			

续表

序号	风险点（危险源）	控制措施				
		工程技术措施	管理措施	教育培训措施	个人防护	应急处置措施
9	1#、2# 进水口快速闸门、埋件及止水（2 扇）	1. 闸门启闭设备配置有开度传感器及上、下行程限位开关装置；主要构件之间设置安全走道和爬梯，爬梯设有防护笼、弧形闸门支臂上宜设扶手栏杆；闸门槽、铰座平台周围设置防护栏杆，通气孔保持畅通无阻，通气孔进口处设置安全格栅。 2. 闸门的制造、安装和验收应符合国家有关规范和设计要求。 3. 出现变形、裂纹、锈蚀、破损、堵塞等情况时，及时按照某水电站水工建筑物或闸门启闭设备维修养护规程的要求，对问题登记建档，制定维修养护计划。及时更换老化止水设施和损坏部件、清除蔓草、贝类生物等相应处理技术措施。	1. 根据有关国家法规和《水工钢闸门和启闭机安全运行规程》（SL/T 722—2020）要求，制定和完善操作制度、巡回检查制度、设备管理和维护制度、定期试验和轮换制度、维修养护制度、设备运行安全管理制度、自动控制系统管理制度、设备管理分级评定制度等。 2. 根据《某水电站闸门操作制度》的要求填写操作记录。闸门启闭时应有人监视和操作，开启高度调度令进行安全操作，满足特殊要求。开启前提前进行坝区预警，逐级级控制泄洪。 3. 根据有关巡视检查制度定期开展巡视检查，至少每月开展一次日常检查。每年 2 次定期检查，并根据特殊情况开展，对巡视检查发现的问题做好记录和报告。 4. 根据有关维修保养制度定期进行维修保养，其中设备维护每年不少于一次，设备存在故障无法恢复正常工作时应及时进行检修，检修后做好维修养护记录和报告。	1. 对水工部新进人员开展安全教育，加强风险意识和对安全风险分级管控认识的培训，指导和帮助新进员工了解闸门启闭设备存在的风险和控制措施。 2. 不定期开展专题讲座、技术培训讲课、安全知识考试，安全月等活动，就《水工钢闸门和启闭机安全运行规程》（SL/T 722—2020）、水电站巡视检查和维护管理制度、设备管理制度、门操作规程、维护保养规程等知识开展培训。 3. 在闸门操作、检修作业、巡视检查作业前，工作负责人对参与人员就风险分析和预控措施进行交底，接交底人员签名确认。	/	1. 制定和完善《钢闸门和启闭机安全运行和启闭门应急专项预案》《水淹厂房应急预案》，明确应急组织机构及应急人员，特殊时期值班制度，不同工况下设备应急调度运行方案、闸门无法关闭时应急处理方法，供电电源缺失时应急运行故障处理方案、设备运行抢修方案等方面的内容。 2. 针对高处落物情况、制定和完善应急落事故《人身伤亡事故应急预案》《高处坠落事故现场处置方案》。 3. 在启顶或仓库储备有闸门和启闭设备抢险所需高品备件、物资和设备设施。

续表

序号	风险点（危险源）	控制措施				
		工程技术措施	管理措施	教育培训措施	个人防护	应急处置措施
9	1#、2#进水口快速闸门、埋件及止水（2嗣）		5. 需要外委单位作业的，应委托具备相应资质的单位承担，并与其签订安全协议，督促其开展安全技术交底，做好安全防护措施，并根据需要派人监督。 6. 按照有关规范要求定期开展设备管理等级评定，闸门等级评定宜每5年进行一次。 7. 按照有关规范要求开展安全评价工作，首次投入运行5年内进行首次安全监测与安全评价，之后每隔5年进行定期安全检测与评价，评价为不安全的及时进行除险加固或更新改造	4. 闸门操作人员经过相关技术培训、合格后上岗作业。 5. 检修作业时，焊接人员、其他特殊无损探伤人员和检修人员作业人员应具备相应的人员资格证书		4. 按照相关制度的要求、定期展应急演练（宜安排在每年汛期、冰期前），并做好记录，对演练中存在的问题，及时进行改进
10	1#、2#进水口启闭机及现地控制设备	1. 根据相关规范的要求，设置必要的启闭高度指示装置、载荷限制装置，行程限位开关等启闭机保护装置。	1. 根据有关国家法规和《水工钢闸门和启闭机安全运行规程》（SL/T 722—2020）要求，制定和完善操作制度、巡回检查制度、设备管理和启闭试验制度、维修养护制度、设备运行大事记制度、自动控制系统设备管理制度、设备管理等级评定制度等。 2. 根据《某水电站闸门操作制度》的要求和运行调度指令进行操作、作业，做好操作前检查、操作前具工作，做好巡视和监护，开启高度满	1. 对水工部新进人员开展三级安全教育，加强风险意识和对安全风险分级管控认识的培训，指导和帮助新进员工了解闸门启闭设备存在的风险和控制措施。	/	1. 制定和完善《钢闸门和启闭机安全运行专项应急预案》，明确应急组织机构、值班人员，特殊时期工况不同工况下设备应急调度运行方案、闸门无法关闭时应急处置方案，闸门开启或开启关闭方案，供电电源缺失情

续表

序号	风险点（危险源）	控制措施				
		工程技术措施	管理措施	教育培训措施	个人防护	应急处置措施
10	1#、2#进水口快速闸门启闭机及现地控制设备	2. 运行人员可能触及的齿轮、皮带等转动部件、裸露的电器元件和导线，电气设备应加设防护罩；启闭机室以上的安全通道、启闭机周围的人梯，人行平台应连续完整；垂直爬梯行平台应设置防护栏杆；启闭机室按设置防护笼；启闭机室按规定配备消防器材。 3. 运行环境干净整洁，无鸟巢、蜂窝、蛛网；设置必要的照明设施。 4. 及时按照某水电站闸门启闭设备维修养护规程的要求进行维修养护。定期对液压油系统、水分检查过滤，达不到质、存在变形、锈蚀、裂纹等情况时及时停机检修。	足调度和运行安全要求，操作后及时填写操作记录；出现异常立即停机。开启前进行坝区预警，逐级控制泄洪。 3. 根据有关巡视检查制度定期开展巡视检查，至少每月开展一次日常检查，每年2次定期检查，并根据特殊情况开展巡视检查，并对巡视检查发现的问题做好记录和报告。 4. 根据有关维修保养制度定期进行检修和维修养护，设备维护每年不少于一次，设备存在故障无法恢复正常工作时应及时进行检修，检修后做好维修养护记录和维修养护报告。 5. 需要外委单位作业的，应委托具备相应资质的单位承接工作，并与其签订安全协议，督促其开展安全技术交底，做好安全防护措施，闸门启闭按需要派人监督。 6. 按照有关规范要求定期开展设备管理等级评定，闸门设备等级评定每5年进行一次。 7. 按照有关规范要求定期开展安全评价工作；首次投入运行5年内进行首次安全检测与安全评价，之后每隔5年进行定期安全检测与安全评价；评价为不安全的及时进行除险加固或更新改造	2. 不定期开展专题讲座、技术培训讲课，安全规程培训考试，安全知识竞赛，安全月等活动；将《水工钢闸门和启闭机安全运行规程》(SL/T 722—2020)，某水电站巡视检查和维护管理制度、设备管理制度、维护保养规程，闸门操作规程、维护保养规程等知识开展宣传培训。 3. 在启闭机操作、检修作业、巡视检查作业前班前班后，工作负责人就风险分析和预控措施进行交底，接受交底人员签名确认。 4. 闸门运行工经过相关技术培训，合格后上岗作业。 5. 检修作业时，电工、焊工和其他特殊作业人员，检修作业人员应具备相应的人员资格证书	/	况时应急处理方案、设备运行故障时的应急抢修方案等方面的内容。 2. 针对机械伤害，火灾、触电等情况，制定有《人身事故应急预案》《机械伤害类伤亡事故现场处置方案》《机械伤害类伤亡事故现场处置方案》。 3. 在坝顶或仓库储备抢险所需的物品备件、物资、设备设施、急救药品和消防器材等。 4. 按照相关制度、定期开展应急演练，并做好演练记录

续表

序号	风险点（危险源）	控制措施				
		工程技术措施	管理措施	教育培训措施	个人防护	应急处置措施
11	1#、2#机组压力钢管及伸缩节（2组）	灌溉取水压力钢管及其闸阀门的制造、安装和验收符合国家有关规范和设计要求	1. 根据国家有关法规和技术标准，制定和完善金属结构运行操作规程、巡回检查制度、设备管理和挂牌制度、维修试验和轮换制度、定期维护保养制度等。其中，对压力钢管的定期检测、维护检修等做出明确规定。 2. 按照《压力钢管安全监测技术规程》（NB/T 10349—2019）的要求定期开展安全检测，投入运行5年内开展首次检测，之后每隔5~10年进行一次定期检测，必要时开展特殊检测。 3. 根据制度要求定期开展维护检修，检修保养前制定工作方案、明确组织机构和安全措施、有限空间应加强通风、防止触电。 4. 需委外委单位作业的，应委托具备相应资质的单位承接，并与其签订安全协议、督促其开展安全技术交底、做好安全防护措施，并根据需要派人监督	1. 对水工部新进人员开展三级安全教育、加强风险意识和对安全风险分级管控认识和认识的培训、指导和帮助新进员工了解压力钢管存在的风险和控制措施。 2. 不定期开展专题讲座、技术培训讲课、安全规程培训考试，安全知识竞赛、安全月等活动。就《压力钢管安全监测技术规程》（NB/T 10349—2019）、维护保养规程等知识开展宣传培训。 3. 焊接、无损探伤、电工和其他特殊作业人员应具备相应的资格证书	/	1. 制定和完善《某水电站防汛和抢险应急预案》《水淹厂房事故应急预案》《压力钢管爆裂事故应急预案》。 2. 按照预案组建抢险队伍、储备应急物资。 3. 按照相关制度、定期开展应急演练，并做好预案应急演练记录
12	1#、2#机组尾水检修闸门、埋件及止水（4扇）	1. 主要构件之间设置安全走道和爬梯，爬笼、弧形闸门支臂上宜设护笼；设扶手栏杆；闸门设置防护栏杆；平台周围设置安全栏杆；通气孔保持通畅无阻、通气孔进口处设置安全格栅；门库内保持干净整洁。	1. 根据有关国家法规和《水工钢闸门和启闭机安全运行规程》（SL/T 722—2020）要求，制定和完善运行操作规程、巡回检查制度、设备管理和挂牌制度、维修养护制度、定期试验和轮换制度、设备运行安全大事记制度、自动控制系统设备管理制度、设备管理等级评定制度等。	1. 对水工部新进人员开展三级安全教育、加强风险分级管控认识的培训、指导和帮助新进员工了解闸门启闭设备存在的风险和控制措施。		

续表

序号	风险点（危险源）	控制措施				
		工程技术措施	管理措施	教育培训措施	个人防护	应急处置措施
12	1#、2#机组尾水检修闸门、埋件及止水（4 扇）	2. 闸门的制造、安装和验收符合国家有关规范和设计要求。 3. 出现变形、裂纹、锈蚀、破损、堵塞等情况时，及时按照某水电站水工建筑物或闸门启闭设备维修养护规程的要求，对问题登记建档，制定维修养护计划、查明原因并采取采取防锈涂层，及时更换老化止水设施和损坏部件，清除杂草、贝类生物等相应技术处置措施。	2. 根据有关巡视检查制度定期开展巡视检查，其中至少每月开展一次日常检查，每年至少2次定期检查，并根据特殊情况开展定期巡视检查。对巡视检查发现的问题做好记录和报告。 3. 根据有关维修保养制度定期进行维修保养，其中设备维护每年不少于一次。设备存在故障无法恢复正常工作时应及时进行检修、检修后做好维修养护记录和报告。 4. 需要外委单位作业的，应委托具备相应资质的单位承接，并与其签订安全协议，督促其开展安全技术交底，做好安全防护措施，并根据需要派人监督。 5. 按照有关规范要求定期开展设备管理等级评定，闸门设备等级评定每5年进行一次。 6. 按照有关规范要求开展安全评价工作，首次投入运行5年内进行首次安全监测与安全评价，之后每隔5年进行定期安全检测与评价，评价结果为不安全的及时进行除险加固或更新改造	2. 不定期开展专题讲座、技术培训讲课、安全规程培训考试，安全知识竞赛、安全月等活动，就《水工钢闸门和启闭机安全运行规程》(SL/T 722—2020)、某水电站巡视检查和维护管理制度、设备管理制度、维护保养制度、门槽操作规程、维护保养规程等知识开展宣传培训。 3. 在闸门操作、检修作业、巡视检查作业前班后，工作负责人对参与作业人员就风险分析和预控措施进行交底，接受交底人员签名确认。 4. 检修闸门起吊门机操作人员经过相关技术培训，合格后上岗作业。 5. 检修作业时，焊接人员、无损探伤人员，其他特殊作业人员和相应的人员应具备相应的人员资格证书	/	/

续表

序号	风险点（危险源）	控制措施				应急处置措施
		工程技术措施	管理措施	教育培训措施	个人防护	
13	左右岸灌溉渠渠首拦污栅及埋件（4孔）	1. 设置清污抓斗，采用停机提栅结合清污抓斗清污，清除拦污栅前水面漂浮物。 2. 耙斗式清污机转动部件设置防护罩。 3. 按照有关维修养护规程要求进行检修保养，采取更换损坏部件、涂刷防腐涂层、紧固连接螺栓等技术措施保障状态良好	1. 根据有关国家法规和技术标准的要求，制定和完善结构金属结构运行操作制度、巡回检查制度、设备管理和挂牌制度、维修养护制度等，对电站拦污栅的管理作出明确规定。 2. 根据有关维护和维修制度定期进行检修和维护，其中设备维修保养每年不少于一次，设备存在故障无法恢复正常工作时应及时进行检修、检修后做好维修养护记录和报告。 3. 需要委外单位作业的，应委托具备相应资质的单位承接，并与其签订安全协议，督促其安全防护措施，并做好安全防护措施，并根据需要派人监督。 4. 按照有关规范要求定期开展设备管理等级评定、闸门设备等级评定官每5年进行一次。 5. 按照有关规范要求运行5年内进行首次安全评价工作，首次投入运行5年内进行首次安全评价，之后每隔5年进行定期安全检测与安全评价，评价为不安全的及时进行除险加固或更新改造	1. 不定期开展专题讲座、技术培训讲课、安全知识竞赛、安全月等活动，将《水工钢闸门和启闭机安全运行规程》（SL/T 722—2020），某水电站巡视检查和维护管理制度、设备管理制度、闸门操作规程、维护保养规程等知识开展宣传培训。 2. 在拦污栅起吊作业、清污作业、检修作业班前班后，工作负责人对参与人员就风险分析和预控措施进行交底，接受交底需派人签名确认。 3. 拦污栅起吊相关技术培训合格过相关培训，合格后上岗作业。 4. 检修作业时，焊接人员、无损探伤人员，其他特殊作业人员和检修人员应具备相应的人员资格证书	/	/

续表

序号	风险点（危险源）	控制措施				应急处置措施
		工程技术措施	管理措施	教育培训措施	个人防护	
14	左右岸灌溉渠首检修闸门及止水（1 扇）	1. 主要构件之间设置安全走道和爬梯、爬梯设有防护笼、弧形闸门支臂上宜设扶手栏杆；闸门周围设置防护栏杆、铰座平台周围设置防护栏杆；通气孔保持畅通无阻。通气孔进口处设置安全格栅；门库内力争整洁。 2. 闸门的制造、安装和验收符合国家有关规范和设计要求。 3. 出现变形、裂纹、锈蚀、破损、堵塞等情况时，及时按照某水电站水工建筑物或闸门启闭设备维修养护规程的要求，对问题登记建档，制定维修养护计划，查明原因并采取锈蚀防锈涂层，及时更换老化止水设施和损坏部件、清除杂草、贝类生物等相应技术处置措施	1. 根据有关国家法规和《水工钢闸门和启闭机安全运行规程》（SL/T 722—2020）要求，制定和完善运行操作制度，巡回检查制度、设备运行管理和帮挂牌制度，定期试验、设备轮换制度、维修养护制度，设备运行安全大事记制度，自动控制系统设备管理制度，设备管理等级评定制度等。 2. 根据有关巡视检查制度定期开展巡视检查，其中至少每月开展一次日常检查，每年至少 2 次定期检查，并根据特殊情况开展定期检查，对巡视检查发现的问题做好记录和报告。 3. 根据有关维修保养制度定期进行维护保养，其中设备维护每年不少于一次，设备存在故障无法恢复正常工作时应及时进行检修，检修后做好维修养护记录和报告。 4. 需要外委单位作业的，应委托具备相应资质的单位承接工作，并与其签订安全协议，督促其开展安全技术交底，做好安全防护措施，并根据需要派人监督。	1. 对水工部新进人员开展三级安全教育，加强风险意识和对安全风险分级管控认识的培训，指导和帮助新进员工了解闸门启闭设备存在的风险和控制措施。 2. 不定期开展专题讲座、技术培训讲课、安全规程培训考试、安全知识竞赛，安全月等活动，将《水工钢闸门和启闭机安全运行规程》（SL/T 722—2020），某水电站巡视检查和维护管理制度、设备管理制度、门闸操作规程、维护保养规程等知识宣传开展培训。 3. 在闸门操作、检修作业、巡视检查作业前，工作负责人对参与本项作业人员就风险分析和预控措施进行交底，接受交底人员签名确认。	/	/

续表

序号	风险点(危险源)	控制措施				
		工程技术措施	管理措施	教育培训措施	个人防护	应急处置措施
14	左右岸灌溉渠首检修闸门及止水(1扇)		5. 按照有关规范要求定期开展设备管理等级评定,闸门设备等级评定宜每5年进行一次。 6. 按照有关规范要求对水闸开展安全评价,首次投入运行5年内进行首次安全评价,之后每隔5年进行一次安全评价;评价为不安全的定期安全检测与评价,评价为不安全的及时进行除险加固或更新改造	4. 检修闸门起吊门机操作人员经过相关技术培训,合格后上岗作业。 5. 检修作业时,焊接人员、无损探伤人员、其他特殊作业人员和检修作业人员应具备相应的人员资格证书		
15	左右岸灌溉取水口压力钢管及蝶阀(2组)	灌溉取水压力钢管及其闸阀的制造、安装和验收符合国家有关规范和设计要求	1. 根据国家有关法规和技术标准,制定和完善金属结构运行操作制度、巡回检查制度、设备管理和挂牌制度、定期试验和轮换制度、维修养护制度等。其中,对压力钢管的定期检测、维护检修等做出明确规定。 2. 按照《压力钢管安全监测技术规程》(NB/T 10349—2019)的要求定期开展安全检测,投入运行5年内开展首次安全检测,之后每隔5～10年进行一次定期检测,必要时开展特殊检测。	1. 对水工部新进人员开展三级安全教育,加强风险意识和对安全风险分级管控认识的培训,指导和帮助新进员工了解压力钢管存在的风险和控制措施。 2. 不定期开展专题讲座、技术培训考试、安全规程培训讲课,安全知识竞赛、安全月等活动,就《压力钢管安全监测技术规程》(NB/T 10349—2019),维护养护规程等知识宣传培训。	/	1. 制定和完善《某水电站防汛和抢险应急预案》《水淹厂房应急预案》《压力钢管爆管事故应急预案》。 2. 按照预案组建抢险队伍、储备应急物资。 3. 按照相关制度、定期开展应急演练,并做好预案应急演练、定期开展记录

503

续表

序号	风险点（危险源）	控制措施				应急处置措施
		工程技术措施	管理措施	教育培训措施	个人防护	
15	左右岸灌溉取水口压力钢管及蝶阀（2组）		3. 根据制度要求定期开展维护检修，检修保养前制定工作方案，明确组织机构和安全措施，有限空间应加强通风，防止触电。 4. 需要外委单位作业的，应委托具备相应资质的单位承接，并与其签订安全协议，督促其开展安全技术交底，做好安全防护措施，并根据需要派人监督	3. 焊接、无损探伤、电工和其他特殊作业人员应具备相应的资格证书		

表 5.4-1　某水电站维护检修类一般危险源安全管控措施清单

序号	风险点（危险源）	控制措施				应急处置措施
		工程技术措施	管理措施	教育培训措施	个人防护措施	
1	检修作业前的准备	／	1. 制定和完善《某水电站设备检修维护管理规定》《某水电站两票管理办法》等制度，明确检修维护作业责任、内容、程序和相关工作要求。同时加强检修作业指导书和检修规程的编制，明确每个作业可能涉及的危险源和风险。	1. 采取多种方式对某水电站检修作业人员就《某水电站设备检修维护管理规定》《某水电站两票管理办法》及其他施工许可等制度开展培训，促使其掌握检修作业程序和要求。	／	／

续表

序号	风险点（危险源）	控制措施				
		工程技术措施	管理措施	教育培训措施	个人防护措施	应急处置措施
1	检修作业前的准备	/	2. 加强对作业前风险评估的执行，培养操作前评估风险的习惯；严格按照制度要求执行两票三制，高危作业办理施工许可。 3. 工作负责人应在作业前进行危险点布控、确认安全隔离措施执行到位。同时对作业班组人员状态、工具、环境、内容、物资、作业对象、技术资料等进行再次检查确认	2. 工作负责人应根据作业指导书、检修规程或其他安全操作要求，在工作前就作业对象、作业范围、作业内容、隔离措施和危险点等内容进行安全技术交底，并做好记录。 3. 定期监督检查安全交底记录并点评考核	/	/
2	检修作业中的变更	/	1. 制定的《某水电站设备检修维护管理规定》中对作业过程中变更内容、程序、工作要求做出明确规定。作业过程发生变更，严格按照规定办理工作变更手续，对安全措施需要变更的严格执行工作票制度。	1. 采取多种方式对某水电站检修作业人员就《某水电站设备检修维护管理规定》及其他两票管理办法》开展培训，促使其掌握检修作业程序和要求。 2. 工作负责人应根据作业指导书、检修规程或其他安全操作要求，就变更后的作业对象、作业范围、作	/	/

续表

序号	风险点（危险源）	控制措施				
		工程技术措施	管理措施	教育培训措施	个人防护措施	应急处置措施
2	检修作业中的变更	/	2. 工作负责人应根据目前作业的情况及变更要求，按作业指导书的工序和工艺检查和确认工作内容和安全隔离措施是否正确	业内容、隔离措施和危险点等内容进行安全技术交底，并做好记录。 3. 定期监督检查安全交底记录并点评考核	/	/
3	检修作业后的验收	/	1.《某水电站设备检修维护管理规定》《某水电站两票管理办法》应对工作完工验收的程序、工作要求做出明确规定。严格执行完工前检查验收制度，工作负责人检查相关的记录是否合格、数据是否准确、签名是否齐全、确认设备是否恢复到作业前的状态。 2. 工作结束后工作负责人对人员所携带的工器具、配件和材料进行清点核查、遗留的废弃物应分类处置。工作完成后立即断开所有动力源。 3. 工作负责人总结工作票，与工作许可人做好现场交底，对检修遗留的问题应给予书面说明	采取多种方式对某水电站检修作业人员就《某水电站设备检修维护管理规定》《某水电站两票管理办法》及其他施工许可等制度开展培训，促使其掌握检修作业程序和要求	/	/

续表

序号	风险点（危险源）	控制措施				应急处置措施
		工程技术措施	管理措施	教育培训措施	个人防护措施	
4	发电机定子检修作业	/	1. 依据《水轮发电机基本技术条件》(GB/T 7894—2009)、《立式水轮发电机检修技术规程》(DL/T 817—2014)、《水电站设备检修管理导则》(DL/T 1066—2007)、《天津阿尔斯通水电设备有限公司 SF60-38/9070 发电机产品使用、维护说明书》等，制定和完善《某水电站发电机定子检修技术规程》《某发电机定子检修作业指导书》和高危作业管理制度、技术规范，并严格执行。 2. 进入发电机工作，应由专人登记，并至少有 2 人；严禁佩戴铁钉、铁掌进入发电机，爬行走动应小心防止碰伤、踏空坠摔；不得用脚直接踏在定子端部，作业时必须保护好上部结线圈，工作人员上下要用专用梯子，梯子严禁直接架在线圈端部；起重吊装作业应制定起吊吊运方案，设有专人指挥并严格执行"十不吊"准则；正确使用液压工具，搭设牢固严密的检修平台；使用厂家推荐的溶剂，不得使用损伤绝缘的有机溶剂；打磨焊接时配置适量灭火器，对补焊部位周围用防火板或湿布加以防护；试验前充分放电，并选择合适档位。 3. 作业时在作业场所配置醒目的安全色、安全警示标志以及四色图、风险告知栏	1. 及时对新人职、转岗员工进行三级安全教育培训、安全生产风险分级管控培训、业务培训，不定期开展专题讲座、安全月等活动知识竞赛、安全月等活动，强化安全生产意识，提高安全技能水平。 2. 组织检修人员定期学习《某水电站设备维护管理规定》《某水电站发电机定子检修规程》和定子检修作业指导书等。 3. 在检修作业班前班后，工作负责人对参与人员就风险分析和预控措施进行交底，接受交底人员签名确认	使用安全帽、安全带、安全绳、绝缘手套、绝缘鞋、工作服、护目镜、防尘口罩、焊工防护服、安全照明行灯等个人防护用品和工具	1. 针对定子检修时可能发生的触电、起重伤害、碰伤、高处坠落、火灾、油压伤人等安全事故，制定《触电伤亡类事故现场处置方案》《物体打击类事故现场处置方案》《高处坠落类事故现场处置方案》《人身事故应急预案》《火灾事故现场处置方案》等。 2. 作业现场配置一定量的医用酒精纱布、碘伏等外伤急救用品。 3. 按照相关制度或预案的要求，定期开展应急演练和培训，并做好相关记录

续表

序号	风险点（危险源）	控制措施				
		工程技术措施	管理措施	教育培训措施	个人防护措施	应急处置措施
5	发电机转子检修作业	1. 孔洞上方设置临时盖板。 2. 临时电源设置电漏电保护装置	1. 依据《水轮发电机基本技术条件》(GB/T 7894—2009)、《立式水轮发电机检修技术规程》(DL/T 817—2014)、《水电站设备检修通用水电设备有限公司 SF60-38/9070 发电机产品使用、维护说明书》等，制定和完善《某水电站发电机检修技术规程》《水轮发电机转子检修作业指导书》和高危作业管理制度，技术规程，并严格执行。 2. 转子检修时要对磁极绕组加以保护；严禁作业人员携带明火种，现场配置灭火器；在转子上作业时轮毂孔要封堵或装设临时的盖板。高处作业时安全系安全带；转子转动；转子起吊时要安排适量人员做好协调避免质间隙板在空气间隙内抽动，如遇卡住立即停止起吊；起吊作业制定吊车方案，设专人指挥并确认转子"十不吊"准则。大车行走前确认转子最低处至最小高出路径上顶端，确保作业环境完整；所有接线、螺栓确保完整，使用大锤时不得戴手套；使用内窥镜时不能强行进入和拉拽；确保引线绝缘良好，检验合格；正确使用液压工具；工盘，确保引线绝缘性物质；正确使用液压工具；工具存在跌落时需系在手上。 3. 作业时在作业所配置醒目的安全色图、风险告知栏全警示标志以及四色图，风险告知栏	1. 及时对新入职、转岗员工进行三级安全教育培训，安全生产分级管控培训，业务培训，不定期开展专题讲座、安全生产知识竞赛，安全月等活动，加强日常安全生产思想教育，强化安全意识，提高安全技能水平。 2. 组织检修人员定期学习《某水电站设备检修维护管理规定》《某水电站发电机转子检修作业指导书》等。 3. 在检修作业班前班后，工作负责人对参与人员就风险分析和预控措施进行交底，接受交底人员签名确认	穿戴使用安全帽、安全带、安全绳、绝缘手套、绝缘鞋、工作服、防滑靴、安全照明灯具、盖板等个人防护用品和工具。	1. 针对转子检修时可能发生的机械伤害、高处坠落、起重伤害、触电、碰伤等安全事故，制定《触电伤亡类事故处置方案》《物体打击类事故处置方案》《人身事故处置方案》《高处坠落类事故伤亡处置方案》《起重类事故吊装处置方案》等。 2. 作业现场配置一定量的医用酒精、纱布、碘伏等外伤急救用品。 3. 按照相关制度或定期展应急演练和培训，并做好相关记录

续表

序号	风险点（危险源）	控制措施				应急处置措施
		工程技术措施	管理措施	教育培训措施	个人防护措施	
6	发电机上下导轴承检修作业	作业场地铺设塑料布或彩条布防止滑动。	1. 依据《水轮发电机基本技术条件》（GB/T 7894—2009）、《立式水轮发电机检修技术规程》（DL/T 817—2014）、《水电站设备检修管理导则》（DL/T 1066—2007）、天津阿尔斯通水电设备有限公司 SF60-38/9070 发电机产品使用、维护技术规程和完善《某水电站发电机检修技术规程》和高危作业管理制度，并严格执行。 2. 导轴承检修时，试验人员要做好沟通、配合，防止油泵突然启动；轴承瓦面要做好防火，严禁作业人员携带火种，现场配置适量灭火器；正确使用加压工具缓慢升压，避免长时间过压；高处作业必须有固定的梯子或脚手架；密封材料完全固化后才可进行渗漏试验；绝缘测量严禁触碰带电试验端子，绝缘测试仪电压应选择合适档位，确认被试验设备无电压，滤油时保持滤油机有人看守，缓慢加油时，应不间断人工测量油位，拆装元件时注意防护避免损坏。 3. 作业时在作业场所配置醒目的安全色、安全警示标志以及四色图、风险告知栏	1. 及时对新人入职、转岗员工进行三级安全教育培训，安全生产风险分级管控培训，业务培训，不定期开展专题讲座，安全生产知识竞赛，安全月等活动，加强日常安全生产思想教育，强化安全意识，提高安全技能水平。 2. 组织检修人员定期学习《某水电站设备维护管理规定》《某水电站发电机检修规程》和上下导轴承检修作业指导书等。 3. 在检修作业班前班后，工作负责人对参与人员就风险分析和预控措施进行交底，接受交底人员签名确认	使用安全帽，安全带、安全绳，绝缘手套、绝缘服、防护鞋，工作服，安全照明行灯、盖板等个人防护用品和工具	1. 针对发电机上下导轴承检修时可能发生的物体打击、火灾、试验爆管、摔伤、碰伤、高处坠落等安全事故，制定《物体打击类事故亡人事故现场处置方案》《发电机火灾类事故亡人事故现场处置方案》《高处坠落类事故亡人事故现场处置方案》《人身伤害类事故现场处置预案》《试验爆管类预案》《事故现场处置方案》等。 2. 作业现场配置一定量的医用酒精、纱布、碘伏等急救用品。 3. 按照相关制度要求、定期开展应急演练培训，并做好相关记录

续表

序号	风险点(危险源)	控制措施				
		工程技术措施	管理措施	教育培训措施	个人防护措施	应急处置措施
7	发电机推力轴承检修作业	作业场地铺设塑料布或彩条布防滑	1. 依据《水轮发电机基本技术条件》(GB/T 7894—2009)、《立式水轮发电机检修技术规程》(DL/T 817—2014)、《水电站设备检修管理导则》(DL/T 1066—2007)《天津阿尔斯通水电设备有限公司 SF60-38/9070 发电机产品使用维护说明书》等,制定和完善《某水电站发电机检修技术规程》和《高危作业管理制度、技术规程,并严格执行。 2. 推力轴承检修排油时应检查各个阀门位置是否正确;高处作业必须有固定梯子或脚手架;做好个人防护;按照图纸连接油管正确使用油加压工具缓慢升压,避免长时间过压;拆卸搬运时做好协调、避免磕碰;严禁作业人员携带火种,现场配置适量灭火器;卡环拆装过程做好卡环保护、避免坠落;使用大锤不得戴手套;作业现场临时用电工设漏电保护器;绝缘测试仪绝缘垫、轴瓦、推力头等元件的保护;绝缘试电压应选择合适档位,严禁触碰带电试验元件;绝缘测量试验合格后;保持油管道连接,应不间断地人工测量油的使用合格油管连接,保持油管人工测量油的缓慢加油时,应不间断地人工测量油。 3. 作业时在作业场所配置醒目的安全色,安全警示标志以及四色图,风险告知栏	1. 及时对新人入职、转岗员工进行三级安全生产教育培训,安全生产风险分级管控培训,业务培训,不定期开展专题讲座、安全生产知识竞赛、安全月等活动,加强日常安全生产思想教育,强化安全意识,提高安全技能水平。 2. 组织检修人员定期学习《某水电站设备检修维护管理规定》《某水电站发电机推力轴承检修作业指导书》等。 3. 在检修作业班前班后,工作负责人对参与人员就风险分析和预控措施进行交底,接受交底人员签名确认	使用安全帽、安全带、安全绳、绝缘手套、绝缘服、防护鞋、工作服、安全照明灯、盖板、爬行梯等个人防护用品和工具	1. 针对发电机推力轴承检修时可能发生的高处坠落、磕碰、试验爆管、火灾、触电等安全事故,制定《物体打击类伤亡事故应急处置方案》《火灾伤亡类事故现场处置方案》《高处坠落类伤亡事故现场处置方案》《人身伤亡类事故现场处置方案》《触电事故应急预案》等。 2. 作业现场配置一定量的医用酒精、纱布、碘伏等急救用品。 3. 按照相关制度要求,定期开展应急演练和培训,并做好相关记录

续表

序号	风险点（危险源）	控制措施				
		工程技术措施	管理措施	教育培训措施	个人防护措施	应急处置措施
8	发电机上下机架和挡风板检修作业	转子轮辐孔上方设置临时盖板	1. 依据《水轮发电机基本技术条件》(GB/T 7894—2009)、《立式水轮发电机检修技术规程》(DL/T 817—2014)、《水电站设备检修管理导则》(DL/T 1066—2007)、《天津阿尔斯通水电设备有限公司 SF60-38/9070 发电机产品使用、维护说明书》等，制定和完善《某水电站发电机检修技术规程》和高危作业管理制度，上下机架发电机检修作业指导书并严格执行。 2. 上下机架检修时要注意防止坠落跌倒；使用大锤时不得戴手套；拆装过程中发电机定子、转子气隙上端做好遮盖措施；起吊机架时下方禁止站人，严格执行"十不吊"准则。 3. 作业时在作业现场以及四色图、风险告知栏全警示标志以及所配置醒目的安全色、安	1. 及时对新入职、转岗员工进行三级安全教育培训，安全生产风险分级管控培训，业务培训，安全生产开展专题讲座，安全生产知识竞赛、安全生产月等活动，加强日常安全生产思想教育，强化安全意识，提高安全技能水平。 2. 组织检修人员定期学习《某水电站设备检修维护管理规定》《某水电站发电机检修规程》和上下机架检修作业指导书等。 3. 在检修作业班前班后，工作负责人对参与人员就风险分析和预控措施进行交底，接受交底人员签名确认	使用安全帽、工作服、防滑靴、安全照明行灯、盖板、爬梯，对讲机等个人防护用品和工具	1. 针对发电机上下机架检修时可能发生的高处坠落、物体打击等安全事故，制定《物体打击类伤亡事故现场处置方案》《高处坠落类伤亡事故现场处置方案》《人身事故应急预案》等。 2. 作业现场配置一定量的医用酒精、纱布、碘伏等外伤应急救用品。 3. 按照相关制度或预案的要求，定期开展应急演练和培训，并做好相关记录

续表

序号	风险点（危险源）	控制措施				
		工程技术措施	管理措施	教育培训措施	个人防护措施	应急处置措施
9	发电机通风冷却系统检修作业	/	1. 依据《水轮发电机基本技术条件》《GB/T 7894—2009》《立式水轮发电机检修技术规程》《DL/T 817—2014》《水电站设备检修管理导则》《DL/T 1066—2007》、《天津阿尔斯通水电设备有限公司 SF60-38/9070 发电机产品使用、维护说明书》等，制定和完善《某水电站发电机检修技术规程》《水轮发电机通风冷却系统检修作业指导书》和高危作业管理制度、技术规程，并严格执行。 2. 检修前熟悉空冷器冷却器结构，并检查内窥镜镜头是否旋紧；冷却器管路吹扫时开口用石棉布遮挡；正确使用加压工具缓慢升压，避免长时间过压；漏水处理时应注意收集漏水，避免水流向四周喷溅；高处作业使用合格的梯子平台，不得攀爬爬管路设备；对可能触碰的定子绝缘部件做好防护，进入风洞严禁止踩踏线棒。 3. 作业时在作业场所配置醒目的安全色、安全警示标志以及四色图、风险告知栏	1. 及时对新入职、转岗员工进行三级安全教育培训，安全生产风险分级管控培训、业务培训，不定期开展专题讲座、安全生产知识竞赛、安全月等活动，加强日常安全生产思想教育，强化安全意识，提高安全技能水平。 2. 组织检修人员定期学习《某水电站设备检修维护管理规定》《某水电站发电机检修规程》和通风冷却系统检修作业指导书等。 3. 在检修作业班前班后，工作负责人对参与管控措施的人员就风险分析和预控措施进行交底，接受交底人员签名确认	使用安全帽、安全带、安全绳、工作服、防滑靴、石棉布、爬灯等个人防护用品和工具	1. 针对发电机通风系统检修时可能发生的物体打击、试验爆管等安全事故，制定《物体打击伤亡事故现场处置方案》《试验爆管事故现场处置方案》等。 2. 按照相关制度要求，定期展开应急演练和培训，并做好相关记录。

续表

序号	风险点（危险源）	控制措施				
		工程技术措施	管理措施	教育培训措施	个人防护措施	应急处置措施
10	发电机机械制动系统检修作业	进入孔门拆装时设置临时防坠落措施	1. 依据《水轮发电机基本技术条件》（GB/T 7894—2009）、《立式水轮发电机检修技术规程》（DL/T 817—2014）、《水电站设备检修管理导则》（DL/T 1066—2007）、《天津阿尔斯通水电设备有限公司 SF60-38/9070 发电机产品使用、维护说明书》等，制定和完善《某水电站发电机检修作业指导书》和《水轮发电机机械制动系统检修作业技术规程》、技术规程，并严格执行。 2. 检修过程要做好配合协调，避免误投制动器；正确使用工器具避免损伤运动元件；严禁使用高压气体耐压试验后进行，优先使用液体；搬运制动器部件应做好配合、摆放整齐，避免砸伤；严禁作业人员携带火种，现场配置适量灭火器材；拆卸压力开关或事或管路前应确认已可靠隔离气源并泄压，检查排气阀在全开位置；拆除进人孔螺栓时先拆除远身体侧的螺栓；进人门拆装过程中做好防坠落措施；正确使用加压工具缓慢提升，避免长时间过压。 3. 作业时在作业场所配置醒目的安全色、安全警示标志以及四色图、风险告知栏	1. 及时对新入职、转岗员工进行三级安全教育培训、安全生产风险分级管控培训、业务培训，不定期开展专题讲座、安全生产知识竞赛、安全月等导员活动，加强日常安全生产思想教育，强化安全意识，提高安全技能水平。 2. 组织检修人员定期学习《某水电站设备检修维护管理规定》《某水电站发电机和机械制动规程》《机械制动系统检修作业指导书》等。 3. 在检修作业班前后，工作负责人对参与人员就风险分析和预控措施进行交底，接受交底人员签名确认	使用安全帽、安全带、安全绳、防滑靴、防护手套、灭火器材、工作服等个人防护用品和工具	1. 针对发电机检修系统制动系统检修时可能发生的机械伤害、高压伤人、物体打击、火灾、试验爆管、高处坠落等安全事故，制定《物体打击类事故现场处置方案》《发电机火灾类事故现场处置方案》《高处坠落类伤亡事故现场处置方案》《人身伤亡事故现场处置方案》《试验爆管类事故现场处置方案》等。 2. 作业现场配置一定量的医用酒精、纱布、碘伏等外伤急救用品。 3. 按照相关制度或预案的要求，定期开展应急演练和培训，并做好相关记录

续表

序号	风险点（危险源）	控制措施				
		工程技术措施	管理措施	教育培训措施	个人防护措施	应急处置措施
11	发电机集电环检修作业	/	1. 依据《水轮发电机基本技术条件》（GB/T 7894—2009）、《立式水轮发电机检修管理导则》（DL/T 817—2014）、《水电站发电设备检修管理导则》（DL/T 1066—2007）、天津阿尔斯通水电设备有限公司 SF60-38/9070 发电机产品使用、维护说明书》等，制定和完善《某水电站发电机检修作业规程》和高危作业集电环检修作业指导书》和《水轮发电机集电环检修技术规程》，并严格执行。 2. 检修过程中工器具或材料应系在手上，零件放在盒子内，工器具使用完毕后及时取出；工作前先用吸尘器清扫碳粉。 3. 作业时在作业场所配置醒目的安全色，安全警示标志以及四色图、风险告知栏	1. 及时对新入职、转岗员工进行三级安全教育培训，安全生产风险分级管控培训、业务培训，不定期开展专题讲座、安全生产知识竞赛、安全月等活动，加强日常安全生产思想教育，强化安全意识，提高安全技能水平。 2. 组织检修人员定期学习《某水电站设备检修维护管理规定》《某水电站发电机检修规程》和集电环检修作业指导书等。 3. 在检修作业班前班后，工作负责人对参与检修人员就风险分析和预控措施进行交底，接受交底人员签名确认	使用安全帽、工作服、安全绝缘靴、安全照明行灯、卫生口罩等个人防护用品和工具	1. 针对发电机集电环检修时可能发生的设备损坏等安全事故，制定《人身事故应急预案》《电力设备事故应急预案》等。 2. 作业现场配置一定量的医用酒精、纱布、碘伏等外伤急救用品。 3. 按照相关制度要求、定期开展应急演练和培训，并做好相关记录

续表

序号	风险点（危险源）	控制措施				
		工程技术措施	管理措施	教育培训措施	个人防护措施	应急处置措施
12	发电机消防系统检修作业	/	1. 依据《水轮发电机基本技术条件》(GB/T 7894—2009)《立式水轮发电机检修技术规程》(DL/T 817—2014)、《水电站设备检修管理导则》(DL/T 1066—2007)、《天津阿尔斯通水电设备有限公司 SF60-38/9070 发电机》产品使用、维护说明书〉等,制定和完善《某水电站发电机检修技术规程》《水轮发电机消防系统检修作业指导书》和高危作业管理制度、技术规程,并严格执行。 2. 检修前做好策划,将消防装置动作回路端子解除、关闭消防管路阀门;清扫时注意对清扫设备的保护;对漏水处理前应将漏水收集到准备的容器内、避免水流喷溅;消防控制屏清洁要使用绝缘工具和手套;使用绝缘手套的专用热风枪,工作时注意与保持规格的热风险;高处作业必须使用固定的梯子或脚手架;探测器试验前要注意号致消防误动。工作前要将探头清扫干净、完成后将探头内部要将烟雾吹散。 3. 作业时在作业场所配置醒目的安全色,安全警示标志以及四色图、风险告知栏	1. 及时对新人入职、转岗员工进行三级安全教育培训,安全生产风险分级管控培训、业务培训使用,维开展专题讲座、安全生产知识竞赛、安全月等活动,加强日常安全生产思想教育、强化安全意识、提高安全技能水平。 2. 组织检修人员定期学习《某水电站设备检修管理制度》《某水电站消防系统检修规程》和消防系统检修作业指导书等。 3. 在检修作业班前班后、工作负责人对参与人员就风险分析和预控措施进行交底、接受交底人员签名确认	使用安全帽、安全带、绝缘鞋、工作服、安全照明灯具、集水桶等个人防护用品和工具	1. 针对发电机消防系统检修时可能发生的触电、高处坠落等安全事故,制定《触电伤亡类事故处置方案》《高处坠落类伤亡事故现场处置方案》等。 2. 按照相关制度的要求、展应急演练和培训,并做好相关记录

续表

序号	风险点（危险源）	控制措施				
		工程技术措施	管理措施	教育培训措施	个人防护措施	应急处置措施
13	发电机加热装置检修作业	1. 采用合适功率照明灯具，确保照明充足。 2. 孔洞上方设置临时盖板	1. 依据《水轮发电机基本技术条件》（GB/T 7894—2009）、《立式水轮发电机检修技术规程》（DL/T 817—2014）、《水电站设备检修管理导则》（DL/T 1066—2007）、《天津阿尔斯通水电设备有限公司 SF60-38/9070 发电机产品使用、维护说明书》等，制定和完善《某水电站发电机检修技术规程》和高危作业加热装置检修作业指导书，并严格执行。 2. 检修前提前断开加热器电源，待温度降低后再进人；进入有限空间作业前准备好安全照明电源；工作前确认安全措施到位，佩戴绝缘手套；周围孔洞应装设临时盖板，必要时系安全带。 3. 作业时在作业场所配置醒目的安全色、安全警示标志以及四色图、风险告知栏	1. 及时对新入职、转岗员工进行三级安全教育培训，安全生产风险分级管控培训、业务培训，不定期开展专题讲座、安全生产知识竞赛、安全月等活动，加强日常安全生产思想教育，强化安全意识，提高安全技能水平。 2. 组织检修人员定期学习《某水电站设备检修管理制度》和加热装置检修《检修规程》作业指导书等。 3. 在检修作业班前班后，工作负责人对参与人员就风险分析和预控措施进行交底，接受交底人员签名确认	使用安全帽、安全带、绝缘鞋、绝缘手套、安全照明灯具、盖板等个人防护用品和工具	1. 针对发电机加热装置检修时可能发生的触电、高处坠落、摔伤等安全事故，制定《触电事故现场处置方案》《高处坠落类事故现场处置方案》《灼烫伤亡类事故现场处置方案》《人身事故应急预案》等。 2. 按照相关制度要求、定期开展应急演练和培训，并做好相关记录。

续表

序号	风险点（危险源）	控制措施				应急处置措施
		工程技术措施	管理措施	教育培训措施	个人防护措施	
14	发电机中心点接地装置检修作业	传动部位设置保护装置	1. 依据《水轮发电机基本技术条件》(GB/T 7894—2009)《立式水轮发电机检修技术规程》(DL/T 817—2014)、《水电站发电设备检修管理导则》(DL/T 1066—2007)、《天津阿尔斯通水电设备有限公司 SF60-38/9070 发电机产品使用、维护说明书》等，制定和完善《某水电站发电机出口电压接地点接地装置检修作业技术规程》《水轮发电机中心点接地装置检修作业管理制度》和高危作业技术规程、技术规程，并严格执行。 2. 操作机构和传动部位测量试验时注意设备动作范围；试验后试验措施和恢复措施应详细打钩确认；作业使用合适的螺丝刀，正确使用工具；作业前分清带电端子，使用绝缘工器具；人字梯需经验收合格方可使用、高处作业有专人监护，正确佩戴安全带、佩戴防毒面具注意加强制通风；作业过程注意拿稳绝缘子。 3. 作业时在作业场所配置醒目的安全色、安全警示标志以及四色图，风险告知栏	1. 及时对新入职、转岗员工进行三级安全教育培训，安全生产风险分级管控培训、业务培训，不定期开展专题讲座、安全生产知识竞赛、安全月等活动，加强日常安全生产思想教育，强化安全意识，提高安全技能水平。 2. 组织检修人员定期学习《某水电站设备检修管理制度》《某水电站发电机出口电压设备检修技术规程》和发电机中性点接地装置检修作业指导书等。 3. 在检修作业前班前，工作负责人对参与人员就风险分析和预控措施进行交底，接受交底人员签名确认	使用安全帽、安全带、安全鞋、绝缘手套、工作服、防毒面具、人字梯、危险气体监测仪等个人防护用品和工具	1. 针对发电机中心点装置检修时可能发生的设备损坏、触电、机械伤人、高处坠落、物体打击等安全事故、制定《触电伤亡类事故现场处置方案》《高处坠落类事故现场处置方案》《物体打击类事故现场处置方案》《电力设备事故现场处置方案》等应急预案。 2. 按照相关制度及预案的要求、定期开展应急演练和培训，并做好相关记录

续表

序号	风险点（危险源）	控制措施				应急处置措施
		工程技术措施	管理措施	教育培训措施	个人防护措施	
15	发电机出口断路器检修作业	/	1. 依据《交流高压断路器》(GB 1984—2014)、《交流高压断路器参数选用导则》(DL/T 615—1997)、《水电站设备检修管理导则》(DL/T 1066—2007)、《发电机出口断路器使用、维护说明书》等，制定和完善《某水电站发电机出口电压断路器检修技术规程》《水轮发电机出口断路器检修作业技术规程》和高危作业管理制度、技术规程、技术规范并严格执行。 2. 工作前未检查作业场所通风、保证有毒气体不超标；作业前断开操作机构电源、确保储能机构完全泄压、测量时注意设备动作范围；有限空间作业时防止磕碰；使用规定大小力矩的扳手并涂抹专用润滑油脂；防止端子未紧固；工作前保持足够照明；工作前分清带电端子；使用合格绝缘工具；灭弧室至解体工作人员需穿防护服、佩戴防毒面具和手套，同时防止有害粉尘扩散至空气中；打开六氟化硫设备封盖后，人员暂离30min以上；抽真空时真空度应在要求范围内、避免引起气体泄漏；作业过程中随时监测六氟化硫浓度；禁止踩踏断路器传动部位和电容器等薄弱设备。 3. 作业时在作业场所配置醒目的安全色、安全警示标志以及四色图、风险告知栏	1. 及时对新人入职、转岗人员工进行三级安全教育培训，安全生产分级管控培训、业务培训、不定期开展专题讲座，安全生产知识竞赛、安全月等活动、加强日常安全生产思想教育、强化安全意识、提高安全技能水平。 2. 组织检修人员定期学习《某水电站设备检修管理制度》《某水电站发电机出口电压设备检修技术规程》和出口断路器检修作业指导书等。 3. 在检修作业班前班后，工作负责人对参与预控措施进行交底、接受交底人员签名确认	使用安全帽、安全带、绝缘手套、安全鞋、防电弧服、防毒面具、安全照明灯具、六氟化硫检测仪等个人防护用品和工具	1. 针对发电机出口断路器检修时可能发生的设备损坏、中毒、机械伤害、触电等安全事故，制定《机械伤亡类事故现场处置方案》《中毒窒息伤人类事故现场处置方案》《触电类事故现场处置方案》《人身事故应急预案》等。 2. 按照相关制度要求，定期开展应急演练和培训，并做好相关记录

续表

序号	风险点（危险源）	控制措施				个人防护措施	应急处置措施
		工程技术措施	管理措施	教育培训措施			
16	发电机引出线检修作业	/	1. 依据《水轮发电机基本技术条件》《GB/T 7894—2009》、《立式水轮发电机检修技术规程》《DL/T 817—2014》、《水电站设备检修管理导则》《DL/T 1066—2007》、《天津阿尔斯通水电设备有限公司 SF60-38/9070 发电机产品使用、维护说明书》等，制定和完善《某水电站发电机出口电压设备检修技术规程》《水轮发电机引出线检修作业指导书》和《高危作业管理制度》，技术规范，并严格执行。 2. 检修前在附近设置围栏或悬挂警示标识；接地线位置搭接正确认检修工具状态良好；施工临时用电设备按规定串接漏电保护装置；作业过程中有专人监护，严禁抛掷物件；高处作业平台要稳固。 3. 作业时在作业场所配置醒目的安全色，安全警示标志以及四色图、风险告知栏	1. 及时对新入职、转岗员工进行三级安全教育培训，安全生产风险分级管控培训、业务培训、不定期开展专题讲座、安全生产知识竞赛、安全月等活动，加强日常安全生产思想教育，强化安全意识，提高安全技能水平。 2. 组织检修人员定期学习《某水电站设备检修管理制度》《某水电站发电机出口电压设备检修技术规程》和引出线检修作业指导书等。 3. 工作负责人对参与人员就工作范围、风险点进行风险分析和预控措施进行交底，接受交底人员签名确认	使用安全帽、安全带、绝缘手套、安全鞋、工作服、人字梯等个人防护用品和工具	1. 针对发电机引出线检修时可能发生的触电、高处坠落、物体打击等安全事故，制定《触电伤亡类事故现场处置方案》《物体打击类事故现场处置方案》《高处坠落类事故现场处置方案》《人身事故应急预案》等。 2. 按照相关制度及预案的要求，定期开展应急演练和培训，并做好相关记录

续表

序号	风险点（危险源）	控制措施				
		工程技术措施	管理措施	教育培训措施	个人防护措施	应急处置措施
17	发电机共箱母线检修作业	/	1. 依据《立式水轮发电机检修技术规程》(DL/T 817—2014)、《水电发电站设备检修管理导则》(DL/T 1066—2007)、《发电厂封闭母线运行与维护导则》(DL/T 1769—2017)等，制定和完善《某水电发电站发电机出口电压设备检修技术规程》《水轮发电机共箱母线检修技术规程》和高危作业管理制度、作业指导书，并严格执行。 2. 检修前在附近设置围栏或悬挂警示标识；作业前分清带电端子，使用定期校验合格的绝缘工具；高处作业使用合格梯子平台，必须有专人监护，同时正确使用安全带；作业过程中拿稳绝缘子避免掉落、绝缘子安装必须与封闭母线接触良好；对母线外壳防腐处理时佩戴防毒面罩，注意强制通风。 3. 作业时在作业场所配置醒目的安全色、安全警示标志以及四色图、风险告知栏	1. 及时对新入职、转岗员工进行三级安全教育培训，安全生产风险分级管控培训，业务培训，不定期开展专题讲座，安全生产知识竞赛，安全月等活动，加强日常安全生产思想教育，强化安全意识，提高安全技能水平。 2. 组织检修人员定期学习《某水电站设备检修管理制度》《某水电发电机出口电压设备检修技术规程》和共箱母线检修作业规程》等指导书。 3. 在检修作业班前班后，工作负责人对参与人员就风险分析和预控措施进行交底，接受交底人员签名确认。	使用安全帽、安全带、绝缘手套、安全鞋、工作服、人字梯、防毒面具等个人防护用品和工具	1. 针对发电机共箱母线检修时可能发生的设备损坏、触电、高处坠落、物体打击等安全事故，制定《安全生产伤亡类事故现场处置方案》《物体打击类事故现场处置方案》《高处坠落类伤亡事故现场处置方案》等。 2. 按照相关制度及预案的要求，定期开展应急演练和培训，并做好相关记录。

续表

序号	风险点（危险源）	控制措施					应急处置措施
		工程技术措施	管理措施	教育培训措施	个人防护措施		
18	发电机电压电流互感器检修作业	/	1. 依据《立式水轮发电机检修技术规程》(DL/T 817—2014)、《水电站设备检修管理导则》(DL/T 1066—2007)、《互感器运行检修导则》(DL/T 727—2013)等，制定和完善《某水电站发电机出口电压电流互感器检修技术规程》《水轮发电机电压电流互感器检修作业指导书》和高危作业管理制度、技术规程，并严格执行。 2. 正确使用清扫和除尘工具，防止损坏设备；作业时使用合适螺丝刀紧固并注意力矩；回装时不得使用蛮力、轻拿轻装。 3. 作业时在作业场所配置醒目的安全色、安全警示标志以及四色图、风险告知栏	1. 及时对新入职、转岗员工进行三级安全教育培训，安全生产风险分级管控培训、业务培训，不定期开展专题讲座、安全生产知识竞赛、安全月等活动，加强日常安全生产思想教育，强化安全意识，提高安全技能水平。 2. 组织检修人员定期学习《某水电站设备检修管理制度》《某水轮发电机出口电压电流互感器检修技术规程》和发电机电压电流互感器检修作业指导书等。 3. 在检修作业班前班后，工作负责人对参与检修的人员就风险分析和预控措施进行交底，接受交底人员签名确认	使用安全帽、绝缘手套、安全鞋、绝缘梯、放电棒等个人防护用品和工具		1. 针对发电机电压电流互感器检修时可能发生的触电、设备损坏等安全事故，制定《触电伤亡类事故现场处置方案》《电力设备事故应急预案》等。 2. 按照相关要求，定期开展应急演练和培训，并做好相关记录

续表

序号	风险点（危险源）	控制措施				
		工程技术措施	管理措施	教育培训措施	个人防护措施	应急处置措施
19	发电机组动力柜检修作业	/	1. 依据《立式水轮发电机检修技术规程》(DL/T 817—2014)、《水电站设备检修管理导则》(DL/T 1066—2007)、《水力发电厂自动化设计技术规范》(DL/T 727—2013)等,制定和完善《某水电站机组自动化辅助控制系统设备检修技术规程》《水轮发电机动力柜检修作业指导书》和高危作业管理制度、技术规程,并严格执行。 2. 检修前在周围设置围栏或悬挂警示标识;高处作业搭设稳定的人字梯;作业前确认动力电源已断开;尽可能避免金属裸露工具与低压电源的接触;加强操作前对设备名称、位置的检查和监护对工作,元件设防护带和悬号,引发误碰的回路,拆接线时做好标记,保护定值应挂警示牌;拆接线根据下达的整定单和有人监护情况下修改并复核;应确保至少有一块PLC在正常工作条件下进行冗余设计。 3. 作业时在作业场所配置醒目的安全色、安全警示标志以及四色图、风险告知栏	1. 及时对新入职、转岗员工进行三级安全教育培训,安全生产风险分级管控培训、业务培训,不定期开展专题讲座、安全月等活动,知识竞赛,加强日常安全生产思想教育,强化安全意识,提高安全技能水平。 2. 组织检修人员定期学习《某水电站设备检修管理制度》《某水电站自动化辅助控制系统规程》和发电机动力柜检修作业指导书等。 3. 在检修作业班前后,工作负责人对参与人员就风险分析和预控措施进行交底,接受交底人员签名确认	使用安全帽、绝缘手套、绝缘鞋、绝缘工作服、绝缘人字梯、绝缘杆、绝缘垫、验电器等个人防护用品和工器具	1. 针对发电机动力柜检修时可能发生的触电、设备损坏等安全事故,制定《电力设备事故现场处置方案》《电力设备应急预案》。 2. 按照相关制度要求,定期开展应急演练和培训,并做好相关记录

续表

序号	风险点（危险源）	控制措施				应急处置措施
		工程技术措施	管理措施	教育培训措施	个人防护措施	
20	发电机和主变保护装置（保护 A 柜、保护 B 柜）检修作业	/	1. 依据《水电站设备检修管理导则》(DL/T 1066—2007)、《电力安全工作规程 发电厂和变电站电气部分》(GB 26860—2021)、《继电保护和安全自动装置技术规程》(GB 14285—2006)、《继电保护和电网安全自动装置检验规程》(DL/T 995—2017)，制定和完善《某水电站发变组继电保护装置检修技术规程》《某水电站发变组机发电机轮发电机发电机和高危作业管理制度》技术规程，并严格执行。2. 整定值校验应 2 人同时进行，一人操作、一人监护检查，并使用最新版过定值单；检验试验时加电压二次气断路器断开；清扫和检查过程中要佩戴手套，用绝缘胶布包裹好毛刷的金属裸露部分。同时，防止误碰；端子拆装时携带手电筒辅助照明，勿触碰磁盘内带电端子；接线前仔细核对图纸做好标记，执行监护制度，防止误接线；工作前确认电压互感器二次小开关在断开位置，避免 TA 回路开路，TV 回路短路；对仪器外壳进行接地，防止试验电压伤人。3. 作业时在作业场所配置醒目的安全色，安全警示标志以及四色图、风险告知栏	1. 及时对新入职、转岗员工进行三级安全教育培训，安全生产风险分级管控培训、业务培训，不定期开展专题讲座，安全月等活动，加强日常安全生产思想教育，强化安全意识，提高安全技能水平。2. 组织检修人员定期学习《某水电站设备发变组检修技术规程》和发电机发变组继电保护装置检修作业指导书等。3. 在检修作业班前班后，工作负责人对参与人员就风险分析和预控措施进行交底，接受交底人员签名确认	使用安全帽、绝缘手套、绝缘鞋、绝缘工作服、绝缘人字梯、绝缘杆、绝缘垫、验电器、手电筒等个人防护用品和工器具	1. 针对发变保护装置检修时可能发生的触电、设备损坏等安全事故，制定《电力设备事故》《触电伤亡类事故现场处置方案》《电力设备事故应急预案》等。2. 按照相关制度或预案的要求，定期开展应急演练和培训，并做好相关记录

续表

序号	风险点（危险源）	控制措施				
		工程技术措施	管理措施	教育培训措施	个人防护措施	应急处置措施
21	机组调速系统（电气柜、机械柜、油压装置等）检修作业	/	1. 依据《水电站设备检修管理导则》(DL/T 1066—2007)、《立式水轮发电机检修规程》(DL/T 817—2014)、《电业安全工作规程 第1部分：热力和机械》(GB 26164.1—2010)、《水轮机调速器试验技术规程》(DL/T 308)、《水力发电厂自动化设计技术规范》(IEC 308)、制定和完善《某水电站设备检修技术规程》《某水电站机组调速器系统设备检修作业指导书》和高危作业管理制度、技术规程《某水电站机组调速器设备检修作业指导书》，并严格执行。	1. 及时对新入职、转岗员工进行三级教育培训，安全生产风险分级管控培训、业务培训，不定期开展专题讲座、安全生产知识竞赛、安全生产月等活动，加强日常安全思想教育，强化安全生产意识，提高安全技能水平。 2. 组织检修人员定期学习《某水电站设备检修管理制度》《某水电站机组调速器系统检修技术规程》和调速器设备检修作业指导书等。 3. 在检修作业班前班后，工作负责人对参与人员就风险分析和预控措施进行交底，接受交底人员签名确认	使用安全帽、安全带、绝缘手套、绝缘鞋、绝缘胶带、绝缘防护服、耐酸防护服、护目镜、耐酸手套等个人防护用品，手电筒照明灯具、有毒气体和氧气检测仪，个人登高梯，对讲机等工具	1. 针对调速系统检修时可能发生的触电、物体打击、设备损坏、机械伤害、高处坠落、中毒窒息、起重伤害、择火灾等安全事故，制定《触电伤害类事故场处置方案》《物体打击类伤亡事故场处置方案》《机械伤害类伤亡事故场处置方案》《高处坠落类伤亡事故场处置方案》《火灾类事故现场处置方案》《中毒窒息类事故现场处置方案》《起重伤害类伤亡事故现场处置方案》等。

续表

序号	风险点（危险源）	控制措施				应急处置措施
		工程技术措施	管理措施	教育培训措施	个人防护措施	
			2. 检修前确认机组进水口闸门和尾水闸门已关闭，蜗壳消压至零；应确保主接力器管路、油罐等设备无残压、无残油；有限空间作业时防止挤压、中毒窒息、坠落伤害。作业照明电压不超过24V；耐压试验严格按照方案缓慢升压；防止爆管；导叶接力器动作时必须确认水车室无人，且禁止踩踏；拆装高前对阀时正确佩戴安全带、高挂低用；登高前对梯子安放位置进行检查；油罐容器内严禁使用明火、严禁向内部输送氧气；金属容器探伤作业区域防止人员误入；作业前对设备名称、编号、位置进行检查核对；拆、接线应做好标记，应确保至少有一块PLC正常工作时进行冗余试验；电气柜交直流电源已断开；整定值校核应根据整改情况下修改复原；加压电量不要超过继电器允许的最大值；钢管酸洗时应穿戴专门防护服和护目镜，耐酸手套；起吊作业应由专人指挥，并严格执行"十不吊"准则；可能引发误碰的回路、设备、元件应设防护带和悬挂标识。 3. 作业时在作业场所配置醒目的安全色、安全警示标志以及四色图、风险告知栏			2. 按照相关制度或预案的要求，定期开展应急演练和培训，并做好相关记录

续表

序号	风险点（危险源）	控制措施				
		工程技术措施	管理措施	教育培训措施	个人防护措施	应急处置措施
22	机组技术供水系统（过滤器、控制阀门、水泵）检修作业	/	1. 依据《水电站设备检修管理导则》(DL/T 1066—2007)、《立式水轮发电机检修技术规程》(DL/T 817—2014)、《电业安全工作规程 第1部分：热力和机械》(GB 26164.1—2010)、《水力发电厂自动化设计技术规范》(DL/T 727—2013)，制定和完善《某水电站机组技术供水系统设备检修技术规程》《水轮发电机机组供水系统检修作业指导书》和高危作业管理制度、技术规程，并严格执行。 2. 检修前检查吊具是否合格，吊装过程防止倾倒；高处作业时使用安全带，吊架过程防止坠倒；人应取得资格证书；高处作业时，升降车操作和接头时应先泄压；悬空管路、阀门拆卸和带压阀门、接头时应做好防坠落措施；作业前核对设备名称、编号、位置、分清带电部位，作业穿戴绝缘手套和绝缘鞋；对可能误碰部位设设防护带和悬挂警示标识；检查作业场所已隔离验电；检修地有积水时及时清理；校验前需核查设备定额制及参数，确保图纸和实际标示一致。 3. 作业时在作业场所配置醒目的安全色，安全警示标志以及四色图，风险告知栏	1. 及时对新入职、转岗员工进行三级安全教育培训，安全生产分级管控培训，业务培训，不定期开展专题讲座、安全生产知识竞赛、安全月等活动，加强日常安全生产思想教育，强化安全意识，提高安全技能水平。 2. 组织检修人员定期学习《某水电站设备检修管理制度》《某水电站检修技术规程》供水系统检修技术规程和技术供水系统检修作业指导书等。 3. 在检修作业班前班后，工作负责人对参与人员就风险分析和预控措施进行交底，接受交底人员签名确认	使用安全帽、安全带、防坠落装置、绝缘手套、绝缘防滑绝缘鞋、绝缘防护带、工作服、护目镜、对讲机等个人防护用品和工具	1. 针对发电机技术供水系统检修时可能发生的起重伤害、高处坠落、物体打击、设备损坏、触电、起伤等安全事故，制定《物体打击类伤亡事故现场处置方案》《机械伤害类伤亡事故现场处置方案》《高处坠落类伤亡事故现场处置方案》《起重伤害类伤亡事故现场处置方案》等。 2. 按照相关制度及预案的要求，定期开展应急演练和培训，并做好相关记录

续表

序号	风险点（危险源）	控制措施				应急处置措施
		工程技术措施	管理措施	教育培训措施	个人防护措施	
23	机组自动测温装置检修作业	/	1. 依据《发电企业设备检修导则》（DL/T 838—2017）、《立式水轮发电机检修技术规程》（DL/T 817—2014）、《水电厂自动化元件（装置）及其系统运行维护与检修试验规程》（DL/T 619—2012）等，制定和完善《某水电站机组自动化辅助控制系统检修温装置管理制度、技术规程，并严格执行。 2. 检修前测温柜所有外部回路接线、断开测温柜所有外部回路接线；整定值校核应根据整定单，在有人监护下修复改复；作业前核对设备或部件名称、编号、位置；接线做好核对使用仪器仪表避免设备损坏。 3. 作业时在作业场所配置醒目的安全色、安全警示标志以及四色图、风险告知栏	1. 及时对新入职、转岗员工进行三级安全教育培训、安全生产风险分级管控培训、业务培训，不定期开展专题讲座、安全生产知识竞赛、安全月等活动，加强日常安全生产思想教育，强化安全意识，提高安全技能水平。 2. 组织检修人员定期学习《某水电站设备检修管理制度》《某水电站自动化辅助控制系统检修技术规程》和机组自动测温装置检修作业指导书等。 3. 在检修作业班前班后，工作负责人对参与检修作业人员就风险分析和预控措施进行交底，接受交底人员签名确认	使用安全帽、绝缘手套、绝缘工作服、绝缘鞋、绝缘工作服等个人防护用品和绝缘垫、绝缘杆、验电器、手电筒、对讲机等工器具	1. 针对机组自动测温装置检修时可能发生的触电、设备损坏等事故，制定《触电伤亡类事故现场处置方案》等。 2. 按照相关制度要求，定期开展应急演练和培训，并做好相关记录

续表

序号	风险点(危险源)	控制措施				
		工程技术措施	管理措施	教育培训措施	个人防护措施	应急处置措施
24	机组状态监测与分析系统检修作业	/	1. 依据《发电企业设备检修导则》(DL/T 838—2017)、《立式水轮发电机检修技术规程》(DL/T 817—2014)、《水电厂自动化元件(装置)及其系统运行维护与检修试验规程》(DL/T 619—2012)等,制定和完善《某水电站机组机组自动化辅助控制系统检修技术规程》《水轮发电机检修作业指导书》和高危作业管理制度,技术规程,并严格执行。 2. 工作前确认工作地点,设置专人监护,设置围栏或悬挂警示标识,严禁使用易燃溶剂或四氯化碳清洁部件;作业前断开电源;紧固端子时用力要均匀;防止端子损坏;测量前仔细检查万用表档位及量程;对可能误动的回路、设备设置防护带或警示标识;使用绝缘工具,做好个人防护、防误碰措施;戴上绝缘或纱布手套;毛刷金属裸露部应应用绝缘电手胶布包裹好;使用防静电手套或防静电手环、工作前释放静电,整定值复核应根据整定单,在有人监护情况下修改复核;穿防滑鞋要及时清洞和水车要进行登记;准备充足的安全照明;窒息风险时有防挤压临碰、窒息措施。 3. 作业时在作业场所配置醒目的安全色、安全警示标志以及四色图、风险告知栏	1. 及时对新入职、转岗员工进行三级安全教育培训、安全生产分级管控培训、业务培训、不定期开展专题讲座、安全生产知识竞赛、安全月等活动,加强日常安全生产思想教育、强化安全意识,提高安全技能水平。 2. 组织检修人员定期学习《某水电站设备检修管理制度》《某水电站机组自动化辅助控制系统检修技术规程》和机组状态监测与分析系统设备检修作业指导书等。 3. 在检修作业班前班后,工作负责人对参与检修人员就风险分析和预控措施进行交底,接受交底人员签名确认	使用安全帽、绝缘手套、绝缘鞋、绝缘防护服、绝缘手套、绝缘布手套、纱布手套、手防静电手环、电筒等个人防护用品	1. 针对发电机机组状态监测与分析系统检修时可能发生的设备损坏、触电、机械伤害、碰伤、机械伤害等安全事故,制定《触电伤亡类事故现场处置方案》《物体打击类伤亡事故现场处置方案》《机械伤害类伤亡事故现场处置方案》等。 2. 按照相关制度或预案的要求,定期开展应急演练和培训,并做好相关记录。

续表

序号	风险点（危险源）	控制措施				应急处置措施
		工程技术措施	管理措施	教育培训措施	个人防护措施	
25	机组励磁系统（调节柜、功率柜、灭磁柜、起励装置、励磁变）检修作业	/	1. 依据《电力安全工作规程 发电厂和变电站电气部分》(GB 26860—2021)、《大中型水轮发电机组自并励静止整流励磁系统及装置技术条件》(DL/T 491—2008)、《大中型水轮发电机组励磁系统检修技术规程》(DL/T 583—2018)等，制定和完善《某水轮发电机组励磁系统设备检修作业指导书》和高危作业管理制度、技术规程，并严格执行。 2. 作业前断开电源；正确使用防静电手环；清扫时穿长袖工作服并使用绝缘的毛刷，禁止触摸裸露金属部位；储能机构能量得到充分释放；明确力矩要求。正确紧固螺丝，选择合适的电压等级进行绝缘试验；整定值校验、整定单；现场有专人监护，在有人监护情况下修改数据设备防护；防止发生误碰；测量时使用合适万用表档位。 3. 作业时在作业场所配置醒目的安全色、安全警示标志以及四色图、风险告知栏	1. 及时对新人入职、转岗员工进行三级安全教育培训，安全生产风险分级管控培训，业务培训；开展专题讲座、安全生产知识竞赛、安全月等活动，不定期开展日常安全生产思想教育，强化安全意识，提高安全技能水平。 2. 组织检修人员定期学习《某水电站设备检修管理制度》《某水电站励磁系统检修技术规程》和励磁系统设备检修作业指导书等。 3. 在检修作业班前班后，工作负责人对参与检修人员就风险分析和预控措施进行交底，接受交底人员签名确认	使用安全帽、绝缘手套、绝缘鞋、绝缘手环、绝缘垫、绝缘验电器、绝缘验电笔、验电器、手电筒、对讲机、防静电手环，防止机械危害等个人防护用品和工器具	1. 针对机组励磁系统检修时可能发生的触电、机械伤害、设备损坏等安全事故，制定《触电伤亡类事故现场处置方案》《机械伤害事故现场处置方案》等。 2. 按照相关要求，定期开展应急演练和培训，并做好相关记录

续表

序号	风险点（危险源）	控制措施				
		工程技术措施	管理措施	教育培训措施	个人防护措施	应急处置措施
26	水轮机转轮检修作业	电动工具设置漏电保护装置	1. 依据《水轮发电机基本技术条件》(GB/T 7894—2009)、《立式水轮发电机检修技术规程》(DL/T 817—2014)、《发电企业设备检修规则》(DL/T 838—2017)、《水轮机产品使用、维护说明书》等，制定和完善《某水电站水轮机转轮检修作业指导书》和相关危险作业管理制度、技术规程，并严格执行。 2. 转轮吊出时应做好"十不吊"准则；拆卸热装保护支墩，严格执行"十不吊"准则；拆卸热装螺栓时应做好隔热防护，避免烫伤；电动工具使用带漏电保护装置的电源，佩戴好护目镜、防尘口罩；禁止穿戴棉质手套；现场设置灭火器；铺设防火布；脚手架由具备搭设资质的人员搭设，要验收并悬挂标识牌；严禁不熟悉人员使用打磨工具，打磨设备状态要良好；潮湿环境、涉水现场使用电动工具时要佩戴绝缘手套；受限空间作业要采取防坠落、磕碰、中毒窒息措施；高处作业要应系安全带；使用合格的工器具，按标准使用指定力矩对称对紧螺栓。 3. 作业时在作业场所配置醒目的安全色、安全警示标志以及风险告知栏	1. 及时对新入职、转岗员工进行三级安全教育培训、安全生产风险分级管控培训、业务培训，不定期开展专题讲座、安全生产知识竞赛、安全月等活动，加强日常安全生产思想教育，强化安全意识，提高安全技能水平。 2. 组织检修人员定期学习《某水电站设备检修管理制度》《某水电站水轮机检修技术规程》和水轮机转轮检修作业指导书等。 3. 在检修作业班前班后，工作负责人对参与人员就风险分析和预控措施进行交底，接受交底人员签名确认	使用安全帽、安全带、绝缘防热手套、防滑鞋、工作服、防尘口罩、护目镜、手电筒照明灯具、灭火器材、防火布、氧气检测仪、呼吸器等个人防护用品和工器具	1. 针对转轮检修时可能发生的起重伤害、高处坠落、物体打击、触电、火灾、坍塌、窒息、挤压碰伤害、机械伤害等安全事故，制定《触电伤亡类事故现场处置方案》《物体打击类伤亡方案》《高处坠落类伤亡方案》《机械伤亡类事故现场处置方案》《发电机火灾类事故现场处置方案》《起重伤害类伤亡事故现场处置方案》《灼烫伤亡类事故处置方案》等。 2. 按照相关的要求，定期开展应急演练和培训，并做好相关记录

续表

序号	风险点（危险源）	控制措施				
		工程技术措施	管理措施	教育培训措施	个人防护措施	应急处置措施
27	水轮机顶盖检修作业	/	1. 依据《水轮发电机基本技术条件》（GB/T 7894—2009）、《立式水轮发电机检修技术规程》（DL/T 817—2014）、《发电企业设备检修规则》（DL/T 838—2017）、《水轮机产品使用、维护说明书》等，制定和完善《某水电站水轮机检修技术规程》《某水轮机顶盖检修作业指导书》和相高危作业管理制度、技术规程，并严格执行。 2. 顶盖吊出或回装应制定起吊方案，统一指挥，加强通信联系，严格执行"十不吊"准则；在锥管室搭好脚手架平台并验收合格使用，进出转轮室用防滑爬梯并有专人监护；有限空间作业要做好策划，采取防窒碍、挤压、中毒窒息和触电措施；作业现场照明使用安全电压，打磨设备使用前检查完好，穿戴连体服、护目镜和防滑靴；检修前、液压工具工作部件在停要清离电；气动、液压工具工作部件在停止转动前不准进行拆换；设备搬运前要做好防倾倒措施。 3. 作业时在作业场所配置醒目的安全色、安全警示标志以及四色图、风险告知栏	1. 及时对新入职、转岗员工进行三级安全教育培训，安全生产风险分级管控培训，业务培训，不定期开展专题讲座、安全生产知识竞赛、安全月等活动，加强日常安全生产思想教育，强化安全意识，提高安全技能水平。 2. 组织检修人员定期学习《某水电站设备检修管理制度》《某水轮机检修技术规程》和某水轮机顶盖检修作业指导书等。 3. 在检修作业班前班后，工作负责人对参与人员就风险分析和预控措施进行交底，接受交底人员签名确认	使用安全帽、安全带、安全绳、连体服、防滑靴、安全电压照明、呼吸器、对讲机、防滑爬梯、验电器、绝缘手套等个人防护用品和工器具	1. 针对顶盖检修时可能发生的起重伤害、高处坠落、机械伤害、触电、中毒、窒息、摔伤等安全事故，制定《起重伤害类现场处置方案》《高处坠落现场处置方案》《机械伤害类现场处置方案》《触电伤亡类现场处置方案》《中毒窒息类现场处置方案》《人身事故应急预案》等。 2. 按照相关制度及定期开展应急演练和培训，并做好相关记录

续表

序号	风险点（危险源）	控制措施				
		工程技术措施	管理措施	教育培训措施	个人防护措施	应急处置措施
28	水轮机主轴检修作业	/	1. 依据《水轮发电机基本技术条件》（GB/T 7894—2009）、《立式水轮发电机检修技术规程》（DL/T 817—2014）、《发电企业设备使用、维护检修规则》（DL/T 838—2017）、《水轮机产品使用说明书》等，制定和完善《某水电站水轮机检修技术规程》《水轮机主轴检修作业指导书》和高危作业管理制度，技术规范，并严格执行。2. 主轴拆卸连接工作应安排专人统一指挥，并严格执行"十不吊"准则；转轮下方应用楔子板塞实并点焊；起吊用螺栓、螺母、垫片等使用前应检查合格；螺母受力应均匀、液压千斤顶应缓慢顶升，顶升速度保持一致；做好对法兰组合面的保护，避免挤压和磕碰，大轴连接过程中禁止人员触摸法兰口；作业平台搭设完毕验收后方可使用；螺母拆卸前做好防螺栓防坠落措施；有限空间作业要做好防挤压、磕碰、中毒窒息、触电等措施；电动工具合格有效、使用带漏电保护装置的电源；防腐处理时现场放置灭火器、铺设防火布、周围严禁动火作业；高佩戴防护眼镜、口罩、禁止穿戴棉质手套；探伤作业人员必须具备资质。3. 作业时在作业所所配置醒目的安全色、安全警示标志以及四色图、风险告知栏	1. 及时对新入职、转岗员工进行三级安全教育培训，安全生产风险分级管控培训，业务培训，不定期开展专题讲座、安全月等生产知识竞赛、安全月等活动，加强日常安全生产思想教育，强化安全意识，提高安全技能水平。2. 组织检修人员定期学习《某水电站设备检修管理制度》《某水电站水轮机检修技术规程》和水轮机主轴检修作业指导书等。3. 在检修作业班前班后，工作负责人对分析和预控措施进行交底，接受交底人员签名确认	使用安全帽、防滑靴、工作服、手电筒照明灯具、对讲机、安全网、氧气检测仪、呼吸器、护目镜、防尘口罩、防辐射服、防辐射手套、防化学灭火器、防化学品手套等个人防护用品和器具	1. 针对主轴检修时可能发生的起重伤害、机械伤害、触电、中毒窒息、磕碰挤压、火灾等安全事故，制定《起重伤害类现场处置方案》《高处坠落现场处置方案》《机械伤害类现场处置方案》《触电伤亡类现场处置方案》《中毒窒息类现场处置方案》《人身事故现场应急预案》《火灾事故应急预案》。2. 按照相关制度，定期开展应急演练和培训，并做好相关记录。

续表

序号	风险点（危险源）	控制措施				
		工程技术措施	管理措施	教育培训措施	个人防护措施	应急处置措施
29	水轮机水导轴承检修作业	/	1. 依据《水轮发电机基本技术条件》（GB/T 7894—2009）、《立式水轮发电机检修技术规程》（DL/T 817—2014）、《发电企业设备检修管理规则》（DL/T 838—2017）、《水轮机》产品使用、维护说明书等，制定和完善《某水电站水轮机检修技术规程》《水轮机水导轴承检修作业指导书》和高危作业管理制度，技术规程，并严格执行。 2. 冷却器清扫现场有积水、油渍时及时清扫干净；有限空间作业前及时清孔洞防坠落、通风等安全措施；拆除油管后立即用白布对管口进行包扎；耐压试验前对压力泵、管道及接头确认电源已隔离并作业；电机检查前确认电源已隔离并起吊作业；有专人指挥并使用合格起重机具；防止水车室内碰触伤害人；水导轴承分瓣组合时，严禁作业人员手扶在分瓣面处；重型扭矩扳手完好；拆卸时做好防护、防止油渗漏、过滤器内部积水要专门排放。 3. 作业时在作业场所配置醒目的安全色、安全警示标志以及四色图、风险告知栏	1. 及时对新人职、转岗员工进行三级安全教育培训，安全生产风险分级管控培训、业务培训、不定期开展专题讲座、安全生产知识竞赛、安全月等活动，加强日常安全生产思想教育，强化安全意识，提高安全技能水平。 2. 组织检修人员定期学习《某水电站设备检修管理制度》《某水电站水轮机检修技术规程》和水轮机水导轴承检修作业指导书等。 3. 在检修作业班前班后，工作负责人对参与人员就风险分析和预控措施进行交底，接受交底人员签名确认	使用安全帽、绝缘手套、防滑绝缘鞋、工作服、手电筒照明灯具、氧气检测仪、呼吸器，对讲机等个人防护用品和工器具	1. 针对水导轴承检修时可能发生的磕碰擦伤、机械伤害、中毒窒息、触电、起重伤害、跑油跑水等重伤害，制定《机械伤害事故现场处置方案》《触电伤亡类事故现场处置方案》《中毒窒息事故现场处置方案》《起重伤害类事故现场处置方案》《人身事故应急预案》等。 2. 按照相关制度或预案的要求，定期开展应急演练和培训，并做好相关记录

续表

序号	风险点（危险源）	控制措施				
		工程技术措施	管理措施	教育培训措施	个人防护措施	应急处置措施
30	水轮机座环、底环、基础环检修作业	/	1. 依据《水轮发电机基本技术条件》（GB/T 7894—2009）、《立式水轮发电机检修技术规程》（DL/T 817—2014）、《发电企业设备检修导则》（DL/T 838—2017）、《水轮机产品使用维护说明书》等，制定和完善《某水电站水轮机座环、底环、基础环检修技术规程》和《水轮机座环、底环、基础环检修作业指导书》和高危作业管理制度、技术规范，并严格执行。2. 锥管室搭好脚手架平台，作业有专人监护；转轮室照明充足，使用12V行灯；进人受限区域高程安装垫片，避免发生机械伤害。3. 作业时在作业场所配置醒目的安全色、安全警示标志以及四色图、风险告知栏	1. 及时对新入职、转岗员工进行三级安全教育培训、安全生产风险分级管控培训、业务培训，不定期开展专题讲座、安全生产知识竞赛、安全月等活动，加强日常安全生产思想教育，强化安全意识，提高安全技能水平。2. 组织检修人员定期学习《某水电站设备检修管理制度》《某水轮机座技术规程》和水轮机座环、底环、基础环检修作业指导书等。3. 在检修作业班前班后，工作负责人对参与人员就风险分析和预控措施进行交底，接受交底人员签名确认	使用安全帽、安全带、安全绳、防滑靴、防滑灯、行灯、连体工作服、防机械危害手套等个人防护用品和工器具	1. 针对座环、底环、基础环检修时可能发生的高处坠落、机械伤害、触电等安全事故，制定《高处坠落类事故现场处置方案》《机械伤害类事故现场处置方案》《触电伤亡类事故现场处置方案》等。2. 按照相关制度或预案的要求，定期开展应急演练和培训，并做好相关记录

续表

序号	风险点(危险源)	控制措施				应急处置措施
		工程技术措施	管理措施	教育培训措施	个人防护措施	
31	水轮机导水机构(导叶、控制环、剪断销等)检修作业	/	1. 依据《水轮发电机基本技术条件》(GB/T 7894—2009)、《立式水轮发电机检修技术规程》(DL/T 817—2014)、《发电企业设备检修导则》(DL/T 838—2017)、《水轮机产品使用、维护说明书》等，制定和完善《某水电站水轮机导水机构检修作业指导书》和高危作业管理制度、技术规程，并严格执行。 2. 检修平台由台架子工搭设，并做好验收和使用前准备；转轮室和蜗壳保持通风，执行监护制度；采用安全电压；设置电气保护开关；电焊机使用前检查引线绝缘和接地。作业时应站立在绝缘、干燥的地方；防腐处理现场使用风动打磨工具，且周围禁止动火作业；作业前检查准备齐足撑环支撑是否安全可靠；有限空间作业，防止中毒窒息、触电伤害；上下爬梯要扶稳，压力装置排油息，拐臂、套筒、控制环起吊作业严格执行"十不吊"准则，起吊器具检查完好，起吊到需要高度后尽快使用木杠木撬置，导链不得拆除，防止倾倒；导叶开闭前要确认水车无人工作。 3. 作业时在检修作业场所配置安全色图、安全警示标志以及四色图、风险告知栏	1. 及时对新入职、转岗员工进行三级安全教育培训，安全生产风险分级管控培训、业务培训，不定期开展专题讲座，安全生产知识竞赛、安全月等活动，加强日常安全生产思想教育，强化安全意识，提高安全技能水平。 2. 组织检修人员定期学习《某水电站设备检修管理制度》《某水轮机检修机构检修技术规程》和水轮机导水机构检修作业指导书等。 3. 在检修作业班前班后，工作负责人对参与人员就风险分析和预控措施进行交底，接受交底人员签名确认	使用安全帽、安全带、安全绳、氧气检测仪、呼吸器、电焊防护面罩、焊工帽、焊工服、绝缘手套、灭火器材、绝缘防滑靴、连体工作服、防毒面具，对讲机等个人防护用品和工器具	1. 针对导水机构检修时可能发生的挤压打击、火灾、物体打击、机械伤害、起重伤害、触电、坠落、重伤害等安全事故，制定《发电机火灾类事故现场处置方案》《物体打击类现场处置方案》《机械伤害类现场处置方案》《触电伤亡类现场处置方案》《高处坠落类现场处置方案》《起重伤害类现场处置方案》等。 2. 按照相关制度要求，定期开展应急演练和培训，并做好相关记录

序号	风险点（危险源）	控制措施				应急处置措施
		工程技术措施	管理措施	教育培训措施	个人防护措施	
32	水轮机蜗壳、尾水管检修作业	/	1. 依据《水轮发电机基本技术条件》（GB/T 7894—2009）、《立式水轮发电机检修技术规程》（DL/T 817—2014）、《发电企业设备检修规则》（DL/T 838—2017）、《水轮机产品使用、维护说明书》等，制定和完善《某水电站水轮机蜗壳、尾水管检修技术规程》《水轮机蜗壳、尾水管检修作业指导书》和高危作业管理制度、技术规程并严格执行。 2. 使用专业工具拆卸设备；清扫检查前确认现场没有其他工作面、现场作业照明充足且为安全电压；正确使用打磨设备，作业前确保设备完好；防腐过程禁止使用明火和同时开展打磨作业；脚手架作业、尾水管做好防坠落要求；运送材料进出尾水管要注意登记核查。 3. 作业时在作业场所配置醒目的安全色图、安全警示标志以及四色图、风险告知栏人员，材料要登记核查。	1. 及时对新入职、转岗员工进行三级安全教育培训，安全生产风险分级管控培训、业务培训，不定期开展专题讲座、安全生产知识竞赛、安全月等活动，加强日常安全生产思想教育，强化安全意识，提高安全技能水平。 2. 组织检修人员定期学习《某水电站设备检修管理制度》《某水轮机检修技术规程》和水轮机蜗壳、尾水管检修作业指导书等。 3. 在检修作业班前班后，工作负责人对参与检修人员就风险分析和预控措施进行交底，接受交底人员签名确认。	使用安全帽、安全带、安全绳、绝缘手套、绝缘鞋、绝缘工作服、连体服、护目镜、防滑靴、手电筒照明灯具、防化学品手套等个人防护用品和工器具。	1. 针对蜗壳、尾水管检修时可能发生的高处坠落、机械伤害、火灾、中毒、设备损坏等安全事故，制定《高处坠落类事故现场处置方案》《机械伤害类伤亡事故现场处置方案》《火灾伤亡类事故处置方案》《中毒窒息类事故现场处置方案》等。 2. 按照相关制度及定期演练的要求，定期开展应急演练和培训，并做好相关记录。

续表

序号	风险点（危险源）	控制措施				应急处置措施
		工程技术措施	管理措施	教育培训措施	个人防护措施	
33	水轮机主轴密封检修作业	/	1. 依据《水轮发电机基本技术条件》(GB/T 7894—2009)、《立式水轮发电机组检修技术规程》(DL/T 817—2014)、《水轮机产品使用、维护说明书》等，制定和完善《某水电站水轮机检修技术规程》《水轮机主轴密封检修作业指导书》和高危作业管理制度、技术规程，并严格执行。 2. 起重吊装作业有专人指挥，并严格执行"十不吊"准则；有限空间作业，中毒窒息、触电等措施；拆卸管道前要确认已可靠隔离、触电等措施；拆卸管道前要地方泄压、同时操作人员不要面对泄压口，压力值调整由有经验的人员操作，严格按照作业指导书中的工艺执行，避免过大或过小；冷却水泵检查前要确认电源已隔离验电、测量时要正确使用绝缘电阻测量表、使用绝缘工具清扫或测量；做好密封对外环境防坠落措施；主轴密封磨损测量做到一人测量，一人复测。 3. 作业时在作业场所配置醒目的安全色、安全警示标志以及四色图、风险告知栏	1. 及时对新入职、转岗员工进行三级安全教育培训，安全生产风险分级管控培训，业务培训，不定期开展专题讲座，安全生产知识竞赛，安全月等活动，加强日常安全生产思想教育，强化安全意识，提高安全技能水平。 2. 组织检修人员定期学习《某水电站设备检修管理制度》《某水电站水轮机主轴密封检修作业指导书》和水轮机主轴密封检修作业指导书等。 3. 在修作业班前后，工作负责人对参与人员就风险分析和预控措施进行交底，接受交底人员签名确认	使用安全帽、防滑靴、手电筒照明灯具、氧气检测仪、呼吸器、验电器、绝缘手套、连体服、护目镜、对讲机等个人防护用品和工器具	1. 针对主轴密封检修时可能发生的起重伤害、触电、高压伤人、物体打击、设备损坏等安全事故，制定《起重伤害类事故现场处置方案》《触电伤亡类事故现场处置方案》《高压伤人类事故现场处置方案》《物体打击类事故现场处置方案》等。 2. 按照相关制度要求、定期开展应急演练和培训，并做好相关记录

续表

序号	风险点（危险源）	控制措施				应急处置措施
		工程技术措施	管理措施	教育培训措施	个人防护措施	
34	水轮机进水阀系统（接力器、进水阀、伸缩节等）检修作业		1. 依据《水轮发电机基本技术条件》（GB/T 7894—2009）、《立式水轮发电机检修技术规程》（DL/T 817—2014）、《发电企业设备检修规则》（DL/T 838—2017）、《水轮机产品使用、维护说明书》等，制定和完善《某水电站水轮机检修技术规程》《水轮机进水阀系统检修作业指导书》和高危作业管理制度、技术规范，并严格执行。 2. 接力器管路拆卸前应确保无残压和残油，接力器分解前应采用手动液压泵，并缓慢升压；吊转运应采用直接连接螺栓应防止挤压伤害；做好防甩伤措施；起重吊装作业要有专人指挥，并严格执行"十不吊"准则；拆卸安全阀应正确佩戴安全带，登高梯放置稳固，整定值校核应根据整定清单，在有人监护情况下修改，验收合复核；脚手架由具备资质的人员搭设，验收合格方可使用；对压力油油罐、集油槽、漏油槽进行三级验收后立即封门；进行进水阀开关试验验确认有足够的防转措施；尽可能避免金属裸露工具与低压电源的接触；防腐过程中要配置灭火器材、现场铺设检修橡皮垫，及时清理油污；拆卸油容器、管道时，应防止残油污染地面，应采取防滑、防爆、防火措施。 3. 作业时在作业场所配置醒目的安全色、安全警示标志以及四色图、风险告知栏	1. 及时对新人职、转岗员工进行三级安全教育培训、业务培训，不定期搭培训、业务专题讲座、安全生产知识竞赛、安全月等活动，加强日常安全生产思想教育，强化安全意识，提高安全技能水平。 2. 组织检修人员定期学习《某水电站设备检修机构》《某水电站水轮机检修技术规程》和水轮机进水阀系统检修作业指导书等。 3. 在检修作业班前班后，工作负责人对参与人员就风险分析措施进行交底，接受预控措施交底人员签名确认	使用安全帽、绝缘手套、防滑绝缘鞋、连体工作服，手电筒照明灯具、护目镜、安全带和防坠落装置，对讲机、登高梯、灭火器、橡皮垫、防化学品手套和工作服等个人防护用品和工器具	1. 针对进水阀系统检修时可能发生的高压伤人、物体打击、起重伤害、设备损坏、挤压伤害、捧伤、水淹厂房等安全事故，制定《高压伤人事故现场处置方案》《物体打击类事故现场处置方案》《起重伤害事故现场处置方案》《高处坠落类伤亡事故现场处置方案》《水淹厂房事故现场处置方案》应急预案等。 2. 按照相关制度或预案的要求，定期开展应急演练和培训，并做好相关记录

续表

序号	风险点（危险源）	控制措施				应急处置措施
		工程技术措施	管理措施	教育培训措施	个人防护措施	
35	水轮机调相压水设备检修作业	/	1. 依据《水轮发电机基本技术条件》《GB/T 7894—2009）、《立式水轮发电机检修技术规程》（DL/T 817—2014）、《发电企业设备检修规则》（DL/T 838—2017）、《水轮机产品使用、维护说明书》等，制定和完善《某水电站水轮机检修技术规程》《某水轮机调相压水设备检修作业指导书》和《水轮机调相压水作业管理制度、技术规程》，并严格执行。 2. 使用钢爬梯时有专人扶持；耐压试验要严格控制升压速度和保压时间；设备拆卸前要确认设备内部已经完全泄压；气罐除锈防腐作业时佩戴防毒面具，作业前加强通风；核对设备名称、编号和位置，使用合适的工具进行紧固。 3. 作业时在作业所场所配置醒目的安全色、安全警示标志以及四色图、风险告知栏	1. 及时对新人职、转岗员工进行三级安全教育培训，安全生产风险分级管控培训，业务培训，不定期开展专题讲座，安全生产知识竞赛，安全月等活动，加强日常安全生产思想教育，强化安全意识，提高安全技能水平。 2. 组织检修人员定期学习《某水电站设备检修管理制度》《某水电站水轮机检修技术规程》和水轮机调相压水设备检修作业指导书等。 3. 任检修作业班前班后，工作负责人对参与人员就风险分析和预控措施进行交底，接受交底人员签名确认	使用安全帽、安全带、安全绳、绝缘手套、防滑绝缘靴、护目镜、钢爬梯和防尘毒面具、连体工作服等个人防护用品和工器具	1. 针对调相压水设备检修时可能发生的高压伤人、高处坠落、触电等安全事故，制定《高压伤人事故现场处置方案》《高处坠落类事故现场处置方案》《触电伤亡类事故现场处置方案》等。 2. 按照相关制度或预案的要求，定期开展应急演练和培训，并做好相关记录

续表

序号	风险点（危险源）	控制措施				
		工程技术措施	管理措施	教育培训措施	个人防护措施	应急处置措施
36	主变压器检修作业	/	1. 依据《电力变压器》（GB 1094.1～2013）、《电力变压器》（GB 1094.5～2013）、《电力安全工作规程 发电厂和变电站电气部分》（GB 26860—2021）、《电力变压器检修导则》（DL/T 573—2021）、《油浸式电力变压器技术参数和要求》（GB/T 6451—2015）等，制定和完善《某水电站主变压器检修技术规程》《某水电站主变压器检修作业指导书》和高危作业管理制度，技术规程，并严格执行。 2. 检修工作负责人在开工前检查确认安全措施，主变压器及时断电，检修过程注意小车固定；及时对装设接地线保障接地牢固，检修前应确保储能部件及时泄压，人员不得靠近操作机构运动部件；登高作业时必须有专人扶持，防止梯子滑动，变压器顶盖上工作时应系安全带；工作前要检查确保所有升压设备电动工具绝缘良好，金属外壳可靠接地，检查漏电保护器正确动作；较大的工具应固定牢固拧紧，不得随意乱放，按照规定大小逐个进行检查确认，并做好标记；使用漏电保护有明显标记，隔离开关、拆线前要确保所有升压设备电源断开，确认无压后再开始拆除；及时收集泄漏的六氟化硫；手脚严禁放在断路器传动部位上，避免长时间过电；试验时缓慢升压，试验时耐压试验要正确完成，试验时耐压试验要正确完成，试验时缓慢升压 3. 作业时在作业所配置醒目的安全色，安全警示标志以及四色图，风险告知栏	1. 及时对新入职、转岗员工进行三级安全教育培训，安全生产风险分级管控培训、业务培训，不定期开展专题讲座、安全月等活动，加强日常安全生产思想教育，强化安全意识，提高安全技能水平。 2. 组织检修人员定期学习《某水电站设备检修管理制度》《某水电站变压器检修技术规程》和主变压器检修作业指导书等。 3. 在检修作业班前班后，工作负责人对参与检修人员就风险分析和预控措施进行交底，接受交底人员签名确认	使用安全帽，安全带、安全绳、绝缘手套、防滑绝缘鞋、绝缘工作服、防电弧工作服、焊工防护手套、接地线、登高梯、工具固定装置、焊接面罩、焊接工作服、验电器、绝缘杆、绝缘垫等个人防护用品和工器具	1. 针对变压器检修时可能发生的触电、火灾、物体打击、高处坠落、碰伤、机械伤害、设备损坏、中毒、起重伤害等安全事故，制定《变压器火灾类事故现场处置方案》《变压器火灾类事故现场处置方案》《物体打击类事故现场处置方案》《高处坠落类事故现场处置方案》《机械伤害类事故现场处置方案》《中毒窒息类事故现场处置方案》《起重伤害类事故现场处置方案》等。 2. 按照相关制度的要求，定期开展应急演练和培训，并做好相关记录

续表

序号	风险点（危险源）	控制措施				
		工程技术措施	管理措施	教育培训措施	个人防护措施	应急处置措施
37	主变消防系统检修作业	/	1. 依据《水电工程设计防火规范》（GB 50872—2014）、《电力设备典型消防规程》（DL 5027—2015）、《消防系统《某水电站消防系统维护说明书》等，制定和完善《某水电站主变消防装置检修作业指导书》和高危作业管理制度，技术规范，并严格执行。 2. 检修前做好策划，将消防装置动作回路断子了解除关闭消防管路阀门；清扫时注意对消扫设备的保护；对准备的容器、消防控制水到消防控制屏清扫内部，避免水流喷溅；使用绝缘制屏清扫要使用绝缘工具和手套；使用绝缘合格专用的热风枪，工作时注意与探头保持规定距离；高处作业必须使用固定的梯子或脚手架；探测探头完成消防涂料的涂刷，工作前要将探头清扫干净，完成后将探头安全警示标志以及四色图、风险告知栏	1. 及时对新入职、转岗员工进行三级安全教育培训，安全生产风险分级管控培训、业务培训。不定期开展专题讲座、安全生产知识竞赛、安全月等活动，强化日常安全生产思想教育，强化安全意识，提高安全技能水平。 2. 组织检修人员定期学习《某水电站设备检修管理制度》《某水电站消防系统检修技术规程》和主变消防装置检修作业指导书等。 3. 任检修作业班前后，工作负责人对参与人员就风险分析和预控措施进行交底，接受交底人员签名确认	使用安全帽、安全带、安全绳、绝缘手套、防滑绝缘鞋，工作服、集水容器、登高梯等个人防护用品和工器具	1. 针对变压器消防系统检修时可能发生的触电和高处坠落等安全事故，制定《触电伤亡类事故现场处置方案》《高处坠落类伤亡事故现场处置方案》等。 2. 按照相关制度要求，定期开展应急演练和培训，并做好相关记录

序号	风险点（危险源）	控制措施				
		工程技术措施	管理措施	教育培训措施	个人防护措施	应急处置措施
38	厂用变（TM11、TM21、TM31）和生活变压器（TM32）检修作业	/	1. 依据《电力变压器》（GB 1094.1—2013～1094.5—2013）、《电力安全工作规程 发电厂和变电站电气部分》（GB 26860—2021）、《电力变压器检修导则》（DL/T 573—2021）、《油浸式电力变压器技术参数和要求》（GB/T 6451—2015）等、制定和完善《某水电站厂用和生活配电装置检修技术规程》《某水电站厂用变和生活检修作业指导书》和高危作业管理制度、技术规程，并严格执行。 2. 检修工作负责人在开工前检查确认安全措施，主变压器及时断电；检修过程中注意小车车固定；及时对装设接地保障接地车间；检修前要确保储能部件及时泄压，人员不得靠近操作机构运动动作；登高作业时登高作业时必须有专人扶持、防止梯子滑动；在变压器顶盖良好、金属外壳带；工作前要检查电动扳手器绝缘良好、较大的工具可靠接地，漏电保护器正确动作，不得随意乱放；固定在牢固构件上；按照规定较大小逐个进行检查确认，并做好标记；隔离开关、拆线护，具有明显隔离点的断路器、隔离开关；拆线前要确保所有升压设备电源断开、验明无压后，再开始拆除；手脚严禁放在断路器传动部位上；耐压试验正确使用加压工具，避免长时间过压；试验时要缓慢升压。 3. 作业时在作业场所配置醒目的安全色、安全警示标志以及四色图、风险告知栏	1. 及时对新人职、转岗员工进行三级安全教育培训、业务培训、不定期开展专题讲座、安全生产风险分级管控培训、知识竞赛、安全生产月等活动，加强日常安全生产思想教育，强化安全意识、提高安全技能水平。 2. 组织检修人员定期学习《某水电站设备检修管理制度》《某水电站厂用和生活配电装置检修技术规程》和厂用变、生活检修作业指导书等。 3. 在检修作业班前班后，工作负责人对参与检修人员就风险分析和预控措施进行交底、接受交底人员签名确认	使用安全帽、安全带、安全绳、绝缘手套、防滑绝缘鞋、绝缘工作服、防电弧工作服、接地线、登高梯、工具固定装置、验电器、绝缘杆、绝缘垫等个人防护用品和工器具	1. 针对变压器检修时可能发生的高处坠落、触电、物体打击、机械伤害等安全事故，制定《触电伤亡类事故现场处置方案》《物体打击事故现场处置方案》《高处坠落事故现场处置方案》《机械伤害事故现场处置方案》等。 2. 按照相关制度或预案的要求、定期开展应急演练和培训，并做好相关记录

续表

序号	风险点（危险源）	控制措施				应急处置措施
		工程技术措施	管理措施	教育培训措施	个人防护措施	
39	厂房0.4kV和10.5kV断路器柜（312、302、110等）检修作业	/	1. 依据《电力安全工作规程 发电厂和变电站电气部分》(GB 26860—2021)、《高压交流断路器》(GB 1984—2014)、《发电企业设备检修导则》(DL/T 838—2017)等，制定和完善《某水电站厂用和生活区配电装置检修作业指导书》和高危作业管理制度、技术规程，并严格执行。 2. 检修区域邻近带电体部位必须设置高压危险标牌和遮拦；认真核对设备名称，编号，防止误入；检修中对紧固件使用合适力矩，防止损坏；带电设备周围禁止使用钢卷尺、皮卷尺和皮尺；作业前确保电动工具绝缘良好、金属外壳可靠接地；操作机构有大损坏保持足够应小心谨慎，防止用力过大损坏内部机构或闭锁机构；作业时与柜体内加热器保持足够的安全距离；制定搬运方案和安全措施；检修前人统一指挥，防止物体倒塌或挤压；检修前确认断路器在分闸位置。 3. 作业时在作业场所配置醒目的安全色、安全警示标志以及四色图、风险告知栏	1. 及时对新入职、转岗员工进行三级教育培训，安全生产风险分级管控培训、业务培训，不定期开展专题讲座，安全生产知识竞赛、安全生产月等活动，加强日常安全生产思想教育、强化安全意识，提高安全技能水平。 2. 组织检修人员定期学习《某水电站设备检修管理制度》《某水电站厂用和生活配电装置检修技术规程》和断路器检修作业指导书等。 3. 在检修作业班前班后，工作负责人对参与人员就风险分析和预控措施进行交底，接受交底人员签名确认	使用安全帽，安全带、安全绳、绝缘手套、绝缘鞋，绝缘和防电弧工作服，接地线、绝缘作业台或登高器、绝缘高梯、验电器、绝缘杆、绝缘垫等个人防护用品和工器具	1. 针对厂用和生活断路器检修时可能发生的触电、机械伤害，砸伤、烫伤等安全事故，制定《触电伤亡类事故现场处置方案》《物体打击类事故现场处置方案》《机械伤害类事故现场处置方案》等。 2. 按照相关制度或预案的要求，定期开展应急演练和培训，并做好相关记录。

续表

序号	风险点（危险源）	控制措施				应急处置措施
		工程技术措施	管理措施	教育培训措施	个人防护措施	
40	大坝 0.4kV 断路器柜（100、102 等）检修作业	/	1. 依据《电力安全工作规程 发电厂和变电站电气部分》（GB 26860—2021）、《高压交流断路器》（GB 1984—2014）、《发电企业设备检修导则》（DL/T 838—2017）等，制定和完善《某水电站厂用和生活区配电装置检修作业指导书》和高危作业管理制度、技术规程，并严格执行。2. 检修区或邻近带电体部位必须设置高压危险标牌和遮挡；认真核对设备名称、编号，防止误入；检修中对紧固件使用合适力矩，防止损坏；带电设备合闸前禁止使用钢卷尺、皮卷尺和皮尺；作业前确保电动工具绝缘良好、金属外壳可靠接地；操作机构内部检查应小心谨慎，防止用力过大损坏内部机构或闭锁机构；制定搬运方案和安全措施，有的安全距离；防止物体倒塌或挤压；检修前确认断路器在分闸位置。3. 作业时在作业场所配置醒目的安全色、安全警示标志以及四色图、风险告知栏	1. 及时对新入职、转岗人员工进行三级安全教育培训，安全生产风险分级管控培训、业务培训，不定期开展专题讲座、安全生产知识竞赛、安全月等活动，加强日常安全生产思想教育，强化安全意识，提高安全技能水平。2. 组织检修人员定期学习《某水电站设备检修管理制度》《某水电站厂用和生活配电装置检修技术规程》和断路器检修作业规程和指导书等。3. 在检修作业班前班后，工作负责人对参与检修人员就风险分析和预控措施进行交底，接受交底人员签名确认	使用安全帽、安全带、安全绳、绝缘手套、绝缘鞋、绝缘工作服、接地线、绝缘作业台或登高梯、验电器、绝缘杆、绝缘垫等个人防护用品和工器具	1. 针对大坝断路器检修时可能发生的触电、机械伤害、碰伤、烫伤等安全事故，制定《触电伤亡类事故现场处置方案》《机械伤害伤亡类事故现场处置方案》《灼烫伤亡类事故现场处置方案》等。2. 按照相关制度的要求，定期开展应急演练和相关培训，并做好相关记录。

续表

序号	风险点（危险源）	控制措施				
		工程技术措施	管理措施	教育培训措施	个人防护措施	应急处置措施
41	外来电源负荷开关柜（332、334等）检修作业	/	1. 依据《电力安全工作规程 发电厂和变电站电气部分》（GB 26860—2021）、《高压交流隔离开关和接地开关》（GB 1985—2014）、《隔离开关及接地开关状态检修导则》（DL/T 1700—2017）等，制定和完善《某水电站厂用和生活区配电装置检修技术规程》《某水电站外来电源负荷开关柜检修作业指导书》和高危作业管理制度、技术规范，并严格执行。 2. 检修区域邻近带电体部位必须设置高压危险标牌和遮挡；认真核对设备名称、编号、防止误入；检修中对紧固件使用适力矩，防止螺栓运行发热；带电设备周围禁止使用电动卷尺、皮卷尺和皮尺；作业前确保电动工具绝缘良好；金属外壳可靠接地；闭锁功能试验严格按照闭锁逻辑进行，严禁野蛮操作，隔离开关操作卡要时应检查闭锁逻辑，禁止野蛮操作；开关柜检修打开柜门前应检查加热器电源断开，工作期间注意保持距离、制定热器电源断开、防止物体倒塌或挤压伤害。 3. 作业时在作业场所配置醒目的安全色、安全警示标志以及四色图、风险告知栏。	1. 及时对新人入职、转岗员工进行三级安全教育培训，安全生产风险分级管控培训，业务培训，不定期开展专题讲座、安全生产知识竞赛、安全月等活动，加强日常安全生产思想教育，强化安全意识，提高安全技能水平。 2. 组织检修人员定期学习《某水电站设备检修管理制度》《某水电站厂用和生活配电装置检修技术规程》和外来电源负荷开关柜检修作业指导书等。 3. 在检修作业班前班后，工作负责人对参与检修作业人员就风险分析和预控措施进行交底，接受交底人员签名确认	使用安全帽、安全带、安全绳、绝缘手套和防电弧工作服、绝缘作业台或登高梯、验电器、绝缘杆、绝缘垫等个人防护用品和工器具	1. 针对外来电源负荷发生的触电、设备损坏、机械伤害、砸伤、烫伤等安全事故，制定《触电伤亡类事故现场处置方案》《机械伤害伤亡类事故现场处置方案》《灼伤伤亡类事故现场处置方案》等。 2. 按照相关制度或预案的要求，定期开展应急演练和培训，并做好相关记录

续表

序号	风险点（危险源）	控制措施				
		工程技术措施	管理措施	教育培训措施	个人防护措施	应急处置措施
42	0.4kV 和 10.5kV 配电系统设备自投装置检修作业	/	1. 依据《电力安全工作规程 发电厂和变电站电气部分》（GB 26860—2021）、《继电保护和安全自动装置技术规程》（GB 14285—2006）、《继电保护和电网电网安全自动装置检验规程》（DL/T 995—2016）等，制定和完善《某水电站厂用和生活区配电装置检修技术规程》《某水电站配电系统设备自投装置检修作业指导书》和高危作业管理制度，技术规程并严格执行。 2. 检修前确认运行设备的连片已断开，断开连片时设专人监护；解除其他设备自投装置联动试验严格按照试验方案进行，并经运行许可。 3. 作业时在作业场所配置醒目的安全色、安全警示标志以及四色图、风险告知栏	1. 及时对新入职、转岗员工进行三级安全教育培训，业务培训，不定期开展专题讲座，安全生产知识竞赛、安全月等活动，加强日常安全生产思想教育，强化安全生产意识，提高安全技能水平。 2. 组织检修人员定期学习《某水电站设备检修厂用和生活配电装置自投装置技术规程》和配电系统设备自投装置检修作业指导书等。 3. 在检修作业班前班后，工作负责人对参与检修人员就风险分析和预控措施进行交底，接受交底人员签名确认	使用安全帽、安全带、安全绳、绝缘手套、绝缘鞋、绝缘工作服和防电弧工作服，接地线、绝缘高凳、验电器、绝缘杆、绝缘垫等个人防护用品和工器具	1. 针对 0.4kV、10.5kV 配电系统设备自投装置检修时可能发生的设备损坏等安全事故，制定《电力设备应急预案》《厂用电中断事故现场处置方案》等。 2. 按照相关制度要求，定期开展应急演练和培训，并做好相关记录

续表

序号	风险点（危险源）	控制措施				应急处置措施
		工程技术措施	管理措施	教育培训措施	个人防护措施	
43	0.4kV厂用盘柜负荷断路器检修作业	/	1. 依据《电力安全工作规程 发电厂和变电站电气部分》（GB 26860—2021）、《高压交流断路器》（DL/T 838—2017）等，制定和完善《某水电站厂用和生活区配电装置检修技术规程》《某水电站400V厂用盘柜负荷断路器检修作业指导书》和高危作业管理制度、技术规范，并严格执行。 2. 检修区域邻近带电体部位必须设置高压危险标牌和遮挡；认真核对设备名称、编号，防止误入；检修中对紧固件使用合适力矩，防止损坏；带电设备周围禁止使用钢卷尺、皮卷尺和皮尺；作业前确保电动工具绝缘良好、金属外壳可靠接地；操作机构内部检查应小心谨慎，防止用力过大损坏内部机构或闭锁机构；制定搬运方案和安全清措，有人统一指挥；作业时与物体倒塌或挤压，检修前确认断路器在分闸位置。 3. 作业时在作业场所配置醒目的安全色，安全警示标志以及四色图、风险告知栏	1. 及时对新入职、转岗人员工进行三级安全教育培训，安全生产风险分级管控培训、业务培训、不定期开展专题讲座、安全生产月等活动、知识竞赛、安全生产思想教育，强化日常安全生产意识，提高安全技能水平。 2. 组织检修人员定期学习《某水电站设备检修管理制度》《某水电站厂用和生活配电装置检修技术规程》和《某水电站400V厂用盘柜负荷断路器检修作业指导书》等。 3. 在检修作业班前班后，工作负责人对参与人员就风险分析和预控措施进行交底，接受交底人员签名确认	使用安全帽、安全带、安全绳、绝缘手套、绝缘鞋、绝缘服和防电弧工作服、接地线、绝缘作业台或绝缘高梯、验电器、绝缘杆、绝缘垫等个人防护用品和工器具	1. 针对0.4kV厂用盘柜负荷断路器检修时可能发生的触电、设备损坏、机械伤害、砸伤、烫伤等安全事故、制定《触电伤亡类事故现场处置方案》《机械伤害类伤亡事故现场处置方案》《灼烫伤亡类事故现场处置方案》等。 2. 按照相关要求、定期开展应急预案的演练和培训、并做好相关记录

续表

序号	风险点（危险源）	控制措施				
		工程技术措施	管理措施	教育培训措施	个人防护措施	应急处置措施
44	后方生活区营地变压器（TM33、TM34）及刀闸、隔离开关检修作业	/	1. 依据《电力变压器》(GB 1094.1—2013~1094.5—2013)、《电力安全工作规程 发电厂和变电站电气部分》(GB 26860—2021)、《电力变压器检修导则》(DL/T 573—2021)、《油浸式电力变压器技术参数和要求》(GB/T 6451—2015)、《隔离开关及接地开关状态检修导则》(DL/T 1700—2017)等，制定和完善《某水电站厂用和生活区配电装置变压器检修技术规程》《某水电站检修作业指导书》和高危作业制度，技术规程，并严格执行。 2. 检修工作负责人在开工前检查开确认安全措施，变压器及时断电；检修过程中注意小车固定；及时装设接地线保障接地牢固；检修前确保储能部件及时泄压，人员不得靠近操作机构运动部件；登高作业时必须有专人扶持，防止梯子滑动，变压器顶盖上工作，必要时系安全带；工作前检查电动工具绝缘良好，金属外壳可靠接地，检查漏电保护器正确动作；较大的工具应固定在牢固构件上。	1. 及时对新入职、转岗员工进行三级安全教育培训、安全生产分级管控培训、业务培训，不定期开展专题讲座、安全生产知识竞赛、安全月等活动，加强日常安全生产思想教育，强化安全意识，提高安全技能水平。 2. 组织检修人员定期学习《某水电站设备检修管理制度》《某水电站配电装置检修规程》和后方营地变压器、刀闸、隔离开关检修作业指导书等。 3. 在检修作业班前班后，工作负责人对参与人员就风险分析和预控措施进行交底，接受交底人员签名确认	使用安全帽、安全带、安全绳、绝缘手套、绝缘鞋、绝缘工作服、绝缘和防电弧工作服、接地线、绝缘作业台或验电器高验、绝缘杆、绝缘垫、工具固定装置等个人防护用品和工器具	1. 针对后方生活区变压器、刀闸及隔离开关检修时可能发生的高处坠落、机械电、物体打击、设备损坏、烫伤等安全事故，制定《触电伤亡类事故现场处置方案》《物体打击类事故现场处置方案》《高处坠落类事故现场处置方案》《机械伤害类事故现场处置方案》《灼烫伤亡类事故现场处置方案》等。 2. 按照相关制度要求，定期开展应急演练和培训，并做好相关记录

续表

序号	风险点（危险源）	控制措施				应急处置措施
		工程技术措施	管理措施	教育培训措施	个人防护措施	
			不得随意乱放，按照规定大小逐个进行检查确认，并做好标记；使用好漏电保护，具有明显隔离点的断路器，隔离点断开，验明无压后再开始拆除；手脚严禁放在断路器传动部位上；耐压有升压设备电源断开，验明无压后再开始拆除；手脚严禁放在断路器传动部位上；耐压试验正确使用加压工具，避免长时间过压，试验时缓慢升压。3. 作业时在作业场所配置醒目的安全色、安全警示标志以及四色图、风险告知栏			
45	柴油发电机组检修作业	/	1. 依据《往复式内燃机驱动的交流发电机组》(GB/T 2820—2022)、《电业安全工作规程 第 1 部分：热力和机械》(GB 26164.1—2010)、《柴油发电机组产品使用、维护保养、检修说明书》等，制定和完善《某水电站柴油发电机组检修技术规程》《某水电站柴油发电机组检修作业指导书》和高危作业管理制度，技术规程，并严格执行。	1. 及时对新入职、转岗员工进行三级安全教育培训，安全生产风险分级管控培训、业务培训，不定期开展专题讲座、安全生产知识竞赛、安全月等活动，加强日常安全生产思想教育、强化安全意识，提高安全技能水平。	使用安全帽、防毒面具或呼吸器、防滑绝缘靴、绝缘手套、绝缘鞋、绝缘工作服、验电器、防机械伤害手套、氧气检测仪等个人防护用品和工器具。	1. 针对柴油发电机组检修时可能发生的触电、火灾、物体打击、起重伤害、中毒、灼烫、设备损坏、机械伤害等安全事故，制定《触电伤亡类事故现场处置方

续表

序号	风险点（危险源）	控制措施				
		工程技术措施	管理措施	教育培训措施	个人防护措施	应急处置措施
			2. 检修前关闭旋钮，同时拆解蓄电池负极接线；检修过程严禁吸烟、使用明火或产生火花；使用不泄漏的排烟消声器及排烟管排出废气；严禁易燃物质接触排烟口；完全冷却再打开散热器或加入冷却液；确保作业现场通风良好；设备启动后安排专人指挥；启动前测量电机绝缘电阻，启动后禁止检查、触摸电机转动部位；多次启动未成功后及时停车异常时；发电机试车异常时迅速按下停车按钮，包住进气口，切断燃料油路；起重吊装有专人指挥，并严格执行"十不吊"准则；禁止用引擎或发电机吊升吊机组；提前用电和充分发电，绝缘电阻测量选择合适量程。 3. 作业时在作业场所配置目的安全色，安全警示标志以及四色图、风险告知栏	2. 组织检修人员定期学习《某水电站设备检修管理制度》《某水电站柴油发电机组检修技术规程》和柴油发电机组检修作业指导书等。 3. 在检修作业班前班后，工作负责人对参与人员就风险分析和预控措施进行交底，接受交底人员签名确认		案》《火灾伤亡类事故现场处置方案》《物体打击类伤亡事故现场处置方案》《机械伤害类事故现场处置方案》《中毒窒息类事故现场处置方案》《起重伤害类事故现场处置方案》《灼烫类伤害事故现场处置方案》等。 2. 按照相关制度要求、定期开展应急演练和培训，并做好相关记录

续表

序号	风险点（危险源）	控制措施				
		工程技术措施	管理措施	教育培训措施	个人防护措施	应急处置措施
46	GIS设备（1#3#进线间隔、2#出线间隔）检修作业	/	1. 依据《额定电压72.5kV及以上气体绝缘金属封闭开关设备》(GB/T 7674—2020)、《高压开关设备六氟化硫气体密封试验方法》(GB/T 11023—2018)、《气体绝缘金属封闭开关设备运行维护规程》(DL/T 603—2017)、《气体绝缘金属封闭开关设备技术条件》(DL/T 617—2019)、《气体绝缘封闭开关设备现场耐压及绝缘试验导则》(DL/T 555—2004)、《电力设备预防性试验规程》(DL/T 596—2021)等，制定和完善《某水电站GIS设备检修作业管理制度》《某水电站GIS设备检修作业指导书》和高危作业程序、技术规程，并严格执行。 2. 操作机构检查前断路器处在分闸位置；拆设引线时要加装临时接地线或个人保安线；断路器分闸操作时，液压储能机构应泄压，禁止检修人员在其外壳上工作；分合闸线圈最低动作电压实验完后应退出断路器防慢分装置；液压油更换前后做好防护；防止溅落或渗漏机构内部；工作期间	1. 及时对新入职、转岗员工进行三级安全教育培训、安全生产风险分级管控培训、业务培训，不定期开展专题讲座、安全生产知识竞赛、安全月等活动，加强日常安全生产思想教育，强化安全意识，提高安全技能水平。在打开工作的六氟化硫电气设备上作业的人员，应经专门的安全技术知识培训。 2. 组织检修人员定期学习《某水电站设备检修管理制度》《某水电站GIS设备检修技术规程》和GIS设备检修作业指导书等。 3. 在检修作业班前班后，工作负责人对参与人员就风险分析和预控措施进行交底、接受交底人员签名确认	使用安全帽、安全带、安全绳、绝缘手套、绝缘鞋、绝缘服、防电弧工作服、接地线、绝缘操作台或登高梯、验电器、绝缘杆、绝缘垫，工具固定装置、六氟化硫检测仪、防毒面具和防护手套、正压式空气呼吸器等个人防护用品和工器具	1. 针对GIS设备检修时可能发生的机械伤害、设备损坏、透伤、触电、中毒、高处坠落、物体打击等安全事故，制定《机械伤害类事故亡类事故现场处置方案》《机械伤害类事故现场处置方案》《触电伤亡类事故现场处置方案》《中毒窒息类事故现场处置方案》《高处坠落类事故现场处置方案》《物体打击类事故现场处置方案》等。 2. 按照相关制度、定期的要求，定期开展应急演练和培训，并做好相关记录

续表

序号	风险点（危险源）	控制措施				
		工程技术措施	管理措施	教育培训措施	个人防护措施	应急处置措施
46	GIS 设备（1#、3# 进线间隔、2# 出线间隔）检修作业	/	检查加热电源是否断开，注意与加热器保持足够安全距离；认真核对设备名称、编号，防止误入；人体与高压设备保持足够的安全距离，带电区域禁止使用金属梯子；工作人员不准在六氟化硫防爆膜附近停留；六氟化硫微水试验后检查各阀门是否关闭严密、无漏气；防止有害成分扩散至空气中；对设备进行充气作业，严格按照额定充气压力进行；打开六氟化硫封盖后，取出吸附剂后应暂离现场 30min，取出吸附剂和粉尘需戴正压式呼吸器；回收不得排放至大气，抽真空时应站在上风侧，六氟化硫不得排放至要求范围内；认真核对按规程要求保证真空度在要求范围内；防止误分合发生恶性事故，专人监护、专人监护，编号、防止误分合发生恶性事故，专人监护、专人监护，验使用经过审批的指导书，认真核对，试验电压电流正确，防止拆接线错误。 3. 作业时在作业场所配置醒目的安全色、安全警示标志以及四色图、风险告知栏			

续表

序号	风险点（危险源）	控制措施				应急处置措施
		工程技术措施	管理措施	教育培训措施	个人防护措施	
			1. 依据《交流无间隙金属氧化物避雷器》(GB/T 11032—2020)、《电气装置安装工程母线装置施工及验收规范》(DL/T 5841—2021)、《母线保护闭合母线运行技术条件》(DL/T 670—2010)、《发电厂封闭母线通用技术条件与维护导则》(DL/T 1769—2017)等制定和完善《某水电站出线平台设备检修作业技术规范》《某水电站出线平台设备检修作业指导书》《高危作业管理制度、技术规程，并严格执行。	1. 及时对新入职、转岗员工进行三级安全教育培训，安全生产风险分级管控培训、业务培训，不定期开展专题讲座、安全生产知识竞赛、安全月等活动，加强日常安全生产思想教育，强化安全意识，提高安全技能水平。		
47	220kV出线设备（电盘线出线平台检修设备）作业	/	2. 一次连接螺栓固力矩要满足设备要求，做好避雷器瓷套部件防护，防止损坏；高处作业系安全带，必须有专人扶梯；工具固定在牢固构件上；高空传递物品要绑扎牢固；起吊设备应结合设备情况选择吊点，由有经验的人员统一指挥，严格执行"十不吊"准则；严禁在无接地保护情况下作业，作业人员与邻近带电体保持足够安全距离；拆解引线应加装临时接地线一次小开关在保安线上，作业前确认电压互感器二次在断开位置，并测量电压情况；对瓷质绝缘子，套管做好防护，防止移动平台或大件工器具损坏设备。 3. 作业时作业场所配置醒目的安全色，安全警示标志以及四色图、风险告知栏	2. 组织检修人员定期学习《某水电站设备检修管理制度》《某水电站出线平台设备检修技术规程》和出线平台设备检修作业指导书等。 3. 在检修作业班前班后，工作负责人对参与检修人员就风险分析与预控措施进行交底，接受交底人员签名确认	1. 使用安全帽、安全带、安全绳、绝缘手套、绝缘鞋、绝缘工作服、防滑靴等个人防护用品。 2. 配置医用酒精、纱布、碘伏等外伤急救用品	1. 针对220kV出线设备检修时可能发生的设备损坏、触电、高处坠落、物体打击等安全事故，制定《触电伤亡类事故现场处置方案》《高处坠落类事故现场处置方案》《物体打击类事故现场处置方案》《中毒类事故现场处置方案》等。 2. 按照相关制度的要求，定期开展应急演练和培训，并做好相关记录

续表

序号	风险点（危险源）	控制措施				
		工程技术措施	管理措施	教育培训措施	个人防护措施	应急处置措施
48	220kV线路母线及避雷器检修作业	/	1. 依据《交流无间隙金属氧化物避雷器》(GB/T 11032—2020)、《电气装置安装工程母线装置施工及验收规范》(DL/T 5841—2021)、《母线保护装置通用技术条件》(DL/T 670—2010)、《发电厂封闭母线运行与维护导则》(DL/T 1769—2017)等，制定和完善《某水电站220kV线路检修技术规程》《某水电站220kV线路检修作业指导书》和高危作业管理制度，技术规程、并严格执行。 2. 一次连接紧固力矩要满足设备要求，做好避雷器瓷器件防护，防止损坏；高处作业时须安全带。必须有专人扶梯；工具固定牢固或固构件上；高空传递物品要绑扎牢固，起吊设备应结合设备情况选择吊点，由有经验的人员统一指挥，严格执行"十不吊"作业，严禁在无接地保护情况下作业；作业人员与邻近带电体保持足够安全距离；拆解引线应加装临时接地线或个人保安线。 3. 作业时在作业场所配置醒目的安全色、安全警示标志以及风险告知栏。	1. 及时对新入职、转岗员工进行三级安全教育培训，安全生产风险分级管控培训，业务培训，不定期开展专题讲座、安全生产知识竞赛、安全生产月等活动，加强日常安全生产思想教育，强化安全意识，提高安全技能水平。 2. 组织检修人员定期学习《某水电站设备检修管理制度》《某水电站220kV线路检修技术规程》和《220kV线路检修作业指导书》等。 3. 在检修作业班前班后，工作负责人对参与人员就风险分析和预控措施进行交底、接受交底和培训交底，接受交底人员签名确认。	使用安全帽、安全带、安全绳、绝缘手套、绝缘鞋、绝缘服，绝缘弧工作服，接地线，绝缘作业台或绝缘高梯、验电器、绝缘杆、绝缘垫、工具固定装置等个人防护用品和工器具。	1. 针对220kV线路母线及避雷器检修时可能发生的线路设备损坏、触电、高处坠落等安全事故，制定《触电伤亡类事故现场处置方案》《中毒类事故现场处置方案》《高处坠落类伤亡事故现场处置方案》等。 2. 按照相关制度的要求，定期开展应急演练和培训，并做好相关记录。

续表

序号	风险点（危险源）	控制措施				应急处置措施
		工程技术措施	管理措施	教育培训措施	个人防护措施	
49	高压电力电缆检修作业	/	1. 依据《电力电缆线路运行规程》(DL/T 1253—2013)、《电力电缆线路巡检系统》(DL/T 1148—2009)《水力发电厂交流110～500kV电力电缆工程设计规范》(NB/T 10498—2021)等，制定和完善《某水电站电力电缆检修作业指导书》和高危作业管理制度、技术规程，并严格执行。2. 电缆检修器材起吊作业由专人指挥，严格执行"十不吊"准则；进人电缆井前提前注意挤压手指；器材搬运应绑扎牢靠，挪动磙筒时注意防止挤压中毒窒息、挤压和落物伤人措施；在电缆井工作时前配备黄沙、湿布、灭火器，更换敷设电缆应有专人指挥；严禁使用手制动电缆盘，注意滑轮、关口部位挤压；锯断电缆前应核对图纸，挂接接地线；电缆头及接头盒制作过程中采取采取有效防护措施，试验时佩戴绝缘手套在电缆垫上；拆接线前做好标记；登高作业平台应确保证稳固，必要时系安全带；对电缆进行清扫要使用柔软物件，防止用力过猛、磕碰伤害电缆及其附件。3. 作业时在作业场所配置醒目的安全色、安全警示标志以及四色图、风险告知栏	1. 及时对新入职、转岗员工进行三级安全教育培训，安全生产风险分级管控培训，业务培训，不定期开展专题讲座、安全生产知识竞赛、安全月等活动，加强日常安全生产思想教育，强化安全意识，提高安全技能水平。2. 组织检修人员定期学习《某水电站设备检修管理制度》《某水电站高压电力电缆检修技术规程》和高压电力电缆检修作业指导书等。3. 在检修作业班前班后，工作负责人对参与管控和预控措施进行风险分析，接受预控措施人员签名交底，接受交底人员签名确认	使用安全帽，安全带、安全绳、绝缘手套、绝缘鞋、绝缘工作服、绝缘和防电弧工作服，绝缘靴、绝缘作业台或验电器、绝缘梯、绝缘垫、绝缘杆、绝缘垫、工具固定装置，防机械伤害手套、氧气检测仪、灭火器材、焊接工作服面罩和防毒面具、接地线等个人防护用品和工器具	1. 针对高压电力电缆检修时可能发生的起重伤害、中毒、机械伤害、火灾、触电、高处坠落、设备损坏等安全事故，制定《起重伤害类伤亡事故现场处置类事故现场处置方案》《触电伤亡类事故现场处置方案》《中毒窒息类事故现场处置方案》《电缆火灾类事故现场处置方案》《高处坠落类事故现场处置方案》《机械伤害类事故现场处置方案》等。2. 按照相关制度、定期展开应急演练和培训，并做好相关记录。

续表

序号	风险点（危险源）	控制措施				
		工程技术措施	管理措施	教育培训措施	个人防护措施	应急处置措施
50	操作员站、工程师站检修作业	/	1. 依据《水电厂计算机监察系统基本技术条件》（DL/T 578—2008）、《水电厂计算机监控系统运行及维护规程》（DL/T 1009—2016）、《电力安全工作规程 发电厂和变电站电气部分》（GB 26860—2021）、《水电厂自动化元件（装置）及其系统运行维护与检验试验规程》（DL/T 619—2012）等，制定和完善《某水电站计算机监控系统技术规程》某水电站操作员站、工程师站检修作业管理制度，技术规程，并严格执行。 2. 检查过程中禁止断开网线和光纤连接；对主机设备进行检查，要确保另外一台操作员站工作正常；使用防静电手套或操作戴防静电手环。工作前释放静电；操作时专人监护做好备份。避免误删除文件；备份使用专用移动存储设备。及时杀毒；按照规定操作程序；操作员站尾纤外置时做好端部防护处理，避免磨损；在机组停机状态下进行连通性和衰减性检测；测试光纤衰减的过程注意避免光尾头直对眼睛。 3. 作业时在作业现场配置醒目的安全色，安全警示标志以及四色图，风险告知栏	1. 及时对新入职、转岗人员进行三级安全教育培训，安全生产、业务培训，开展专题讲座，安全生产知识竞赛，安全月等活动，加强日常安全生产思想教育，强化安全意识，提高安全技能水平。 2. 组织检修人员定期学习《某水电站设备检修管理规程》《某水电站计算机监控系统检修技术规程》和操作员站，工程师站检修作业指导书等。 3. 在检修作业班前会，工作负责人对参与人员就风险分析和预控措施进行交底，接受交底人员签名确认	使用安全帽，绝缘手套，绝缘工作鞋，连体工作服，防静电手环，激光防护镜，防尘口罩等个人防护用品和工器具	1. 针对操作员站检修时可能发生的设备损坏，停机，灼伤眼睛等安全事故，制定《电力监控系统安全防护类事故现场处置方案》《电力网络信息系统安全事故应急预案》《人身事故应急预案》等。 2. 按照相关制度要求，定期开展应急演练和培训，并做好相关记录

续表

序号	风险点（危险源）	控制措施				
		工程技术措施	管理措施	教育培训措施	个人防护措施	应急处置措施
51	监控上位机系统检修作业	/	1. 依据《水电厂计算机监控系统基本技术条件》(DL/T 578—2008)、《水电厂计算机监控系统运行及维护规程》(DL/T 1009—2016)、《电力安全工作规程 发电厂和变电站电气部分》(GB 26860—2021)、《水电厂自动化元件（装置）及其系统运行维护与检修试验规程》(DL/T 619—2012)等，制定和完善《某水电站计算机监控系统技术规程》《某水电站监控上位机系统检修作业指导书》和高危作业管理制度、技术规程，并严格执行。 2. 使用绝缘工具进行工作，不得随意触碰设备或带电端子；明确工作范围，做好隔离措施和防止设备误动测试工作；检查时注意防止误碰对时装置及连接线缆；吹风机使用合适的档位：参数检修改过程中注意对好备份，对数据服务器清扫时应逐台进行；操作关键文件，软件操作应由较为熟悉人员进行，确保不随意更改软件设置。 3. 作业时在作业场所配置醒目的安全色、安全警示标志以及四色图、风险告知栏	1. 及时对新入职、转岗员工进行三级安全教育培训、安全生产风险分级管控培训、业务培训，不定期开展专题讲座、安全生产知识竞赛、安全月等活动，加强日常安全生产思想教育，强化安全意识，提高安全技能水平。 2. 组织检修人员定期学习《某水电站设备检修管理制度》《某水电厂检修技术规程》和监控上位机系统检修作业指导书等。 3. 在检修作业班前班后，工作负责人对参与预控措施人员就风险分析和预控措施进行交底，接受交底人员签名确认	使用安全帽、绝缘手套、绝缘鞋、连体工作服、防静电手环、防尘口罩等个人防护用品和工器具	1. 针对监控上位机检修时可能发生的设备损坏、停机、触电等安全事故，制定《电力监控系统安全防护类事故现场处置方案》《电力网络信息系统安全事故应急预案》《人身伤亡类事故现场处置方案》等。 2. 按照相关制度或预案的要求，定期开展应急演练和培训，并做好相关记录

续表

序号	风险点（危险源）	控制措施				
		工程技术措施	管理措施	教育培训措施	个人防护措施	应急处置措施
52	LCU 现地控制单元（模拟屏、开关站、机组、公用）检修作业	/	1. 依据《水电厂计算机监控系统基本技术条件》(DL/T 578—2008)、《水电厂计算机监控系统运行及维护规程》(DL/T 1009—2016)、《电力安全工作规程 发电厂和变电站电气部分》(GB 26860—2021)、《水电厂自动化元件（装置）及其系统运行维护与检修试验规程》(DL/T 619—2012)等。制定和完善《某水电站计算机监控系统技术规程》《某水电站LCU现地控制单元检修技术规程》及其系统运行维护管理制度。技术规程、作业规程，并严格执行。 2. 作业前认真核对图纸并采取安全措施；吹扫时要注意调整合适的风力及风向、防止粉尘污染；整定值校核应根据整定单，在有人监护情况下修改；检查时要注意防止误碰通信设备连接线缆；正确选择试验仪器测试档	1. 及时对新入职、转岗员工进行三级安全教育培训，安全生产风险分级管控培训，业务培训，不定期开展专题讲座、安全生产知识竞赛、安全月等活动，加强日常安全生产思想教育，强化安全意识，提高安全技能水平。 2. 组织检修人员定期学习《某水电站设备检修管理制度》《某水电站检修作业指导书》和现地LCU控制单元检修作业指导书等。 3. 在检修作业班前班后，工作负责人对认真分析风险分析和预控措施进行交底，接受交底人员签名确认	使用安全帽、绝缘手套、连体工作鞋、防静电手环、绝缘服、防尘口罩、绝缘验电器、绝缘杆、防割伤手套、绝缘胶带等个人防护用品和工器具	1. 针对现地控制单位检修时可能发生的触电、设备损坏、割伤、夹伤等安全事故，制定《触电伤亡类事故现场处置方案》《机械伤害类伤亡事故现场处置方案》等。 2. 按照相关制度或预案的要求，定期开展应急演练和培训，并做好相关记录

续表

序号	风险点（危险源）	控制措施				应急处置措施
		工程技术措施	管理措施	教育培训措施	个人防护措施	
52	LCU现地控制单元（模拟屏、开关站、机组、公用）检修作业	/	位,仪器外壳要进行接地;拆、接线时做好标记;对同期回路的电压回路进行专项测量,确保无短路;传动试验要严格按照手册进行,并有专人监护;佩戴防静电手套或手环,释放身体静电;清扫毛刷裸露部分使用绝缘胶布包裹;外接移动存储设备及时杀毒;拆除滤网时做好防护;防止挤压伤害;使用清洁干布对装置表面擦拭,严禁用水和溶剂;紧固端子使用合适力矩,可能误碰的回路无伴设置防护带和警示标识;电源切换前确保备用电源电压正常;插拔继电器严禁使用蛮力;接线、旋钮等初始位置做好标记,避免接线错误;电缆头应用绝缘胶带设置,避免线芯外露;不得随意更改软件设置;拆除无关控制的回路内部接线,避免TA回路开路、TV回路短路,PLC误开出;作业前检查工器具是否绝缘完好。 3.作业时是在作业场所配置醒目的安全色,安全警示标志以及四色图,风险告知栏			

续表

序号	风险点（危险源）	控制措施				应急处置措施
		工程技术措施	管理措施	教育培训措施	个人防护措施	
53	远动 RTU 及调度数据网柜检修作业	/	1. 依据《水电厂计算机监控系统基本技术条件》(DL/T 578—2008)、《水电厂计算机监控系统运行及维护规程》(DL/T 1009—2016)、《电力安全工作规程 发电厂和变电站电气部分》(GB 26860—2021)、《水电厂自动化元件(装置)及其系统运行检修试验规程》(DL/T 619—2012)、《远动设备及系统》(DL/T 634.2101—2002)等,制定和完善《某水电站远动计算机监控系统技术规范》《某水电站远动 RTU 及调动数据网柜检修作业指导书》和高危作业管理制度、技术规程,并严格执行。 2. 严格按照作业指导书操作,修改数据时注意防止误碰通信设备连接线缆;明确工作范围,做好隔离措施和防止设备误动措施;磁盘清理前将文件备份;使用吹风机应选择合适档位,清扫过程中人员佩戴防尘口罩并使用吸尘器预清洁;校验和测试时仪器应选择合适档位,接线做好标记;拆、接线端子紧固;禁止用手直接触碰,使用绝缘工具进行除静电。 3. 作业时在作业场所配置醒目的安全色、安全警示标志以及四色图,风险告知栏	1. 及时对新入职、转岗员工进行三级安全教育培训,安全生产风险分级管控培训、业务培训,不定期开展专题讲座、安全生产知识竞赛、安全月等活动,加强日常安全生产思想教育,强化安全意识,提高安全技能水平。 2. 组织检修人员定期学习《某水电站设备检修管理制度》《调度系统检修技术规程》和远动 RTU、调度数据网柜检修作业指导书。 3. 在检修作业班前班后,工作负责人对参与人员就风险分析和预控措施进行交底,接受交底人员签名确认	使用安全帽、绝缘手套、绝缘鞋、连体工作服、防静电手环、防尘口罩等个人防护用品和工器具	1. 针对调度自动化系统检修时可能发生的设备损坏、粉尘污染、触电等安全事故、触电伤亡类事故现场处置方案,制定《生产信息系统故障类通信场现处置方案》等。 2. 按照相关制度要求、定期开展应急演练和培训,并做好相关记录

续表

序号	风险点 （危险源）	控制措施				
		工程技术措施	管理措施	教育培训措施	个人防护措施	应急处置措施
54	关口电量计量系统检修作业	/	1. 依据《电力安全工作规程 发电厂和变电站电气部分》（GB 26860—2021）、《水电厂自动化元件（装置）及其系统运行维护与检修试验规程》（DL/T 619—2012）、《电能计量装置技术管理规程》（DL/T 448—2016）、《电能计量柜》（GB/T 16934—2013）等，制定和完善《某水电站计量系统技术规程》《某水电站关口计量系统检修作业指导书》和《危作业管理制度、技术规程，并严格执行。 2. 作业时使用带绝缘缠绕的工具工作，分清带电端子，严禁用手直接触碰端子；严格按照作业指导书要求执行，完成工作后将数据整理并保存好；参数修改要有专人监护、监护人确认后可执行。 3. 作业时在作业场所配置醒目的安全色，安全警示标志以及四色图，风险告知栏	1. 及时对新入职、转岗员工进行三级安全教育培训，安全生产风险分级管控培训、业务培训，不定期开展专题讲座，安全生产知识竞赛，安全月等活动，加强日常安全生产思想教育，强化安全意识，提高安全技能水平。 2. 组织检修人员定期学习《某水电站设备检修管理制度》《某水电站计算机监控系统检修技术规程》和关口计量系统检修作业指导书等。 3. 在检修作业班前班后，工作负责人对参与管控和预控措施进行风险分析和预控交底，接受交底、交底人员签名确认	使用安全帽、绝缘手套、绝缘鞋、连体工作服、防静电手环、防尘口罩等个人防护用品和工器具	1. 针对关口计量装置检修时可能发生的触电、设备损坏等安全事故，制定《触电伤亡类事故现场处置方案》等。 2. 按照相关制度或预案的要求，定期开展应急演练和培训，并做好相关记录

续表

序号	风险点（危险源）	控制措施				
		工程技术措施	管理措施	教育培训措施	个人防护措施	应急处置措施
55	现地相量采集装置（PMU）检修作业	/	1. 依据《电力安全工作规程 发电厂和变电站电气部分》（GB 26860—2021）、《继电保护和安全自动装置技术规程》（GB 14285—2006）、《电力系统继电保护和屏通用技术条件》（DL/T 720—2013）、《继电保护和安全自动装置检验规程》（DL/T 995—2016）等，制定和完善《某水电站计算机监控系统技术规程》《某水电站现地相量采集装置（PMU）检修作业指导书》和高危作业管理制度、技术规程，并严格执行。 2. 检修前检查确认最新版图纸；清扫过程中人员佩戴防尘口罩，并使用吸尘器预清洁，吹扫时注意调整合适风力及风向；紧固端子用力均匀，防止损坏；测试仪表选用合适档位；通道测试注意接线极性；使用好绝缘工器具，做好防误碰措施；信号传输时做好二次安全隔离措施，防止电流互感器开路或电压互感短路。 3. 作业时在作业现场配置醒目的安全色、安全警示标志以及四色图、风险告知栏	1. 及时对新入职、转岗员工进行三级安全教育培训，安全生产风险分级管控培训、业务培训，不定期开展专题讲座、安全生产知识竞赛、安全月等活动，加强日常安全生产思想教育，强化安全意识，提高安全技能水平。 2. 组织检修人员定期学习《某水电站设备检修管理规程》《某水电站计算机监控系统检修技术规程》和现地相量采集装置检修作业指导书等。 3. 在检修作业班前班后，工作负责人对参与人员就风险分析和预控措施进行交底，接受交底人员签名确认	使用安全帽、绝缘手套、绝缘鞋、连体工作服、防静电手环、防尘口罩等个人防护用品	1. 针对现地相量采集装置检修时可能发生的设备损坏、影响装置使用、触电等安全事故，制定《触电伤亡类事故现场处置方案》等。 2. 按照相关制度定期开展应急演练和培训，并做好相关记录

续表

序号	风险点（危险源）	控制措施				应急处置措施
		工程技术措施	管理措施	教育培训措施	个人防护措施	
56	220kV皂盘线光纤差动保护柜检修作业	/	1. 依据《电力安全工作规程 发电厂和变电站电气部分》（GB 26860—2021）《继电保护和安全自动装置技术规程》（GB 14285—2006）《继电保护和电网安全自动装置检验规程》（DL/T 995—2016）等，制定和完善《某水电站继电保护与系统稳定措施设备检修技术规程》《某水电站 220kV皂盘线线继电保护作业指导书》和高危作业管理制度，技术规范，并严格执行。 2. 做好保护措施，避免误碰设备或元件；整定值校核应根据整组定单，在有人监护情况下修改或复核；工作前准备与现场一致的图纸；拆、接线有人监护并做好标识记录；检修前断开交直流电源；检修过程中避免带频繁插拔损坏元件；使用自行拆除或变动设备盘、装置的接地线；整组联动及传动试验做好人监护；做好二次安全隔离措施；防止电流互感开路或电压互感短路；作业过程做到一人操作，一人监护。 3. 作业时在作业场所配置醒目的安全色、安全警示标志以及四色图、风险告知栏	1. 及时对新入职、转岗员工进行三级安全教育培训，安全生产风险分级管控培训，业务培训，不定期开展专题讲座，安全生产知识竞赛、安全月等活动，加强日常安全生产思想教育，强化安全意识，提高安全技能水平。 2. 组织检修人员定期学习《某水电站设备检修管理制度》《某水电站系统稳定措施、断路器保护》《某水电站继电保护技术规程》和 220kV皂盘线检修作业指导书等。 3. 在检修作业班前班后，工作负责人对参与检修人员进行风险分析和预控措施进行交底，接受交底人员签名确认	使用安全帽、绝缘手套、绝缘鞋、连体工作服、防静电手环、防尘口罩、绝缘人字梯、绝缘垫、验电器、手电筒等个人防护用品和工器具	1. 针对光纤差动保护柜检修时可能发生的设备损坏、触电，影响装置使用安全事故、电伤亡类事故现场处置方案》等。 2. 按照相关制度或预案的要求，定期开展应急演练和培训，并做好相关记录

续表

序号	风险点（危险源）	控制措施				
		工程技术措施	管理措施	教育培训措施	个人防护措施	应急处置措施
57	220kV断路器（610/620断路器）保护装置检修作业	/	1. 依据《电力安全工作规程 发电厂和变电站电气部分》(GB 26860—2021)、《继电保护和安全自动装置技术规程》(GB 14285—2006)《继电保护和电网安全自动装置检验规程》(DL/T 995—2016)等，制定和完善《某水电站线路、断路器保护与系统稳定措施检修技术规程》《某水电站220kV断路器保护检修作业指导书》和高危作业管理制度、技术规程，并严格执行。 2. 做好保护措施，避免误碰设备元件；整定值核核应根据整定单，在有人监护下修改复核；工作前准备与现场设备一致的图纸；拆、接线有专人监护并做好标记记录；检修前断开交直流电源；检修过程中避免频繁插拔损坏元件；使用绝缘良好的工具；禁止自行拆除或变动设备盘、装置的接地线；整组联动及传动试验有专人监护；做好二次安全隔离措施，防止电流互感开路或电压互感短路；作业过程中做到一人操作、一人监护。 3. 作业时在作业场所配置醒目的安全色、图，风险告知栏全警示标志以及四色图、风险告知栏	1. 及时对新入职、转岗员工进行三级安全教育培训、安全生产风险分级管控培训、业务培训、不定期开展专题讲座、安全月等活动、知识竞赛，强化日常安全生产思想教育，强化安全意识，提高安全技能水平。 2. 组织检修人员定期学习《某水电站设备检修管理制度》《某水电站线路、断路器保护与系统稳定检修技术规程》和《220kV电盘路器保护作业指导书》等。 3. 在检修作业班前班后，工作负责人对参与人员就风险分析和预控措施进行交底，接受交底人员签名确认	使用安全帽、绝缘手套、绝缘鞋、连体工作服、防尘口罩、防静电手环、绝缘人字梯、绝缘杆、绝缘垫、验电器、手电筒等个人防护用品和工器具。	1. 针对断路器保护检修时可能发生的设备损坏、触电、影响安全使用等触电伤亡类事故，制定《触电事故现场处置方案》等。 2. 按照相关制度或预案的要求，定期开展应急演练和培训，并做好相关记录

续表

序号	风险点（危险源）	控制措施				应急处置措施
		工程技术措施	管理措施	教育培训措施	个人防护措施	
58	远方跳闸保护柜检修作业	/	1. 依据《电力安全工作规程 发电厂和变电站电气部分》（GB 26860—2021）、《继电保护和安全自动装置技术规程》（GB 14285—2006）、《继电保护和电网安全自动装置通用技术条件》（DL/T 995—2016）、《微机线路保护装置》（GB/T 15145—2017）等，制定和完善《某水电站线路、断路器保护与系统稳定保护技术规程》《某水电站远方跳闸保护柜检修作业指导书》和高危作业管理制度、技术规程，并严格执行。 2. 检修前检查确认线路已停电，并断开相关连片、开关；线路侧电压回路使用绝缘胶带包扎好；防止误碰设备，注意操作避免损坏元器件或端子排；绝缘测量和定值校验有专人监护和记录。 3. 作业时在作业场所配置醒目的安全色、安全警示标志以及四色图、风险告知栏	1. 及时对新人职、转岗员工进行三级安全教育培训，安全生产风险分级管控培训、业务培训，不定期开展专题讲座、安全生产知识竞赛、安全月等活动，加强日常安全思想教育，强化安全生产意识，提高安全技能水平。 2. 组织检修人员定期学习《某水电站设备检修管理制度》《某水电站线路、断路器保护与系统稳定保护技术规程》和远方跳闸保护柜检修作业指导书等。 3. 在检修作业班前后，工作负责人对参与作业人员就风险分析和预控措施进行交底，接受交底人员签名确认	使用安全帽、绝缘手套、绝缘鞋、连体工作服、防静电手环、防尘口罩、绝缘人字梯、绝缘杆、绝缘垫、验电器、手电筒等个人防护用品和绝缘工器具	1. 针对远方跳闸保护柜检修时可能发生的触电等安全事故，制定《触电伤亡类事故现场处置方案》等。 2. 按照相关制度要求，定期开展应急演练和培训，并做好相关记录

续表

序号	风险点（危险源）	控制措施				
		工程技术措施	管理措施	教育培训措施	个人防护措施	应急处置措施
59	高周切机低周启动柜检修作业	/	1. 依据《电力安全工作规程 发电厂和变电站电气部分》（GB 26860—2021）、《继电保护和安全自动装置技术规程》（GB 14285—2006）、《继电保护和电网安全自动装置检验规程》（DL/T 995—2016）、《微机线路保护装置通用技术条件》（GB/T 15145—2017）等，制定和完善《某水电站线路、断路器保护与系统稳措检修技术规程》《某水电站高周切机低周启动柜检修作业指导书》和高危作业规程、技术规程，并严格执行。 2. 检修过程中注意消除人身静电；做好二次安全隔离措施；防止电流互感开路或电压互感短路；使用专有漏电保护器的电源盘；检查确认检修工具完好；实行二人检查制度，误操作有专人监护，注意防止误接触、误接线、误接线；避免插件插错位置；临时电源使用专用电源；试验接线使用绝缘胶布包好；站在绝缘垫上进行操作。 3. 作业时在作业场所配置醒目的安全色、安全警示标志以及四色图、风险告知栏。	1. 及时对新入职、转岗员工进行三级安全教育培训，安全风险分级管控培训、业务培训、不定期开展专题讲座、安全月等活动，知识竞赛、安全生产知识竞赛、安全月等活动，加强日常安全生产思想教育、强化安全意识、提高安全技能水平。 2. 组织检修人员定期学习《某水电站设备检修管理制度》《某水电站线路、断路器保护与系统稳措检修技术规程》和高周切机低周启动柜检修作业指导书等。 3. 在检修作业班前班后，工作负责人对参与人员就风险分析和预控措施进行交底，接受交底人员签名确认。	使用安全帽、绝缘手套、绝缘鞋、连体工作服、防静电手环、防尘口罩、绝缘人字梯、绝缘杆、绝缘垫、绝缘电器、手筒验电器等个人防护用品和工器具。	1. 针对高切低启检修时可能发生的触电等安全事故，制定《触电伤亡类事故现场处置方案》等。 2. 按照相关制度要求，定期开展应急演练和培训，并做好相关记录。

续表

序号	风险点(危险源)	控制措施				应急处置措施
		工程技术措施	管理措施	教育培训措施	个人防护措施	
60	直流系统控制装置(充电柜、馈电柜、放电装置、交流负荷柜等)检修作业	/	1. 依据《电力安全工作规程 发电厂和变电站电气部分》(GB 26860—2021)、《电力系统用蓄电池直流电源装置运行与维护技术规程》(DL/T 724—2021)、《固定型防酸隔爆式铅酸蓄电池技术条件》(GB/T 13337.1—2011)等,制定和完善《某水电站直流系统控制装置检修作业指导书》和高危作业管理制度,技术规程,并严格执行。 2. 端子紧固时力度大小适中;正确使用防静电手环或手套,消除身体静电;使用经过绝缘处理的毛刷和合格的工器具;正确使用清扫毛刷;测量前仔细检查拆装端子前应核及量程;二次回路绝缘检查执行监护制度,一人操作,一人监护;对试验仪器外壳要进行接地,防止试验电压,无短路。 3. 作业时在作业场所配置醒目的安全色,安全警示标志以及四色图,风险告知栏	1. 及时对新入职、转岗员工进行三级安全教育培训,安全生产风险分级管控培训,业务培训,不定期开展专题讲座,安全月等活动,知识竞赛,加强日常安全生产思想教育,强化安全意识,提高安全技能水平。 2. 组织检修人员定期学习《某水电站设备检修管理制度》《某水电站直流系统控制装置检修技术规程》和直流系统控制装置检修作业指导书等。 3. 在检修作业班前班后,工作负责人对参与预控人员就风险分析和预控措施进行交底,接受交底人员签名确认	使用安全帽,绝缘手套,绝缘鞋、连体工作服,防静电手环,防尘口罩,绝缘人字梯,绝缘杆、绝缘垫,验电器,手电筒等个人防护用品和工器具	1. 针对直流系统控制装置检修时可能发生的触电,设备损坏等安全事故,制定《触电伤亡类事故现场处置方案》《电力设备事故应急预案》等。 2. 按照相关制度及预案的要求,定期开展应急演练和培训,并做好相关记录

续表

序号	风险点（危险源）	控制措施				
		工程技术措施	管理措施	教育培训措施	个人防护措施	应急处置措施
61	直流系统蓄电池组检修作业	/	1. 依据《电力安全工作规程 发电厂和变电站电气部分》(GB 26860—2021)、《电力系统用蓄电池直流电源装置运行与维护技术规程》(DL/T 724—2021)、《固定型防酸隔爆式铅酸蓄电池技术条件》(GB/T 13337.1—2011)等，制定和完善《某水电站直流成套装置检修技术规程》《某水电站直流系统蓄电池组检修作业指导书》和高危作业管理制度，技术规程，并严格执行。 2. 使用绝缘类短把工器具，不得同时触碰电池正负极或一级与接地部分；不得2人同时清扫同一块蓄电池；工作时加强通风，确保室内空气酸度不超标；做好电解液漏液处理，铅酸蓄电池更换时穿戴防酸防护用品；短接单个蓄电池时短接线截面积应足够；先短接接触良好后再退出需要更换的电池；工作完成后注意恢复盖盖板和电解液测量盖孔，并自检查；蓄电池切勿不要并列运行；按照技术规程和厂家说明书进行放电；充电前检查充电装置正常后方能充电，充电过程要加强监视。 3. 作业时在作业场所配置醒目的安全色，安全警示标志以及四色图、风险告知栏	1. 及时对新入职、转岗员工进行三级安全教育培训，安全生产风险分级管控培训、业务培训、不定期开展专题讲座、安全生产知识竞赛、安全月等活动，加强日常安全思想教育，强化安全意识，提高安全技能水平。 2. 组织检修人员定期学习《某水电站设备检修管理制度》《某水电站直流成套装置检修技术规程》和直流系统蓄电池组检修作业指导书等。 3. 在检修作业班前班后，工作负责人对参与人员就风险分析和预控措施进行交底，接受交底措施人员签名确认	使用安全帽、绝缘手套、绝缘鞋、连体工作服、防化学品手套和防酸防护服等个人防护用品和工器具	1. 针对蓄电池组检修时可能发生的设备损坏、触电、腐蚀、中毒等安全事故，制定《触电伤亡类事故现场处置方案》《中毒窒息类事故现场处置方案》等。 2. 按照相关制度的要求，定期开展应急演练和培训，并做好相关记录

续表

序号	风险点（危险源）	控制措施				应急处置措施
		工程技术措施	管理措施	教育培训措施	个人防护措施	
62	不间断电源装置（UPS）检修作业	/	1. 依据《电力用直流和交流一体化不间断电源设备（UPS）》（DL/T 1074—2019）、《不间断电源设备（UPS）》（GB/T 7260.1—2008）等，制定和完善《某水电站不间断电源装置检修技术规程》《某水电站不间断电源装置检修作业指导书》和高危作业管理制度、技术规范，并严格执行。 2. 按照操作规程断开有关设备开关；作业前确保现场图纸齐全并与实际相符；提前了解设备运行情况，避免操作时误接线、误碰，测量确定避免2套UPS系统全部失电；检查确认前选择合适的万用表量程或档位；检修工器具完好；检修过程执行监护制度。 3. 作业时在作业场所配置醒目的安全色、安全警示标志以及四色图、风险告知栏	1. 及时对新入职、转岗员工进行三级安全教育培训，安全生产风险分级管控培训、业务培训，不定期开展专题讲座、安全生产知识竞赛、安全月等活动，加强日常安全生产思想教育，强化安全意识，提高安全技能水平。 2. 组织检修人员定期学习《某水电站设备检修管理制度》《某水电站不间断电源装置检修技术规程》和不间断电源装置检修作业指导书等。 3. 在检修作业班前班后，工作负责人对参与人员就风险分析和预控措施进行交底，接受交底人员签名确认	使用安全帽、绝缘手套、绝缘鞋、连体工作服、防静电环、防尘口罩、绝缘人字梯、绝缘杆、绝缘垫、验电器、手电筒等个人防护用品和工器具	1. 针对不同断电源UPS检修时可能发生的设备损坏、触电等安全事故，制定《触电伤亡类事故现场处置方案》等。 2. 按照相关制度或预案的要求，定期开展应急演练和培训，并做好相关记录

续表

序号	风险点(危险源)	控制措施				
		工程技术措施	管理措施	教育培训措施	个人防护措施	应急处置措施
63	故障录波分析装置检修作业	/	1. 依据《电力系统动态记录装置通用技术条件》(DL/T 553—2013)、《电力安全工作规程 发电厂和变电站电气部分》(GB 26860—2021)、《故障录波装置绝缘耐压、耐湿热、抗振动、抗冲击、抗碰撞性能标准》(GB 7261—2016)等,制定和完善《某水电站故障录波分析装置检修技术规程》《某水电站故障录波分析装置检修作业指导书》和高危作业管理制度,技术规程,并严格执行。 2. 作业前检查确认线路已停电,拉开断开相关开关;打开电流回路确认已停电,拉开断开相关接;将线路侧电压回路解开并做好绝缘,并在带电端子板上做好标识,避免误碰;做好二次安全隔离措施,避免检修过程中电流回路开路、电压回路短路;整定值修改有专人监护,并使用最新定制单;绝缘测量万用表值变选择合适档位和量程;检查确认工器具完好;试验仪器外壳应可靠接地;拆、接线做好标记并核对图纸,避免误接线;应熟悉作业指导书规定的设备操作方法与步骤,避免误操作。 3. 作业时在作业场所配置醒目的安全色,安全警示标志以及四色图,风险告知栏	1. 及时对新人职、转岗人员进行三级安全教育培训,安全生产风险分级管控培训、业务培训、安全生产知识专题讲座、安全月等活动,加强日常安全生产思想教育,强化安全意识,提高安全技能水平。 2. 组织检修人员定期学习《某水电站设备检修管理制度》《某水电站故障录波装置检修技术规程》和故障录波装置检修作业指导书等。 3. 在检修作业班前班后,工作负责人对参与人员就风险分析和预控措施进行交底,接受交底人员签名确认	使用安全帽、绝缘手套、绝缘鞋、连体工作服、防静电手环、防尘口罩、绝缘人字梯、绝缘垫、绝缘杆、手电筒、验电器等个人防护用品和工器具	1. 针对故障录波分析装置检修时可能发生的设备损坏、触电等安全事故,制定《触电伤亡类事故现场处置方案》等。 2. 按照相关要求,定期开展相关演练和培训,并做好相关记录

续表

序号	风险点（危险源）	控制措施				
		工程技术措施	管理措施	教育培训措施	个人防护措施	应急处置措施
64	中低压气机控制系统检修作业（本体、联合）	/	1. 依据《水电站压缩空气系统规范》（NB/T 10793—2021）、《电业安全工作规程 第1部分：热力和机械》（GB 26164.1—2010）、《水力发电厂自动化设计技术规范》（DL/T 5727—2013）《水电厂自动化元件（装置）及其系统运行维护与检修试验规程》（DL/T 619—2012）等，制定和完善《某水电站压缩空气系统检修技术规程》《某水电站中低压气机控制系统检修作业指导书》和高危作业管理制度、技术规程，并严格执行。 2. 作业前及时将气机切换至停止、切除位置。同时断开相应电源开关，核对设备名称、编号，避免走错间隔；将线路侧电压回路解开并做好绝缘，并在带电端子排上做好标记，避免误动；确保检修工具绝缘完好、测量回路绝缘前应确认回路无电压且无人工作，校验仪表未选择合适档位；上电前进行PLC逻辑程序提取防漏气措施；上电时作业人员就前通知运行人员；作业严格执行监护人制度。 3. 作业时在作业场所配置醒目的安全色、安全警示标志以及四色图、风险告知栏	1. 及时对新人职、转岗员工进行三级安全教育培训，业务培训、不定期持培训，开展专题讲座、安全生产知识竞赛、安全月等活动，加强日常安全生产思想教育，强化安全意识，提高安全技能水平。 2. 组织检修人员定期学习《某水电站设备检修管理制度》《某水电站压缩空气系统检修技术规程》和中低压气机控制柜检修作业指导书等。 3. 在检修作业班前班后，工作负责人对参与检修作业人员进行风险分析和预控措施进行交底，接受交底人员签名确认	使用安全帽、绝缘手套、绝缘鞋、连体工作服、防静电手环、防尘口罩、绝缘人字梯、绝缘垫、绝缘杆、验电器、手电筒、对讲机等个人防护用品和工器具	1. 针对压缩空气控制装置检修时可能发生的设备损坏、触电，装置故障等导致人身伤亡类事故，制定《触电伤亡类事故现场处置方案》《公用系统设备故障现场处置方案》等。 2. 按照相关制度或预案的要求，定期开展应急演练和培训，并做好相关记录

续表

序号	风险点（危险源）	控制措施				
		工程技术措施	管理措施	教育培训措施	个人防护措施	应急处置措施
65	中低压气机检修作业	/	1. 依据《水电站压缩空气系统规范》(NB/T 10793—2021)、《电业安全工作规程 第1部分：热力和机械》(GB 26164.1—2010)、《水力发电厂自动化设计技术规范》(DL/T 727—2013)《水电厂自动化元件(装置)及其系统运行维护与检修试验规程》(DL/T 619—2012)等、制定和完善《某水电站中低压气气系统检修技术规程》《某水电站中低压气机检修作业指导书》和高危作业管理制度、技术规范，并严格执行。 2. 检修前及时行拉开、关闭相关控制开关和出气阀，检查确认无电源；检修中注意防止动电磁阀等设备；严禁在机器转动时清扫、擦拭、润滑机器转动部件或把手伸进栅栏内；注意避免遗留异物在曲轴箱内及防止跑油、闭应严密；工作现场设彩条布防止碳化，禁止在润滑油系统附近进行焊接、动火作业；在气机充分冷却后再打开检查盖，避免空气与油蒸汽自燃；投入运营前检查压力、温度、时间，控制装置配备正常；检修现场配备足量消防器材。 3. 作业时在作业场所配置醒目的安全色、安全警示标志以及四色四图、风险告知栏	1. 及时对新入职、转岗员工进行三级安全教育培训，安全生产风险分级管控培训、业务培训、不定期开展专题讲座、安全生产知识竞赛、安全月等活动，加强日常安全生产思想教育、强化安全意识、提高安全技能水平。 2. 组织检修人员定期学习《某水电站设备检修管理制度》《某水电站压缩空气系统检修技术规程》和中低压气机检修作业指导书等。 3. 在检修作业班前班后，工作负责人对参与人员就风险分析和预控措施进行交底，接受交底人员签名确认	使用安全帽、绝缘手套、防滑绝缘鞋、连体工作服、防护伤害手套、彩条布、护目镜、防爱手套、灭火器材等个人防护用品和工器具	1. 针对中低压气机检修时可能发生的触电、机械伤害、设备损坏、火灾、爆炸等安全事故，制定《触电伤亡类事故现场处置类方案》《机械伤害类事故现场处置方案》《火灾爆炸类事故现场处置方案》《公用系统设备故障现场处置方案》等。 2. 按照相关制度要求、定期开展应急演练和培训，并做好相关记录

续表

序号	风险点（危险源）	控制措施				应急处置措施
		工程技术措施	管理措施	教育培训措施	个人防护措施	
66	中低压气系统储气罐和闸阀检修作业	/	1. 依据《水电站压缩空气系统规范》(NB/T 10793—2021)、《电业安全工作规程 第1部分:热力和机械》(GB 26164.1—2010)、《水力发电厂自动化设计技术规范》(DL/T 727—2013)、《水电厂自动化元件(装置)及其系统运行维护与检修试验规程》(DL/T 619—2012)等,制定和完善《某水电站压缩空气系统储气罐及闸阀检修技术规程》和高危作业管理制度、技术规程,并严格执行。 2. 检修前及时将中低压气机停机,断开控制电源；作业前应提前关闭储气罐进出气阀门,增设盲板将完全泄压；在罐体内作业照明应使用安全电压,后作业过程防挤压、闷热,中毒窒息措施；作业过程应有专人监护；检查确认作业工器具完好；防腐刷涂料；起重吊装作业有专人指挥,并严格执行"十不吊"准则；现场配备足量的消防器材；金属探伤人员要取得资格证书,并采取防辐射措施；水压试验避免超压过快。 3. 作业时在作业场所配置醒目的安全色,安全警示标志以及四色图,风险告知栏	1. 及时对新入职、转岗员工进行三级安全教育培训,安全生产分级管控培训,业务培训,不定期开展专题讲座,安全月等活动,加强日常安全生产思想教育,强化安全意识,提高安全技能水平。 2. 组织检修人员定期学习《某水电站设备检修管理制度》《某水电站压缩空气系统检修技术规范》和中低压储气罐、闸阀检修作业指导书等。 3. 在检修作业班前班后,工作负责人对参与人员就风险分析和预控措施进行交底,接受交底人员签名确认	使用安全帽,安全带,安全绳,绝缘手套,防滑鞋,连体工作服,盲板,安全照明灯具,氧气检测仪,呼吸器或防毒面具,对讲机,防化学品手套和工作服,登高梯,防辐射手套和工作服,灭火器材,护目镜等个人防护用品和工器具	1. 针对储气罐和闸检修时可能发生的触电、高处坠落、机械伤害、中毒窒息、火灾爆炸、辐射伤害等安全事故,制定《触电伤亡类事故现场处置方案》《高处坠落类事故现场处置方案》《机械伤害类事故现场处置方案》《中毒窒息类事故现场处置方案》《火灾伤亡类事故现场处置方案》《特种设备损坏事故现场处置方案》《辐射伤害事故现场处置方案》等。 2. 按照相关制度要求,定期开展应急演练和培训,并做好相关记录。

续表

序号	风险点（危险源）	控制措施				
		工程技术措施	管理措施	教育培训措施	个人防护措施	应急处置措施
67	排水系统控制柜检修作业（大坝、厂房、机组、消力池、顶盖）	/	1. 依据《电业安全工作规程 第1部分：热力和机械》（GB 26164.1—2010）、《水电厂自动化元件装置》（DL/T 619—2012）、《立式水轮发电机检修技术规程》（DL/T 817—2014）、《泵站设备安装及验收规范》（SL 317—2015）等，制定和完善《某水电站大坝厂房和厂房排水系统检修技术规程》《某水电站大坝厂房和厂房排水系统控制柜检修作业指导书》和高危作业管理制度、技术规程，并严格执行。 2. 检修前检查确认集水井水位本启泵水位以下；作业前及时将控制柜内开关断开，并悬挂警示标志；核对设备名称、编号，避免走错间隔；将线路侧电压回路解开并做好绝缘，并在带电端子排上做好标记避免误碰；确保检修工具绝缘完好；测量回路要确认要措施回路档位；校验表回装时采取防漏气措施；上电和进行PLC逻辑试验检查过程实时监视集水井水位，突然来水立即中断作业；严禁在机组运行期间开展顶盖排水系统检修；严禁在机组检修期间开展排水系统检修。 3. 作业时在作业场所配置醒目的安全色、安全警示标志以及四色图、风险告知栏	1. 及时对新入职、转岗员工进行三级安全教育培训，安全生产分级管控培训、业务培训，不定期开展专题讲座、安全生产知识竞赛、安全月等活动，加强日常安全生产思想教育，强化安全意识，提高安全技能水平。 2. 组织检修人员定期学习《某水电站设备检修管理制度》《某水电站大坝厂房排水系统检修技术规程》和排水系统控制柜检修作业指导书等。 3. 在检修作业班前班后，工作负责人对参与管控措施和预控措施进行风险分析，接受交底人员签名确认	使用安全帽、绝缘手套、绝缘鞋、连体工作服、防静电手环、防尘口罩、绝缘人字梯、绝缘杆、绝缘垫、验电器、手电筒、对讲机等个人防护用品和工器具	1. 针对排水控制柜检修时可能发生的触电、设备损坏、水淹厂房等安全事故，制定《触电伤亡类事故现场处置方案》《水淹厂房事故应急预案》等。 2. 按照相关制度的要求，定期开展应急演练和培训，并做好相关记录

续表

序号	风险点（危险源）	控制措施				应急处置措施
		工程技术措施	管理措施	教育培训措施	个人防护措施	
68	排水系统排水泵检修作业（大坝、厂房、机组、消力池、顶盖）	/	1. 依据《电业安全工作规程 第 1 部分：热力和机械》（GB 26164.1—2010）、《水电厂自动化元件（装置）及其系统运行维护与检修试验规程》（DL/T 619—2012）、《立式水轮发电机检修技术规程》（DL/T 817—2014）、《泵站设备安装及验收规范》（SL 317—2015）等，制定完善《某水电站大坝和厂房排水系统检修技术规程》《某水电站大坝和厂房排水系统检修技术规程》《某水电站大坝和厂房排水系统检修作业指导书》和高危作业管理制度、技术规程，并严格执行。 2. 检修前检查确认集水井水位在启泵水位以下；作业前及时将控制柜内开关电源置于停止切断状态，并确认水管阀门已关闭；检修时集水井孔洞做好防护；起重吊装作业有专人指挥，严格执行"十不吊"准则，注意起吊速度，手拉葫芦挂点应牢固；做好个人防护，穿戴防滑靴；作业现场使用安全电压照明；物品传递搬运时要保证稳固；水泵拆卸过程要注意防止机械伤害，同时做好标记，确认调速器处于紧停位置并切换至纯手动。 3. 作业时在作业场所配置醒目的安全色、安全警示标志以及四色图、风险告知栏	1. 及时对新入职、转岗员工进行三级安全教育培训，安全生产分级管控培训，业务培训，不定期开展专题讲座、安全生产知识竞赛、安全月等活动，加强日常安全生产思想教育，强化安全意识，提高安全技能水平。 2. 组织检修人员定期学习《某水电站设备检修管理制度》《某水电站大坝和厂房排水系统检修技术规程》和排水系统检修作业指导书等。 3. 在检修作业班前后，工作负责人对参与人员就风险分析和预控措施进行交底，接受交底人员签名确认	使用安全帽、安全带、安全绳、绝缘手套、防滑鞋、连体工作服、安全照明灯具、氧气检测仪、呼吸器或防毒面具、对讲机、登高梯、防机械伤害手套、临时盖板等个人防护用品和工器具	1. 针对排水泵检修时可能发生的高处坠落、起重伤害、触电、机械伤害、淹溺、设备损坏等安全事故，制定《高处坠落类伤亡事故现场处置方案》《起重伤害现场处置方案》《触电伤亡事故现场处置方案》《机械伤害类伤亡事故现场处置方案》《淹溺类伤亡事故现场处置方案》等。 2. 按照相关制度、定期开展应急演练和培训，并做好相关记录

续表

序号	风险点（危险源）	控制措施				
		工程技术措施	管理措施	教育培训措施	个人防护措施	应急处置措施
69	消防供水系统控制柜检修作业	/	1. 依据《水电工程设计防火规范》（GB 50872—2014）、《电力设备典型消防规程》（DL 5027—2015）、《水电厂自动化元件（装置）及其系统运行维护与检修试验规程》（DL/T 619—2012）、《消防系统产品使用、维护说明书》等，制定和完善《某水电站消防供水系统检修技术规程》《某水电站消防供水系统控制柜检修作业指导书》和高危作业管理制度、技术规程，并严格执行。 2. 检修前及时将管道泵和阀门切换至停止。切除位置，拉开相应电源开关；核对设备名称、编号，避免走错间隔；将线路侧电压回路解开并做好绝缘，并在带电端子排上做好标记，避免误碰；确保检修工具绝缘完好，测量回路绝缘前应确认回路无电且无人工作，测量仪表未选择合适档位；校验表回装时采取防漏水措施；上电前进行 PLC 逻辑试验提前通知监护人员；作业严格执行运行监护人制度。 3. 作业时在作业场所配置醒目的安全色、安全警示标志以及四色图、风险告知栏	1. 及时对新入职、转岗员工进行三级安全教育培训，安全生产风险分级管控培训、业务培训。不定期开展专题讲座、安全生产知识竞赛、安全月等活动，强化日常安全生产思想教育，提高安全意识，提高安全技能水平。 2. 组织检修人员定期学习《某水电站设备检修管理制度》《某水电站消防供水系统检修技术规程》和消防供水系统控制柜检修作业指导书等。 3. 在检修作业班前班后，工作负责人对参与人员就风险分析和预控措施进行交底，接受交底人员签名确认	使用安全帽、绝缘手套、绝缘手环、连体工作服、防尘口罩、绝缘人字梯、绝缘杆、绝缘垫、验电器、手电筒等，对讲机等个人防护用品和工器具	1. 针对消防供水控制柜检修时可能发生的设备损坏、触电、装置故障等安全事故，制定《触电伤亡类事故现场处置方案》等。 2. 按照相关制度、定期开展应急演练和培训，并做好相关记录

续表

序号	风险点（危险源）	控制措施				应急处置措施
		工程技术措施	管理措施	教育培训措施	个人防护措施	
70	消防供水系统闸阀、水泵、阀组检修作业（缓闭止回阀、滤水器、减压阀、水力控制阀、管道泵、电动蝶阀、雨淋阀组等）	/	1. 依据《水电工程设计防火规范》（GB 50872—2014）、《电力设备典型消防规程》(DL 5027—2015)、《水电厂自动化元件（装置）及其系统运行维护与检试验规程》(DL/T 619—2012)、《消防系统产品使用、维护说明书》等，制定和完善《某水电站消防供水系统维护检修技术规程》《某水电站消防供水系统闸阀、水泵、阀组检修作业指导书》和高危作业管理制度、技术规程，并严格执行。 2. 检修前关闭前后阀门和动力控制电源，悬挂警示标识；作业前应完成安全卸压，起重吊装作业有专人指挥，严格执行"十不吊"准则，脚手架、电动葫芦、液压小吊车基础应稳固，避免起吊速度过快；搬运重物有人指挥、搬运应应平稳；现场使用安全电压照明，同时采取防机械伤害措施；及时做好标记，避免余水漏出弄脏地面。 3. 作业时在作业场所配置醒目的安全色、安全警示标志以及四色图、风险告知栏	1. 及时对新入职、转岗员工进行三级安全生产教育培训，安全风险分级管控培训、业务培训，不定期开展专题讲座、安全生产知识竞赛、安全月等活动，加强日常安全生产思想教育，强化安全意识，提高安全技能水平。 2. 组织检修人员定期学习《某水电站设备检修管理制度》《某水电站消防供水系统检修技术规程》和消防供水系统闸柜控制箱检修作业指导书等。 3. 在检修作业班前班后，工作负责人对参与人员就风险分析和预控措施进行交底，接受交底人员签名确认	使用安全帽、安全带、安全绳、绝缘手套、防滑鞋、连体工作服、安全照明灯具、对讲机、登高梯、防机械伤害手套、集水桶等个人防护用品和工器具。	1. 针对消防供水闸阀、水泵检修时可能发生的触电、机械伤害、起重伤害、摔伤，设备损坏等安全事故，制定《触电伤亡处置方案》《机械伤害类事故现场处置方案》《起重伤害类事故现场处置方案》《人身事故现场处置预案》《应急预案》等。 2. 按照相关制度或预案的要求，定期开展应急演练和培训，并做好相关记录

续表

序号	风险点（危险源）	控制措施				
		工程技术措施	管理措施	教育培训措施	个人防护措施	应急处置措施
71	通信系统设备检修作业（程控调度交换机、数字配线柜、直流电源柜、PCM机、载波机、光端机）	/	1. 依据《电力安全工作规程 发电厂和变电站电气部分》（GB 26860—2021）、《电力系统数字调度交换机》（DL/T 795—2001）、《电力系统数字调度交换机测试方法》（DL/T 394—2010）、《数字电力线载波机》（DL/T 1124—2009）等制定和完善《某水电站通信系统设备维护检修技术规程》《某水电站通信系统设备检修作业指导书》和通信系统管理制度技术规程，并严格执行。 2. 按照规定提前3个工作日向调度提交检修申请；检修前及时断开各类开关并悬挂警示标识；认真核对图纸、设备、接线标识，禁止将不同型号之间单元板、接头、配件进行互换；回路卫生清扫及端子紧固时采取隔离措施选择合适电部位并接地；防止误碰、绝缘测试时使用绝缘工器具并戴手套；插拔故障板戴好防静电手环；作业执行专人监护制度；拆除通信电源配电柜检修工作分开进行；拆除蓄电池出线侧内电源时戴好绝缘手套；绝缘手套耐压满足作业需求；使用专用套管将尾纤保护好。 3. 作业时在作业场所配置醒目的安全色、安全警示标志以及四色图，风险告知栏	1. 及时对新人入职、转岗员工进行三级安全教育培训，安全风险分级管控培训，业务培训，不定期开展专题讲座、安全生产知识竞赛、安全月等活动，加强日常安全生产思想教育，强化安全意识，提高安全技能水平。 2. 组织检修人员定期学习《某水电站设备检修管理制度》《某水电站通信系统检修技术规程》和通信系统检修作业指导书等。 3. 在检修作业班前班后，工作负责人对参与人员就风险分析和预控措施进行交底，接受交底人员签名确认	使用安全帽、绝缘手套、绝缘鞋、连体工作服、防静电手环、激光护镜、防尘口罩等个人防护用品	1. 针对通信系统检修时可能发生的触电、设备损坏、调度失控等安全事故，制定《触电伤亡类事故现场处置方案》《应急处置方案》《通信系统事故应急预案》等。 2. 按照相关制度要求，展开应急演练和培训，定期开展应急演练，并做好相关记录

序号	风险点（危险源）	控制措施				
		工程技术措施	管理措施	教育培训措施	个人防护措施	应急处置措施
72	绝缘油、透平油处理设备检修作业（滤油机、油泵、闸阀、管道）	/	1. 依据《电业安全工作规程 第1部分：热力和机械》（GB 26164.1—2010）、《真空净油机验收及使用维护导则》（DL/T 521—2018）、《工业金属管道工程施工及验收规范》（GB 50235—2010）、《常压立式圆筒形钢制焊接储罐维护检修规程》（SHS 01012—2004）、《透平油、绝缘油油处理设备使用说明书》等制定和完善《某水电站绝缘油、透平油系统维护检修技术规程》《某水电站绝缘油、透平油油处理设备检修作业指导书》和相关作业管理制度、技术规程，并严格执行。2. 检修前及时关闭油处理设备电源开关，检查确认相关阀门已关闭并悬挂警示标识；作业前应提前泄压；作业现场安排专人进行监护；工作现场要保证充足的照明、起重吊装作业有专人指挥，严格执行"十不吊"准则；起吊工具基础稳固；设备拆卸前做好标记；禁止在附近开展明火作业；做好防火防飞溅措施；进行钢管酸洗、中和作业时佩戴护目镜、耐酸手套；耐压试验使用质量合格的堵头；缓慢升压，严禁旁边站人；检修完成后进行清点，避免破布等物品遗留；作业现场铺设彩条布，避免跑油、漏油。3. 作业时在作业现场所配置醒目的安全色、安全警示标志以及四色图、风险告知栏。	1. 及时对新人职、转岗员工进行三级安全教育培训、安全生产风险分级管控培训、业务培训、不定期开展专题讲座、安全生产知识竞赛、安全月等活动，加强日常安全思想教育，强化安全意识，提高安全技能水平。2. 组织检修人员定期学习《某水电站设备检修管理制度》《某水电站绝缘油、透平油系统检修技术规程》和绝缘油、透平油油处理管理规定等。3. 在检修作业开班前后，工作负责人对参与人员就风险分析和预控措施进行交底，接受交底人员签名确认	使用安全帽、绝缘手套、护目镜、耐酸手套、防酸护目镜、绝缘鞋、连体工作服、防护帽、彩条布、灭火器材、安全照明灯具等个人防护用品和工器具	1. 针对油处理设备检修时可能发生的触电、起重伤害、火灾、腐蚀、物体打击、摔伤、设备损坏等安全事故，制定《触电类事故现场处置方案》《起重伤亡类事故现场处置方案》《火灾现场处置方案》《物体打击类事故现场处置方案》《人身事故应急预案》等。2. 按照相关制度要求，定期开展应急演练和培训，并做好相关记录

续表

序号	风险点（危险源）	控制措施				
		工程技术措施	管理措施	教育培训措施	个人防护措施	应急处置措施
73	绝缘油、透平油储油罐检修作业	/	1. 依据《电业安全工作规程 第1部分:热力和机械》(GB 26164.1—2010)、《真空净油机验收及使用维护导则》(DL/T 521—2018)、《工业金属管道工及验收规范》(GB 50235—2010)、《常压立式圆筒形钢制焊接储罐维护检修规程》(SHS 01012—2004)、《透平油、绝缘油处理设备使用说明书》等制定和完善《某水电站绝缘油、透平油系统维护检修技术规程》《某水电站绝缘油、透平油储油罐检修作业指导书》和高危作业管理制度、技术规程,并严格执行。 2. 检修前及时将油处理设备停机、断开控制电源;作业前关闭油储油罐进出口阀门,并加贴安全隔离和系安全泄压;在罐体内照明应使用安全电压;有限空间作业遵循先检测、再通风、后作业的流程;检修作业过程有专人监护;检查确认工器具完好;防腐作业时间不宜过长;禁止使用易燃易爆涂料;起重吊装作业有专人指挥,严格执行"十不吊"准则;并现场配处理时系安全带,并保证平台稳固;现场校验高备足量的消防器材;金属探伤辐射措施时得采取防辐射措施;拆解前应做好应急缓慢升压;现场应采取防辐射措施,禁止附近使标记;禁止附近使用明火或直接向罐内输氧气。 3. 作业时在相关作业场所配置醒目的安全色、安全警示标志以及四色图、风险告知栏	1. 及时对新入职、转岗人员进行三级安全教育培训,安全生产风险分级管控培训,业务培训。不定期开展专题讲座、安全生产知识竞赛、安全生产月等活动,加强日常安全生产思想教育,强化安全意识,提高安全技能水平。 2. 组织检修人员定期学习《某水电站设备检修管理制度》《某水电站绝缘油、透平油系统检修技术规程》和绝缘油、透平油储油罐检修作业指导书等。 3. 在检修作业班前班后,工作负责人对参与人员就风险分析和预控措施进行交底,接受交底人员签名确认	使用安全帽、安全带、安全绳、绝缘手套、防滑鞋、连体工作服、盲板、安全氧气照明灯具、气体检测仪、呼吸器或防毒面具,对讲机、防化学品手套和工作服,登高梯、防辐射手套和工作服、灭火器材、护目镜等个人防护用品和工器具	1. 针对储油罐检修时可能发生的触电、高处坠落、机械伤害、中毒窒息、火灾爆炸、辐射伤害等安全事故,制定《触电类事故现场处置方案》《高处坠落类事故现场处置方案》《机械伤害类事故现场处置方案》《中毒窒息类事故现场处置方案》《火灾爆炸类事故现场处置方案》《辐射伤害类事故现场处置方案》等。 2. 按照相关制度要求,定期开展应急演练和培训,并做好相关记录

续表

序号	风险点（危险源）	控制措施				
		工程技术措施	管理措施	教育培训措施	个人防护措施	应急处置措施
74	采暖系统风机控制柜检修作业	/	1. 依据《电力安全工作规程 发电厂和变电站电气部分》（GB 26860—2021）、《电业安全工作规程 第1部分：热力和机械》（GB 26164.1—2010）、《水电厂自动化元件（装置）及其系统运行维护与检修试验规程》（DL/T 619—2012）、《一般用途轴流通风机技术条件》（GB/T 13274—1991）、《一般用途离心通风机技术条件》（GB/T 13275—1991）等制定和完善《某水电站采暖通风与空气调节系统维护检修技术规程》《某水电站采暖控制柜检修作业指导书》和高危作业管理制度、技术规范，并严格执行。 2. 检修前及时将风机切换至停止、切除电源；拉开相应电源开关；核对设备名称、编号，避免走错间隔；将线路侧电压回路解开，并做好绝缘，并在带电端子排上做好标记，避免误动；确保检修工具绝缘完好；测量回路绝缘前应确认回路无电压且无人工作；测量仪表未选择合适档位；及时通知运行人员，严禁私自上电和进行现地远方启停试验。 3. 作业时在作业场所配置醒目的安全色、安全警示标志以及四色图、风险告知栏	1. 及时对新入职、转岗员工进行三级安全教育培训、安全风险分级管控培训、业务培训、不定期开展专题讲座、安全月活动、知识竞赛等活动，加强日常安全生产思想教育、强化安全生产意识、提高安全技能水平。 2. 组织检修人员定期学习《某水电站设备检修管理制度》《某水电站检修技术规程》和采暖通风机控制柜检修作业指导书等。 3. 在检修作业班前班后，工作负责人对参与检修人员就风险分析和预控措施进行交底，接受交底人员签名确认	使用安全帽、绝缘手套、绝缘鞋、连体工作服、防静电手环、防尘口罩、绝缘人字梯、绝缘杆、绝缘垫、绝缘电器、手电筒、对讲机等个人防护用品和工器具	1. 针对采暖通风系统控制柜检修时可能发生的触电、设备损坏等安全事故，制定《触电伤亡类事故现场处置方案》等。 2. 按照相关制度或预案的要求，定期开展相关演练和培训，并做好相关记录

续表

序号	风险点（危险源）	控制措施				
		工程技术措施	管理措施	教育培训措施	个人防护措施	应急处置措施
75	采暖系统风机检修作业	/	1. 依据《电力安全工作规程 发电厂和变电站电气部分》（GB 26860—2021）、《电业安全工作规程 第 1 部分：热力和机械》（GB 26164.1—2010）、《水电厂自动化元件（装置）及其系统运行维护与检修试验规程》（DL/T 619—2012）、《一般用途离心通风机技术条件》（GB/T 13274—1991）、《一般用途轴流通风机技术条件》（GB/T 13275—1991）等，制定和完善《某水电站采暖通风与空气调节系统维护检修技术规程》《某水电站采暖系统风机检修作业指导书》和高危作业管理制度，技术规范，并严格执行。 2. 检修前检查确认风机动力电源和控制电源是否已断开并悬挂警示标识，现场配备充足的照明，起重吊装作业有专人监护，严格执行"十不吊"准则；更换风机皮带要注意转动部应受到防伤害；风机拆卸要做好标记；试车前应先调试电机旋转方向；试车应提前联系运行人员，并安排专人指挥。 3. 作业时在作业场所配置醒目的安全色、安全警示标志以及四色图、风险告知栏	1. 及时对新入职、转岗人员工进行三级安全教育培训，安全生产风险分级管控培训，业务培训，不定期开展专题讲座、安全月等活动，加强日常安全生产思想教育，强化安全意识，提高安全技能水平。 2. 组织检修人员定期学习《某水电站设备检修管理制度》《某水电站采暖通风系统检修技术规程》和采暖通风风机检修作业指导书等。 3. 在检修作业班前班后，工作负责人对参与检修人员就风险分析和预控措施进行交底，接受交底人员签名确认	使用安全帽、安全带、安全绳、绝缘手套、防滑鞋、连体工作服、安全照明灯具、对讲机、登高梯、防机械伤害手套、集水桶等个人防护用品和工器具	1. 针对风机检修时可能发生的触电、起重损坏等安全事故，制定《触电类事故现场处置方案》《起重伤害事故现场处置方案》《机械伤害类事故现场处置方案》等。 2. 按照相关制度或预案的要求，定期开展应急演练和培训，并做好相关记录

续表

序号	风险点（危险源）	控制措施				
		工程技术措施	管理措施	教育培训措施	个人防护措施	应急处置措施
76	工业电视系统控制柜、电源箱检修作业	/	1. 依据《水力发电厂工业电视系统设计规范》（NB/T 35002—2011）、《工业电视系统工程设计标准》（GB/T 50115—2019）、《有线电视系统工程技术规范》（GB 50200—94）、《厂家设备技术说明书》等，制定和完善《某水电站工业电视系统维护检修技术规程》《某水电站工业电视系统控制柜、电源箱检修作业指导书》和高危作业管理制度、技术规程，并严格执行。 2. 检修前及时断开动力电源和控制电源开关并悬挂警示标识；仔细核对设备名称、编号、位置，避免走错间隔；将线路侧电压回路解开并做好绝缘，并在带电端子排上做好标记避免误碰；确保检修工具绝缘完好；测量回路绝缘要验明回路无电压且无人工作，测量仪表要选择合适档位；作业严格执行监护人制度。 3. 作业时在作业现场所配置醒目的安全色、安全警示标志以及四色图、风险告知栏。	1. 及时对新人入职、转岗员工进行三级安全教育培训，安全生产风险分级管控培训、业务培训，不定期开展专题讲座、安全月等活动，加强日常安全生产思想教育，强化安全意识，提高安全技能水平。 2. 组织检修人员定期学习《某水电站设备检修管理制度》《某水电站工业电视系统检修技术规程》和工业电视控制柜、电源箱检修作业指导书等。 3. 在检修作业班前班后，工作负责人对参与人员就风险分析和预控措施进行交底，接受交底人员签名确认	使用安全帽、绝缘手套、绝缘鞋、连体工作服、防静电手环、防尘口罩、绝缘人字梯、绝缘杆、绝缘垫、验电器、手电筒，对计算机等个人防护用品和工器具	1. 针对工业电视柜检修时可能发生的触电、设备损坏等安全事故，制定《触电伤亡类事故现场处置方案》等。 2. 按照相关制度要求，定期开展应急演练和培训，并做好相关记录

续表

序号	风险点（危险源）	控制措施				
		工程技术措施	管理措施	教育培训措施	个人防护措施	应急处置措施
77	工业电视系统检修作业	/	1. 依据《水力发电厂工业电视系统设计规范》(NB/T 35002—2011)、《工业电视系统工程设计标准》(GB/T 50115—2019)、《有线电视系统工程技术规范》(GB 50200—94)、《厂家设备技术说明书》《某水电站工业电视系统维护检修技术规程》《某水电站工业电视系统维护检修作业指导书》等和高危作业管理制度、技术规程，并严格执行。2. 检修前断开摄像头控制电源开关；高处作业扶梯应有专人扶持，戴口罩，必要时系安全带；检查确认工器具绝缘完好。3. 作业时在作业场所配置醒目的安全色、安全警示标志以及四色图、风险告知栏	1. 及时对新入职、转岗员工进行三级安全教育培训、安全生产风险分级管控培训、业务培训。不定期开展专题讲座、安全生产知识竞赛、安全月等活动。加强日常安全生产思想教育，强化安全意识，提高安全技能水平。2. 组织检修人员定期学习《某水电站设备检修管理制度》《某水电站工业电视系统检修技术规程》和摄像头检修作业指导书等。3. 在检修作业班前班后，工作负责人对参与人员就风险分析和预控措施进行交底，接受交底人员签名确认	使用安全帽、安全带、安全绳、防坠落装置、绝缘手套、绝缘鞋、登高梯等个人防护用品和工器具	1. 针对摄像头检修时可能发生的触电、高处坠落、设备损坏等安全事故，制定《触电伤亡类事故处置方案》《高处坠落事故现场处置方案》等。2. 按照相关制度或预案的要求，定期开展应急演练和培训，并做好相关记录

续表

序号	风险点（危险源）	控制措施				
		工程技术措施	管理措施	教育培训措施	个人防护措施	应急处置措施
78	火灾联动控制柜和机组火灾控制柜检修作业	/	1. 依据《水力发电厂火灾自动报警系统设计规范》（NB/T 10881—2021）、《火灾自动报警系统设计规范》（GB 50116—2013）、《火灾自动报警系统施工及验收标准》（GB 50166—2019）、《火灾自动报警系统性能评价》（GB/Z 24978—2010）、《消防系统图纸资料及说明书》等，制定和完善《某水电站火灾自动报警与联动控制系统维护检修技术规范》《某水电站火灾自动报警控制柜检修作业指导书》和高危火灾自动报警管理制度、技术规程，并严格执行。 2. 检修前及时断开动力电源和控制电源静电开关并佩戴防静电手套或手环；仔细核对设备名称、编号、位置，避免走错间隔；将线路侧电压回路解开并做好绝缘，并在带电端子排上做好标记，避免误动；确保检修工具绝缘完好；测量回路绝缘前要验明回路无电压且无人工作，避免回路带电；测量仪表要选择合适档位；作业严格执行监护人监护制度；加电前检查确认各部件安装正确。 3. 作业时在作业场所配置醒目的安全色、安全警示标志以及四色图、风险告知栏	1. 及时对新入职、转岗员工进行三级安全教育培训、安全生产风险分级管控培训、业务培训，不定期开展专题讲座、安全生产知识竞赛、安全月等活动，加强日常安全生产思想教育，强化安全意识，提高安全技能水平。 2. 组织检修人员定期学习《某水电站设备检修管理制度》《某水电站火灾自动报警和联动控制系统技术规程》和火灾自动报警控制柜检修作业指导书等。 3. 在检修作业班前班后，工作负责人对参与人员就风险分析和预控措施进行交底，接受交底人员签名确认	使用安全帽、绝缘手套、绝缘鞋、连体工作服、防尘口罩、绝缘人字梯、绝缘垫、验电器、手电筒，对讲机等个人防护用品和工器具	1. 针对火灾联动控制柜检修时可能发生的触电、设备损坏等安全事故，制定《触电伤亡类事故现场处置方案》等。 2. 按照相关制度要求，定期开展应急演练和培训，并做好相关记录

续表

序号	风险点（危险源）	控制措施				
		工程技术措施	管理措施	教育培训措施	个人防护措施	应急处置措施
79	火灾探测器、报警和广播装置设备检修作业	/	1. 依据《水力发电厂火灾自动报警系统设计规范》(NB/T 10881—2021)、《火灾自动报警系统设计规范》(GB 50116—2013)、《火灾自动报警系统施工及验收标准》(GB 50166—2019)、《火灾自动报警系统性能评价》(GB/Z 24978—2010)、《消防系统图纸资料及说明书》等，制定和完善《某水电站火灾自动报警与联动控制系统维护检修技术规程》《某水电站火灾探测器、报警和广播检修作业指导书》和高危作业技术规程，技术规程必须严格执行。 2. 检修前断开动力电源和控制电源开关并悬挂警示标识；作业严格执行监护人制度，必要时系好安全带；高处作业梯应有专人扶持、保持稳固，必须检查确认工器具绝缘完好。 3. 作业时在作业场所配置醒目的安全色、安全警示标志以及四色图、风险告知栏	1. 及时对新入职、转岗员工进行三级安全生产教育培训、安全生产分级管控知识培训、业务培训、不定期开展专题讲座、安全生产月等活动，加强日常安全生产思想教育，强化安全意识，提高安全技能水平。 2. 组织检修人员定期学习《某水电站设备检修管理制度》《某水电站火灾自动报警和联动控制系统检修技术规程》和火灾探测器、报警和广播装置检修作业指导书等。 3. 在检修作业班前班后，工作负责人对参与人员就风险分析和预控措施进行交底，接受交底人员签名确认	使用安全帽、安全带、安全绳、防坠落装置、绝缘手套、绝缘鞋、登高梯等个人防护用品和工器具	1. 针对火灾探测器、报警和广播检修时可能发生的触电、高处坠落等安全事故，制定《触电伤亡事故现场处置方案》《高处坠落类伤亡事故现场处置方案》等。 2. 按照相关制度定期开展应急演练和相关培训，并做好相关记录。

续表

序号	风险点（危险源）	控制措施					应急处置措施
		工程技术措施	管理措施	教育培训措施	个人防护措施		
80	事故照明和日常照明系统检修作业	/	1. 依据《水利水电工程照明系统设计规范》（SL 641—2014）、《电力安全工作规程 发电厂和变电站电气部分》（GB 26860—2021）等，制定和完善《某水电站照明系统检修技术规程》《某水电站事故照明和日常照明检修作业指导书》和高危作业管理制度，技术规程，并严格执行。 2. 检修前提前断开待维护的照明灯具电源开关，注意待灯具完全冷却后再检查和作业；现场要提供充足的临时照明；检修前检查确认工器具完好合格，避免绝缘存在缺陷；高处作业扶梯应有专人扶持，保持稳固，必要时系安全带。 3. 作业时在作业场所配置醒目的安全色、安全警示标志以及四色图、风险告知栏	1. 及时对新入职、转岗员工进行三级安全教育培训、业务培训，不定期开展专题讲座、安全生产知识竞赛、安全月等活动，加强日常安全生产思想教育，强化安全意识，提高安全技能水平。 2. 组织检修人员定期学习《某水电站设备检修管理制度》《某水电站照明系统检修技术规程》和照明系统检修作业指导书等。 3. 在检修作业班前班后，工作负责人对参与预控措施进行交底，接受交底人员签名确认	使用安全帽、安全带、安全绳、防坠落装置、绝缘手套、绝缘鞋、登高梯、防烫手套等个人防护用品和工器具		1. 针对照明系统检修时可能发生的触电、高处坠落、灼烫等安全事故，制定《触电伤亡类事故现场处置方案》《高处坠落类伤亡事故现场处置方案》《灼烫伤亡类事故现场处置方案》等。 2. 按照相关制度要求，定期开展应急演练和培训，并做好相关记录

续表

序号	风险点（危险源）	控制措施					应急处置措施
		工程技术措施	管理措施	教育培训措施	个人防护措施		
81	水工建筑物维修养护作业（大坝、厂房、消力池、护岸、防汛道路）	/	1. 依据《混凝土坝养护修理规程》（SL 230—2015）、《水工建筑物水泥浆施工技术规范》（SL/T 62—2020）、《水工建筑物环氧树脂灌浆材料技术规范》（SL/T 807—2021）、《水工建筑物抗冲磨防空蚀混凝土技术规范》（DL/T 5207—2021）、《某水利枢纽主体建筑物混凝土缺陷检查及处理技术要求》等，制定和完善《某水电站水工建筑物维护规程》管理制度和《某水电站水工作业安全保护规程》，并严格执行。	1. 及时对新入职、转岗员工进行三级安全教育培训、安全生产风险分级管控培训、业务培训，不定期开展专题讲座、安全生产知识竞赛、安全月等活动，加强日常安全生产思想教育，强化安全意识，提高安全技能水平。 2. 组织检修人员定期学习《某水电站水工建筑物检修管理制度》《某水电站水工建筑物维护规程》和《某水电站水工作业安全保护规程》等。	使用安全帽、安全带、安全绳、救生衣、救生圈、绝缘手套、机械伤害防护手套、防尘口罩、安全鞋、焊接面罩和焊护服、面罩、防护手套、防护网、驱虫驱蛇药物、护目镜等个人防护用品和工器具		1. 针对水工建筑物维护时可能发生的触电、机械伤害、职业伤害、起重伤害、车辆伤害、淹溺、坍塌等安全生产事故，制定《触电伤亡类事故现场处置方案》《机械伤害伤亡类事故现场处置方案》《高处坠落类伤亡事故现场处置方案》《火灾伤亡类事故现场处置方案》《起重伤害伤亡类事故现场处置方案》《车辆伤害伤亡类事故现场处置方案》《落水淹溺类处置方案》《生产构筑物坍塌事故应急预案》等。

续表

序号	风险点（危险源）	控制措施				应急处置措施
		工程技术措施	管理措施	教育培训措施	个人防护措施	
81	水工建筑物维修养护作业（大坝，厂房，消力池，护岸，防汛道路）	/	2. 开展水工维护施工作业前与外包单位签订安全协议，明确本次维护作业的安全风险；作业现场满足《水利水电工程施工安全防护设施技术规范》（SL715）的有关要求。高处作业平台应搭设稳固并经验收合格方可使用，必要时系安全带，搭设临边防护网；现场临时用电严格按照三相五线制，一机一闸一漏的要求配备和管理，严禁私搭、私接电箱；按照操作规程操作切割机、钻机、灌浆机、卷扬机、挖掘机等设备，相关设备传动部位防护装置完好；动火作业应开具动火作业票，落实各项防火措施；对灌浆材料等化学品严格管控；极端天气提前做好预测预警，落实各项防控措施；对作业现场噪声、粉尘等采取人佩戴耳塞、防尘口罩等措施；起重吊装作业有专人指挥，严格按照"十不吊"准则；进行断路作业，提前在中断的道路前设置明显的警示、警告牌和防护设施；水工作业时在作业所附近配置醒目的安全色、安全警示标志以及四色图、风险告知栏	3. 在检修作业班前班后，工作负责人对参与人员就风险分析和预控措施进行交底，接受交底人员签名确认		2. 按照相关制度或预案的要求，定期开展应急演练和培训，并做好相关记录

续表

序号	风险点（危险源）	控制措施				
		工程技术措施	管理措施	教育培训措施	个人防护措施	应急处置措施
82	地下洞室维修养护作业（廊道、排水洞）	/	1. 依据《混凝土坝养护修理规程》（SL 230—2015）、《水工建筑物水泥灌浆施工技术规范》（SL/T 62—2020）、《水工建筑物环氧树脂灌浆材料技术规范》（SL/T 807—2021）、《水工建筑物抗冲磨防空蚀混凝土缺陷检查及处理技术要求》（DL/T 5207—2021）、《某水利枢纽主体建筑物混凝土缺陷检查及处理技术要求》等；制定和完善《某水电站水工建筑物维护管理制度》和《某水电站水工建筑物维护规程》和《某水电站水工作业安全保护规程》，并严格执行。 2. 开展水工维护施工前与外包单位签订安全协议，明确本次维护作业的安全风险；作业现场安全满足《水利水电工程施工安全防护设施技术规范》（SL 714—2015）的有关要求；洞室作业应提供充足的照明并使用安全电压，后通风；有限空间作业应加强通风，执行先检测、防中毒窒息，再作业的程序；采取防坠落、防触电等措施；洞室灌浆施工出需执行进出登记制度；严格管控灌浆材料等化学品，做好使用登记；灌浆过程应严格控制灌浆压力，避免打击伤人；对作业现场严格噪声、粉尘等采取佩戴耳塞、防尘口罩等措施。 3. 作业时在作业场所配置醒目的安全色、安全警示标志以及四色图、风险告知栏	1. 及时对新人职、转岗员工进行三级安全教育培训、业务培训；不定期开展安全专题讲座、安全生产知识竞赛、安全月等活动；加强日常安全生产思想教育，强化安全意识，提高安全技能水平。 2. 组织检修人员定期学习《某水电站水工建筑物检修管理制度》《某水电站水工建筑物维护规程》和《某水电站水工作业安全保护规程》等。 3. 在检修作业班前班后，工作负责人对参与人员就风险分析和预控措施进行交底，接受交底人员签名确认。	使用安全帽，安全带、安全绳、氧气检测仪、呼吸器、绝缘手套、机械伤害防护手套、防尘口罩、防噪耳塞、焊接防护服、面罩和焊接手套、防护手套、驱虫驱蛇药网、护目镜等个人防护用品和工器具	1. 针对地下洞室维护时可能发生的中毒窒息、触电、机械伤害、职业伤害等安全事故，制定《触电伤亡类事故现场处置方案》《机械伤害类事故现场处置方案》《中毒窒息类事故现场处置方案》等。 2. 按照相关制度的要求，定期开展应急演练和培训，并做好相关记录

续表

序号	风险点（危险源）	控制措施				
		工程技术措施	管理措施	教育培训措施	个人防护措施	应急处置措施
83	滑坡体、高边坡维修养护作业	/	1. 依据《混凝土明渠养护修理规程》(SL 230—2015)、《水工建筑物水泥灌浆施工技术规范》(SL/T 62—2020)、《水工建筑物环氧树脂灌浆材料技术规范》(SL/T 807—2021)、《建筑边坡工程鉴定与加固技术规范》(GB 50843—2013)、《水电工程陡边坡植被混凝土生态修复技术规范》(NB/T 35082—2016)、《某水利枢纽主体建筑混凝土缺陷检查及处理技术要求》等，制定和完善《某水电站水工建筑物维护管理制度》和《某水电站水工作业安全保护规程》，并严格执行。 2. 开展水工施工作业前与外包单位签订安全协议，明确本次维护作业的安全风险；作业现场安全防护设施应提供足够安全满足《水利水电工程施工安全防护设施技术规范》(SL 714—2015)的有关要求；野外作业应保证2人同行，并注意野生动物；极端天气提前做好预警预报、落实加固，转移、防护等各项防控措施；夜间作业应提供充足照明，严格按照专项施工方案作业，避免技术原因导致局部塌方或破坏边坡防护设施。 3. 作业时在作业场所配置醒目的安全色、安全警示标志以及四色图、风险告知栏	1. 及时对新人入职、转岗员工进行三级安全教育培训，安全生产风险分级控培训、业务培训，不定期开展专题讲座，安全生产知识竞赛、安全月等活动，加强日常安全生产思想教育，强化安全意识，提高安全技能水平。 2. 组织检修人员定期学习《某水电站水工建筑物检修管理制度》《某水电站水工建筑物维护规程》和《某水电站水工作业安全保护规程》等。 3. 在检修作业班前班后，工作负责人对参与人员就风险分析和预控措施进行交底，接受交底人员签名确认	使用安全帽、安全带、安全绳、救生衣、救生圈、绝缘手套、机械伤害防护手套、防尘口罩、防噪耳塞、安全鞋、焊接防护服面罩和焊接手套、防护网、驱虫驱蛇药物、护目镜等个人防护用品和工器具	1. 针对滑坡体、边坡维护时可能发生的坍塌、高处坠落、动物伤害、雷击等安全事故，制定《防气象灾害天气处置预案》《滑坡体塌方发现处置方案》《高处坠落事故亡事故现场处置方案》《动物伤害事故现场处置方案》等。 2. 按照相关制度及预案的要求，定期开展应急演练和培训，并做好相关记录。

续表

序号	风险点（危险源）	控制措施				
		工程技术措施	管理措施	教育培训措施	个人防护措施	应急处置措施
84	生活区房屋建筑维修养护作业	/	1. 依据《电力安全工作规程 发电厂和变电站电气部分》《水电工程验收管理办法》《房屋完损等级评定标准（试行）》《CJJ/T 53—93》等，制定和完善《某水电站基建房屋建筑改造检查修缮制度》《某水电站房屋建筑检查修缮规程》和《某水电站水工作业安全保护规程》并严格执行。 2. 开展房屋维修施工作业前与外包单位签订安全协议，明确本次维护作业的安全风险；作业现场安全满足《水利水电工程施工安全防护设施技术规范》（SL 714—2015）的有关要求。高处作业平台应搭设稳固，经验收合格方可使用，必要时系安全带，搭设临边防护网；现场临时用电严格按照用电管理，一机一闸一漏的要求铺设三相五线制，一机一箱；按规定操作规程切割机、灌浆机、卷扬机、挖掘机等设备，相关设备传动部位防护装置应完好，动火作业应开具动火票，落实各项防火措施；对作业现场噪声、粉尘等采取佩戴耳塞，防尘口罩等措施，起重吊装作业有专人指挥，严格按照"十不吊"准则；建筑物拆除作业应制定专项施工方案，并报有关部门审批，现场严格按专项施工方案执行。	1. 及时对新人职、转岗员工进行三级安全教育培训，安全生产分级管控培训，业务培训，不定期搭讲座，开展专题讲座、知识竞赛、安全月等活动，开展专题讲座、安全生产思想教育，强化安全意识，提高安全技能水平。	使用安全帽，安全带，安全绳，绝缘手套，机械伤害防护手套，防尘口罩，防噪耳塞，安全帽，焊接防护服面罩和焊接手套，防护网，护目镜等个人防护用品和工器具	1. 针对房屋建筑养护修理时可能发生的触电、机械伤害、高处坠落、起重伤害、职业伤害等安全事故，制定《触电伤亡类事故现场处置方案》《机械伤害事故现场处置方案》《高处坠落事故现场处置方案》《火灾伤亡类事故现场处置方案》《起重伤害类事故现场处置方案》《生产建构筑物坍塌事故应急预案》等。

续表

序号	风险点（危险源）	控制措施				
		工程技术措施	管理措施	教育培训措施	个人防护措施	应急处置措施
84	生活区房屋建筑维修养护作业	/	3. 作业时在作业场所配置醒目的安全色、安全警示标志以及四色图、风险告知栏	2. 组织检修人员定期学习《某水电站基建改造工程与文明施工制度》《某水电站房屋建筑工程检查维修规程》和《某水电站水工作业安全保护规程》等。3. 在检修作业班前班后，工作负责人对参与人员就风险分析和预控措施进行交底，接受交底人员签名确认		2. 按照相关制度要求，定期开展应急演练和培训，并做好相关记录
85	各类闸门、拦污栅、阀组维护检修作业（进水口、表孔、底孔）	/	1. 依据《水利水电工程钢闸门设计规范》（SL 74—2019）、《水工钢闸门和启闭机安全运行规程》（SL/T 722—2020）、《水工钢闸门和启闭机安全检测技术规范》（SL 101—2014）、《水利水电工程钢闸门制造、安装及验收规范》（GB/T 14173—2008）、《水利水电工程金属结构制作与安装安全技术规程》（SL/T 780—2020）等，制定和完善《某水电站水工检修技术规程》《某水电站闸门、拦污栅制作与安装技术规程》《某水电站闸门和启闭机维护技术规程》《某水电站阀组检修作业指导书》和《某水电站危险作业管理制度》技术规程，并严格执行。	1. 及时对新入职、转岗员工进行三级安全教育培训，安全生产业务培训，不定期开展风险分级管控培训、安全生产知识专题讲座、安全月等活动，加强日常安全生产思想教育，强化安全意识，提高安全技能水平。	使用安全帽、安全带、安全绳、救生衣、救生圈、绝缘手套、机械伤害防护手套、防尘口罩、防噪耳塞、安全鞋、焊接防护服、焊接面罩和焊接手套、防护网、护目镜、防化学品手套和	1. 针对金属结构维修养护时可能发生的触电、物体打击、高处坠落、淹溺、火灾、机械伤害、设备损坏等安全事故，制定《触电伤亡类事故现场处置方案》《物体打击类事故现场处置方案》《高处坠落类事故现场处置方案》落

续表

序号	风险点（危险源）	控制措施				
		工程技术措施	管理措施	教育培训措施	个人防护措施	应急处置措施
85	各类闸门、拦污栅、阀组维护检修作业（进水口、表孔、底孔）	/	2. 开展金属结构检修作业前与外包单位签订安全协议，明确本次维护作业的安全控制风险；作业前提前断开启闭机动力或控制开关；检修现场用电严格按照三相五线制，一机一闸一漏的要求设置和管理，严禁私搭私接，私接电箱；闸门及其备用起重吊具装有专人指挥。严格执行"十不吊"准则，吊点应有年审，作业现场物资、部件摆放应整齐合理；焊接、切割、打磨工具绝缘应完好，防护罩齐全；现场气瓶、油漆等危险化学品妥善管理；动火场与可燃物保持安全距离，现场配置足量的灭火器具；高处作业平台搭设要符合规范，验收合格后方可使用，必要时系安全带；防腐作业需佩戴防毒口罩，做好现场通风并远离明火源；按照规定的程序进行试运行，出现卡塞及时停机。试验过程通信通畅。 3. 作业时在作业场所配置醒目的安全色图、安全警示标志以及四色图、风险告知栏	2. 组织检修人员定期学习《某水电站设备检修管理制度》《某水电站水工钢闸门和启闭机检修技术规程》和闸门、阀组检修作业指导书等。 3. 在检修作业班前班后，工作负责人对参与检修的人员就风险分析和预控措施进行交底，接受交底人员签名确认	工作服、防毒口罩等个人防护用品和工器具	水淹溺类伤亡事故现场处置方案》《机械伤害类伤亡事故现场处置方案》《火灾伤亡类事故现场处置方案》《起重伤害类事故现场处置方案》等。 2. 按照相关制度或预案的要求，定期开展应急演练和培训，并做好相关记录
86	各类液压启闭机维护检修作业（进水口、表孔、底孔）	/	1. 依据《水利水电工程钢闸门设计规范》(SL 74—2019)、《水工钢闸门和启闭机安全运行规程》(SL/T 722—2020)、《水工钢闸门和启闭机安全检测技术规程》(SL 101—2014)、			

续表

序号	风险点（危险源）	控制措施				应急处置措施
		工程技术措施	管理措施	教育培训措施	个人防护措施	
86	各类液压启闭机维护检修作业（进水口、表孔、底孔）	/	《水利水电工程钢闸门制造、安装及验收规范》（GB/T 14173—2008）《水利水电工程金属结构制作与安装安全技术规程》（SL/T 780—2020）等，制定和完善《某水电站水工钢闸门和启闭机维护检修技术规程》《某水电站启闭机检修作业指导书》和高危作业管理制度，并严格执行。 2. 检修前检查确认机组和闸门处于关闭状态并断开电源开关和阀门；作业前应将启闭机完全泄压；现场起重吊装要有专人指挥，严格执行"十不吊"准则；拆卸的部件装卸、运时要稳定；作业现场铺设彩条布，防止液压油洒落地面，拆卸油泵阀组时要做好耐压试记；严格按照试验方案对液压缸进行耐压试验，试验过程中应缓慢升压；压力软管接头要固定牢固、避免防甩措施；加压过程要及时排气；做好防护工器具遗留在集油箱里；启闭机接力器换装脚手架搭设应符合规范，高处作业系好安全带；作业现场严禁使用明火。 3. 作业时在作业场所配置醒目的安全色、安全警示标志以及四色图、风险告知栏	1. 及时对新入职、转岗员工进行三级安全教育培训，安全生产风险分级管控培训、业务培训，不定期开展专题讲座、安全月等活动，加强日常安全生产思想教育，强化安全生产意识，提高安全技能水平。 2. 组织检修人员定期学习《某水电站设备检修管理制度》《某水电站水工钢闸门和启闭机检修技术规程》和启闭机检修作业指导书等。 3. 在检修作业班前班后，工作负责人对参与人员就风险分析与预控措施进行交底，接受交底人员签名确认	使用安全帽、安全带、安全绳、救生衣、救生圈、绝缘手套、机械伤害防护手套、防尘口罩、防噪耳塞、安全鞋、防护网护目镜等个人防护用品和工器具	1. 针对启闭机维修养护时可能发生的触电、设备损坏、物体打击、起重伤害、爆管、高处坠落、火灾等安全事故，制定《触电伤亡类事故现场处置方案》《物体打击类事故现场处置方案》《高处坠落类事故现场处置方案》《起重伤害类事故现场处置方案》《火灾事故现场处置方案》《油压类设备爆管现场处置方案》等。 2. 按照相关制度要求，定期开展应急演练和培训，并做好相关记录

续表

序号	风险点（危险源）	控制措施				
		工程技术措施	管理措施	教育培训措施	个人防护措施	应急处置措施
87	各类闸门现地和远程集中控制柜、电源柜检修作业	/	1. 依据《电力安全工作规程 发电厂和变电站电气部分》（GB 26860—2021）、《水电厂自动化元件（装置）及其系统运行维护与检修试验规程》（DL/T 619—2012）、《闸门控制系统设备产品使用、维护说明书》等，制定和完善《某水电站水工钢闸门和启闭机维护检修技术规程》《某水电站闸门现地和远程控制柜检修作业指导书》和高危作业管理制度、技术规程，并严格执行。 2. 检修前断开控制柜动力电源和控制电源开关并悬挂警示牌、佩戴防静电手环；仔细核对设备名称、位置和编号，避免走错间隔，将线路侧电压回路解开并做好绝缘，并在带电端子排上做好标记，避免误碰；确保检修工具具绝缘完好；测量回路绝缘前要验明回路无电且无人工作，测量仪表未选择合适档位；作业严格执行监护人制度；加电前检查确认各部件安装正确。 3. 作业时在作业场所配置醒目的安全色、安全警示标志以及四色图、风险告知栏	1. 及时对新人入职、转岗员工进行三级安全教育培训，安全生产风险分级管控培训、业务培训，不定期开展专题讲座、安全生产知识竞赛、安全生产月等活动，加强日常安全生产思想教育，强化安全意识，提高安全技能水平。 2. 组织检修人员定期学习《某水电站设备检修管理制度》《某水电站水工钢闸门和启闭机检修技术规程》和闸门现地和远程控制柜检修作业指导书等。 3. 在检修作业班前班后，工作负责人对参与人员就风险分析和预控措施进行交底，接受交底措施人员签名确认	使用安全帽、绝缘手套、绝缘鞋、连体工作服、防尘口罩、防静电手环、绝缘人字梯、绝缘杆、绝缘垫、验电器、手电筒、对讲机等个人防护用品和工器具	1. 针对闸门远程控制柜检修时可能发生的触电、设备损坏等安全事故，制定《触电伤亡类事故现场处置方案》等。 2. 按照相关制度要求，定期开展应急演练和培训，并做好相关记录

续表

序号	风险点（危险源）	控制措施				应急处置措施
		工程技术措施	管理措施	教育培训措施	个人防护措施	
88	发电机机组进水压力钢管检修作业	/	1. 依据《水利工程压力钢管制造安装及验收规范》(SL 432—2008)、《水利水电工程压力钢管设计规范》(SL/T 281—2020)、《压力钢管安全检测技术规程》(NB/T 10349—2019)等，制定和完善《某水电站压力钢管检修维护规程》《某水电站压力钢管检修作业指导书》和《高危作业管理制度、技术规程，并严格执行。 2. 检修前检查确认机组和闸门处于关闭状态并断开电源开关和阀门；作业前检查确认压力钢管水已排空；检修前充分进行泄压、清洗和通风；金属探伤作业由有资质人员操作，并做好防辐射措施；有限空间作业应执行先检测、再通风、后作业的程序，采取防挤压、碰磕、中毒窒息、触电措施；检查确认打磨机械完好、绝缘和防护罩无缺陷；防腐作业周边严禁存在明火，并保持通风；作业执行监护制度。 3. 作业时在作业场所配置醒目的安全色、安全警示标志以及四色图、风险告知栏	1. 及时对新入职、转岗员工进行三级安全教育培训，安全生产风险分级管控培训、业务培训，不定期开展专题讲座，安全生产知识竞赛、安全月等活动，加强日常安全生产思想教育，强化安全意识，提高安全技能水平。 2. 组织检修人员定期学习《某水电站设备检修管理制度》《某水电站压力钢管检修技术规程》和压力钢管检修作业指导书等。 3. 在检修作业班前班后，工作负责人对参与检修人员就风险分析和预控措施进行交底，接受交底人员签名确认	使用安全帽、安全带、安全绳、救生衣、救生圈、绝缘手套、机械伤害防护手套、防尘口罩、防噪耳塞、安全鞋、焊接面罩和焊接护目镜、防护网、护目镜、防化学品手套和化学防护工作服、防毒口罩等个人防护用品和工器具	1. 针对压力钢管检修时可能发生的淹溺、触电、机械伤害、中毒窒息等安全事故，制定《溺水淹溺类伤亡事故现场处置方案》《触电伤亡类事故现场处置方案》《机械伤害类事故现场处置方案》《中毒窒息类事故现场处置方案》《火灾类事故现场处置方案》等。 2. 按照相关制度或预案的要求，定期开展应急演练和培训，并做好相关记录

续表

序号	风险点（危险源）	控制措施				应急处置措施
		工程技术措施	管理措施	教育培训措施	个人防护措施	
89	门机和桥式起重机维修保养作业	/	1. 依据《桥、门式起重机维修保养安全技术规范》(DB51/T 968—2009)、《起重机械检查与维护规程 第5部分：桥式和门式起重机》(GB/T 31052.5—2015)、《水电厂自动化元件（装置）及其系统运行维护与检修试验规程》(DL/T 619—2012)等，制定和完善《某水电站门机和桥式起重机设备检修技术规程》《某水电站门机和桥式起重机作业指导书》和高危作业管理制度、技术规程，并严格执行。 2. 检修前断开门机或桥式起重机总电源和急停按钮，开关处悬挂警示标识；进行外观检查时对高处搭设稳固的高处作业平台；对卷筒、滑轮检修或搭接时高处部位机械伤害；检查确认工器具绝缘完好、电动工具和打磨工具不存在缺陷；现场临时用电按照"三相五线制"的原则，遵守"一机一闸一漏"的原则；恶劣天气做好监测预警，提前做好固定、加固、转移等安全措施；绝缘测量仪表使用合适档位；涂装作业禁止周边存在明火，并加强现场通风；作业执行监护制度。 3. 作业时在作业场所配置醒目的安全色、安全警示标志以及四色图、风险告知栏	1. 及时对新入职、转岗员工进行三级安全教育培训，安全生产风险分级管控培训、业务培训、不定期开展专题讲座、安全生产知识竞赛、安全月等活动，制定和完善《某水电站门机和桥式起重机检修规程》和门机、桥式起重机作业指导书等。加强日常安全生产思想教育、强化安全意识，提高安全技能水平。 2. 组织检修人员定期学习《某水电站设备检修管理制度》《某水电站门机和桥式起重机检修技术规程》和门机、桥式起重机作业指导书等。 3. 在检修作业班前班后，工作负责人对参与人员就风险分析和预控措施进行交底，接受交底人员签名确认	使用安全帽、安全带、安全绳、救生衣、救生圈、绝缘手套、机械伤害防护手套，防噪耳塞、防尘口罩、安全鞋、焊接防护服面罩和焊接手套、防护目镜、护目网、化学品手套和工作服、防毒口罩等个人防护用品和工器具	1. 针对桥式和门式起重机系统维修保养时可能发生的淹溺、高处坠落、机械伤害、火灾、中毒窒息、触电等安全事故，制定《落水淹溺类事故现场处置方案》《高处坠落类伤亡事故现场处置方案》《机械伤害类伤亡事故现场处置方案》《火灾伤亡类事故现场处置方案》《中毒窒息类伤亡事故现场处置方案》《触电伤亡类事故现场处置方案》《大型机械、特种设备事故应急预案》等。 2. 按照相关制度或预案的要求，定期开展应急演练和培训，并做好相关记录

续表

序号	风险点（危险源）	控制措施				
		工程技术措施	管理措施	教育培训措施	个人防护措施	应急处置措施
90	水情自动测报系统中心站、遥测站、中继站维护检修作业	/	1. 依据《水情自动测报系统运行维护规程》(DL/T 1014—2016)、《水情自动测报系统技术条件》(DL/T 1085—2021)等，制定和完善《水情自动测报系统运行维护规程》和《水情作业管理制度》，技术规范，并严格执行。2. 对用电设备检修前断开电源并悬挂警示标识；将线路侧电压回路解开于电源开关；同时在带电端子排上做好有效标识、防止在误碰；检查确认检修工具完好、绝缘不存在缺陷；回路绝缘时应提前验明回路确无电压；绝缘测量仪表选择合适档位；蓄电池充放电注意不超过规定值；禁止同时触碰蓄电池正负极；氢气瓶搬运应保持稳固，轻拿轻放；野外作业注意危险动物，中暑伤害；防雷击、避免雷击；极端天气停驶作业遵守交通规则；作业由2人进行，执行监护制度。3. 作业时在作业场所配置醒目的安全色、安全警示标志以及四色图、风险告知栏	1. 及时对新人入职、转岗员工进行三级安全教育培训，安全生产风险分级管控培训、业务培训、不定期开展专题讲座、安全生产知识竞赛、安全月等活动，加强日常安全生产思想教育、强化安全意识、提高安全技能水平。2. 组织检修人员定期学习《某水电站设备检修管理制度》《水情自动测报系统运行维护管理规程》等。3. 在检修作业班前班后，就工作负责人对参与预控措施进行风险分析和预控措施进行交底，接受交底人员签名确认	使用安全帽、绝缘手套、防滑绝缘鞋、工作服、驱虫驱蛇药、电器等个人防护用品和工器具。	1. 针对水情自动测报系统运行维护时可能发生的触电、物体打击、动物伤害、雷击、交通伤害等安全事故，制定《触电伤亡类事故现场处置方案》《物体打击类事故现场处置方案》《动物伤害类事故现场处置方案》《防气象灾害天气事故应急预案》《车辆伤害》等。2. 按照相关制度要求，定期开展应急演练和培训，并做好相关记录

续表

序号	风险点（危险源）	控制措施				应急处置措施
		工程技术措施	管理措施	教育培训措施	个人防护措施	
91	大坝、厂房、边坡、堆积体安全监测设施运维修养护作业	/	1. 依据《大坝安全监测系统运行维护规程》(DL/T 1558—2016)、《大坝安全监测仪器安装标准》(SL 531—2012)、《大坝安全监测仪器检验规程》(SL 530—2012)、《混凝土坝安全监测技术规范》(SL 601—2013)等，制定和完善《某水电站水工仪器及设备管理制度》《某水电站安全监测自动化系统运行维护规程》和高危作业管理制度、技术规程，并严格执行。 2. 对用电设备检修前电源断开并悬挂警示标识；将线路侧电压回路解开并做好绝缘，同时在带电端子确认检修工具上做好有效标识，防止在误碰；检查回路绝缘不存在缺陷，测量回路绝缘前应提明回路确无电压，绝缘测量仪表选择合适档位；蓄电池充放电注意不超过规定值，禁止同时触碰蓄电池正负极；野外作业注意危险动物、极端天气做好防护、避免雷击、中暑等伤害；道路驾驶遵守交通规则，执行二人进行，执行交通监护制度。 3. 作业时在作业场所配置醒目的安全色、安全警示标志以及四色图、风险告知栏	1. 及时对新入职、转岗员工进行三级安全教育培训，安全生产、业务培训，不定期培训。开展专题讲座、安全生产知识竞赛、安全月等活动，加强日常安全生产思想教育、强化安全意识、提高安全技能水平。 2. 组织检修人员定期学习《某水电站水工仪器和设备管理制度》《某水电站安全监测自动化系统运行维护规程》。 3. 在检修作业班前班后，工作负责人与参与人员就风险分析和预控措施进行交底，接受交底人员签名确认	使用安全帽、安全带、安全绳、绝缘手套、防滑绝缘鞋、工作服、蛇药、驱虫药、验电器、登高梯等个人防护用品和工器具	1. 针对安全运行维护时可能发生的触电、高处坠落、动物伤害、雷击等安全事故，制定《触电伤亡类事故现场处置方案》《高处坠落类伤亡事故现场处置方案》《动物伤害类伤亡事故现场处置方案》《防气象灾害天气应急预案》等。 2. 按照相关制度及要求，定期开展应急演练和培训，并做好相关记录

序号	风险点（危险源）	控制措施				应急处置措施
		工程技术措施	管理措施	教育培训措施	个人防护措施	
92	机组检修后整启动和甩负荷动负荷试验	/	1. 依据《水轮发电机组启动试验规程》(DL/T 507—2014）等，制定和完善《某水电站水轮发电机组检修后启动试验技术规程》，并严格执行。2. 试验前应检查确保各项保护装置投入正常；试验期间严格监视机组各部位振动、摆度、温度等变化，存在异常及时报告并停车；试验过程要保证通信通畅；试验过程中管道断裂立即人为停机，待故障处理后再恢复；升压区域采用固定护栏等来限定与带电设备距离，加强对带电区域工作人员大小和长度的监督；绝缘杆不存在存在导致攀爬电的标签、污渍等；励磁参数和模式设置应满足方案要求；试验结束后应检查转动部位、螺栓连接拉紧情况，若过速保护不动作应及时停机；动平衡试验配重块安装过程避免伤人；注意避免品物遗留品洞内，试压前对屏柜中电流电压互感器接线情况进行可靠性检查，充水速率不宜过快，避免损坏设备。3. 在有风险地点或现场，配置醒目的安全色、安全警示标志，包括四色图、风险公告栏和风险告知卡	1. 及时对新入职、转岗员工进行三级安全教育培训，安全生产风险分级管控培训、业务培训，不定期开展专题讲座、安全生产知识竞赛、安全月等活动，加强日常安全生产思想教育，强化安全意识，提高安全技能水平。2. 组织检修人员定期学习《某水电站水轮发电机组检修后启动试验技术规程》。3. 在检修作业班前班后，工作负责人对参与人员就风险分析和预控措施进行交底，接受交底人员签名确认	使用安全帽、绝缘手套、绝缘服、防电弧服、鞋、绝缘靴、验电器、对讲机、固定护栏、绝缘垫等个人防护用品和工器具	1. 针对检修后启动试验时可能发生的水淹厂房、机组飞逸、设备损坏、触电、物体打击等安全事故，制定《水淹厂房事故应急预案》《水轮发电机组超速、振动摆动异常事故现场处置方案》《触电类事故现场处置方案》《物体打击类伤亡事故现场处置方案》等。2. 按照相关制度或预案的要求，定期开展应急演练和培训，并做好相关记录

续表

序号	风险点（危险源）	控制措施				
		工程技术措施	管理措施	教育培训措施	个人防护措施	应急处置措施
93	高压电气设备预防性试验（发电机、变压器、避雷器、电力电缆、断路器、开关站、共箱母线、互感器等）	/	1. 依据《电力安全工器具预防性试验规程》（DL/T 1476—2015）、《电力设备预防性试验规程》（DL/T 596—2021）、《带电作业工具、装置和设备预防性试验技术规程》（DL/T 976—2017）等，制定和完善《某水电站高压电气设备预防性试验技术规程》，并严格执行。 2. 试验装置电源有漏电保护器，电源开关使用人员有明显的双极刀闸；人员穿戴符合试验规范要求、放电时佩戴绝缘手套；试验过程安排专人监护，与带电设备保持一定安全距离；拆、接线前对被试设备充分放电，确保开压设备电源断开，并在验明无电后再开始拆解线。 3. 在有风险地点或场所，配置醒目的安全色、安全警示标志，包括四色图、风险公告栏和风险告知卡	1. 及时对新人入职、转岗员工进行三级安全教育培训，安全生产风险分级管控培训、业务培训，不定期开展专题讲座、安全生产知识竞赛、安全月等活动，加强日常安全生产思想教育，强化安全意识，提高安全技能水平。 2. 组织检修人员定期学习《某水电站高压电气设备预防性试验技术规程》。 3. 在检修作业班前班后，工作负责人对参与预控措施进行风险分析和预控措施进行交底，接受交底人员签字确认	使用安全帽、绝缘手套、绝缘鞋、防电弧服、绝缘梯、验电器、对讲机、固定护栏、绝缘垫等个人防护用品和工器具	1. 针对高压电气设备发生预防性试验时可能发生的设备损坏、触电伤亡类事故，制定《触电伤亡类事故现场处置方案》《高压电气设备爆炸、漏油、漏气类事故现场处置方案》等。 2. 按照相关制度要求，定期开展应急演练和培训，并做好相关记录

续表

序号	风险点（危险源）	控制措施				
		工程技术措施	管理措施	教育培训措施	个人防护措施	应急处置措施
94	金属结构耐压试验和无损检测作业（压力钢管、压力容器、闸门、管路、阀门、拦污栅）	/	1. 依据《焊缝无损检测超声检测技术、检测等级和评定》（GB/T 11345—2013）、《压力容器定期检验规则》（TSG R7001—2013）、《水工钢闸门和启闭机安全检测技术规程》（SL 101—2014）、《压力钢管安全检测技术规程》（NB/T 10349—2019）等，制定完善《某水电站金属结构耐压检测作业技术规程》和高危作业管理制度、技术规程，并严格执行。 2. 试验和检测区域设置警戒隔离区、悬挂警示牌；高处作业时系安全带、爬梯和平台应搭设稳固；高处试验前确认封闭接头质量，试验过程中提升压力速度和保压时间，在有限空间作业时使用安全电压，使用排风扇禁止将密闭空间进出通道关闭，加强通风；检测用放射源有专人管理、避免遗失；正确使用打磨工具，打磨过程佩戴护目镜；临水作业部位佩戴救生衣。 3. 在风险地点或场所，配置醒目的安全色，安全警示标志，包括四色图、风险公告栏和风险告知卡	1. 及时对新入职、转岗员工进行三级安全生产教育培训，业务培训，不定期举办培训、安全生产风险分级管控培训、安全生产专题讲座、安全生产月等活动、知识竞赛，加强日常安全生产思想教育，强化安全意识，提高安全技能水平。 2. 组织检修人员定期学习《某水电站金属结构无损检测规程》和《金属结构无损检测作业技术规程》。 3. 在检修作业班前班会，工作负责人对参与人员就风险分析和预控措施进行交底，接受交底人员签名确认	使用安全帽，安全带，安全绳，绝缘手套，护目镜，安全鞋，救生圈，救生衣，防辐射手套和氧气检测仪，呼吸器等个人防护用品和工器具	1. 针对金属结构耐压试验和无损检测时可能发生的触电、高压伤人、高处坠落、辐射伤害、中毒窒息、淹溺等安全事故，制定《触电类事故现场处置方案》《高压伤人事故现场处置方案》《高处坠落类事故现场处置方案》《辐射伤害类事故现场处置方案》《中毒窒息类事故现场处置方案》《落水淹溺类事故现场处置方案》《辐射伤害类事故现场处置方案》等。 2. 按照相关制度的要求、定期开展应急演练和培训，并做好相关记录

续表

序号	风险点（危险源）	控制措施				
		工程技术措施	管理措施	教育培训措施	个人防护措施	应急处置措施
95	电脑、空调、电视、冰箱、消毒柜、热水器等日常生活设备检修作业	/	1. 依据《家用和类似用途电器安装、使用、维修安全要求》（GB 8877—2008）、《家用中央空调拆装和维修服务技术规范》《家用电冰箱维修服务技术规范》（SB/T 10993—2013）、《家用燃气快速热水器拆装和维修服务技术规范》（SB/T 10863—2012）、《家用燃气灶具安装和维修服务技术规范》（SB/T 10868—2012）等，制定和完善《某水电站日常办公生活设备维护检修管理制度》，并严格执行。 2. 检修前断开用电设备电源或开关；家用电器由专业设备维护人员进行检修；高处作业应系安全带，爬梯或平台搭设应稳固，检查确认检修工具绝缘完好。 3. 在有风险的地点或场所，配置醒目的安全色、安全警示标志，包括四色图、风险公告栏和风险告知卡	1. 及时对新入职、转岗员工进行三级安全生产教育培训，安全生产风险分级管控培训、业务培训，不定期开展专题讲座、安全生产知识竞赛、安全月等活动，加强日常安全生产思想教育，强化安全意识，提高安全技能水平。 2. 组织检修人员定期学习《某水电站日常办公生活设备维护检修制度》。 3. 在检修作业班前班后，工作负责人对参与人员就风险分析和预控措施进行交底，接受交底人员签名确认	使用安全帽、安全带、安全绳、绝缘手套、登高梯等个人防护用品和工器具	1. 针对日常办公生活设备检修时可能发生的触电、高处坠落等安全事故，制定《触电伤亡类事故现场处置方案》《高处坠落类伤亡事故现场处置方案》等。 2. 按照相关制度、定期开展应急演练和培训，并做好相关记录。

5.5　运行操作类危险源安全风险管控措施建议案例

参照《构建水利安全生产风险管控"六项机制"的实施意见》的有关要求,水利生产经营单位要从组织、制度、技术、应急等方面,制定并落实具体防范措施,综合运行隔离危险源、技术手段、个体防护、监控设施等手段,达到消除、降低风险的目的。结合运行操作作业类一般危险源辨识和风险分析情况,依据有关法律法规、国家行业规范以及某水电站运行过程资料,可以从管理、教育培训、个人防护、应急处置4个方面制定和完善相关安全管控措施。

(1)管理措施建议

运行操作作业类危险源导致事故的主要原因在于操作前准备不足、作业过程违章操作、违反劳动纪律、指挥人员违章指挥、个人防护措施不到位、个人状态和能力不足、未进行技术交底等人的不安全性行为或管理缺陷。为了保证危险源事故诱因得到及早发现和处理,从管理上首先要根据国家和行业规范要求,制定和完善运行操作规程,明确运行操作作业应采取的安全措施、工作步骤、危险点和注意事项,并严格执行。其次,实行轮班制以减少暴露时间,比如减少作业人员在空压机房、风洞室的作业、巡查时间。

(2)教育培训措施建议

可以从4个方面着手:一是对生产部、水工部新进人员开展三级安全教育,帮助了解设备运行操作知识和作业可能涉及的风险;二是不定期通过专题讲座、技术培训、安规考试、安全知识竞赛、安全月活动等形式开展安全教育培训工作;三是操作设备前工作负责人应组织成员进行危险点分析、预控措施分析和安全注意事项交底,接受交底人员应签名确认;四是带电操作、起吊操作人员和驾驶员、船员等应取得相应资格证书。

(3)个人防护措施建议

参照《个体防护装备配备规范》(GB 39800—2020)和《电力安全工作规程　发电厂和变电站电气部分》(GB 26860—2021)的有关要求,制定适用于某水电站的作业人员个体劳动防护用品配置标准,常见防护用品包括:安全帽、安全带、安全绳、救生衣、救生圈、绝缘手套、绝缘杆、防护手套、防尘口罩、耳塞、绝缘鞋、酸碱防护服、焊工防护服等。当工程技术措施不能消除或减弱危险物质或能量时,均应采取个人防护措施。

(4)应急处置措施建议

首先应根据运行操作作业活动可能发生的触电、设备损坏、高处坠落、机械伤害、灼伤、机组飞逸等事故和后果制定有针对性的、可操作性强的综合应急预案、专项应急预案和现场处置方案。其次在现场配置或存储一定量医用酒精、纱布、碘伏等外伤急救用品,组建应急救援队伍。按照相关制度或预案的要求,定期开展应急演练和培训,并做好相关记录。

具体案例可参考表5.5-1。

表 5.5-1　某水电站运行操作类一般危险源安全管控措施清单

序号	风险点（危险源）	控制措施			
		管理措施	教育培训措施	个人防护措施	应急处置措施
1	操作前的准备	1. 制定和完善《某水电站运行管理规定》《某水电站两票管理办法》等制度，明确运行操作、交接班、巡视检查、钥匙管理、工器具管理，运行分析活动的责任、内容、程序和相关工作要求。 2. 值班负责人应安排合适运行人员拟写操作票；加强对作业风险评估的执行，培养风险评估的习惯；操作人员根据检修任务隔离措施要求，参照标准操作票，拟写操作票；安排监护人对操作进行审核和准备情况检查确认；值长及时批准审核后的操作票，布置操作任务	1. 采取多种方式对某水电站运行人员就《某水电站运行管理规定》《某水电站两票管理办法》及其他设备运行制度、规程开展培训，促使其掌握运行操作程序和要求。 2. 加强对作业指导书的学习，强化风险评估规范的学习和培训，培养操作前风险评估的习惯。 3. 电站定期监督检查相关培训和学习记录并点评考核	/	/
2	操作中的变更	1. 制定和完善《某水电站运行管理规定》《某水电站两票管理办法》及其他管理办法》等制度，明确操作变更事项的责任、内容、程序和相关工作要求。 2. 严格按照规定办理工作变更手续，对安全措施需要变更的应严格执行工作票制度；工作负责人应根据目前作业中变更及变更要求，按作业指导书检查和确认工作内容、安全隔离措施是否正确	1. 采取多种方式对某水电站运行人员就《某水电站运行管理规定》及其他设备运行制度、规程开展培训，促使其掌握运行操作程序和要求。 2. 加强对作业指导书的学习，强化风险评估规范的学习和培训，培养操作前风险评估的习惯。 3. 电站定期监督检查相关培训和学习记录并点评考核	/	/

续表

序号	风险点（危险源）	控制措施			
		管理措施	教育培训措施	个人防护措施	应急处置措施
		1. 制定和完善《某水电站运行管理规定》《某水电站两票管理办法》等制度，明确运行操作、交接班、巡视检查、钥匙管理、工器具管理、运行分析活动的责任、内容、程序和相关工作要求。	1. 采取多种方式对某水电站运行人员就《某水电站运行管理规定》《某水电站两票管理办法》及其他设备运行制度、规程开展培训，促使其掌握运行操作程序和要求。		
3	操作后的验收	2. 操作人员、监护人员工作结束前应检查相关设备设施状态是否满足要求；工作结束后操作人员应对工器具、备件和材料进行清点核查、避免遗漏；遗留废弃物分类处理；操作完成后应立即中断开所有动力源；对运行操作碰到的问题进行书面说明。工作完成后，应向值长汇报，对运行操作人终结操作票。	2. 加强对作业指导书的学习、强化风险评估规范的学习和培训，培养操作前风险评估的习惯。 3. 电站定期监督检查相关培训和学习记录并点评考核	／	／
4	水轮机巡视检查和日常监视	1. 依据《水轮机运行规程》(DL/T 710—2018)《水轮机基本技术条件》(GB/T 15468—2020)、《电力安全工作规程 发电厂和变电站电气部分》(GB 26860—2021)、《电业安全工作规程 第1部分：热力和机械》(GB 26164.1—2010)等，制定和完善《某水电站水轮机运行规程》并严格执行。 2. 安排的监视值守人员巡视能力、状态、资格满足要求；巡视作业中至少2人同行，巡视前规范巡视路线；水车室、水轮机及通道等部位设置充足照明和防滑措施；巡视过程中禁止过分接近或触摸转动部件；可能误碰区域设置警示标识；巡视和值班人员不得随意改变机组状态和运行方式；发生故障时按照运行规程规定的步骤进行操作。 3. 作业时在巡视作业场所配置醒目的安全色、安全警示标志以及四色图、风险告知栏	1. 及时对新入职、转岗员工进行安全生产风险分级管控教育培训，组织运行值班人员定期学习《某水电站水轮机运行操作规程》等，强化安全意识、提高安全技能水平。 2. 在运行操作和值守巡视作业前，工作负责人对参与人员就风险分析和预控措施进行交底、接受交底人员签名确认	使用安全帽、绝缘鞋、工作服、强光手电筒、对讲机等个人防护用品和工具	1. 针对水轮机巡视监视时可能发生的机械伤害、高处坠落、设备损坏等安全事故，制定《机械伤害类伤亡事故现场处置方案》《高处坠落类伤亡事故现场处置方案》《水轮发电机组超速、振动摆动异常事故现场处置方案》等。 2. 按照相关制度或预案的要求，定期开展应急演练和培训，并做好相关记录

续表

序号	风险点（危险源）	控制措施			
		管理措施	教育培训措施	个人防护措施	应急处置措施
5	水轮机开机操作	1. 依据《水轮机运行规程》(DL/T 710—2018)、《水轮机基本检修条件》(GB/T 15468—2020)、《电力安全工作规程 发电厂和变电站电气部分》(GB 26860—2021)、《电业安全工作规程 第1部分：热力和机械》(GB 26164.1—2010)等，制定和完善《某水电站水轮机运行规程》并严格执行。 2. 操作过程严格按照程序操作：开机前确认机组制动风闸全部落下，空气围带退出；投入备用或启动前应检查确认检修工作完结，各类闸阀、开关、装置关闭，开启到位；开机过程发现振动、温度、转速异常立刻停机并上报有关领导；事故停机后查明原因后再次开机；操作闸阀、操作高压油水管路，同时不要踩踏油水管路，以免导致高压管路破裂；实时监视水车室和风洞漏水情况；出现异常立即操作电源开关，及时处理并按规程操作停机。 3. 作业时在作业场所配置醒目的安全色、安全警示标志以及四色图、风险告知牌	1. 及时对新入职、转岗员工进行三级安全教育培训，组织运行值班人员定期学习《某水电站水轮机运行操作规程》等，强化安全意识，提高安全技能水平。 2. 在运行操作和值守巡视作业前，工作负责人对参与人员就风险分析和预控措施进行交底，接受交底人员签名确认。 3. 带电作业人员持有相关特种作业资格证书	使用安全帽、绝缘手套、绝缘鞋，护目镜，工作服，对讲机等个人防护用品和工具	1. 针对水轮机开机操作时可能发生的触电、灼伤、物体打击、机组损坏飞逸、水淹厂房等安全事故，制定《触电伤亡类事故现场处置方案》《灼伤类事故现场处置方案》《物体打击类事故现场处置方案》《水轮发电机组超速振动摆动异常事故现场处置方案》《水淹厂房事故应急预案》等。 2. 按照相关制度或应急预案要求，定期开展应急演练和培训，并做好相关记录

续表

序号	风险点（危险源）	控制措施			
		管理措施	教育培训措施	个人防护措施	应急处置措施
6	水轮机停机操作	1. 依据《水轮机运行规程》（DL/T 710—2018）、《水轮机基本技术条件》（GB/T 15468—2020）、《电力安全工作规程 发电厂和变电站电气部分》（GB 26860—2021）、《电业安全工作规程 第1部分：热力和机械》（GB 26164.1—2010）等，制定和完善《某水电站水轮机运行规程》并严格执行。 2. 操作过程中严格按照程序操作；停机前检查确认自动操作设备、水机保护、油水气系统状态；风闸未自动投入时应及时手动制动；时刻监视水机漏水情况，停机过程检查制动风闸全部落下情况；操作阀门应缓慢开闭，不要用力过猛，同时不要踩踏油水管路，以免导致高压管路破裂；出现异常时关闭正面操作电源开关，注意确认按规程操作实际位置；避免异常处理及时处理并按规程停机。 3. 作业时在作业所场所配置醒目的安全色、安全警示标志以及四色图、风险告知栏	1. 及时对新入职、转岗员工进行三级安全教育培训，组织管控值班人员分级管控风险；定期学习《某水电站水轮机运行规程》等，强化安全意识，提高安全技能水平。 2. 在运行操作和值守巡视作业前，工作负责人对参与作业人员就地风险分析和预控措施进行交底，接受交底人员签名确认。 3. 带电作业人员持有相关特种作业资格证书	使用安全帽、绝缘手套、护目镜、工作服、绝缘鞋、工作服等，对讲机等个人防护用品和工具	1. 针对水轮机停机操作时可能发生的触电、物体打击、设备损坏等安全事故，制定《触电伤亡类事故现场处置方案》《物体打击类伤亡事故现场处置方案》《水轮发电机组超速、振动摆动异常事故现场处置方案》等。 2. 按照相关制度或预案的要求，定期开展应急演练和培训，并做好相关记录
7	蜗壳、压力钢管及尾水管充排水操作	1. 依据《水轮机运行规程》（DL/T 710—2018）、《水轮机基本技术条件》（GB/T 15468—2020）、《电力安全工作规程 发电厂和变电站电气部分》（GB 26860—2021）、《电业安全工作规程 第1部分：热力和机械》（GB 26164.1—2010）等，制定和完善《某水电站水轮机运行规程》并严格执行。 2. 操作过程中严格按照程序操作；充水前要检查相关进人门、阀门组开启关闭情况；检查确认尾水管排气阀在全开位置开启并在初期有气排出；进行充水过程要安排专人检查漏水情况，发现异常勤通阀和闸门；充水过程要安排专人检查漏水情况，发现异	1. 及时对新入职、转岗员工进行三级安全教育培训，组织管控值班人员分级管控风险；定期学习《某水电站水轮机运行规程》等，强化安全意识，提高安全技能水平。	使用安全帽、安全带、安全绳、绝缘手套、绝缘鞋、工作服、护目镜、对讲机等个人防护用品和工具	1. 针对水轮机充排水操作时可能发生的触电、物体打击、高处坠落、设备损坏等安全事故，制定《触电伤亡类事故现场处置方案》《高处坠落类伤亡事故现场处置方案》《物体打击类伤亡事故现场处置方案》等。

续表

序号	风险点（危险源）	控制措施			
		管理措施	教育培训措施	个人防护措施	应急处置措施
7	蜗壳、压力钢管及尾水管充水排水操作	常能够立即停止充水；作业中使用专门工具启闭闸阀。排水时平压后再操作闸阀；高处作业应系安全带并注意保证平台稳固；切换主变冷却水后检查确认冷却水流量变化，若有问题及时处理。 3. 作业时在作业场所配置醒目的安全色、安全警示标志以及四色图、风险告知栏	2. 在运行操作和值守巡视作业前，工作负责人对参与人员就风险分析和预控措施进行交底，接受交底人员签名确认。 3. 带电作业人员持有相关特种作业资格证书		2. 按照相关制度或预案的要求，定期开展应急演练和培训，并做好相关记录
8	发电机巡视检查与日常监视	1. 依据《水轮发电机运行规程》(DL/T 751—2014)、《水轮发电机基本技术条件》(GB/T 7894—2009)、《水轮发电机组状态在线监测系统技术条件》(DL/T 1197—2012)、《电力安全工作规程 发电厂和变电站电气部分》(GB 26860—2021)、《电力调度控制规程》等、《某水电站发电机运行规程》并严格执行。并严格执行。 2. 安排的监视值守人员能力、状态、资格满足要求，巡视过程中禁止跨越围栏、遮挡、误动、误碰，巡视路线上的高压设备改变设备状态；与巡视路线保持足够安全距离；夜间巡视配备临时照明灯具；进出随手关闭大门，禁止随意打开封闭大门	1. 及时对新入职、转岗员工进行三级安全教育培训，组织各值班人员定期学习《某水电站发电机运行操作规程》等，强化安全意识，提高安全技能水平。 2. 在运行操作和值守巡视作业前，工作负责人对参与人员就风险分析和预控措施进行交底，接受交底人员签名确认	使用安全帽、绝缘鞋、工作服、强光手电筒、对讲机等个人防护用品和工具	1. 针对发电机巡视监视时可能发生的设备损坏、触电、机械伤害等安全事故，制定《触电伤亡类事故现场处置方案》《机械伤害类伤亡事故现场处置方案》等。 2. 按照相关制度或预案的要求，定期开展应急演练和培训，并做好相关记录

续表

序号	风险点（危险源）	控制措施			应急处置措施
		管理措施	教育培训措施	个人防护措施	
9	发电机开、停机操作	1. 依据《水轮发电机运行规程》(DL/T 751—2014)、《水轮发电机组基本技术条件》(GB/T 7894—2009)、《水轮发电机组状态在线监测系统技术条件》(DL/T 1197—2012)、《电力安全工作规程 发电厂和变电站电气部分》(GB 26860—2021)、《某水电站发电机运行规程》等，制定和完善《某水电站发电机运行规程》，并严格执行。 2. 操作时注意不要误听调度指令；严格按照程序和要求操作；注意操作刀闸开合到位；不得随意解除防误闭锁装置；操作规程安排专人监护；作业前注意充分放电；检查确认验电器状态良好。 3. 作业时在作业场所配置醒目的安全色、安全警示标志以及四色图，风险告知栏	1. 及时对新入职、转岗员工进行三级安全教育培训，组织运行值班人员定期学习《某水电站发电电气操作规程》等，强化安全意识，提高安全技能水平。 2. 在运行操作和值守巡视作业前，工作负责人对参与操作人员就风险分析和预控措施进行交底、接受交底人员签名确认。 3. 带电作业人员持有相关特种作业资格证书。	使用安全帽、安全带、绝缘手套、安全鞋、防电弧工作服、对讲机、登高梯、接地线、验电器等个人防护用品和工具。	1. 针对发电机开停机操作时可能发生的设备损坏、触电、电弧灼伤、高处坠落等安全事故，制定《触电伤亡类事故现场处置方案》《高处坠落类安全伤亡事故现场处置方案》《灼烫类安全伤亡事故现场处置方案》《发电机故障处置方案》等。 2. 按照相关制度或预案的要求，定期开展应急演练和培训，并做好相关记录。
10	发电机零起升压操作	1. 依据《水轮发电机运行规程》(DL/T 751—2014)、《水轮发电机组基本技术条件》(GB/T 7894—2009)、《水轮发电机组状态在线监测系统技术条件》(DL/T 1197—2012)、《电力安全工作规程 发电厂和变电站电气部分》(GB 26860—2021)、《某水电站发电机运行规程》等，制定和完善《某水电站发电机运行规程》，并严格执行。	1. 及时对新入职、转岗员工进行三级安全教育培训，组织运行值班人员定期学习《某水电站发电站运行规程》等，强化安全意识，提高安全技能水平。	使用安全帽、绝缘手套、防电弧工作服、对讲机、安全鞋等个人防护用品和工具。	1. 针对发电机零起升压时可能发生的设备损坏、触电等安全事故，制定《触电伤亡类事故现场处置方案》《发电机故障处置方案》等。

续表

序号	风险点（危险源）	控制措施			
		管理措施	教育培训措施	个人防护措施	应急处置措施
10	发电机零起升压操作	2. 操作时注意不要误听调度指令，严格按照程序和要求操作；注意操作刀闸开合到位；零起升压时确保主变处在冷备用状态，主变中性点刀闸在合闸位置。3. 作业时在作业场所配置醒目的安全警示标志以及四色图、风险告知栏	2. 在运行操作和值守巡视作业前，工作负责人对参与人员就风险分析和预控措施进行交底，接受交底人员签名确认。3. 带电作业人员持有相关特种作业资格证书		2. 按照相关制度或预案的要求，定期开展应急演练和培训，并做好相关记录
11	发电机手动顶风闸操作	1. 依据《水轮发电机运行规程》(DL/T 751—2014)、《水轮发电机基本技术条件》(GB/T 7894—2009)、《水轮发电机组状态在线监测系统技术条件》(DL/T 1197—2012)、《电力安全工作规程 发电厂和变电站电气部分》(GB 26860—2021)、《电力调度控制规程》等、制定和完善《某水电站发电机运行规程》等，并严格执行。2. 操作时注意不要误听调度指令，严格按照程序和要求操作；操作前检查机组进口气压表，压力应为 0.7MPa；监视制动柜转速表，待机组转速下降至合适转速再操作；确保刀闸操作到位；进风洞检查分洞是否已复归。3. 作业时在作业场所配置醒目的安全色、安全警示标志以及四色图、风险告知栏	1. 及时对新入职、转岗员工进行三级安全教育培训，组织管控参与员工进行安全生产风险定期学习《某水电站发电站运行操作规程》等，强化安全意识、提高安全技能水平。2. 在运行操作和值守巡视作业前，工作负责人对参与人员就风险分析和预控措施进行交底，接受交底人员签名确认	使用安全帽、绝缘手套、安全鞋，对讲机等个人防护用品和工具	1. 针对发电机手动顶风闸时可能发生的设备损坏，火灾等安全事故，制定《发电机火灾类事故现场处置方案》《发电机故障处置方案》等。2. 按照相关制度或预案的要求，定期开展应急演练和培训，并做好相关记录

续表

序号	风险点（危险源）	控制措施			应急处置措施
		管理措施	教育培训措施	个人防护措施	
12	发电机手动盘转子操作和日常检查监视	1. 依据《水轮发电机运行规程》(DL/T 751—2014)、《水轮发电机基本技术条件》(GB/T 7894—2009)、电机组状态在线监测系统技术条件》(DL/T 1197—2012)、《电力安全工作规程 发电厂和变电站电气部分》(GB 26860—2021)、《电力调度控制规程》等,制定和完善《某水电站发电机运行操作规程》,并严格执行。 2. 操作时注意不要误听调度指令;严格按照程序和要求操作;操作前检查机组进口气压表,压力应为 0.7MPa;监视机组制动转速至合适转速再操作;确保刀闸操作到位;进风洞检查是否已复归。 3. 作业时在作业场所配置醒目的安全色、安全警示标志以及四色图、风险告知栏	1. 及时对新人职、转岗员工进行三级安全教育培训,组织分级管控培训;组织运行值班人员定期学习《某水电站发电机运行操作规程》等,强化安全意识,提高安全技能水平。 2. 在运行操作和值守巡视作业前,工作负责人对参与人员就风险分析和预控措施进行交底,接受交底人员签名确认	使用安全帽、绝缘手套、安全鞋、对讲机等个人防护用品和工具	1. 针对发电机手动盘转子时可能发生的设备损坏等安全事故,制定《发电机故障处置方案》等。 2. 按照相关制度或预案的要求,定期开展应急演练和培训,并做好相关记录
13	主变压器巡视检查和日常监视	1. 依据《电力变压器运行规程》(DL/T 572—2021)、《电力安全工作规程 发电厂和变电站电气部分》(GB 26860—2021)、《电力调度控制规程》等,制定和完善《某水电站主变压器运行操作规程》并严格执行。 2. 安排的监视值守人员能力、状态、资格满足要求;巡视前划定巡视路线;巡视过程中禁止跨越围栏、遮挡、防止误碰、误动,误登运行设备并保持足够安全距离;与巡视路线上的高压设备保持足够安全距离;夜间巡视配备临时照明灯具,登高梯;进出高压设备关闭大门、禁止随意打开封闭大门	1. 及时对新人职、转岗员工进行三级安全教育培训,组织分级管控培训;组织运行值班人员定期学习《某水电站主变压器运行操作规程》等,强化安全意识,提高安全技能水平。 2. 在运行操作和值守巡视作业前,工作负责人与参与人员就风险分析和预控措施进行交底,接受交底人员签名确认	使用安全帽、安全带、安全绳、绝缘手套、安全鞋、手电筒照明灯具、工作服等个人防护用品和工具	1. 针对主变压器巡视监视时可能发生的设备损坏、触电、高处坠落、伤亡等安全事故,制定《高处坠落类伤亡事故处置方案》《触电伤亡类事故现场处置方案》《人身伤亡应急处置预案》。 2. 按照相关制度或预案的要求,定期开展应急演练和培训,并做好相关记录

续表

序号	风险点（危险源）	控制措施			
		管理措施	教育培训措施	个人防护措施	应急处置措施
14	主变压器运行转检修或检修转运行	1. 依据《电力变压器运行规程》(DL/T 572—2021)、《电力安全工作规程 发电厂和变电站电气部分》(GB 26860—2021)、《电力调度控制规程》等，制定和完善《某水电站主变压器运行操作规程》并严格执行。 2. 操作时注意操作刀闸开合到位；不得随意解除防误闭锁装置；操作前注意充分放电；检查确认电器状态良好；登用安全带或确保站证平台稳固。 3. 作业时在作业场所配置醒目的安全色、安全警示标志以及四色图、风险告知栏	1. 及时对新人入职、转岗员工进行三级安全教育培训，安全生产值班人员分级管控培训，组织运行值班人员定期学习《某水电站主变压器运行操作规程》等，强化安全意识，提高安全技能水平。 2. 在运行操作和值守巡视作业前，工作负责人对参与预控的人员就风险分析和预控措施进行交底，接受交底人员签名确认。 3. 带电作业人员持有相关特种作业资格证书	使用安全帽、绝缘手套、绝缘防电弧工作服、安全鞋、接地线、验电器、绝缘杆等个人防护等个人防护用品和工具	1. 针对主变压器检修运行状态转换时可能发生的设备损坏、触电、高处坠落等安全事故，制定《高处坠落类伤亡事故现场处置方案》《触电伤亡类事故现场处置方案》《主变压器故障处置方案》等。 2. 按照相关要求，定期开展应急演练和培训，并做好相关记录
15	主变压器冲击合闸	1. 依据《电力变压器运行规程》(DL/T 572—2021)、《电力安全工作规程 发电厂和变电站电气部分》(GB 26860—2021)、《电力调度控制规程》等，制定和完善《某水电站主变压器运行操作规程》并严格执行。 2. 操作时注意主变误空载操作；注意操作刀闸开合状态；确认主变处在热备用状态；相关防护按规定已投晃；操作过程安排专人监护。 3. 作业时在作业场所配置醒目的安全色、安全警示标志以及四色图、风险告知栏	1. 及时对新人入职、转岗员工进行三级安全教育培训，安全生产值班人员分级管控培训，组织运行值班人员定期学习《某水电站主变压器运行操作规程》等，强化安全意识，提高安全技能水平。 2. 在运行操作和值守巡视作业前，工作负责人对参与预控的人员就风险分析和预控措施进行交底，接受交底人员签名确认。 3. 带电作业人员持有相关特种作业资格证书	使用安全帽、绝缘手套、绝缘防电弧工作服、安全鞋、接地线、验电器、绝缘杆等个人防护用品和工具	1. 针对主变压器冲击合闸时可能发生的设备损坏、触电等安全事故，制定《触电伤亡类事故现场处置方案》等。 2. 按照相关制度或预案要求，定期开展应急演练和培训，并做好相关记录

续表

序号	风险点（危险源）	控制措施			应急处置措施
		管理措施	教育培训措施	个人防护措施	
16	主变压器零起升压	1. 依据《电力变压器运行规程》（DL/T 572—2021）、《电力安全工作规程 发电厂和变电站电气部分》（GB 26860—2021）、《电力调度控制规程》《某水电站主变压器运行操作规程》等，制定和完善《某水电站主变压器运行操作规程》并严格执行。 2. 操作时注意不要误听调度指令，严格按照程序和要求操作；注意操作刀闸在合闸状态；主变中性点刀闸安排专人监护。 3. 作业时在作业场所配置醒目的安全色、安全警示标志以及四色图、风险告知栏	1. 及时对新人职、转岗员工进行三级安全教育培训，组织运行值班人员分级管控培训；定期学习《某水电站主变压器运行操作规程》等，强化安全意识，提高安全技能水平。 2. 在运行操作和值守巡视作业前，工作负责人对参与风险作业人员就风险、分析和预控措施进行交底，接受交底人员签名确认。 3. 带电作业人员持有相关特种作业资格证书	使用安全帽、绝缘手套、绝缘防电弧工作服、安全鞋、接地线、验电器、绝缘杆等个人防护用品和工具	1. 针对主变压器零起升压时可能发生的设备损坏、触电等安全事故，制定《触电伤亡类事故现场处置方案》《主变压器故障处置方案》等。 2. 按照相关制度或预案的要求，定期开展应急演练和培训，并做好相关记录
17	主变压器冷却器控制柜运行操作	1. 依据《电力变压器运行规程》（DL/T 572—2021）、《电力安全工作规程 发电厂和变电站电气部分》（GB 26860—2021）、《电力调度控制规程》《某水电站主变压器运行操作规程》等，制定和完善《某水电站主变压器运行操作规程》并严格执行。 2. 操作时注意不要误听调度指令，严格按照程序和要求操作；注意操作刀闸在合闸状态；主变应在冷备用状态；操作过程安排专人监护。 3. 作业时在作业场所配置醒目的安全色、安全警示标志以及四色图、风险告知栏	1. 及时对新人职、转岗员工进行三级安全教育培训，组织运行值班人员分级管控培训；定期学习《某水电站主变压器运行操作规程》等，强化安全意识，提高安全技能水平。 2. 在运行操作和值守巡视作业前，工作负责人对参与风险作业人员就风险、分析和预控措施进行交底，接受交底人员签名确认。 3. 带电作业人员持有相关特种作业资格证书	使用安全帽、绝缘手套、工作服、安全鞋等个人防护用品和工具	1. 针对主变压器冷却控制柜操作时可能发生的设备损坏、触电等安全事故、伤亡类事故，制定《触电伤亡类事故现场处置方案》《主变压器故障处置方案》等。 2. 按照相关制度或预案的要求，定期开展应急演练和培训，并做好相关记录

续表

序号	风险点（危险源）	控制措施			
		管理措施	教育培训措施	个人防护措施	应急处置措施
18	励磁系统巡视检查及日常监视	1. 依据《大中型水轮发电机自并励励磁系统及装置运行和检修规程》(DL/T 491—2008)、《电力安全工作规程 发电厂和变电站电气部分》(GB 26860—2021)、《大中型水轮发电机静止整流励磁系统及装置技术条件》(DL/T 583—2018)，制定和完善《某水电站主励磁系统运行操作规程》并严格执行。 2. 安排的监视值守人员能力、状态、资格满足要求；巡视作业至少2人同行，巡视前规划巡视路线；巡视过程中禁止跨越围栏、遮挡、防止误碰、误动；与巡视设备状态、与巡视路线上的高压设备保持足够安全距离；夜间巡视配备照明灯具；进出随手关闭大门，禁止随意打开封闭大门；发现问题及时向汇报处理	1. 及时对新入职、转岗员工进行三级安全教育培训，组织运行值班人员定期学习《某水电站主励磁系统运行操作规程》等，强化安全意识，提高安全技能水平。 2. 在运行操作和值守巡视作业前，工作负责人对参与巡视就位人员进行交底，接受交底人员签名确认	使用安全帽、安全鞋、工作服、强光手电筒、对讲机等个人防护用品	1. 针对励磁系统巡视监视时可能发生的设备损坏、触电、摔伤等安全事故，制定《励磁系统设备损坏事故现场处置方案》《触电事故现场处置方案》《人身伤亡类事故应急预案》等。 2. 按照相关制度要求，定期开展应急演练和培训，并做好相关记录
19	励磁装置投入和退出操作	1. 依据《大中型水轮发电机自并励励磁系统及装置运行和检修规程》(DL/T 491—2008)、《电力安全工作规程 发电厂和变电站电气部分》(GB 26860—2021)、《大中型水轮发电机静止整流励磁系统及装置技术条件》(DL/T 583—2018)，制定和完善《某水电站励磁系统运行操作规程》并严格执行。 2. 操作时注意不要误听调度指令，严格按照程序和要求操作；注意操作刀闸开合到位，不得野蛮操作；禁止正面监视或操作变压器高压断路器；与带电设备保持足够的安全距离；防止误碰带电设备。 3. 作业时在作业所配置醒目的安全色、安全警示标志以及四色图，风险告知栏	1. 及时对新入职、转岗员工进行三级安全教育培训，组织运行值班人员定期学习《某水电站励磁系统运行操作规程》等，强化安全意识，提高安全技能水平。 2. 在运行操作和值守巡视作业前，工作负责人对参与巡视就位人员进行交底，接受交底人员签名确认。 3. 带电作业人员持有相关特种作业资格证书	使用安全帽、绝缘手套、绝缘服、电弧工作服、安全鞋、接地线、验电器、绝缘杆等个人防护用品和工具	1. 针对励磁系统投退时可能发生的触电、灼伤、设备损坏等安全事故，制定《触电事故现场处置方案》《灼烫伤亡类事故应急处置方案》《励磁系统设备损坏事故现场处置方案》等。 2. 按照相关制度要求，定期开展应急演练和培训，并做好相关记录

续表

序号	风险点（危险源）	控制措施			应急处置措施
		管理措施	教育培训措施	个人防护措施	
20	励磁系统手动切换	1. 依据《大中型水轮发电机自并励励磁系统及装置运行和检修规程》（DL/T 491—2008）、《电力安全工作规程 发电厂和变电站电气部分》（GB 26860—2021）、《大中型水轮发电机静止整流励磁系统及装置技术条件》（DL/T 583—2018），制定和完善《某水电站励磁系统运行操作规程》并严格执行。 2. 操作前认真核对设备名称、编号，避免走错间隔；操作后认真检查设备状态；检查确认备用通道和运行通道控制信号基本一致再操作。 3. 作业时在作业现场配置醒目的安全色、安全警示标志以及四色图、风险告知栏	1. 及时对新人入职、转岗员工进行三级安全教育培训，安全生产风险分级管控培训，组织运行值班人员定期学习《某水电站励磁系统运行操作规程》等，强化安全意识，提高安全技能水平。 2. 在运行操作和值守巡视作业前，工作负责人对参与人员就风险分析和预控措施进行交底，接受交底人员签名确认。 3. 带电作业人员持有相关特种作业资格证书	使用安全帽、绝缘手套、绝缘防弧工作服、安全鞋等个人防护用品和工具	1. 针对励磁通道手动切换时可能发生的设备损坏等安全事故，制定《励磁系统设备损坏事故现场处置方案》。 2. 按照相关制度要求，定期开展应急演练和培训，并做好相关记录
21	励磁系统手动增磁、减磁，现地电压手动逆变操作	1. 依据《大中型水轮发电机自并励励磁系统及装置运行和检修规程》（DL/T 491—2008）、《电力安全工作规程 发电厂和变电站电气部分》（GB 26860—2021）、《大中型水轮发电机静止整流励磁系统及装置技术条件》（DL/T 583—2018），制定和完善《某水电站励磁系统运行操作规程》并严格执行。 2. 操作认真检查对设备名称、编号，避免走错间隔；增减磁过程中按下滑粕时间达到4s；逆变命令要保持10s以上。 3. 作业时在作业现场配置醒目的安全色、安全警示标志以及四色图、风险告知栏	1. 及时对新人入职、转岗员工进行三级安全教育培训，安全生产风险分级管控培训，组织运行值班人员定期学习《某水电站励磁系统运行操作规程》等，强化安全意识，提高安全技能水平。 2. 在运行操作和值守巡视作业前，工作负责人对参与人员就风险分析和预控措施进行交底，接受交底人员签名确认。 3. 带电作业人员持有相关特种作业资格证书	使用安全帽、绝缘手套、绝缘防弧工作服、安全鞋，接地线、验电器、绝缘杆等个人防护用品和工具	1. 针对励磁系统增减磁操作时可能发生安全事故、设备损坏等，制定《励磁系统设备损坏事故现场处置方案》等。 2. 按照相关制度或预案开展应急演练和培训，并做好相关记录

续表

序号	风险点（危险源）	控制措施			
		管理措施	教育培训措施	个人防护措施	应急处置措施
22	励磁系统零起升压操作	1. 依据《大中型水轮发电机励磁系统及装置运行和检修规程》(DL/T 491—2008)、《电力安全工作规程 发电厂和变电站电气部分》(GB 26860—2021)、《大中型水轮发电机静止整流励磁系统及装置技术条件》(DL/T 583—2018)、制定和完善《某水电站励磁系统运行操作规程》并严格执行。 2. 操作前确认设备名称、编号，避免走错间隔；严格按照规程规定的程序进行操作；操作过程认真检查确认设备状态、电压、电压额定转速稳定运行值；操作过程中必须选择两个通道的零升压功能投入、避免出现全电压减压的情况。 3. 作业时在作业现场所配置醒目的安全色、安全警示标志以及四色图、风险告知栏	1. 及时对新人职、转岗员工进行三级安全教育培训、组织运行值班人员定期学习《某水电站励磁系统运行操作规程》等，强化安全意识，提高安全技能水平。 2. 在运行操作和值守巡视作业前，工作负责人对参与人员就风险分析和预控措施进行交底、接受交底人员签名确认。 3. 带电作业人员持有相关特种作业资格证书	使用安全帽、绝缘手套、绝缘防电工作服、安全鞋、接地线、验电器、绝缘杆等个人防护用品和工具	1. 针对励磁系统零起升压时可能发生的设备损坏等安全事故、制定《励磁系统设备损坏事故现场处置方案》等。 2. 按照相关要求、定期开展应急演练和培训，并做好相关记录
23	调速器系统巡视检查和日常监视	1. 依据《水轮机调节系统及装置运行与检修规程》(DL/T 792—2013)、《电力安全工作规程 发电厂和变电站电气部分》(GB 26860—2021)、《电业安全工作规程 第1部分：热力和机械》(GB 26164.1—2010)及相关规定使用说明书等，制定和完善《某水电站调速器系统运行操作规程》并严格执行。 2. 安排的监视值守人员能力、状态、资格满足要求；巡视前规划巡视路线；巡视过程中禁止跨越围栏，遮挡，防止误碰、误动，误登运行设备并改变设备状态；与运行人员保持联系通畅，避免检查油泵时电机突然启动，禁止进入导叶、调速环拐臂转动区域；发现异常及时汇报处理	1. 及时对新人职、转岗员工进行三级安全教育培训、组织运行值班人员定期学习《某水电站调速器系统运行操作规程》等，强化安全意识，提高安全技能水平。 2. 在运行操作和值守巡视作业前，工作负责人对参与巡视人员就风险分析和预控措施进行交底、接受交底人员签名确认	使用安全帽、安全鞋、工作服、强光手电筒、对讲机等个人防护用品	1. 针对调速器系统巡视视时可能发生的机械伤害、触电、设备损坏等安全事故、制定《调速器系统设备损坏事故现场处置方案》《触电类伤亡事故现场处置方案》《机械伤害类伤亡事故现场处置方案》等。 2. 按照相关要求、定期开展应急演练和培训，并做好相关记录

续表

序号	风险点（危险源）	控制措施			应急处置措施
		管理措施	教育培训措施	个人防护措施	
24	调速器电手动开停机、增减负荷操作	1. 依据《水轮机调节系统及装置运行与检修规程》（DL/T 792—2013）、《电力安全工作规程 发电厂和变电站电气部分》（GB 26860—2021）、《电业安全工作规程》（GB 26164.1—2010）及相关设备操作使用说明书等，制定和完善《某水电站调速器系统运行操作规程》，并严格执行。 2. 操作前认真核对设备名称、编号，避免走错间隔；严格按照规程规定的程序进行操作；在开机过程中应注意观察导叶开度和频率显示；防止机组过速；停机过程中应监视自动换机组切换及时投入风闸制动电手动调整导叶输出信号与电手动输出信号基本一致。 3. 作业时在作业场所配置的安全色、安全警示标志以及四色图、风险告知栏	1. 及时对新入职、转岗员工进行三级安全教育培训，组织运行值班人员定期学习《某水电站调速器系统运行操作规程》等，强化安全意识，提高安全技能水平。 2. 在运行操作和值守巡视作业前，工作负责人对参与人员就风险分析和预控措施进行交底、接受交底人员签名确认。 3. 带电作业人员持有相关特种作业资格证书	使用安全帽、绝缘手套、工作服、安全鞋，对讲机等个人防护用品和工具	1. 针对调速器开停机、增减负荷时可能发生的设备损坏等安全事故，制定《调速器系统设备损坏事故现场处置方案》等。 2. 按照相关制度要求，定期开展应急演练和培训，并做好相关记录
25	调速器油压装置手动气补气	1. 依据《水轮机调节系统及装置运行与检修规程》（DL/T 792—2013）、《电力安全工作规程 发电厂和变电站电气部分》（GB 26860—2021）、《电业安全工作规程》（GB 26164.1—2010）及相关设备操作使用说明书等，制定和完善《某水电站调速器系统运行操作规程》，并严格执行。	1. 及时对新入职、转岗员工进行三级安全教育培训，组织运行值班人员定期学习《某水电站调速器系统运行操作规程》等，强化安全意识，提高安全技能水平。	使用安全帽、绝缘手套、工作服、安全鞋，对讲机、护目镜等个人防护用品和工具	1. 针对调速器油压手动补气时可能发生的物体打击、设备损坏等安全事故、物体打击等造成的人员伤亡类事故处置，制定《物体打击伤亡事故现场处置方案》《调速器系统设备损坏事故现场处置方案》等。

续表

序号	风险点（危险源）	控制措施			
		管理措施	教育培训措施	个人防护措施	应急处置措施
25	调速器油压装置手动补气	2. 操作前认真核对设备名称、编号，避免走错间隔；严格按照规程规定的程序进行操作；在开机过程中应注意观察导叶备状态和指示灯；防止机组过速及监视机组转速及频率显示；停机时投入风闸制动、电手动切换自动模式应先手动调整导叶开度与电调柜输出信号基本一致。 3. 作业时在作业所配置醒目的安全色、安全警示标志以及四色图、风险告知栏	2. 在运行操作和值守巡视作业前，工作负责人对参与作业人员就风险分析和预控措施进行交底，接受交底人员签名确认		2. 按照相关制度或预案的要求，定期开展应急演练和培训，并做好相关记录
26	调速器压力油罐充油及建压	1. 依据《水轮机调节系统及装置运行与检修规程》(DL/T 792—2013)、《电力安全工作规程 发电厂和变电站电气部分》(GB 26860—2021)《电业安全工作规程 第1部分 热力和机械》(GB 26164.1—2010)及相关设备操作使用说明书等，制定和完善《某水电站调速器系统运行操作规程》，并严格执行。 2. 操作前认真核对设备名称、编号，避免走错间隔；检查回油箱油位和压力油泵备用情况；阀门操作使用合格工具禁止野蛮操作，操作完毕后检查到位；分合压力油泵电源断路器采取正确操作方式，避免正面操作和监视；操作前检查确认断路器柜已关闭气阀，小车关合进摇出避免野蛮操作；建压时缓慢开启补气阀，并监控油罐压力，发现异常及时停止建压；建压后再次确认阀门关闭到位。 3. 作业时在作业所配置醒目的安全色、安全警示标志以及四色图、风险告知栏	1. 及时对新人入职、转岗员工进行三级安全教育培训，组织运行值班人员定期学习《某水电站调速器系统运行操作规程》等，强化安全意识，提高安全技能水平。 2. 在运行操作和值守巡视作业前，工作负责人对参与作业人员就风险分析和预控措施进行交底，接受交底人员签名确认 3. 带电作业人员持有相关特种作业资格证书	使用安全帽、绝缘手套、工作服、安全鞋，接地线、验电器、绝缘杆、护目镜等个人防护用品和工具	1. 针对调速器系统充油建压时可能发生的油伤、触电、压力容器或管道爆裂、设备损坏等安全事故，制定《灼烫伤亡类事故现场处置方案》《触电伤亡类事故现场处置方案》《油水气系统中断事故现场处置方案》《调速器系统设备损坏事故现场处置方案》等。 2. 按照相关制度或预案的要求，定期开展应急演练和培训，并做好相关记录

续表

序号	风险点（危险源）	控制措施			
		管理措施	教育培训措施	个人防护措施	应急处置措施
27	调速器压力油罐消压	1. 依据《水轮机调节系统及装置运行及检修规程》(DL/T 792—2013)、《电力安全工作规程 发电厂和变电站电气部分》(GB 26860—2021)、《电业安全工作规程 第1部分：热力和机械》(GB 26164.1—2010)及相关设备操作使用说明书等，制定和完善《某水电站调速器系统运行操作规程》，并严格执行。 2. 严格按照规定程序操作：机组、闸门、蜗壳、现地LCU、油泵和补气装置处于备用或关闭状态；压力油泵、循环油泵电源采用远程操作和监视；操作前检查确认断路器柜已关闭牢固；小车行走摇进操作出避免野蛮操作；阀门操作使用合格工具、操作完毕后检查到位情况；打开泄压排气阀门应装上消声器，缓慢开启阀门，操作人员应正对泄压排气阀。 3. 作业时在作业场所配置醒目应急安全色、安全警示标志以及四色图、风险告知栏	1. 及时对新入职、转岗员工进行三级安全教育培训，组织运行值班人员分级管控培训，定期学习《某水电站调速器系统运行操作规程》等，强化安全意识，提高安全技能水平。 2. 在运行操作和值守巡视作业前，工作负责人对参与人员就地风险分析和预控措施进行交底、接受交底人员签名确认。 3. 带电作业人员持有相关特种作业资格证书	使用安全帽、绝缘手套、工作服、安全鞋、接地线、验电器、绝缘杆、护目镜等个人防护用品和工具	1. 针对调速器系统消压时可能发生的灼伤、触电、高压气伤人、设备损坏等安全生产事故，制定《灼伤事故现场处置方案》《高压气伤人事故现场处置方案》《调速器系统设备损坏事故现场处置方案》等。 2. 按照相关调度或预案的要求，定期开展应急演练和培训，并做好相关记录
28	发电机出口断路器及共箱母线巡视检查	1. 依据《六氟化硫电气设备中气体管理和检测导则》(GB/T 8905—2012)、《电力调度规程》、《电力安全工作规程 发电厂和变电站电气部分》(GB 26860—2021)、《电站高压试验室部分》(DL/T 560—2022)等，制定和完善《某水电站高压输配电系统运行操作规程》并严格执行。	1. 及时对新入职、转岗员工进行三级安全教育培训，组织水电站高压输配电系统分级管控值班人员定期学习《某水电站运行操作规程》等，强化安全意识，提高安全技能水平。	使用安全帽、安全鞋、工作服、强光手电筒、对讲机、安全带或安全绳、登高梯	1. 针对高压检查巡视时可能发生的设备损坏、触电、高处坠落、烫伤等安全事故，制定《触电伤亡事故类事故现场处置方案》《高处坠落类伤亡事故现场处置方案》《灼烫

续表

序号	风险点（危险源）	控制措施			
		管理措施	教育培训措施	个人防护措施	应急处置措施
28	发电机出口断路器及其箱母线巡视检查	2. 安排的监视值守人员能力、状态、资格满足要求；巡视前规划巡视路线；巡视过程中禁止跨越围栏、遮挡、防误碰、误动，误登运行设备并改变运行设备状态；与巡视路线上的高压设备保持足够安全距离；禁止触碰共箱母线高温时照明灯具；进出随手关闭大门；禁止随意打开封闭大门；发现问题及时汇报处理	2. 在运行操作和值守巡视作业前，工作负责人对参与人员就风险分析和预控措施进行交底，接受交底人员签名确认	使用安全帽、安全鞋、工作服、绝缘手套、电筒、光对讲机、登高梯等个人防护用品和工具	伤亡类事故现场处置方案《高压输配电系统设备损坏事故现场处置方案》等。 2. 按照相关制度或预案的要求，定期开展应急演练和培训，并做好相关记录
29	GIS设备的巡视检查	1. 依据《六氟化硫电气设备中气体管理和检测导则》(GB/T 8905—2012)、《电力调度规程》《电力安全工作规程 发电厂和变电站电气部分》(GB 26860—2021)、《电力安全工作规程 高压试验部分》(DL/T 560—2022)等，制定和完善《某水电站高压输配电系统运行操作规程》并严格执行。 2. 安排的监视值守人员能力、状态、资格满足要求；巡视前规划巡视路线；巡视过程中禁止跨越围栏、遮挡、防止误碰、误动，误登运行设备并改变运行设备状态；进入GIS室前排风机至少启动30min以上；与巡视路线上做好绝缘防护；的高压设备保持足够安全距离；夜间巡视配备临时照明灯具；远离孔洞临边部位；进出随手关闭大门；禁止随意打开封闭大门；发现问题及时汇报处理	1. 及时对新人入职、转岗员工进行三级安全教育培训，组织运行值班人员定期学习《某水电站高压输配电系统运行操作规程》等，强化安全意识、提高安全技能水平。 2. 在运行操作和值守巡视作业前，工作负责人对参与人员就风险分析和预控措施进行交底，接受交底人员签名确认	使用安全帽或安全带、正压式呼吸器、六氟化硫检测仪、登高梯等个人防护用品和工具	1. 针对GIS设备可能发生的设备损坏、中毒窒息、触电、高处坠落等安全事故，制定《高处坠落类事故现场处置方案》《触电伤亡类事故现场处置方案》《中毒窒息类事故现场处置方案》《高压输配电系统设备损坏事故现场处置方案》等。 2. 按照相关制度或预案的要求，定期开展应急演练和培训，并做好相关记录

续表

序号	风险点（危险源）	控制措施			
		管理措施	教育培训措施	个人防护措施	应急处置措施
30	220kV出线设备巡视检查	1. 依据《六氟化硫电气设备中气体管理和检测导则》（GB/T 8905—2012）、《电力安全工作规程 发电厂和变电站电气部分》（GB 26860—2021）、《电力安全工作规程 高压试验室部分》（DL/T 560—2022）等，制定和完善《某水电站高压输配电系统运行操作规程》并严格执行。 2. 安排的监视值守人员能力、状态，资格满足要求；巡视前规划巡视路线；巡视过程中禁止跨越围栏、遮挡，防止误碰、误动、误登运行设备并开展机动性巡查，并做好防护措施；与高压设备保持足够安全距离；做好大风、降雨、雨雪、防滑、防雷击、防酷暑等恶劣天气时开展机动性巡查，发现问题及时汇报处理。	1. 及时对新入职、转岗员工进行三级安全教育培训，安全生产值班人员分级管控培训，组织学习《某水电站高压输配电系统运行操作规程》等，定期学习《某水电站高压输配电系统运行操作规程》等，强化安全意识，提高安全技能水平。 2. 在运行操作和值守巡视作业前，工作负责人对参与人员就风险分析和预控措施进行交底，接受交底人员签名确认。	使用安全帽、安全鞋、工作服、强光手电筒、对讲机、防雨服等个人防护用品和工具。	1. 针对出线平台设备巡视时可能发生的设备损坏、触电、高处坠落、摔伤等安全事故，制定《高处坠落类事故现场处置方案》《触电伤亡类事故现场处置方案》《摔伤类事故现场处置方案》《高压输配电系统设备损坏事故现场处置方案》等。 2. 按照相关制度或预案的要求，定期开展应急演练和培训，并做好相关记录。
31	发电机出口断路器合闸或分闸操作	1. 依据《六氟化硫电气设备中气体管理和检测导则》（GB/T 8905—2012）、《电力安全工作规程 发电厂和变电站电气部分》（GB 26860—2021）、《电力安全工作规程 高压试验室部分》（DL/T 560—2022）等，制定和完善《某水电站高压输配电系统运行操作规程》并严格执行。	1. 及时对新入职、转岗员工进行三级安全教育培训，安全生产值班人员分级管控培训，组织学习《某水电站高压输配电系统运行操作规程》等，强化安全意识，提高安全技能水平。	使用安全帽、绝缘手套、工作服、接地鞋、接地线、验电器、绝缘杆、绝缘垫、护目镜、安全鞋	1. 针对出口断路器合闸时可能发生的设备损坏、灼伤、触电、高处坠落等安全事故，制定《灼烫伤亡类事故现场处置方案》《触电伤亡类事故现场处置方案》《高处坠落类伤亡事故

续表

序号	风险点（危险源）	控制措施			
		管理措施	教育培训措施	个人防护措施	应急处置措施
31	发电机出口断路器合闸或分闸操作	2. 操作前认真核对设备名称对设备编号，避免走错间隔；严格按照规定程序操作；操作过程中安全带应系好安全带设栏杆扶手；高压断路器优先采用远方操作方式，避免正面操作和监视；操作前检查确认合闸分闸和合至上位置正确；小车摇进摇出不得野蛮操作；门关闭牢固，小车摇进摇出不得野蛮操作；开关前进行验电操作。 3. 作业时在作业所配置醒目的安全色、安全警示标志以及四色图、风险告知栏	2. 在运行操作和值守巡视作业前，工作负责人对参与人员就风险分析和预控措施进行交底，接受交底人员签名确认。 3. 带电作业人员持有相关特种作业资格证书	全带或安全绳、登高梯等个人防护用品和工具	现场处置方案》《高压输配电系统设备损坏事故现场处置方案》等。 2. 按照相关制度的要求，定期开展应急演练和培训，并做好相关记录
32	GIS设备合闸分闸操作（断路器、隔离开关）	1. 依据《六氟化硫电气设备中气体管理和检测导则》（GB/T 8905—2012）、《电力调度规程》、《电力调度电气部分》（GB 26860—2021）、《电力变电站高压试验规程》（DL/T 560—2022）等，制定和完善《某水电站高压输配电系统运行操作规程》并严格执行。 2. 操作前认真核对设备名称对设备编号，避免走错间隔；严格按照规定程序操作；GIS设备操作前应经配班调度同意，操作前做好记录；优先采用远方操作方式；禁止在断路器低油压或六氟化硫低压力报警时操作；操作过程中安排好安全带或装设栏杆扶手；操作过程中安排专人监护；高压断路器优先采用远方操作方式，避免正面操作和监视；应检查确认分开刀闸分开和合上位置正确；操作前检查确认断路	1. 及时对新入职、转岗员工进行三级安全教育培训，组织管控运行值班人员分级管控培训，定期学习《某水电站高压输配电系统运行操作规程》等，强化安全意识，提高安全技能水平。	使用安全帽、绝缘手套、工作服、安全鞋、验电地线、绝缘杆、器、绝缘垫、护目镜、安全带或登高梯、绳、防毒面具、对讲机等个人防护用品和工具	1. 针对GIS设备分合闸时可能发生的设备损坏、灼伤、触电、高处坠落、中毒窒息等安全事故，制定《灼伤伤亡类事故现场处置方案》《触电伤亡类事故现场处置方案》《高处坠落类事故现场处置方案》《中毒窒息类事故现场处置方案》《高压输配电系统设备损坏事故现场处置方案》等。

续表

序号	风险点 (危险源)	控制措施			
		管理措施	教育培训措施	个人防护措施	应急处置措施
32	GIS设备合闸或分闸操作(断路器、隔离开关)	器柜门关牢固；小车摇进摇出不得野蛮操作；合接地闸或隔离分闸操作前进行验地操作前应充分排风。 3. 作业时在作业场所配置醒目的安全色、安全警示标志以及四色图、风险告知栏	2. 在运行操作和值守巡视作业前，工作负责人对参与人员就风险分析和预控措施进行交底，接受交底人员签名确认。 3. 带电作业人员持有相关特种作业资格证书		2. 按照相关制度或预案的要求，定期开展应急演练和培训，并做好相关记录
33	发变组保护装置巡视检查和日常监视	1. 依据《继电保护和安全自动装置技术规程》(GB 14285—2006)、《继电保护和安全自动装置运行管理规程》(DL/T 587—2016)、《电力调度规程》、《电力安全工作规程 发电厂和变电站电气部分》(GB 26860—2021)等，制定和完善《某水电站发变组保护运行规程》并严格执行。 2. 安排的监视值守人员至少2人同行，巡视前规划巡视路线，巡视满足要求；巡视过程禁止跨越围栏、遮挡、误动，禁止误碰、误动、误登运行设备并改变设备状态；运行过程中不得随意操作，发出不必要的命令；发现问题及时汇报处理	1. 及时对新入职、转岗员工进行三级安全教育培训，安全生产风险分级管控培训，组织运行值班人员定期学习《某水电站发变组保护运行规程》等，强化安全意识，提高安全技能水平。 2. 在运行操作和值守巡视作业前，工作负责人对参与人员就风险分析和预控措施进行交底，接受交底人员签名确认	使用安全帽、安全鞋、工作服、强光手电筒、对讲机等个人防护用品和工具	1. 针对发变组保护巡视监视时可能发生的触电、设备损坏等安全事故，制定《触电伤亡类事故现场处置方案》《发变组保护装置设备损坏事故现场处置方案》等。 2. 按照相关制度或预案的要求，定期开展应急演练和培训，并做好相关记录

续表

序号	风险点（危险源）	控制措施			
		管理措施	教育培训措施	个人防护措施	应急处置措施
34	发变组保护装置投入或退出保护压板	1. 依据《继电保护和安全自动装置技术规程》（GB 14285—2006）、《继电保护和安全自动装置运行管理规程》（DL/T 587—2016）、《电力安全工作规程 发电厂和变电站电气部分》（GB 26860—2021）等，制定和完善《某水电站发变组保护运行规程》并严格执行。 2. 操作前应认真核对设备名称、编号，避免走错间隔；严格按照规程程序操作；投入压板前应进行电压测量、确认无电压；投入出口压板应检查保护装置报警信息，操作中按顺序投入压板；压板投入前后用万用表检查电位情况。 3. 作业时在作业场所配置醒目的安全色、安全警示标志以及四色图、风险告知栏	1. 及时对新入职、转岗员工进行三级安全教育培训，组织运行值班人员分级管控培训，定期学习《某水电站发变组保护运行规程》等，强化安全意识，提高安全技能水平。 2. 在运行操作和值守巡视作业前，工作负责人对参与人员进行交底，接受交底人员签名确认。 3. 带电作业人员持有相关特种作业资格证书	使用安全帽、绝缘手套、绝缘鞋、接地线、万用表等个人防护用品和工具	1. 针对发变组保护投入退出时可能发生的触电、设备损坏等安全事故，制定《触电伤亡类事故现场处置方案》《发变组保护装置损坏事故现场处置方案》等。 2. 按照相关要求，定期开展应急演练和培训，并做好相关记录
35	线路和断路器保护装置巡视检查和日常监视	1. 依据《继电保护和安全自动装置技术规程》（GB 14285—2006）、《继电保护和安全自动装置运行管理规程》（DL/T 587—2016）、《电力安全工作规程 发电厂和变电站电气部分》（GB 26860—2021）等，制定和完善《某水电站线路保护及断路器保护运行规程》并严格执行操作规程。	1. 及时对新入职、转岗员工进行三级安全教育培训，组织运行值班人员分级管控培训，定期学习《某水电站线路保护与断路器保护运行规程》等，强化安全意识，提高安全技能水平。	使用安全鞋、安全帽、工作服、强光手电筒、对讲机等个人防护用品和工具	1. 针对线路保护和断路器保护巡视监视时可能发生的触电、设备损坏等安全事故，制定《触电伤亡类事故现场处置方案》《线路保护及断路器保护装置损坏事故现场处置方案》等。

续表

序号	风险点（危险源）	控制措施			
		管理措施	教育培训措施	个人防护措施	应急处置措施
35	线路和断路器保护装置巡视检查和日常监视	2. 安排的监视值守人员能力、状态、资格满足要求；巡视作业至少2人同行，巡视前规划巡视路线；巡视过程中禁止跨越围栏、遮挡、防止误碰、误动、误登运行设备并改变设备状态；发现问题及时汇报处理	2. 在运行操作和值守巡视作业前，工作负责人对参与人员就风险分析和预控措施进行交底，接受交底人员签名确认		2. 按照相关制度或预案的要求，定期开展应急演练和培训，并做好相关记录
36	线路和断路器保护装置投入或退出保护压板	1. 依据《继电保护和安全自动装置技术规程》（GB 14285—2006）、《继电保护和安全自动装置运行管理规程》（DL/T 587—2016）、《电力安全工作规程 发电厂和变电站电气部分》（GB 26860—2021）等，制定和完善《某水电站线路保护及断路器保护运行操作规程》并严格执行。2. 操作前应认真核对设备名称、编号，避免走错间隔，严格按照操作规程操作；投入压板应检查保护前应进行电压测量，确认无电压；投入出口压板时，操作中按顺序投入；压板投入前用万用表检查电位情况。3. 作业时在作业场所配置醒目的安全色、安全警示标志以及四色图、风险告知栏	1. 及时对新人职、转岗员工进行三级安全教育培训，安全生产风险分级管控培训，组织运行值班人员定期学习《某水电站线路保护与断路器保护运行规程》等，强化安全意识，提高安全技能水平。2. 在运行操作和值守巡视作业前，工作负责人对参与人员就风险分析和预控措施进行交底，接受交底人员签名确认。3. 带电作业人员持有相关特种作业资格证书	使用安全帽、绝缘手套、绝缘防电弧工作服、安全鞋、接地线、万用表等个人防护用品和工具。	1. 针对对线路保护和断路器保护投入退出时可能发生的触电、设备损坏等安全事故，制定《触电伤亡类事故现场处置方案》及断路器保护装置设备损坏事故现场处置方案》等。2. 按照相关制度或预案的要求，定期开展应急演练和培训，并做好相关记录

续表

序号	风险点（危险源）	控制措施			
		管理措施	教育培训措施	个人防护措施	应急处置措施
37	计算机监控系统巡视检查与日常监视	1. 依据《水电厂计算机监控系统运行及维护规程》(DL/T 1009—2016)、《水电厂计算机监控系统基本技术条件》(DL/T 578—2008)、《电力安全工作规程 发电厂和变电站电气部分》(GB 26860—2021)等，制定和完善《某水电站计算机监控系统运行操作规程》并严格执行。 2. 安排的监视值守人员能力、状态、资格满足要求；巡视过程中禁止跨越围栏、遮挡、误碰、误动、误登运行设备并改变设备状态；巡视路线孔盖板存在缺陷及时更换、杂物处理；禁止携带污染源或干扰源进入中控室；运行温湿度不满足要求及时报并处理；发现问题或设备缺陷及时调整并处理	1. 及时对新入职、转岗员工进行三级安全教育培训，组织运行值班人员定期学习《某水电站计算机监控系统运行规程》等，强化安全意识，提高安全技能水平。 2. 在运行操作和值守巡视作业前，工作负责人对参与巡视人员就风险分析和预控措施进行交底，接受交底人员签名确认	使用安全帽、安全鞋、工作服、强光手电筒、对讲机等个人防护用品和工具。	1. 针对计算机监控系统运行维护时可能发生的触电、设备损坏、伤亡类事故，制定《触电伤亡类事故现场处置方案》《计算机监控系统设备损坏现场处置方案》等。 2. 按照相关要求，定期开展应急演练和培训，并做好相关记录
38	计算机监控系统开停机、调节，分合，AGC等操作	1. 依据《水电厂计算机监控系统运行及维护规程》(DL/T 1009—2016)、《水电厂计算机监控系统基本技术条件》(DL/T 578—2008)、《电力安全工作规程 发电厂和变电站电气部分》(GB 26860—2021)等，制定和完善《某水电站计算机监控系统运行操作规程》并严格执行。 2. 操作前认真核对设备名称、编号，禁止在错误间隔；严格在操作员站和现地 LCU 同时操作；避免监控系统员站人员必须得到授权；避免投入人员必须经过授权，停电或重启；AGC、AVC 是投与否必须经电调度决定。 3. 作业时在作业场所配置醒目的安全色、安全警示标志以及四色图、风险告知栏	1. 及时对新人职、转岗员工进行三级安全教育培训，组织运行值班人员定期学习《某水电站计算机监控系统运行规程》等，强化安全意识，提高安全技能水平。 2. 在运行操作和值守巡视作业前，工作负责人对参与人员就风险分析和预控措施进行交底，接受交底人员签名确认	使用安全帽、工作服、安全鞋等个人防护用品	1. 针对计算机调节时可能发生的设备损坏、电力事故等安全事故，制定《电力设备事故现场处置方案》《电力监控系统安全防护类事故现场处置方案》等。 2. 按照相关制度要求，定期开展应急演练和培训，并做好相关记录

续表

序号	风险点（危险源）	控制措施			应急处置措施
		管理措施	教育培训措施	个人防护措施	
39	厂用及生活区配电系统巡视检查和日常监视	1. 依据《电力变压器运行规程》《电力安全工作规程 发电厂和变电站电气部分》(GB 26860—2021)等，制定完善《某水电站厂用及生活区配电系统运行操作规程》并严格执行。 2. 安排的监视值守人员能力、状态、资格满足要求；巡视前规划巡视路线；巡视过程中禁止跨越围栏、遮挡，防止误碰、误动、误登运行设备并改变设备状态；巡视路线盖孔盖板在缺陷及时更换；设备闭锁钥匙万能锁匙应由专人管理，不得随意动用；登高检查要保证平台稳固并做好绝缘措施；巡视过程配备临时照明灯具；发现异常及时汇报处理；进出随手关门	1. 及时对新入职、转岗员工进行三级安全教育培训、安全生产风险分级管控培训、组织学习《某水电站厂用及生活区配电系统运行操作规程》等，强化安全意识，提高安全技能水平。 2. 在运行操作和值守人员对参与巡视作业就地风险前，工作负责人对参与人员进行交底、接受交底分析和预控控制措施进行交底；接受交底人员签名确认	使用安全帽、安全鞋、工作服、强光手电筒、对讲机、安全带或安全绳、登高梯等个人防护用品和工具。	1. 针对厂用生活区配电系统巡视监视时可能发生的设备损坏、触电、高处坠落、摔伤等安全事故，制定《触电类事故现场处置方案》《高处坠落类伤亡事故处置方案》《电力设备事故应预案》等。 2. 按照相关制度开展应急演练和培训，并做好相关记录
40	厂用及生活区配电系统变压器、断路器、负荷开关等停复役、分合操作	1. 依据《电力变压器运行规程》《电力安全工作规程 发电厂和变电站电气部分》(GB 26860—2021)等，制定完善《某水电站厂用及生活区配电系统运行操作规程》并严格执行。	1. 及时对新入职、转岗员工进行三级安全教育培训、安全生产风险分级管控培训、组织学习《某水电站厂用及生活区配电系统运行操作规程》等，强化安全意识，提高安全技能水平。	使用安全帽、绝缘手套、防滑绝缘鞋、绝缘和防电弧工作服、接地线工具固定装置、验电器、绝缘杆、绝缘棒、	1. 针对厂用生活区配电系分合电系统可能发生的设备损坏、触电、高处坠落、摔伤等安全事故，制定《触电类事故现场处置方案》《高处坠落类伤亡事故现场处置方案》摔伤

续表

序号	风险点（危险源）	控制措施			
		管理措施	教育培训措施	个人防护措施	应急处置措施
40	厂用及生活区配电系统变压器、断路器、负荷开关等停电倒闸、分合操作	2. 操作前认真核对设备名称、编号，避免走错间隔；严格按照规定程序进行操作；高压断路器分合操作应优先采用远程操作，避免正面操作和监视。采用二元法检查，小车开关摇进摇出禁止野蛮操作；操作前确认设备柜门关闭牢固，验电后立即接地。隔离开关挂接地线，接地线优先接接地端。发电后再接导线检查开关、断路器实际位置，确保到位。 3. 作业时在作业场所配置醒目的安全色、安全警示标志以及四色图、风险告知栏	2. 在运行操作和值守巡视作业前、工作负责人对参与人员进行交底，分析和预控措施进行交底人员签名确认。 3. 带电作业人员持有相关特种作业资格证书	绝缘垫、安全帽、安全带或登高梯绳、登高梯绳等个人防护用品和工器具	类伤亡事故现场处置方案》《电力设备事故应急预案》等。 2. 按照相关制度要求、定期开展应急演练和培训，并做好相关记录
41	直流系统巡视检查和定期工作	1. 依据《电力系统用蓄电池直流电源装置运行与维护技术规程》（DL/T 724—2021）、《电力安全工作规程 发电厂和变电站电气部分》（GB 26860—2021）等，制定和完善《某水电站直流成套装置运行操作规程》并严格执行。 2. 巡视作业至少2人同行，巡视前开启照明；巡视过程中注意保持蓄电池室前应通风开启运行状态；巡视过程禁止运行中蓄电池及通风机始终处于运行状态。与直流回路屏柜、开关无元件保持安全距离；其裸露电体，与蓄电池碰撞蓄电池应距离不得随意改变设备状态；发现问题应及时汇报处理，进入蓄电池室应随手关门；值班人员按规定要求每班进行一次全面检查；定期开展对放性放电试验	1. 及时对新人入职、转岗员工进行三级安全教育培训，安全生产风险分级管控培训，组织运行值班人员定期学习《某水电站直流成套装置运行操作规程》等，强化安全意识，提高安全技能水平。 2. 在运行操作和值守巡视作业前、工作负责人对参与人员进行交底，分析和预控措施进行交底人员签名确认	1. 穿戴使用安全帽、安全鞋、工作服、强光手电筒、对讲机、绝缘手套或防酸手套等，有害气体检测仪等个人防护用品和工具	1. 针对直流巡视时可能发生的设备损坏、触电、中毒等安全事故，制定《直流成套装置设备损坏事故现场处置方案》《触电伤亡类事故现场处置方案》《中毒窒息类事故现场处置方案》等。 2. 按照相关制度或预案的要求、定期开展应急演练和培训，并做好相关记录

续表

序号	风险点（危险源）	控制措施				
		管理措施	教育培训措施	个人防护措施	应急处置措施	

序号	风险点（危险源）	管理措施	教育培训措施	个人防护措施	应急处置措施
42	直流系统分段、并列运行切换操作	1. 依据《电力系统用蓄电池直流电源装置运行与维护技术规程》（DL/T 724—2021）、《电力安全工作规程 发电厂和变电站电气部分》（GB 26860—2021）、制定和完善《某水电站直流成套装置运行操作规程》并严格执行。2. 操作前认真核对设备名称、编号，避免走错间隔；严格按照规定程序操作；操作过程应注意先接通后断开，避免直流系统断电。3. 作业时在作业场所配置醒目的安全色、安全警示标志以及四色图、风险告知栏	1. 及时对新入职、转岗员工进行三级安全教育培训，组织运行值班人员定期学习《某水电站直流成套装置运行操作规程》等，强化安全意识，提高安全技能水平。2. 在运行操作和值守巡视作业前，工作负责人对参与人员就作业风险分析和预控措施进行交底，接受交底人员签名确认。3. 带电作业人员持有相关特种作业资格证书	使用安全帽、安全鞋、工作服、对讲机等个人防护用品和工具	1. 针对直流操作时可能发生切换操作损坏等安全事故的设备损坏等，制定《直流装置设备损坏事故处置方案》等。2. 按照相关制度制定或预案的要求，定期开展应急演练和培训，并做好相关记录
43	压缩空气系统巡视检查、监视及定期检修工作	1. 依据《水电站压缩空气系统规范》（NB/T 10793—2021）、《电力安全工作规程 发电厂和变电站电气部分》（GB 26860—2021）、《空气压缩机、储气罐使用说明书》等，制定和完善《某水电站压缩空气系统运行操作规程》等，并严格执行。	1. 及时对新入职、转岗员工进行三级安全教育培训，组织运行值班人员定期学习《某水电站压缩空气系统运行操作规程》等，强化安全意识，提高安全技能水平。	使用安全帽、安全鞋、工作服、强光手电筒、对讲机、防噪耳塞、防机械伤害手套等个人防护用品和工具	1. 针对压缩空气系统运行维护时可能发生的机械伤害、物体打击、噪声危害、设备损坏等安全事故，制定《机械伤害类伤亡事故现场处置方案》《物体打击类伤亡事故现场处置方案》《公用系统设备故障现场处置方案》等。

续表

<table>
<tr><th rowspan="2">序号</th><th rowspan="2">风险点
（危险源）</th><th colspan="4">控制措施</th></tr>
<tr><th>管理措施</th><th>教育培训措施</th><th>个人防护措施</th><th>应急处置措施</th></tr>
<tr>
<td>43</td>
<td>压缩空气系统巡视检查、监视及定期工作</td>
<td>2. 巡视作业至少2人同行；巡视前规划巡视路线；巡视检查人员禁止随意搬动风扇及其转动部分；不得任意改变空气压缩系统运行方式；禁止随意打开管路、堵头或不必要的阀门；进入高分贝噪声区域佩戴防护耳塞；发现缺陷及异常及时分析汇报和处理；进出随手关门；定期开启储气罐排污阀排污</td>
<td>2. 在运行操作和值守巡视作业前，工作负责人对参与巡视作业分析和预控措施进行交底，接受交底人员签名确认</td>
<td></td>
<td>2. 按照相关制度要求，定期开展应急演练和培训，并做好相关记录</td>
</tr>
<tr>
<td>44</td>
<td>中低压气机手动启停操作</td>
<td>1. 依据《水电站压缩空气系统规范》（NB/T 10793—2021）、《电力安全工作规程 发电厂和发电站电气部分》（GB 26860—2021）、《空气压缩机、储气罐使用说明书》等，制定和完善《某水电站压缩空气系统运行操作规程》，并严格执行。
2. 操作前认真核对设备名称、编号，避免走错间隔，严格按照规定的程序操作；打开关闭电源时避免正面监视操作断路器，检查断路器路操作柜门处于关闭状态；小车开关拉进操作出避免野蛮操作，操作使用合格的工具；操作完毕后应检查到位情况；卸载阀应锁定在敞开位置，确保完全泄压；空压机故障异常时应及时紧急停机。
3. 作业时在作业所配置的安全色、安全警示标志以及四色图、风险告知栏</td>
<td>1. 及时对新入职、转岗员工进行三级安全教育培训，安全生产风险分级管控培训；组织学习《某水电站压缩空气系统运行操作规程》等，强化安全意识，提高安全技能水平。
2. 在运行操作和值守巡视作业前，工作负责人对参与巡视作业分析和预控措施进行交底，接受交底人员签名确认。
3. 带电作业人员持有相关特种作业资格证书</td>
<td>使用安全帽、绝缘手套、安全鞋、工作服、护目镜等个人防护用品和工具。</td>
<td>1. 针对压缩空气系统手动启停时可能发生的灼伤、触电危害、物体打击、噪声危害等安全事故，设备损坏等事故，制定现场《触电伤亡事故处置方案》《灼伤方案》《灼伤亡类事故处置方案》《公用系统事故现场处置方案》《物体打击类事故现场处置方案》《公用系统设备故障现场处置方案》等。
2. 按照相关制度要求，定期开展应急演练和培训，并做好相关记录</td>
</tr>
</table>

续表

序号	风险点（危险源）	控制措施			
		管理措施	教育培训措施	个人防护措施	应急处置措施
45	进水口工作闸门系统巡视检查、监视和定期巡视工作	1. 依据《水工钢闸门和启闭机安全运行规程》（SL/T 722—2020）、《大型液压式启闭机》（GB/T 14627—2011）等，制定和完善《某水电站进水口工作闸门系统运行规程》并严格执行。 2. 巡视作业至少2人同行，巡视前规划巡视路线，遮挡、误动，误登运行设备或擅自改变设备状态；发现缺陷及异常及时汇报并提高警惕。巡视过程中禁止跨越雨栏；避免误动；经过落石、湿滑区域时提高警惕，进、出口随手关门	1. 及时对新入职、转岗员工进行三级安全教育培训；组织管控培训，定期学习《某水电站进水口工作闸门系统运行规程》等，提高安全技能水平。 2. 在运行操作和值守巡视作业前，工作负责人对参与巡视人员就风险分析和预控措施进行交底，接受交底人员签名确认	使用安全帽、安全鞋、工作服、强光手电筒、对讲机等个人防护用品和工具	1. 针对进水口工作闸门系统运行维护时可能发生的设备损坏、摔伤等事故、高处坠落、挤压坠落类事故、伤亡事故现场处置方案《摔伤类伤亡事故现场处置方案》《进水口工作闸门故障现场处置方案》等。 2. 按照相关制度要求，定期开展应急演练和培训，并做好相关记录
46	进水口工作闸门启闭操作	1. 依据《水工钢闸门和启闭机安全运行规程》（SL/T 722—2020）、《大型液压式启闭机》（GB/T 14627—2011）等，制定和完善《某水电站进水口工作闸门系统运行规程》并严格执行。 2. 严格按照规定的程序操作；操作规程有专人监护；操作中应监视电器元件等是否灵活，准确、安全可靠；提升过程不正常应及时停机并检查；系统工作或试压时人员不得靠近高压油管路，避免正对连接系统；高压油管路发生局部喷射应立即停止油泵运行，不得直接用手或其他物品堵塞。 3. 作业时在作业场所配置醒目的安全色、安全警示标志以及四色图、风险告知栏	1. 及时对新入职、转岗员工进行三级安全教育培训；组织管控培训，定期学习《某水电站进水口工作闸门系统运行规程》等，提高安全技能水平。 2. 在运行操作和值守巡视作业前，工作负责人对参与人员就风险分析和预控措施进行交底，接受交底人员签名确认	使用安全帽、绝缘手套、安全鞋、工作服、护目镜等个人防护用品	1. 针对进水口工作闸门系统启闭操作时可能发生的设备损坏、物体打击等安全事故、制定《物体打击类伤亡事故现场处置方案》《进水口工作闸门故障现场处置方案》等。 2. 按照相关制度要求，定期开展应急演练和培训，并做好相关记录

续表

序号	风险点（危险源）	控制措施			
		管理措施	教育培训措施	个人防护措施	应急处置措施
47	排水系统设备巡视检查和日常监视	1. 依据《电力安全工作规程 发电厂和变电站电气部分》(GB 26860—2021)、《电业安全工作规程 第1部分:热力和机械》(GB 26164.1—2010)、《潜水泵、离心泵安装、检修、保养使用说明书》等,制定和完善《某水电站排水系统运行规程》并严格执行。 2. 巡视作业至少2人同行,巡视前规划巡视路线;避免巡视时误碰、误动、误登运行设备或置自改变设备状态;巡视时配备临时照明灯具;对存在缺陷的孔洞盖板及时更换;每日发现缺陷及异常及时汇报处理;雨季渗透量大时,特殊天气加强巡查次数开展检查。	1. 及时对新入职、转岗员工进行三级安全教育培训,组织运行值班人员分级管控风险;定期学习《某水电站排水系统运行规程》等,强化安全意识,提高安全技能水平。 2. 在运行操作和值守巡视作业前,工作负责人对参与巡视人员就本风险分析和预控措施进行交底,接受交底人员签名确认	使用安全帽、安全鞋、工作服、强光手电筒,对讲机等个人防护用品和工具	1. 针对排水系统巡视监视时可能发生的触电、高处坠落、摔伤、设备损坏、水淹厂房等安全事故,制定《触电伤亡类事故现场处置方案》《高处坠落类伤亡事故现场处置方案》《摔伤类伤亡事故现场处置方案》《水淹厂房事故应急预案》《公用系统设备故障现场处置方案》等。 2. 按照相关制度或预案的要求,定期开展应急演练和培训,并做好相关记录

续表

序号	风险点（危险源）	控制措施			应急处置措施
		管理措施	教育培训措施	个人防护措施	
48	水泵手动启停操作	1. 依据《电力安全工作规程 发电厂和变电站电气部分》(GB 26860—2021)、《电业安全工作规程 第1部分：热力和机械》(GB 26164.1—2010)、《潜水泵、离心泵安装、检修、保养使用说明书》《某水电站排水系统运行规程》等，制定和完善《某水电站排水系统运行规程》并严格执行。 2. 操作前认真核对设备名称、编号，避免走错间隔；严格按照规定程序操作，操作中时刻巡视抽水过程和水位变化；阀门操作应使用合格工具，操作完毕检查到位情况；禁止集水井水位在停泵水位以下启动水泵空载运行；水泵至少14天启动一次，运转不少于5min；连续启动间隔时间不少于3min，新安装或检修后水泵首次启动用手动方式。 3. 作业时在作业场所配置醒目的安全色、安全警示标志以及四色图、风险告知栏	1. 及时对新入职、转岗员工进行三级安全教育培训，组织运行值班人员分级管控培训，安全生产风险定期学习《某水电站排水系统运行规程》等，强化安全意识，提高安全技能水平。 2. 在运行操作和值守巡视作业前，工作负责人对参与人员就风险预控和预控措施进行交底，接受交底人员签名确认	使用安全帽、绝缘手套、安全鞋、工作服、护目镜等个人防护用品	1. 针对排水系统手动启停时可能发生的设备损坏、水淹厂房等安全事故，制定《水淹厂房事故应急预案》《公用系统设备故障现场处置方案》等。 2. 按照相关制度定期开展应急演练和培训，并做好相关记录
49	同步相量装置巡视检查和日常监视	1. 依据《电力系统实时动态监测系统技术规范》(Q/GDW 131—2006)、《电力系统实时动态监测主站技术规范》(GB/T 28815—2012)、《继电保护和安全自动装置技术规程》(GB 14285—2006)等，制定和完善《某水电站同步相量测量装置(PMU)运行操作规程》并严格执行。	1. 及时对新入职、转岗员工进行三级安全教育培训，组织运行值班人员分级管控培训，安全生产风险定期学习《某水电站同步相量测量装置(PMU)运行操作规程》等，强化安全意识，提高安全技能水平。	使用安全帽、安全鞋、工作服、强光手电筒、对讲机等个人防护用品和工具	1. 针对同步相量测量装置(PMU)巡视监视时可能发生的设备损坏、触电、高处坠落、摔伤等安全事故，制定《触电伤亡类事故现场处置方案》《高处坠落类事故现场处置方案》《摔伤类伤亡事故现场处置方案》同

序号	风险点（危险源）	控制措施			
		管理措施	教育培训措施	个人防护措施	应急处置措施
49	同步相量装置巡视检查和日常监视	2. 安排的监视值守人员能力、状态、资格满足要求；巡视作业至少2人同行；巡视前规划巡视路线；巡视过程中禁止跨越围栏、遮挡、误动；防止误碰、误登运行设备并及时更换；设备状态：巡视路线应由专人管理，不得随意动用；登高检查闭锁万能钥匙应做好绝缘措施；保证平台稳固并做好绝缘措施；巡视过程中与高压设备接地点保持足够安全距离；夜间巡视配备临时照明灯具；发现异常及时汇报处理；进行中禁手关门；运行中不得大力插拔动作；做传动试验和随意删除录波文件	2. 在运行操作和值守巡视人员就风险前，工作负责人对参与人员进行交底、接受交底人员签名确认		步相量测量装置设备故障现场处置方案等。 2. 按照相关制度或预案的要求，定期开展应急演练和培训，并做好相关记录
50	不间断电源装置巡视检查及日常监视	1. 依据《电力用直流和交流一体化不间断电源设备》(DL/T 1074—2019)、《水电厂计算机监控系统运行及维护规程》(DL/T 1009—2016)等，制定和完善《某水电站不间断电源装置(UPS)运行操作规程》并严格执行。 2. 安排的监视值守人员能力、状态、资格满足要求；巡视作业至少2人同行；巡视前规划巡视路线；巡视过程中禁止跨越围栏、遮挡、误动；防止误碰、误登运行设备并及时调整；定期进行充放电操作；变设备状态：运行温湿度不满足要求及异常及时汇报处理；发现缺陷及异常及时汇报处理	1. 及时对新人职、转岗员工进行三级安全教育培训，安全生产风险分级管控培训；组织运行值班人员定期学习《某水电站不间断电源装置(UPS)运行操作规程》等，强化安全意识，提高安全技能水平。 2. 在运行操作和值守巡视人员就风险前，工作负责人对参与人员进行交底、接受交底人员签名确认	使用安全帽、安全鞋、工作服、强光手电筒、对讲机、温湿度计等个人防护用品和工具	1. 针对不间断电源装置(UPS)运行维护时，可能发生的设备损坏、触电等伤亡类事故，制定《触电伤亡类事故现场处置方案》《不间断电源装置(UPS)设备故障现场处置方案》等； 2. 按照相关制度或预案的要求，定期开展应急演练和培训，并做好相关记录

续表

序号	风险点(危险源)	控制措施			
		管理措施	教育培训措施	个人防护措施	应急处置措施
51	不间断电源装置开停机操作	1. 依据《电力用直流和交流一体化不间断电源设备》(DL/T 1074—2019)、《水电厂计算机监控系统运行及维护规程》(DL/T 1009—2016)等，制定和完善《某水电站不间断电源装置(UPS)运行操作规程》并严格执行。2. 操作前认真核对设备名称编号，避免走错间隔；严格按规定程序进行 UPS 电源开停机操作	1. 及时对新入职、转岗员工进行三级教育培训，安全生产风险分级管控教育培训；组织运行值班人员定期学习《某水电站不间断电源装置(UPS)运行操作规程》等，强化安全意识，提高安全技能水平。2. 在运行操作和值守巡视作业前，工作负责人对参与人员就风险分析和预控措施进行交底，接受交底人员签名确认。3. 带电作业人员取得相应特种作业资格证书	使用安全帽、绝缘手套、工作服、安全鞋等个人防护用品和工具	1. 针对不间断电源装置(UPS)开停机操作时可能发生的设备损坏、触电等安全事故，制定《触电伤害类事故现场处置方案》《不间断电源装置(UPS)设备故障现场处置方案》等。2. 按照相关制度或预案的要求，定期开展应急演练和培训，并做好相关记录
52	故障录波装置巡视检查和日常监视	1. 依据《ZH-5 嵌入式电力故障录波分析装置使用说明书》、《继电保护和安全自动装置技术规程》(GB 14285—2006)、《湖南电网 220 千伏继电保护和安全自动装置现场运行导则》等，制定和完善《某水电站故障录波分析装置运行操作规程》并严格执行。2. 安排的监视值守人员至少 2 人同行，巡视人员能力、状态、资格满足要求；巡视前规划巡视视路线；巡视过程中禁止跨越围栏、遮挡，防止误碰、误动，误登运行设备并改变设备状态；运行装置温湿度不满足要求及时调整；至少每年对录波装置检查一次；发现缺陷、异常及时汇报处理	1. 及时对新入职、转岗员工进行三级安全教育培训，安全生产风险分级管控培训；组织运行值班人员定期学习《某水电站故障录波装置运行操作规程》等，强化安全意识，提高安全技能水平。2. 在运行操作和值守巡视作业前，工作负责人对参与人员就风险分析和预控措施进行交底，接受交底人员签名确认	使用安全帽、安全鞋、工作服、强光手电筒、对讲机、温湿度计等个人防护用品和工具	1. 针对故障录波装置巡视时可能发生的设备损坏等安全事故，制定《某水电站故障录波装置设备故障现场处置方案》等。2. 按照相关制度或预案的要求，定期开展应急演练和培训，并做好相关记录

续表

序号	风险点（危险源）	控制措施			
		管理措施	教育培训措施	个人防护措施	应急处置措施
53	泄洪闸门系统巡视检查、监视和定期巡查工作	1. 依据《水工钢闸门和启闭机安全运行规程》（SL/T 722—2020）、《液压式启闭机》（GB/T 14627—2011）、《水库调度规程编制导则》（SL 706—2015）等，制定和完善《某水电站泄洪闸门系统运行操作规程》并严格执行。 2. 巡视作业至少2人同行，巡视前规划巡视路线；巡视过程中禁止跨越围栏、遮挡、防止误碰、误动、误容运行；发现缺陷及异常及时汇报处理；设备并改变设备状态；巡视经过落石、湿滑区域保持警惕；进出随手关门。	1. 及时对新入职、转岗员工进行三级安全教育培训、安全生产风险分级管控培训，组织学习《某水电站泄洪闸门系统运行操作规程》等，强化安全意识，提高安全技能水平。 2. 在运行操作和值守巡视作业前，工作负责人对参与巡视人员就风险分析和预控措施进行交底、接受交底人员签名确认	使用安全帽、安全鞋、工作服、强光手电筒、对讲机等个人防护用品和工具	1. 针对泄洪闸门系统巡视时可能发生的设备损坏、高处坠落，择伤等安全事故，制定《高处坠落类伤亡事故现场处置方案》《择伤类伤亡事故现场处置方案》《泄洪闸门系统设备损坏现场处置方案》等。 2. 按照相关制度或预案的要求，定期开展应急演练和培训，并做好相关记录
54	泄洪闸门启闭操作	1. 依据《水工钢闸门和启闭机安全运行规程》（SL/T 722—2020）、《液压式启闭机》（GB/T 14627—2011）、《水库调度规程编制导则》（SL 706—2015）等，制定和完善《某水电站泄洪闸门系统运行操作规程》并严格执行。	1. 及时对新入职、转岗员工进行三级安全教育培训、安全生产风险分级管控培训，组织学习《某水电站泄洪闸门系统运行操作规程》等，强化安全意识，提高安全技能水平。	使用安全帽、绝缘手套、安全鞋、工作服、护目镜、对讲机等个人防护用品和工具	1. 针对泄洪闸门系统启闭时可能发生的设备损坏、淹溺、洪灾、物体打击等安全事故，制定《物体打击应急预案》《淹溺类伤亡事故现场处置方案》《泄洪闸门系统处置设备损坏现场处置方案》等。

续表

序号	风险点（危险源）	控制措施			应急处置措施
		管理措施	教育培训措施	个人防护措施	
54	泄洪闸门启闭操作	2. 严格按照规定的程序操作；操作过程中安排专人监护；必须按照省防指指令操作，并由站长签发调度令；提前进行坝区门区及电站门区预警并撤离人员，船只撤离情况；逐级进行泄洪；表、底孔开孔顺序、数量、开启高度、延滞时间满足运行规范的基本原则；闸门开启高度大于闸门开度的四分之一；操作过程中应监视电磁阀，压力阀、门开度等是否灵活、准确，安全可靠；启闭过程不正常及时停机检查；系统工作或试压时人员远离高压油管路，避免正对连接系统；高压油管路发生局部喷射、立即停止油泵运行，不得用手直接接堵塞。 3. 作业时在作业所所配置醒目的安全色、安全警示标志以及四色图、风险告知栏	2. 在运行操作和值守巡视作业前，工作负责人对参与巡视人员就风险分析和预控措施进行交底，接受交底人员签名确认	使用安全帽、绝缘手套、安全鞋、工作服、护目镜、对讲机等个人防护用品和工具	2. 按照相关制度或预案的要求，定期开展应急演练和培训，并做好相关记录
55	工业电视系统日常管理和操作	1. 依据《工业电视系统工程设计标准》（GB/T 50115—2019）、《民用闭路监视电视系统工程技术规范》（GB 50198—2011）等，制定和完善《某水电站工业电视系统运行操作规程》并严格执行。 2. 不得将监控画面停在无关区域；每班对工业电视画面至少巡视2次；特殊天气时对重点部位加强巡检；不得随意删除工业电视保存的录像机照片	1. 及时对新人入职、转岗员工进行三级安全教育培训，组织管理人员定期学习《某水电站工业电视系统运行操作规程》等，强化安全意识、提高安全技能水平。 2. 在运行操作和值守巡视作业前，工作负责人对参与预控措施进行交底，接受交底人员签名确认	使用安全帽、安全鞋、工作服	/

续表

序号	风险点（危险源）	控制措施			
		管理措施	教育培训措施	个人防护措施	应急处置措施
56	水工巡视检查作业	1. 依据《混凝土坝安全监测技术规范》(SL 601—2013)、《水库大坝安全管理条例》等，制定和完善《某水电站水工日常观测和巡视制度》《某水电站水工巡视检查规程》并严格执行。 2. 安排的巡视人员的能力、状态、资格满足要求；巡视作业至少2人同行，巡视前规划巡视路线；巡视过程中与带电设备保持足够安全距离；高处巡视应保持平台稳固或系安全带；巡视中禁止跨越围栏、遮挡、避开道路提警场，洞孔洞盖板存在缺陷部位；经过落石区域时照明并加强空气检测；巡视遭遇危险动物时及时退出；携带良好的通信设备；上下船搭设跳板；发现缺陷及时汇报处理；恶劣天气做好防雷击、防风、防滑、防冰雹措施；发现缺陷及异常及时汇报处理	1. 及时对新入职、转岗员工进行三级安全教育培训，组织水工部巡视人员定期学习《某水电站水工日常观测和巡视制度》《某水电站水工巡视检查规程》等，强化安全意识，提高安全技能水平。 2. 在巡视检查作业前，工作负责人对参与巡视人员就风险分析和预控措施进行交底，接受交底人员签名确认	使用安全帽、安全鞋、工作服、强光手电筒、对讲机、驱蛇棍、驱蛇药、救蚊药、救生衣、防雨、有害气体检测仪等个人防护用品和工具	1. 针对水工巡视时可能发生的安全事故，制定《触电伤亡类事故处置方案》《高处坠落类事故伤亡事故现场处置方案》《摔伤类事故现场处置方案》《动物伤害处置方案》《防气象灾害天气应急预案》《淹溺类事故现场处置方案》等。 2. 按照相关制度或预案的要求，定期开展应急演练和培训，并做好相关记录
57	人工测绘和监测作业	1. 依据《混凝土坝安全监测技术规范》(SL 601—2013)、《大坝安全监测系统运行维护规程》(DL/T 1558—2016)、《水利水电工程安全监测系统运行管理规范》(SL/T 782—2019)等，制定和完善《某水电站安全监测自动化系统运行规程》《某水电站水工安全监测规程》并严格执行。	1. 及时对新入职、转岗员工进行三级安全教育培训，组织水工部人员定期学习《某水电站安全监测系统运行维护规程》《某水电站水工安全监测规程》等，强化安全意识，提高安全技能水平。	使用安全帽、安全鞋、工作服、强光手电筒、对讲机、驱蛇棍、驱蛇药、救蚊药、救生衣、防雨	1. 针对水工测量和监测时可能发生的安全事故，制定《触电伤亡类事故现场处置方案》《高处坠落类伤亡事故现场处置方案》《摔伤类事故现场处置方案》《动物伤害类事故处置方案》

续表

序号	风险点（危险源）	控制措施			应急处置措施
		管理措施	教育培训措施	个人防护措施	
57	人工测绘和监测作业	2. 定期对测量设备进行测试；安排的测绘监测人员精神、资质、能力满足要求；进行高处作业应保证平台稳固或系安全带；作业过程中禁止跨越围栏、遮挡，测绘过程避开湿滑道路和存在缺陷的孔洞盖板；经过落石区域时提高警惕；洞内巡查配备临时照明并加强空气检测；携带良好的通信设备；上下船遭遇危险动物及时退出；恶劣天气时做好防雷击、防风、防冰雹措施；作业完成后恢复测量点原状和安全保护状态；及时整理测量数据报送成果。 3. 与外来测量人员签订安全协议	2. 在测量作业前，工作负责人对参与人员就风险分析和预控措施进行交底；接受交底人员签名确认。对外来测量人员进行安全告知和交底	服、有毒气体检测仪等个人防护用品和工具	故现场处置方案》《防气象灾害伤亡预案》《淹溺类伤亡事故现场处置方案》等。 2. 按照相关制度或预案要求，定期开展应急演练和培训，并做好相关记录
58	起重设备起重吊装操作	1. 依据《起重机械安全规程 第1部分 型式与基本参数、技术条件》（GB 6067—2010）、《钢丝绳电动葫芦 第1部分》（JB/T 9008.1—2014）等，制定和完善《某水电站起重机运行操作规程》并严格执行。 2. 室外雷雨条件下禁止进行起重作业；身体、能力满足要求；起重设备绝缘防护有效；起重完毕后恢复初始状态，切断电源和关闭门窗；禁止无关人员登上起重机或轨道；起重作业应安排专人指挥；起重过程中严格执行吊装规程，严格执行"十不吊"准则；起重前要仔细检查绑扎情况，起重物附近区域应无关人员；起重过程保证沟通联系畅通，报警信号运转正常。	1. 及时对新入职、转岗员工进行三级安全教育培训，安全生产风险分级管控培训；组织学习某水电站起重机运行操作规程等，强化安全意识，提高安全技能水平。 2. 在起重吊装作业前，工作负责人对参与人员就风险分析和预控措施进行交底；接受交底人员签名确认。	使用安全帽、安全鞋、工作服，对讲机等个人防护用品和工具	1. 针对起重吊装时可能发生的触电、起重伤害、机械碰伤等安全事故，制定《触电伤亡事故现场处置方案》《起重伤害类伤亡事故现场处置方案》《机械伤害类伤亡事故处置方案》等。

续表

序号	风险点（危险源）	控制措施			
		管理措施	教育培训措施	个人防护措施	应急处置措施
58	起重设备起重吊装操作	3. 作业时在作业场所配置醒目的安全色、安全警示标志以及四色图、风险告知栏	3. 起重吊装人员取得特种设备作业资格证书		2. 按照相关制度或预案的要求，定期开展应急演练和培训，并做好相关记录
59	机械加工作业	1. 依据相关国家、行业规范和标准，制定和完善《某水电站机械加工作业安全操作规程》并严格执行。 2. 机械加工人员应穿戴好工作服，扣好衣物；佩戴手套、螺丝刀、木锤等手柄，长发盘在帽内；锉刀、手锯、木钻、螺丝刀、大锤等手柄安装牢固；检查确认电动工具绝缘是否良好；禁止在机器运转时佩戴护目镜防飞溅伤害；加工室扶车握紧加工件；佩戴护目镜，防机械伤害手套等个人防护完全停止前清扫、擦拭、润滑机器转动部位；砂轮机防护罩和砂轮应完好无缺，禁止在砂轮正面操作；工作钻孔时禁用垫木板和支撑。 3. 作业时在作业场所配置醒目的安全色、安全警示标志以及四色图、风险告知栏	1. 及时对新入职、转岗员工进行三级安全教育培训，组织机械加工人员分级管控培训；定期学习《某水电站机械加工作业安全操作规程》等，强化安全意识，提高安全技能水平。 2. 在加工作业前，工作负责人对参与人员就风险分析和预控措施进行交底，接受交底人员签名确认。	使用安全帽、安全鞋、工作服、机械伤害防护目镜等个人防护用品和工具	1. 针对机械加工时可能发生的机械伤害、物体打击等伤亡事故，制定《机械伤害伤亡事故现场处置方案》《物体打击类伤亡事故现场处置方案》等。 2. 按照相关制度或预案的要求，定期开展应急演练和培训，并做好相关记录
60	汽车驾驶操作	1. 依据相关国家、行业规范和标准，制定和完善《某水电站交通安全管理制度》《某水电站长途班车管理制度》并严格执行。 2. 配置的驾驶员能力、资质和状态满足安全驾驶要求；开车过程中应系安全带、避免疲劳驾驶；驾驶过程中遵守交通规则；恶劣天气出车时采取防滑、提前热车等针对性的防护措施。	1. 及时对新入职、转岗员工进行三级安全教育培训，安全生产风险分级管控培训，组织驾驶人员定期学习《某水电站交通安全管理制度》等，强化安全意识，提高安全技能水平。 2. 驾驶人员均取得相应层级的驾驶证件，并处在有效期内	/	1. 针对汽车驾驶时可能发生的车辆伤害等安全事故，制定《车辆伤害事故应急预案》等。 2. 按照相关制度或预案的要求，定期开展应急演练和培训，并做好相关记录

续表

序号	风险点（危险源）	控制措施			
		管理措施	教育培训措施	个人防护措施	应急处置措施
61	防汛船舶驾驶操作	1. 依据相关国家、行业规范和标准，制定和完善《某水电站防汛船舶工作艇操作制度》并严格执行。2. 配置的船员能力、资质和状态满足安全驾驶要求；水上作业应穿戴救生衣；驾驶过程应注意保持船舶平衡，避免出现超载情况；禁止在暴雨、洪水、泄流期间进行水上作业	1. 及时对新入职、转岗员工进行三级安全教育培训，安全生产风险分级管控培训，组织船舶防汛驾驶人员定期学习《某水电站防汛制度》《某水电站防汛工作艇操作制度》等，强化安全意识，提高安全技能水平。2. 驾驶人员均取得相应层级的驾驶证件，并处在有效期内	使用安全帽、救生衣等个人防护用品	1. 针对船舶驾驶时可能发生的船舶交通、溺等安全事故、溺水等安全事故，制定《防汛船沉船现场处置方案》《防汛船沉船现场处置方案》等。2. 按照相关制度或预案的要求、定期开展应急演练和培训，并做好相关记录
62	食堂烹饪作业	1. 依据相关国家、行业规范和标准，制定和完善《某水电站食堂管理制度》并严格执行。2. 食堂作业人员持有健康证；厨房切菜保持高度注意力，做好手部、面部防护，注意避免炒菜热油减出；设置有足够动力的燃油油烟排放刀具摆放整齐；烹饪结束后及时关闭燃气灶或电炉；按照说明书要求操作微波炉、电烤箱、蒸柜和搅拌机	1. 及时对新入职、转岗员工进行三级安全教育培训，安全生产风险分级管控培训，组织食堂食堂作业人员定期学习《某水电站食堂管理制度》等，强化安全意识，提高安全技能水平。2. 食堂作业人员取得健康证明，并处在有效期内	/	1. 针对食堂可能发生的机械伤害、烫伤、割伤、燃气爆炸等安全事故，制定《机械伤亡事故现场处置方案》《灼烫伤亡类事故现场处置方案》《燃气爆炸事故现场处置方案》等。2. 按照相关制度或预案的要求、定期开展应急演练和培训，并做好相关记录

续表

序号	风险点（危险源）	控制措施			应急处置措施
		管理措施	教育培训措施	个人防护措施	
63	生活区环卫作业	1. 依据相关国家、行业规范和标准，制定和完善《某水电站环境卫生管理制度》并严格执行。 2. 夏天室外高温作业时为环卫人员提供防暑降温用品；作业过程中注意防止蚊虫、毒蛇叮咬，按照规定程序操作剪草机和吸水机；防止误剪皮肤；登高作业保证平台稳固或系安全带	开展大面积环卫工作业前，组织环卫工人进行技术交底，明确作业风险和预防措施	使用防晒帽、手套、口罩、花露水、驱蛇棍、藿香正气水、风油精、安全带或登高梯等个人防护用品和工具	1. 针对生活区可能发生的中暑、动物伤害、中毒事故、割伤、高处坠落等安全事故，制定《中暑类事故现场处置方案》《动物伤害类事故现场处置方案》《高处坠落类现场处置方案》。 2. 按照相关制度或预案的要求，定期开展应急演练和培训，并做好相关记录
64	日常办公设备和生活设备的使用	1. 依据相关国家、行业规范和标准，制定和完善《某水电站日常办公、生活设备管理制度》并严格执行。 2. 不定期开展各类日常检查各类办公、生活电气设备，确保各类电气设备绝缘和短路保护良好；下班后及时切断各用电源；现场线路保证整洁顺畅；工作场所不得随意吸烟、乱丢烟头；设备应摆放牢固或固定稳固；按照规程要求操作洗衣机、烘干机、空调、热水壶等设备	及时对新入职、转岗员工进行三级安全教育培训，组织员工定期学习《某水电站日常办公设备管理制度》等，强化安全意识，提高安全技能水平	/	1. 针对办公室、宿舍可能发生的触电、物体打击、火灾、烫伤等安全事故，制定《物体打击类伤亡事故现场处置方案》《火灾伤亡类事故现场处置方案》《灼烫类事故现场处置方案》等。 2. 按照相关制度或预案的要求，定期开展应急演练和培训，并做好相关记录

5.6 管理类危险源安全风险管控措施建议案例

参照《构建水利安全生产风险管控"六项机制"的实施意见》的有关要求,结合管理类一般危险源辨识和风险分析情况,依据有关法律法规、国家行业规范以及某水电站管理过程资料,可以从管理、教育培训两个方面制定和完善相关安全管控措施。

(1)管理措施建议

管理类危险源导致事故的主要原因在于管理体制机制不完善、制度规程不健全或未明示、经费保障不足、未按法规要求进行安全管理和运行管理等管理缺陷。为了保证危险源事故诱因得到及早发现和处理,从管理上首先要根据国家和行业规范要求,健全管理体制机制和机构人员,完善规章制度和规程,保障工程经费,规范工程档案,及时注册登记,健全大坝安全责任制,明确工程划界,规范工程管理,定期安全鉴定,做好防汛组织和物资准备,规范管理水雨情测报、巡查、养护、安全监测、调度运行工作。

(2)教育培训措施建议

应不定期组织某水电站管理人员对水利工程运行管理、安全管理相关法律法规、规范性文件、国家和行业标准要求进行学习培训,同时对某水电站生产管理制度开展培训考核,并做好培训记录。

具体案例可参考表5.6-1。

表 5.6-1　　　　　　某水电站管理类一般危险源安全管控措施清单

序号	风险点（危险源）	控制措施	
		管理措施	教育培训措施
1	管理体制优化、机构组建与人员配备	1. 依据《水利工程管理体制改革实施意见》（国办发〔2002〕45 号）、《水利工程管理单位定岗标准》,建立职能清晰、权责明确、管理高效的标准化管理体系,作为企业性质水管单位实行"以电养水"模式。 2. 推行管养分离、事企分开、竞聘上岗、奖励等机制,制定《某水电站外包工程安全管理制度》《某水电站供应商管理办法》《某水电站工程维修养护外包办法》《某水电站设备设施检修外包办法》《某水电站竞聘上岗管理办法》《某水电站综合考核管理办法》等,并严格执行	人力资源管理部门制定教育培训标准,按照要求定期组织工作人员学习单位规章制度、管理办法等,开展职业技能培训,取得相关资格证书

序号	风险点（危险源）	控制措施	
		管理措施	教育培训措施
2	规章制度和操作规程	1. 依据《大中型水库工程标准化管理评价标准》《水利工程管理单位安全生产标准化评审标准》等相关法律法规、标准规范，理清管理事项，制定综合管理制度、安全管理制度、生产管理制度、发电运行操作规程、检修维护规程和水工运行维护规程等。 2. 制定《某水电站水工钢闸门运行管理制度》《某水电站水工钢闸门运行规程》等关键制度和规程，并在启闭机房等关键部位明示	定期组织全体职工定期学习某水电站各项综合管理制度、安全管理制度、生产管理制度、发电运行操作规程、检修维护规程和水工运行维护规程
3	工程经费保障	1. 依据《企业安全生产费用提取和使用管理办法》《地方水利工程管理条例》《维护养护经费使用管理细则》等相关法律法规、标准规范，制定某水电站运行管理、维修养护、安全生产等经费提取和使用管理制度，确保相应费用及时足额到位，使用规范。 2. 某水电站实行"以电养水"模式，工程运行和维护费用由电站在年度计划中向公司申报，再经总经理办公会、董事会审批下达后立项，由公司相关部门或电站组织实施。 2. 依据《中华人民共和国劳动法》相关规定，为员工购买意外、医疗、养老等社会保险，并按时发放员工工资	1. 定期组织开展培训，促使员工了解工资和福利、保险待遇，并做好培训记录。 2. 对水电站运行管理、维修养护、安全生产经费使用程序和范围等内容对有关岗位人员开展培训，保障规范申请和使用
4	工程档案管理	1. 依据《中华人民共和国档案法》、《建设项目档案管理规范》（DA/T 28—2018）、《水电工程项目档案验收工作导则》（NB/T 10076—2018）、《建设电子文件与电子档案管理规范》（CJJ/T 117—2017）等相关法律法规，国家、行业规范标准，制定《某水电站档案管理制度》，并严格执行。 2. 提高工程档案信息化。完善纸质档案数字化规范（扫描、存储、著录与挂接）、照片档案数字化规范（扫描、存储、著录与挂接）、录音录像档案数字化，建立某水电站档案信息管理系统	组织某水电站管理人员开展《中华人民共和国档案法》《某水电站档案管理制度》《建设项目档案管理规范》（DA/T 28—2018）、《企业档案工作规范》（DA/T 42—2009）、《档案信息系统运行维护规范》（DA/T 56—2014）等规范的教育培训学习，组织档案专业人员岗位培训

续表

序号	风险点（危险源）	控制措施	
		管理措施	教育培训措施
5	大坝注册登记	1. 依据《水库大坝注册登记办法》，制定《某水电站注册登记管理制度》，按规定完成注册登记，确保注册登记信息完整、准确，信息发生变化时，及时变更登记	组织相关责任人开展《水库大坝注册登记办法》等法规标准的学习，并做好培训记录
6	大坝安全责任制	1. 依照《水库大坝安全管理条例》要求，建立《某水电站安全生产责任管理制度》，明确政府责任人、行政主管责任人、水管责任人的具体责任，在公共媒体和坝顶区域公示责任人及其职责，并定期更新。 2. 制定《某水电站安全教育培训管理制度》，规定政府责任人、行政主管责任人、水管责任人培训形式、内容	按照培训制度的要求，定期采用多种形式对大坝有关责任人开展大坝安全知识培训，了解自身职责
7	工程划界	1. 依据《水利部关于切实做好水利工程管理与保护范围划定工作的通知》《水库工程管理设计规范》《地方水利工程管理与保护范围划定技术指南（试行）》，制定《某水电站工程管理范围和保护范围划定管理制度》，积极推动完成某水电站工程管理与保护范围划定。 2. 依据《水库河道界桩规范》《河道管理范围划界技术规程》规范，制定《某水电站界桩、公告牌制作标准》《某水电站界桩、公告牌管理制度》，并在工程管理范围内合理设置界桩和公告牌。 3. 依据《土地权属争议调查处理办法》，配合国土资源行政主管部门，明确管理范围内土地使用权属，并取得土地使用登记证	不定期组织某水电站管理人员开展《地方水利工程管理保护范围划定技术指南（试行）》《水库工程管理设计规范》《水库河道界桩规范》等标准规范和某水电站工程确权划界有关管理制度开展培训，并做好培训记录
8	工程保护管理	1. 制定有《某水电站安全保卫管理制度》，在某水库大坝工程区和运行区范围内实行封闭管理，禁止在周边区域开展未批准的活动。 2. 与某水库管理处签订合作协议，委托其按规定在库区管理和保护范围内开展水事巡查，发现问题及时有效制止，由其报告投诉和配合各级水行政执法部门查处，确保工程管理范围内无违规建设行为或危害工程安全的活动	不定期组织某水电站管理人员开展《水库大坝安全管理条例》《地方饮用水水源水质保护条例》和《地方水利工程管理条例》等知识的教育培训学习，并做好培训记录

序号	风险点（危险源）	控制措施	
		管理措施	教育培训措施
9	工程安全鉴定	依据《水库大坝安全鉴定办法》《水库大坝安全评价导则》(SL 258—2017)制定《某水电站大坝安全管理制度》，某水电站在运行管理期间应每隔6~10年组织一次安全鉴定，对安全鉴定提出的问题及时整改	不定期组织某水电站管理人员开展《水库大坝安全鉴定办法》(水建管〔2003〕271号)、《水库大坝安全评价导则》(SL 258—2017)等规范的教育培训学习，并做好培训记录
10	防汛组织和物资准备	1. 依据《中华人民共和国防洪法》《水库大坝安全管理应急预案编制导则》(SL/Z 720—2015)等编制某水电站防汛抢险预案和水库大坝安全管理应急预案，每年至少开展汛前、汛中、汛后3次检查，定期开展防汛抢险演练。 2. 按照《防汛储备物资验收标准》(SL 297—2004)、《防汛物资储备定额编制规程》(SL 298—2004)等要求制定某水电站防汛物料储备制度，储存足量铅丝、编织袋、铁锹、橡皮电缆、救生衣、下水服、灯具、砂石料、防汛船只和车辆等物资，由专人管理、摆放整齐	定期组织某水电站管理人员开展《中华人民共和国防洪法》、《防汛储备物资验收标准》(SL 297—2004)、《防汛物资储备定额编制规程》(SL 298—2004)、《水库大坝安全管理应急预案编制导则》(SL/Z 720—2015)和水电站制度和预案教育培训学习，并做好培训记录
11	应急救援管理	1. 某水电站应在各项应急预案中明确由主要负责人担任指挥长的应急指挥机构和救援队伍。 2. 按照《国家突发事件应对法》《生产安全事故应急预案编制导则》和上级主管部门应急预案，构建某水电站自然灾害、生产安全、公共卫生等方面的应急预案体系，应急预案内容完整，措施符合实际具备可操作性，并定期开展有关桌面和实操演练。 3. 某水电站大坝安全管理应急预案应及时报地方水行政主管部门审批备案。 4. 按照应急预案中的规定，在前后方仓库和营地储存适当的应急物资和工具，并做好登记管理	1. 组织某水电站管理人员开展应急演练，做到各类型预案和事故3~5年演练一轮。 2. 定期开展有关急救知识的培训，让电站职工掌握现场急救方法

序号	风险点（危险源）	控制措施	
		管理措施	教育培训措施
12	安全管理体系构建	1. 依据《水利工程管理单位安全生产标准化评审标准》《水利部关于开展水利安全风险分级管控的指导意见》等法规标准要求,持续推进某水电站安全生产标准化管理体系、双重预防机制。 2. 制定和完善全员安全生产责任制,明确各岗位安全职责;设置安全生产管理机构和安全管理人员;按照安全标准化要求制定目标、教育、经费、作业、应急、事故、考核等方面的安全管理制度。 3. 开展危险源辨识与风险分级管控工作,制定风险清单和四色图、风险告知卡,定期开展隐患排查工作	采取多种形式,不定期组织全体职工学习《水利工程管理单位安全生产标准化评审标准》《水利部关于开展水利安全风险分级管控的指导意见》,以及某水电站有关安全生产管理制度和操作规程,并做好培训记录
13	水雨情测报	1. 依据《水电厂水情自动测报系统管理办法》《水利水电工程水情自动测报系统设计规定》《水文情报预报规范》《水文自动测报系统技术规范》,制定某水电站水情自动测报系统运行维护管理规程,并严格执行。 2. 构建完善的某水库水情自动测报系统,并做好检修维护,保障预测预报合格率、时效性满足规范要求。 3. 按照调度规程的要求,运用测报成果指导调度运用	不定期组织某水电站管理人员开展《水电工程水情自动测报系统技术规范》(NB/T 35003—2013)、《水情自动测报系统技术条件》(DL/T 1085—2021)、《水文自动测报系统技术规范》和水电站相关制度的教育培训,并做好培训记录
14	工程巡查管理	1. 依据《地方水利工程管理条例》《水库大坝安全管理条例》,制定《某水电站水工日常观测和巡视制度》《某水电站水工巡视检查规程》,并严格执行。 2. 按照制度要求开展巡视检查。正常巡检每月开展 2 次,汛期巡检每月开展 3 次,年度巡检每年不少于 2 次,特殊巡检加密为每周 2 次;做好巡视记录,发现工程安全问题及时处理	不定期组织某水电站管理人员开展《地方水利工程管理条例》《水库大坝安全管理条例》《某水电站水工日常观测和巡视制度》《某水电站水工巡视检查规程》的教育培训学习,并做好培训记录

序号	风险点（危险源）	控制措施	
		管理措施	教育培训措施
15	工程维修养护管理	1. 依据《地方水利工程维修养护定额标准》、《混凝土坝养护修理规程》(SL 230—2015)等，制定《某水电站水工建筑物维护管理制度》《某水电站水工建筑物维护规程》《某水电站房屋建筑检查修缮规程》，并严格执行。 2. 维修养护项目由电站在年度计划中向公司申报，再经总经理办公会、董事会审批下达后立项，由公司相关部门或电站组织实施。 3. 水工建筑物维护工程的验收，根据维护工程量的大小、缺陷级别实行分级验收管理制度，并做好验收相关资料归档与整理	不定期组织某水电站管理人员开展《地方水利工程管理条例》、《水库大坝安全管理条例》、《地方水利工程维修养护定额标准》、《混凝土坝养护修理规程》(SL 230—2015)、《某水电站工程维修养护管理制度》的教育培训学习，并做好培训记录
16	安全监测管理	1. 依据《混凝土坝安全监测技术规范》(SL 601—2013)、《水利水电工程安全监测系统运行管理规范》(SL/T 782—2019)等规范要求，制定和完善《某水电站安全监测自动化系统运行维护规程》《某水电站水工安全监测维护规程》《某水电站水工监测资料整编分析规程》，并严格执行。 2. 按照监测规程规定的监测项目和频次，定期开展水平位移、垂直位移、渗流渗压、应力应变及温度、水力学监测等科目的监测工作，适当情况可委托相关技术单位开展工作。 3. 按照整编规程要求定期开展资料收集和整编分析，评价水工建筑物工作状态。 4. 定期对安全监测设备进行校验和比测，确保设备完好率	不定期组织某水电站管理人员开展《水库大坝安全管理条例》、《混凝土坝安全监测技术规范》(SL 601—2013)、《大坝安全监测系统运行维护规程》(DL/T 1558—2016)、《水利水电工程安全监测系统运行管理规范》(SL/T 782—2019)、《某水电站安全监测规程》的教育培训学习，并做好培训记录

续表

序号	风险点 （危险源）	控制措施	
		管理措施	教育培训措施
17	调度运用	1. 依据《水库调度规程编制导则》（SL 706—2015)的要求，制定《某水电站调度管理制度》《某水电站调度日常工作制度》《某省某水利枢纽工程调度规程》，调度规程原则、权限、内容满足规范要求。 2.《某省某水利枢纽工程调度规程》应报地方水利厅技术审查通过。 3. 日常工作严格按照调度规程、调度方案、调度计划和上级调度指令的要求执行，并做好调度记录	1. 组织某水电站管理人员开展《水库调度规程编制导则》(SL 706—2015)、《水电工程运行调度规程编制导则》(NB/T 10084—2018)、《某水电站调度规程编制管理制度》的教育培训学习，并做好培训记录。 2. 对调度人员进行培训，学习水库防汛抢险应急预案、水库汛期调度运用计划、调度规程等。 3. 对调度制度、年度兴利调度计划等进行培训

5.7　环境类危险源安全风险管控措施建议案例

参照《构建水利安全生产风险管控"六项机制"的实施意见》的有关要求，水利生产经营单位要从组织、制度、技术、应急等方面，制定并落实具体防范措施，综合运用隔离危险源、技术手段、个体防护、监控设施等手段，达到消除、降低风险的目的。结合环境类一般危险源的辨识和风险分析情况，依据有关法律法规、国家行业规范以及某水电站周边环境基本情况，可以从工程技术、管理、教育培训、个人防护、应急处置5个方面制定和完善相关安全管控措施。

（1）工程技术措施建议

环境类危险源导致事故的主要原因有恶劣天气防护措施不到位、危险动物进入工作区域、临边防护不到位、场所杂乱、洪水地震超设计标准、职业危害因素超标、滑坡体未监测治理等物的不安全状态。为了及时解决这些隐患，保证危险源处在风险可控状态，首先应通过工程技术手段来消除控制危险源，从而保证安全运行，比如：对滑坡体采取定期安全监测和工程治理措施，消除滑坡的潜在危险性并做好预警；针对建筑物和设备配置避雷装置，保证接地良好；使用视频巡视代替人工巡视；场所布局设计上满足操作和通行要求等。其次在存在风险的场所使用封闭、隔离或警示的措施，比如设置临边防护、机械传动部位设置防护罩，设置围栏、警戒绳、安全罩、隔音设施等。此外，还可以采取移开、改变方向的手段,比如有毒有害气体的排放口、危险物质的存放地避开人员密集的场所或进场经过的路线。

(2)管理措施建议

为了保证环境类危险源事故诱因得到及早发现和处理,从管理上首先要制定和完善水工日常观测和巡视检查、新改扩建安全设施三同时、环境卫生管理、职业健康管理、设备缺陷和设备检修管理、水库调度管理、消防安全管理等制度,并严格执行,发现问题及时维修养护和处理。其次要严格按照规范要求定期开展大坝安全评价和鉴定,对库区范围内的滑坡体进行综合评判;对作业场所职业危害委托专业机构定期开展职业健康检测,存在问题及时采取措施处理。此外,在存在风险地区配置醒目的安全色、警示标识和标线。

(3)教育培训措施建议

可以从3个方面着手,一是对电站新进人员开展三级安全教育,帮助了解工作岗位可能存在的职业危害、生物危害、天气灾害;二是不定期开展专题讲座、技术培训、安规考试,了解某水电站运行管理相关管理制度、巡视检查和维护保养要求;三是每次班前班后、巡视检查前就巡查重点、危险点和预控措施进行交底。

(4)个人防护措施

参照《个体防护装备配备规范》(GB 39800—2020)和《电力安全工作规程 发电厂和变电站电气部分》(GB 26860—2021)的有关要求,制定适用于某水电站的作业人员个体劳动防护用品配置标准。尤其是碰到恶劣天气、野生动物、噪声区域等情况需加强配置手套、强光手电筒、防滑鞋、雨衣、安全帽、防寒服、木棍、雄黄驱虫药、有害气体检测仪、防噪耳塞等。

(5)应急处置措施

首先应根据环境类危险源可能发生的雷击、摔伤、冻伤、中暑、中毒、高处坠落、淹溺、职业病损伤、堵塞河道、浪涌等事故和后果制定有针对性的、可操作性强的综合应急预案、专项应急预案和现场处置方案。其次在现场配置或存储一定量医用酒精、纱布、碘伏等外伤急救用品,组建应急救援队伍。按照相关制度或预案的要求,定期开展应急演练和培训,并做好相关记录。

具体案例可参考表5.7-1。

表 5.7-1　　某水电站环境类一般危险源安全管控措施清单

序号	风险点（危险源）	控制措施			个人防护措施	应急处置措施
		工程技术措施	管理措施	教育培训措施		
1	坝顶雷电、暴雨、大风、冰雹、极端温度、大雾等恶劣天气	1. 在一些特殊和难以人工巡检的工程部位安装视频监控，代替恶劣情况下的人工巡视检查。 2. 在坝顶房屋建筑顶部、门机等高处或关键电气设备内部安装避雷带、避雷器、避雷针等避雷装置。各类设备应接地良好，同时要远离避雷装置，防止受到感应侵害。 3. 坝顶布置完善，充足的排水沟、排水孔等排水设施，加强日常巡视检查，发生堵塞及时疏通、避免积水。 4. 大坝现场门机、永久性栏杆、交通指示牌、安全警示标识、信息展板等永久性设施基础牢固和固定稳固，提前对灯箱、标识牌、展板等临时设施进行加固或移入室内。	1. 及时制定和完善《某水电站水工日常观测和巡视制度》《某水电站水工巡视检查规程》《某水电站运行操作规程》等各类巡查规程，对雷电、暴雨雪、大风、冰雹、极端温度、大雾等特殊天气情况下的巡视检查行为做出规定，明确各类巡查事项、极端天气、路线全面巡查、检查力度，天气来临前加强全面巡查，提早发现隐患。 2. 制定门机、路灯、栏杆、避雷设施、闸门、排水沟等坝顶各类设备设施、构建筑的维护检修规程，按照制定要求定期开展维护保养，确保设备设施正常、基础稳固。	1. 对水工部新进人员开展三级安全教育，加强风险意识和对安全风险分级管控的培训，指导新进员工了解极端恶劣天气存在的风险和帮助早发现的风险。	恶劣天气条件下安全巡检、监测、抢险配备必要的劳保用品，如手电筒、手套、雨靴、雨衣、防寒服、防滑鞋、中暑药、安全帽等。	1. 制定和完善《人身伤害专项应急预案》《防冻融冰应急预案》《防气象灾害天气应急预案》《气象灾害现场处置方案》《防冻融冰现场处置方案》《高温中暑现场处置方案》等专项预案和现场处置方案。

续表

序号	风险点(危险源)	控制措施			个人防护措施	应急处置措施
		工程技术措施	管理措施	教育培训措施		
1	坝顶雷电、大暴雨雪、大风、冰雹、极端温度、大雾等恶劣天气	5. 在坝顶通行道路周边配置一定量永久性或临时性防雾灯具。 6. 收到大雪预警信号后，提前在坝顶通行部位采取未抛洒融雪盐、防滑垫等防范措施。 7. 在坝顶启闭机房、门机操纵室内等作业部位、安装空调、通风机等暖通通风设备	3. 按照某水电站有关作业规程要求，极端天气禁止在坝顶进行高处作业，雷雨高温天气要合理安排在外工作时间，雷电天气要远离避雷装置，大雾天气外出巡查应戴好口罩，坝顶驾驶机动车应打开雾灯减速慢行。 4. 及时获取和收集天气信息，加强水库雨情分析，通过手机短信息或信息平台及时发布预警信息，提前做好防范措施	2. 不定期开展专题讲座、技术培训讲课、安全知识竞赛、培训考试、安全知识竞赛、安全月等活动。针对雷电、暴雨雪、大风、冰雹、极端温度、大雾等恶劣天气条件下水库、电站安全运行进行相关案例分析培训教育，确保水库能够正常开展应急洪汛应急调度、电站生产作业能按期进行		2. 在仓库或坝顶配备有挡水板、沙袋、块石、尼龙袋等物资，以及铁镐、铁锹、抽水泵等掏挖、排水工具。 3. 按照相关制度或预案的要求，定期开展应急演练，并做好记录。
2	坝顶野猪、蛇等危险动物	1. 针对外来生物进入工作区域给工作人员必要工程技术措施，制定设置门禁、铁栅栏、高音喇叭，设置捕鼠工具、投放雄黄驱蛇药，配备专门捕蛇蛇工具等	1. 制定和完善某水电站各类巡视检查制度、规程，对坝顶遭遇野猪、蛇等危险动物情形，明确相应的预防和处置措施，如巡视线路配置木棍、雄黄药丸等，碰到毒蛇建议采取之字形路线撤退，行进路中线用木棍敲打振动。	1. 对单位新进人员开展三级安全教育，加强风险意识和对安全风险分级管控认识的培训，认识到新进员工了解危险动物导致的风险管控措施。	配备安全帽、工作服、木棍、雄黄驱虫等药剂等防护用具	1. 针对野猪、蛇、虫等危险生物的应急预案或现场处置方案，被咬伤后应立即安排车辆送往救治机构，可采取临时措施排除毒液，并及时绑扎。

续表

序号	风险点(危险源)	控制措施				
		工程技术措施	管理措施	教育培训措施	个人防护措施	应急处置措施
2	坝顶野猪、蛇等危险动物		2. 设置必要的风险告知、警示标识，提醒作业人员注意安全	2. 不定期开展专题讲座、技术培训讲课、安全规程培训考试、安全月等活动，对危险动物的预防、现场处置和应急救治措施开展培训。 3. 开展巡视作业前、任班前会就有关防范措施进行交底		2. 配备必要的应急药品，如碘伏、医用酒精、绑扎带、蛇毒血清等。 3. 按照相关制度或预案的要求，定期开展演练并做好记录
3	坝顶临边、临水部位和各类闸门、吊物井孔洞	坝顶临边、临水部位设置安全防护栏杆、闸门吊物井孔洞布置安全警示线、盖板和防护栏杆，临水区域放置救生圈等落水救人设备	1. 制定和完善《某水电站新、改、扩建工程安全设施三同时管理制度》和各类巡视检查制度，定期对临水部位安全设施开展巡视检查，发现问题做好记录。 2. 按照某水电站有关维护保养制度的要求，对存在缺陷的防护栏杆和盖板进行更换，不清晰的警示线重新涂刷。 3. 临边、临水部位悬挂禁止翻越、当心落水等安全警示标识	1. 对单位新进人员开展三级安全教育，加强对安全风险分级管控意识和对安全风险辨识认识的培训，指导和帮助新进员工了解岗位风险和控制措施。 2. 不定期开展专题讲座、技术培训讲课、安全规程培训考试、安全知识竞赛、安全月等活动，就高处坠落、溺水相关案例进行培训。	/	1. 制定《人身事故应急预案》《高处坠落类伤亡事故现场处置方案》等。 2. 针对高处坠落、溺水情形配备必要的应急药品，如碘伏、医用酒精、医用安全绳、救生圈等防护用具。

续表

序号	风险点 (危险源)	控制措施				
		工程技术措施	管理措施	教育培训措施	个人防护措施	应急处置措施
3	坝顶临边、临水部位和各类闸门、吊物井孔洞			3. 开展巡视、操作检修作业前、在班前会进行技术交底,禁止破坏和翻越安全设施	/	3. 按照相关制度或预案的要求,定期开展应急演练,并做好记录
4	坝顶场所布置	1. 坝顶场所设备设施布置设计符合国家和行业有关规范要求,满足人员通行和操作需要。 2. 坝顶设置有充足的排水沟、排水孔,避免积水、湿滑	1. 制定和完善《某水电站环境卫生管理制度》,定期对坝顶环境进行卫生清扫和整理,避免杂物、材料随意堆放。 2. 按照有关巡视检查制度的要求,定期对坝顶场所布置、杂物堆积情况进行检查,做好记录,发现问题及时上报处理。 3. 制定检修工作方案或与外包单位签订安全协议时,对检修设备、材料、工具的摆放和存储提出明确要求,避免坝顶杂物堆积,影响设备正常运行。 4. 在狭窄空间设置当心碰头、当心挤压等安全警示标识	1. 对《某水电站环境卫生管理制度》和场所布置等知识开展专题培训,帮助作业人员了解布置的基本要求。 2. 开展巡视、检查、检修作业前、在班前会进行技术交底,就现场布置、杂物摆放、清理提出要求。	佩戴安全帽、手电筒、防滑鞋等个人防护用具	1. 针对摔伤、碰撞等工伤事故制定相应的应急预案或处置方案。 2. 配置必要的应急药品,如碘伏、医用酒精等。 3. 按照相关制度或预案的要求,定期开展应急演练,并做好记录

续表

序号	风险点（危险源）	控制措施				应急处置措施
		工程技术措施	管理措施	教育培训措施	个人防护措施	
5	坝顶各类工作房屋室内布置	1. 室内场所设备设施布置设计符合国家和行业有关规范要求，满足人员通行和操作需要。 2. 在坝顶启闭机房、门机操作室内等作业部位，安装有空调、通风机等暖通设备	1. 制定和完善《某水电站环境卫生管理制度》，定期对室内场所环境卫生进行清扫和整理，避免杂物、工具、器械、材料随意堆放。 2. 按照有关巡视检查制度的要求，定期对室内场所布置、杂物堆积情况进行检查，做好记录发现问题及时上报处理。 3. 制定检修工作方案与外包单位签订安全协议时，对检修设备、材料、工具的摆放和存储提出明确要求，避免室内杂物堆积，影响设备正常运行。 4. 在狭窄室内设置适当设置安全警示标识	1. 对《某水电站环境卫生管理制度》和场所布置等知识开展专题培训，帮助作业人员了解布置的基本要求。 2. 开展巡视、检查、检修作业前、在班前会进行技术交底，就现场材料、工具、杂物摆放，清理退出在现场。	安全帽、手电筒、防滑鞋等个人防护用具	1. 针对摔伤、碰撞、高温等工伤事故制定相应现场应急预案或现场处置方案。 2. 配置必要的应急药品，如碘伏、防暑药等医用酒精、防暑药等。 3. 按照相关制度要求，定期开展应急演练，并做好记录
6	坝顶表孔启闭机房、门机水口闸门控制室内噪声	1. 启闭机室和控制室内各类机械设备应定期验收合格。在日常的维护保养和检修中对可能发出噪声的部位、部件清理、润滑和紧固，保持设备基础固和稳固和结构连接紧密。	1. 制定和完善《泄洪闸门系统运行操作规程》，对现场作业时间、频次等可出相应的规定，避免长时间待在作业现场。	1. 对单位新进人员开展三级安全教育，加强风险分级管控知识和对安全风险分级管控的培训，对岗位可能接触到的噪声等职业危害因素和防护措施进行告知。	配备安全帽，必要时配备防噪耳塞	配置必要的应急药品，如起缓解胸闷、心跳过速作用的速效救心丸、风油精、清凉油等药品

续表

序号	风险点（危险源）	控制措施				
		工程技术措施	管理措施	教育培训措施	个人防护措施	应急处置措施
6	坝顶表孔启闭机室、进水口闸门控制室内噪声	2. 必要时可采取加装消声器、隔音棉和阻尼等物理隔离措施	2. 制定和完善《某水电站职业健康管理制度》，按照规范和制度要求定期对现场工作噪声进行监测，并根据报告建议补充防护措施。现场作业人员，定期参加职业健康体检。 3. 在噪声突出的部位悬挂警示标识	2. 不定期开展专题讲座、技术培训讲课、安全规程培训考试、安全知识竞赛、安全月等活动，就闸门操作规程、职业健康管理制度、噪声危害和防护措施等知识开展培训。 3. 进行闸门、启闭机操作前、在班前会进行技术交底，控制作业时间		1. 制定有《人身事故应急预案》《高处坠落类伤亡事故现场处置方案》等。 2. 针对高处坠落、摔伤情形配备应急棉伏、医用酒精等药品，必要时立即送医。 3. 按照相关制度或预案的要求，定期开展应急演练，并做好记录
7	坝顶上下通行楼梯	1. 楼梯临边部位设置符合规范要求的安全防护栏杆，栏杆基础牢固无缺陷，踏步间距要符合人机工程学和相关规范要求。 2. 若长期处在湿滑、积水状态，必要时踏步应增加防滑条、防滑垫等，同时增设排水沟排除积水	1. 制定和完善《某水电站新、改、扩建工程安全设施三同时管理制度》和各类巡视检查制度，定期对楼梯安全栏杆开展巡视检查，发现问题和缺陷及时整改，并按照有关维护保养制度对存在缺陷的防护栏杆进行更换。 2. 制定和完善《某水电站环境卫生管理制度》，定期对楼梯积水、苔藓等进行清扫。 3. 设置湿滑、高处坠落等安全警示标识	1. 对单位新进人员开展三级安全教育，加强风险分级管控认识的培训，指导和帮助新进员工了解岗位风险和控制措施。 2. 不定期开展专题讲座、技术培训讲课、安全规程培训考试、安全知识竞赛、安全月等活动，就高处坠落、摔伤案例相关知识进行培训。 3. 开展巡视作业前、在班前会进行技术交底，禁止破坏和翻越安全设施		

续表

序号	风险点（危险源）	控制措施				
		工程技术措施	管理措施	教育培训措施	个人防护措施	应急处置措施
8	坝顶左右岸门禁	/	1. 编制和完善《某水电站设备缺陷管理制度》。根据制度和规程对门禁系统机械动力装置加强日常检查与维修保养。 2. 编制和完善《某水电站安全保卫管理规程》，与安保公司签订工合同明确保卫职责，按制度和合同要求配备专职安保人员，保护大坝设施、管理门禁、防汛期间实行24h值班制度。 3. 门禁附近设置禁止人内等警示标识	按照《某水电站安全保卫管理制度》要求，由安保公司负责岗位培训，熟悉设备设施分布位置，了解必要的治安防范知识和技能，定期开展突发事件应急处置训练	/	1. 制定和完善《反恐防暴应急预案》《恐怖袭击事故事件应急处置方案》等。 2. 在坝顶值班室储存有一定的警械、警具。 3. 按照相关制度或预案的要求，定期开展应急演练，并做好记录。
9	地震	1. 水电站大坝工程设计满足国家和行业有关抗震技术指标要求。	1. 编制和完善《某水电站水工日常观测和巡查规程》《某水电站水工巡视检查规程》，遇到异常情形应加强巡视、发现异常情况及时核实分析原因并上报。	1. 对单位新进人员开展三级安全教育，加强风险分级管控认识和对安全风险管控认识的培训，指导和帮助新进员工了解自然灾害风险知识和防控措施。	/	1. 制定和完善《地质灾害应急预案》《防地震应急预案》等。发生险情后及时启动预案，调配救援队伍，同时及时通知主管部门和地方政府。

659

续表

序号	风险点（危险源）	控制措施				
		工程技术措施	管理措施	教育培训措施	个人防护措施	应急处置措施
9	地震	2. 针对大坝基础及库岸范围内存在地质缺陷的部位，经过充分论证后采取灾害防治措施，必要时同步设置水监测措施，提高工程或库岸抗震性能	2. 建立枢纽定期安全监测和安全鉴定制度，发生强烈地震后，组织开展安全鉴定，评估工程结构安全。3. 编制水工建筑物维修养护规程，根据检查或鉴定提出的意见，对结构存在的问题进行维修	2. 不定期开展专题讲座、技术培训课、安全规程培训考试、安全知识竞赛、安全月等活动，就遭遇地震时、工程安全检查、紧急抢险避险、人员值守等方面的知识和要求进行培训教育	/	2. 根据相应应急预案，建设地震避难场所，紧急生活物资储备仓库，配置必要的应急药品，如碘伏、医用酒精、绷带、创口缝合工具、消炎药等；配备一定数量的生火工具，确保险人员避险安全。3. 按照相关制度或预案的要求，定期开展应急演练，并做好记录
10	洪水	1. 安装埋设水雨情监测设施，大坝安全监测系统、远程视频监控系统，对水雨情监测资料进行深入分析，做好洪水预报工作，对大坝安全监测资料进行深入分析，确保度汛安全。	1. 制定和完善《某水电站管理规定》《某水电站大坝安全管理规定》《某水电站水库调度管理制度》《某水电站防汛与汛期值班工作制度》《某水电站抢险管理规程》等制度，并满足国家、地方相关法规标准的要求。	1. 对单位新进人员开展三级安全教育，加强风险意识和对安全风险分级管控认识的培训，指导和帮助新进员工了解岗位涉及的自然灾害风险知识和防控措施。	/	1. 编制和完善《防汛应急预案》《防汛现场处置方案》和《超标准洪水应急预案》《水库大坝安全管理应急预案》等。

续表

序号	风险点（危险源）	控制措施				
		工程技术措施	管理措施	教育培训措施	个人防护措施	应急处置措施
10	洪水	2. 做好水库大坝除险加固、维修养护工作，确保汛期坝体结构安全、通信畅通、电源可靠、泄洪设施启闭自如、排水堵漏措施万无一失。	2. 按照相关制度规范的要求，根据工程情况度编制水库防洪调度方案，超标准洪水防御方案等措施，并报上级批准后执行。健全防汛组织机构和应急救援队伍，做好水雨情测报和汛情通讯值班组织准备工作。 3. 制定大坝安全巡视检查制度、技术规程，加强巡视检查频次，开展汛前、汛中、汛后检查，摸清工程现状，发现问题要及时整改，暂不能处理的研究安全度汛措施。 4. 严格按照有关规范和制度要求，定期开展大坝安全评价、评估及鉴定，以满足防洪度汛要求。 5. 制定值班工作制度，度汛期间实行24h值班制度。 6. 安装高音喇叭、无线电广播等洪水信息广播设施。	2. 对观测人员、防汛人员、防汛值班人员、调度人员等开展水雨情洪水测报、大坝安全监测、洪水调度、防洪调度等方面的知识和业务培训，掌握洪水应对措施。 3. 汛前、汛中、汛后开展安全检查、开展相关业务培训，明确检查重点。	/	2. 建设防汛仓库，按照《防汛物资储备标准》的要求配备一定数量的编织袋、土工布、砂石料、抢险机具、救生衣等防汛抢险物资和救生器材。 3. 按照相关制度或预案的要求，定期开展应急演练，并做好记录。
11	左右坝肩灌溉交通洞楼梯	1. 楼梯临边部位设置符合规范要求的安全防护栏杆；栏杆基础牢固无缺陷；踏步间距符合人机工程学和相关规范要求。	1. 制定和完善《某水电站新、改、扩建工程安全设施三同时管理制度》和各类巡视检查制度，定期对楼梯安全栏杆开展巡视检查，发现问题做好记录，并按照有关维护保养制度的要求，对存在缺陷的防护栏杆进行更换。	1. 对单位新进人员开展三级安全教育，加强风险意识和对安全风险分级管控认识的培训，指导和帮助新进员工了解岗位风险和控制措施。	/	1. 制定有《人身事故应急预案》《高处坠落类伤亡事故现场处置方案》等。

续表

序号	风险点(危险源)	控制措施				
		工程技术措施	管理措施	教育培训措施	个人防护措施	应急处置措施
11	左右坝肩灌溉洞交通楼梯	2. 若长期处在湿滑、积水状态,必要时踏步增加防滑条、防滑垫等,同时增设排水沟清除积水	2. 制定和完善《某水电站环境卫生管理制度》,定期对楼梯积水、苔藓等进行清扫。 3. 设置湿滑、高处坠落等安全警示标识	2. 不定期开展专题讲座、技术培训讲课、安全知识竞赛、安全月等活动,就高处坠落、摔伤相关案例进行培训。 3. 巡视作业前、在班前会进行技术交底,禁止破坏安全设施和翻越安全设施	/	2. 针对高处坠落、摔伤情形配备应急碘伏、医用酒精等药品,必要时立即送医。 3. 按照相关制度或预案的要求,定期开展应急演练,并做好记录
12	1#~5#表孔和1#~4#孔间底门检修平台	1. 检修平台入口处加装机械锁,平台上下爬梯按照规范要求安装防护网。平台临边部位设置安全防护栏杆、临水区域放置救生圈等落水救人设备。	1. 制定和完善《某水电站三同时管理制度》和各工程安全设施制度,定期对临水部位安全设施开展巡视检查,发现问题做好记录。 2. 按照某水电站有关维护保养制度的要求,对存在缺陷的防护栏杆、机械锁、护网笼进行更换,不清晰的警示标线重新涂刷。	1. 对单位新进人员开展三级安全教育,加强风险意识和对安全风险分级管控认识的培训,指导和帮助新进员工了解岗位风险和控制措施。 2. 不定期开展专题讲座、技术培训讲课、安全规程、安全知识竞赛、安全月等活动,就高处坠落、溺水相关案例进行培训。	/	1. 制定有《人身事故应急预案》《高处坠落类伤亡事故现场处置方案》等。 2. 针对高处坠落、溺水情形配备必要的应急药品,如碘伏、医用酒精等,以及安全绳、安全带、救生圈等防护用具。

续表

序号	风险点（危险源）	控制措施				
		工程技术措施	管理措施	教育培训措施	个人防护措施	应急处置措施
12	1#~5#表孔和1#~4#底孔闸门检修平台	2. 检修平台定期开展维护保养，对锈蚀和损坏部件进行更换，保证基础稳固	3. 临边、临水部位悬挂禁止翻越、当心落水等安全警示标识	3. 巡视、操作检修作业前，在班前会进行技术交底，禁止破坏和翻越安全设施	/	3. 按照相关制度或预案的要求，定期开展应急演练，并做好记录
13	1#~4#底孔启闭机房室内布置	1. 室内场所设备设施布置设计符合国家和行业有关规范要求，满足人员通行和操作需要。 2. 在启闭机房内安装有空调、通风机等暖通设备	1. 制定和完善《某水电站环境卫生管理制度》，定期对室内场所环境卫生进行清扫和整理、堆放，避免杂物、工具、器械、材料随意堆放。 2. 按照有关巡视检查制度的要求，定期对室内场所布置、杂物堆积情况进行检查，做好记录，发现问题及时上报处理。 3. 制定检修工作方案或与外包单位签订安全协议时，对检修设备、材料、工具的摆放和存储提出明确要求，避免室内杂物堆积，影响设备正常运行。 4. 在狭窄空间内设置当心碰头、当心挤压等安全警示标识	1. 对《某水电站环境卫生管理制度》和场所布置等知识开展专题培训，帮助作业人员了解布置的基本要求。 2. 开展巡视、检查、检修作业前，在班前会进行技术交底，就现场材料、工具、杂物摆放，清理提出要求	配备安全帽、手电筒、防滑鞋等个人防护用具	1. 针对摔伤、碰撞、高温等工伤事故制定相应的应急预案或现场处置方案。 2. 配置必要的应急药品，如碘伏、医用酒精、防署药等。 3. 按照相关制度或预案的要求，定期开展应急演练，并做好记录

续表

序号	风险点（危险源）	控制措施				
		工程技术措施	管理措施	教育培训措施	个人防护措施	应急处置措施
14	1#~4#底孔启闭机房室内噪声	1. 启闭机室内各类机械设备均应验收合格，在日常的维护保养和检修中对可能发出噪声的部位和部件清理、润滑和紧固，保持设备基础稳固和结构连接紧密。2. 必要时可采取加装消声器、隔声罩和阻尼等物理隔离措施。	1. 制定和完善《泄洪闸门系统运行操作规程》，对现场作业时间、频次等作出相应的规定，避免长时间待在作业现场。2. 制定和完善《某水电站职业健康管理制度》，按照规范和制度要求定期对现场工作噪声进行监测，形成职业健康检测报告，并根据建议补充防护措施。现场作业人员、定期参加职业健康体检。3. 在噪声突出的部位挂设警示标识。	1. 对单位新进人员开展三级安全教育，加强风险分级管控意识和对安全风险分级管控认识的培训，对岗位可能接触到的噪声等职业危害因素和防护措施进行告知。2. 不定期开展专题讲座、技术培训课、安全规程培训考试、安全知识竞赛、安全月等活动、就闸门操作规程、职业健康管理制度、噪声危害和防护措施等知识开展培训。3. 进行闸门、启闭机操作前，在班前会进行技术交底，控制作业时间	/	配置必要的应急药品，如起缓解胸闷、心跳过速作用的速效救心丸、风油精、清凉油等
15	1#~4#底孔启闭机房吊物孔	1. 在吊物孔处置盖板。	1. 制定和完善《某水电站新、改、扩建工程安全设施三同时管理制度》和各类巡视检查制度，定期对吊物孔安全设施开展巡视检查，发现问题做好记录。	1. 对单位新进人员开展三级安全教育，加强风险分级管控意识和对安全风险分级管控认识的培训和认识的培训，指导和帮助新进员工了解风险和控制措施。	/	1. 制定有《人身事故应急预案》《高处坠落类伤亡事故现场处置方案》《物体打击类伤亡事故现场处置方案》等。

续表

序号	风险点（危险源）	控制措施				应急处置措施
		工程技术措施	管理措施	教育培训措施	个人防护措施	
15	$1^{\#}\sim4^{\#}$底孔启闭机房吊物孔	2. 吊物期间，吊物孔下严禁站人	2. 按照某水电站有关维护保养制度的要求，对存在缺陷的防护盖板进行更换、对不清晰的警示标线和承重标识重新涂刷。 3. 吊物孔处置警示标线和承重标识。 4. 按照操作、检修规程的要求，用吊物孔起吊期间严禁站人。	2. 不定期开展专题讲座、技术培训讲课、安全知识竞赛、安全月等活动，就高处坠落、摔伤相关案例进行培训。 3. 起吊作业前、在班前会进行技术交底，禁止起吊期间底部站人	/	2. 针对高处坠落、物体打击等情形配备必要的应急药品，如碘伏、医用酒精等，以及安全带、安全绳、救生圈等防护用具。 3. 按照相关制度或预案的要求，定期开展应急演练，并做好记录
16	柴油发电机室噪声	1. 柴油发电机应验收合格，在日常的维护保养和检修中对可能发出噪声的部位和部件清理、润滑和紧固，保持设备基础稳固和结构连接紧密。	1. 制定和完善《柴油发电机组运行操作规程》，对现场作业时间、频次等作出相应的规定，避免长时间待在作业现场。	1. 对单位新进人员开展三级安全教育，加强风险意识和对安全风险分级管控认识的培训，对岗位可能接触到的噪声等职业危害因素和防护措施进行告知。 2. 不定期开展专题讲座、技术培训讲课、安全规程培训考试、安全知识竞赛、	/	配置必要的应急药品，如起缓解胸闷、心跳过速作用的速效救心丸、风油精、清凉油等

续表

序号	风险点(危险源)	控制措施				
		工程技术措施	管理措施	教育培训措施	个人防护措施	应急处置措施
16	柴油发电机室噪声	2. 将柴油发电机组布置在专门的房间内,并采用具有隔声作用的防火门。门口装设防噪耳塞取用具,在进风、排风、烟道处装设消声器。 3. 必要时可采取加装隔音箱、隔音罩、阻尼、减震垫等物理隔离两措施	2. 制定和完善《某水电站职业健康管理制度》,按照规范和制度要求定期对现场工作进行监测,并根据建议补充防护措施,形成职业健康检测报告。现场作业人员,定期参加职业健康体检。 3. 在噪声突出的部位悬挂警示标识	安全月等活动,就柴油发电机操作规程、职业健康管理制度、噪声危害和防护措施等知识开展培训。 3. 进行柴油发电机操作前,在班前会进行技术交底、控制作业时间		
17	柴油发电机工作废气	1. 柴油发电机设计有废气排出系统,废气排出管道无漏气,保证发动机废气排出室外。 2. 柴油发电机室配置通风系统,设计一定数量的可开合窗户或窗百叶等,防止废气聚积	1. 制定和完善《柴油发电机组检修规程》,按照规程的要求对柴油发电机组进行维护保养,保证废气排出系统运行正常。 2. 制定和完善《柴油发电机运行操作规程》和巡检查制度,制度正运行,应注意明确若柴油发电机正运行,应注意打开通风系统或开窗,避免废气聚积。 3. 室内悬挂"当心废气"安全警示标识	1. 对单位新进人员开展三级安全教育,加强安全风险分级管控意识和对安全风险分级管控认识的培训,对岗位可能接触到的危害因素和防护措施进行告知。 2. 不定期开展专题讲座、技术培训讲课、安全规程培训考试,安全知识竞赛,安全月等活动,就柴油发电机操作规程、职业健康管理制度、废气危害等知识开展培训。 3. 进行柴油发电机操作前,在班前会进行技术交底,提醒注意通风	/	1. 制定和完善《人身事故应急预案》,对柴油发电机工作废气中毒、窒息等情形明确应急的响应条件和应急处置措施,现场处置措施。 2. 配置必要的应急药品、氧气瓶、救援物资等,救援人员应掌握心肺复苏等基本应急技能。 3. 按照相关制度或预案的要求,定期开展应急演练,并做好记录

续表

序号	风险点（危险源）	控制措施				
		工程技术措施	管理措施	教育培训措施	个人防护措施	应急处置措施
18	柴油发电机室室内布置	1. 室内场所设备布置设计符合国家和行业有关规范要求，满足人员通行和操作需要。 2. 在柴油发电机房内安装有空调、通风机等暖通设备。	1. 制定和完善《某水电站环境卫生管理制度》，定期对室内场所环境卫生进行清扫和整理、避免杂物、工具、器械、材料随意堆放。 2. 按照有关巡视检查制度的要求，定期对室内场所布置、杂物堆积情况进行检查，做好记录，发现问题及时上报处理。 3. 制定检修工作方案或与外包单位签订安全协议时，对检修设备、材料、工具的摆放和存储提出明确要求，避免室内杂物堆积，影响设备正常运行。 4. 在操作空间内设置当心碰头、当心挤压等安全警示标识	1. 对《某水电站环境卫生管理制度》和场所布置等知识开展专题培训，帮助作业人员了解配置的基本要求。 2. 开展巡视、检查、检修作业前、在班前会进行技术交底，就现场材料、工具、杂物摆放、清理提出要求。	配备安全帽、手电筒、防滑鞋等个人防护用具	1. 针对摔伤、碰撞等工伤事故的应急相应现场或预定相应处置方案。 2. 配置必要的应急药品、如碘状、医用酒精、防署药等。 3. 按照相关制度或预案的要求，定期开展应急演练，并做好记录
19	坝顶 0.4kV 配电室电磁噪声	1. 配电室内电气设备应验收合格，在日常的维护保养和检修中对可能发出噪声的部位和部件作清理、润滑和紧固，保持设备基础稳固和紧固件结构连接紧密。	1. 制定和完善《高压电气检查规程》和巡视检查时，频次等作出相应的作业规程，对现场作业，巡视检查长时间存在作业现场，规定，避免长时间存在作业现场。	1. 对单位新进人员开展三级安全教育、加强风险意识和对安全风险分级管控认识和对岗位可能接触到的危害因素和防护措施进行告知。	/	配置必要的应急药品，如起缓解胸闷、心跳过速作用的速效救心丸、风油精、清凉油等

续表

序号	风险点（危险源）	控制措施				
		工程技术措施	管理措施	教育培训措施	个人防护措施	应急处置措施
19	坝顶0.4kV配电室电磁噪声	2. 将配电设备布置在专门的房间内，并采用具有隔声作用的防火门，有关设备安装在金属电气柜中。 3. 必要时可采取加装隔音棉、隔音板、阻尼、减震垫等物理隔离措施	2. 制定和完善《某水电站职业健康管理制度》，按照规范和制度要求定期对现场工作噪声进行监测，形成职业健康检测报告，并根据建议补充防护措施。现场作业人员，定期参加职业健康体检。 3. 必要时在噪声突出的部位悬挂警示标识	2. 不定期开展专题讲座、技术培训讲课、安全知识竞赛、培训考试、安全月等活动，就职业健康管理制度、电磁噪声危害和防护措施等知识开展培训		
20	坝顶0.4kV配电室工频电场	配电设备设置在专门的配电室内，变配电设备安装在金属电气柜中，对工频电磁辐射进行屏蔽	1. 制定和完善《高压电气设备运行操作规程》和《巡视检查规程》，规程中对现场作业、巡视检查时间，频次等作出相应的规定，避免长时间待在作业现场。长时间作业需穿过工作丝屏蔽服，现场作业必须经过工作许可。 2. 按照有关检修的要求，对电气设备定期检修，保障金属电气柜外壳状态良好。	1. 对单位新进人员开展三级安全教育，加强风险意识和对安全风险分级管控认识和对岗位可能接触到的工频电场等职业危害因素和防护措施进行告知。 2. 不定期开展专题讲座、技术培训讲课、安全知识竞赛、培训考试、安全月等活动，就高压电气设备作操规程、工频电场、职业健康管理制度、工频电场危害和防护措施等知识开展培训。	配备绝缘手套、安全帽、绝缘靴、防护服等	/

续表

序号	风险点（危险源）	控制措施				应急处置措施
		工程技术措施	管理措施	教育培训措施	个人防护措施	
20	坝顶 0.4kV 配电室工频电场		3. 制定和完善《某水电站职业健康管理制度》，按照规范要求定期对现场工频电场进行监测，并根据建议补充防护措施。现场作业人员应定期参加职业健康体检。 4. 在附近悬挂禁止停留、当心磁场、穿防护服等安全警示标识	3. 对电气设备巡视检查前，在班前会进行技术交底，进入受控区域保持安全距离与设备保持安全距离，长时间屏蔽金属丝屏蔽服		
21	坝顶 0.4kV 配电室室内布置	1. 室内场所设备设施布置设计符合国家和行业有关规范要求，满足人员通行和操作需要。 2. 在配电室内安装有空调、空机等暖通设备	1. 制定和完善《某水电站环境卫生管理制度》，定期对室内场所环境进行卫生清扫和整理、避免杂物、材料随意堆放。 2. 按照有关巡视检查制度的要求，定期对室内场所布置、杂物堆积情况进行检查、做好记录，发现问题及时上报处理。 3. 制定检修工作方案或与外包单位签订安全协议时，对检修提出明确要求，工具的摆放和存储避免室内杂物堆积，影响设备正常运行。 4. 在狭窄空间设置当心碰头、当心挤压等安全警示标识	1. 对《某水电站》和场所管理制度》知识开展专题培训，帮助作业人员了解布置的基本要求。 2. 开展巡视、检查、检修作业前、在班前会进行技术交底，就地就近现场材料、工具、杂物摆放、清理提出要求。	配备安全帽、手电筒、防滑鞋等个人防护用具	1. 针对摔伤、碰撞等工伤事故制定相应的应急预案或现场处置方案。 2. 配置必要的应急药品，如碘伏、急救药品、医用酒精、防署药等。 3. 按照相关制度的要求应急演练或定期开展应急演练，并做好记录

序号	风险点（危险源）	控制措施				
		工程技术措施	管理措施	教育培训措施	个人防护措施	应急处置措施
22	厂坝导墙电缆廊道坝顶爬梯入口和爬梯	1. 电缆廊道入口处加盖板或封闭门，廊道上下爬梯按照规范要求安装防护笼。2. 对廊道盖板和爬梯护笼定期开展维护保养，对锈蚀和损坏部件进行更换，保证基础稳固	1. 制定和完善《某水电站新、改、扩建工程安全设施三同时管理制度》和各类巡视检查制度，定期对安全设施开展巡视检查，发现问题做好记录。2. 按照某水电站有关维护保养制度的要求，对存在缺陷的盖板、护笼、爬梯进行更换，不清晰的警示标线重新添刷。3. 临边、临水部位基挂禁止翻越，当心落水等安全警示标识	1. 对单位新进人员开展三级安全教育，加强风险分级管控认识和对安全设施的培训，指导员工了解岗位风险和新进员工了解岗位风险和控制措施。2. 不定期开展专题讲座、技术培训讲课、安全规程培训考试，安全知识竞赛、安全月等活动，就高处坠落、溺水相关案例进行培训。3. 开展巡视、操作检修作业前、在班前会进行技术交底，禁止破坏和翻越安全设施	/	1. 制定有《人身事故应急预案》《高处坠落类伤亡事故现场处置方案》等。2. 针对高处坠落、溺水情形配备必要的应急药品，如碘伏、医用酒精等，以及安全带、安全绳、救生圈等防护用具。3. 按照相关制度或预案的要求，定期开展应急演练，并做好记录。
23	厂坝导墙顶部通道临边部位	在厂坝导墙顶部临边、临水部位设置安全防护栏杆、临水区域放置救生圈等落水救人设备	1. 制定和完善《某水电站新、改、扩建工程安全设施三同时管理制度》和各类巡视检查制度，定期对临水部位安全设施开展巡视检查，发现问题做好记录。	1. 对单位新进人员开展三级安全教育，加强风险分级管控认识和对安全设施的培训，指导员工了解岗位风险和控制措施。	/	1. 制定有《人身事故应急预案》《高处坠落类伤亡事故现场处置方案》等。

续表

序号	风险点（危险源）	控制措施				应急处置措施
		工程技术措施	管理措施	教育培训措施	个人防护措施	
23	厂坝导墙顶部通道临边部位		2. 按照某水电站有关维护保养制度的要求，对存在缺陷的防护栏杆和盖板进行更换，不清晰的警示标线重新涂刷。 3. 临边、临水部位悬挂禁止翻越、当心落水等安全警示标识。	2. 不定期开展专题讲座、技术培训讲课、安全知识竞赛、安全月等活动，就高处坠落、溺水相关案例进行培训。 3. 开展巡视、操作检修作业前、在班前会进行技术交底，禁止破坏和翻越安全设施。	/	2. 针对高处坠落、溺水情形配备必要的应急药品，如碘伏、医用酒精等，以及安全带、安全绳、救生圈等防护用具。 3. 按照相关制度或预案的要求，定期开展应急演练，并做好记录。
24	电梯井步梯	1. 楼梯临边部位设置符合规范要求的安全防护栏杆、栏杆基础牢固无缺陷；踏步间距要符合人机工程学和相关规范要求。	1. 制定和完善《某水电站新、改、扩建工程安全设施三同时管理制度》和各类安全巡视检查制度，定期对楼梯安全栏杆开展巡视检查，发现问题做好记录，并按照有关维护保养制度的要求，对存在缺陷的防护栏杆进行更换。 2. 制定和完善《某水电站环境卫生管理制度》，定期对楼梯积水、苔藓等进行清扫。	1. 对单位新进人员开展三级安全教育，加强风险意识和对安全风险分级管控认识的培训，指导和帮助新进员工了解岗位风险和控制措施。 2. 不定期开展专题讲座、技术培训讲课、安全规程培训考试、安全知识竞赛、安全月等活动，就高处坠落、择伤相关案例进行培训。	/	1. 制定有《人身事故应急预案》《高处伤亡事故现场处置方案》等。 2. 针对高处坠落、择伤情形配备应急药品，医用酒精等药品，必要时立即送医。

续表

序号	风险点（危险源）	控制措施				
		工程技术措施	管理措施	教育培训措施	个人防护措施	应急处置措施
24	电梯井步梯	2. 若长期处在湿滑、积水状态，必要时踏步应增加防滑条、防滑垫等	3. 设置湿滑、高处坠落等安全警示标识	3. 开展巡视作业前、在班前会进行技术交底。禁止破坏和翻越安全设施	/	3. 按照相关制度或预案的要求，定期开展应急演练，并做好记录
25	水面漂浮物和垃圾	1. 发电机组进水口闸门安装拦污栅和清污船只、拦污栅应无变形、无裂纹、无缺损。同时配置防汛船只或其他清污设备用于水面杂物临时性清扫。 2. 必要时可在库区水面设置漂浮物拦截浮桶	1. 制定和完善《水轮发电机组运行操作规程》和《某水电站防汛工作船运行规程》，拦污栅运行规程、操作规程等制度，明确对电站坝面清污的周期、作业程序、工作要求、安全注意事项等内容，按照规程要求定期使用清污船舶打捞水面漂浮物。 2. 按照水工建筑物有关检修规程的要求，定期对拦污栅、清污抓斗、门机等设备进行维护保养、保障设备正常运转。 3. 按照有关巡视检查制度要求，定期对库区漂浮物聚集情况巡视检查，特殊时期加密巡查，发现问题及时上报和记录	不定期开展专题讲座，技术培训讲课、安全规程培训考试、安全知识竞赛、安全月等活动，就水面漂浮物危害和防控措施相关案例进行培训	/	1. 制定和完善《水轮发电机组超速、振动摆动异常事故处置方案》，对漂浮物堵塞进水口影响水轮机运转的情况，明确响应的条件和现场处置措施。 2. 按照预案的要求，定期开展应急演练，并做好记录

续表

序号	风险点（危险源）	控制措施				应急处置措施
		工程技术措施	管理措施	教育培训措施	个人防护措施	
26	大坝下游管理范围内的船舶	在下游管理范围内设置高音喇叭，对进入大坝管理范围的船舶进行劝导和驱赶	1. 编制和完善《某水电站下游行洪管理管理办法》和有关调度规程。对进行洪前的准备，逐级泄洪控制，进入大坝管理范围内的船舶劝导和驱赶方法进行明确。 2. 设置禁止行船、危险等相应警示标识。 3. 与地方人民政府建立沟通协商机制，加强对大坝下游船舶水上作业活动的管理	对水工部作业人员开展不定期培训，掌握闸门启闭操作程序、预警预报发出流程，对船舶驱赶劝导方法等方面知识	/	1. 制定和完善《防汛船沉船处置方案》《防汛船现场处置方案》，当外来船舶发生相关险情，参照应急预案执行应急救援任务。无法处置时，及时申请外部力量支援。 2. 仓库储存一定量的救生衣、救援绳、锚利捞工具。 3. 按照相关制度或预案的要求，定期开展应急演练，并做好记录
27	库区水质	/	1. 制定和完善《某水电站水工安全监测规程》，按照规程要求定期开展监测，或委托有资质的单位监测，收集库区、坝下游水域各基础部位排水孔的水样，进行水质监测和分析，了解库区水质是否存在侵蚀作用。	对水工部作业人员开展不定期培训，掌握水工安全监测水质分析，水质监测，大坝安全管理知识等方面知识	/	1. 制定有《某水电站防汛与抢险水工安全规程》《某水电站水库大坝安全管理应急预案》《跨坝事故应急预案》等。

续表

序号	风险点(危险源)	控制措施				
		工程技术措施	管理措施	教育培训措施	个人防护措施	应急处置措施
27	库区水质	/	2.严格按照规定在运行管理期间每隔6～10年组织一次安全鉴定。3.当坝体存在结构侵蚀情况,加强监测分析,若进一步发展,邀请专家召开专题会议,编制处置方案,按照方案进行处理		/	2.配备水库应急抢险队伍和预备队伍,配备冲锋舟、救生衣、块石、钢丝绳、尼龙袋等应急物资、装备。3.每年至少开展一次似演练
28	库内水生生物	加强巡视检查与监测,若库区水生生物附着情况较为严重,可采取水生生物铲除装置,或在闸门面板外侧涂刷新型防止水生生物吸附涂料	1.制定和完善《某水电站水工日常观测和巡视制度》《某水电站水工巡视检查规程》,并满足国家、地方相关法规标准的要求。按照要求定期开展水工巡视,发现问题及时上报。2.根据《某水电站水工建筑物维护管理制度》《某水电站水工建筑物维护规程》的要求,定期对闸门及门槽生生物进行清除,加强维修养护	不定期开展专题讲座、技术培训讲课、安全规程培训考试,安全知识竞赛,安全月等活动,就水生生物的危害和防控措施相关案例进行培训	/	/

续表

序号	风险点（危险源）	控制措施				应急处置措施
		工程技术措施	管理措施	教育培训措施	个人防护措施	
29	鱼滩滑坡体	1. 与某省某水库管理处沟通联系，委托有关单位按照《某水利枢纽工程竣工验收技术鉴定报告》的要求，对库区内滑滩滑坡体采取监测措施。 2. 依据《水电工程水库塌岸与滑坡治理技术规程》(NB/T 10497—2021)布设安全监测设施，按规范要求进行监测，并制定相应的安全警戒等级和预警标准。出现滑动失稳迹象，召集专家论证紧急加固方案采取工程措施加固处理	1. 与某省某水库管理处建立沟通、协商机制，督促其委托有关单位对库区内滑坡体状况开展监测，发生险情及时预警。 2. 严格按照规定在运行管理期间每隔6～10年组织一次安全鉴定，对库区内滑坡体安全状况进行综合评价，并按照鉴定报告的结论进行治理或防护	不定期开展专题讲座、技术培训讲课、安全规程培训考试、安全知识竞赛、安全月等活动。针对滑坡体全月等活动。针对滑坡体塌滑、泥石流、堰塞河床、堰塞湖等紧急情况相关案例进行教育培训	/	1. 制定有《某水电站防汛与水电站抢险规程》《某大坝安全管理应急预案》《某大坝事故应急预案》等，针对库区内滑坡体滑坡产生堵塞河道、浪涌等情形明确响应案件和处置程序、措施。 2. 配备水库应急抢险常备队伍，配备预备队伍、救生衣、冲锋舟、钢丝绳、尼龙袋等应急物资、装备。 3. 每年至少开展一次类似演练

续表

序号	风险点（危险源）	控制措施				
		工程技术措施	管理措施	教育培训措施	个人防护措施	应急处置措施
30	珠宝街滑坡体	1. 与某省某水库管理处沟通联系，委托有关单位按照《某水利枢纽工程竣工验收技术鉴定报告》的要求，对库区内珠宝街滑坡体采取监测措施。 2. 依据《水电工程水库塌岸与滑坡治理技术规程》（NB/T 10497—2022）布设安全监测设施，按规范要求进行监测，并制定相应的安全警戒等级和预警标准。出现滑动失稳迹象，召集专家论证紧急加固方案，采取工程措施加固处理	1. 与某省某水库管理处建立沟通、协商机制，督促其委托有关单位对库区内滑坡体状况开展监测，发生险情及时预警。 2. 严格按照规定在运行管理期间每隔6～10年组织一次安全鉴定，对库区内滑坡体安全状况进行综合评价，并按照滑坡鉴定报告的结论，进行治理或防控	1. 不定期开展专题讲座、技术培训讲课、安全规程培训考试、安全知识竞赛、安全月等活动。针对滑坡体塌滑、泥石流、堵塞河床、堰塞湖等紧急情况相关案例进行教育培训	/	1. 制定有《某水电站防汛与抢险规程》《某水电站水库应急管理应急预案》《跨坝大坝事故应急预案》等，针对库区滑坡体滑坡产生堵塞河道、浪涌等情形明确应急处理和处置程序、措施。 2. 配备水库应急抢险队伍、预备队伍，救生衣、冲锋舟、救生衣、块石、钢丝绳、尼龙袋等应急物资、装备。 3. 每年至少开展一次类似演练

续表

序号	风险点（危险源）	控制措施				
		工程技术措施	管理措施	教育培训措施	个人防护措施	应急处置措施
31	狮朴溪滑坡体	1. 与某省某水库管理处沟通联系，委托枢组工验收技术水利枢纽工程竣工验收技术鉴定报告》的要求，对库区内狮朴溪滑坡体采取监测措施。 2. 依据《水电工程水塌岸与滑坡治理技术规程》（NB/T 10497—2021）布设安全监测设施，按设规范要求进行监测，并制定相应的安全警戒等级和预警标准。出现滑动失稳迹象，召集专家论证紧急加固方案，采取工程措施加固处理	1. 与某省某水库管理处建立沟通，协商机制，督促其委托有关单位对库区内滑坡体状况开展监测，发生险情及时预警。 2. 严格按照规定在运行管理期间每隔 6～10 年组织一次安全鉴定，对滑坡体区内滑坡体安全状况进行综合评价，并按照鉴定报告的结论，对滑坡体进行治理或预防控	1. 不定期开展专题讲座、技术培训讲课、安全规程培训考试、安全知识竞赛、安全月等活动，针对滑坡体塌滑、泥石流、堵塞河床、堰塞湖等紧急情况相关案例进行教育培训	/	1. 制定有《某水电站防汛与抢险规程》《某水电站水库大坝安全管理应急预案》《某大坝应急事故应急预案》等，针对库区内滑坡体产生滑坡堵塞河道、浪涌等情形明确影响应案件和处置程序、措施。 2. 配备水库应急抢险队伍和预备队伍、救生衣、冲锋舟、救生衣、钢丝绳、尼龙袋等应急物资、块石，装备。 3. 每年至少开展一次类似演练

续表

序号	风险点(危险源)	控制措施				
		工程技术措施	管理措施	教育培训措施	个人防护措施	应急处置措施
32	何家湾滑坡体	1. 与某省某水库管理处沟通联系，委托有关单位按照收发水利枢纽工程竣工验收技术鉴定报告》的要求，对库区内何家湾滑坡体采取监测措施。 2. 依据《水电工程水库塌岸与滑坡治理技术规程》(NB/T 10497—2024)布设安全监测设施，按规范要求对滑坡进行监测，并制定相应的安全警戒等级和预警标准。出现滑动失稳迹象，召集专家论证紧急加固方案，采取工程措施加固处理	1. 与某省某水库管理处建立沟通机制，督促其委托有关单位对库区内滑坡体状况开展监测，发生险情及时预警。 2. 严格按照规定在运行管理期每隔6~10年组织一次安全状况鉴定，对库区内滑坡进行综合评价，并按照鉴定报告的结论，对滑坡体进行治理或防控	不定期开展专题讲座、技术培训讲课、安全规程培训考试、安全知识竞赛、安全月等活动，针对滑坡体塌滑、泥石流、冲锋堰塞湖等紧急情况，堵塞河床、堰塞湖等案例进行相关教育培训	/	1. 制定有《某水电站防汛与抢险规程》《某水电站水库大坝安全管理应急预案》《某大坝安全管理应急预案》等案，针对滑坡体产生滑坡体滑坡，堵塞河道，浪涌等情形明确相应应急处置条件和处置程序、措施。 2. 配备水库应急抢险常备队伍和抢险预备队伍、救生衣、块石、钢丝绳、尼龙袋等应急物资、装备。 3. 每年至少开展一次类似演练

续表

序号	风险点(危险源)	控制措施				
		工程技术措施	管理措施	教育培训措施	个人防护措施	应急处置措施
33	泥坝溪滑坡体	与某省某水库管理处沟通联系，委托有关单位按照《某水利枢纽工程竣工验收技术鉴定报告》的要求，对库区内泥坝溪滑坡体进行监测，同时积极筹措措施资金及早对滑坡体进行滑坡治理	1. 与某省某水库管理处建立沟通、协商机制，督促其委托有关单位对库区内滑坡体状况开展监测，发生险情及时预警。2. 严格按照规定在运行管理期间每隔6~10年组织一次安全鉴定，对库区内滑坡体安全状况进行综合评价，并按照滑坡鉴定报告的结论，对滑坡体进行治理或防控	不定期开展专题讲座、技术培训讲课、安全规程培训考试、安全知识竞赛、安全月等活动，针对滑坡体塌滑、泥石流、堵塞河床、堰塞湖等紧急情况相关案例进行教育培训	/	1. 制定有《某水电站防汛与抢险规程》《某大坝安全管理应急预案》《跨坝事故应急预案》等，针对库内滑坡体滑坡产生堵塞河道、浪涌等情形明确应急条件和处置程序、措施。2. 配备水库应急抢险常备队伍、冲锋舟、救生衣、块石、钢丝绳、尼龙袋等应急物资、装备。3. 每年至少开展一次类似演练

续表

序号	风险点（危险源）	控制措施				
		工程技术措施	管理措施	教育培训措施	个人防护措施	应急处置措施
34	郑家塝滑坡体	与某省某水库管理处沟通联系，委托有关单位按照《某水利枢纽工程竣工验收技术鉴定报告》的要求，对库区内郑家塝滑坡体进行监测，滑坡稳定预报。同时积极筹措资金及早对滑坡体进行滑坡治理	1. 与某省某水库管理处建立沟通、协商机制，督促其委托有关单位对库区内滑坡体状况开展监测，发生险情及时预警。2. 严格按照规定在运行管理期间每隔6~10年组织一次安全状况综合评价，并按照鉴定报告的结论，对滑坡体进行治理或防控	不定期开展专题讲座、技术培训讲课、安全规程培训考试、安全知识竞赛、安全月等活动，针对滑坡体塌滑、泥石流、堵塞河床、堰塞湖等紧急情况相关案例进行教育培训	/	1. 制定有《某水电站防汛与抢险规程》《某大坝水库安全管理应急预案》《跨坝事故应急预案》等，针对库内滑坡体滑坡产生堵塞河道、浪涌等情形明确响应条件和处置程序、措施。2. 配备水库应急抢险常备队伍和预备队伍、冲锋舟、救生衣、块石、钢丝绳、尼龙袋等应急物资、装备。3. 每年至少开展一次类似演练

续表

序号	风险点（危险源）	控制措施				应急处置措施
		工程技术措施	管理措施	教育培训措施	个人防护措施	
35	河嘴滑坡体	与某省某水库管理处沟通联系，委托有关单位按照《某水利枢纽工程竣工验收技术鉴定报告》的要求，对库区内河滑坡体进行监测，进行滑坡稳定预报，同时积极筹措资金及早对滑坡体进行滑坡治理	1. 与某省某水库管理处建立沟通、协商机制，督促其委托有关单位对库区内滑坡体状况开展监测，发生险情及时预警。2. 严格按照规定在运行管理期间应每隔6～10年组织一次安全鉴定，对库区内滑坡体安全状况进行综合评价，并按照鉴定报告的结论，对滑坡体进行治理或防控	不定期开展专题讲座、技术培训讲课、安全规程培训考试，安全知识竞赛，安全月等活动，针对滑坡体塌滑、泥石流、堵塞河床、堰塞湖等紧急情况相关案例进行教育培训	/	1. 制定有《某水电站防汛与抢险规程》《某水电站水库大坝安全管理应急预案》《跨坝事故应急预案》等，针对库区内滑坡体滑坡产生堵塞河道、浪涌等情形明确响应条件和处置程序、措施。2. 配备水库应急抢险队伍和预备队伍、冲锋舟、救生衣、块石、钢丝绳、尼龙袋等应急物资、装备。3. 每年至少开展一次似演练

续表

序号	风险点（危险源）	控制措施				
		工程技术措施	管理措施	教育培训措施	个人防护措施	应急处置措施
36	尖山寺滑坡体	与某省某水库管理处沟通联系，委托有关单位按照《某水利枢纽工程竣工验收技术鉴定报告》的要求，对库区内尖山寺滑坡体进行监测，进行滑坡稳定预报，同时积极筹措资金及早对滑坡体进行滑坡治理	1. 与某省某水库管理处建立沟通、协商机制，督促其委托有关单位对库区内滑坡体状况开展监测，发生险情及时预警。2. 严格按照规定在运行管理期间每隔6~10年组织一次安全鉴定。对库区内滑坡体安全状况进行综合评价，并按照鉴定报告的结论，对滑坡体进行治理或防控	不定期开展专题讲座、技术培训考试、安全知识竞赛、安全月等活动。针对滑坡体塌滑、泥石流、塔塞河床、堰塞湖等紧急情况相关案例进行教育培训	/	1. 制定有《某水电站防汛与抢险规程》《某大坝安全管理应急预案》《跨坝体滑坡事故应急预案》等。针对库内滑坡体产生滑坡、浪涌、堵塞河道等情形明确应急条件和处置程序、措施。2. 配备水库应急抢险常备队伍和预备队伍，冲锋舟、救生衣、块石、钢丝绳、尼龙袋等应急物资、装备。3. 每年至少开展一次类似演练
37	水阳坪—邓家嘴滑坡体	1. 按照《某水电站水工建筑物维修养护规程》的要求，对排水孔、排水沟定期进行清理，保持畅通。				1. 制定有《防地质灾害应急预案》《防地质灾害现场处置方案》滑坡

续表

序号	风险点（危险源）	控制措施				
		工程技术措施	管理措施	教育培训措施	个人防护措施	应急处置措施
37	水阴坪—邓家嘴滑坡体	2. 巡检发现滑坡体裂缝或渗坡体监测数据检查及滑坡表现异常时，加强巡视检查及滑坡体内外监测项目监测频次。 3. 确有滑动失稳迹象，召集专家论证紧急加固方案，并及时进行加固	1. 制定《水工日常观测和巡视制度》《水工巡视检查规程》《水工监测资料整编分析规程》，按照规定资料对边坡进行巡检、监测；定期对监测资料进行整编分析，发现问题邀请专家分析研判。 2. 制定《水工建筑物维护管理制度》《水工建筑物维护规程》，按照规定对边坡排水设施、支护措施进行维护，出现险情时按照抢险加固方案进行加固。 3. 需要外委单位作业的，应与外委单位签订安全协议，督促其开展安全技术交底，并根据需要派人监督。 4. 某水电站在运行管理期间应每隔6～10年组织一次安全鉴定	1. 对水工部新进人员开展三级安全教育，加强风险意识和对安全风险分级管控认识的培训，指导和帮助新进员工了解库岸边坡的基本结构，工程观测知识，并进行坍塌抢险知识培训。 2. 就《水库大坝安全管理条例》《混凝土坝养护修理规程》(SL 230—2015)、《混凝土坝安全监测技术规范》(SL 601—2013)《水利水电工程安全监测设计规范》及某水电站巡视检查、安全监测和维护管理制度规程等知识开展管理培训。 3. 每次班前后及巡视检查前、明确巡查重点，开展安全技术交底，并签字确认	/	1. 编制滑坡体塌方现场处置方案《高处坠落类事故现场处置方案》《某水电站大坝安全管理应急处理预案》等。 2. 配置有专业的应急救援队伍。发生险情后，封堵裂缝，补充排水，通知人员、船舶撤离，控制库水位骤降，并以适当速率降低库水位运行。减小出库流量，达到不至于壅水的程度，并立即组织疏浚河道。 3. 对相关应急预案和急救知识进行培训

续表

序号	风险点(危险源)	控制措施				
		工程技术措施	管理措施	教育培训措施	个人防护措施	应急处置措施
38	金家沟崩坡积体	2. 巡检发现滑坡体裂缝或滑坡体监视监测数据表现异常时，加强巡视频次及滑坡体内外监测项目监测频次。 3. 确有滑动失稳迹象，召集专家论证紧急加固方案，并及时进行加固	1. 制定《水工日常观测和巡视制度》《水工巡视检查规程》《水工监测资料整编分析规程》《水工监测资料整编分析规程》。按照规定对边坡进行巡检、监测；定期对监测资料进行整编分析，发现问题邀请专家分析研判。 2. 制定《水工建筑物维护管理制度》《水工建筑物维护规程》，按照规定对边坡排水设施、支护措施进行维护，出现滑坡情时按照抢险加固方案进行加固。 3. 需要外委单位作业的，应与外委单位签订安全协议，督促其开展安全技术交底，并根据需要派人监督。 4. 某水电站在运行管理期间应每隔6~10年组织一次安全鉴定	1. 对水工部新进人员开展三级安全教育，加强风险意识和对安全风险分级管控认识的培训，指导和帮助新进员工了解库岸边坡的基本结构，工程观测知识，并进行对塌抢险知识培训。 2. 就《水库大坝安全管理条例》、《混凝土坝养护管理规程》(SL 230—2015)、《水工建筑物维护技术规范》(SL 601—2013)《水利水电工程安全监测设计规范》及某水电站巡视检查、安全监测和维护管理制度规程等知识开展宣传培训。 3. 每次班前班后及巡视检查前，明确检查重点。并展安全技术交底，并签字确认	/	1. 制定有《防地质灾害应急预案》《防地质灾害处置方案》《滑坡方现场处置方案》《高处坠落类伤亡事故现场处置方案》《某水电站大坝及边坡安全管理应急处理预案》等。 2. 配置有专业的应急救援队伍，发生险情后，封堵裂缝，补充排水；通知人员、船舶撤离，控制水位降低，并以适当速率降低库水位运行。减小出库流量，达到不至于壅水的过程度，并立即组织疏浚河道。

续表

序号	风险点（危险源）	控制措施			个人防护措施	应急处置措施
		工程技术措施	管理措施	教育培训措施		
39	尾水渠右岸146.0m高程以上崩塌体	1. 按照《某水电站水工建筑物维修养护规程》的要求，对排水孔、排水沟定期进行清理，保持畅通。 2. 巡检发现滑坡体裂缝或滑坡体监测数据表现异常时，加强巡视检查及滑坡体内外监测项目监测频次。 3. 按照《某水电站大坝安全评价报告》的要求，对崩积体加强监测，择机进行工程处理。确有滑动失稳迹象，召集专家论证紧急加固方案，并及时进行加固	1. 制定《水工日常观测和巡视制度》《水工巡视检查规程》《水工监测资料整编分析规程》，按照规定对边坡进行巡检、监测；定期对监测资料进行整编分析，发现问题邀请专家分析研判。 2. 制定《水工建筑物维护管理制度》《水工建筑物维护规程》，按照规定对边坡排水设施、支护措施进行维护，出现险情时按照抢险加固方案进行加固。 3. 需要外委单位作业的，应与外委单位签订安全协议，督促其开展安全技术交底，并根据需要派人监督。 4. 某水电站在运行管理期间应每隔6~10年组织一次安全鉴定	1. 对水工部新进人员开展三级安全教育，加强风险意识和对安全风险分级管控认识的培训，指导和帮助新进员工了解库岸边坡的基本结构，工程观测知识，并进行明塌及应急抢险知识培训。 2. 就《水库大坝安全管理条例》《混凝土坝安全监测技术规范》(SL 601—2013)、《水利水电工程安全监测设计规范》及某水电站巡视检查、安全监测和维护管理制度规程等知识开展宣传培训。	/	1. 制定有《防地质灾害应急预案》《滑坡塌方现场处置方案》《防地质灾害现场处置方案》《高处坠落类伤亡事故现场处置方案》《某水电站大坝及边坡安全管理应急处理预案》等。 2. 配置有专业的应急救援队伍，发生险情后，补充排堵裂缝，封水；通知人员、船舶撤离，控制库水位骤降，并以适当速率降低水位运行，出库流量、达到不至于壅水的程度，并立即组织疏浚河道。

续表

序号	风险点（危险源）	控制措施				
		工程技术措施	管理措施	教育培训措施	个人防护措施	应急处置措施
38	金家沟崩坡积体			3. 每次班前班后及巡视检查前，明确查查重点。开展安全技术交底，并签字确认	/	3. 对相关应急预案和急救知识进行培训
40	码头上下通行楼梯	1. 楼梯临边部位设置符合规范要求的安全防护栏杆，栏杆基础牢固无缺陷；踏步间距要符合有关工程技术和相关规范要求。 2. 若长期处在湿滑、积水状态，必要时踏步应增加防滑条、防滑垫等，同时增设排水沟排除积水	1. 制定和完善《某水电站同时管理制度三》和各类巡视检查制度，定期对楼梯安全栏杆开展巡视检查，发现问题做好记录，并按照有关维护保养制度的要求，对存在缺陷的防护栏杆进行更换。 2. 制定和完善《某水电站环境卫生管理制度》，定期对楼梯积水，苔藓等进行清扫。 3. 设置湿滑、高处坠落等安全警示标识	1. 对单位新进人员开展三级安全教育，不定期开展就高处坠落、摔伤，落水相关案例进行培训。 2. 开展巡视作业前、在班前会进行技术交底，禁止破坏和翻越安全设施	/	1. 制定《人身事故应急预案》《高处坠落》处置类落水事故现场处置方案》并定期开展方案演练。 2. 针对高处坠落、摔伤情形配备应急碘伏、医用酒精等药品，必要时立即送医，码头周边配备救生圈

续表

序号	风险点（危险源）	控制措施				应急处置措施
		工程技术措施	管理措施	教育培训措施	个人防护措施	
41	廊道内老鼠、蛇、蝙蝠等危险动物	针对外来生物进入工作区域给工作人员带来危险情形制定必要工程技术措施,如廊道口设置门禁、铁栅栏,配备捕鼠蛇捕蛇工具,投放雄黄驱蛇药,廊道入口安装声波驱除蝙蝠装置等	1. 制定和完善某水电站各类巡视检查制度、规程。对廊道内遭遇蛇、蝙蝠等危险动物的情况,明确相应的预防和处置措施,如巡视路线配置木棍、雄黄药丸等;碰到毒蛇建议采取"之"字形路线撤退,行进中用木棍敲打振动,遭遇蝙蝠用灯光照射驱赶等。 2. 设置必要的风险告知、警示标识,提醒作业人员注意安全	1. 对单位新进人员开展三级安全教育,加强对安全风险分级管控知识和对安全风险意识的培训,认识新进员工了解危险动物导致的风险和控制措施。 2. 不定期开展专题讲座、技术培训讲课、安全规程培训考试、安全知识竞赛、安全月等活动,对危险动物的预防、现场处置和应急救治措施开展培训。 3. 开展巡视作业前、在班前会就有关防范措施进行交底	配备安全帽、工作服、木棍、雄黄驱虫药剂、强光手电筒等防护用具	1. 针对蛇、虫等危险生物伤害制定相应的应急预案或现场处置方案,被咬伤后应立即安排车辆送往救治机构,可采取临时措施,并及时除毒液、蛇毒血清、绑扎。 2. 配备必要的应急药品,如碘伏、医用酒精、蛇毒血清、绑扎带等。 3. 按照相关制度或预案的要求,定期开展演练并做好记录

续表

序号	风险点（危险源）	控制措施				
		工程技术措施	管理措施	教育培训措施	个人防护措施	应急处置措施
42	廊道内有害气体（CO_2）	1. 按照国家规范和设计要求，在廊道内设置抽排风机和通风管道，实现廊道内外空气循环，必要时放置氧气瓶等急救设施。2. 必要时可在廊道内补充设置有害气体监测装置，可采用固定式检测仪与手持式检测设备配合的方法。在有害气体容易聚集区域设置固定式检测仪，通过定时巡查廊道、实现利用手持式检测设备定时巡查廊道，实现对有害气体的长效监控	1. 制定和完善某水电站通风系统运行操作规程、通风系统检修规程，明确廊道内通风装置的开启、运行时间、频次和标准，并按照规程的要求、定期对通风设备进行维护保养和检修，确保设备运行正常。2. 制定和完善《水工日常检查规程》制度，为巡视检查人员配备便携式有害气体检测仪，巡视时对廊道内的气体浓度进行监测并做好记录，巡视过程保证2人同行。3. 在廊道醒目位置悬挂"当心窒息，注意通风"警示标识	1. 对单位新进人员开展三级安全教育，加强对安全风险分级管控认识的培训，指导和帮助新进员工了解廊道内有害气体聚积导致的风险和控制措施。2. 不定期开展专题讲座、技术培训讲课、安全规程培训考试、安全知识竞赛、安全月等活动，针对抽排风机的使用、手持式气体检测仪的使用和中毒窒息情况的现场处置、应急救治措施开展培训。3. 开展巡视作业前，在班前会就有关防范措施进行交底	配备手电筒、手持式气体检测仪	1. 制定和完善应急预案《人身事故和中毒窒息事故现场处置方案》，对廊道内有害气体导致的中毒、窒息等情形应明确相应的响应条件和现场处置措施。2. 配置必要的应急药品、氧气瓶等物资，救援人员应掌握心肺复苏等基本应急技能。3. 按照相关制度或预案的要求、定期开展应急演练，并做好记录

续表

序号	风险点(危险源)	控制措施				应急处置措施
		工程技术措施	管理措施	教育培训措施	个人防护措施	
43	廊道内放射性气体(氢)	1. 做好廊道内混凝土衬砌的维护保养工作,对廊道内空隙和裂缝及时修补,堵塞氢从周围岩石和土壤中渗入廊道的通道。2. 按照国家规范和设计要求,在廊道内设置抽风机和通风管道,实现廊道内外空气循环,降低空气中氢浓度	1. 制定和完善某水电站通风系统运行操作规程,通风系统检修规程,明确廊道内通风装置的开启,运行时间,频次和标准,并按照规程的要求,定期对通风设备进行维护保养和检修,确保设备运行正常。2. 制定和完善《水工日常观测和巡视制度》《水工巡视检查规程》,控制在廊道内巡视检查的时间,明确巡视路线。3. 制定和完善某水电站职业健康管理制度》,按照规范和制度要求定期对廊道内氢浓度进行监测,并根据监测报告,形成职业健康检测报告。现场作业人员,定期参加职业健康体检。4. 在廊道醒目位置悬挂"注意放射性气体"警示标识	1. 对单位新进人员开展三级安全教育,加强对安全风险分级管控认识和风险意识的培训,新进员工了解廊道内氢气体聚积导致的风险和控制措施。2. 不定期开展专题讲座,技术培训讲课,安全规程培训考试,安全知识竞赛,安全月等活动,氢气体放射性机的使用,应急救治措施开展培训	/	/
44	廊道内照度	1. 在廊道内设置一定光的照明灯具,照度标准满足国家规范和设计要求	1. 制定和完善《水工日常观测和巡视制度》《水工巡视检查规程》,明确巡视路线,为巡视人员配备强光手电筒。	1. 不定期开展专题讲座,技术培训讲课,安全知识竞赛,安全月等活动,对照明系统的检修规程,职业卫生等要求进行对照度知识进行培训教育。	配备强光手电筒	1. 制定有《人身事故应急预案》《高处坠落类伤亡事故现场处置方案》等。

续表

序号	风险点（危险源）	控制措施				
		工程技术措施	管理措施	教育培训措施	个人防护措施	应急处置措施
44	廊道内照度		2. 制定和完善某水电站照明系统维修养护制度，按照照明要求对照明不足的地方补充灯具，损坏的灯具及时更换。 3. 制定和完善《某水电站职业健康管理制度》，按照规范和制度要求定期对廊道内照度进行检测，形成职业健康检测报告，并根据建议补充防护措施	2. 开展巡视作业前，在班前会就有关廊道内巡视注意路照明进行交底		2. 针对高处坠落、摔伤情形配备应急碘伏，医用酒精药品等，必要时立即送医。 3. 按照相关预案的要求组成应急演练，并做好记录
45	廊道内微小气候	按照国家规范和设计要求，在廊道内设置抽排风机，通风管道和空调，实现廊道内外空气循环，保证廊道内温度、湿度和风速等微小气候满足要求	1. 制定和完善某水电站通风和采暖系统运行操作规程。通风采暖系统检修规程，明确廊道内通风采暖装置的开启运行时间，频次和标准，并按照规程的要求，定期对通风采暖设备进行维护保养和检修，确保运行正常。 2. 制定和完善《水工日常观测和巡视制度》《水工巡检检查规程》，控制在廊道内巡视检查的时间，明确廊道巡视路线。 3. 制定和完善《某水电站职业健康管理制度》，按照规范和制度要求定期对廊道内微小气候进行检测，形成职业健康检测报告，并根据建议补充防护措施	1. 不定期开展专题讲座、技术培训讲课、安全规程培训考试，安全知识竞赛、安全月等活动，对微小气候控制等方面知识进行培训教育。 2. 开展巡视作业前，在班前会就有关廊道内巡视注意事项进行交底	/	/

续表

序号	风险点（危险源）	控制措施				
		工程技术措施	管理措施	教育培训措施	个人防护措施	应急处置措施
46	廊道内步梯	1. 楼梯设置扶手，同时临边部位设置符合规范要求的安全防护栏杆；栏杆基础牢固无缺陷；踏步间距要符合合人机工学和相关规范要求。 2. 若长期处在湿滑、积水状态，必要时踏步应增加防滑条、防滑垫等	1. 制定和完善《某水电站新、改、扩建工程安全设施三同时管理制度》和各类巡视检查制度，定期对楼梯安全栏杆开展巡视检查，发现问题做好记录，对按照有关维护保养制度的要求，对存在缺陷的防护栏杆进行更换。 2. 制定和完善《某水电站环境卫生管理制度》，定期对楼梯积水、苔藓等进行清扫。 3. 设置湿滑、高处坠落等安全警示标识	1. 对单位新进人员开展三级安全教育，加强风险意识和对安全风险分级管控认识的培训，指导和帮助新进员工了解岗位风险控制措施。 2. 不定期开展专题讲座、技术培训讲课、安全规程培训考试、安全知识竞赛、安全月等活动，就高处坠落、摔伤等案例进行培训。 3. 开展巡视作业前、在班前会进行技术交底，禁止破坏和翻越安全设施	/	1. 制定有《人身伤亡事故应急预案》《高处坠落事故类伤亡应急处置方案》等。 2. 针对高处坠落、摔伤等情形配备应急碘伏、医用酒精等药品，必要时立即送医。 3. 按照相关制度或预案的要求，定期开展应急演练，并做好记录。
47	廊道内场所布置	廊道内设备设施布置设计符合有关国家和行业规范要求，满足人员通行和操作需要	1. 制定和完善《某水电站环境卫生管理制度》，定期对廊道内环境卫生进行清扫和整理，避免杂物、工具、器械、材料随意堆放。 2. 按照有关巡视检查制度的要求，定期对廊道内布置、杂物堆积情况进行检查，做好记录，发现问题及时上报处理。	1. 对《某水电站环境卫生管理制度》和场所布置等知识开展专题培训，帮助作业人员了解布置的基本要求。	配备安全帽、手电筒、防滑鞋等个人防护用具	1. 针对摔伤、碰撞等事故制定相应的应急预案或现场处置方案。

续表

序号	风险点（危险源）	控制措施				
		工程技术措施	管理措施	教育培训措施	个人防护措施	应急处置措施
47	廊道内场所布置		3. 制定检修工作方案或与外包单位签订安全协议时，对检修提出明确技术要求，工具的摆放和存物堆积，避免室内杂物堆积，影响设备正常运行。4. 在狭窄空间设置当心碰头、当心挤压等安全警示标识	2. 开展巡视、检查、检修作业前、在班前会进行技术交底，就现场材料、工具、杂物摆放、清理提出要求		2. 配置必要的应急药品，如碘伏、医用酒精、防暑药等。3. 按照相关制度或预案的要求应急演练，并做好记录
48	廊道内临边、孔洞等部位（含集水井、吊物孔）	在廊道临边设置安全防护栏杆。廊道内吊物井孔洞布置安全警示线、盖板和防护栏杆	1. 制定和完善《某水电站三同时管理制度》和各类巡视检查制度，定期对临边、临水部位安全设施开展巡视检查，发现问题做好记录。2. 按照某水电站有关维护保养制度的要求，对存在缺陷的防护栏杆和盖板进行更换，不清晰的警示线重新涂刷。3. 临边部位悬挂禁止翻越、吊物孔悬挂当心坠落打击等安全警示标识	1. 对单位新进人员开展三级安全教育，加强风险分级管控知识和对各岗位的培训，指导和帮助新进员工了解岗位风险和控制措施。2. 不定期开展专题讲座、技术培训讲课、安全规程培训考试、安全知识竞赛、安全月等活动，就落实坠落、溺水相关案例进行培训。3. 开展巡视、操作检修作业前、在班前会进行技术交底。禁止破坏和翻越安全设施	/	1. 制定有《人身事故应急预案》《高处坠落类伤亡事故现场处置方案》等。2. 针对高处坠落、溺水情形配备必要的应急药品，如碘伏、医用酒精等，以及安全带、安全绳、救生圈等防护用具。3. 按照相关制度或预案的要求，定期开展应急演练，并做好记录

续表

序号	风险点（危险源）	控制措施				应急处置措施
		工程技术措施	管理措施	教育培训措施	个人防护措施	
49	边坡、野猪、蛇等危险动物	针对外来生物进入工作区域给工作人员带来危险情形制定必要工程技术措施，如设置门禁、铁栅栏、高音喇叭、捕鼠工具、投放雄黄驱蛇药，配备专门捕蛇工具等	1. 制定和完善某水电站各类巡视检查制度、规程。对坝顶遭遇野猪、蛇等危险动物的情况，明确相应的预防和处置措施，如巡视路线上配置木棍、雄黄药丸等，碰到毒蛇建议采取"之"字形路线撤退，行进中用木棍敲打振动。2. 设置必要的风险告知、警示标识，提醒作业人员注意安全	1. 对单位新进人员开展三级安全教育，加强风险意识和对安全风险分级管控认识的培训，指导和帮助新进员工了解危险动物导致的风险和控制措施。2. 不定期开展专题讲座、技术培训讲课、安全规程培训考试、安全知识竞赛、安全月等活动，对危险动物的预防、现场处置开展培训。3. 开展巡视作业前、在班前会就有关防范措施进行交底	配备安全帽、工作服、木棍、雄黄、驱虫药剂等防护用具	1. 针对野猪、蛇、虫等危险生物伤害等制定相应的应急预案或现场处置方案，被咬伤后应立即安排车辆送往救治机构，可采取临时措施排除毒液，并及时绑扎。2. 配备必要的急药品，如碘伏、医用酒精、蛇毒血清、带、蛇毒绑扎带等。3. 按照相关制度或预案的要求，定期开展演练并做好记录

续表

序号	风险点（危险源）	控制措施				应急处置措施
		工程技术措施	管理措施	教育培训措施	个人防护措施	
50	边坡雷电、暴雨雪、大风、冰雹、极端温度、大雾等恶劣天气	1. 在一些特殊和难以人工巡检的工程部位安装视频监控，代替恶劣情况下的人工巡视检查。 2. 巡视路线要远离避雷装置，防止受到感应雷侵害。 3. 边坡排水沟、排水孔等排水设施，充足的排水。加强日常巡视检查，及时疏通、避免堵塞及积水。 4. 边坡永久性栏杆、安全警示标识、信息展板等永久性设施基础牢固，限位和固定措施稳固。收到大风预警信号后，边坡堆积的材料、物资等临时设施进行加固或移入室内。 5. 收到大雪预警信号后，提前在边坡通行部位采取抛洒融雪盐、防滑垫等防范措施	1. 及时制定和完善《某水电站水工日常观测和巡视制度》《某水电站水工巡视检查规程》《某水电站运行操作规程》等各类巡查检查规定，对雷电、暴雨雪、大风、冰雹、极端温度、大雾等特殊天气情况下的巡视检查行为做出规定，明确巡视频次、路线全面巡查、极端天气来临前加强巡查力度，检查提早发现隐患。 2. 制定栏杆、排水沟等各类设备设施，构建定期的维护检修制度，按照设备设施要求定期开展维护保养，确保设施正常、基础稳固。 3. 按照某水电站有关作业规程，极端天气禁止进行高处作业、高温天气合理安排任外工作时间、雷电、大雾天气要远离避雷装置，大雾天气外出巡查要应戴好口罩。 4. 及时获取和收集天气信息，加强水雨情分析，通过手机短信息或信息平台及时发布预警信息，提前做好防范措施	1. 对电站新进人员开展三级安全教育，加强对安全风险分级管控认识和对安全风险分级管控认识的培训，指导和帮助新进员工了解极端恶劣天气存在的风险和控制措施。 2. 不定期开展专题讲座、技术培训讲课、安全知识竞赛、安全月等活动，针对雷电、冰雹、极端温度、大雾等恶劣天气暴雨雪、大风、电站安全运行进行相关案例分析培训教育，确保对水库能够正常进行防洪抗汛应急调度，电站生产作业能按要求进行	恶劣天气条件下，安全巡检、监测、抢险配备必要的劳保用品，如手套、手电筒、雨靴、雨衣、防寒服、防滑鞋、中暑药、安全帽等	1. 制定和完善《人身伤害应急预案》《防冻融冰应急预案》《防气象灾害天气应急预案》《气象灾害现场处置方案》《防冻融冰现场处置方案》《高温中暑现场处置方案》等专项预案和现场处置方案。 2. 在仓库或坝顶配备有挡水板、沙袋、块石、尼龙袋等物资，以及铁锹、抽水泵等掏挖、排水工具。 3. 按照相关制度要求，定期开展应急演练，并做好记录

续表

序号	风险点（危险源）	控制措施				应急处置措施
		工程技术措施	管理措施	教育培训措施	个人防护措施	
51	边坡马道、临边临水部位	在边坡马道临边、临水部位设置安全防护栏杆，临水区域放置救生圈等落水救人设备	1. 制定和完善《某水电站新、改、扩建工程安全设施三同时管理制度》和各类巡视检查制度，定期对临边、临水部位安全设施开展巡视检查，发现问题做好记录。2. 按照某水电站有关维护保养制度的要求，对存在缺陷的防护栏杆和盖板进行更换，不清晰的警示标线重新涂刷。3. 临边、临水部位悬挂禁止翻越，当心落水等安全警示标识	1. 对单位新进人员开展三级安全教育，加强风险分级管控认识和对安全风险管控意识的培训，指导岗位风险和新进员工了解岗位风险和控制措施。2. 不定期开展专题讲座、技术培训讲课、安全规程培训考试、安全知识竞赛、安全月等活动，就高处坠落、溺水等相关案例进行培训。3. 开展巡视、操作检修作业前、在班前会进行技术交底，禁止破坏和翻越安全设施	/	1. 制定有《人身事故高坠落类伤亡事故现场处置方案》《高处坠落类伤亡事故现场处置方案》等。2. 针对高处坠落、溺水情形配备必要的应急药品，如碘伏、医用酒精等，以及安全带、安全绳、救生圈等防护用具。3. 按照相关制度或预案的要求，定期开展应急演练，并做好记录

续表

序号	风险点（危险源）	控制措施			
		工程技术措施	管理措施	教育培训措施	个人防护措施	应急处置措施
52	上坝公路、雷电、暴雨、大风、冰雹、极端温度、大雾等恶劣天气	1. 道路远离避雷装置布置，防止受到感应雷侵害。 2. 道路布置完善，充足的排水沟、排水孔等排水设施，加强日常巡视检查，发生堵塞及时疏通，避免积水。 3. 道路设置的交通指示牌、安全警示标识，信息展板等久性设施基础牢固和固定措施稳固。 4. 收到大雪预警信号后，提前在道路通行部位采取抛洒融雪盐等防范措施。 5. 极端恶劣天气无法保障安全的条件下，设置路障，禁止通行	1. 制定防护墩、构筑物等各类设备设施、构建筑物的维护检修规程，按照制度要求定期开展维护保养，确保设备设施正常、基础稳固。 2. 按照某水电站禁止进行高处作业、高温天极端天气禁止进行作业，雷电天气合理安排在外出巡查等合理避雷装置，大雾天气外出巡查要戴好口罩，驾驶机动车应打开防雾灯应减速慢行。 3. 及时获取和收集天气信息，加强水雨情分析，通过手机短信或信息平台及时发布预警信息，提前做好防范措施	1. 对水工部新进人员开展三级安全教育，加强风险意识和对安全风险分级管控认识的培训，指导和帮助新进员工了解极端恶劣天气存在的风险和控制措施。 2. 不定期开展专题讲座、技术培训课、安全规程、安全知识竞赛，培训考试，针对性开展安全月等活动，针对雷电、暴雨等大风、冰雹、极端温度、大雾等恶劣天气条件下水库运行、电站安全运行教育，确保水库应能够正常进行防洪抗汛应急分析教育，确保水库应急汛能够按期进行电站生产作业能按期进行	针对恶劣天气条件下安全巡检、监测、抢险配备必要的劳保用品，如手套、手电筒、雨靴、雨衣、防寒服、防滑鞋、中暑药、安全帽等	1. 制定和完善《人身伤亡专项应急预案》《防冻融冰应急预案》《气象灾害应急预案》《气象灾害处置方案和现场处置方案》《防冻融冰现场处置方案》《高温中暑现场处置方案》等专项预案和现场处置方案。 2. 在仓库或坝顶配有挡水板、沙袋、块石、尼龙袋等物资，以及铁锹、抽水泵等掏挖、排水工具。 3. 按照相关的要求，定期开展应急演练，并做好记录

续表

序号	风险点（危险源）	控制措施				
		工程技术措施	管理措施	教育培训措施	个人防护措施	应急处置措施
53	右岸上坝公路临边、临水部位	在道路临边、临水部位设置安全防护墩，并喷刷警示标线。临水区域放置救生圈等落水救人设施	1. 制定和完善《某水电站新、改、扩建工程安全设施三同时管理制度》和各类巡视检查制度，定期对临边、临水部位安全设施开展巡视检查，发现问题做好记录。2. 按照某水电站有关维护保养制度的要求，对存在缺陷的防护临边设置更换，不清晰的警示标线重新添刷。3. 临边、临水等安全警示标识、路面设置限心落水警示标识，禁止翻越，当重、限速、限宽、限高的交通警示标识	1. 对单位新进人员开展三级安全教育，加强对安全风险分级管控认识的培训，指导和帮助新进员工了解岗位风险和控制措施。2. 不定期开展专题讲座、技术培训讲课、安全规程培训考试、安全知识竞赛、安全月等活动，对驾驶员就安全驾驶安全和车辆落水相关案例进行培训	/	1. 制定和完善应急预案《人身事故应急预案》《车辆坠落类伤亡事故现场处置方案》《高处坠落类伤亡事故现场处置方案》等。2. 针对车辆落水情形配备必要的应急药品，如碘伏、医用酒精等，以及安全带、安全绳、救生圈等防护用具。3. 按照相关制度或预案的要求，定期开展应急演练，并做好记录

续表

序号	风险点（危险源）	控制措施				
		工程技术措施	管理措施	教育培训措施	个人防护措施	应急处置措施
54	沿江进场公路、临边、临水部位	在道路临边、临水部位设置安全防护墩，并添刷警示标线。临水区域放置救生圈等落水救人设备	1. 制定和完善《某水电站新、改、扩建工程安全设施"三同时"管理制度》和各类安全设施巡视检查制度，定期对临边、临水部位安全设施开展巡视检查，发现问题做好记录。 2. 按照某水电站有关维护保养制度的要求，对存在缺陷的防护墩进行更换、不清晰的警示标线重新添刷。 3. 临边、临水部位悬挂警示标识。路面设置限重、限高等安全警示标识。落水等警示标识，限宽、限速、限高的交通警示标识	1. 对单位新进人员开展三级安全教育，加强风险分级管控意识和对安全风险分级管控认识的培训，指导和帮助新进员工了解岗位风险和控制措施。 2. 不定期开展专题讲座、技术培训讲课、安全规程培训考试、安全知识竞赛、安全月等活动，对驾驶员就行驾驶安全和车辆落水相关案例进行培训	/	1. 制定和完善应急预案《人身事故应急预案》《车辆落害事故类伤亡应急处置方案》等。 2. 针对车辆落水情形配备必要的应急药品，如碘伏、医用酒精等，以及安全带、安全绳、救生圈等防护用具。 3. 按照相关制度或预案的要求，定期开展应急演练，并做好记录

续表

序号	风险点（危险源）	控制措施					应急处置措施
		工程技术措施	管理措施	教育培训措施	个人防护措施		
55	厂房内老鼠、蛇等危险动物	针对外来生物进入工作区域给工作人员带来危险情形制定必要工程技术措施，如出入口设置挡门禁、铁栅栏，中控室等设备存在的配电室、有电气设备的配电室、中控室等设置挡鼠板、配备捕蛇、捕鼠工具，投放雄黄驱蛇等	1. 制定和完善某水电站各类巡视检查制度、规程，对廊道内遭遇蛇、蝙蝠等危险动物时，明确相应的预防和处置措施，如巡视路线上配置木棍、雄黄药丸等，碰到毒蛇建议采取之字形路线撤退，行进中用木棍敲打振动；遭遇蝙蝠时用灯光照射驱赶等。 2. 设置必要的风险告知、警示标识，提醒作业人员注意安全	1. 对单位新进人员开展三级安全教育，加强风险意识和对安全风险分级管控认识的培训，指导和帮助新进员工了解危险动物导致的风险和控制措施。 2. 不定期开展专题讲座、技术培训讲课、安全规程培训考试、安全知识竞赛、安全月等活动，对危险动物的预防、现场处置开展培训。 3. 开展巡视作业前、在班前会就有关防范措施进行交底	配备安全帽、工作服、木棍、雄黄驱虫药剂、强光手电筒等防护用具		1. 针对蛇、虫等危险生物伤害制定相应的应急预案或现场处置方案，被咬伤后应立即安排车辆送往救治机构，可采取临时措施排除毒液，并及时绑扎。 2. 配备必要的应急药品，如碘伏、医用酒精、绑扎带、蛇毒血清等。 3. 按照相关制度或预案的要求，定期开展演练并做好记录

续表

序号	风险点(危险源)	控制措施				应急处置措施
		工程技术措施	管理措施	教育培训措施	个人防护措施	
56	出线平台及厂房屋顶恶劣天气	1. 在厂房房屋建筑顶部,关键电气设备内部安装避雷带、避雷针等避雷装置。各类设备应接地良好,同时做好要远离感应雷侵害,布置,防止受到感应雷害。 2. 厂房布置完善,充足的排水沟、排水孔等排水设施,加强日常巡视检查,发生堵塞及时疏通,避免积水。 3. 厂房现场门机,永久性栏杆、交通指示牌,安全警示标识,信息展板等永久性设施基础牢固,进行加固或减时设施进行加固或减。收到大风预警信号后,提前对灯箱、标识牌,展板等设施进行加固或移入室内。 4. 在厂房通行道路周边一定量的永久性或固定临时的防雾灯具。 5. 收到大雪预警信号,提前在入厂通行道路等采取抛洒融雪盐、防滑素等防护措施,对厂房顶积雪及时清理、避免压塌。 6. 在厂房关键作业部位,安装通风机等通风设备,有空调,通风机等暖通设备	1. 及时制定和完善《某水电站水工日常观测和巡视制度》《某水电站水工巡视检查类巡查规程》《某水电站运行操作规程》等各类巡查检查规程。对雷电、暴雨雪、大风、冰雹、极端温度、大雾等特殊天气情况下的巡视检查行为做出规定,明确巡查频次、路线和注意事项,极端天气来临前加强全面巡查,检查力度,提早发现隐患。 2. 制定门机,路灯、栏杆、避雷设施、水轮机、排水沟,电气设备等各类厂房设施、电气设备的维修维护检修规程,按照制度要求定期开展维护保养,确保设备运行正常、基础稳固。 3. 按照某水电站有关作业规程要求,极端天气禁止进行高处作业、高温天气合理安排在厂工作时间,雷电天气禁止进行在厂房外出巡查要远离避雷装置,大雾天气外出巡查应打开打开雾灯,应戴好口罩,驾驶机动车应减速慢行。 4. 及时获取和收集天气信息,加强水雨情分析,通过手机短信信息平台及时发布预警信息,提前做好防范措施	1. 对水工部新进人员开展三级安全教育,加强风险分级管控意识和对安全风险辨识的培训,指导和帮助新进员工了解极端恶劣天气存在的风险和控制措施。 2. 不定期开展专题讲座、技术培训讲课,安全规程培训考试,安全知识竞赛、安全月等活动,针对雷电、暴雨雪、大风、冰雹、极端温度、大雾等恶劣天气条件下水库、电站安全运行培训相关案例分析培训教育,确保对水库能够正常进行防洪抗汛应急调度,电站生产作业能按期进行	针对恶劣天气条件下安全巡检、监测、抢险配备必要的劳保用品,如手电、手套、雨靴、雨衣、防寒服,防滑鞋、中暑药、安全帽等	1. 制定和完善《人身伤亡专项应急预案》《防冻融冰应急预案》《防气象灾害天气应急预案》《气象灾害现场处置方案》《防冻融冰现场处置方案》《高温中暑现场处置方案》等专项预案和现场处置方案。 2. 在仓库或坝顶配备有挡水板、沙袋、块石、尼龙袋等物资、以及铁锹、抽水泵等掏挖、排水工具。 3. 按照相关制度或预案的要求,定期开展应急演练,并做好记录

续表

序号	风险点（危险源）	控制措施				
		工程技术措施	管理措施	教育培训措施	个人防护措施	应急处置措施
57	安装场临边部位	在安装场临边部位设置安全防护栏杆	1. 制定和完善《某水电站新、改、扩建工程安全设施三同时管理制度》和各类巡视检查制度，定期对临边部位安全设施开展巡视检查，发现问题做好记录。 2. 按照某水电站有关维护保养制度的要求，对存在缺陷的防护栏杆和盖板进行更换，不清晰的警示标线重新涂刷。 3. 临边部位悬挂禁止翻越、当心坠落等安全警示标识	1. 对单位新进人员开展三级安全教育，加强对安全风险分级管控认识和对临边风险认识的培训，指导和帮助新进员工了解岗位风险和控制措施。 2. 不定期开展专题讲座、技术培训讲课、安全规程培训考试、安全知识竞赛、安全月等活动，就高处坠落相关案例进行培训。 3. 开展巡视、操作检修作业前、在班前会进行技术交底。禁止破坏和翻越安全设施	/	1. 制定《人身伤亡事故应急预案》《高处坠落类伤亡事故现场处置方案》等。 2. 针对高处坠落、溺水事故，配备必要的应急药品，如碘伏、医用酒精等，以及安全带、安全绳、救生圈等防护用具。 3. 按照相关制度或预案要求，定期开展应急演练，并做好记录
58	厂房 1# ～ 5# 楼梯	1. 楼梯临边部位设置符合规范要求的安全防护栏杆，栏杆基础牢固无缺陷；踏步间距要符合人机工程学和相关规范要求。	1. 制定和完善《某水电站新、改、扩建工程安全设施三同时管理制度》和各类巡视检查制度，定期对楼梯安全栏杆、防腐碰软垫、声控照明灯具开展巡视检查，发现问题做好记录。并按照有关维护保养制度的要求，对存在缺陷的设备设施进行更换。	1. 对单位新进人员开展三级安全教育，加强对安全风险分级管控认识和对楼梯风险认识的培训，指导和帮助新进员工了解岗位风险和控制措施。	/	1. 制定《人身伤亡事故应急预案》《高处坠落类伤亡事故现场处置方案》等。

续表

序号	风险点（危险源）	控制措施				
		工程技术措施	管理措施	教育培训措施	个人防护措施	应急处置措施
58	厂房1#~5#楼梯	2. 若长期处在湿滑、积水状态，必要时踏步应增加防滑条、防滑垫等。3. 对楼梯部分通行高度、宽度不足的部位，在易磕碰处增加防护垫和警示标线。4. 对部分自然照明不足的地方，补充照明灯具。	2. 制定和完善《某水电站环境卫生管理制度》，定期对楼梯积水、杂物、苔藓等进行清扫。3. 设置湿滑、高处坠落等安全警示标识，易磕碰处设置警示标线。	2. 不定期开展专题讲座、技术培训讲课、安全规程培训考试、安全知识竞赛、安全月等活动，就高处坠落、摔伤等相关案例进行培训。3. 开展巡视作业前、在班前会进行技术交底，禁止破坏和翻越安全设施。	/	2. 针对高处坠落、摔伤情形配备应急情形配备应急碘伏、医用酒精等药品，必要时立即送医。3. 按照相关制度或预案开展应急演练，并做好记录。
59	厂房内吊物孔和集水井等孔洞	在吊物孔临边部位设置安全防护栏杆或防护墙，吊物孔、集水井孔洞布置安全警示线、盖盖板。	1. 制定和完善《某水电站新、改、扩建工程安全设施三同时管理制度》和各类巡视检查制度，定期对临边、孔洞部位安全设施开展巡视检查，发现问题做好记录。2. 按照某水电站有关维护保养制度的要求，对存在缺陷的防护栏杆和盖板进行更换，不清晰的警示标线重新涂刷。	1. 对单位新进人员开展三级安全教育，加强风险意识和对安全风险分级管控认识的培训，指导和帮助新进员工了解岗位风险和控制措施。2. 不定期开展专题讲座、技术培训讲课、安全规程培训考试、安全知识竞赛、安全月等活动，就高处坠落、溺水等相关案例进行培训。	/	1. 制定《人身伤亡事故应急预案》《高处坠落类伤亡事故现场处置方案》等。2. 针对高处坠落、溺水情形配备必要的应急药品，如碘伏、医用酒精、安全绳、救生圈等防护用具。

续表

序号	风险点（危险源）	控制措施				
		工程技术措施	管理措施	教育培训措施	个人防护措施	应急处置措施
59	厂房内吊物孔和集水井等孔洞		3. 临边、孔洞部位悬挂禁止翻越、当心落水、严禁抛物等安全警示标识	3. 开展巡视、操作检修作业前、在班前会进行技术交底,禁止破坏和翻越安全设施	/	3. 按照相关制度或预案的要求,定期开展应急演练,并做好记录
60	厂房外消防通道	厂房消防通道的设计满足国家有关规范的要求,车道的净跨度和净高度不小于4.0m,坡度不大于8%,转弯半径满足消防车转弯要求,环形车道应有两处与其他车道连通	1. 制定和完善《某水电站消防安全管理制度》和《某水电站环境卫生管理制度》;禁止在生产、生活通道堆放杂物,乱搭乱建,阻塞和妨碍消防人员或消防车辆通行。2. 按照某水电站有关维护保养制度的要求,对存在缺陷的消防通道及时采取工程措施进行保养,对存在缺陷的消防通道的警示标线进行涂刷。保障通道顺畅。	不定期开展专题讲座、技术培训讲课、安全规程培训考试,安全知识竞赛、安全月等活动,就火灾防控知识进行培训,帮助从业人员了解堵塞消防通道的危害	/	1. 制定和完善应急预案《火灾伤亡事故处置方案》《火灾现场》等。火灾发生后立即疏散厂房及周边人员,对事故现场实施隔离警戒措施,现场人员及时上报,拨打求救电话。2. 现场配备一定数量的灭火器、沙袋、防烟面罩,应急药品等物资。

续表

序号	风险点（危险源）	控制措施				
		工程技术措施	管理措施	教育培训措施	个人防护措施	应急处置措施
60	厂房外消防通道		3. 在消防通道周边设置警示标志、警示标线，严禁占用		/	3. 按照相关制度或预案的要求，定期开展应急演练，并做好记录
61	厂房内疏散逃生通道	1. 厂房疏散逃生通道的设计满足国家有关规范的要求。厂房设置两处安全出口。发电机房及以下各层，室内最远工作地点到该层最近的安全疏散出口的距离不应超过 60 m。除安装厂大门外，还应设置通过上游副厂房至厂房外的安全疏散口。全厂房共有 5 个垂直交通楼梯。油库对外设置两个安全出口。2. 厂房内疏散通道、楼梯间、出口设置应急照明及疏散指示标志	1. 制定和完善《某水电站消防安全管理制度》和《某水电站环境卫生管理制度》。禁止在消防疏散通道堆放杂物、乱搭乱建阻塞和妨碍人员疏散。2. 按照某水电站有关维护保养制度的要求，对存在缺陷的防火门、应急照明灯具、疏散通道等工程措施维护保养、不清晰的警示标线进行涂刷。保持通道顺畅。3. 在消防通道周边设置疏散指示标志	不定期开展专题讲座、技术培训讲课、安全规程培训考试、安全知识竞赛、安全月等活动，就火灾防控知识进行培训，帮助从业人员了解堵塞疏散逃生通道的危害	/	1. 制定和完善应急预案《火灾事故伤亡事故现场处置方案》等。火灾发生后，立即疏散厂房及周边人员，对事故现场实施隔离警戒措施。现场人员及时上报、拨打求救电话。2. 现场配备一定数量的灭火器、沙袋、防烟面罩、应急药品等物资。3. 按照相关制度或预案的要求，定期开展应急演练，并做好记录

续表

序号	风险点（危险源）	控制措施			个人防护措施	应急处置措施
		工程技术措施	管理措施	教育培训措施		
62	厂房室内布置	1. 室内场所设备设施布置应符合国家和行业有关规范设计要求，满足人员通行和操作需要。2. 在配电室、中控室内安装有空调、通风机等暖通设备。	1. 制定和完善《某水电站环境卫生管理制度》，定期对室内场所环境卫生进行清扫和整理堆放。避免杂物、工具、器械、材料随意堆放。2. 按照有关规章制度的要求，定期对室内场所布置、杂物堆积情况及时上报处理。3. 制定检修工作方案或与外包单位签订安全协议时，对检修设备、材料、工具的摆放和存储提出明确要求，避免室内杂物堆积，影响设备正常运行。4. 在狭窄空间内设置当心碰头、当心挤压等安全警示标识。	1. 对《某水电站环境卫生管理制度》和场所布置等知识开展专题培训，帮助作业人员了解布置的基本要求。2. 开展巡视、检查、检修作业前、在班前会进行技术交底，就现场材料、工具、杂物摆放、清理提出要求。	配备安全帽、手电筒、防滑鞋等个人防护用具	1. 针对摔伤、碰撞等工伤事故制定相应的应急预案或现场处置方案。2. 配置必要的应急药品，如碘伏、医用酒精、防暑药等。3. 按照相关制度或预案的要求，定期开展应急演练，并做好记录。
63	厂房内有害气体（CO_2）	1. 按照国家规范和设计要求，在厂房内设置抽排风机和通风管道，实现厂房内外空气循环，必要时放置氧气瓶等救援设施。	1. 制定和完善某水电站通风系统运行操作规程、通风系统检修规程，明确厂房内通风装置的开启、运行时间、频次和标准，并按照规程的要求、定期通风设备进行保养和检修，确保通风设备运行正常。	1. 对单位新进人员开展三级安全教育，加强风险意识和对安全风险分级管控认识的培训，指导和帮助新进员工了解厂房内有害气体等导致的风险和控制措施。	配备手电筒、手持式气体检测仪	1. 制定和完善《人身事故应急预案》和《中毒窒息事故现场处置方案》，对厂房内有害气体导致的中毒、窒息情形明确相应的响应措施和现场处置措施。

续表

序号	风险点 （危险源）	控制措施				
		工程技术措施	管理措施	教育培训措施	个人防护措施	应急处置措施
63	厂房内有害 气体（CO_2）	2. 必要时可在厂房内补充设 置有害气体监测装置，可采用 固定式检测仪与手持式检测 设备配合的方法。在有害气体 容易聚集区域设置固定式检 测仪，巡查时利用手持式检测 设备检测，实现对有害气体的 长效监控。	2. 制定和完善《水工日常检查规 程》《水工巡视检查规程》，为巡视检 查人员配备便携式有害气体检测仪， 巡视时对厂房内的气体浓度进行监测 并做好记录，巡视过程保证 2 人同行。 3. 在厂房醒目位置悬挂"注意有害气 体"警示标识	2. 不定期开展专题讲座、 技术培训讲课、安全规程 培训考试、安全知识竞赛、 安全月等活动。针对轴流 风机的使用、手持式气体 检测仪的使用和中毒窒息 情况的现场处置，应急救 治措施开展培训。 3. 开展巡视作业前，在班 前会就有关防范措施进行 交底。	/	2. 配置必要的应 急药品、氧气瓶 等物资，救援人 员应掌握心肺复 苏等基本应急 技能。 3. 按照相关制度 或预案的要求， 定期开展应急演 练，并做好记录。
64	厂房内放射 性气体（氡）	1. 厂房内工作场所采用砖石、 混凝土作隔离墙，做好维护保 养工作。对厂房地下部分空隙 和裂缝及时进行修补、堵塞氢 从周围岩石和土壤中渗入厂 房的通道。	1. 制定和完善某水电站通风系统运 行操作规程。通风系统检修规程，明 确厂房内通风装置的开启、运行时间、 频次和标准，并按照规程的要求，定 期对通风设备进行维护保养和检修， 确保通风设备运行正常。 2. 制定和完善《水工日常观测和巡视 检查规程》《水工巡视检查规程》，控制在厂 房内巡视检查的时间，明确巡视路线。	1. 对单位新进人员开展三 级安全教育，加强风险意 识和对安全风险分级管控 认识的培训，认识到新进 新进员工了解氢气聚积 导致的风险和控制措施。	/	/

续表

序号	风险点（危险源）	控制措施				应急处置措施
		工程技术措施	管理措施	教育培训措施	个人防护措施	
64	厂房内放射性气体（氡）	2. 按照国家规范和设计要求，在发电机层、风动层等部位设置抽排风机和通风管道，实现厂房内外空气循环，降低空气中氡浓度	3. 制定和完善《某水电站职业健康管理制度》，按照规范和制度要求定期对廊道内氡浓度进行监测，并根据报告，形成职业病防护措施。现场作业人员定期参加职业健康体检。4. 在廊道醒目位置悬挂"注意放射性气体"警示标识	2. 不定期开展专题讲座、技术培训讲课、安全知识竞赛、培训考试、安全月等活动，就对轴流风机的使用、应急救治措施开展培训	/	/
65	厂房内各部位照度	在厂房内设置足够的照明灯具，采用自然采光与人工照明相互补充的方式进行采光。照度标准满足国家规范和设计要求	1. 制定和完善《水工日常观测和巡视制度》《水工巡视检查规程》，明确巡视路线，为巡视人员配备强光手电筒。2. 制定和完善某水电站照明系统维修养护制度，按照制度要求对照明不足的地方补充灯具。损坏的灯具及时更换。3. 制定和完善《某水电站职业健康管理制度》，按照规范和制度要求定期对廊道内照度进行检测，形成职业健康检测报告，并根据建议补充防护措施	1. 不定期开展专题讲座、技术培训讲课、安全规程培训考试、安全知识竞赛、安全月等活动，对照明规程、职业卫生中对照度的要求等知识进行培训教育。2. 开展巡视作业前、在班前会就有关廊道内巡视注意照明路况进行交底	配备强光手电筒	1. 制定有《人身事故应急预案》《高坠落类伤亡事故现场处置方案》等。2. 针对高处坠落、摔伤情形配备应急碘伏、医用酒精等药品，必要时立即送医。3. 按照相关的要求，或预案开展应急演练，并做好记录

续表

序号	风险点（危险源）	控制措施				
		工程技术措施	管理措施	教育培训措施	个人防护措施	应急处置措施
66	厂房内微小气候	按照国家规范和设计要求，在厂房内设置通风空调，实现工作场所内温度、湿度和风速等微小气候满足作业要求	1. 制定和完善某水电站通风和采暖系统运行操作规程。通风采暖系统检修规程，运行中对通风采暖装置的开启，运行时间，频次和标准，并按照规程的要求，定期对通风采暖设备进行维护保养和检修，确保设备运行正常。 2. 制定和完善《水工日常观测和巡视制度》《水工巡视检查规程》，控制在厂房内巡视检查的时间，明确巡视路线。 3. 制定和完善《某水电站职业健康管理制度》，按照规范和制度要求对厂房内微小气候进行检测，形成职业健康检测报告，并根据建议补充防护措施	1. 不定期开展专题讲座，技术培训讲课，安全规程培训考试，安全知识竞赛，安全月等活动，对微小气候控制等方面的知识进行培训教育。 2. 开展巡视作业前，在班前会就有关廊道内巡视注意事项进行交底	/	/
67	水轮发电机，空压机，风机，水泵等机械噪声	1. 厂房内水轮机，空压机，风机，水泵等应验收合格，在日常的维护保养和检修中对可能发出噪声的部位和部件进行清理，润滑和紧固，保持设备基础稳固和结构连接紧密。 2. 将水轮机，发电机，水泵等基座加装减震垫，对流速高的	1. 制定和完善《计算机监控系统运行操作规程》，规程中对现场作业时间，频次等作出相应的规定，试行"无人值班，少人值守"作业方式，避免长时间待在作业现场。	1. 对单位新进人员开展三级安全教育，加强风险分级管控识别和对安全风险管控认识的培训，对岗位可能接触到的噪声和等职业危害因素和防护措施进行告知。	/	配置必要的应急药品，如起缓解胸闷，心跳过速作用的速效救心丸，风油精，清凉油等

续表

序号	风险点（危险源）	控制措施			个人防护措施	应急处置措施
		工程技术措施	管理措施	教育培训措施		
67	水轮发电机、空压机、风机、水泵等机械噪声	水、气管道加以密封，对水轮机安装隔声防护罩；同时将空压机、水泵、风机等噪声较强的设备布置在专用的房间内，并采用具有隔声作用的防火门。门口可装设防噪声用耳塞取下水轮机的盖板，引出线洞隔板均设有减振、隔声措施。 3. 必要时可采取加装隔音棉、隔音板、阻尼、减震垫等物理隔离措施	2. 制定维护检修规程，定期对设备进行维护保养，确保噪声设备运行正常。 3. 制定和完善《某水电站职业健康管理制度》，按照规范和制度进行监测，形成职业健康检测报告，并根据建议定期对现场工作人员定期参加职业健康体检。 4. 在噪声突出的部位悬挂警示标识	2. 不定期开展专题讲座、技术培训讲课、安全规程培训考试、安全知识竞赛、安全月等活动，就设备操作规程、职业健康管理制度、噪声危害和防护措施等知识开展培训。 3. 进行巡视检查前、在班前会进行技术交底，控制作业时间		
68	中心控制室、GIS室、配电室、变压器等电磁噪声	1. 配电室内电气设备应验收合格。在日常的维护保养和检修中对可能发出噪声部位和部件清理、润滑和检查，设备基础稳固和紧固结构连接紧密。 2. 将配电设备布置在专用房间内，并采用具有隔声作用的防火门。有关设备安装在金属电气柜中	1. 制定和完善《高压电气设备运行操作规程》和巡视检查规程，对设备作业、巡视检查时间、频次等作出相应的规定，避免长时间待在作业现场。 2. 制定和完善《某水电站职业健康管理制度》，按照规范和制度进行监测，形成职业健康检测报告，并根据建议定期对现场工作人员定期参加职业健康体检。 3. 必要时在室内突出的部位悬挂职业危害示标识	1. 对单位新进人员开展三级安全教育，加强风险分级管控识和对安全风险分级管控认识的培训，对岗位可能接触到的危害因素和防护措施进行告知。 2. 不定期开展专题讲座、技术培训讲课、安全规程培训考试、安全知识竞赛、安全月等活动，就职业健康管理制度、电磁噪声危害和防护措施等知识开展培训	/	配置必要的应急药品，如起缓解胸闷、心跳过速作用的速效救心丸、风油精、清凉油等

续表

序号	风险点(危险源)	控制措施				应急处置措施
		工程技术措施	管理措施	教育培训措施	个人防护措施	
69	GIS室、主变压器、出线平台、配电室等工频电场电场	配电设备设置在专门的配电室内,变配电设备安装在金属电气柜中,对工频电磁辐射进行屏蔽	1. 制定和完善《高压电气设备运行操作规程》和巡视检查规程,对现场作业、巡视检查时间、频次等作出相应的规定。避免长时间待在作业现场,保持安全距离,长时间作业需穿着金属丝屏蔽服;现场作业必须经过工作许可。2. 按照有关检修的要求,对电气设备定期检修,保障金属电气柜外壳状态良好。3. 制定和完善《某水电站职业健康管理制度》,按照规范和制度要求定期对现场工频电场进行监测,形成职业健康检测报告,并根据建议补充无防护措施。现场作业人员定期参加职业健康体检。4. 在附近悬挂禁止停留、当心磁场、穿防护服等安全警示标识	1. 对单位新进人员开展三级安全教育,加强对安全风险分级管控认识的培训,对岗位可能接触到的工频电场等职业危害因素和防护措施进行告知。2. 不定期开展专题讲座、技术培训讲课、安全规程培训考试、安全知识竞赛、安全月等活动,就高压电气设备操作规程、职业健康管理制度、工频电场危害和防护措施等知识开展培训。3. 对电气设备巡视检查前,在班前会进行技术交底,进入受控区域作业时尽量与设备保持安全距离,长时间作业应穿戴金属丝屏蔽服	佩戴绝缘手套、安全帽、绝缘靴、防护服等	/

续表

序号	风险点（危险源）	控制措施				应急处置措施
		工程技术措施	管理措施	教育培训措施	个人防护措施	
70	蓄电池室铅及其无机化合物	蓄电池选用密封免维护铅酸蓄电池，将蓄电池组放置在专门封闭的房间内，蓄电池室配置抽排风系统或新风系统	1. 制定和完善某水电站通风和采暖系统运行操作规程，明确通风采暖系统检修规程。通风采暖室内置的开启、运行时间、频次和标准，并按照规范的要求，定期对通风采暖设备进行维护保养和检修，确保设备运行正常。 2. 制定和完善《直流成套装置运行操作规程》，控制在蓄电池室内巡视检查的时间、频次。巡视检查过程注意佩戴防尘口罩，滞留时间不宜过长，工作期间禁止饮食、吸烟。 3. 制定和完善《某水电站职业健康管理制度》，按照规范和制度要求进行定期对蓄电池室危害因素进行检测，形成职业危害检测报告，并根据建议补充防护措施。 4. 现场设置当心中毒、戴防尘口罩、注意通风等安全警示标识	岗前和在岗期间，作业人员定期接受职业卫生培训，培训内容可包括职业病防治知识、职业卫生法规、单位职业卫生基础知识、铅及其无机化合物、硫酸雾的理化特性防护措施等知识	佩戴防尘口罩	/

续表

序号	风险点（危险源）	控制措施				应急处置措施
		工程技术措施	管理措施	教育培训措施	个人防护措施	
71	蓄电池室硫酸雾	蓄电池选用密封免维护铅酸蓄电池，将蓄电池组放置在专门封闭的房间内。蓄电池室配置抽排风系统或新风系统，蓄电池室建筑材料选用耐酸腐蚀的材料。通风系统选用耐酸的塑料风管，风机也具备耐酸腐蚀性能	1. 制定和完善某水电站通风和采暖系统运行操作规程，明确蓄电池室内通风采暖装置的开启，运行时间，频次和标准，并按照规程的要求，定期对通风采暖设备进行维护保养和检修，确保设备运行正常。 2. 制定和完善《直流成套装置运行操作规程》，控制在蓄电池室内巡视检查的时间，频次，巡视检查过程注意佩戴防尘口罩，滞留时间不宜过长，工作期间禁止饮食，吸烟。 3. 制定和完善《某水电站职业健康管理制度》，按照规范和制度要求定期对蓄电池室危害因素进行检测，形成职业危害检测报告，并根据建议补充防护措施。 4. 现场设置当心中毒，戴防尘口罩，注意通风等安全警示标识	岗前和在岗期间，作业人员定期接受职业卫生培训，培训内容可包括职业卫生基础知识，职业卫生法规，单位职业卫生管理制度，铅及其无机化合物，硫酸雾的理化特性防护措施等知识	佩戴防尘口罩	/

续表

序号	风险点（危险源）	控制措施			个人防护措施	应急处置措施
		工程技术措施	管理措施	教育培训措施		
72	GIS室六氟化硫	1. 六氟化硫气体密封在GIS开关装置中，同时GIS开关室设置六氟化硫气体报警仪，对浓度进行实时监测。 2. GIS开关室中空气专门设置空气流通专门的抽排风系统，保证空气流通过风道及时排出有毒物质分解的有害物质通过风道及时排出	1. 制定和完善某水电站通风和采暖系统运行操作规程。通风采暖系统内通风采暖检修规程。明确GIS开关室内通风采暖装置的开启、运行时间，频次和标准。并按照规程的要求，定期对通风采暖设备进行维护保养和检修，确保采暖设备运行正常。 2. 制定和完善《高压输配电系统运行操作规程》。控制和在GIS开关站巡检查的时间，频次。巡视检查过程出现紧急情况立即撤离现场至新鲜空气处。 3. 制定和完善《某水电站职业健康管理制度》。按照职业健康制度要求定期对开关站职业危害因素进行检测。形成职业健康检测报告，并根据建议补充防护措施。 4. 现场设置"当心有害气体"安全警示标识	岗前和在岗期间，作业人员定期接受职业卫生培训，培训内容可包括职业病防治法规、职业卫生基础知识、单位职业卫生管理制度、六氟化硫气体及其分解物理化特性防护措施等知识	佩戴防毒面具	1. 制定和完善《人身事故应急预案》《六氟化硫泄漏类伤亡事故现场处置方案》等。发生险情后，迅速脱离现场至空气新鲜处。保持呼吸道通畅，如呼吸困难，及时输送氧气。如呼吸停止，立即进行人工呼吸并就医。 2. 在GIS开关室外配备正压式呼吸器、防毒面具、防护服、防护手套等应急物资。 3. 按照相关制度或预案的要求，定期开展应急演练，并做好记录

续表

序号	风险点（危险源）	控制措施				
		工程技术措施	管理措施	教育培训措施	个人防护措施	应急处置措施
73	尾水平台临边部位	在尾水平台临边、临水部位设置安全防护栏杆、临水区域或放置救生圈等涉水救人设备	1. 制定和完善《某水电站新、改、扩建工程安全设施三同时管理制度》和各类巡视检查制度，定期对临边、临水部位安全设施开展巡视检查，发现问题做好记录。 2. 按照某水电站有关维护保养制度的要求，对存在缺陷的防护栏杆和盖板进行更换、不清晰的警示标线重新涂刷。 3. 临边、临水部位悬挂禁止翻越、当心落水等安全警示标识	1. 对单位新进人员开展三级安全教育，加强风险分级管控认识和安全设施的培训，指导和帮助新进员工了解岗位风险和控制措施。 2. 不定期开展专题讲座、技术培训讲课、安全规程培训考试、安全知识竞赛、安全月等活动，就高处坠落、溺水相关案例进行培训。 3. 开展巡视、操作检修作业前、在班前会进行技术交底。禁止破坏和翻越安全设施	/	1. 制定《人身事故应急预案》《高处坠落类伤亡事故现场处置方案》等。 2. 针对高处坠落、溺水情形配备必要的应急药品，如帮扶、医用酒精等，以及安全带、安全绳、救生圈等防护用具。 3. 按照相关制度或预案的要求，定期开展应急演练，并做好记录。
74	尾水平台检修门库等孔洞	尾水平台检修门库等孔洞布置安全警示线、盖板	1. 制定和完善《某水电站新、改、扩建工程安全设施三同时管理制度》和各类巡视检查制度，定期对孔洞部位安全设施开展巡视检查，发现问题做好记录。	1. 对单位新进人员开展三级安全教育，加强风险分级管控认识和安全设施的培训，指导和帮助新进员工了解岗位风险和控制措施。	/	1. 制定《人身事故应急预案》《高处坠落类伤亡事故现场处置方案》等。

续表

序号	风险点（危险源）	控制措施			个人防护措施	应急处置措施
		工程技术措施	管理措施	教育培训措施		
74	尾水平台检修门库等孔洞		2. 按照某水电站有关维护保养制度的要求，对存在缺陷的防护栏杆和盖板进行更换，不清晰的警示标线重新涂刷。 3. 临边、孔洞部位悬挂禁止翻越，严禁抛物，严禁堆物等安全警示标识	2. 不定期开展专题讲座、技术培训课，安全知识竞赛，培训考试，以及"安全月"等活动，就高处坠落、溺水相关案例进行培训。 3. 开展巡视、操作检修作业前、在班前会进行技术交底，禁止破坏和翻越安全设施	／	2. 针对高处坠落、溺水情形配备必要的应急药品，如绷伏、医用酒精等，以及安全绳、救生圈等防护用具。 3. 按照相关制度或预案的要求，定期开展应急演练，并做好记录。
75	水工楼内老鼠、蛇等危险动物	针对外来生物进入工作区域给工作人员带来危险情形制定必要工程技术措施，如出入口设置门禁，铁栅栏等设置存在的配电气设备设置挡鼠板，控制室，配备捕蛇、捕鼠工具，投放雄黄驱蛇等	1. 制定和完善某水电站各类巡视检查制度、规程。对通道内遭遇蛇、蝙蝠等危险动物时，明确相应的预防和处置措施。如巡视线路配置木棍、雄黄药丸等。碰到蛇建议采取之字形路线撤退。行进中用木棍敲打振动，遭遇蝙蝠用蝙蝠灯光照射驱赶等。	1. 对单位新进入人员开展三级安全教育，加强风险意识和对安全风险分级管控认识的培训，新进员工了解危险动物导致的风险和控制措施。	配备安全帽、工作服、木棍、雄黄驱虫药剂、强光手电筒等防护用具	1. 针对蛇、虫等危险生物伤害制定相应的应急预案或现场处置方案、被咬伤后应立即安排车辆送往救治机构，可采取临时措施排除毒液，并及时绑扎。

续表

序号	风险点（危险源）	控制措施				
		工程技术措施	管理措施	教育培训措施	个人防护措施	应急处置措施
75	水工楼内老鼠、蛇等危险动物		2. 设置必要的风险告知、警示标识，提醒作业人员注意安全	2. 不定期开展专题讲座、技术培训课、安全规程培训考试、安全月活动，对危险动物的预防、现场处置和应急救治措施开展培训。 3. 开展巡视作业前、在班前会就有关防范措施进行交底		2. 配备必要的应急药品，如碘伏、医用酒精、蛇药、绷扎带、蛇毒血清等。 3. 按照相关制度或预案的要求，定期开展应急演练并做好记录
76	水工楼梯	1. 楼梯临边部位设置符合规范要求的安全防护栏杆。栏杆基础牢固，无缺陷，踏步间距要符合人机工程学和相关规范要求。 2. 若长期处在湿滑、积水状态，必要时踏步应增加防滑条、防滑垫等。 3. 对楼梯部分通行高度、宽度不足的部位，在易磕碰处增加防护垫和警示标线。 4. 对部分自然照明不足的地方，增加声控照明灯具	1. 制定和完善《某水电站新、改、扩建工程安全设施三同时管理制度》和各类巡视检查制度，定期对楼梯安全栏杆、防磕碰软垫、声控照明灯具开展巡视检查，发现问题做好记录，并按照有关维护保养制度的要求，对存在缺陷的设备设施进行更换。 2. 制定和完善《某水电站环境卫生管理制度》，定期对楼梯积水、杂物、苔藓等进行清扫。 3. 设置湿滑、高处坠落等安全警示标识、易磕碰处设置警示标线	1. 对单位新进人员开展三级安全教育，加强风险意识和对安全风险分级管控认识的培训，指导和帮助新进员工了解岗位风险和控制措施。 2. 不定期开展专题讲座、技术培训课、安全规程培训考试、安全知识竞赛、安全月活动、就高处坠落、摔伤等相关案例进行培训。 3. 开展巡视作业前、在班前会进行技术交底、禁止破坏和翻越安全设施	/	1. 制定《人身事故应急预案》《高处坠落、摔伤类落实亡事故处置方案》等。 2. 针对高处坠落、摔伤情形配备应急碘伏、医用酒精等药品，必要时立即送医。 3. 按照相关制度或预案的要求，定期开展应急演练，并做好记录

续表

序号	风险点（危险源）	控制措施				应急处置措施
		工程技术措施	管理措施	教育培训措施	个人防护措施	
77	水工楼仓库室内布置	仓库内物资摆放和布置符合有关国家和行业规范要求，满足人员通行和搬运需要。	1. 制定和完善《某水电站环境卫生管理制度》《某水电站物资管理制度》，按照制度要求验收入库，定期盘点，清扫和整理，保证物资分库、分区、分类、分货架摆放整齐。库内清洁卫生，各种标识清晰醒目。 2. 按照有关巡视检查制度的要求，定期对物资堆放积存情况进行检查，做好记录，发现问题及时上报处理。 3. 在狭窄空间设置当心碰头、当心挤压等安全警示标识	1. 对《某水电站环境卫生管理制度》《某水电站物资管理制度》和仓库物资摆放布置等知识开展专题培训，帮助作业人员了解布置的基本要求。 2. 开展巡视、检查、检修作业前、在班前会进行技术交底，就现场材料、工具、杂物摆放、清理提出要求	配备安全帽、手电筒、防滑鞋等个人防护用具	1. 针对摔伤、碰撞等工伤事故制定相应的应急处置预案或现场处置方案。 2. 配置必要的应急药品，如碘伏、医用酒精、防署药等。 3. 按照相关制度或预案的要求，定期开展应急演练，并做好记录。
78	水工楼配电房室内布置	1. 室内场所设备设施布置设计符合国家和行业有关规范要求，满足人员通行和操作需要。	1. 制定和完善《某水电站环境卫生管理制度》，定期对室内场所环境卫生进行清扫和整理，避免杂物、材料随意堆放。 2. 按照有关巡视检查制度的要求，定期对室内场所布置、杂物堆放积存情况进行检查，做好记录，发现问题及时上报处理。	1. 对《某水电站环境卫生管理制度》和场所布置等知识开展专题培训，帮助作业人员了解布置的基本要求。	配备安全帽、手电筒、防滑鞋等个人防护用具	1. 针对摔伤、碰撞等工伤事故制定相应的应急处置预案或现场处置方案。 2. 配置必要的应急药品，如碘伏、医用酒精、防署药等。

续表

序号	风险点（危险源）	控制措施				
		工程技术措施	管理措施	教育培训措施	个人防护措施	应急处置措施
78	水工楼配电房室内布置	2. 在配电室安装有空调、通风机等暖通设备	3. 制定检修工作方案或与外包单位签订安全协议时，对检修设备、材料、工具的摆放和存储提出明确要求，避免室内杂物堆积，影响设备正常运行。 4. 在狭窄空间设置当心碰头、当心挤压等安全警示标识	2. 开展巡视、检查、检修作业前、在班前会进行技术交底，就现场材料、工具、杂物摆放、清理提出要求		3. 按照相关制度或预案的要求，定期开展应急演练，并做好记录
79	水工楼办公区室内布置	1. 室内场所设备设施布置设计符合国家和行业有关规范要求，满足人员通行和操作需要。 2. 在办公区安装有空调、通风机等暖通设备	1. 制定和完善《某水电站内场所环境卫生管理制度》，定期对室内场所环境卫生进行清扫和整理堆放，避免室内杂物随意堆放。 2. 按照有关巡视检查制度的要求，定期对室内场所布置、杂物堆积情况进行检查，做好记录，发现问题及时上报处理。 3. 制定检修工作方案或与外包单位签订安全协议时，对检修设备、材料、工具的摆放和存储提出明确要求，避免室内杂物堆积，影响设备正常运行。 4. 在狭窄空间设置当心碰头、当心挤压等安全警示标识	1. 对某《水电站环境卫生管理制度》和场所布置知识开展专题培训，帮助作业人员了解布置的基本要求。 2. 开展巡视、检查、检修作业前、在班前会进行技术交底，就现场材料、工具、杂物摆放、清理提出要求	配备安全帽、手电筒、防滑鞋等个人防护用具	1. 针对摔伤、碰撞等工伤事故制定相应的现场处置方案或预案。 2. 配置必要的急救品，如碘伏、医用酒精、防暑药等。 3. 按照相关制度或预案的要求，定期开展应急演练，并做好记录

续表

序号	风险点（危险源）	控制措施					应急处置措施
		工程技术措施	管理措施	教育培训措施	个人防护措施		
80	水工楼配电房工频电场	配电设备设置在专门的配电室内，变配电设备安装在金属电气柜中，对工频电磁辐射进行屏蔽	1. 制定和完善《高压电气设备运行操作规程》和巡视检查规定，对现场作业，巡视检查时间、频次等作出相应的规定。避免长时间待在作业现场，保持安全距离。长时间作业需穿金属丝屏蔽服；现场作业必须经过工作许可。 2. 按照有关检修的要求，对电气设备定期检修，保障金属电气柜外壳状态良好。 3. 制定和完善《某水电站职业健康管理制度》，按照规范和制度要求定期对现场工频电场进行监测，形成职业健康检测报告，并根据建议补充防护措施。 4. 在附近悬挂禁止停留、当心磁场等防护服等安全警示标识	1. 对单位新进人员开展三级安全教育，加强风险分级管控认识和对安全风险意识认识的培训，对岗位可能接触到的工频电场等职业危害因素和防护措施进行告知。 2. 不定期开展专题讲座、技术培训讲课、安全规程培训考试、安全知识竞赛、安全月等活动，就高压电气设备操作规程、工频电磁危害管理制度、职业健康和防护措施等知识开展培训。 3. 对电气设备巡视检查前、在班前会进行技术交底，进入受控区域作业时尽量与设备保持安全距离，长时间作业时要穿戴金属丝屏蔽服	配备绝缘手套、安全帽、绝缘靴、防护服等		/

续表

序号	风险点（危险源）	控制措施				
		工程技术措施	管理措施	教育培训措施	个人防护措施	应急处置措施
81	水工楼疏散通道	1. 水工楼疏散逃生通道的设计满足《建筑防火设计规范》（GB 50016—2014）的要求。设置两处安全出口，室内最近疏散处地点到该层最近的安全疏散有垂直交通楼梯保证上下通行。 2. 在房屋内疏散通道、楼梯间、出口设置应急照明及疏散指示标志	1. 制定和完善《某水电站消防安全管理制度》和《某水电站环境卫生管理制度》，禁止在消防疏散通道堆放杂物，乱搭、乱建，以免阻塞和妨碍人员疏散。 2. 按照某水电站有关维护保养制度的要求，对存在缺陷的防火门，应急照明灯具、疏散通道等工程措施维护保养，不清晰的警示标线进行涂刷，保障通道顺畅。 3. 在疏散逃生通道周边设置应急照明及疏散指示标志	不定期开展专题讲座、技术培训讲课、安全知识竞赛、安全月等活动。就火灾防控知识进行培训，帮助堵塞疏散逃生通道从业人员了解堵塞疏散逃生通道的危害	/	1. 制定和完善《火灾事故应急预案》《火灾现场处置方案》等。火灾发生后立即疏散厂房内及周边发生人员。对事故现场实施隔离警戒措施。现场人员及时上报、拨打报警电话。 2. 现场配备一定数量的灭火器、沙袋、防烟面罩、应急药品等物资。 3. 按照相关制度的要求，定期开展应急演练，并做好记录。

续表

序号	风险点（危险源）	控制措施				个人防护措施	应急处置措施
		工程技术措施	管理措施	教育培训措施			
82	水工楼仓库门库等孔洞吊物孔	孔洞布置安全警示线、盖板	1. 制定和完善《某水电站新、改、扩建工程安全设施三同时管理制度》和各类巡视检查制度，定期对孔洞部位安全设施开展巡视检查，发现问题做好记录。 2. 按照某水电站有关维护保养制度的要求，对存在缺陷的防护栏杆和盖板进行更换，不清晰的警示标线重新涂刷。 3. 临边、孔洞部位悬挂禁止翻越、严禁抛物、严禁堆物等安全警示标识	1. 对单位新进人员开展三级安全教育，加强风险分级管控认识和安全培训，指导员工了解岗位风险和控制措施。 2. 不定期开展专题讲座、技术培训讲课、安全规程培训考试、安全知识竞赛、安全月等活动，就高处坠落、溺水相关案例进行培训。 3. 开展巡视、操作检修作业前、在班前会进行技术交底，禁止破坏和翻越安全设施	/	1. 制定《人身事故应急预案》《高处坠落类伤亡事故现场处置方案》等。 2. 针对高处坠落、溺水情形配备必要的应急药品，如碘伏、医用酒精等，以及安全带、安全绳、救生圈等防护用具。 3. 按照相关制度或预案的要求，定期开展应急演练，并做好记录
83	生活区雷电、暴雨雪、大风、冰雹、极端温度、大雾等恶劣天气	1. 在生活区房屋建筑顶部、营地高处或关键电气设备内部安装避雷带、避雷器、避雷针等避雷装置。各类设备应接地良好，同时对要远离避雷装置布置，防止受到感应雷侵害。	1. 及时制定和完善《某水电站安全检查管理制度》，极端天气来临前对管区开展全面检查，提早发现隐患。	1. 对水工部新进人员开展三级安全教育，加强风险意识和安全风险分级管控认识的培训，指导新进员工了解恶劣天气存在的风险和控制措施。		1. 制定和完善《人身伤害类应急预案》《防汛应急预案》《防凌融水应急预案》《气象灾害应急预案》，气象灾害现场处置

续表

序号	风险点（危险源）	控制措施				
		工程技术措施	管理措施	教育培训措施	个人防护措施	应急处置措施
83	生活区雷电、暴雨雪、大风、冰雹、极端温度、大雾等劣端天气	2. 生活区营地内布置完善，充足的排水沟、排水孔等排水设施。加强日常巡视检查，发生堵塞及时疏通，避免积水。 3. 生活区内运动设施、永久性栏杆、交通指示牌、安全警示标识、信息展板等永久性设施基础牢固，限位和固定措施稳固。收到大风预警信号后，提前对灯箱、标识牌、展板等临时设施进行加固或移入室内。 4. 在生活区通行道路周边配置一定量永久性或临时性防雾灯具。 5. 收到大雪预警信号后，提前在营地内部通行部位采取防滑措施、防滑雪盐等防滑措施。 6. 在室内办公场所有空调、取暖器等暖通设备	2. 制定和完善《某水电站基建改造工程与文明施工制度》《某水电站房屋建筑检查修缮规程》等，按照制度要求对路灯、栏杆、避雷设施、营区房屋、运动设施、排水沟等各类设备设施（构、建）筑定期开展维护保养，确保设施正常，基础稳固。 3. 按照某水电站有关作业规程要求，极端天气禁止在营区范围内进行高处作业，高温天气合理安排在外工作时间，雷电天气要远离雷击装置，大雾天气室外出巡查应戴好口罩，坝顶驾驶机动车应打开雾灯减速慢行。 4. 及时获取和收集天气信息，加强水雨情分析，通过手机短信息或信息平台及时发布预警信息，提前做好防范措施	2. 不定期开展专题讲座、技术培训讲课、安全规程培训考试、安全知识竞赛、安全月等活动，针对雷电、暴雨、大风、冰雹、极端温度、大雾等劣天气条件下水库、电站安全生产运行进行相关案例分析，确保对水库能够正常进行防洪抗汛应急调度、电站生产作业能按期进行	1. 针对恶劣天气条件下安全巡检、监测、抢险配备必要的劳保用品，如手套、手电筒、雨靴、雨衣、防寒服、防滑鞋、中暑药、安全帽等	方案》《防冻融冰现场处置方案》《高温中暑现场处置方案》等专项预案和现场处置方案。 2. 在仓库配备有挡水板、沙袋、块石、尼龙袋等物资，以及铁锹、抽水泵等掏挖、排水工具。 3. 按照相关制度或预案的要求，定期开展应急演练，并做好记录

续表

序号	风险点（危险源）	控制措施				应急处置措施
		工程技术措施	管理措施	教育培训措施	个人防护措施	
84	生活区老鼠、蛇、猫等危险动物	房屋入口设置大门，有电气设备存在的配电室设置挡鼠板，配备在营地的捕蛇、捕鼠工具，投放雄黄驱蛇等	1.制定和完善某水电站生活区营地管理制度，对营地环境卫生定期进行清理、打扫，保障营地环境卫生。 2.在危险动物出没区域设置必要的风险告知、警示标识，提醒生活区人员注意安全	1.对单位新进人员开展三级安全教育，加强风险意识和对安全风险分级管控认识的培训，指导和帮助新进员工了解危险动物导致的风险和控制措施。 2.不定期开展专题讲座、技术培训讲课、安全规程培训考试、安全知识竞赛、安全月等活动，对危险动物的预防、现场处置措施和应急救治措施开展培训	配备安全帽、工作服、木棍、雄黄驱虫药剂、强光手电筒等防护用具	1.针对蛇虫等危险生物伤害制定相应的应急预案或现场处置方案，被咬伤后应立即安排车辆运送任救治机构，可采取临时措施，并及时除毒液、蛇伤绑扎。 2.配备必要的应急药品，如碘伏、医用酒精、蛇伤绑扎带、蛇毒血清等。 3.按照相关制度或预案的要求，定期开展演练并做好记录

续表

序号	风险点（危险源）	控制措施			个人防护措施	应急处置措施
		工程技术措施	管理措施	教育培训措施		
85	综合、公寓、家属、食堂等办公楼室楼梯	1. 楼梯临边部位设置符合规范要求的安全防护栏杆、栏杆基础牢固无缺陷；踏步间距要符合人机工程学和相关规范要求。 2. 若长期处在湿滑、积水状态，必要时踏步应加防滑条、防滑垫等。 3. 对楼梯部分通行高度、宽度不足的部位和易磕碰处增加防护垫和警示标线。 4. 对部分自然照明不足的地方，增加声控照明灯具。	1. 制定和完善《某水电站新、改、扩建工程安全设施三同时管理制度》和各类巡视检查制度，定期对楼梯安全栏杆、防腐蚀软垫、声控照明灯具开展巡视检查，发现问题做好记录。按照有关维护保养制度的要求，对存在缺陷的设备设施进行更换。 2. 制定和完善《某水电站环境卫生管理制度》，定期对楼梯积水、杂物、苔藓等进行清扫。 3. 设置湿滑、高处坠落等安全警示标识，在易磕碰处设置警示标线。	1. 对单位新进人员开展三级安全教育，加强风险分级管控认识和对安全风险分级管控认识的培训，指导和帮助新进员工了解岗位风险和控制措施。 2. 不定期开展专题讲座、技术培训讲课、安全知识规程培训考试，安全月等活动，就高处坠落、摔伤相关案例进行培训。 3. 开展巡视作业前、作业前会进行技术交底。禁止破坏和翻越安全设施。	/	1. 制定有《人身事故应急预案》《高处坠落类伤亡事故现场处置方案》等。 2. 针对高处坠落、摔伤情形配备应急碘伏、医用酒精等药品，必要时立即送医。 3. 按照相关制度或预案开展应急演练，并做好记录。
86	综合、公寓、家属、食堂等办公楼室内布置	1. 室内场所设备设施布置符合国家和行业有关规范要求，满足人员通行和操作需要。	1. 制定和完善《某水电站环境卫生管理制度》，定期对室内场所环境卫生进行清扫和整理，避免杂物、器械、材料随意堆放。 2. 按照有关巡视检查制度的要求，定期对室内场所布置、杂物堆放情况进行检查，做好记录，发现问题及时上报处理。	1. 对《某水电站环境卫生管理制度》和场所布置等知识开展专题培训，帮助作业人员了解室内场所布置的基本要求。	配备安全帽、手电筒、防滑鞋等个人防护用具。	1. 针对摔伤、碰撞等工伤事故制定相应的应急预案或方案的现场处置方案。

续表

序号	风险点 （危险源）	控制措施				应急处置措施
		工程技术措施	管理措施	教育培训措施	个人防护措施	
86	综合、公寓、家属、食堂等办公楼室内布置	2. 在办公区安装有空调、通风机等暖通设备	3. 制定检修工作方案或与外包单位签订安全协议时，对检修设备、材料、工具的摆放和存储提出要求，避免室内杂物堆积，影响设备正常运行。 4. 在狭窄空间设置当心碰头、当心挤压等安全警示标识	2. 开展巡视、检查、检修作业前、在班前会进行技术交底，就现场材料、工具、杂物摆放、清理提出要求		2. 配置必要的应急药品，如碘伏、医用酒精、防暑药等。 3. 按照相关制度或预案的要求，定期开展应急演练，并做好记录。
87	综合、公寓、家属、食堂等办公楼疏散通道	1. 生活区营地房屋疏散逃生通道的设计满足《建筑防火设计规范》（GB 50016—2014）的要求，设置两处安全出口，室内最远工作地点到该层最近的安全疏散出口的距离不应超过60m，设有垂直交通楼梯保证上下通行。	1. 制定和完善《某水电站消防安全管理制度》和《某水电站环境卫生管理制度》。禁止在消防疏散通道堆放杂物，乱搭乱建阻塞阻碍人员疏散。	不定期开展专题讲座、技术培训讲课、安全规程培训考试、安全知识竞赛、安全月等活动，就火灾防控知识进行培训，帮助从业人员了解疏散逃生通道的危害	/	1. 制定和完善应急预案《火灾伤亡事故现场处置方案》等。火灾发生后立即疏散厂房内及周边人员，对事故现场实施隔离警戒措施、现场警戒及时上报、拨打求救电话。

续表

序号	风险点（危险源）	控制措施				应急处置措施
		工程技术措施	管理措施	教育培训措施	个人防护措施	
87	综合、公寓、食堂、家属等办公楼疏散通道	2. 房屋内疏散通道、楼梯间、出口设置应急照明及疏散指示标志	2. 按照某水电站有关维护保养制度的要求，对存在缺陷的防火门、应急照明灯具、疏散通道等工程措施进行涂刷、维护保养，不清晰的警示标示线进行涂刷，保障通道顺畅。3. 在疏散逃生通道周边设置应急照明及疏散指示标志		/	2. 现场配备一定数量的灭火器、沙袋、防烟面罩、应急药品等物资。3. 按照相关制度或预案的要求，定期开展应急演练，并做好记录
88	武警仓库、防汛物资仓库、成品油仓库、化学品储存仓库、危险废弃物暂存间室内物资摆放	仓库内物资摆放和布置符合有关国家和行业规范要求，满足人员通行、起吊和搬运需要	1. 制定和完善《某水电站环境卫生管理制度》《某水电站物资管理制度》和《仓库物资摆放管理制度》，按照制度要求验收入库，定期盘点、清扫和整理，保证物资分库、分区、分架、分货架放置。库内清洁卫生，存取货物通道通畅，各种标识清晰醒目。2. 按照有关巡视检查制度的要求，定期对室内场所布置、杂物堆积等情况进行检查，做好记录，发现问题及时上报处理。3. 在狭窄空间设置当心碰头、当心挤压等安全警示标识	1. 对《某水电站环境卫生管理制度》《某水电站物资管理制度》和《仓库物资摆放管理制度》等开展专题培训，帮助作业人员了解布置的基本要求。2. 开展巡视、检查、检修作业前、在班前会进行技术交底，就现场材料、工具、杂物摆放、清理提出要求	配备安全帽、手电筒、防滑鞋等个人防护用具	1. 针对擦伤、碰撞等工伤事故制定相应的应急预案或现场处置方案。2. 配置必要的应急药品，如碘伏、医用酒精、防护药膏等。3. 按照相关制度或预案的要求，定期开展应急演练，并做好记录

续表

序号	风险点（危险源）	控制措施				
		工程技术措施	管理措施	教育培训措施	个人防护措施	应急处置措施
89	生活区东南角楼梯	1. 楼梯临边部位设置符合规范要求的安全防护栏杆、栏杆基础牢固无缺陷；踏步间距要符合人机工程学和相关规范要求。 2. 若长期处在湿滑、积水状态，必要时踏步应增加防滑措施、防滑垫等。 3. 设置夜间照明灯具，便于夜间通行。	1. 制定和完善《某水电站新、改、扩建工程安全设施三同时管理制度》和各类巡视检查制度，定期对楼梯安全栏杆、防磕碰软垫，发现问题做好记录，并按照有关维护保养制度的要求，对存在缺陷的设备设施进行更换。 2. 制定和完善《某水电站环境卫生管理制度》，定期对楼梯积水、杂物、苔藓等进行清扫。 3. 设置湿滑、高处坠落等安全警示标识，在易磕碰处设置警示标线。	1. 对单位新进人员开展三级安全教育，加强风险分级管控认识和对安全风险分级管控认识的培训，指导员工了解岗位风险和管控措施。 2. 不定期开展专题讲座、技术培训讲课、安全规程培训考试，安全知识竞赛、安全月等活动，就高处坠落、摔伤相关案例进行培训。 3. 开展巡视作业前，在班前会进行技术交底，禁止破坏和翻越安全设施。	/	1. 制定有《人身事故应急预案》《高处坠落类伤亡事故发现场处置方案》等。 2. 针对高空坠落、应急磕伏，医备应急配备等药品，用酒精等药品，必要时立即送医。 3. 按照相关制度或预案的要求，定期开展应急演练，并做好记录。
90	生活区大门至家属楼楼梯	1. 楼梯临边部位设置符合规范要求的安全防护栏杆、栏杆基础牢固无缺陷；踏步间距要符合人机工程学和相关规范要求。	1. 制定和完善《某水电站新、改、扩建工程安全设施三同时管理制度》和各类巡视检查制度，定期对楼梯安全栏杆、防磕碰软垫，发现问题做好记录，并按照有关维护保养制度的要求，对存在缺陷的设备设施进行更换。	1. 对单位新进人员开展三级安全教育，加强风险分级管控认识和对安全风险分级管控认识的培训，指导员工了解岗位风险和管控措施。	/	1. 制定有《人身事故应急预案》《高处坠落类伤亡事故发现场处置方案》等。

续表

序号	风险点（危险源）	控制措施				
		工程技术措施	管理措施	教育培训措施	个人防护措施	应急处置措施
90	生活区大门至家属楼楼梯	2. 若长期处在湿滑、积水状态，必要时踏步应增加防滑条、防滑垫等。 3. 设置夜间照明灯具，便于夜间通行	2. 制定和完善《某水电站环境卫生管理制度》，定期对楼梯积水、杂物、苔藓等进行清扫。 3. 设置湿滑、高处坠落等安全警示标识，在易磕碰处设置警示标线	2. 不定期开展专题讲座、技术培训考试、安全知识竞赛、安全月等活动，就高处坠落、摔伤等相关案例进行培训。 3. 开展巡视作业前、在班前会进行技术交底，禁止破坏和翻越安全设施	/	2. 针对高处坠落、摔伤情形配备应急碘伏、医用酒精等药品，必要时立即送医。 3. 按照相关制度或预案的要求，定期开展应急演练，并做好记录
91	公寓楼走廊花盆	在走廊设置花盆固定栏架，禁止无保护临边摆放	制定生活区营地管理制度，禁止走廊花盆无保护临边摆放	不定期开展专题讲座、技术培训讲课、安全规程考试、安全知识竞赛、安全月等活动，就空中物事故案例开展教育培训	/	1. 制定有《人身伤亡事故应急预案》《物体打击类伤亡事故现场处置方案》等。 2. 针对物体打击伤亡事故情形配备应急碘伏、医用酒精等药品，必要时立即送医。 3. 按照相关制度或预案的要求，定期开展应急演练，并做好记录

续表

序号	风险点（危险源）	控制措施				个人防护措施	应急处置措施
		工程技术措施	管理措施	教育培训措施			
92	生活区配电房工频电场	配电设备设置在专门的配电室内，变配电设备安装在金属电气柜中，对工频电磁辐射进行屏蔽	1. 制定和完善《高压电气设备运行操作规程》和巡视检查规程，规程中对现场作业，巡视检查时间、频次等作出相应的规定，避免长时间待在作业现场，保持安全距离，长时间作业必须穿着金属丝屏蔽服。现场作业需要穿着金属丝屏蔽服过工作许可。 2. 按照有关检修的要求，对电气设备定期检修，保障金属电气柜外壳状态良好。 3. 制定和完善《某水电站职业健康管理制度》，按照规范和制度要求定期对现场工频电场进行监测，形成职业健康检测报告，并根据建议补充防护措施。现场作业人员定期参加职业健康体检。 4. 在配电房附近悬挂禁止停留、当心工频电磁辐射、穿防护服等安全警示标识	1. 对单位新进人员开展三级安全教育，加强对安全风险分级管控认识的培训，对岗位可能接触到的工频电场等职业危害因素和防护措施进行告知。 2. 不定期开展专题讲座、技术培训讲课、安全知识竞赛，培训考试、安全知识月等活动。就高压电气设备操作规程、工频电场、职业健康管理制度、工频电场危害和防护措施等知识开展培训。 3. 对电气设备巡视检查前、在班前会会进行技术交底，进入受控区域作业时尽量与设备保持安全距离，长时间作业要穿戴金属丝屏蔽服	配备绝缘手套、安全帽、绝缘靴、防护服等	/

续表

序号	风险点（危险源）	控制措施					应急处置措施
		工程技术措施	管理措施	教育培训措施	个人防护措施		
93	食堂食材	食堂配置卫生消毒柜、冰柜、保鲜柜等设施	制定和完善《某水电站食堂管理制度》，对食材采购、加工制作、食品存储等环节作出明确规定，保障食品卫生	不定期开展专题讲座、技术培训课、安全知识竞赛、安全月等活动，就食物中毒事故案例开展教育培训	配备必要的应急药品，如碘伏、医用酒精、绷带、消炎药等。		1. 制定和完善《突发公共卫生事件应急预案》《食物中毒事故现场处置方案》。出现症状立即停止食用，并采取措施催吐，及时补充水分，收集可疑中毒食物，并送医化验。 2. 对中毒等情形配备必要的急救药品，必要时及时送医。 3. 按照相关制度或预案的要求，定期开展应急演练，并做好记录

续表

序号	风险点（危险源）	控制措施				个人防护措施	应急处置措施
		工程技术措施	管理措施		教育培训措施		
94	生活区门禁系统和围栏	/	1. 编制和完善《某水电站设备缺陷管理制度》《某水电站设备检修管理制度》，根据制度和规程对门禁系统机械动力装置加强日常检查与维修保养。 2. 编制和完善《某水电站安全保卫管理制度》和《某水利枢纽工程安全管理规程》，与安保公司签订合同，明确合同安保人员职责，按照合同要求配备专职安保人员，保护大坝设施。管理门禁，防汛期间实行24h值班制度。 3. 门禁附近设置禁止人内等警示标识	按照《某水电站安全保卫管理制度》要求，由安保公司负责岗位培训，熟悉安保设施设备分布位置，了解必要的治安防范知识和技能，定期开展应急处置训练	/	1. 制定和完善《反恐防暴突发事件应急预案》《恐怖袭击事故现场处置方案》等。 2. 在坝顶值班室储存有一定的警械、警具。 3. 按照相关制度或预案的要求，定期开展应急演练，并做好记录

续表

序号	风险点（危险源）	控制措施				
		工程技术措施	管理措施	教育培训措施	个人防护措施	应急处置措施
95	生活区临边部位	在电站临边部位设置安全防护栏杆或保障灌木丛处于封闭状态	1. 制定和完善《某水电站新、改、扩建工程安全设施三同时管理制度》和各类巡视检查制度，定期对临边部位安全设施开展巡视检查，发现问题做好记录。2. 按照某水电站有关维护保养制度的要求，对存在缺陷的防护栏杆和盖板进行更换，对不清晰的警示标线进行重新添刷。3. 临边部位悬挂禁止翻越、当心坠落等安全警示标识	1. 对单位新进人员开展三级安全教育，加强风险意识和对安全风险分级管控认识的培训，指导和帮助新进员工了解岗位风险和控制措施。2. 不定期开展专题讲座、技术培训讲课、安全规程培训考试、安全知识竞赛、安全月等活动，就相关案例进行培训。3. 开展巡视、操作检修作业前、在班前会进行技术交底，禁止破坏环和翻越安全设施	/	1. 制定有《人身事故坠落类伤亡事故现场处置方案》《高处坠落类应急处置方案》等。2. 针对高处坠落、溺水情形配备必要的应急药品，如碘伏、医用酒精等，以及安全带、安全绳、救生圈等防护用具。3. 按照相关制度或预案的要求，定期开展应急演练，并做好记录

第6章 附 录

6.1 某水库运管单位双重预防机制制度案例

6.1.1 安全风险分级管控制度案例

(1)目的

为深入贯彻落实"安全第一、预防为主、综合治理"方针,进一步规范某水电站(以下简称"电站")安全风险分级管控体系建设工作,实现安全风险自辨自控、关口前移的工作要求,科学防范和有效遏制各类安全事故,结合电站实际,特制定本制度。

(2)适用范围

本制度适用于电站安全风险分级管控工作,规定了电站风险分级管控的工作原则、职责分工、工作程序和要求等内容。

(3)规范性引用文件

①《中华人民共和国安全生产法》(2021年);

②《国务院安委会办公室关于实施遏制重特大事故工作指南构建双重预防机制的意见》(安委办〔2016〕11号);

③《水利部关于开展水利安全风险分级管控的指导意见》(水监督〔2018〕323号);

④《水利水电工程(水库、水闸)运行危险源辨识与风险评价导则(试行)》(办监督函〔2019〕1486号);

⑤《水利水电工程(水电站、泵站)运行危险源辨识与风险评价导则(试行)》(办监督函〔2020〕1114号);

⑥《水利部关于印发构建水利安全生产风险管控"六项机制"的实施意见的通知》(水监督〔2022〕309号);

⑦《国家发展改革委办公厅 国家能源局综合司关于进一步加强电力安全风险分级管控和隐患排查工作的通知》(发改办能源〔2021〕641号);

⑧《长江水利委员会安全生产风险分级管控实施办法（试行）》（长监督〔2020〕648号）；

⑨《企业职工伤亡事故分类标准》（GB 6441—86）；

⑩《职业健康安全管理体系要求》（GB/T 45001—2020）；

⑪《生产过程危险和有害因素分类与代码》（GB/T 13861—2022）；

⑫《危险化学品重大危险源辨识》（GB 18218—2018）。

以上引用文件若有变动，以最新版本为准。

（4）术语和定义

1）危险源

危险源是指在某水电站运行管理过程中，可能导致人员伤亡、健康损坏、财产损失或环境破坏，在一定的触发因素作用下可转化为事故的根源、状态或行为，或它们的组合。

2）风险

风险是生产安全事故或健康损害事件发生的可能性和严重性的组合。可能性，是指事故（事件）发生的概率；严重性，是指事故（事件）一旦发生后，将造成的人员伤害和经济损失的严重程度。风险＝可能性×严重性。

3）危险源辨识

危险源辨识是动态发现、筛选并记录各类安全风险的过程。危险源辨识的范围包括可能导致人身伤害、健康伤害或财产损失的根源、状态或行为，或它们的组合。根源是指具有能量（有害物质）或产生、释放能量（有害物质）的物理实体；状态包括物的状态和作业环境的状态；行为包括决策人员、管理人员以及作业人员的决策行为、管理行为以及作业行为。

4）风险分析

风险分析是在危险源辨识的基础上，选择适用的定性、定量或定性定量相结合的分析方法，对危险源可能导致发生的事故和事故原因进行分析和预测，为风险评价提供支持。

5）风险评价

对危险源可能导致的事故风险进行评估、分级，对现有控制措施的充分性加以考虑，以及对风险是否可接受予以确定的过程。

6）风险分级

通过采用科学、合理的方法对危险源所伴随的风险进行定性或定量评价，根据评价结果划分等级。

7)安全风险分级管控

安全风险分级管控是通过识别生产经营过程中的危险源,并采取定性或定量方法确定危险源导致事故发生的可能性和严重程度,根据评价结果采取相应的分级管控措施,将风险降低至可接受程度,以减少和避免各类安全事故的常态化工作机制。

(5)职责分工

1)站长职责

①全面负责电站安全风险分级管控工作;

②负责建立健全安全风险分级管控长效机制,保证风险管控资金的有效投入;

③负责审批安全风险分级管控制度,明确危险源辨识、风险评价和管控的责任分工和主管部门;

④负责组织管控电站的重大和较大风险。

2)分管安全生产副站长职责

①协助站长做好电站安全风险分级管控工作,全面监督工作开展情况,发现问题及时协调处理;

②协助站长落实电站重大和较大风险的管控工作,监督电站各部门、各岗位职责范围内一般风险、低风险管控的落实工作;

③负责分管范围内的安全风险分级管控工作。

3)其他副站长职责

①负责分管范围内的安全风险分级管控工作;

②督促指导分管范围内各部门、各岗位定期开展危险源辨识、风险评价工作,对辨识评价结果组织技术审查;

③对分管范围内重大、较大风险组织制定管控措施,对一般、低风险管控措施组织技术审查;

④参与隐患排查工作,对分管范围内风险管控措施落实情况进行监督指导。

4)安技部职责

①归口管理电站安全风险分级管控工作,负责组织贯彻国家、行业有关要求;

②负责制定和完善电站安全风险分级管控制度并监督实施;

③督促各部门有效开展风险管控工作;

④负责对重大、较大风险实行全过程监管,一般风险、低风险采取不定期抽查方式实施监管;

⑤负责对电站安全风险分级管控信息进行收集整理,形成台账,定期上报集团公司安全生产监督管理部门;

⑥组织开展相关教育培训,使员工掌握风险辨识、评估方法;

⑦负责部门管理范围内的危险源辨识、风险评价和管控工作;

⑧完成领导交办的其他任务。

5)其他部门职责

①综合部归口管理电站生活营区内办公生活场所、食堂、社会治安、车辆交通、消防、办公设备设施、环卫作业等部门管理范围内的危险源辨识、风险评价和管控工作;

②生产部归口管理电站厂房及大坝内发电设备、油气水系统、金属结构、消防、视频监控、闸门现地控制系统、计算机控制系统、运行操作和维护检修作业等部门管理范围内危险源辨识、风险评价和管控工作;

③水工部归口管理负责电站厂房结构、水库大坝及其他水工建筑物、安全监测设施、水工观测仪器、泄洪闸门集控系统、水库周边环境、水工建筑物维修养护作业等部门管理范围内的危险源辨识、风险评价和管控工作;

④定期组织隐患排查工作,对管理范围内风险管控措施落实情况进行监督检查;

⑤完成领导交办的其他任务。

6)各岗位职责

各岗位员工应接受安全教育培训,了解掌握安全风险分级管控基本知识和本岗位存在的危险源、风险和风险管控措施,根据岗位职责具体落实风险分级管控工作。

（6）管理目标

电站安全风险分级管控管理指标包括:

①危险源辨识范围、风险分级管控覆盖率100%;

②重大风险上报率100%;

③重大风险、较大风险控制措施实施率100%。

（7）管理内容和要求

1)基本程序和一般要求

①安全风险分级管控工作坚持"全员参与、分级管控、动态管理"的原则。电站主要负责人到基层员工,均应参与风险辨识、分析、评价和管控工作,根据风险等级、所需管控资源、管控能力、管控措施复杂及难易程度等因素而确定不同管控层级。风险越大管控级别越高,上级负责管控的风险,下级必须负责管控,并逐级落实具体措施。将风险管控融入事前、事中和事后管理,确保风险得到全面、动态、持续识别和控制,实现持续改进。

②风险分级管控是安全生产日常性及基础性管理工作,应树立"风险管控不到位就是隐患"的理念,做到与反违章、可靠性管理、安全生产标准化、应急管理、安全评价等工作有机融合,将风险控制在可接受的范围。

③电站在开展安全风险管控工作时,可通过购买服务的方式委托依法设立的,为安

全生产提供技术、管理服务的机构或专业技术人员实施。

④电站安全风险分级管控工作按照构建工作机制（包括制定制度、组织培训、纳入考核、经费保障）、危险源辨识分析、风险评价、风险管控、动态调整、编制风险管控清单和风险评估报告、风险告知、信息整理上报的基本流程开展相关工作，具体情况参考附件1。

2）构建工作机制

①电站应结合本单位特点，编制和完善安全风险分级管控制度，明确危险源辨识和风险分级管控的职责分工、原则、范围、程序、分级标准、方法、频次、工作保障等方面的内容。

②电站将安全风险管控培训纳入年度安全教育培训计划，对安全风险分级管控概念、创建思路、危险源辨识方法、风险评估结果、安全风险清单、管控措施等内容定期或不定期开展培训，确保本单位从业人员和外来人员掌握安全风险基本情况及防范、应急措施。注重将风险分析结果、管控措施培训与新员工三级安全教育、日常教育培训、班前班后会等有机融合。

③电站安全生产领导小组负责指导、监督各部门开展安全风险分级管控，根据监督检查结果将风险管控工作的开展情况纳入安全生产责任制的考核。

④电站每年将安全风险管控工作经费纳入本单位的安全生产费用，经费的提取和使用按照电站相关安全生产费用管理制度要求执行。

3）危险源辨识分析

①电站组织全体员工每年全方位、全过程辨识构（建）筑物、设备设施、作业活动、管理体系、周边环境等方面存在的危险源，并适时开展专项辨识，对辨识出来的危险源应分类梳理和分析风险，明确危险源的名称、区域位置、所属系统、事故诱因、可能导致的事故、责任部门、责任人等信息，形成危险源清单。

②危险源分类梳理应遵循"大小适中、便于分类、功能独立、易于管理、范围清晰"的原则，危险源一般可分为构（建）筑物类、金属结构类、设备设施类、作业活动类、管理类和环境类等六大类。

③对不同类别的危险源选择不同的方法，对可能发生事故和导致事故的原因进行风险分析。对于构（建）筑物类、设备设施类、周边环境类等较为固定、静态的危险源宜采用安全检查表法（SCL），逐个系统或部件分析可能发生的事故和事故原因；对作业活动类、运行管理类等动态、变化的危险源宜采用工作危害分析法（JHA），逐个工作步骤分析可能发生事故和事故原因。相关危险源辨识分析方法见附件2。

④可能发生的事故和后果分析可参照《企业职工伤亡事故分类标准》（GB 6441—86）的要求进行，主要包括：物体打击、车辆伤害、机械伤害、起重伤害、触电、淹溺、灼烫、

火灾、高处坠落、坍塌、容器爆炸、中毒和窒息、洪涝灾害、设备损坏、溃坝、水淹厂房、职业健康损害、其他伤害等。分析时要综合考虑正常、异常、紧急 3 种状态和过去、现在、将来 3 种时态,以及已发生的事故事件和历史风险情况。

⑤导致事故发生的原因分析可参照《生产过程危险和有害因素分类与代码》(GB/T 13861—2022)的要求,从人的不安全行为、物的不安全状态、环境的不安全因素、管理存在的缺陷等方面进行考虑。

⑥危险源分级参照国家和行业有关法律法规和技术标准分为重大危险源和一般危险源两个级别,重大危险源包含《安全生产法》定义的危险物品重大危险源和各行业技术标准中补充定义的重大危险源。

⑦危险源辨识分析需有经验丰富、熟悉相关专业知识的技术人员、安全管理人员参与,必要时可进行集体讨论或专家技术论证。

4)风险评价

①电站应组织专业力量对辨识出的危险源在一定触发因素作用下导致事故发生的可能性及危害程度进行调查、分析、论证,判断危险源风险程度,确定风险等级。

②电站危险源风险等级从高到低划分为重大风险、较大风险、一般风险和低风险 4 个层级,分别用红、橙、黄、蓝 4 种颜色标示。根据电力行业安全风险分级要求,对电站范围内存在的重大风险,结合实际情况从高到低可进一步细分为特别重大、重大两个等级,特别重大风险用紫色标示。

③危险源风险等级可采用定性、定量或半定量的方法进行评价。评价方法包括直接判定法、作业条件危险性分析法(LEC 法)、风险矩阵法(LS 法)、危险指数法(RR 法)、事故后果模拟分析法等。重大危险源的初始风险等级可直接判定为重大风险,采取有效管控措施后,可降低安全风险等级。一般危险源的风险等级推荐采用改进后的风险矩阵法(LMECS 法),也可采用其他评价方法。改进后的风险矩阵法见附件 3。

④危险源具备下列条件之一的,原则上可直接判定为重大风险,包括:违反法律法规和国家标准、行业标准中强制性条款的;发生过死亡、重伤、重大财产损失事故,且现在发生事故的条件依然存在的;具有溃坝、漫坝、塌陷、边坡失稳、中毒、爆炸、火灾、坍塌、水淹厂房等危险的场所或设施,作业人员在 10 人以上的;涉及重大危险源的。

⑤电站应结合实际,依据危险源安全风险评价结果,绘制"红、橙、黄、蓝"4 色安全风险空间分布图。重大风险还应报告集团公司、行业主管部门和属地负有安全生产监督管理职责的部门。

5)风险管控

①应根据危险源风险分析和评价结果,针对安全风险特点,制定风险管控措施,从组织制度、技术、防护、应急等方面对安全风险进行有效管控,保障安全风险处在可接受的范

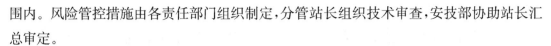

围内。风险管控措施由各责任部门组织制定,分管站长组织技术审查,安技部协助站长汇总审定。

②安全风险管控措施可以分为工程技术措施、管理措施、教育培训措施、个体防护措施、应急处置措施等五大类。工程技术措施是指通过工程技术手段消除、控制、替代、封闭、隔离、移开危险源;管理措施是指采取监测预警、检查、检验鉴定、编制制度方案计划、警示警告等管理手段管控风险;教育培训措施是指采取三级安全教育、班前班后会、日常教育等手段加强风险意识和提高管控能力;个人防护措施主要指工程技术措施不能完全消除危害时,配备个人防护用品和工具;应急处置措施是指事故发生后可以采取的紧急措施。有关要求可参考附件4。

③风险管控措施制定应考虑措施的可行性、有效性、先进性、安全性和经济合理性,使风险降低到可接受的程度。应按照工程技术措施、管理措施、个人防护措施、教育培训措施、应急处置措施的先后顺序依次制定,优先采取工程技术措施从本质上消除、控制风险。同时,制定的风险管控措施应保证不能产生新的风险。

④根据风险评价结果,电站及所属各部门要对安全风险分级、分类、分专业进行管理,逐级落实电站、部门、班组的管理责任。遵循风险越高,管理层级越高的原则,对于操作难度大、技术含量高、风险等级高、可能导致严重后果的风险,应重点进行管控。上一级负责管控的风险,下一级必须同时负责管控,并逐级落实具体措施。

⑤重大风险应及时上报集团公司,电站应配合公司落实各项管控措施并接受上级监督检查。较大风险,由站长负责组织管控,安技部重点跟踪。一般风险,由各部门负责人组织管控,安技部不定期抽查。低风险,由各班组自行管控,安技部不定期抽查。

6)动态更新

电站及所属各部门应当关注危险源变化后的风险状况,至少每季度动态调整更新一次危险源风险等级和管控措施,确保安全风险始终处于受控范围内。当发生以下情况时,应及时更新风险信息。

①安全生产法律法规、标准、规程、规范性文件或上级要求发生变化;

②区域内设备设施、环境条件、生产要素或危险源致险因素发生较大变化;

③发生生产安全事故、事件后;

④组织机构发生重大调整。

7)风险管控清单和评估报告

①电站所属各部门根据本部门的危险源辨识、风险评价及管控情况形成相应的安全风险管控清单,由安技部汇总后形成电站安全风险管控清单,最终形成电站安全生产风险评估报告。风险信息调整后应当及时更新安全风险管控清单。

②安全风险管控清单应当按照附件5的格式填写,明确填报日期、危险源名称、类

别、位置、事故起因、事故及后果、风险等级、控制措施、管控层级等。

③风险评估报告应当按照附录6要求编制,明确评估目的、评估程序、评估依据、评估结论、评估建议等内容。

8)风险告知

电站应当在醒目位置和重点区域设置风险告知卡,标明危险源名称、可能引发的事故类型、事故后果、风险等级、管控方法、应急预案、报告方式以及责任部门、责任人、联系方式等内容。对存在重大风险的工作场所、岗位和有关设施、设备,设置明显的风险警示标志,并强化监测和预警。

9)信息整理和上报

①安技部应定期对电站危险源辨识和风险评价管控资料进行统计、分析、整理和归档。风险等级为重大的一般危险源和重大危险源要建立专项档案,明确管理的责任部门和责任人。

②电站各部门及时更新风险管控清单并向安技部报送,由安技部汇总后每季度向集团公司安全生产监督管理部门报送,同时配合填报水利安全生产信息系统。

③重大危险源和风险等级为重大的一般危险源,以及电站安全风险防控清单和安全风险评估报告应按有关规定及时报送集团公司安全生产监督管理部门和相应行业主管部门。

④安全风险管控清单发生重大更新的,应当自安全风险管控清单更新之日起3日内报集团公司安全生产监督管理部门。

（8）检查与考核

1)检查

电站根据年度隐患排查治理工作计划,对不同风险确定不同的监督检查频次,实施差异化管理。对重大风险和较大风险列为监督检查重点,每季度至少检查一次管控措施落实情况。对一般、低风险采用不定期抽查方式监督检查各责任部门、班组风险管控措施落实情况。

2)考核与奖惩

①电站安技部负责对各部门和各岗位的本制度执行情况,按照《某水电站综合考核管理办法》相关规定进行考核。

②电站所属各职能部门、班组未落实本制度要求的,由安全生产领导小组及其办公室责令其限期改正,督促整改落实,并列入监督检查重点对象;对逾期未整改或者整改不到位引发生产安全事故的,据相关法规规定和公司、电站制度要求严肃追究责任。

（9）附则

①本制度由电站安技部负责解释。

②本制度自发布之日起执行，原《某水电站危险源辨识与风险评价管理制度》（湘澧皂电〔2021〕63号）同时废止。

附件：1. 某水电站安全风险分级管控流程图

　　　2. 危险源辨识与分析的常用方法与规定

　　　3. 风险评价常用方法

　　　4. 安全风险管控措施制定建议

　　　5. 某水电站安全风险分级管控清单格式

　　　6. 安全风险评估报告编制指南

6.1.2　安全事故隐患排查治理制度案例

（1）目的

为贯彻落实"安全第一、预防为主、综合治理"的安全方针，规范某水电站（以下简称"电站"）事故隐患排查治理工作，将事故隐患排查治理工作规范化、制度化、常态化，建立电站生产安全事故隐患排查治理长效机制，及时消除安全生产隐患，防止和减少事故发生，确保电站安全生产形势持续稳定，特制订本制度。

（2）适用范围

本制度适用于电站生产安全事故隐患排查治理工作，规定了电站隐患排查治理的管理职责、管理目的、工作内容、排查、评估定级、上报、治理和验收、检查与考核等内容。

（3）规范性引用文件

①《中华人民共和国安全生产法》（2021年）；

②《关于推进安全生产领域改革发展的意见》（2016年）；

③《生产安全事故报告和调查处理条例》（国务院第493号令）；

④《电力安全事故应急处置和调查处理条例》（国务院第599号令）；

⑤《安全生产事故隐患排查治理暂行规定》（国家安监总局第16号令）；

⑥《关于进一步加强水利生产安全事故隐患排查治理工作的意见》（水安监〔2017〕409号）；

⑦《水利工程生产安全重大事故隐患清单指南（2021年版）》（办监督〔2021〕364号）；

⑧《电力安全事件监督管理暂行规定》（电监安全〔2012〕11号）；

⑨《电力事故隐患监督管理暂行规定》(电监安全〔2013〕5号);

⑩《国家发展改革委办公厅国家能源局综合司关于进一步加强电力安全风险分级管控和隐患排查治理工作的通知》(发改委能源〔2021〕641号);

⑪《电力安全隐患治理监督管理规定》(国能发安全规〔2022〕116号);

⑫《地方人民政府办公厅关于建立"一单四制"制度推动重大事故隐患治理的通知》(湘政办发〔2017〕30号);

⑬《长江水利委员会重大生产安全事故隐患治理挂牌督办制度(试行)》(长监督〔2020〕648号);

⑭《集团电站安全生产工作规定》(L—AW01—03—2020);

⑮《集团公司安全隐患排查治理管理办法》(L—AW02—04—2022)。

以上引用文件若有变动,以最新版本为准。

(4)术语和定义

1)隐患

指某水电站违反安全生产法律法规、规章、标准、规程和安全生产管理制度的规定,或者因其他因素在生产经营活动中产生的可能导致事故发生的人的不安全行为、设备设施的不安全状态、不良工作环境以及安全管理方面的缺失。

2)隐患排查

指电站组织安全生产管理人员、工程技术人员和其他相关人员对本电站的隐患进行排查,并对排查出的隐患,按照隐患的等级进行登记,建立隐患信息档案。

3)隐患治理

指消除或控制隐患的活动或过程。

(5)职责分工

1)站长职责

①全面负责电站隐患排查治理工作;

②负责建立健全隐患排查治理的长效机制,保证事故隐患治理资金的有效投入。

③组织编制特别重大级、重大级事故隐患治理方案并监督实施;

④参与重点部位和关键环节的隐患排查工作。

2)分管安全生产副站长职责

①协助站长做好电站隐患排查治理工作,全面监督工作开展情况,发现问题及时协调处理;

②协调特别重大级、重大级事故隐患治理方案的编制、审查和验收工作;

③监督较大级、一般级和较小级事故隐患的治理和验收工作;

④定期参与电站隐患排查工作；

⑤负责分管范围内隐患排查治理工作。

3）其他副站长职责

①负责各自分管范围内的隐患排查治理工作；

②组织分管范围内隐患排查工作计划实施，定期参与隐患排查工作；

③负责组织编制分管范围内特别重大级、重大级隐患治理方案；

④督促指导分管范围内隐患治理工作，组织较大级、一般级隐患治理验收工作。

4）安技部职责

①归口管理电站的隐患排查治理工作，组织制定电站隐患排查治理计划；

②组织、指导、督促各部门开展安全隐患排查治理工作，督促安全隐患排查治理闭环管理，参与一般及以上事故隐患整改情况验收；

③统筹安排安全隐患排查治理培训，提高全员安全意识和技能水平；

④负责建立电站安全隐患排查治理台账，逐项记录、定期更新、动态监管，负责隐患排查治理工作总结和信息报送工作；

⑤负责组织电站季节性、重大节假日、月度和专项隐患排查。

5）其他部门职责

①综合部归口管理劳动用工、车辆交通、治安保卫、管辖区域内消防、后勤服务事故隐患排查治理工作，参与电站组织的隐患排查和验收工作；

②生产部归口管理职责范围内设备设施事故隐患排查治理工作，参与电站组织的隐患排查和验收工作；

③水工部归口管理大坝及廊道、库区、水工建筑物、土建、防汛等事故隐患排查治理工作，参与电站组织的隐患排查和验收工作；

④负责制定管辖范围内事故隐患治理计划并报安技部汇总，负责落实治理责任人、资金、期限和有效的防范措施或应急专项预案；

⑤负责组织管辖范围内事故隐患自查工作，制定隐患治理方案并组织实施；

⑥负责对管辖范围内隐患排查治理情况进行统计，建立档案。

6）各岗位职责

各岗位人员应接受安全教育培训，了解掌握隐患排查治理基本知识，有义务、有责任发现隐患，并及时向所在管理部门报告。必要时有权停止作业或者在采取可能的应急措施后撤离作业场所。

（6）管理目标

隐患排查管理指标包括：①隐患排查覆盖率100%；②规定时间内一般隐患整改率100%；③特别重大级、重大级隐患上报率100%。

（7）管理内容和要求

1）基本程序和要求

①隐患排查应树立"隐患就是事故"的理念，按照"统一领导、分级负责、重点监管"、"谁主管、谁负责"和"全方位覆盖、全过程闭环"管理的原则建立和运行隐患排查治理管理体系。

②隐患排查治理应纳入电站日常生产经营工作中，按照："排查（发现）—认定—治理（控制）—验收—销号"的流程形成闭环管理。

③安全隐患治理应做到责任人员、措施、资金、期限和应急预案"五落实"。

④特别重大级、重大级安全隐患实行"一单四制"（隐患清单、交办制、台账制、销号制、通报制）和挂牌督办、分级负责制度。

⑤安全隐患排查治理工作执行上级对下级监督，同级间安全生产监督体系对安全生产保障体系进行监督的督办机制。

2）隐患的分类分级

①根据隐患的产生原因和可能导致安全事故事件类型，隐患可分为人身安全隐患、电力安全事故隐患、设备设施事故隐患、水利工程安全事故隐患、网络安全隐患、安全管理隐患和其他隐患等7类。

②根据隐患的危害程度，隐患分为特别重大级隐患、重大级隐患、较大级隐患、一般级事故隐患、较小级隐患。其中特别重大级、重大级隐患对应《中华人民共和国安全生产法》《关于进一步加强水利生产安全事故隐患排查治理工作的意见》《长江水利委员会重大生产安全事故隐患治理挂牌督办制度（试行）》中的"重大事故隐患"进行管理。

③特别重大级隐患指可能造成以下后果的安全隐患：

a. 人身安全隐患。可能导致30人以上死亡，或者100人以上重伤事故的隐患。

b. 电力安全事故隐患。可能导致发生《电力安全事故应急处置和调查处理条例》（国务院第599号令）规定的特别重大电力安全事故的隐患。

c. 设备设施事故隐患。可能造成直接经济损失1亿元以上设备设施事故的隐患。

d. 水利工程安全事故隐患。水工构（建）筑物及其附属设备设施存在《水利工程生产安全重大事故隐患清单指南（2021年版）》或《水电站大坝工程隐患治理监督管理办法》第六条规定的问题或缺陷，且经过分析论证，即使在采取控制水库运行水位、尽最大可能减低库水位等有效管控措施条件下，在设防标准内仍然可能导致溃坝的隐患。

e. 网络安全隐患。可能导致发生《国家网络安全事件应急预案》规定的特别重大网络安全事件的隐患；

f. 其他隐患。可能导致发生其他法律法规规定的特别重大事件、事故的隐患。

④重大级隐患是指可能造成以下后果的隐患：

a. 人身安全隐患。可能导致 10 人以上、30 人以下死亡,或者 50 人以上、100 人以下重伤事故的隐患。

b. 电力安全事故隐患。可能导致发生《电力安全事故应急处置和调查处理条例》(国务院第 599 号令)规定的重大电力安全事故的隐患。

c. 设备设施事故隐患。可能造成直接经济损失 5000 万元以上 1 亿元以下设备事故的隐患。

d. 水利工程安全事故隐患。水工构(建)筑物及其附属设备设施存在《水利工程生产安全重大事故隐患清单指南(2021 年版)》或《水电站大坝工程隐患治理监督管理办法》第六条规定的问题或缺陷。工程运行管理和作业活动存在《水利工程生产安全重大事故隐患清单指南(2021 年版)》中规定的隐患。

e. 网络安全隐患。可能导致发生《国家网络安全事件应急预案》规定的重大网络安全事件的隐患。

f. 其他隐患。可能导致发生其他法律法规规定的重大事件、事故的隐患。

⑤较大级隐患是指可能造成以下后果的隐患:

a. 人身安全隐患。可能导致 3 人以上、10 人以下死亡,或者 10 人以上、50 人以下重伤事故的隐患。

b. 电力安全事故隐患。可能导致发生《电力安全事故应急处置和调查处理条例》(国务院第 599 号令)规定的较大电力安全事故的隐患。

c. 设备设施事故隐患。可能造成直接经济损失 1000 万元以上 5000 万元以下设备事故的隐患。

d. 水利工程安全隐患。《水电站大坝工程隐患治理监督管理办法》中规定的较大工程隐患。

e. 网络安全隐患。可能导致发生《国家网络安全事件应急预案》规定的较大网络安全事件的隐患。

f. 安全管理隐患。依据有关法律法规规定,安全监督管理机构未成立或未配备专职安全管理人员,安全责任制未建立,安全管理制度、应急预案、安全培训缺失,安全生产标准化建设未开展,工程项目未办理工程质量监督手续,水电站大坝未开展安全注册和定期检查等隐患。

g. 其他隐患。可能导致发生其他法律法规规定的较大事件、事故的隐患。

⑥一般级隐患是指可能造成以下后果的隐患。

a. 人身安全隐患。可能导致 1~3 人以下死亡,或者 1~10 人以下重伤事故的隐患。

b. 电力安全事故隐患。可能导致发生《电力安全事故应急处置和调查处理条例》

（国务院第 599 号令规定）的一般电力安全事故的隐患。

c. 设备设施事故隐患。可能造成直接经济损失 100 万元以上 1000 万元以下设备事故的隐患。

d. 水利工程安全隐患。《水电站大坝工程隐患治理监督管理办法》中规定的一般工程隐患。

e. 网络安全隐患。可能导致发生《国家网络安全事件应急预案》规定的一般网络安全事件的隐患。

f. 安全管理隐患。依据有关法律法规规定,安全监督管理机构不健全,安全责任制不完善,部分安全管理制度、应急预案缺失,应急演练未开展,安全培训不到位等隐患。

g. 其他隐患。可能导致发生其他法律法规规定的一般事件、事故的隐患。

⑦较小隐患主要包括:可能导致发生《电力安全事件监督管理规定》中规定的电力安全事件,或者直接经济损失 10 万元以上 100 万元以下电力设备设施事故,或者人身轻伤,或者其他对社会造成影响的隐患。

3)隐患排查及发现

①根据国家有关规定和季节性特点,由各职能部门结合电站实际编制隐患排查计划及排查方案,采取定期排查、专项排查方式和其他方式进行。

②定期排查结合电站实际情况采取月度安全检查、节假日安全检查、季节性安全检查和日常安全隐患排查等方式进行。相关工作要求如下。

a. 安技部应每月组织各部门相关人员,通过开展设备巡视、重点部位点检、安全检查、设备运行分析、专项排查等活动,定期开展覆盖生产各系统和各岗位的事故隐患排查;原则上不少于每月一次,每月 27 日前完成。

b. 各部门应当每天安排相关人员进行巡检,对作业区域开展事故隐患排查。

c. 作业人员应当在每次开始作业前对本岗位危险因素进行一次安全确认,并在作业过程中随时排查预控事故隐患。

d. 重大节假日和春夏秋冬季节开展针对性检查前,结合月度隐患排查工作进行,在重大节假日前 10 天和季节内完成。

③专项排查是指根据国家、地方政府和行业主管部门以及公司要求,结合重点环节、重点专业或专项活动安排开展的隐患排查,隐患排查的组织、内容和频次由电站安技部根据实际情况确定。

④其他方式的隐患排查由安技部或各部门根据实际情况组织进行。

⑤隐患排查的内容包括两部分,即"通用排查重点内容"和"专业排查重点内容"。必要时各部门应结合法律法规和技术标准要求,结合单位实际编制事故隐患排查检查表。

⑥通用排查重点内容包括但不限于安全生产主体责任落实情况、隐患排查治理和

重大危险源辨识监控情况、安全教育培训情况、安全投入和安全"三同时"执行情况、工程项目安全管理和对承包队伍安全监督管理情况、应急管理情况、事件管理和责任追究情况等七大方面。具体要求详见附件5。

⑦专业排查重点内容应根据国家、地方以及上级单位对产业安全的法律法规、规章、标准和规定,由各专业管理部门或各单位在制定检查大纲和实施计划时制定。

4)隐患等级认定

①对于发现的事故隐患,由相关部门按"评估—核定"两个步骤认定等级。

②隐患等级认定应在客观因素最不利的情况下,按照其可能直接造成的最严重后果来认定。不同类型的隐患,应按照其可能导致不同等级事故(事件)的最严重程度认定。具体认定原则详见附件6。

③发现的隐患由排查活动负责人立即认定,若认定判断为较大级、一般级及较小级事故隐患,经部门负责人审核后,报安技部负责人核定确认,填写《事故隐患排查治理档案表》;若认定判断为特别重大级、重大级事故隐患,由安技部组织各部门采用专题会议形式进行评估,会议由分管安全生产工作副站长主持,站长、各部门负责人、相关专业技术人员等参加,会议应留有记录或会议纪要,初步核定确定等级并填写《事故隐患排查治理档案表》。

④初步核定的特别重大级和重大级隐患,应经站长签字确认后,按管理权限以电话、传真、电子邮件等形式立即报告集团公司安全生产监督管理部门进行最终核定。

5)隐患治理和控制

①隐患治理遵循分级负责的原则明确整改责任部门、责任人和整改时限,治理一项、验收一项,确保整改工作高标准高质量完成。对正在整改过程中的隐患和问题,要采取严密的监控防范措施,防止隐患酿成事故。

②较小级隐患由值班长组织立即整改(一般在3个工作日内完成),短时间内不能整改的应制定整改计划并采取控制措施。

③一般级隐患由负有管理职责的部门组织立即整改(一般在3个工作日内完成),短时间不能整改的应制定整改计划并采取控制措施。

④较大级隐患由负有管理职责的部门编制隐患治理方案,电站安技部组织审查,分管副站长负责审批,较大级治理方案一经确定,立即组织整改(一般在3个工作日内完成),短时间不能整改的应制定整改计划并采取控制措施。

⑤对于事故隐患排查中发现的重大级、特别重大级事故隐患和可能对生产经营、建设和社会造成较大影响的事故隐患,由站长负责组织制定事故隐患治理方案并监督实施,同时报公司各专业管理部门审查批准,接受各专业部门监督和指导。重大级和特别重大级隐患整改计划和方案,要做到整改资金、人员、时限、措施、应急预案"五落实"。

⑥隐患整改过程中,要采取严密的监控防范措施。隐患排除前或排除过程中无法

保证安全的，应当从危险区域内撤出作业人员，并疏散可能危及的其他人员，设置警示标志，暂时停产停业或者停止使用；对暂时难以停产或者停止使用的相关生产储存装置、设施、设备，应当加强维护和保养，防止事故发生。对短期内无法整改的重大隐患，如水库边坡变形、滑动超设计值等事故隐患，应制定和实施具体监控措施。电站定期对重大事故隐患动态监测信息进行统计、分析，并及时上报公司安全生产监督管理部门备案。

⑦对不能确保生产安全的特别重大级、重大级隐患，必须停产整改，整改结束后应经公司生产管理部门组织验收后方可恢复生产，相关情况报公司安全生产监督管理部门备案。

⑧特别重大级、重大级隐患治理期间，随时接受和配合集团公司、行业主管部门和地方政府的监督检查和挂牌督办。

⑨事故隐患治理应结合年度工程施工、技改、大修、检修维护、专项活动等进行，事故隐患治理所需资金应统一纳入安全生产费用管理计划。

6）隐患验收和销号

①较小级事故隐患整改完成后，由具有管理职责的部门组织验收，并填写《事故隐患排查治理档案表》和《安全隐患排查治理一览表》，报电站安技部进行销号登记，验收不合格的由责任部门督促所在班组重新制定整改措施进行整改。

②一般级和较大级事故隐患整改完成后，由责任部门进行自检，由电站相应分管副站长组织进行验收，并填写《事故隐患排查治理档案表》和《安全隐患排查治理一览表》，报电站安技部进行销号登记，验收不合格的由责任部门重新制定整改措施进行整改。

③重大级和特别重大级事故隐患整改完成后，由电站组织各部门进行自检，报集团公司专业管理部门组织验收。验收合格后填写《事故隐患排查治理档案表》和《安全隐患排查治理一览表》报公司安全生产监督管理部门销号登记。验收不合格的由电站组织各部门重新制定整改措施进行整改。上级单位和地方政府对重大级和特别重大级隐患治理验收有规定的，按其规定执行。

（8）隐患信息报送

1）信息时限要求

①排查出的特别重大级、重大级事故隐患和可能对生产经营、建设和社会造成较大影响的隐患，一日内经电站站长批准后及时上报至集团公司安全生产监督部门和相应专业管理部门。

②排查出的较大级、一般级及较小级事故隐患由电站组织各部门分析、治理并登记建档，每周一由电站安技部汇总后于周二上午前报送集团公司安全监督管理部门。

③未按照治理计划完成隐患治理，电站应在生产安全工作月报中说明原因。

2）信息统计归档要求

①各部门应按照"一患一档"的要求，建立各部门《事故隐患排查治理档案表》及《事

故隐患排查治理一览表》,安技部负责电站内事故隐患排查治理信息的汇总、统计、分析、数据录入等工作,形成电站《事故隐患排查治理档案表》及《事故隐患排查治理一览表》,经电站主要负责人审批后,每月 25 日前报送集团公司安全监督管理部门。

②每年 12 月 20 日前电站应将本年度隐患排查治理工作总结报送集团公司安全监督管理部门。

③事故隐患信息报送执行零报告制度,各部门应如实记录本部门隐患信息,确保数据准确并按时报送。事故隐患档案填写要规范、齐全,反映信息要准确,数据要保证完整性、准确性和唯一性。

④行业主管部门和地方政府对特别重大级、重大级事故隐患上报另有规定的,按其规定执行。

(9)考核与奖惩

1)考核

电站安技部负责对各部门和各岗位对本制度的执行情况,按照《某水电站综合考核管理办法》相关规定进行考核。

2)奖惩

①电站鼓励、发动员工及时发现和排除事故隐患,对发现、举报和排除事故隐患的人员,根据实际情况和电站有关制度规定给予表彰或奖励。

②安全生产隐患排查治理工作实行"谁管理、谁负责"的原则进行管理和责任追究。对因排查事故隐患不深入、不细致或对排查出的事故隐患整改措施不到位、责任不落实,致使事故隐患长期得不到整改引发生产安全事故的,依据相关法规规定和公司、电站制度要求严肃追究责任。

(10)附则

①本制度由电站安技部负责解释。

②本制度自发布之日起执行,原《某水电站生产安全事故隐患排查治理制度》(XX电〔2021〕70 号)同时废止。

附件:1. 生产安全事故、事件划分标准

2. 安全隐患排查治理档案表

3. 安全隐患排查治理一览表

4. 隐患排查治理管理流程图

5. 通用排查重点内容

6. 隐患等级认定基本原则

6.2　一种改进后的风险矩阵评价方法

水库(水电站)工程一般危险源风险评价办法
(一种改进后的风险矩阵法/LMECS法)

风险矩阵法(Risk Matrix)是一种能够综合评估定性危险发生的可能性和伤害的严重程度的风险评估分析方法。风险矩阵法常用一个二维表格对风险进行半定性分析,其优点是操作简便快捷,因此得到较为广泛的应用。

风险矩阵的基本思想是将风险(Risk)分解为严重程度(Severity)和可能性(Likelihood)两个可度量的量。其中严重程度(S)与经济损失、人员伤害、环境污染、法律法规触犯、声誉损失等因素相关。由于不同的主体对风险的承受能力不同,不同类型的后果或事件的特征也有很大不同,例如同样100万元等级的经济损失,小型私企可能将其严重性归于不可接受,而大型国企可能将其归于可以容忍,所以不同的主体应该定义自己的风险矩阵。其中严重程度(S)的分级,可能性(L)的分级,及风险的分级标准(R)都可以使用自己的标准。

风险由严重性和可能性共同决定,例如:发生概率是百年一遇,每次发生损失100万元的事件,与每年发生一次,每次损失1万元的事件,其风险可能相近。而一般情况下,危害事件的严重程度是固定不可控制的,如火灾风险,无论有什么防护措施,一旦防护失效火灾发生,则最终的损失和危害基本是固定的。而危害事件的可能性是可以控制的,如增加保护措施、增加人员维护等,一般可以降低危害发生的可能性,从而降低最终风险。

6.2.1　风险的定义

风险是指特定危害性事件发生的可能性和后果的结合。常将可能性 L 的大小和后果 S 的严重程度分别用表明相对差距的数值来表示,然后用两者的乘积反映风险程度 R 的大小。

风险矩阵法(LS法)的数学表达式为

$$R = L \times S$$

式中,R 为风险值;L 为事故发生的可能性;S 为事故造成危害的严重程度。

6.2.2　事故发生的可能性 L

构(建)筑物类、金属结构类、设备设施类危险源事故诱因发生的可能性主要取决于对于相应风险事故的管控措施情况(Measure)和运行周期内工作状态(Condition)。

作业类活动类、环境类危险源事故诱因发生的可能性主要取决于对于相应风险事故的管控措施情况（Measure）和暴露于危害（危险状态）的频繁程度或危害（危险状态）出现的频次（Equency）。

管理类危险源事故诱因发生的可能性主要取决于对于相应风险事故的管控措施情况（Measure）。

6.2.2.1　管控措施情况 M

对于相应风险事故（这里"事故"一词既包含"类型"的含义，如不良地质条件、渗流破坏、结构失稳、设备故障、系统故障、磨损、锈蚀、碰伤、灼伤、轧入、高处坠落、触电、火灾、爆炸等，也包含"程度"的含义，如大坝或设备报废、坝体局部破坏、控制运用、降等与报废、死亡、永久性部分丧失劳动能力、暂时性全部丧失劳动能力、仅需急救、轻微设备损失等）而言，无控制措施时发生的可能性较大，有减轻后果的应急措施时发生的可能性较小，有预防措施时发生的可能性最小。

常见的风险管控方式有降低风险、回避风险、转移风险、保留风险、风险补偿等，管控措施有管理措施、工程技术措施、教育培训措施、个人防护措施、应急处置措施等。控制措施的状态 M 的赋值见表 6.2-1。

表 6.2-1　　　　　　　　　　控制措施的状态 M 的取值表

M 值	控制措施的状态
25	未制定管控措施
12	各项管控措施均落实不到位
5	仅工程技术、个人防护管控措施制定不全面或落实不到位
2	仅管理、教育培训、应急处置管控措施制定不全面或落实不到位
1	各项管控措施均落实到位

6.2.2.2　暴露的频繁程度或危险状态出现的频次 E

暴露于危险状态的频繁程度越大，发生伤害事故的可能性越大；危险状态出现的频次越高，发生财产损失的可能性越大。暴露的频繁程度或危险状态出现的频次 E 的赋值见表 6.2-2。

表 6.2-2　　　　　　暴露的频繁程度或危险状态出现的频次 E 的取值表

E 值	暴露的频繁程度或危险状态出现的频次
100	连续暴露、常态
40	每天工作时间内暴露或出现
7	每周一次，或偶然暴露、出现
3	每月一次暴露、出现

E 值	暴露的频繁程度或危险状态出现的频次
2	每年几次暴露、出现
1	更少地暴露、出现

注:8h 不离工作岗位,算"连续暴露";危险状态常存,算"常态";8h 内暴露或出现一至几次,算"每天工作时间暴露或出现"。

6.2.2.3　运行周期内工作状态 C

构(建)筑物、金属结构、设备设施风险控制主要包括 2 个方面,一是自身的工作状态,二是风险管控措施。工作状态越良好,发生源自自身的风险事故亦越少。运行周期内工作状态 C 的赋值见表 6.2-3。

表 6.2-3　　　　　　　　　　　　运行周期内工作状态 C 的取值表

C 值	运行使用周期内工作状态	
	与汛期无关的危险源	与汛期相关的危险源
9	工作状态、条件差:三类坝,设备频繁故障,金结磨损、锈蚀严重,经常小修,偶尔大修,处于正常使用寿命后期阶段	当库水位大于设计水位运行时,可认为工作条件差
4	工作状态、条件较好:二类坝,金结、设备设施偶尔出现故障,偶尔小修	当库水位介于汛限水位与设计水位之间运行时,可认为工作条件较好
2	工作状态、条件良好:一类坝,金结、设备设施新,很少故障,仅需正常维修保养即可保证良好运行	当库水位低于汛限水位运行时,可认为工作条件好

6.2.2.4　构(建)筑物类、金属结构类、设备设施类危险源 L 取值

综合考虑相应风险事故的管控措施情况 M 和运行使用周期内工作状态 C,用两者的乘积值 X 所在的区间作为 L 取值的依据。X 值依据表 6.2-4 计算,L 值应按照表 6.2-5 取值。

表 6.2-4　　　　　　　　　　　　X 值计算表

管控措施情况 M	运行使用周期内工作状态 C		
	工作状态、条件好(2)	工作状态、条件较好(4)	工作状态、条件差(9)
未制定管控措施(25)	50	100	225
各项管控措施均落实不到位(12)	24	48	108

续表

管控措施情况 M	运行使用周期内工作状态 C		
	工作状态、 条件好(2)	工作状态、 条件较好(4)	工作状态、 条件差(9)
仅工程技术、个人防护管控 措施制定不全面或落实不到位(5)	10	20	45
仅管理、教育培训、应急处置管控 措施制定不全面或落实不到位(2)	4	8	18
各项管控措施均落实到位(1)	2	4	9

表 6.2-5　　　　　　　　构建筑物类、金属结构类、设备设施类危险源 L 值的取值表

X 值区间	事故发生的可能性	L 值
$X>110$	常常会发生	50
$45<X\leqslant110$	较多情况下发生	20
$8<X\leqslant45$	某些情况下发生	7
$2<X\leqslant8$	极少情况下才发生	3
$X\leqslant2$	一般情况下不会发生	2

6.2.2.5　作业类活动类、环境类危险源 L 取值

综合考虑相应风险事故的管控措施情况 M 和暴露于危害(危险状态)的频繁程度或危害(危险状态)出现的频次 E，用两者的乘积值 Y 所在的区间作为 L 取值的依据。Y 值依据表 6.2-6 计算，L 值应按照表 6.2-6 取值。

表 6.2-6　　　　　　　　　　　Y 值计算表

管控措施情况 M	主动暴露或危害出现频次 E					
	更少地 暴露、出现 (1)	每年几次 暴露、出现 (2)	每月一次 暴露、出现 (3)	每周一次、 或偶然暴露、 出现(7)	每天工作时 间内暴露或 出现(40)	连续暴露、 常态(100)
未制定管控措施(25)	25	50	75	175	1000	2500
各项管控措施均 落实不到位(12)	12	24	36	84	480	1200
仅工程技术、个人防护 管控措施制定不全面或 落实不到位(5)	5	10	15	35	200	500

续表

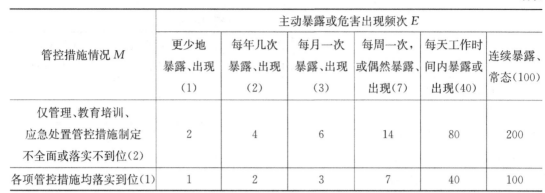

管控措施情况 M	主动暴露或危害出现频次 E					
	更少地暴露、出现(1)	每年几次暴露、出现(2)	每月一次暴露、出现(3)	每周一次，或偶然暴露、出现(7)	每天工作时间内暴露或出现(40)	连续暴露、常态(100)
仅管理、教育培训、应急处置管控措施制定不全面或落实不到位(2)	2	4	6	14	80	200
各项管控措施均落实到位(1)	1	2	3	7	40	100

注:1.8h 不离工作岗位,算"连续暴露";危险状态常存,算"常态";2.8h 内暴露或出现一至几次,算"每天工作时间暴露或出现"。

表 6.2-7　　　　　　　　作业类活动类、环境类危险源可能性 L 值的取值表

Y 值区间	事故发生的可能性	L 值
Y>480	常常会发生	50
40<Y≤480	较多情况下发生	20
7<Y≤40	某些情况下发生	7
2<Y≤7	极少情况下才发生	3
Y≤2	一般情况下不会发生	2

6.2.2.6　管理类危险源 L 取值

管理类危险源事故发生的可能性主要取决于对于相应风险事故的管控措施情况 M。管理类危险源事故发生的可能性 L 按照表 6.2-8 取值。

表 6.2-8　　　　　　　　　管理类危险源可能性 L 值的取值表

M 值	控制措施的状态	事故发生的可能性	L 值
25	未制定管控措施	常常会发生	50
12	各项管控措施均落实不到位	较多情况下发生	20
5	仅工程技术、个人防护管控措施制定不全面或落实不到位	某些情况下发生	7
2	仅管理、教育培训、应急处置管控措施制定不全面或落实不到位	极少情况下才发生	3
1	各项管控措施均落实到位	一般情况下不会发生	2

6.2.2.7　事故发生的可能性 L 取值过程与标准

L 值应由管理单位 3 个管理层级(分管负责人、部门负责人、运行管理人员)、多个相

关部门(运管、安全或有关部门)人员按照以下过程和标准共同确定。

①由每位评价人员根据实际情况和表,参照《某水电站工程运行一般危险源风险评价赋分表(指南)》初步选取事故发生的可能性数值(以下用 Lc 表示)。

②分别计算出 3 个管理层级中,每一层级内所有人员所取 Lc 值的算术平均数 $Lj1$、$Lj2$、$Lj3$;

其中, $Lj1$ 代表分管负责人层级; $Lj2$ 代表部门负责人层级; $Lj3$ 代表运行管理人员层级。

③按照下式计算得出 L 的最终值。

$$L = 0.3 \times Lj1 + 0.5 \times Lj2 + 0.2 \times Lj3$$

6.2.3　事故造成危害的严重程度 S

根据《水利部办公厅关于印发水利水电工程(水电站、泵站)运行危险源辨识与风险评价导则(试行)的通知》(办监督函〔2020〕1114 号)附件 4《一般危险源风险评价方法—风险矩阵法(LS法)》,对于坝后式水电站综合考虑水库水位 H 和工程规模 M 两个因素,用两者的乘积值 V 所在区间作为 S 取值的依据;除坝后式水电站外,在分析水电站、泵站工程运行事故所造成危害的严重程度时,以工程规模或等别作为 S 取值的依据。

《水利部办公厅关于印发水利水电工程(水电站、泵站)运行危险源辨识与风险评价导则(试行)的通知》(办监督函〔2020〕1114 号)主要考虑水库大坝失事造成的危害、后果,并据此对 S 进行赋值。对于具体某个水利工程而言,工程规模 M 基本不会发生变化,工程规模 M 实则为常量,也即为静态评价指标;如果工程规模 M 代表风险能量的大小,则水库水位 H 可作为衡量风险能量大小的比例系数。

危险源分 6 个类别,分别为构(建)筑物类、金属结构类、设备设施类、作业活动类、管理类和环境类。①构(建)筑物类(水电站)包括挡水建筑物、引(输)水建筑物、尾水建筑物、厂房、升压站、开关站、管理房等;②金属结构类包括闸门、阀组、拦污与清污设备、启闭机械、压力钢管等;③设备设施类包括机组及附属设备、电气设备、辅助设备、特种设备、管理设施等;④作业活动类包括作业活动、检修、试验检验等;⑤管理类包括管理体系、运行管理等;⑥环境类包括自然环境、工作环境等。

6 个危险源类别中,对于与水库大坝挡水建筑物结构安全、防洪调度直接相关的危险源,如拦河坝、泄洪闸门、闸控系统、启闭机械、大坝安全监测系统、应急预案、调度规程、防汛抢险物资等,且具体伤亡人数和经济损失无法直接量化统计的危险源,根据水库水位 H 所在区间作为 S 取值的依据。 S 值应按照表 6.2-9 取值。

表 6.2-9　　　　　　　与大坝挡水结构安全防洪调度有关危险源 S 值的取值标准表

水库水位 H	危害程度	S 值
校核洪水位＜H	灾难性的	25
设计洪水位＜H≤校核洪水位(144.56m)	重大的	12
汛限水位＜H≤设计洪水位(143.5m)	中等的	5
死水位＜H≤汛限水位(125.0m)	轻微的	2
H≤死水位(112.0m)	极轻微的	1

6 个危险源类别中,对于与水库大坝挡水建筑物结构安全、防洪调度无关的危险源,如管理房、消防设施、照明设施等,且伤亡人数和经济损失可量化统计的危险源,根据某水电站安全生产管理目标对 S 进行赋值,见表 6.2-10。

表 6.2-10　　　　　　　与大坝挡水结构安全防洪调度无关的危险源 S 值取值表

生命、经济损失	危害程度	S 值
造成 30 人及以上死亡,或者 100 人以上重伤或中毒,或者 1 亿元以上直接经济损失	灾难性的	25
造成 10～29 人死亡,或者 50～99 人重伤或中毒,或者 5000 万元以上 1 亿元以下直接经济损失	重大的	12
造成 3～9 人死亡,或者 10～49 人重伤或中毒,或者 1000 万元以上 5000 万元以下直接经济损失	中等的	5
造成 1～3 人以下死亡,或者 1～10 人以下重伤或中毒,或者 100 万元以上 1000 万元以下直接经济损失	轻微的	2
无人员死亡、致残或重伤,或 100 万元以下直接经济损失	极轻微的	1

6 个危险源类别中,对于与水库大坝挡水建筑物结构安全、防洪调度无关且伤亡人数和经济损失又不可量化统计的危险源,3 个管理层级(分管负责人、部门负责人、运行管理人员)、多个相关部门(运管、安全或有关部门)人员根据表 6.2-11 危害程度的定性描述对 S 进行打分后,取平均值作为 S 值的最终分值。

表 6.2-11　与水库大坝挡水建筑物安全稳定无关且伤亡人数和经济损失又不可量化统计危险源 S 值的取值表

项目	灾难性危害	重大危害	中等危害	轻微危害	极轻微危害
S 值	25	12	5	2	1

6.2.4　一般危险源风险等级划分

按照上述内容,选取或计算确定一般危险源的 L、S 值,由式(1)计算 R 值,再按照表 6.2-12 确定风险等级。

表 6.2-12   一般危险源风险等级划分标准

R 值区间	风险程度	风险等级	颜色标示
$R>250$	极其危险	重大风险	红
$40<R\leqslant250$	高度危险	较大风险	橙
$5<R\leqslant40$	中度危险	一般风险	黄
$R\leqslant5$	轻度危险	低风险	蓝

6.2.5 风险矩阵图

某水电站一般危险源风险矩阵见表 6.2-13。

表 6.2-13   某水电站一般危险源风险矩阵

危害	一般情况下不会发生($L=2$)	极少情况下才发生($L=3$)	某些情况下发生($L=7$)	较多情况下发生($L=20$)	常常会发生($L=50$)
灾难性灾难($S=25$)	50	75	175	500	1250
重大灾难($S=12$)	24	36	84	240	600
中等灾难($S=5$)	10	15	35	100	250
轻微灾难($S=2$)	4	6	14	40	100
极轻微灾难($S=1$)	2	3	7	20	50

6.3 某水库运管单位风险防控清单样式

《安全风险管控清单》填表说明

【当前水库水位】填写当前的水库水位,不加单位,如"126",请勿填写"126m"或"126米"。

【填写时间】已写入函数,此栏不填。

【编号】请按照"一源一号",顺序填写。

【名称】填写具体风险点(危险源)名称。

【所在位置】填写风险点的具体位置。

【所属系统】填写风险点所属系统,如发电机系统、闸门系统、消防设备设施、标识系统等。

【危险或事故诱因】描述风险点可能存在的风险情况,如灭火器"罐体腐蚀变形、喷嘴变形破裂、软管堵塞、压力表指针指示异常、压力手柄断裂等"。

【可能导致的后果】填写风险点在危险或事故诱因发生的情况下所可能导致的直接后果,如火灾、爆炸、触电等。

【目前状态】填写设备设施、金属结构、构（建）筑物类、作业活动类风险点当前状态存在的问题。

【工程技术措施】填写为防范当前风险点发生事故，电站可采取的工程技术措施，如机械转动装置加装防护罩、电气设备接地等。

【管理措施】填写为防范当前风险点发生事故，电站应具备的管理制度、制度执行情况和必要的管理手段。

【教育培训措施】填写为防范当前风险点发生事故，电站可采取的教育培训措施，如岗前培训、定期安全教育、特种作业人员持证上岗考试培训等。

【个人防护措施】填写为防范当前风险点发生事故，电站可采取的个人防护措施，如正确穿戴防护用品和使用防护装置。齐全工（器）具等。

【应急处置措施】填写当前风险点一旦发生事故，电站采取的应急处置措施，如编制应急预案、定期进行演练、储备应急物资、掌握应急知识等有关内容。

【管控措施制定落实情况】针对上述5种管控措施，具体评价该风险点管控措施制定落实情况。该栏为选择填写，从下拉列表中选择一种当前管控措施情况填写。

【工作状态】填写设备设施、金属结构、构（建）筑物等各类风险点当前的工作状态，该栏为选择填写，从下拉列表中选择一种当前工作状态填写。

【暴露频繁程度】填写人员暴露在周边环境、运行检修活动类风险点中的频次，该栏为选择填写，从下拉列表中选择一种填写。

【是否与汛期相关】填写该风险点是否与库区水位或汛期相关，从下拉列表中选择"是"或"否"填写。若填写"是"，则清单后续列均不需填写；若填写"否"，则需继续填写下一列。

【可能造成的死亡、重伤、中毒、直接经济损失】若该风险点与库区水位及汛期不相关且损失情况能够统计，则需填写该风险点发生事故后可能造成的人员伤亡和直接经济损失情况。该栏为选择填写，从下拉列表中选择一种填写。

【风险值】根据可能性判断和严重性判断有关选项，自动计算当前危险源风险值。

【风险等级和管控层级】此处不需填写，在上述内容填写完毕后，会自动显示出该风险点风险等级、相应管控层级并用对应底色标示出其风险等。

【责任部门和人员】填写风险点对应的管控部门、主要的现场管控人员，可参考"电站设备主人制"。填写责任人日常联系电话。

某水库(水电站)安全风险分级管控清单格式

构建筑物类/设备设施类/金属结构类/安全风险分级管控清单

当前库水位				填写时间													
风险点(危险源)		危险源特征		风险分析	管控措施					可能性判断(L)			严重程度(S)		风险值(R或D)	风险等级	管控层级	责任部门和责任人
编号 名称	所在位置	所属系统	可能导致的事故诱因(物的不安全状态及后果)	目前状态	工程技术措施	管理措施	教育培训措施	个人防护措施	应急处置措施	管控措施制定落实情况(M)	工作状态(C)	暴露频繁程度(E)	是否与汛期相关	可能造成的死亡、重伤、中毒、直接经济损失				
1 2# 机组调速器机械柜	2# 机组发电机层	2# 机组调速器系统及油压装置																

注:该表供危险源信息收集及制定风险清单使用,每季度末月20日前以电子版形式报送安技部汇总。

6.4 某水库运管单位风险评估报告大纲

安全风险评估报告编制大纲

编制风险评估报告的基本要求:结构完整、数据可靠、方法合理、内容翔实、结论清晰、措施可行。有条件的单位或部门可组织专家评审,形成评审意见。风险评估报告的基本框架包含:封面(注明编制单位名称)、目录、正文和附件4部分内容。其中,正文内容应基本包括以下几个方面:

1 总则

    1.1 风险评估目的

    1.2 风险评估范围

    1.3 风险评价依据

2 工程简介

    2.1 工程概况

    2.2 工程运行管理情况

    2.3 管理单位安全生产基本情况

3 安全风险评估程序与方法

    3.1 安全风险评估程序与内容

    3.2 危险源辨识分析方法

    3.3 风险评价方法

4 危险源辨识与风险分析

    4.1 重大危险源辨识与分析

    4.2 一般危险源辨识与分析

5 危险源风险等级评价

    5.1 重大危险源风险等级评价

    5.2 一般危险源风险等级评价

6 安全管控措施及应急预案建议

7 安全风险评估总结

8 附件

6.5 某水库重点部位风险告知卡样式

(1)坝顶区域

危险源名称	坝顶门机	危险和事故诱因（物的不安全状态）		
风险等级	较大风险	结构件、螺栓、钢丝绳、卷筒、滑轮、钢轨等存在裂纹、锈蚀、变形、磨损和其他缺陷，紧固件松动脱落；吊钩缺少防脱钩装置；钢丝绳在卷筒上未整齐排列；司机室护栏、连锁装置、照明、控制按钮存在缺陷，室内降温装置功能异常，未铺设防滑的非金属隔热材料；通道平台宽度和临边防护不满足要求；制动器损坏、磨损严重或存在油污；电气设备绝缘老化失效，接地装置不良；未设置防雷设施；声光报警和照明装置出现问题；限位器、幅度指示器、缓冲器等安全防护装置损坏或失效；未定期进行检测或检验等		
		可能导致的事故及后果	设备损坏、起重伤害、触电、火灾、雷击	
		主要安全管控措施		
		工程技术措施	1.门式起重机设计、制造、安装满足相关规范要求。2.设置有照明、声光报警装置、行程限位开关、紧急开关、超载限制器、临边防护栏杆、吊钩安全工程技术措施卡、轨道端部挡板、滑触线挡板、缓冲器、扫轨板、转动部位防护罩、驾驶室灭火器、驾驶室绝缘垫等安全防护装置和用品	
安全标志		管理措施	1.根据国家和地方有关规范的要求，制定和完善起重机运行操作、定期检查和维护保养等方面的制度规程，严格按规程操作并严格执行十不吊准则，定期巡视检查，纳入年度检修计划，发现问题及时上报处理和维护。2.定期由特种设备检验机构按照安全技术规范要求进行检验，并注册登记。3.在起重机适当位置装设标示和铭牌，在合适的位置或工作区域设置明显可见的"严禁站人、作业半径注意安全"等文字安全警示标语	
当心吊物 当心触电 禁止停留		教育培训措施	1.按照某电站制度要求开展三级安全教育和日常安全培训，帮助责任人员熟悉结构和操作知识。每次巡视检查、日常监视、维护检修作业班前班后，开展安全技术交底。2.设备操作人员取得特种设备操作资格证书	
必须戴安全帽		应急处置措施	1.制定和完善《大型机械、特种设备事故应急预案》《起重伤害类事故现场处置方案》等，发生事故立即上报，关闭电源组织抢救，根据情况开展人工呼吸、心肺复苏、包扎止血和固定措施，并及时送医。2.存放一定量的电气类灭火器、固定支架、急救药品和担架，定期开展演练，并做好记录	
管控层级/责任部门	电站级/生产部			
管控负责人				
应急电话				

危险源名称	柴油发电机组	危险和事故诱因（物的不安全状态）		
风险等级	一般风险	柴油发电机机油泄漏；蓄电池电池漏液或故障；冷冻液泄漏；接地装置松动和接线不牢固；风扇防护罩破损或不稳固；紧固件松动；控制柜内接线松动；导线绝缘层损坏；柜体不牢固；油箱锈蚀、渗漏；废气排出管道破损；减噪设备故障等		
		可能导致的事故及后果	触电、机械伤害、腐蚀、火灾、摔伤、中毒窒息、影响全厂供电	
		主要安全管控措施		
		工程技术措施	1.传动部位设置安全防护罩，设置有通向室外的排烟装置，发电机底座减震设施完好。2.在柴油发电机室配备噪声耳塞，室内布局能够满足正常操作和通行。3.将控制元器件等封闭、隔离在固定、绝缘的柜体中	
安全标志		管理措施	1.根据国家和地方有关规范的要求，制定完善运行操作规程、巡视检查制度和维护检修规程。进出柴油发电机室按规定办理钥匙借用手续，进出禁止携带火种。2.定时、定点进行巡视检查和日常监视，发现设备故障时及时上报处理和维护，无法处理的及时通知检修人员处理。每月开机一次检查设备运行状况，汛期每月2次检查设备运行状况。3.制定年度检修计划，定期进行检修和各类检测试验，并做好验收和记录。4.在合适的位置或工作区域设置明显可见的文字安全警示标语	
当心触电 当心机械伤人 当心腐蚀		教育培训措施	1.定期开展三级安全教育和日常安全培训，帮助责任人员熟悉结构和操作知识。每次巡视检查、日常监视、维护检修作业班前班后，开展安全技术交底，明确巡查重点、危险点和预控措施。2.运行和维护检修工作人员取得特种作业资格证书	
当心火灾 禁止烟火 必须接地		应急处置措施	1.制定火灾、机械伤害、中毒窒息、全厂断电等方面应急预案或处置方案，定期组织演练。2.现场存放一定量的二氧化碳和干粉灭火器、正压式呼吸器、急救药品和担架。事故发生后立即报告，若有人员受伤立即送医。为防止事故扩大，应立即切断电源	
管控层级/责任部门	部门级/生产部			
管控负责人				
应急电话				

某水电站安全风险告知卡

危险源名称	大坝上下通行电梯	危险和事故诱因（物的不安全状态）		
风险等级	一般风险	电梯井进水、渗水;结构件、螺栓、钢丝绳、卷筒、滑轮、钢轨等存在裂纹、锈蚀、变形、磨损和其他缺陷,紧固件松动脱落;限位装置损坏或不灵敏;缺少限重和安全警示标志;未张贴应急救援电话;违规操作电梯;未定期进行检测或检验等		

		可能导致的事故及后果	设备损坏、夹伤、坠落伤害	
		主要安全管控措施		

安全标志	工程技术措施	1.电梯的设计、制造、安装满足《电梯制造与安装安全规范》（GB/T 7588—2020）的有关要求。 2.设置有刹车、限位开关、越程开关、缓冲器、安全钳、限速器、门联锁、安全接地装置、电梯门感应装置、报警和救援装置等安全装置
当心夹手　当心挤压　当心缝隙 禁止倚靠　必须戴安全帽	管理措施	1.根据国家和地方有关规范的要求,制定和完善电梯安全管理和检查制度。 2.电梯具有出厂检验合格证,安装施工检验合格并注册登记后方可使用。 3.发现磨损、锈蚀、变形、安全防护装置缺失等异常情况及时上报、处理和维护;电梯存在问题时及时委托具有资质的机构进行检修维护,消除设备隐患。 4.由特种设备检验机构至少每年进行一次检验,未经检验或者检验不合格的禁止继续使用。 5.电梯内部悬挂当心夹手、禁止强行开门等警示标志和应急处置措施
管控层级/责任部门	教育培训措施	1.对电站新进人员开展三级安全教育,帮助其了解电梯存在的风险和应急处置措施。 2.电梯维护和保养人员应经过专门培训,取得相应特种设备操作资格证书和特种作业证书
部门级/生产部		
管控负责人	应急处置措施	1.制定和完善电梯事故、机械伤害、坠落伤害等方面应急预案或处置方案,并定期开展演练。 2.电梯故障时,及时通知管理部门,被困后保持冷静,切勿扒开电梯门,及时拨打电梯报警电话等待救援。 3.现场存放一定电气类灭火器、固定支架、急救药品和担架
应急电话		

某水电站安全风险告知卡

危险源名称	1#~5#泄水表孔工作闸门、埋件及止水	危险和事故诱因（物的不安全状态）		
风险等级	一般风险	闸门门体、埋件、吊耳、吊座、锁定梁等结构存在变形、裂纹、脱焊、锈蚀及损坏现象;闸门门槽存在卡堵、气蚀等情况;闸门支承行走机构部件存在变形、锈蚀、损坏情况,运转机构不灵活;闸门开度传感器及上、下行程限位开关装置失效;闸门止水设施存在老化、破损和渗漏情况;闸下水流流态异常		

		可能导致的事故及后果	影响闸门门启闭、设备损坏、洪涝灾害、高处坠落	
		主要安全管控措施		

安全标志	工程技术措施	1.闸门启闭设备配置有开度传感器及上、下行程限位开关装置;主要构件之间设置安全走道和爬梯,爬梯设有防护笼,弧形闸门支臂上宜设扶手栏杆;闸门槽、铰座平台周围设置防护栏杆,通气孔保持通无阻,通气孔进口处设置安全格栅。 2.闸门的制造、安装和验收符合国家有关规范和设计要求。 3.出现变形、裂纹、锈蚀、破损、堵塞等情况,及时查明原因,采取刷防锈涂层、更换老化止水设施或部件、清除杂草贝类生物等技术处置措施
当心坠落　必须戴安全帽　必须系安全带	管理措施	1.根据《水工钢闸门和启闭机安全运行规程》要求,制定运行操作、巡回检查、设备管理和挂牌、定期试验和轮换、维修养护、等级评定等制度。定期开展巡视检查,闸门每月一次日常检查。 2.根据制度要求和运行调度指令进行闸门操作,开启前提前进行坝区预警,逐级控制泄流。 3.根据制度规定定期进行维护保养,每年不少于一次,设备存在故障无法恢复正常工作时应及时进行检修。需要外委单位作业的,应委托具备相应资质的单位承接工作,并与其签订安全协议。 4.按照有关规范要求宜每5年进行一次设备管理等级评定、安全检测与评价工作,评价为不安全的及时进行除险加固或更新改造
管控层级/责任部门	教育培训措施	1.对水工部新进人员开展三级安全教育,不定期举办各种培训考试等活动,在闸门操作、检修作业、巡视检查作业班前班后,工作负责人对参与人员进行交底,接受交底人员签名确认。 2.闸门操作人员经培训合格后上岗作业,焊接、无损探伤等检修作业人员应具备相应的作业资格证书
部门级/水工部		
管控负责人	应急处置措施	1.制定和完善闸门和启闭机安全运行专项预案,宜在每年汛期、冰期前开展演练。 2.在坝顶或仓库储备有闸门和启闭设备抢险所需的备品备件、物资和设备设施
应急电话		

某水电站安全风险告知卡

危险源名称	1#~5#表孔启闭机及现地控制设备
风险等级	低风险

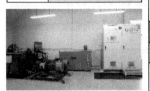

危险和事故诱因（物的不安全状态）	
启闭机房不干净整洁；机房门窗、玻璃、照明不完好;高度指示器指示高度与闸门实际高度偏差不满足设计要求;启闭过程存在卡阻、冒烟、跳动、异常振动等现象;转动轴未及时润滑;油箱、油泵、阀组、压力表及管路连接处发生渗漏;液压油、吸湿空气滤清器干燥机发生变色、异味、沉淀情况;应急装置或手动装置及连锁机构工作不可靠;启闭机机架、油缸、活塞杆、连接螺栓等结构出现变形、松动、裂纹、腐蚀等现象；油量、油质不满足规范要求；启闭机开度指示、荷载限制、行程限位开关等保护装置失效；转动部件缺少防护罩；现场未配备消防器材	
可能导致的事故及后果	影响闸门启闭、设备损坏、洪涝灾害、高处坠落
主要安全管控措施	

安全标志	

工程技术措施	1.根据相关规范的要求，设置必要的开度指示、载荷限制、行程限位等启闭机保护装置。 2.齿轮、皮带等转动部件应加设防护罩；电气设备周围保留0.5m以上的安全通道;启闭机周围的人梯、人行平台应连续完整，周围设置防护栏杆，垂直爬梯设置防护笼。启闭机室应配置消防器材。 3.保持运行环境干净整洁，无鸟巢、蜂窝、蛛网，门窗无漏水，设置必要的照明设施。 4.定期对液压油杂质、水分检验过滤，达不到要求时，及时更换，存在异常及时停机检修
管理措施	1.根据有关国家法规和规范要求，制定和完善运行操作、巡回检查、设备管理和挂牌、定期试验和轮换、设备等级评定等管理制度，定期开展巡视检查，至少每月1次日常巡查，每年2次定期巡查。 2.根据制度要求和运行调度指令进行操作，作业前开具工作票，开启高度满足调度和运行安全要求，操作后及时填写操作记录，出现异常立即停机。开启前提前进行坝区预警，逐级控制泄流。 3.设备维护每年不少于一次，并委托有资质单位承接工作，签订安全协议，并根据需要派人监督。 4.按照有关规范要求至少每5年开展一次设备管理等级评定、安全检测与评价工作，评价为不安全的及时进行除险加固和更新改造
教育培训措施	1.对员工开展三级安全教育，不定期举办各种安全培训、考试等活动，帮助员工掌握基本知识。在启闭机操作、检修作业、巡视检查作业班前班后，工作负责人对参与人员就风险分析和预控措施进行交底，接受交底人员签名确认。 2.闸门运行工经培训合格后上岗作业，电工、焊工等检修作业人员应具备相应的作业资格证书
应急处置措施	1.制定和完善钢闸门和启闭机安全运行、机械伤害、火灾等方面的应急预案和方案，定期开展演练。 2.在坝顶或仓库储备有闸门和启闭设备抢修所需的备品备件、物资、设备设施和急救药品

管控层级/责任部门	班组级/生产部
管控负责人	
应急电话	

某水电站安全风险告知卡

危险源名称	坝顶临边、临水部位和各类闸门、吊物井孔洞
风险等级	低风险

危险和事故诱因（环境的缺陷）	
临边、临水部位和孔洞防范措施不到位	
可能导致的事故及后果	高处坠落、淹溺
主要安全管控措施	

安全标志	

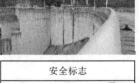

工程技术措施	坝顶临边、临水部位设置安全防护栏杆，闸门吊物井孔洞布置安全警示线、盖板和防护栏杆，临水区域放置救生圈等落水救人设备
管理措施	1.制定和完善《某水电站新、改、扩建工程安全三同时管理制度》和巡视检查制度，定期对临边临水部位安全设施开展巡视检查，发现问题做好记录。 2.按照有关维护保养制度的要求，对存在缺陷的防护栏杆和盖板进行更换，不清晰的警示标线重新涂刷。 3.临边、临水部位悬挂挂禁止翻越、当心落水等安全警示标识
教育培训措施	1.对新进人员开展三级安全教育，不定期开展专题讲座、技术培训等活动，就高处坠落、溺水相关案例进行培训。 2.开展巡视、操作检修作业前，在班前会进行技术交底，禁止破坏和翻越安全设施
应急处置措施	1.制定和完善《人身事故应急预案》《高处坠落类伤亡事故现场处置方案》并定期开展演练。 2.针对高处坠落、溺水情形配备必要的应急药品，如碘伏、医用酒精等，以及安全带、安全绳、救生圈等防护用具

管控层级/责任部门	班组级/生产部
管控负责人	
应急电话	

（2）各类隧洞或廊道区域

LHPC 水电公司　某水电站安全风险告知卡

危险源名称	大坝EL90m交通排水廊道老鼠、蛇、蝙蝠等危险动物	危险和事故诱因（环境的缺陷）	
风险等级	一般风险	危险动物进入廊道工作区且被进入的工作人员激怒	
		可能导致的事故及后果	咬伤、中毒
		主要安全管控措施	
	工程技术措施	针对外来生物进入工作区域给工作人员带来危险情形制定必要工程技术措施，如廊道口设置门禁、铁栅栏，配备捕蛇捕鼠工具，投放雄黄驱蛇药，廊道入口安装声光波驱除蝙蝠装置等	
安全标志	管理措施	1.制定和完善某水电站各类巡视检查制度、规程，对廊道内遭遇蛇、蝙蝠等危险动物时，明确相应的预防和处置措施，如巡视路线配置木棍、雄黄药丸等，碰到毒蛇建议采取"之"字形路线撤退，行进路线用木棍敲打振动；遭遇蝙蝠用灯光照射驱赶等。2.设置必要的风险告知、警示标识，提醒作业人员注意安全	
注意安全　当心动物　必须戴安全帽	教育培训措施	1.对单位新进人员开展三级安全教育或不定期开展安全培训，对危险动物的基本知识、预防、现场处置和应急救治措施开展培训。2.开展巡视作业前，在班前会就有关防范措施进行交底	
	教育培训措施	1.配备安全帽、工作服、木棍、雄黄驱虫药剂、强光手电筒等防护用具	
管控层级/责任部门	部门级/水工部		
管控负责人		应急处置措施	1.针对蛇虫等危险生物伤害制定相应的应急预案或现场处置方案，定期开展演练。2.配备必要的应急药品，如碘伏、医用酒精、绑扎带、蛇毒血清等。被咬伤后应立即安排车辆送往救治机构，可采取临时措施排除毒液，并及时扎紧
应急电话			

LHPC 水电公司　某水电站安全风险告知卡

危险源名称	大坝EL90m交通排水廊道内有害气体（CO_2）	危险和事故诱因（环境的缺陷）	
风险等级	一般风险	廊道内部通风不畅，二氧化碳等有害气体聚积	
		可能导致的事故及后果	中毒、窒息
		主要安全管控措施	
	工程技术措施	1.按照国家规范和设计要求，在廊道内设置抽排风机和通风管道，实现廊道内外空气循环，必要时放置氧气瓶等急救设施。2.必要时可在廊道内补充设置有害气体监测装置，可采用固定式检测仪与手持式检测设备配合的方法，在有害气体容易聚集的区域设置固定式检测仪，人员通过时利用手持式检测设备定期巡查廊道，实现对有害气体的长效监控	
安全标志	管理措施	1.制定和完善某水电站通风系统运行操作规程、检修规程，并按照规程的要求，定期对通风设备进行维护保养和检修，确保设备运行正常。2.制定和完善《水工日常观测和巡视制度》《水工巡视检查规程》，为巡视检查人员配备便携式有害气体检测仪，巡视时对廊道内的气体浓度进行监测并做好记录，巡视过程保证2人同行。3.在廊道醒目位置悬挂当心窒息、注意通风等警示标识	
注意安全　当心窒息　必须戴安全帽	教育培训措施	1.对单位新进人员开展三级安全教育，不定期开展安全培训活动，帮助其掌握有害气体基本知识，就轴流风机、手持式气体检测仪的使用和中毒窒息情况的现场处置、应急救治措施开展培训。2.开展巡视作业前，在班前会就有关防范措施进行交底	
注意通风	个人防护措施	配备手电筒、手持式气体检测仪	
管控层级/责任部门	部门级/水工部		
管控负责人		应急处置措施	1.制定和完善《人身事故应急预案》和《中毒窒息事故现场处置方案》，定期开展应急演练。2.配置必要的应急药品、氧气瓶等物资，救援人员应掌握心肺复苏等基本应急技能
应急电话			

LHPC
水电公司

某水电站安全风险告知卡

危险源名称	大坝EL90m交通排水廊道步梯	危险和事故诱因（环境的缺陷）		
风险等级	一般风险	楼梯湿滑、楼梯两边缺少扶手		
		可能导致的事故及后果	高处坠落、摔伤	
		主要安全管控措施		
		工程技术措施	1.楼梯设置扶手，同时临边部位设置符合规范要求的安全防护栏杆，栏杆基础牢固无缺陷；踏步间距要符合人机工程学和相关规范要求。 2.若长期处在湿滑、积水状态，必要时踏步应增加防滑条、防滑垫等	
安全标志 当心滑倒 当心跌落 必须穿防滑鞋		管理措施	1.制定和完善《某水电站新、改、扩建工程安全三同时管理制度》和各类巡视检查制度，定期对楼梯安全栏杆开展巡视检查，发现问题做好记录。并按照有关维护保养制度的要求，对存在缺陷的防护栏杆进行更换。 2.制定和完善《某水电站环境卫生管理制度》，定期对楼梯积水、苔藓等进行清扫。 3.设置湿滑、高处坠落等安全警示标识	
		教育培训措施	1.对单位新进人员开展三级安全教育，不定期开展安全培训活动，就高处坠落、摔伤相关案例进行培训。 2.开展巡视作业前，在班前会进行技术交底，禁止破坏和翻越安全设施	
管控层级/责任部门	部门级/水工部	应急处置措施	1.制定《人身事故应急预案》《高处坠落类伤亡事故现场处置方案》，定期开展应急演练。 2.针对高处坠落、摔伤情形配备应急碘伏、医用酒精等药品，必要时立即送医	
管控负责人				
应急电话				

（3）检修或渗漏集水井区域

LHPC
水电公司

某水电站安全风险告知卡

危险源名称	大坝1号、2号集水井	危险和事故诱因（物的不安全状态）		
风险等级	低风险	集水井墙体结构开裂、渗漏；集水井水位不正常		
		可能导致的事故及后果	结构破坏、设备损坏、廊道积水	
		主要安全管控措施		
		工程技术措施	1.按照《某水电站水工日常观测和巡视制度》《某水电站水工巡查检查规程》的要求，当发现有害建筑物安全的重要裂缝或缺陷时，应报告上级，临时埋设简易设施进行观测。 2.对裂缝及渗水点加强变形、沉降和渗透的安全监测和分析，若进一步发展，邀请专家召开专题会议，编制处置方案，按照方案要求采取灌浆、封堵等方法修补	
安全标志 当心滑倒 禁止堆放 必须戴安全帽		管理措施	1.按照国家、地方相关法规标准的要求及时制定和完善水工建筑物维护、巡视观测、安全监测等制度和规程，定期开展巡视检查。正常巡检每月开展2次，汛期巡检每月开展3次，年度巡检每年不少于2次，特殊巡检加密为每周2次；巡视检查后认真填写检查记录，发现问题按制度、规程要求及时上报、处理、验收和存档备案。 2.定期对大坝安全监测的资料进行整编分析，对存在异常的部位组织专家分析研判。 3.需要外委单位作业的，应与外委单位签订安全协议，并根据需要派人监督。 4.运行管理期间应每隔6~10年对大坝组织一次安全鉴定	
		教育培训措施	1.对水工部新进人员开展三级安全教育，加强风险意识和对安全风险分级管控认识的培训。就《水库大坝安全管理条例》《混凝土坝养护修理规程》《混凝土坝安全监测技术规范》及某水电站巡检检查、安全监测和维护管理制度规程等知识开展宣贯培训。 2.每次班前班后及巡视检查前，明确巡查重点。开展安全技术交底，并签字确认	
管控层级/责任部门	班组级/水工部	应急处置措施	1.制定和完善《某水电站防汛与抢险规程》《某水电站水库大坝安全管理应急预案》《垮坝事故应急预案》，定期开展演练。 2.如排水能力不够，增加临时排水泵；如廊道被淹，断开廊道各类电源。组建应急队伍，配备一定的抽水泵、编织袋、防汛沙袋等物资	
管控负责人				
应急电话				

某水电站安全风险告知卡

危险源名称	大坝渗漏排水系统潜水泵及管道
风险等级	一般风险

危险和事故诱因（物的不安全状态）	
管道、水泵基础不牢固，紧固件松动；水泵电机运行声音和振动异常；水泵电气设备接地不良，电气接线存在过热和松动现象；相关阀门位置开合不到位，管道和水泵存在漏水、卡阻现象；水泵压力指示表显示不正常;管道、阀门、水泵锈蚀等	
可能导致的事故及后果	触电、火灾、设备损坏、水淹廊道
主要安全管控措施	
工程技术措施	1.水泵设计排水能力满足渗漏排水量的工作要求，备用泵的总排水量不小于工作泵总排水量的50%。 2.水泵和电机连接轴端转动部件防护设施完好，保护罩和接地装置完好。 3.集水井铺设有盖板
管理措施	1.根据国家和地方有关规范的要求，制定和完善《某水电站公用辅助设备系统运行操作规程》和巡视检查制度。 2.定时、定点进行巡视检查，发现异常情况及时上报、处理和维护，并做好记录。无法处理的及时通知检修人员处理。雨季时运行值班人员应每日检查排水泵运行情况，特殊天气减少巡视次数。 3.制定和完善供排水设备检修规程和检修作业指导书，制定年度检修计划，按照制度要求定期检修和进行各项试验，及时消除缺陷，并做好验收和记录。 4.设备名称标识完整，排水管道着色满足规范要求
教育培训措施	1.开展三级安全教育和不定期安全培训，就某水电站巡视检查、维护管理和运行操作制度规程等知识开展宣贯培训，尤其是异常情况的处理，掌握大坝排水系统基本知识。 2.每次巡视检查、维修检修作业班前班后，开展安全技术交底，明确巡查重点、危险点和预控措施，并签字确认
管控层级/责任部门	部门级/生产部
管控负责人	
应急电话	
应急处置措施	1.制定和完善《触电伤亡类事故现场处置方案》《公用系统设备故障现场处置方案》等并定期开展演练，运行值班人员需熟知运行操作规程中故障和事故处理措施。 2.水泵排水出现紧急情况立即停止运行，检查并监视集水井水位情况，若水位较高立即启动备用水泵，来水量突然增大，立即报告相关领导，通知检修和水工人员协助处理。 3.现场存放一定量的电气火灾灭火器、防汛沙袋、备用抽水泵和急救药品和担架等

安全标志

当心触电　当心火灾　禁止随意操作

禁止跨越　必须接地

某水电站安全风险告知卡

危险源名称	消力池1#、2#集水井内临边和孔洞等部位
风险等级	低风险

危险和事故诱因（环境的缺陷）	
孔洞无盖板、无安全警示线和重量限制标示，检修后盖板未及时复原	
可能导致的事故及后果	高处坠落
主要安全管控措施	
工程技术措施	集水井内孔洞布置安全警示线、盖板或防护栏杆，盖板应有重量限制标示，不得随意开启
管理措施	1.制定和完善《某水电站新、改、扩建工程安全三同时管理制度》和各类巡视检查制度，定期对临边、临水部位安全设施开展巡视检查，发现问题做好记录。 2.按照某水电站有关维修保养制度的要求，对存在缺陷的防护栏杆和盖板进行更换，不清晰的警示标线重新涂刷。 3.集水井孔洞悬挂当心坠落、禁止随意开启等安全警示标识
教育培训措施	1.开展三级安全教育和不定安全培训，就高处坠落、溺水相关案例进行培训。 2.开展巡视、操作检修作业前，在班前会进行技术交底，禁止破坏和翻越安全设施
管控层级/责任部门	班组级/水工部
管控负责人	
应急电话	
应急处置措施	1.制定和完善《人身事故应急预案(专项)》《高处坠落类伤亡事故现场处置方案》，定期开展应急演练并记录。 2.针对高处坠落、溺水情形配备必要的应急药品，如碘伏、医用酒精等，以及安全带、安全绳、救生圈等防护用具

安全标志

当心坠落　禁止跳下　必须戴安全帽

(4)电站厂房区域

某水电站安全风险告知卡

危险源名称	220kV GIS设备	危险和事故诱因（物的不安全状态）		
风险等级	一般风险	GIS设备支架松动，连接点不牢固，金属部件存在锈蚀氧化痕迹;汇控柜信号指示不正确，开关位置不正确，刀闸接触不良，柜内存在松脱、焦糊、过热现象;GIS各气室压力异常，存在明显漏气点;传动机构和操作机构存在裂痕变形、锈蚀和松脱现象;运行过程存在异常声音、味道和振动;金属外壳温度异常;接地装置失效;环境温度超限制;设备标识缺失等		

	可能导致的事故及后果	触电、火灾、爆炸、中毒窒息、设备损坏

		主要安全管控措施
	工程技术措施	1.GIS设备设计、制造、安装满足国家和行业规范要求。 2.六氟化硫密度继电器满足不拆卸即可校验要求，GIS设备断路器和开关操作频次满足无检修不小于10000次的要求，设备过渡连接装置具备防止两种不同绝缘介质互相渗透的密封装置。 3.配置有六氟化硫气体在线监测报警装置，GIS通风系统满足抽排风要求
	管理措施	1.根据国家和地方有关规范的要求，制定和完善高压输电系统运行操作规程、GIS设备巡视检查制度和巡视要求。隔离开关和接地隔离开关的本体操作箱必须上锁，保持GIS室内通风良好，通风30min后工作人员才能进入。 2.白班与晚班各巡视检查一次，发现异常情况及时上报处理和维护，并做好记录，无法处理的及时通知检修人员处理。恶劣天气(大雷雨、酷热等)或设备有隐患时，应进行机动性巡视检查。 3.制定和完善GIS设备检修规程和检修作业指导书，制定年度检修计划，定期开展检修和各类检测试验，并做好验收和记录。 4.电压、接地标识规范，悬挂禁止攀爬、注意通风、当心触电警示标识，设备名称标识完整
	教育培训措施	1.开展三级安全教育和不定期培训，就《电力安全工作规程》《电业安全工作规程》《六氟化硫电气设备中气体管理和检测导则》和某水电站有关制度规程开展宣贯培训，尤其是异常情况的处理。 2.每次巡视检查、日常监视、维护检修作业班前班后，开展安全技术交底，并签字确认。 3.运行和维护电工作业人员取得特种作业资格证书
	应急处置措施	1.制定和完善《触电类事故现场处置方案》《高电压设备爆炸、漏油、漏气类事故现场处置方案》，定期开展应急演练。六氟化硫浓度超标时，带好防护面具开启风机，检测气体浓度，断开控制电源，悬挂警示标识，报告调度员和领导浓度通知检修人员处理。 2.现场存放有电气类灭火器、正压式呼吸器、防毒面具、急救药品和担架
管控层级/责任部门	部门级/生产部			
管控负责人				
应急电话				

安全标志

当心触电　当心火灾　当心爆炸

禁止烟火　禁止攀爬　注意通风

某水电站安全风险告知卡

LHPC 水电公司

危险源名称	中控室各类控制柜	危险和事故诱因（物的不安全状态）		
风险等级	低风险	柜体固定松动，外观损伤锈蚀破坏，柜门开合不畅;功能信号异常，仪表指示不准确;保护压板不牢固、松脱;保护装置不干净存在焦糊味;端子排和引接线头存在打火苗痕、锈蚀和过热变色现象;接地线和接地排锈蚀，端子松脱;柜体接地或搭接线接触不良，柜内硬件故障;运行不正常;环境温湿度超限;设备标识缺失		

	可能导致的事故及后果	触电、火灾、腐蚀中毒、设备损坏、影响运行

		主要安全管控措施
	工程技术措施	1.将控制元器件等封闭、隔离在固定、绝缘的柜体中，铺设有绝缘垫，并有可靠接零接地。 2.计算机监控系统具备防止误操作闭锁功能，采用冗余配置不间断电源供电。调度自动化系统数据传输通道设计应采用主用、备用双链路备用方式，使用独立的网络设备组网。 3.直流系统优先采用高频开关模块整流充电装置，满足"N+1"配置;设立2台工作充电，1台备用充电，2组蓄电池和2段母线。直流系统断路器采用具备自动脱口功能的直流断路器;配置必要的电压监察、保护和告警等绝缘监视，以及具备交流审直流故障测量记录和报警功能的绝缘监测装置。 4.UPS设计、制造和安装满足规范要求，每套UPS容量能够满足一套带动一套手动运行的要求;采用双UPS供电时，单台UPS设备负荷不得超过额定输出功率的35%;非监控设备不可接入监控系统UPS电源
	管理措施	1.制定和完善各类监控控制设备运行操作规程、巡视检查制度和巡视要求。定时、定点进行巡视检查，发现异常情况及时上报处理和维护，无法处理的及时通知检修人员处理。 2.制定和完善相关检修规程和检修作业指导书，制定年度检修计划，定期开展检修和各类检测试验，并做好验收和记录。 3.设备名称标识完整，悬挂当心触电、禁止随意操作等警示标识
	教育培训措施	1.开展三级安全教育和不定期安全培训，就相关设备运行维护规程和某水电站巡视检查、维护管理和运行操作规程、规程等知识开展教育培训，尤其是异常情况的处理。 2.每次巡视检查、日常监视、维护检修作业班前班后，开展安全技术交底，明确巡查重点、危险点和预控措施，并签字确认。 3.运行和维护电工作业人员取得特种作业资格证书
	应急处置措施	1.制定和完善火灾触电事故应急预案或电力设备事故应急预案，定期开展应急演练，并做好记录。 2.现场存放一定量的电气类灭火器、急救药品和担架
管控层级/责任部门	班组级/生产部			
管控负责人				
应急电话				

安全标志

当心触电　当心火灾　当心腐蚀

禁止烟火　禁止阻塞通道　注意接地

某水电站安全风险告知卡

危险源名称	发电厂房双小车桥式起重机
风险等级	一般风险

安全标志

当心火灾　当心触电　当心吊物

禁止停留　必须戴安全帽

管控层级/责任部门	部门级/生产部
管控负责人	
应急电话	

危险和事故诱因（物的不安全状态）	
结构件、螺栓、钢丝绳、卷筒、滑轮、钢轨等存在裂纹、锈蚀、变形、磨损和其他缺陷，紧固件松动脱落；吊钩缺少防脱装置；钢丝绳在卷筒上未整齐排列；司机室护栏、连锁装置、照明、控制按钮存在缺陷，室内降温装置功能异常；通道平台宽度和临边防护不满足要求；制动器损坏、磨损严重或存在油污；电气设备绝缘老化失效；接地装置不良；声光报警装置、限位器、幅度指示器、缓冲器等安全防护装置损坏或失效；未定期进行检测或检验等	
可能导致的事故及后果	设备损坏、起重伤害、触电、火灾、雷击
主要安全管控措施	
工程技术措施	1.桥式起重机设计、制造、安装满足《起重机安全规程 第5部分：桥式和门式起重机》（GB 6067.5—2014）有关要求。 2.桥式起重机设置有照明、声光报警装置、行程限位开关、紧急开关、超载限制器、临边防护栏杆、吊钩安全卡、轨道端部挡板、滑触线挡板、缓冲器、扫轨板、转动部位防护罩、驾驶室灭火器、驾驶室绝缘垫等安全防护装置。
管理措施	1.根据国家和地方有关规范的要求，制定和完善起重机运行操作、定期检查和维护保养等方面的制度规程，严格执行"十不吊"准则，定期巡视检查，纳入年度检修计划，发现问题及时上报、处理和维护。 2.定期由特种设备检验机构按照安全技术规范要求进行检验，并注册登记。 3.在起重机适当位置设置标示和铭牌，在合适的位置或工作区域设置明显可见的"严禁站人、作业半径注意安全"等文字安全警示标识
教育培训措施	1.开展三级安全教育和不定期安全培训，就《起重设备安全规程》和某水电站巡视检查、维护管理和运行操作制度规程等知识开展宣贯培训，尤其是异常情况的处理。 2.每次巡视检查、日常监视、维护检修作业班前班后，开展安全技术交底，明确巡查重点、危险点和预控措施，并签字确认。 3.起重机安装人员取得特种设备操作资格证书
应急处置措施	1.制定和完善《特种设备损坏事故现场处置方案》《起重伤害类事故现场处置方案》等，定期开展应急演练，做好记录。 2.发生起重伤害后立即上报，及时关闭电源，组织抢救伤者，根据情况开展人工呼吸、心肺复苏、包扎止血和固定措施，并及时送医。 3.现场存放一定量的电气类灭火器、固定支架、急救药品和担架

LHPC 水电公司

某水电站安全风险告知卡

危险源名称	1#、2#主变压器及其附属设备
风险等级	一般风险

安全标志

当心火灾　当心触电　当心爆炸

禁止用水灭火　禁止靠近　必须戴安全帽

管控层级/责任部门	部门级/生产部
管控负责人	
应急电话	

危险和事故诱因（物的不安全状态）	
油质劣化，油温、油位异常；裸露带电体净距不足；保护冷却装置故障；套管或支撑绝缘损坏；绝缘老化失效；存在漏油、运行噪声过大现象；绕组或壳体温度异常；紧固部件松动、锈蚀；设备标识缺失等	
可能导致的事故及后果	设备损坏失压、触电、火灾、爆炸
主要安全管控措施	
工程技术措施	1.主变压器设计、制造和安装满足规范要求。变压器冷却器采用双层铜管冷却系统。在线监测装置包含绝缘油微水含量监测装置。设置有火灾喷淋系统，主变事故油池容积不小于0.4h水喷雾水量容纳要求。 2.变压器周围设有不低于1.8m的固定围栏或遮挡，围栏距离变压器外围不小于0.8m。油式变压器相互间隔距离满足规范要求
管理措施	1.制定和完善主变压器运行操作规程、巡视检查制度和巡视要求。定时、定点进行巡视检查，发现异常情况及时上报、处理和维护，并做好记录。无法处理的及时通知检修人员处理。 2.主变最高运行电压不得超过额定电压的5%，油温、水温、绕组温度不能超过运规规定值，主变纵差保护动作或重瓦斯保护不能同时退出。 3.制定和完善变压器设备检修规程和检修作业指导书，制定年度检修计划，按照制度要求定期开展检修和各项试验检验，及时消除缺陷，并做好验收和记录。 4.设备名称标识完整，悬挂高压危险、禁止靠近等警示标识
教育培训措施	1.开展三级安全教育和不定期安全培训，就《电力安全工作规程》《电力变压器运行规程》和某水电站巡视检查、维护管理和运行操作制度规程等知识开展宣贯培训，尤其是异常情况的处理。 2.每次巡视检查、日常监视、维护检修作业班前班后，开展安全技术交底，并签字确认。 3.运行和维护电工作业人员取得特种作业资格证书
应急处置措施	1.制定和完善《电力设备事故应急预案》《变压器火灾类事故现场处置方案》等，定期开展应急演练。运行值班人员需熟知运行操作规程中主变温度过高、上层油温异常、轻重瓦斯保护、主变压力释放、主变差动保护、主变着火等故障和事故处理措施。 2.若变压器着火迅速跳闸，断开电源，使用喷淋系统和灭火器材灭火，打开排油阀排油（内部故障着火除外），向调度及相关领导汇报。 3.现场存放一定二氧化碳、干粉灭火器及消防沙、急救药品和担架

某水电站安全风险告知卡

危险源名称	10.5kV开关柜

风险等级	低风险

危险和事故诱因（物的不安全状态）	
	柜门松动；柜内储能装置故障；刀闸接触不良；瓷瓶破裂；灭弧室密封不严；断路器指示灯异常，保护压板未正确投入；断路器外壳未接地，存在过热、异常振动和异响；外壳积尘和存在异物；备自投装置不能正常投入；设备标识缺失等
可能导致的事故及后果	柜体倾倒、触电、火灾、电弧灼伤、设备损坏、全厂停电
主要安全管控措施	
工程技术措施	1.开关柜设计、制造和安装满足规范。柜内设置有专用加热和除湿装置，热器和电动机电源能独立控制，断路器断口外绝缘满足不小于1.15倍相对地外绝缘爬电距离要求或采取了防污闪措施。 2.电压互感器封闭、隔离在固定、绝缘的柜体中，盘柜防护等级不小于IP41，工作面设置绝缘胶垫
管理措施	1.制定和完善厂用及生活区配电系统运行操作规程、巡视检查制度和巡视要求。遭遇异常情况能够按照规程要求及时处理，定期进行维护，清除外壳灰尘。 2.定时、定点进行巡视检查和日常监视，发现异常情况及时上报、处理和维护，并做好记录。无法处理的及时通知检修人员处理。 3.制定和完善高低压开关柜检修规程和检修作业指导书，制定年度检修计划，结合定期检修和各类检修试验，并做好验收和记录。断路器摇至检修位置前需确认断路器在分闸位置。 4.电压、接地标识等标识正确、规范，设置有当心触电等警示标识，设备名称标识完整
教育培训措施	1.开展三级安全教育和不定期安全培训，就《电力安全工作规程》《电力变压器运行规程》和某水电站巡视检查、维护管理和运行操作制度规程等知识开展宣贯培训，尤其是异常情况的处理。 2.每次巡视检查、日常监视、维护检修作业班前班后，开展安全技术交底，并签字确认。 3.运行和维护电工作业人员取得特种作业资格证书
应急处置措施	1.制定和完善《触电伤亡类事故现场处置方案》《全厂停电应急预案》《灼烫伤亡类事故现场处置方案》等，定期开展应急演练，并做好记录。运行值班人员需熟知运行过程中过流保护动作、温度过高保护动作、全厂停电、单相接地故障等各种故障和事故处理措施。 2.断路器发生拒分时，应立即采取措施将其停用，待查明拒动原因并消除却先后再投运，无法处理时及时通知检修人员。 3.现场存放一定量的二氧化碳、干粉灭火器、正压式呼吸器、急救药品和担架

安全标志

当心火灾　当心触电　禁止随意操作
禁止用水灭火　必须戴安全帽　必须戴防护手套

管控层级/责任部门	班组级/生产部
管控负责人	
应急电话	

某水电站安全风险告知卡

危险源名称	绝缘油、透平油油罐及管道阀门

风险等级	一般风险

危险和事故诱因（物的不安全状态）	
	管道或罐体变形破损、锈蚀；存在漏油、阀门卡阻、管道堵塞现象；安全附件损坏；未接零接地；紧固件松动；油质劣化、油压异常等
可能导致的事故及后果	火灾、爆管、油大面积泄漏事故、影响机组运行
主要安全管控措施	
工程技术措施	1.油罐室内不应设计照明开关和插座，照明灯具为防爆型，并与其他房间设有防火分隔。设置有通排风装置和火灾喷淋系统。 2.钢质油罐安全配件、仪表齐全，装设有防感应雷接地，接地点不少于2处
管理措施	1.据国家和地方有关规范的要求，制定和完善透平油、绝缘油系统运行操作规程、巡视检查制度和巡视要求。油库应随时锁闭，并在现场有备用钥匙，定时开启通风设施，减低油气浓度。进行充排油操作需有专人监护。 2.定时、定点进行巡视检查，发现破损、锈蚀、漏油、安全附件损坏、接地不良、卡阻堵塞等情况及时上报处理和维护，无法处理时及时通知检修人员处理。 3.制定和完善供透平油处理设备检修规程和检修作业指导书，制定年度检修计划，按照制度要求定期进行检修和各项试验，及时消除缺陷，并做好验收和记录。 4.设备名称标识完整，悬挂禁止烟火、当心火灾、当心滑倒等警示标识。油系统管道、阀门着色满足规范要求
教育培训措施	每次巡视检查、日常监视、维护检修作业班前班后，开展安全技术交底，明确巡查重点、危险点和预控措施，并签字确认
应急处置措施	1.制定和完善《透平绝缘油库火灾事故应急预案》《油水气系统中断事故现场处置方案》，定期开展应急演练，并做好记录。 2.运行值班人员需熟知运行操作规程中故障和事故处理措施，发现火情立即拨打报警电话，向值班领导报告，停运滤油装置并按规程进行水轮机故障停机，使用灭火器和火灾喷淋系统控制火情，并紧急事故排油。 3.现场存放一定适用油类火灾灭火器、沙箱、急救药品、担架和固定支架等

安全标志

当心火灾　当心触电　禁止烟火
禁止无线设备　禁止入内　必须接地

管控层级/责任部门	部门级/生产部
管控负责人	
应急电话	

某水电站安全风险告知卡

危险源名称	机械加工作业

风险等级	一般风险

危险和事故诱因（人的不安全行为）
作业人员未穿好工作服、戴好手套，衣服袖扣未扣好;辫子、长发未盘在帽内;锉刀、手锯、木钻、螺丝刀、大锤和手锤等手柄未安装牢固，加工件未扶牢握紧;存在飞溅伤害情况下操作人员未带护目镜;电动工具绝缘存在缺陷;在机器完全停止前清扫、擦拭、润滑机器转动部位;砂轮机防护罩和砂轮存在缺陷，操作人员站在砂轮正面操作;使用钻床时佩戴手套，工件钻孔时未垫木板和支撑;其他违反操作规程行为

可能导致的事故及后果	机械伤害、物体打击

主要安全管控措施	
管理措施	1.依据国家、行业相关规范和标准，制定完善《某水电站机械加工作业安全操作规程》并严格执行。 2.机械加工人员应穿戴好工作服、佩戴手套，扣好衣物;辫子、长发盘在帽内;锉刀、手锯、木钻、螺丝刀、大锤等手柄安装牢固;加工时扶牢握紧工件;飞溅伤害佩戴护目镜;检查确认电动工具绝缘良好;禁止在机器完全停止前清扫、擦拭、润滑机器转动部位;砂轮机防护罩和砂轮应完好无缺，禁止在砂轮正面操作;工件钻孔时采用垫木板和支撑。 3.作业时在作业场所配置醒目的安全色、安全警示标识以及四色图、风险告知栏

安全标志	
当心机械伤人	当心伤手	禁止进入
必须戴安全帽	必须戴护目镜	必须戴防护手套

管控层级/责任部门	部门级/生产部
管控负责人	
应急电话	

教育培训措施	1.及时对新入职、转岗员工进行三级安全教育培训、安全生产风险分级管控培训，组织机械加工人员定期学习《某水电站机械加工作业安全操作规程》等，强化安全意识，提高安全技能水平。 2.在加工作业前，工作负责人对参与人员就风险分析和预控措施进行交底，接受交底人员签名确认
个人防护措施	穿戴使用安全帽、安全鞋、工作服、防机械伤害手套、护目镜等个人防护用品和工具
应急处置措施	1.针对机械加工时可能发生的机械伤害、物体打击等安全事故，制定《机械伤害类伤亡事故现场处置方案》《物体打击类伤亡事故现场处置方案》等。 2.按照相关制度或预案的要求，定期开展应急演练和培训，并做好相关记录

某水电站安全风险告知卡

危险源名称	蓄电池室硫酸雾、铅及其无机化合物

风险等级	低风险

危险和事故诱因（环境的缺陷）
现场有毒物质浓度超标且通风不畅

可能导致的事故及后果	中毒窒息

主要安全管控措施	
工作技术措施	蓄电池选用密封免维护铅酸蓄电池，将蓄电池组放置在专门封闭的房间内，蓄电池室配置抽排风系统或新风系统。蓄电池室建筑材料选用耐酸腐蚀材料，通风系统选用耐酸的塑料风管，风机也具备耐酸腐蚀性能。

安全标志	
 当心中毒	当心窒息	必须戴防毒面具
注意通风		

管控层级/责任部门	班组级/生产部
管控负责人	
应急电话	

管理措施	1.制定和完善通风和采暖系统运行操作规程、检修规程，明确蓄电池室内通风采暖装置的开启、运行时间、频次和标准。并按照规程的要求，定期对通风采暖设备进行维护保养和检查，确保设备运行正常。 2.制定和完善《直流成套装置运行操作规程》，控制在蓄电池室内巡视检查的时间、频次，巡视检查过程中注意佩戴防尘口罩，滞留时间不宜过长，工作期间禁止饮食、吸烟。 3.制定和完善《某水电站职业健康管理制度》，按照规范和制度要求定期对蓄电池室职业危害因素进行检测，形成职业健康检测报告，并根据建议补充防护措施。 4.现场设置当心中毒、带防尘口罩、注意通风安全警示标识
教育培训措施	岗前和在岗期间，作业人员定期接受职业卫生培训，培训内容可包括职业病防治法规、职业卫生基础知识、单位职业卫生管理制度、铅及其无机化合物、硫酸雾的理化特性和防护措施等知识
个人防护措施	佩戴防尘口罩，必要时戴防毒面具

某水电站安全风险告知卡

危险源名称	1#、2#机组技术供水和主变供水机械设备和管道	危险和事故诱因（物的不安全状态）		
风险等级	一般风险	水泵故障；管道堵塞；阀门故障；过滤器故障；金属结构存在锈蚀、破损；管路、阀门、接头等处存在渗漏；紧固件松动等		
		可能导致的事故及后果	水压冲击伤害、物体打击、水淹厂房、设备损坏、影响机组运行	
		主要安全管控措施		

	工作技术措施	技术供水系统管路、阀组、水泵的设计、制造和安装要满足国家和行业标准要求。关键承压部位优先使用不锈钢，适用压力不低于压力钢管设计压力的120%
安全标志	管理措施	1.制定和完善机组和主变技术供水系统运行操作规程、巡视检查制度和巡视要求。严禁超压运行，并有可靠的防止超压措施。 2.定时、定点进行巡视检查和日常监视，发现破损、锈蚀、渗水、管道和设备堵塞等情况及时上报、处理和维修，并做好记录。无法处理的及时通知检修人员处理。 3.制定和完善技术供水检修规程和检修作业指导书，制定年度检修计划，按照制度要求定期开展A/B/C/D类检修和各项试验，并做好验收和记录。 4.设备名称标识完整，地面通道、设备警示标线正确、规范，水管线着色满足规范要求。 5.压力管道每年至少开展一次在线检测，至少每6年开展一次全面检查
当心物体打击　当心障碍物　禁止阻拦 禁止堆放　必须穿防滑鞋	教育培训措施	1.开展三级安全教育和不定期安全培训，就《电力安全工作规程》《电业安全工作规程》《电力变压器运行规程》和某水电站巡视检查、维护管理和运行操作制度规程等知识开展宣贯培训，掌握技术供水系统基本结构、运行操作知识，尤其是异常情况的处理。 2.每次巡视检查、日常监视、维护检修作业班前后，开展安全技术交底，并签字确认
管控层级/责任部门 部门级/生产部	应急处置措施	1.制定和完善《油水气系统中断事故现场处置方案》《机械伤害和物体打击类现场处置方案》等，定期开展应急演练，并做好记录。 2.运行值班人员应熟知运行操作规程中的故障和事故处理措施。设备发生故障时检查冷却水投入是否正常，若恶化开启备用技术供水，甚至手动投入，密切监视导轴承、空冷器、定子温度情况、主变压器温度情况。 3.现场配置一定急救药品、担架和固定支架，以及抢修设备必要的配件
管控负责人		
应急电话		

LHPC
水电公司

某水电站安全风险告知卡

危险源名称	空压机机械噪声	危险和事故诱因（环境的缺陷）	
风险等级	低风险	空压机室内设备噪声超标	
		可能导致的事故及后果	听力损伤
		主要安全管控措施	

	工作技术措施	1.空压机设备应验收合格，在日常的维护保养和检修中对可能发出噪声的部位和部件进行清理、润滑和紧固，保持设备基础稳固和结构连接紧密。 2.空压机布置在专门门房间内，基座加装减震垫，采用隔声作用的防火门，门口装设防噪耳塞取用器。 3.必要时可采取加装隔音棉、隔音板、阻尼、减震垫等物理隔离措施
安全标志	管理措施	1.制定和完善《计算机监控系统运行操作规程》，对现场作业时间、频次等做出相应的规定，试行"无人值班，少人值守"的作业方式，避免长时间待在作业现场。 2.制定中低压气机和干燥机维护检修规程，定期对设备进行维护保养，确保减震、隔声设备运行正常。 3.制定和完善《某水电站职业健康管理制度》，按照规范和制度要求定期对现场工作噪声进行监测，形成职业健康监测报告，并根据建议补充防护措施。现场作业人员，定期参加职业健康体检。 4.在噪声突出的部位悬挂警示标识
必须戴安全帽　必须戴护耳器	教育培训措施	1.对新员工开展三级安全教育，加强风险意识和安全风险分级管控认识的培训，对岗位可能接触到的噪声等职业危害因素和防护措施进行告知。 2.不定期开展专题讲座、技术培训讲课、安全规程培训考试、安全知识竞赛、安全月等活动，就设备操作规程、职业健康管理制度、噪声危害和防护措施等知识开展培训。 3.进行巡视检查前，在班前会进行技术交底，控制作业时间
管控层级/责任部门 班组级/生产部	个人防护措施	佩戴安全帽、降噪耳塞
管控负责人	应急处置措施	配置必要的应急药品，如起缓解胸闷、心跳过速作用的速效救心丸、风油精、清凉油等药品
应急电话		

LHPC
水电公司

某水电站安全风险告知卡

危险源名称	1#、2#水轮机
风险等级	一般风险

安全标志

管控层级/责任部门	部门级/生产部
管控负责人	
应急电话	

危险和事故诱因（物的不安全状态）	
金属结构存在锈蚀；运行中机组振动、摆动和响声超过警戒值；导叶剪断销剪断；存在异物阻碍导叶开关；水导轴承油色、油位异常；冷却水管存在渗水现象；接力器及连接管存在渗油、抽油现象；漏油箱油位异常，存在漏油现象；水轮机顶盖漏水量较大，水位异常；主轴密封水流量异常；各紧固件松动变形；尾水管、蜗壳存在渗漏和空蚀情况；尾水管和蜗壳进人门锈蚀、破损和密封失效；水轮机设计、安装、调试、检修存在缺陷；水车室进口门无法锁闭等	

可能导致的事故及后果	机组飞逸事故、机组停机事故、水轮机设备振动磨损或撞击损坏事故、水轮机主轴密封过热事故、水淹厂房

主要安全管控措施	
工作技术措施	水轮机设计满足国家和行业规范要求，设置有剪断销剪断保护装置、过速限速器、联动落快速闸门、备用冷却水等装置，能够对机组状态实施监测，并实现自动化控制和保护。拦污栅密度设计满足要求，能够防止损坏转轮异物进入。紧固件有防松动的技术措施。蜗壳和尾水管设置有进人门，水车室设置有门禁和噪声显示装置。顶盖排水泵设置有自动启停和报警功能
管理措施	1.制定和完善《某水电站水轮机运行操作规程》，明确水轮机技术参数、注意事项、日常操作、故障处理等内容，遭遇异常情况能够按照规程要求及时处理，避免机组在振动区域运行。 2.制定和完善水轮机巡视检查制度，按照要求定时、定点进行巡视检查和日常监视，发现问题及时上报、处理，并做好记录。汛期、恶劣天气、检修后等特殊情况加强机动巡查。 3.制定和完善检修规程或检修作业指导书，每年年初将水轮机检修和试验项目纳入到年度检修计划，按照规程和检修计划的要求定期开展A/B/C/D类检修和各项试验。需要外委单位作业的，应与外委单位签订安全协议，督促其开展安全技术交底，并根据需要派人监督。 4.在蜗壳进人门、尾水管进人门、水车室入口和转动部位悬挂禁止入内、严禁触碰等警示标识
教育培训措施	1.开展三级安全教育和不定期安全培训，就《电力安全工作规程》《电业安全工作规程》《水轮机基本技术条件》及某水电站巡视检查、维护管理和运行操作制度、规程等知识开展宣贯培训，掌握水轮机基本原理和运行操作知识，尤其是异常情况的处理。 2.每次巡视检查、日常监视、维护检修作业前班后，开展安全技术交底，并签字确认。
应急处置措施	1.制定和完善机组飞逸、磨损撞击损坏、水淹厂房等事故处理预案或方案，定期开展演练。做好记录。 2.运行监视人员掌握水轮机故障及事故的处置措施，事故扩大无法维持正常运行，应立即向调度汇报，申请停机并通知专业检修人员处理。现场存放一定量的灭火器、抽水泵等抢险工具

LHPC
水电公司

某水电站安全风险告知卡

危险源名称	水轮机巡视检查和日常监视
风险等级	一般风险

安全标志

管控层级/责任部门	部门级/生产部
管控负责人	
应急电话	

危险和事故诱因（人的不安全行为）	
监视值守人员能力、状态、资格不足；巡视人员单独巡视；未制定巡视路线并按路线巡视；水车室、水轮机及通道各处无充足照明和防滑措施；巡视中踩踏运行设备、控制环、接力器推拉杆、导水机构拐臂区，过分接近或触摸转动部件；可能误碰区域无警示标识；巡视和监视不到位未及时发现缺陷或问题发展成故障，未填写巡视监视记录；未佩戴安全帽等个人防护用具；值班人员未经批准随意改变机组状态；运行中水轮机发生故障未及时按规程操作；其他未按巡视检查规程操作的行为	

可能导致的事故及后果	机械伤害、高处坠落、设备损坏

主要安全管控措施	
管理措施	1.依据《水轮机运行规程》《水轮机基本技术条件》《电业安全工作规程第1部分:热力和机械》等，制定和完善《某水电站水轮机运行规程》并严格执行。 2.安排的监视值守人员能力、状态、资格满足要求；巡视作业至少2人同行，巡视前规划巡视路线；水车室、水轮机及通道等部位设置充足照明和防滑措施；巡视过程中避免踩踏设备、控制环、接力器推杆和导水机构拐臂区，禁止过分接近或触摸转动部件；可能误碰区域设置警示标示；巡视和监视发现缺陷和问题及时上报并填写记录；值班人员不得随意改变机组状态和运行方式；发生故障时按照运行规程规定的步骤进行操作。 3.在作业场所配置醒目的安全色、安全警示标志以及四色图、风险告知栏
教育培训措施	1.及时对新入职、转岗员工进行三级安全教育培训、安全生产风险分级管控培训，组织运行值班人员定期学习《某水电站水轮机运行操作规程》等，强化安全意识，提高安全技能水平。 2.在操作和值守巡视作业前，工作负责人对参与人员就风险分析和预控措施进行交底，接受交底人员签名确认。
个人防护措施	使用安全帽、绝缘防滑鞋、工作服、强光手电筒、对讲机等个人防护用品和工具
应急处置措施	1.针对水轮机巡视监视时可能发生的机械伤害、高处坠落、设备损坏等安全事故，制定《机械伤害类伤亡事故现场处置方案》《高处坠落类伤亡事故现场处置方案》《水轮发电机组超速、振动摆动异常事故现场处置方案》等。 2.按照相关制度或预案的要求，定期开展应急演练和培训，并做好相关记录

某水电站安全风险告知卡

危险源名称	闸门远控、水调自动化、洪水预报系统设备	危险和事故诱因（物的不安全状态）		
风险等级	低风险	柜体固定松动，外观损伤锈蚀破坏，柜门开合不畅；功能信号异常，仪表指示不准确;保护压板不牢固、松脱；保护装置不干净存在焦烟味；端子排和引接线头存在打火冒烟、锈蚀和过热变色现象；接地线和接地排锈蚀、端子松脱；柜体接地或搭接线接触不良；柜内硬件故障；运行不正常；环境温湿度超限；设备标识缺失等		
		可能导致的事故及后果	触电、火灾、设备损坏、影响运行	
		主要安全管控措施		
		工程技术措施	1.将控制元器件等封闭、隔离在固定、绝缘的柜体中，铺设有绝缘垫，并有可靠接零接地。 2.远控、调度自动化、洪水预报系统设备应采用不间断电源供电，系统数据传输通道设计应采用主用、备用双链路备用方式。 3.管理用房加锁，加强用户权限管理，定期更换密码，避免计算机病毒侵入。 4.室内温度、湿度控制在合适范围，防止环境温湿度引起监控、调度、预报系统设备死机、故障	
安全标志		管理措施	1.根据国家和地方有关规范的要求，制定和完善各类监控控制设备运行操作规程、巡视检查制度和巡视要求。定时、定点进行巡视检查，发现异常情况及时上报、处理和维护，并做好记录。无法处理的及时通知检修人员处理。 2.制定和完善相关检修规程和检修作业指导书，制定年度检修计划，定期开展检修和各类检测试验，并做好验收和记录。 3.设备名称标识完整，悬挂当心触电、禁止随意操作等警示标识	
		教育培训措施	1.开展三级安全教育和不定期安全培训，就相关设备运行维护规程和某水电站巡视检查、维护管理和运行操作制度规程等知识开展宣贯培训，尤其是异常情况的处理。 2.每次巡视检查、日常监视、维护检修作业班前班后，开展安全技术交底，明确巡查重点、危险点和预控措施，并签字确认。 3.运行和维护电工作业人员取得特种作业资格证书	
管控层级/责任部门	班组级/水工部	应急处置措施	1.制定和完善火灾、触电事故应急预案或电力设备事故应急预案，定期开展应急演练，并做好记录。 2.若闸门远控系统故障，立即关闭电源，采用现地控制方式控制闸门启闭；水调自动化和洪水预报系统故障，采取其他方式获取相关预报信息，并通知厂家尽快开展抢修。 3.现场存放一定量的电气类灭火器、急救药品和担架	
管控负责人				
应急电话				

某水电站安全风险告知卡

危险源名称	水工楼大型器械仓库	危险和事故诱因（环境的缺陷）		
风险等级	一般风险	包装破损；未按要求存放，随意摆放，未采取防晒、防火措施；过期物资未及时清理；室内布置混乱，杂物堆积等		
		可能导致的事故及后果	磕碰、坍塌、火灾	
		主要安全管控措施		
		工程技术措施	仓库内物资摆放和布置符合有关国家和行业规范要求，留足"五距"，做到"五不靠"，保持"三条线"，满足人员通行、起吊和搬运需要	
安全标志		管理措施	1.制定和完善《某水电站环境卫生管理制度》《某水电站物资管理制度》，按照制度要求验收入库、定期盘点，清扫和整理，保证物资分库、分区、分架、分货摆放整齐，库内清洁卫生，存取货物通道通畅，各种标识清晰醒目。 2.按照有关巡视检查制度的要求，定期对室内场所布置、杂物堆积情况进行检查，做好记录，发现问题及时上报、处理。 3.仓库合适位置设置当心碰头、当心挤压、当心火灾等警示标识	
		教育培训措施	对《某水电站环境卫生管理制度》《某水电站物资管理制度》和仓库物资摆放布置等知识开展专题培训，帮助管理人员了解布置的基本要求	
管控层级/责任部门	部门级/安技部	应急处置措施	1.针对摔伤、碰撞、火灾等工伤事故制定相应的应急预案或现场处置方案，定期开展应急演练，并做好记录。 2.事故发生后立即按程序报告，组织人员用灭火器扑灭初火，若有人员受伤采取冷水清洗烧伤部位、包扎、心肺复苏等措施并立即送医。为防止事故扩大，立即切断电源。 3.现场存放一定量的固定支架、包扎绷带、急救药品和担架	
管控负责人				
应急电话				

（5）生活营地区域

某水电站安全风险告知卡

危险源名称	后方生活区营地变压器及刀闸、隔离开关	危险和事故诱因（物的不安全状态）		
风险等级	低风险	生活变压器外壳锈蚀或存在异物；运行过程声音异响，有异常放电声；生活变进出线接头连接不牢固，存在放电、烧红现象；油质劣化，油温、油位异常；呼吸器内吸入潮气，颜色异常；紧固部件松动、锈蚀；连接阀未打开，压力释放阀存在缺陷；未设置合适围栏或遮挡，设备标识缺失等		
		可能导致的事故及后果	设备损坏失压、触电、火灾、爆炸	
		主要安全管控措施		
安全标志		工程技术措施	1.后方生活区变压器设计、制造和安装满足国家和行业规范。设置有泄压装置，变压器本体及外壳接地牢固。 2.变压器所在配电室设置有向外开的甲级防火门，检修废油室设有废油收集装置。 3.附属设备封闭、隔离在固定、绝缘的柜体中，铺绝缘胶垫		
当心火灾　当心触电　当心爆炸 禁止用水灭火　禁止跨越　必须戴安全帽		管理措施	1.制定和完善《某水电站厂用及生活区配电系统运行操作规程》和巡检查制度、要求，定时、定点进行巡查检查，发现绝缘老化、温度异常、声音振动异常、放电烧红、接地不牢、柜体破损等情况及时上报、处理和维护，并做好记录。无法处理的及时通知检修人员处理。 2.制定和完善变压器设备检修规程和检修作业指导书，制定年度检修计划，按照制度要求定期开展A/B/C/D检修和各项试验检验，及时消除缺陷，并做好验收和记录。 3.设备名称标识完整，悬挂高压危险、禁止靠近等警示标识		
管控层级/责任部门	班组级/生产部	教育培训措施	1.开展三级安全教育和不定期安全培训，就《电力安全工作规程》《电力变压器运行规程》《电力调度控制规程》和某水电站巡检查、维护管理和运行操作制度、规程等知识开展宣贯培训，尤其是异常情况的处理。 2.每次巡检查、日常监视、维护检修作业班前班后，开展安全技术交底，并签字确认。 3.运行和维护电工作业人员取得特种作业资格证书		
管控负责人		应急处置措施	1.制定和完善《电力设备事故应急预案》《触电伤亡类事故现场处置方案》，定期开展应急演练，并做好记录。 2.运行值班人员需熟知运行操作规程中的过流保护动作、温度过高保护动作、全厂停电、单相接地故障等故障和事故处理措施。 3.现场存放一定量的二氧化碳、干粉灭火器、正压式呼吸器、急救药品和担架		
应急电话				

某水电站安全风险告知卡

危险源名称	食堂液化气罐和灶具	危险和事故诱因（物的不安全状态）		
风险等级	低风险	液化气罐防晒、防热措施不足；单个气瓶与燃气灶之间距离过近或过远；燃气软管老化、破损未及时更换；使用的液化气瓶锈蚀破损、变形严重，未定期进行检验，安全附件不全；燃气瓶卧倒、倒立；灶具不带熄火保护装置		
		可能导致的事故及后果	火灾、爆炸	
		主要安全管控措施		
		工程技术措施	1.液化气瓶满足《气瓶安全技术规程》的要求，标示、配件、安全帽、防震圈等齐全。 2.灶具配置有熄火保护装置		
安全标志		管理措施	1.据国家和地方有关规范的要求，制定和完善液化石油气瓶储存和使用安全管理制度，对气瓶的主要技术参数、搬运和使用注意事项、储存要求做出明确规定。 2.要对气瓶采取防晒、防潮和防热措施，气瓶与燃气灶距离合适，安全帽防震圈齐全，存放气瓶要竖立，搬运时轻拿轻放，严禁敲击碰撞、撞击。储存场所通风顺畅，使用完后及时关闭气阀。 3.制定和完善气瓶安全检查制度，发现设备磨损、锈蚀、变形、安全防护装置存在缺陷、损坏、燃气软管老化等情况及时上报处理和维护。液化石油气瓶至少每3~4年检验一次，未经定期检验或者检验不合格的禁止继续使用。 4.气瓶上标示齐全，附近悬挂注意通风、禁止烟火、注意中毒窒息等警示标识		
当心火灾　当心爆炸　禁止烟火		教育培训措施	1.加强食堂工作人员风险意识和对安全风险分级管控认识的培训，就《气瓶安全技术规程》和某水电站气瓶安全管理制度规程等知识开展宣贯培训，促使新进员工了解气瓶基本结构、搬运、使用、储存知识和设备可能存在的风险		
管控层级/责任部门	班组级/综合部	应急处置措施	1.制定和完善《人身事故应急预案》《火灾爆炸类事故现场处置方案》等。气体泄漏后应及时佩戴呼吸器材，加强通风，关闭阀门。 2.现场存放有一定量的灭火器材、固定支架、急救药品和担架。 3.按照相关制度或预案的要求，定期开展了应急演练，并做好记录		
管控负责人				
应急电话				

LHPC 水电公司

某水电站安全风险告知卡

危险源名称	办公楼档案室
风险等级	低风险

危险和事故诱因（物的不安全状态）	
档案室建筑物耐火等级不满足规范要求；档案室排水不畅，防水防潮措施不足；档案室毗邻变配电室、食堂、车库，未与其他房间隔开；固定档案架承载力小于规范要求，缺少防倾倒装置、挡块和防挤压功能；档案室未配置独立控制的暖通设备，暖通设备不能满足库房温湿度控制要求；楼内水管破裂；档案室未加锁和设置摄像头；档案室内配电线路未设保护套管，绝缘层老化、龟裂、碳化；库房门与地面缝隙大于5mm，且未采用金属门；门窗未保持常闭	

可能导致的事故及后果	火灾、挤压伤害、档案遗失或损坏

主要安全管控措施		

安全标志

当心火灾　当心挤压　禁止烟火

必须加锁

管控层级/责任部门	班组级/综合部
管控负责人	
应急电话	

	工程技术措施	1.办公楼建筑防火通过消防部门审核、验收，耐火等级满足规范要求。档案室未毗邻办公楼配电室。 2.档案室排水通畅，室内地面设有防潮措施，室内外地面高差大于0.5m，设置有机械通风或空调设备、温度计、湿度计等，暖通设备功率能够保证温湿度满足标准规定，并能够独立控制。 3.采购的固定档案架、柜隔板承重大于40kg，设置有防倾倒装置及挡块，必要时安装防挤压保护装置。 4.库房门与地面缝隙不大于5mm，且采用金属门；门窗能够保持紧闭，并设置摄像头，做到防尘、防污染、防有害生物和防盗。 5.办公楼附近设置有消防给水系统，档案室配备有足够的灭火器材，档案装具采用不燃烧或难燃烧材料。档案室内配电线路做穿管保护，禁止明敷管线，线路绝缘良好
	管理措施	1.制定和完善《某水电站档案管理制度》《某水电站消防管理制度》《某水电站环境卫生管理制度》，定期对档案室环境卫生进行清扫和整理，避免杂物、工具、器械、材料随意堆放。 2.按照有关巡视检查制度的要求，定期对室内外布置、杂物堆积、档案存储、房屋漏水、温湿度、电气设备、门窗锁闭等情况进行检查，做好记录，发现问题及时上报、处理。对灭火器定期进行检查、维护、更新。 3.设置当心火灾、当心挤压、注意关门等安全警示标识
	教育培训措施	定期对档案室管理人员就《某水电站档案管理制度》《某水电站消防管理制度》《某水电站环境卫生管理制度》开展宣贯培训，帮助了解其中存在的风险和安全注意事项
	应急处置措施	1.针对火灾、挤压伤害制定预案或现场处置方案，定期开展应急演练，并做好记录。 2.事故发生后立即按程序报告，组织人员用灭火器扑灭初火，若有人员受伤采取冷水清洗烧伤部位、包扎、心肺复苏等措施并立即送医。现场存放一定量的灭火器材、包扎绷带、急救药品和担架

LHPC 水电公司

某水电站安全风险告知卡

危险源名称	化学品储存仓库
风险等级	一般风险

危险和事故诱因（物的不安全状态）	
房屋结构变形、裂缝、渗漏、防水失效；化学品包装破损；未按要求存放，随意摆放，未采取防晒、防火措施；出现泄漏情况未及时处理；储量存放超标；过期物资未及时清理	

可能导致的事故及后果	结构破坏、积水、火灾

主要安全管控措施		

安全标志

当心火灾　当心中毒　禁止烟火

禁止入内　必须加锁

管控层级/责任部门	部门级/安技部
管控负责人	
应急电话	

	工程技术措施	1.分析混凝土脱落、裂缝、渗漏和房屋防水失效的原因，及时按照按照《某水电站房屋建筑检查修缮规程》的要求对需要维护和修理的房屋，建立技术档案，采取针对性的修补、翻新措施。 2.仓库周边配置一定数量并与化学特性相适应的灭火器材
	管理措施	1.据国家和地方有关规范的要求，制定和完善某水电站仓库管理制度，对仓库储存化学品种类、管理部门和责任人、入库要求、存储要求、出库要求、安全防护措施等做出明确规定。 2.仓库设有专人管理，无钥匙的人不可随意进场。仓库物资分类、分项存放，堆垛之间保持足够安全距离，化学性质相互抵触的物品不可存放在一起。加强仓库通风，仓库内电气设备和电气照明装置采取有效防火措施。物品出入库遵循登记制度，库内严禁吸烟和使用明火。定期开展巡视检查，发现问题及时整改。 3.仓库悬挂禁止烟火、当心火灾、注意通风等警示标识
	教育培训措施	定期对仓库管理人员就某水电站仓库管理制度和化学品储存知识开展宣贯培训，帮助了解其中存在的风险和安全注意事项
	应急处置措施	1.制定和完善《人身事故应急预案》《危险化学品仓库火灾事故现场处置方案》等。事故发生后立即按程序报告，组织人员用灭火器扑灭初火，若有人员受伤采取冷水清洗烧伤部位、包扎、心肺复苏等措施并立即送医。为防止事故扩大，应立即切断电源。 2.现场存放一定量的固定支架、包扎绷带、急救药品和担架。 3.按照相关制度或预案的要求，定期开展应急演练，并做好记录

6.6　某水库风险四色空间分布图样式

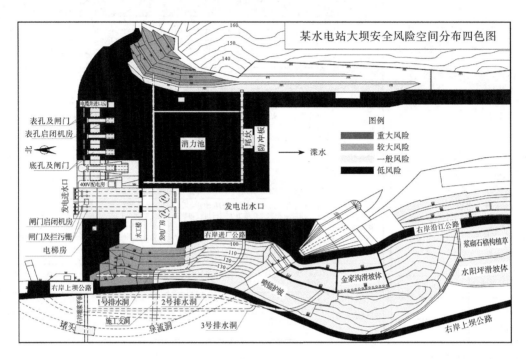

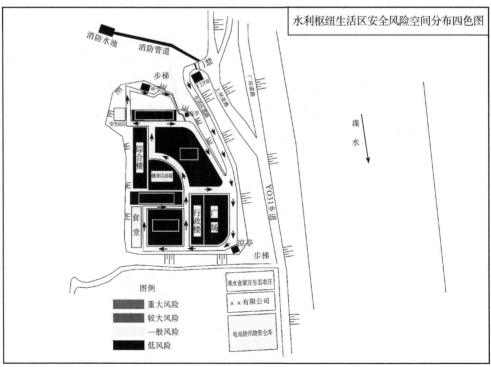

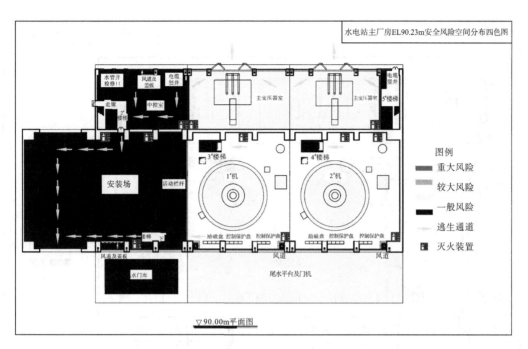

▽90.00m平面图

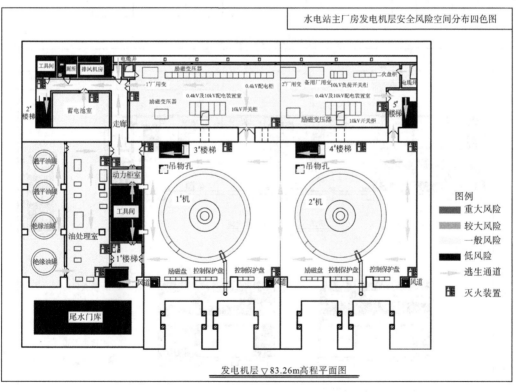

发电机层 ▽83.26m高程平面图

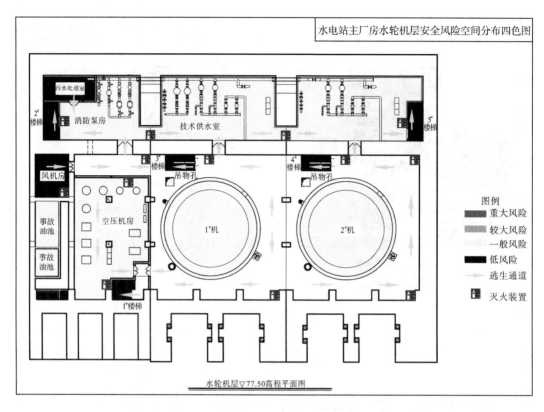

水轮机层▽77.50高程平面图

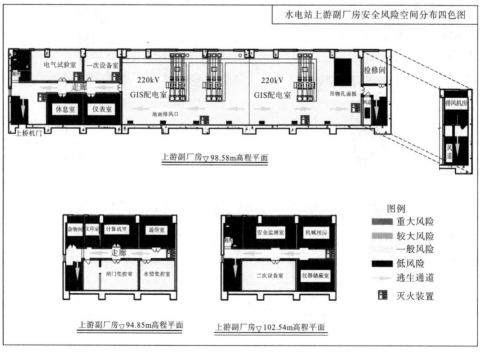

上游副厂房▽98.58m高程平面

上游副厂房▽94.85m高程平面　　上游副厂房▽102.54m高程平面

图书在版编目（CIP）数据

水库安全风险分级管控机制建设指南与案例 / 王翔等著 .
一武汉 ： 长江出版社，2022.12
ISBN 978-7-5492-8729-1

Ⅰ . ①水… Ⅱ . ①王… Ⅲ . ①水库管理－安全管理－
研究 Ⅳ . ① TV697

中国国家版本馆 CIP 数据核字 (2023) 第 044033 号

水库安全风险分级管控机制建设指南与案例
SHUIKUANQUANFENGXIANFENJIGUANKONGJIZHIJIANSHEZHINANYUANLI

王翔等　著

责任编辑：闫彬
装帧设计：蔡丹
出版发行：长江出版社
地　　址：武汉市江岸区解放大道 1863 号
邮　　编：430010
网　　址：http://www.cjpress.com.cn
电　　话：027-82926557（总编室）
　　　　　027-82926806（市场营销部）
经　　销：各地新华书店
印　　刷：武汉邮科印务有限公司
规　　格：787mm×1092mm
开　　本：16
印　　张：49.25
字　　数：1020 千字
版　　次：2022 年 12 月第 1 版
印　　次：2022 年 12 月第 1 次
书　　号：ISBN 978-7-5492-8729-1
定　　价：268.00 元